建设工程项目经理岗位职业资质培训教材

工程项目管理与总承包

中国建筑业协会
清 华 大 学 合编
中国建筑工程总公司

中国建筑工业出版社

图书在版编目(CIP)数据

工程项目管理与总承包/中国建筑业协会，清华大学，中国建筑工程总公司合编.—北京：中国建筑工业出版社，2005

建设工程项目经理岗位职业资质培训教材
ISBN 978-7-112-07491-4

Ⅰ.工… Ⅱ.①中…②清…③中… Ⅲ.①建筑工程—项目管理—技术培训—教材②建筑工程—承包—技术培训—教材 Ⅳ.TU7

中国版本图书馆 CIP 数据核字(2005)第 071471 号

建设工程项目经理岗位职业资质培训教材
工程项目管理与总承包
中国建筑业协会
清 华 大 学 合编
中国建筑工程总公司

*

中国建筑工业出版社出版、发行(北京西郊百万庄)
各地新华书店、建筑书店经销
世界知识印刷厂印刷

*

开本：787×1092 毫米 1/16 印张：29 字数：703 千字
2005 年 6 月第一版 2011 年 6 月第八次印刷
印数：18 001—19 500 定价：**55.00** 元
ISBN 978-7-112-07491-4
(13445)

版权所有 翻印必究
如有印装质量问题，可寄本社退换
(邮政编码 100037)
本社网址：http://www.cabp.com.cn
网上书店：http://www.china-building.com.cn

本书详细叙述了工程项目管理概论,工程总承包,工程代建制,工程项目造价管理,工程项目进度控制,工程项目质量控制,工程职业健康、安全与环境管理,工程合同与合同管理,工程项目资源管理和工程项目施工现场管理等内容。并在书后附有工程项目管理、工程总承包的相关文件、法规及自我测试题等。

本书内容丰富,知识点明确,重点突出,实用性强,既可作为建筑企业项目经理岗位职业资质考试的考试培训辅导用书,也可作为工程总承包、项目管理人员的培训教材,还可供广大土建工程技术人员学习、参考。

* * *

责任编辑 常 燕

建设工程项目经理岗位职业资质培训教材

《工程项目管理与总承包》编委会

顾　　　问：金德钧　王铁宏
主 任 委 员：张青林　徐义屏
副主任委员：吴　涛　江见鲸　刘晓初
主　　　编：丛培经
副 主 编：林知炎
委　　　员：马小良　王　昭　丛培经　宁惠毅　艾伟杰
　　　　　　朱　嬿　朱宏亮　朱金铨　张婀娜　林知炎
　　　　　　金永春　陈立军　敖　军　郝亚民　贾宏俊
　　　　　　阚咏梅　王洪强　白胜喜　何佰洲　杨春宁
　　　　　　侯祥朝　赵海鹏　雷鸿君

序

　　新中国成立55年来，在工程建设领域，我国建筑业积累了极为丰富的经验，特别是党的十一届三中全会以来，我国建筑业进入了更为蓬勃发展的阶段，并取得了举世瞩目的成就。1986年国务院提出学习推广鲁布革工程管理经验，全国建筑业企业在邓小平建设有中国特色社会主义理论和党的基本路线指引下，认真总结传统的施工管理经验，借鉴国外先进管理方式和方法，以项目法施工为突破口，推进企业管理体制改革，坚持项目经理责任制和项目成本核算制，以生产要素优化配置和动态管理为主要特征，形成了以工程项目管理为核心的新型经营管理机制，为建筑业企业走向市场，建立现代企业制度奠定了良好的基础。

　　实践证明，从"项目法施工到工程项目管理"具有坚实的理论基础，符合马克思主义关于解放发展生产力的理论和"三个代表"重要思想，具有把企业导向适应社会主义市场经济的积极作用，既能吸取国际先进经验又能带动建筑行业结构调整，在实践中取得了丰硕的成果。最近人事部、建设部陆续印发和出台了《建造师执业资格制度暂行规定》、《关于培育发展工程总承包和工程项目管理企业的指导意见》及《建设工程项目管理试行办法》，进一步阐述了推行工程总承包和工程项目管理的重要性和必要性，这对推进和调整我国勘察、设计、施工、监理企业的经营结构，加快中国建设工程项目管理与国际接轨必将产生重要和深远的意义。为了更深入地在全国建筑业企业中学习、贯彻《中华人民共和国建筑法》和人事部、建设部有关文件精神，不断规范和深化建设工程项目管理，尽快形成和完善一套具有中国特色并与国际惯例接轨的、比较系统的、具有可操作性的项目管理的理论和方法，培育和造就一支高素质、职业化、国际化的项目管理人才队伍，以适应中国加入WTO后建筑业面临机遇和挑战的需要，真正帮助项目经理掌握项目管理的基本理论和业务知识，提高工程项目管理水平，从而高质量、高效益地搞好工程建设，中国建筑业协会和清华大学、中国建筑工程总公司组织有关企业、大专院校和科研单位的专家、学者共同策划研究，编写了这套《建设工程项目经理岗位职业资质培训教材》。本套教材在编写过程中，力求结合一级建筑师考试大纲，并在科学总结中国建筑业企业近20年来推行工程项目管理体制改革经验的基础上，借鉴发达国家许多通用并适用于我国国情的管理方法，着眼于突出专业性和国际性。本套教材对中国推进建设工程项目管理和工程总承包及"代建制"的历史背景、运作方法、管理过程，对项目经理和注册建造师的业务基础知识要求和素质培养，对新世纪国际工程项目管理的发展趋势等内容进行了较全面的论述。同时还重点介绍了一些我国大型国有建筑企业实施项目管理和工程总承包的实践经验、管理方法和经营理念。该套教材尽量将理论研究、实践经验、行业规范等有机地结合在一起，使其不仅具有重要的理论价值，而且具有较强的实用性和可操作性。

　　我由衷希望通过本套教材的出版，为参与建设工程项目管理的实际工作者，尤其是项目经理和中国注册建造师，提供一套实用的辅导教材，也为工程项目管理的理论研究者和教学工作者提供一套比较完整、系统、科学的参考资料。由于工程项目管理在我国建筑行业中发展还不平衡,特别是国家实行建造师执业资格制度后有不少人认为建造师将取代项目经理,其实这是非常错误的。建设部《关于建筑业企业项目经理资质管理制度向建造师执业资格制度过渡有关问题的通知》中明确指出"在全面实施建造师执业资格制度后仍要坚持落实项目经理责任制。项目经理岗位是保证工程项目建设质量、安全、工期的重要岗位,要充分发挥有关行业协会的作用,加强项目经理培训,不断提高项目经理队伍素质"。建设部最近印发《建设工程项目管理试行办法》中再次强调企业推行"工程项目管理实行项目经理责任制"。由此可见建造师执业资格制度的建立只是国家对专业技术人员实行的一种市场执业准入管理,对进一步加强项目管理人才与国际接轨、提升项目经理的整体素质将起到重要的推动作用,但绝不是取代项目经理,更不是取消项目经理,对项目经理的培训和继续教育将是行业管理中一项长期的任务。

为了贯彻落实建设部的文件精神,进一步推进和深化项目经理责任制,全面提高项目管理水平,加强行业自律,建立一支专业化、职业化、社会化高水平的建设工程项目经理队伍,为企业培养、聘任、考核、评价项目经理提供基本依据,中国建筑业协会制定出台了《建设工程项目经理岗位职业资质管理导则》,为了配合贯彻落实《导则》又编写出版了本套系列教材,我相信这套教材的出版必将对建设工程项目经理培训和项目经理管理起到非常重要的作用。当然随着中国工程项目管理体制改革的深入,许多问题还需要进一步研究探讨。所以,本套教材的内容仍有不足之处,希望广大读者、项目经理和注册建造师提出宝贵意见,使本套教材能得以不断修订完善,真正高质量、高水平地服务于项目管理,服务于工程建设。

2005 年 6 月

前　言

　　编写本书的目的是,为贯彻《关于培育发展工程总承包和工程项目管理企业的指导意见》(建市[2003]30号)、《工程项目管理试行办法》(建市[2004]200号)、《国务院关于投资体制改革的决定》(2004年7月16日发布)、《建设工程项目经理岗位职业资质管理导则》(建协[2005]10号),进行工程项目经理岗位职业资质培训等,提供一份适用的管理性教材。本书大部分内容是关于工程项目管理的。为了促进项目管理模式的改革,还增加了工程代建制和工程总承包方面的知识。本书可以满足业主、工程总承包企业、工程项目管理企业和其他工程项目相关组织对工程项目管理的共性需要。本书的内容重在阐述项目管理知识,不受组织体制的限制;重在发挥长久的教育作用,而不是提供一时之需。本书是在建造师(房屋建筑工程专业)考前培训辅导教材《房屋建筑工程项目管理》的基础上改写的。

　　本书由丛培经主编,林知炎副主编。参加编写的有(按姓氏笔画为序):马小良,王洪强,白胜喜,丛培经,吴涛,何佰洲,张婀娜,林知炎,杨春宁,侯祥朝,赵海鹏,贾宏俊,雷鸿君。

　　本书编写参考了许多文献,在此,谨对相关作者表示诚挚感谢。书中的不足或错误之处,恳望读者批评指正,以便进行修改和完善。

编　者

目　录

第 1 章　工程项目管理概论 ··· 1
　1.1　工程项目管理概述 ··· 1
　1.2　工程监理 ··· 3
　1.3　工程项目管理组织 ··· 6
　1.4　工程项目管理规划 ·· 11
　1.5　工程项目采购 ·· 13
　1.6　工程项目目标控制原理 ·· 14
　1.7　建筑业企业及建设工程项目经理 ···································· 16
　1.8　工程项目策划 ·· 20
　1.9　工程风险管理 ·· 21
　1.10　工程施工组织协调 ··· 25

第 2 章　工程总承包 ·· 29
　2.1　工程总承包企业的培育 ·· 29
　2.2　工程总承包项目招标投标 ·· 40
　2.3　工程总承包项目实施规划 ·· 47
　2.4　工程总承包项目设计管理 ·· 60

第 3 章　工程代建制 ·· 75
　3.1　代建制的概念 ·· 75
　3.2　国际国内政府投资项目管理模式简介 ································ 82
　3.3　代建制在发展中存在的问题和建议 ·································· 91

第 4 章　工程项目造价管理 ·· 95
　4.1　工程造价的构成 ·· 95
　4.2　工程设计阶段的造价控制 ·· 96
　4.3　工程承发包阶段的造价控制 ······································· 100
　4.4　工程施工项目成本计划与预控 ····································· 103
　4.5　工程施工项目成本的运行与控制 ··································· 106
　4.6　工程施工项目成本的核算与控制 ··································· 110
　4.7　工程施工项目成本的偏差分析与控制 ······························· 115

第 5 章　工程项目进度控制 ··· 121
　5.1　工程项目进度控制概述 ··· 121

 5.2 工程横道图进度计划 ………………………………………………… 123
 5.3 工程网络计划技术 …………………………………………………… 132
 5.4 工程项目进度控制方法 ……………………………………………… 167

第6章 工程项目质量控制 …………………………………………………… 187

 6.1 工程项目质量控制的概念和原理 …………………………………… 187
 6.2 工程项目质量控制系统的建立和运行 ……………………………… 194
 6.3 工程项目施工质量控制和验收的方法 ……………………………… 196
 6.4 工程项目质量的政府监督 …………………………………………… 233
 6.5 工程质量统计分析方法的应用 ……………………………………… 234
 6.6 GB/T 19000—ISO 9000(2000版) …………………………………… 246
 6.7 工程项目设计质量控制的内容和方法 ……………………………… 254
 6.8 工程质量问题分析与处理 …………………………………………… 255

第7章 工程职业健康、安全与环境管理 …………………………………… 270

 7.1 工程职业健康、安全与环境管理概述 ……………………………… 270
 7.2 工程职业健康、安全与环境管理体系 ……………………………… 270
 7.3 工程施工安全检查 …………………………………………………… 279
 7.4 工程安全控制 ………………………………………………………… 280
 7.5 工程安全事故处理 …………………………………………………… 290
 7.6 工程文明施工和环境保护 …………………………………………… 292

第8章 工程合同与合同管理 …………………………………………………… 295

 8.1 工程招标与投标 ……………………………………………………… 295
 8.2 工程合同类型和内容 ………………………………………………… 305
 8.3 工程合同管理 ………………………………………………………… 315
 8.4 国际工程承包合同 …………………………………………………… 319
 8.5 工程担保 ……………………………………………………………… 325
 8.6 工程索赔 ……………………………………………………………… 329

第9章 工程项目资源管理 ……………………………………………………… 336

 9.1 工程项目资源管理概述 ……………………………………………… 336
 9.2 工程项目人力资源管理 ……………………………………………… 336
 9.3 工程项目材料管理 …………………………………………………… 341
 9.4 机械设备管理 ………………………………………………………… 346

第10章 工程项目施工现场管理 ……………………………………………… 348

 10.1 工程项目施工现场管理概述 ………………………………………… 348
 10.2 施工总平面图设计 …………………………………………………… 350
 10.3 施工现场供水 ………………………………………………………… 354
 10.4 施工供电 ……………………………………………………………… 356

附录一　关于培育发展工程总承包和工程项目管理企业的指导意见 …………… 360
附录二　关于印发《建设工程项目管理试行办法》的通知 ……………………… 363
附录三　国务院关于投资体制改革的决定 …………………………………………… 366
附录四　建设工程项目经理岗位职业资格管理导则 ………………………………… 371
附录五　建设工程项目管理规范 ……………………………………………………… 377
附录六　北京市政府投资建设项目代建制管理办法(试行) ………………………… 419
附录七　自我测试题 …………………………………………………………………… 423

参考文献 …………………………………………………………………………………… 451

第1章 工程项目管理概论

1.1 工程项目管理概述

1.1.1 工程项目管理的内涵

1. 工程项目管理的概念

工程项目管理的对象是工程项目,它是建设项目管理的一个子系统。它有自己的管理目标、管理任务和组织。

2. 按工程项目不同参与方的工作性质和组织特征划分,项目管理可分为

(1) 业主方的项目管理;

(2) 设计方的项目管理;

(3) 施工方的项目管理;

(4) 供货方的项目管理;

(5) 工程总承包方的项目管理。

1.1.2 业主方项目管理的目标和任务

业主方项目管理的目标包括项目的投资目标、进度目标及质量目标。其中投资目标指的是项目的总投资目标,进度目标指的是项目动用的时间目标,或者说项目交付使用的时间目标。项目的质量目标不仅涉及施工的质量,还包括设计质量、材料质量、设备质量和影响项目运行或运营的环境质量等。质量目标包括满足相应的技术规范和技术标准的规定,以及满足业主方相应的质量要求。

项目的投资、进度及质量三个目标是对立统一的关系。假设三者处于最优状态,那么它们中任何一个发生变化都会影响这种最佳状态。加快进度和提高质量都需要增加投资,而过度地加快进度会影响质量目标的实现。反之,也可以在其中一个目标保持不变的前提下,来达到优化另外两个目标的目的。在不增加投资的前提下,可缩短工期即加快进度和提高工程质量,这又反映了三者统一的一面。

工程项目的全寿命周期包括项目的决策阶段、实施阶段和使用阶段,其中实施阶段包括设计前的准备阶段、设计阶段、施工阶段、使用前的准备阶段及保修期。由于招投标工作分散在设计前的准备阶段、设计阶段和施工阶段中进行,所以未单独列招标、投标阶段。而业主方的项目管理工作涉及项目实施阶段的全过程。

由于业主方的项目管理工作涉及项目实施阶段的全过程,并且业主方的工程项目管理主要有组织协调、合同管理、信息管理、安全管理及投资控制、质量控制、进度控制等七个方面的内容,因此可以分成业主方35项项目管理的任务。

由于工程项目的实施是一次性的任务,因此,业主方自行进行项目管理往往有很大的局限性,首先在技术和管理方面,缺乏配套的力量,即使配备了管理班子,没有连续的工程任务

也是不合理的。在市场经济体制下,工程项目业主完全可以依靠咨询业为其提供项目管理服务。咨询单位接受工程业主的委托,提供全过程或若干阶段的项目管理服务。

1.1.3 设计方项目管理的目标和任务

设计单位受业主委托承担工程项目的设计任务。以设计合同所界定的工作目标及其责任义务作为该项工程设计管理的对象、内容和条件,通常简称设计项目管理。设计项目管理也就是设计单位对履行工程设计合同和实现设计单位经营方针目标而进行的设计管理,尽管其地位、作用和利益追求与项目业主不同,但它也是建设工程设计阶段项目管理的重要方面。只有通过设计合同,依靠设计方的自主项目管理才能贯彻业主的建设意图和实施设计阶段的投资、质量和进度控制。

设计方项目管理的目标包括设计的成本目标、进度目标、质量目标及投资目标。设计方的项目管理工作主要在设计阶段进行,但是也涉及设计前的准备阶段、施工阶段、动用前的准备阶段和保修期。因为在这几个阶段的项目管理工作都或多或少与设计有关。设计方项目管理的任务包括与设计工作有关的安全管理、设计成本控制和与设计工作有关的工程造价控制、进度控制、质量控制、合同管理、信息管理的组织和协调。

1.1.4 施工方项目管理的目标和任务

施工单位通过工程施工投标取得工程施工承包合同,并以施工合同所界定的工程范围,组织项目管理,简称为施工项目管理。从完整的意义上说,这种施工项目应该指施工总承包的完整工程项目,包括其中的土建工程施工和建筑设备工程施工安装,最终成果能形成独立使用功能的建筑产品。然而从工程项目系统分析的观点来看,分部工程也是构成工程项目的子系统,按子系统定义项目,既有其特定的约束条件和目标要求,而且也是一次性的任务。因此,工程项目按专业、按部位分解发包的情况,承包方仍然可以按承包合同界定的局部施工任务作为项目管理的对象。这就是广义的施工企业的项目管理。

施工方项目管理的目标包括施工的成本目标、进度目标和质量目标。施工方的项目管理工作主要在施工阶段进行,但也涉及设计准备阶段、设计阶段、动用前准备阶段和保修期。施工方项目管理的任务包括施工安全管理、成本控制、进度控制、质量控制、合同管理、信息管理以及与施工有关的组织与协调。

1.1.5 供货方项目管理的目标和任务

从工程项目管理的系统分析观点看,物资供应工作也是项目实施的一个子系统,它有明确的任务和目标,明确的制约条件以及项目实施子系统的内在联系。因此制造厂、供应商同样可以将加工生产制造和供应合同所界定的任务,对项目进行目标管理,以适应工程项目总目标控制的要求。

供货方项目管理的目标包括供货方的成本目标、供货的进度目标和质量目标。供货方的项目管理工作主要在施工阶段进行,但也涉及设计准备阶段、设计阶段、动用前准备阶段和保修期。供货方项目管理的任务包括供货的安全管理、进度控制、质量控制、合同管理、信息管理、供货方的成本控制以及与供货有关的组织与协调。

1.1.6 工程项目总承包方项目管理的目标和任务

在设计施工连贯式总承包的情况下,业主在项目决策之后,通过招标择优选定总承包单位全面负责工程项目的实施过程,直至最终交付使用后功能和质量标准符合合同文件规定的工程目的物。因此,工程总承包方的项目管理是贯穿于项目实施全过程的全面管理,既包括设计阶段也包括施工安装阶段。其目的是全面履行工程总承包合同,以实现其企业承建工程的经营方针和目标,取得预期经营效益为动力而进行的工程项目自主管理。显然,他必须在合同条件的约束下,依靠自身的技术和管理优势或实力,通过优化设计及施工方案,在规定的时间内,按质按量地全面完成工程项目的承建任务。从交易的角度看,项目业主是买方,总承包单位是卖方,因此两者的地位和利益追求是不同的。

工程项目总承包方项目管理的目标包括项目的总投资目标和总承包方的成本目标、项目的进度目标和项目的质量目标。工程项目总承包方项目管理工作涉及项目实施阶段的全过程,即设计前的准备阶段、设计阶段、施工阶段、动用前准备阶段和保修期。工程项目总承包方项目管理的任务包括安全管理、投资控制和总承包方的成本控制、进度控制、质量控制、合同管理、信息管理以及与工程项目总承包方有关的组织和协调。

1.2 工程监理

1.2.1 工程监理的概念

1. 定义

工程监理是指工程监理企业受工程项目建设单位的委托,依据国家批准的工程项目建设文件、有关工程建设的法律、法规和工程建设监理合同及其他工程建设合同,对房屋建筑工程建设实施监督管理。

建设单位,也称为业主、项目法人,是委托监理的一方。建设单位在工程建设中拥有确定建设工程规模、标准、功能以及选择勘察、设计、施工、监理单位等工程建设中重大问题的决定权。工程监理企业是指取得企业法人营业执照,具有监理资质证书的依法从事建设工程监理业务活动的经济组织。工程监理企业与建设单位之间是委托与被委托的合同关系,与被监理单位是监理与被监理关系。

我国推行工程监理制度的目的是确保工程质量、提高工程建设水平和充分发挥投资效益。

2. 工程监理概念的要点

(1) 工程监理的行为主体是工程监理企业

《建筑法》明确规定,实行监理的工程,由工程建设单位委托具有相应资质条件的工程监理企业实施监理。工程监理只能由具有相应资质的工程监理企业来开展,工程监理的行为主体是工程监理企业,这是我国工程监理制度的一项重要规定。

(2) 工程监理实施的前提是建设单位的委托和授权

《建筑法》明确规定工程建设单位与其委托的工程监理企业应当订立书面工程委托监理合同。也就是说,工程监理的实施需要建设单位的委托和授权。工程监理企业根据委托监理合同和有关工程建设合同的规定实施监理。

工程监理只有在建设单位委托的情况下才能进行。只有与建设单位订立书面委托监理合同,明确了监理的范围、内容、权力、义务、责任等,工程监理企业才能在规定的范围内行使管理权,合法地开展工程监理。工程监理企业在委托监理的工程中拥有一定的管理权限,能够开展管理活动,是建设单位授权的结果。

(3) 工程监理的依据包括工程建设文件、有关的法律、法规、规章和标准规范、房屋建筑工程委托监理合同和有关的建设工程合同。

1) 工程建设文件

包括：批准的可行性研究报告、项目选址意见书、用地规划许可证、工程规划许可证、批准的施工图设计文件、施工许可证等。

2) 有关的法律、法规、规章和标准、规范

包括：《建筑法》、《合同法》、《招标投标法》、《建设工程质量管理条例》等法律法规，《工程建设监理规定》等部门规章，以及地方性法规等，也包括《工程建设标准强制性条文》、《建设工程监理规范》以及有关的工程技术标准、规范、规程等。

3) 工程委托监理合同和有关建设合同

工程监理企业应当根据两类合同，即工程监理企业与建设单位签订的房屋建筑工程委托监理合同和建设单位与承建单位签订的有关工程建设合同进行监理。

工程监理企业应依据哪些有关的工程建设合同进行监理，视委托监理合同的范围来决定。全过程监理应当包括咨询合同、勘察合同、设计合同、施工合同以及设备采购合同等；决策阶段监理主要是咨询合同；设计阶段监理主要是设计合同；施工阶段监理主要是施工合同。

(4) 工程监理的范围

工程监理的范围可以分为监理的工程范围和监理的建设阶段范围。

1) 工程范围

① 国家重点建设工程：依据《国家重点建设项目管理办法》所确定的对国民经济和社会发展有重大影响的骨干项目。

② 大中型公用事业工程：项目总投资额在3000万元以上的供水、供电、供气、供热等市政工程项目；科技、教育、文化等项目；体育、旅游、商业等项目；卫生、社会福利等项目；其他公用事业项目。

③ 成片开发建设的住宅小区工程：建筑面积在5万m^2以上的住宅建设工程。

④ 利用外国政府或者国际组织贷款、援助资金的工程：包括使用世界银行、亚洲开发银行等国际组织贷款资金的项目；使用国外政府及其机构贷款资金的项目；使用国际组织或者国外政府援助资金的项目。

⑤ 国家规定必须实行监理的其他工程：项目总投资额在3000万元以上，关系社会公众利益、公众安全的交通运输、水利建设、城市基础设施、生态环境保护、信息产业、能源等基础设施项目，以及学校、影剧院、体育馆项目。

2) 阶段范围

工程监理目前主要是工程施工阶段。

在工程施工阶段，建设单位、勘察单位、设计单位、施工单位和工程监理企业等工程建设的各类行为主体均出现在工程当中，形成了一个完整的工程组织体系。在这个阶段，建筑市场的发包体系、承包体系、管理服务体系的各主体在工程中会合，由建设单位、勘察单位、设计单位、施工单位和工程监理企业各自承担工程建设的责任和义务，最终将工程建成投入使用。在施工阶段委托监理，其目的是更有效地发挥监理的规划、控制、协调作用，为在计划目标内建成工程提供最好的管理。

1.2.2 工程监理的性质

1. 服务性

工程监理具有服务性，是从它的业务性质方面决定的。工程监理的主要手段是规划、控制、协调，主要任务是控制建设工程的投资、进度和质量，最终应当达到的基本目的是协助建设单位在计划的目标内将房屋建筑工程建成投入使用。

2. 科学性

科学性是由房屋建筑工程监理要达到的基本目的决定的，工程监理企业以协助建设单位实现其投资目的为己任，力求在计划的目标内建成工程。面对竞争日益激烈的市场以及风险日渐增加的情况，只有采用科学的思想、理论、方法和手段才能驾驭工程建设。

3. 独立性

《建筑法》明确指出，工程监理企业应当根据建设单位的委托，客观、公正地执行监理任务。《工程建设监理规定》和《建设工程监理规范》要求工程监理企业按照"公正、独立、自主"的原则开展监理工作。另外，工程监理独立性的要求也是一项国际惯例。

4. 公正性

公正性是社会公认的职业道德准则，是监理行业能够长期生存和发展的基本职业道德准则。在开展工程监理的过程中，工程监理企业应当排除各种干扰，客观、公正地对待监理的委托单位和承建单位。

1.2.3 工程监理的工作任务

工程监理的主要内容是控制工程建设的投资、建设工期和工程质量；进行工程建设合同管理，协调有关单位间的工作关系。工程监理应当依照法律、行政法规及有关的技术标准、设计文件和建筑工程承包合同，对承包单位在施工质量、建设工期和建设资金使用等方面，代表建设单位实施监督。

1.2.4 工程监理的作用

1. 有利于提高房屋建筑工程投资决策科学化水平

工程监理企业参与或承担房屋建筑工程项目决策阶段的监理工作，有利于提高项目投资决策的科学化水平，避免项目投资决策失误，也为实现房屋建筑工程投资综合效益最大化打下了良好基础。

2. 有利于规范工程建设参与各方的建设行为

在工程实施过程中，工程监理企业可依据委托合同和有关的工程合同对承建单位的建设行为进行监督管理。一方面，由于这种约束机制贯穿于工程建设的全过程，采用事前、事中和事后控制相结合的方式，因此可以有效地规范各承建单位的建设行为，最大限度地避免不当建设行为的发生。即使出现不当建设行为，也可以及时加以制止，最大限度地减少其不良后果，这是约束机制的根本目的。工程监理单位可以向建设单位提出适当的建议，从而避免发生建设单位的不当建设行为，这对规范建设单位的建设行为也可起到一定的约束作用。

3. 有利于促使承建单位保证工程质量和使用安全

工程监理企业的监理人员都是既懂工程技术又懂经济管理的专业人士，他们有能力及时发现工程实施过程中出现的问题，发现工程材料、设备以及阶段产品存在的问题，从而避免留下工程质量隐患。因此实行工程监理制之后，在加强承建单位自身对工程质量管理的基础上，由工程监理企业介入工程生产过程的管理，对保证工程质量和使用安全有着重要作用。

1.3 工程项目管理组织

1.3.1 工程项目组织的定义及组织结构模式

1. 定义

(1) 组织

组织论主要研究系统的组织结构模式、组织分工和工作流程组织,它是与项目管理学相关的一门非常重要的基础理论学科。

组织包含两层含义。第一层含义是指各生产要素相结合的形式和制度:通常,前者表现为组织结构,后者表现为组织的工作规则。组织结构一般又称为组织形式,反映了生产要素相结合的结构形式,即管理活动中各种职能的横向分工和层次划分。组织结构运行的规则和各种管理职能分工的规则即是工作制度。第二层含义是指管理的一种重要职能,即指通过一定权力体系或影响力,为达到某种工作的目标,对所需要的一切资源(生产要素)进行合理配置的过程。它实质上是一种管理行为。本章所要研究的组织是第一层含义的组织。

(2) 工程项目组织

工程项目组织是指工程项目的参加者、合作者按照一定的规则或规律构成的整体,是工程项目的行为主体构成的协作系统。它不受现存的职能组织的束缚,但也不能代替各种职能组织的职能活动。

与此相对应的参加者,合作者大致有以下几类:

1) 项目所有者,通常又被称为业主。他居于项目组织的最高层,对整个项目负责。他最关心的是项目整体经济效益,他在项目实施全过程的主要责任和任务是对项目进行总体和全面控制。

2) 项目管理者。项目管理者由业主选定,为他提供有效的、独立的管理服务,负责项目实施中的具体的事务性管理。他的主要责任是实现业主的投资意图,保护业主利益,达到项目的整体目标。

3) 项目专业承包商。项目专业承包商包括专业设计单位、施工单位和供应商等,他们构成项目的实施层。

4) 政府机构。包括政府的土地、规划、建设、水、电、通信、环保、消防、公用等部门,他们的协作和监督决定项目的成败。其中最重要的是建设部门的质量监督。

5) 项目驻地的环境。包括驻地的自然条件和驻地居民。驻地自然条件的好坏以及驻地居民的合作态度对项目的实施有很大的影响。

6) 项目的上层系统(如主管部门等)。

2. 工程项目组织结构模式

常用的组织结构模式包括职能组织结构、线性组织结构和矩阵组织结构等。

(1) 职能组织结构

职能组织结构是一种传统的组织结构模式,它是指企业按职能以及职能的相似性来划分部门,如一般企业要生产市场需要的产品必须具有计划、采购、生产、营销、财务、人事等职能,那么企业在设置组织部门时,按照职能的相似性将所有计划工作及相应人员归为计划部门、从事营销的人员划归营销部门等,企业便有了计划、采购、生产、营销、财务、人事等部门。

采用职能组织结构形式的企业在进行项目工作时,各职能部门根据项目的需要承担本职能范围内的工作,也就是说企业主管根据项目任务需要从各职能部门抽调人员及其他资源组成项目实施组织,如要开发新产品就可能从营销、设计及生产部门各抽调一定数量的人员形成开发小组。然而这样的项目实施组织界限并不十分明确,小组成员完成项目中需本职能完成的任务,同时他们并没有脱离原来的职能部门,而项目实施的工作多属于兼职工作性质。这样的项目实施组织的另一特点是没有明确的项目主管或项目经理,项目中各种职能的协调只能由处于职能部门顶部的部门主管或经理来协调。例如上述开发新产品项目,若营销人员与设计人员发生矛盾,只能由营销部门经理与设计部门经理来协调处理,同样各部门调拨给项目实施组织的人员及资源也只能由各部门主管决定。职能项目组织形式如图1-1所示。

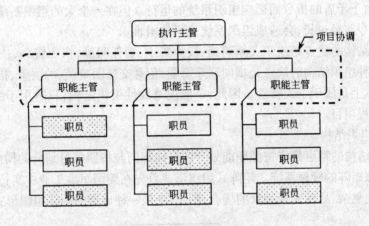

图1-1 职能组织结构示意图

项目职能组织结构模式的优点主要有:

1) 有利于企业技术水平的提升。由于职能式组织是以职能的相似性而划分部门的,同一部门人员可以交流经验及共同研究,有利于专业人才专心致志地钻研本专业领域理论知识,有利于积累经验与提高业务水平。同时这种结构为项目实施提供了强大的技术支持,当项目遇到困难之时,问题所属职能部门可以联合攻关。

2) 资源利用的灵活性与低成本。职能组织形式项目实施组织中的人员或其他资源仍归职能部门领导,因此职能部门可以根据需要分配所需资源,而当某人从某项目退出或闲置时,部门主管可以安排他到另一个项目去工作,可以降低人员及资源的闲置成本。

3) 有利于从整体协调企业活动。由于每个部门或部门主管只能承担项目中本职能范围的责任,并不承担最终成果的责任,然而每个部门主管都直接向企业主管负责,因此要求企业主管要从企业全局出发进行协调与控制。因此,有学者说这种组织形式"提供了在上层加强控制的手段"。

项目职能组织结构模式的缺点主要有:

1) 协调的难度大。由于项目实施组织没有明确的项目经理,而每个职能部门由于职能的差异性及本部门的局部利益,因此容易从本部门的角度去考虑问题,发生部门间的冲突时,部门经理之间很难进行协调。这会影响企业整体目标的实现。

2) 项目组成员责任淡化。由于项目实施组织只是临时从职能部门抽调而来,有时工作的重心还在职能部门,因此很难树立积极承担项目责任的意识。尽管说在职能范围内承担相应责任,然而项目是由各部门组成的有机系统,必须有人对项目总体承担责任,这种职能式组织形式不能保证项目责任的完全落实。

(2) 线性组织结构

线性组织结构,又称直线式组织结构。它的特征是联系和指令的线性化,即上下机构之间的联系置于垂直的领导线上,形成线性联系的组织结构,而每一个下属机构只有一个上级领导,它只接受它惟一的直接上级部门下达的指令。这种组织结构上下左右关系简单明确,管理信息沿着领导垂直线上下传递,呈现从上到下的金字塔形,在最高领导之下,有若干下属机构,在每一个下属机构之下,又分为若干下级机构,一直延伸到最低领导层次。

线性组织结构来自于军事组织系统。在线性组织结构中,每一个工作部门只有一个指令源,避免了由于矛盾的指令而影响组织系统的运行。但在一个大的组织系统中,由于线性组织系统的指令路径过长,会造成组织系统运行的困难。

线性组织结构的优点是组织关系明确,权力集中,责任明确,指令统一,决策迅速,工作效率较高。这种组织结构的缺点是横向联系薄弱,信息交流困难,它的决策、指挥、协调和控制等管理,基本上是属于个人管理。因此,一般说来线性组织结构,只适用于级别较低和任务较单纯的工程项目。

(3) 矩阵组织结构

矩阵组织结构的特点是将按照职能划分的纵向部门与按照项目划分的横向部门结合起来,以构成类似矩阵的管理系统。矩阵式组织形式首先在美国军事工业中实行,它适应于多品种、结构工艺复杂、品种变换频繁的场合,图1-2是一种典型的矩阵组织形式。

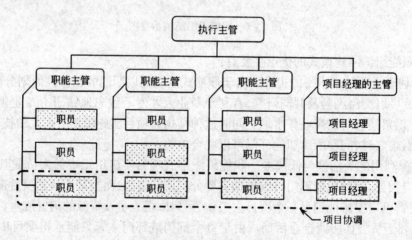

图1-2 矩阵组织结构示意图

当很多项目对有限资源的竞争引起对职能部门的资源的广泛需求时,矩阵管理就是一个有效的组织形式,传统的职能组织在这种情况下无法适应的主要原因是:职能组织无力对职能之间相互影响的工作任务提供集中、持续和综合的关注与协调。因为在职能组织中,组织结构的基本设计是职能专业化和按职能分工的,不可能期望一个职能部门的主管人会不顾他在自己的职能部门中的利益和责任,或者完全打消职能中心主义的念头,使自己能够把项目作为一个整体,对职能之外的项目各方面也加以专心致志的关注。

在矩阵组织中,项目经理在项目活动的"什么"和"何时"方面,即内容和时间方面对职能部门行使权力,而各职能部门负责人决定"如何"支持。每个项目经理要直接向最高管理层负责,并由最高管理层授权。而职能部门则从另一方面来控制,对各种资源作出合理的分配和有效的控制调度。职能部门负责人既要对他们的直线上司负责,也要对项目经理负责。

矩阵组织的基本原则是:

1) 必须有一个花费全部的时间和精力用于项目,有明确的责任,这个人通常即为项目经理。

2) 必须同时存在纵向和横向两条通信渠道。

3) 要从组织上保证迅速有效地解决矛盾。

4) 无论项目经理之间,还是项目经理与职能部门各负责人之间,要有正式的通信渠道和自由交流的机会。

5) 各个经理都必须服从统一的计划。

6) 无论是纵向或横向的经理(或负责人),都要为合理利用资源而进行谈判和磋商。

7) 必须允许项目作为一个独立的实体来运行。

矩阵组织的职权以纵向、横向和斜向在一个公司里流动,因此在任何一个项目的管理中,都需要有项目经理与职能部门负责人的共同协作,将两者很好地结合起来。要使矩阵组织能有效地运转,必须处理好以下几个问题:

1) 应该如何创造一种能将各种职能综合协调起来的环境;由于具有每个职能部门从其职能出发只考虑项目的某一方面的倾向,处理好这个问题就是很必要的。

2) 一个项目中哪个要素比其他要素更为重要是由谁来决定的?考虑这个问题可以使主要矛盾迎刃而解。

3) 纵向的职能系统应该怎样运转才能保证实现项目的目标,而又不与其他项目发生矛盾。

4) 要处理好这些问题,项目经理与职能部门负责人要相互理解对方的立场、权力以及职责,并经常进行磋商。

组织结构模式反映了一个组织系统中各子系统之间或各元素(各工作部门)之间的指令关系。组织分工反映了一个组织系统中各子系统或各元素的工作任务分工和管理职能分工。组织结构模式和组织分工都是一种相对静态的组织关系。而工作流程组织则可反映一个组织系统中各项工作之间的逻辑关系,是一种动态的关系。建设工程项目管理工作的流程、信息处理的流程,以及设计工作、物资采购和施工的流程组织均属于工作流程组织的范畴。

1.3.2 工程组织与目标的关系

如果把工程项目管理作为一个系统,其目标决定了项目管理的组织,而项目管理的组织是项目管理的目标能否实现的决定性因素。因此,为了实现项目管理的目标,必须重视项目管理的组织。

1.3.3 工程项目结构图

1. 定义

工程项目结构图(Project Diagram,或称 WBS——Work breakdown structure)是一个组织工具,也是项目结构分解的工具。它是一个分级的树形结构,是将工程项目按照其内在结构或实施过程的顺序进行逐层分解而形成的结构示意图。它可以将项目分解到相对独立的、内容单一的、易于成本核算与检查的项目单元，并能把各项目单元在项目中的地位与构成直观地表示出来。

工程项目结构图是实施项目，创造最终产品或服务所必须进行的全部活动的一张清单，也是进度计划、人员分配和预算的基础。

工程项目分解既可以按项目的内在结构进行，又可按项目的实施顺序进行。由于项目本身的复杂程度、规模各不相同，从而形成了项目结构图的不同层次。

2．项目结构编码

为了有利于简化信息传递和交流，WBS 可用编码的形式表示出来。在 WBS 编码中，每一位数字表示一个分解层次。左起第 1 位数字之后都为零的编码表示整个项目；第 1 位数字相同，第 2 位数字不同，后面数字全为零的编码表示各子项目，其总和构成整个项目；前两位数字相同，第 3 位数字不同，后位数字为零的编码表示各子项目分解成的工作任务，其总和构成项目的某一子项目，依此类推。

工程项目的投资控制、进度控制、质量控制、合同管理和信息管理也可以项目结构图及其编码为基础进行编码。

1.3.4 工程项目管理的组织结构图

工程项目管理的组织结构图(OBS 图——Diagram of organizational breakdown structure)，又可称为工程项目组织结构图，是指对一个房屋建筑工程项目的组织结构进行分解，并以图的形式表示出来。反映的是房屋建筑工程项目管理班子中各子系统之间和各工作部门之间的组织关系，即各工作单位、各工作部门和各工作人员之间的组织关系。它与工程项目结构图(WBS)是平行的，但后者反映的是工程项目各工作对象之间的关系。项目的组织结构也可进行编码。

工程项目组织结构图应注意表达业主方及项目的参与单位有关的各工作部门之间的组织关系，是项目组织管理的有效工具。

1.3.5 项目管理任务分工表

业主方和项目各参与方在编制各自的项目管理任务分工表时，首先应对项目实施的各阶段的费用控制、进度控制、质量控制、合同管理、信息管理和组织与协调等管理任务进行详细分解，在此基础上再确定项目经理和费用控制、进度控制等工作部门或主管人员的工作任务。

任务分工应该明确，而且应该细化，便于任务的圆满完成。

1.3.6 项目管理职能分工表

管理的职能包括提出问题、策划——列出解决问题的可能的方案，并对这些方案进行分析、决策、执行、反馈检查。业主和项目各参与方均应编制各自的项目管理职能分工表。

1.3.7 工作流程图

工作流程图是用来描述各项目管理工作流程的图，如投资控制工作流程图、进度控制工作流程图等，而且工作流程图。也可根据需要进行逐层细化，如投资控制工作流程图可细分为初步设计阶段投资控制工作流程图、施工图阶段投资控制工作流程图、施工阶段投资控制工作流程图。

1.3.8 合同结构图

合同结构图是反映业主方和项目各参与方之间,以及项目各参与方之间的合同关系的图。

1.4 工程项目管理规划

1.4.1 工程施工项目管理规划的概念

按照管理学的定义,规划是一个综合性的、完整的、全面的、总体的计划。它包括目标、政策、程序、任务的分配、要采取的步骤、要使用的资源以及为完成既定行动方针所需要的其他因素。工程项目管理规划是对工程项目全过程中的各种管理职能工作、各种管理过程以及各种管理要素,进行完整地、全面地、总体地计划。

工程项目管理规划是指导项目管理工作的纲领性文件,从总体上和宏观上制定规划。如果采用的项目管理模式是业主委托一个业主代理单位进行工程项目建设的模式,则业主也可委托代理单位编制工程项目管理规划。

项目管理规划是预测未来,确定欲达到的目标,估计会碰到的问题,提出实现目标、解决问题的有效方案、方针、措施和手段的过程。项目管理规划又是基于项目实际的思考、想象和谋划,进而确定、决定和安排实现项目目标所必需的各种活动和工作成果。项目管理规划也是考虑如何经济地使用项目管理组织的时间、资源和力量的过程,以便有效地把握未来,实现预期的结果。项目管理规划是项目管理过程的一个重要环节。

1.4.2 工程施工项目管理规划的种类

工程施工项目管理规划是施工企业编制的规划文件,它包括两类:

(1) 施工项目管理规划大纲,在取得招标文件后,用以指导承包人编制投标文件、投标报价和签订施工合同。

(2) 施工项目管理实施规划。在施工合同签订后,用以策划施工项目计划目标、管理措施和实施方案,保证施工合同的顺利实施。

前者侧重于满足投标竞争的需要,为签约谈判提供依据;后者侧重于实际操作,满足房屋建筑工程施工项目管理和施工现场管理的需要。

1.4.3 工程施工项目管理规划的内容

工程施工项目管理规划主要包括进行项目管理的原因、项目管理所需要做的工作的种类、项目管理的程序以及具体工作安排、项目的总投资和总进度等。工程施工项目管理涉及项目整个实施阶段,属于业主方项目管理的范畴。工程施工项目管理规划涉及的范围和深度应视项目的特点而定。具体来说,工程施工项目管理规划一般包括如下内容:

(1) 项目概述;
(2) 项目的目标分析和论证;
(3) 项目管理的组织;
(4) 项目采购和合同结构分析;
(5) 投资控制的方法和手段;
(6) 进度控制的方法和手段;
(7) 质量控制的方法和手段;

(8) 安全、健康与环境管理的策略；
(9) 信息管理的方法和手段；
(10) 技术路线和关键技术的分析；
(11) 设计过程的管理；
(12) 施工过程的管理；
(13) 风险管理的策略等。

1.4.4 编制工程施工项目管理规划的步骤

工程施工项目管理规划应是一动态过程，一般可按以下步骤进行：
(1) 规划信息的收集和处理；
(2) 确定项目目标和任务；
(3) 明确实现项目目标和任务的前提和依据；
(4) 制定实现项目目标或完成项目任务的各种可行方案；
(5) 对方案进行评估；
(6) 确定方案和写出项目计划书。

1.4.5 工程施工项目管理规划的编制要求

工程施工项目管理实施规划的编制应由项目经理负责，并请邀项目管理班子的主要人员参加，而且制定的规划必须随着情况的变化而进行动态调整。为了发挥施工项目管理实施规划的作用，它应符合以下要求：

(1) 符合招标文件、合同条件以及发包人（包括监理工程师）对工程的要求。它们决定施工项目管理的目标。因此，在编制过程中必须全面研究施工项目的招标文件和合同文件。

(2) 具有科学性和可执行性，能符合实际，能较好地反映以下几点：

1) 工程环境、现场条件、气候、当地市场的供应能力等。所以要进行大量的环境调查，掌握大量的资料。这是制定正确的、有可行性的规划的前提。

2) 符合施工工程自身的客观规律性，按照工程的规模、工程范围、复杂程度、质量标准、工程施工自身的逻辑性和规律性进行规划。因此，在规划时要注重收集在本地区、由本企业近期内承担的同类工程资料，包括施工状况，所取得的经验培训。

3) 施工项目相关各方的实际能力，例如承包人的施工能力、供应能力、设备装备水平、管理水平和所能达到的生产效率、过去同类工程的经验、目前在手的工程的数量、施工企业的管理系统等；发包人对整个工程项目所采用的发包方式、管理模式、支付能力、管理和协调能力、材料和设备供应能力等；工程的设计单位、供应单位的能力。

(3) 符合国家的法律、法规，国家和地方的规范、规程。
(4) 符合现代管理理论，采用新的管理方法、手段和工具。
(5) 应是系统的、优化的。

1.4.6 工程施工项目管理规划与施工组织设计、质量计划的关系

在实际工程中，我国的发包人常常在招标文件中要求承包人编制施工组织设计，或要求编制质量计划，对此应注意它们的一致性和相容性，避免重复性的工作。

(1) 若需按发包人的要求在投标文件中提供施工组织设计，施工项目管理大纲的内容应考虑发包人对施工组织设计的内容要求、评标的指标和评标方法。施工项目管理规划的编制应贯彻部门规章中有关施工组织设计的规定。

因为全面地完成施工合同是承包人最重要的任务，也是施工项目管理规划的目的，所以在相应的投标文件的编制中，应按照施工项目管理规划大纲编制施工组织设计，施工项目管理规划大纲的许多内容可以直接，或经过细化、修改、调整、补充后在施工组织设计中使用。

按照施工合同的规定（如我国的《建设工程施工合同（示范文本）》和FIDIC条件），承包人在中标后的一段时间内（通常为28天）向发包人（或监理工程师）提供详细的工程实施计划，这个详细的工程实施计划应按照施工项目管理实施规划编制，施工项目管理实施规划的内容可以直接，或经过细化、修改、调整、补充后在该工程实施计划中应用。

（2）在有些施工项目中，要求提供质量管理计划，例如按照FIDIC条件的规定，监理工程师有权审查承包人的"质量管理体系"。施工项目管理规划是编制质量管理计划的依据。在现代工程中承包人的施工质量管理计划的内容在很大程度上与施工项目管理规划的内容是一致的，所以施工项目管理规划（规划大纲或实施规划）的许多内容可以直接，或经过细化、修改、调整、补充后在质量管理计划编制时使用。

1.5 工程项目采购

1.5.1 项目管理委托的模式
业主方项目管理方式主要有三种：
（1）业主方自行进行项目管理；
（2）业主方委托项目管理公司全部代理业主方项目管理的任务；
（3）业主方委托项目管理公司部分代理业主方项目管理的任务，其余的任务自己完成。
这三种管理模式实际上是依据业主进行项目管理和依靠外界力量的多少而形成的。

1.5.2 设计任务委托的模式
设计任务的委托主要有两种模式：
（1）业主方委托一个设计单位（或设计联合体、设计合作体）作为设计总负责单位，设计总负责单位根据情况再委托其他设计单位配合设计；
（2）业主方平行委托多个设计单位进行设计。

1.5.3 施工任务委托的模式
施工任务的委托模式主要有三种：
（1）业主方委托一个施工单位（或施工联合体、施工合作体）作为施工总承包单位，施工总承包单位根据情况再委托其他施工单位作为分包单位配合施工；
（2）业主方委托一个施工单位（或施工联合体、施工合作体）作为施工总承包单位，业主方根据情况再委托其他施工单位作为分包单位配合施工；
（3）业主方平行委托多个施工单位进行施工。

1.5.4 设计任务和施工任务综合委托的模式
业主方把工程项目的设计任务和施工任务进行综合委托的模式实质上是工程项目总承包模式。总承包有多种方式，如设计—施工总承包（Design - Build）和设计采购施工总承包（Engineering，Procurement，Construction）。

设计—施工项目总承包方式是指业主把一个项目的全部设计与施工任务一次性发包给一个承建单位（即项目总承包商），该单位可以是单个建筑企业，也可以是多个建筑企业组成的联合体或合作体，由该承建单位(项目总承包商)负责从设计到交付使用等一系列实质性工作。它是一种简练的项目建设方式，即在项目原则确定以后，业主只需选定惟一的总承包商负责项目的设计与施工。采用项目总承包方式时，业主只与项目总承包商签订合同，项目总承包商可以使用本公司的专业人员自行完成设计和工程施工，也可以将部分的设计和工程任务分包给分包单位，总承包单位和各分包商签订合同并负责对分包单位的协调和管理，业主和分包单位不存在直接的合同关系。

设计采购施工总承包是指工程总承包企业按照合同约定，承担工程项目的设计、采购、施工、试运行服务等工作，并对承包工程的质量、安全、工期、造价全面负责。

1.5.5 工程物资采购的模式

工程物资采购是指房屋建筑工程项目的业主或购货方为获得建筑材料、建筑构配件和设备，通过招标的形式选择合适的供货方，它包含了物资的获得及其整个获取方式和过程。其业务范围包括确定所要采购物资的性能和数量；供求市场的调查分析；合同的谈判与签订及监督实施；在合同执行过程中，对存在问题采取必要的措施；合同支付及纠纷处理等。

物资采购在项目实施中占有很重要的位置，是项目成败的关键因素之一。业主或购货方所采购的物资应具有良好的品质，合理的价格以及在合同规定时间内交货，即将经济性和有效性完美地结合。

1.6 工程项目目标控制原理

1.6.1 工程项目目标控制的动态控制原理

1. 工程项目目标控制的概念

工程项目目标控制是指在实现工程项目目标的过程中，项目经理部按预定的计划实施，在实施的过程中会遇到许多干扰，项目经理部通过检查，收集到实施状态的信息，将它与原计划(标准)作比较，发现偏差，采取措施纠正这些偏差，从而保证计划正常实施，达到预定目标的全部活动过程。

2. 工程项目目标动态控制的工作程序

(1) 将工程项目的目标进行分解，以确定用于目标控制的计划值。

(2) 收集工程项目目标的实际值，如实际投资、实际进度等；定期(如每月)进行项目目标的计划值和实际值的比较；比较项目目标的计划值和实际值，如有偏差，则采取纠偏措施进行纠偏。

(3) 必要时需调整工程项目的目标，调整后再回到第一步。

1.6.2 工程项目目标动态控制的纠偏措施

工程项目目标动态控制的纠偏措施主要包括：

1. 组织措施

所谓组织措施是指从目标控制的组织管理方面采取的措施，如落实目标控制的组织机构和人员，明确各级目标控制人员的任务、职能分工、权力和责任，改善目标控制的工作流程等。组织措施是其他各类措施的前提和保障，而且一般不需要增加什么费用，运用得当可以收到良好的效果。尤其是对由于业主原因所导致的目标偏差，这类措施可能成为首选措施，故应予以足够重视。

2. 经济措施

经济是工程项目管理的保证,是目标控制的基础。目标控制中的资源配置和动态管理,劳动分配和物质激励,都对目标控制产生作用。需要注意的是,经济措施绝不仅是审核工程量、相应的付款和结算报告,还需要从一些全局性、总体性的问题上加以考虑。另外,不要仅仅局限在已发生的费用上。通过偏差原因分析和未完工程投资预测,可发现一些现有和潜在的问题将引起未完工程的投资增加,对这些问题应以主动控制为出发点,及时采取预防措施。经济措施的运用决不仅仅是财务人员的事情,与各专业管理人员均有关系。

3. 技术措施

技术措施不仅对解决工程实施过程中的技术问题是不可缺少的,而且对纠正目标偏差亦有相当重要的作用。任何一个技术方案都有基本确定的经济效果,不同的技术方案就有着不同的经济效果。因此,运用技术措施纠偏的关键,一是要能提出多个不同的技术方案;二是要对不同的技术方案进行技术经济分析。在实践中,要避免仅从技术角度选定技术方案而忽视对其经济效果的分析论证。

4. 合同措施

由于投资控制、进度控制和质量控制均要以合同为依据,因此合同措施就显得尤为重要。对于合同措施要从广义上理解,除了拟订合同条款、参加合同谈判、处理合同执行过程中的问题、防止和处理索赔等措施之外,还要协助业主确定对目标控制有利的工程项目组织管理模式和合同结构,分析不同合同之间的相互联系和影响,对每一个合同作总体和具体分析等。这些合同措施对目标控制更具有全局性的影响,其作用也就更大。另外,在采取合同措施时要特别注意合同中所规定的业主和监理工程师的义务和责任。

1.6.3 工程目标控制的任务

在工程实施的各阶段中,设计阶段、施工招标阶段、施工阶段的持续时间长且涉及的工作内容多。因此,重点阐述这三个阶段目标控制的具体任务。

1. 设计阶段

(1) 投资控制任务

在设计阶段,监理单位投资控制的主要任务是通过收集类似工程投资数据和资料,协助业主制定工程投资目标规划;开展技术经济分析等活动,协调和配合设计单位,力求使设计投资合理化;审核概(预)算,提出改进意见,优化设计,最终满足业主对工程投资的经济性要求。

(2) 进度控制任务

在设计阶段,监理单位设计进度控制的主要任务是根据工程总工期要求,协助业主确定合理的设计工期要求;根据设计的阶段性输出,由"粗"而"细"地制定工程总进度计划,为工程进度控制提供前提和依据;协调各设计单位一体化开展设计工作,力求使设计能按进度计划要求进行;按合同要求及时、准确、完整地提供设计所需要的基础资料和数据;与外部有关部门协调相关事宜,保障设计工作顺利进行。

(3) 质量控制任务

在设计阶段,监理单位设计质量控制的主要任务是了解业主建设要求,协助业主制定工程质量目标规划(如设计要求文件);根据合同要求,及时、准确、完善地提供设计工作所需的基础数据和资料;配合设计单位优化设计,并最终确认设计符合有关法规要求,符合技术、经济、财务、环境条件要求,满足业主对工程的功能和使用要求。

2．施工招标阶段

(1) 协助业主编制施工招标文件,为本阶段和施工阶段目标控制打下基础。

施工招标文件是工程施工招标工作的纲领性文件,又是投标人编制投标书的依据和评标的依据。监理工程师在编制施工招标文件时,应当为选择符合要求的施工单位打下基础,为合同价不超过计划投资、合同工期符合计划工期要求、施工质量满足设计要求打下基础,为施工阶段进行合同管理、信息管理打下基础。

(2) 协助业主编制标底。

应当使标底控制在工程概算或预算以内,并用其控制合同价。

(3) 做好投标资格预审工作。

应当将投标资格预审看作公开招标方式。

(4) 组织开标、评标、定标工作。

3．施工阶段

(1) 投资控制的任务

施工阶段工程投资控制的主要任务是通过工程付款控制、工程费用变更控制、预防并处理好费用索赔、挖掘节约投资潜力来努力实现实际发生的费用不超过计划投资。

(2) 进度控制的任务

施工阶段工程进度控制的主要任务是通过完善工程控制性进度计划、审查施工单位施工进度计划、做好各项动态控制工作、协调各单位关系、预防并处理好工期索赔,以求实际施工进度达到计划施工进度的要求。

(3) 质量控制的任务

施工阶段工程质量控制的主要任务是通过对施工投入、施工和安装过程、产出品进行全过程控制,以及对参加施工的单位和人员的资质、材料和设备、施工机械和机具、施工方案和方法、施工环境等实施全面控制,以期按标准达到预定的施工质量目标。

1.7 建筑业企业及建设工程项目经理

1.7.1 建筑业企业的概念

建设部颁布的《建筑业企业资质管理规定》规定建筑业企业是指施工总承包企业、施工承包企业和建筑劳务企业。建筑业企业是指从事土木建筑工程、线路、管道及设备安装工程、建筑装修装饰工程等新建、扩建、改建活动的企业,是建筑业队伍的主干,是建筑业之所以能够成为物质生产部门的组织基础,是建筑业发展成为我国国民经济支柱产业的支柱。

建筑业企业是生产建筑产品的企业,这是它区别于其他行业的企业的关键特征。由于建筑产品的固定性、多样性和庞大性,产生了建筑业企业生产活动的流动性、单件性(一次性)和长期性,且消耗巨大资源和资金,不得不进行大量露天作业。

1.7.2 建设工程项目经理及项目经理责任制

1．项目经理

项目经理是指受企业法定代表人委托和授权,在建设工程项目管理中担任项目经理岗位职务,直接负责工程项目的组织实施者,对建设工程项目全过程、全面负责的项目管理者。

它是建设工程管理的责任主体,是企业法人代表在建设工程项目上的委托代理人。它是一个组织系统中的管理者,至于它是否有人事权、财权和物资采购权等管理权限由其上级确定。中国建筑协会为加强行业自律和实现项目经理专业化、职业化和社会化管理,于2004年制定颁发《建设工程项目经理岗位职业资格管理导则》(以下简称《导则》)。《导则》对项目经理培训、选拔、考核、评价和项目经理岗位职业标准及责、权、利等做了较为全面的阐述。

2. 项目经理责任制

《建设工程项目管理规范》和建设部关于《建设单位项目管理试行办法》建市〔2004〕200号文中明确规定企业推行工程项目管理须实行项目经理制。项目经理责任制是指以项目经理为责任主体的建筑工程项目管理目标责任制度,是项目管理目标实现的具体保障和基本制度。用以确定项目经理部与企业、职工三者之间的责、权、利关系。它是以建筑工程项目为对象,以项目经理全面负责为前提,以"项目管理目标责任书"为依据,以创优质工程为目标,以求得项目产品的最佳经济效益为目的,实行从建筑工程项目开工到竣工验收的一次性全过程的管理。

1.7.3 建设工程项目经理的任务

项目经理的任务与职责主要包括两个方面:一是要保证建筑工程项目按照规定的目标快速优质低耗地全面完成;另一方面是保证各生产要素在项目经理授权范围内最大限度地优化配置。具体包括以下几项:

(1) 确定项目管理组织机构的构成并配备人员,制定规章制度,明确有关人员的职责,组织项目经理部开展工作。

(2) 确定管理总目标和阶段目标,进行目标分解,实行总体控制,确保项目建设成功。

(3) 及时、适当地作出项目管理决策,包括投标报价决策、人事任免决策、重大技术组织措施决策、财务工作决策、资源调配决策、进度决策、合同签订及变更决策,对合同执行进行严格管理。

(4) 协调本组织机构与各协作单位之间的协作配合及经济、技术关系,在授权范围内代理(企业法人)进行有关签证,并进行相互监督、检查,确保质量、工期和成本控制。

(5) 建立完善的内部及对外信息管理系统。

(6) 实施合同,处理好合同变更、洽商纠纷和索赔,处理好总分包关系,搞好与有关单位的协作配合,与建设单位相互监督。

1.7.4 项目经理的职责

项目经理的职责是由其所承担的任务决定的。项目经理应当履行以下职责:

(1) 贯彻执行国家和工程所在地政府的有关法律、法规和政策,执行企业的各项管理制度,维护企业整体利益和经济权益。

(2) 严格财经制度,加强成本核算,积极组织工程款回收,正确处理国家、企业与项目及其他单位个人的利益关系。

(3) 签订和组织履行"项目管理目标责任书",执行企业与业主签订的"项目承包合同"中由项目经理负责履行的各项条款。

(4) 对工程项目施工进行有效控制,执行有关技术规范和标准,积极推广应用新技术、新工艺、新材料和项目管理软件集成系统,确保工程质量和工期,实现安全、文明生产,努力提高经济效益。

(5) 组织编制工程项目施工组织设计,包括工程进度计划和技术方案,制定安全生产和保证质量措施,并组织实施。

(6) 根据企业年(季)度施工生产计划,组织编制季(月)度施工计划,包括劳动力、材料、构件和机械设备的使用计划。据此与有关部门签订供需包保和租赁合同,并严格履行。

(7) 科学组织和管理进入项目工地的人、财、物资源,做好人力、物力和机械设备等资源的优化配置,沟通、协调和处理与分包单位、建设单位、监理工程师之间的关系,及时解决施工中出现的问题。

(8) 组织制定项目经理部各类管理人员的职责权限和各项规章制度,搞好与企业各职能部门的业务联系和经济往来,定期向企业经理报告工作。

(9) 做好工程竣工结算、资料整理归档,接受企业审计并做好项目经理部的解体与善后工作。

1.7.5 项目经理的权限

赋予施工项目经理一定的权力是确保项目经理承担相应责任的先决条件。为了履行项目经理的职责,施工项目经理必须具有一定的权限,这些权限应由企业法人代表授予,并用制度和目标责任书的形式具体确定下来。施工项目经理在授权和企业规章制度范围内,应具有以下权限:

1. 用人决策权

项目经理有权决定项目管理机构班子的设置,聘任有关管理人员,选择作业队伍。对班子内的成员的任职情况进行考核监督,决定奖惩,乃至辞退。项目经理的用人权应当以不违背企业的人事制度为前提。

2. 财务支付权

项目经理应有权根据工程需要和生产计划的安排,作出资金动用、流动资金周转、机械设备租赁、使用的决策,对项目管理班子内的计酬方式、分配办法、分配方案等作出决策。

3. 进度计划控制权

参与企业进行的施工项目承包招标投标和合同签订,并根据项目进度总目标和阶段性目标的要求,对项目建设的进度进行检查、调整,并在资源上进行调配,从而对进度计划进行有效的控制。

4. 技术质量管理权

根据项目管理实施规划或施工组织设计,有权批准重大技术方案和重大技术措施,必要时召开技术方案论证会,把好技术决策关和质量关,防止技术上决策失误,主持处理重大质量事故。

5. 物资采购管理权

按照企业物资采购分类和分工对采购方案、目标、到货要求,乃至对供货单位的选择、项目现场存放策略等进行决策和管理。

6. 现场管理协调权

代表公司协调与施工项目有关的内外部关系,有权处理现场突发事件,但事后需及时报企业主管部门。

7. 建设部有关文件中对施工项目经理的管理权力作了以下规定

(1) 组织项目管理班子。

（2）以企业法人代表人的代表身份处理与所承担的工程项目有关的外部关系,受委托签署有关合同。

（3）指挥工程项目建设的生产经营活动,调配并管理进入工程项目的人力、资金、物资、机械设备等生产要素。

（4）选择施工作业队伍。

（5）进行合理的经济分配。

（6）企业法定代表人授予的其他管理权力。

各省、自治区、直辖市的建筑施工企业根据上述规定,结合本企业的实际,亦作出了相应的规定。如某企业规定,项目经理有以下权限。

（1）有权以法人代表委托代理人的身份与建设单位洽谈业务,签署洽商和有关业务性文件。

（2）对工程项目有经营决策和生产指挥权,对进入现场的人、财、物有统一调配使用权。

（3）在与有关部门协商的基础上,有聘任项目管理班子成员、选择栋号(作业)队长以及劳务输入单位的权利。

（4）有内部承包方式的选择权和工资、奖金的分配权,以及按合同的有关规定对工地职工辞退、奖惩权。

（5）对企业经理和有关部门违反合同行为的摊派有权拒绝接受,并对对方违反经济合同所造成的经济损失有索赔权。

1.7.6 项目经理的利益

项目经理最终的利益是项目经理行使权力和承担责任的结果,也是市场经济条件下责、权、利、效相互统一的具体体现。利益可分为两大类:一是物质兑现,二是精神奖励。项目经理应享有以下利益。

（1）获得基本工资、岗位工资和绩效工资。

（2）全面完成"项目管理目标责任书"确定的各项责任目标,交工验收并结算后,接受企业的考核和审计,除按规定获得物质奖励外,还可获得表彰、记功、优秀项目经理等荣誉称号和其他精神奖励。

（3）经考核和审计,未完成"项目管理目标责任书"确定的责任目标或造成亏损的,按有关条款承担责任,并接受经济或行政处罚。

这里再介绍某企业执行的两种方案。

项目经理按规定标准享受岗位效益工资和月度奖金(奖金暂不发)。年终各项指标和整个工程项目都达到承包合同(责任状)指标要求的,按合同奖罚一次性兑现,其年度奖励可为风险抵押金额的2~3倍。项目终审盈余时,可按利润超额比例提成予以奖励(具体分配办法根据各部门、各地区、各企业有关规定执行)。整个工程项目竣工综合承包指标全面完成贡献突出的,除按项目承包合同兑现外,可晋升一级档案工资或授予优秀项目经理等荣誉称号。

如果目标管理责任指标未按合同要求完成,可根据年度工程项目内部责任合同奖罚条款扣减风险抵押金,直至月底奖金全部免除。如属个人直接责任,致使工程项目质量粗糙、工期拖延、成本亏损或造成重大安全事故的,除全部没收抵押金和扣发奖金外,还要处以一次性罚款并下浮一级档案工资,性质严重者要按有关规定追究责任。

值得强调的是,从行为科学的理论观点来看,对施工项目经理的利益兑现应在分析的基础上区别对待,满足其最迫切的需要,以真正通过激励调动其积极性。行为科学认为,人的需要由低层次到高层次分别有:物质的、安全的、社会的、自尊的和理想的。如把前两种需要称为"物质的",则其他三种需要为"精神的",于是每进行激励之前,应分析该项目经理的最迫切需要,不能盲目地只讲物质激励。一定意义上说,精神激励的面要大,作用会更显著。精神激励如何兑现,应不断进行研究,积累经验。

1.8 工程项目策划

1.8.1 工程项目策划

1. 工程项目策划的涵义

工程项目策划是指把工程项目建设意图转换成定义明确、系统清晰、目标具体且具有策略性运作思路的系统活动过程。具体来说,就是项目策划人员根据业主总的目标要求,通过对工程项目进行系统分析,对项目活动的整体战略进行运筹规划,以便在项目建设活动的时间、空间、结构、资源多维关系中选择最佳的结合点,并展开项目运作,为保证项目完成后获得满意的经济效益、环境效益和社会效益提供科学的依据。

2. 工程项目策划的分类

工程项目策划可按多种方法进行分类:

(1) 按项目策划的范围可分为项目总体策划和项目局部策划。项目的总体策划一般指在项目决策阶段所进行的全面策划,局部策划是指对全面策划分解后的一个单项性或专业性问题的策划。

(2) 按项目建设程序分,项目策划可分为建设前期项目构思策划和项目实施策划。

由于各类策划的对象和性质不同,所以策划的依据、内容和深度要求也不同。

1.8.2 工程项目构思策划

工程项目构思策划是在项目决策阶段所进行的总体策划,它的主要任务是提出项目的构思、进行项目的定义和定位,全面构思一个待建工程项目;工程项目的提出,一般是根据国际国内社会经济的发展趋势和当地远近期规划以及提出的经营、生产或生活的需要。因此,项目构思策划必须以国家及当地法律法规和有关方针政策为依据,并结合国际国内社会经济的发展趋势和实际的建设条件进行。项目构思策划的主要内容包括:

(1) 项目构思的提出;

(2) 项目在社会经济发展中的地位、作用和影响力的策划;

(3) 项目性质、用途、建设规模、建设水准的策划;

(4) 项目的总体功能,项目系统内部各单项工程和单位工程的构成以及各自的功能和相互关系,项目内部系统与外部系统的协调和配套的策划;

(5) 与项目实施及运行相关的重要环节的策划。

1.8.3 工程项目实施策划

工程项目实施策划的基本内容包括:

(1) 项目实施的环境和条件的调查与分析;

(2) 项目目标的分析与再论证;

(3) 项目实施的组织策划；

(4) 项目实施的管理策划；

(5) 项目实施的合同策划；

(6) 项目实施的经济策划；

(7) 项目实施的技术策划；

(8) 项目实施的风险策划。

1.8.4 工程项目策划的作用

工程项目策划的主要作用体现在以下几个方面：

1. 明确工程项目系统的构建框架

工程项目策划的首要任务是根据工程项目建设意图进行项目的定义和定位，全面构思一个拟建的项目系统。在明确项目的定义和定位的基础上，通过项目系统的功能分析，确定项目系统的组成结构，使其形成完整配套的能力。提出项目系统的构建框架，使项目的基本构想变为具有明确的内容和要求的行动方案，是进行项目决策和实施的基础。

2. 为工程项目决策提供保证

根据工程项目的建设程序，工程项目投资决策是建立在项目的可行性研究和分析评价的基础上。可行性研究中的财务评价、国民经济评价和社会评价的结论是项目投资的重要决策依据。可行性研究的前提是建设方案本身及其所依据的社会经济环境、市场和技术水平，而一个与社会经济环境、市场和先进的技术水平相适应的建设方案的产生，并不是由投资者的主观愿望和某些意图的简单构想就能完成的，它必须通过专家的认真构思和具体的策划，并进行实施的可能性和可操作性分析，才能使建设方案建立在可运作的基础上。因此，只有经过科学的周密的项目策划，才能为项目的投资决策提供客观的、科学的保证。

3. 全面指导工程项目管理工作

工程项目策划是根据策划理论和原则，密切结合具体项目的整体特征，对项目的发展和实施管理的全过程进行描述。它不仅把握项目系统总体发展的规律和条件，同时还深入到项目系统构成的各个层面，针对项目的各个阶段的发展变化对项目管理方案提出系统的、具有可操作性的构思。因此，项目策划可直接成为指导项目实施和项目管理的基本依据。

1.9　工程风险管理

1.9.1 风险和风险量的基本概念

风险是指可以通过分析预测其发生概率而且后果很可能造成损失的未来不确定性因素。风险包括三个基本要素：一是风险因素的存在性；二是风险因素导致风险事件的不确定性；三是风险发生后其产生损失量的不确定性。

风险量是指不确定的损失程度和损失发生的概率。如果某个可能发生的事件，它可能的损失程度和发生的概率都很大，则其风险量就很大。

1.9.2 工程项目的风险类型

不同的风险具有不同的特性，为有效地进行风险管理，有必要对各种风险进行分类。

1. 按风险后果划分

(1) 纯粹风险。纯粹风险是指风险导致的结果只有两种，即没有损失或有损失。

(2) 投机风险。投机风险导致的结果有三种,即没有损失、有损失或获得利益。

2．按风险来源划分

(1) 自然风险。自然风险是指由于自然力的不规则变化导致财产毁损或人员伤亡。如风暴、地震等。

(2) 人为风险。人为风险是指由于人类活动导致的风险。人为风险又可分为政治风险、经济风险、技术风险和组织风险等。

3．按风险的形态划分

(1) 静态风险。静态风险是由于自然力的不规则变化或由于人的行为失误导致的风险。从发生的后果来看,静态风险多属于纯粹风险。

(2) 动态风险。动态风险是由于人类需求的改变、制度的改进和政治、经济、社会、科技等环境的变迁导致的风险。从发生的后果来看,动态风险既可属于纯粹风险,又可属于投机风险。

4．按风险可否管理划分

(1) 可管理风险。可管理风险是指用人的智慧、知识等可以预测、可以控制的风险。

(2) 不可管理风险。不可管理风险是指用人的智慧、知识和能力无法控制的风险。

风险可否管理取决于所收集资料的多少和掌握管理技术的水平。

5．按风险影响范围划分

(1) 局部风险。局部风险是指由于某个特定因素导致的风险,其损失的影响范围较小。

(2) 总体风险。总体风险影响的范围大,其风险因素往往无法加以控制,如经济、政治等因素。

6．从风险承受者角度分类

(1) 业主的风险

这类风险可归纳为三种类型,即人为风险、经济风险和自然风险。

1) 人为风险。它是指因人的主观因素导致的各种风险。这些风险虽然表现形式和影响的范围各不相同,但都离不开人的思想和行为。这类风险有些起因于项目业主的主管部门乃至政府,有些来自项目业主的合作者,还有些政府归咎于其内部人员。

2) 经济风险。对于所有从事经济活动的行业而言,风险都在所难免。这类风险产生的主要原因有:宏观形势不利、投资环境恶劣、市场物价不正常上涨、投资回收期长、基础设施落后、资金筹措困难。

3) 自然风险。它是指工程项目所在地区客观存在的恶劣自然条件,工程实施期间可能碰上的恶劣气候。

(2) 承包商的风险

这类风险可归纳为三种类型,即决策风险、缔约和履约风险及责任风险。

1) 决策风险。包括进入市场的决策风险、信息失真风险、中介风险、代理风险、业主买标风险、联合保标风险、报价失误风险等。

2) 缔约和履约风险。缔约和履约是承包工程的关键环节。许多承包商因对缔约和履约过程的风险认识不足,致使本不该亏损的项目严重亏损,甚至破产倒闭。这类风险主要潜伏于以下方面:合同管理(合同条款中潜伏的风险往往是责任不清、权利不明所致)、工程管理、物资管理、财务管理等。

3) 责任风险。工程承包是基于合同当事人的责任、权利和义务的法律行为。承包商对其承揽的工程设计和施工负有不可推卸的责任,而承担工程承包合同的责任是有一定风险的;这类风险主要出现在以下几个方面:一是职业责任风险,包括地质地基条件、水文气候条件、材料供应、设备供应、技术规范、提供设计图纸不及时、设计变更和工程量变更、运输问题;二是法律责任风险,包括起因于合同、行为或疏忽、欺骗和错误等方面;三是替代责任风险,因承包商还必须对以其名义活动或为其服务的人员的行为承担责任。

(3) 咨询监理单位的风险

这类风险主要有业主、承包商和职业责任三方面。

1) 来自业主的风险。因咨询监理与业主的关系是契约关系,确切地说是一种雇佣关系。这方面的风险产生的主要原因有:业主希望少花钱多办事、可行性研究缺乏严肃性、宏观管理不力、投资先天不足、盲目干预等。

2) 来自承包商的负险。承包商出于自己的利益,常常会有种种图谋不轨的行为,势必给监理工程师的工作带来许多困难,甚至导致工程师蒙受重大风险。通常情况有:承包商投标不诚实、缺乏商业道德、素质太差等。

3) 职业责任风险。监理工程师的职业要求其承担重大的职业责任风险。这种风险的构成因素有:设计不充分、不完善,设计错误和疏忽,投资估算和设计概算不准,自身的能力和水平不适应。

1.9.3 工程项目风险管理的工作流程

1. 风险管理的概念

项目风险管理就是项目管理班子通过风险识别、风险估计和风险评价,并以此为基础合理地使用多种管理的方法、技术和手段,对项目活动涉及的风险实行有效的控制,采取主动行动,创造条件,尽量扩大风险事件的有利结果,妥善地处理风险事故造成的不利后果,以最少的成本保证安全、可靠地实现项目的总目标。

2. 风险管理的工作流程

(1) 风险识别

风险识别是风险管理的基础,是指风险管理人员在收集资料和调查研究之后,运用各种方法对尚未发生的潜在风险以及客观存在的各种风险进行系统归类和全面识别。风险识别的主要内容是:识别引起风险的主要因素、风险的性质、风险可能引起的后果。

(2) 风险评估

项目风险评估包括风险估计与风险评价两个内容。风险评估的主要任务是确定风险发生概率的估计和评价,风险后果严重程序的估计和评价,风险影响范围大小的估计和评价,以及对风险发生时间的估计和评价。

(3) 风险控制

1) 减轻风险。减轻风险的目标是降低风险发生的可能性或减少不利影响。具体目标是什么,则在很大程度上要看风险是已知风险、可预测风险还是不可预测风险。对于已知风险,项目班子可以在很大程度上加以控制,可以动用项目现有资源减少风险。可预测风险或不可预测风险是项目班子很少或根本不可能控制的风险,直接动用项目资源一般难以收到较好的效果,必须进行深入细致的调查研究。

2) 预防风险。预防策略通常采取有形和无形的手段。其中有形的预防手段包括防止风险因素出现、减少已存在的风险因素及将风险因素同人、财、物在时间和空间上隔离。无形的预防手段有教育法和程序法。

3) 转移风险。转移风险又叫合伙分担风险,其目的不是降低风险发生的概率和不利后果,而是借用合同或协议,在风险事故一旦发生时将损失的一部分转移到项目以外的第三方身上。转移风险有控制型非保险转移、财务型非保险转移和保险三种形式。

① 控制型非保险转移。控制型非保险转移,转移的是损失的法律责任,它通过合同或协议,消除或减少转让人对受让人的损失责任和对第三者的损失责任。

② 财务型非保险转移。财务型非保险转移是转让人通过合同或协议寻求外来资金补偿其损失。

③ 保险。保险是通过专门的机构,根据有关法律,运用大数法则,签订保险合同,当风险事故发生时,就可以获得保险公司的补偿,从而将风险转移给保险公司。例如建筑工程一切险、安装工程一切险和建筑安装工程第三者责任险。

4) 回避风险。回避风险是指当项目风险潜在威胁发生的可能性太大,不利后果也太严重,又无其他策略可用时,主动放弃项目或改变项目目标与行动方案,从而回避风险的一种策略。通过回避风险,可以在风险事件发生之前完全彻底地消除某一特定风险可能造成的种种损失,而不仅仅是减少损失的影响程度。回避风险是对所有可能发生的风险尽可能地回避,这样可以直接消除风险损失。回避风险具有简单、易行、全面、彻底的优点,能将风险的概率保持为零,从而保证项目的安全运行。

回避风险的具体方法有:放弃或终止某项活动;改变某项活动的性质。如放弃某项不成熟工艺;初冬时期,为避免混凝土受冻,不用矿渣水泥而改用硅酸盐水泥。

在回避风险时,应注意以下几点:

① 当风险可能导致损失频率和损失幅度极高,且对此风险有足够的认识时,这种策略才有意义。

② 当采用其他风险策略的成本和效益的预期值不理想时,可采用回避风险的策略。

③ 不是所有的风险都可以采取回避策略的,如地震、洪灾、台风等。

④ 由于回避风险只是在特定范围内及特定的角度上才有效。因此,避免了某种风险,又可能产生另一种新的风险。

5) 自留。自留风险又称承担风险,它是一种由项目组织自己承担风险事故所致损失的措施。项目班子可以把风险事件的不利后果自愿接受下来。自愿接受可以是主动的,也可以是被动的。

自留风险的类型:

① 主动自留风险与被动自留风险

主动自留风险又称计划性承担,是指经合理判断、慎重研究后将风险承担下来,或由于疏忽、未探究风险的存在而承担下来。

② 全部自留风险和部分自留风险

全部自留风险是对那些损失频率高、损失幅度小,且当最大损失额发生时,项目组织有足够的财力来承担时采取的方法。部分自留风险是依靠自己的财力,处理一定数量的风险。

6) 后备措施。有些风险要求事先制定后备措施,一旦项目实际进展情况与计划不同,就动用后备措施。主要有费用、进度和技术三种后备措施。

1.10 工程施工组织协调

1.10.1 工程项目组织协调的概念

工程项目组织协调是指以一定的组织形式、手段和方法,对工程项目中产生的关系不畅进行疏通,对产生的干扰和障碍予以排除的活动。

项目组织协调是项目管理的一项重要工作。一个项目的实施要取得成功,组织协调具有重要作用。组织协调可使矛盾着的各个方面居于统一体中,解决它们的界面问题,解决它们之间的不一致和矛盾,使系统结构均衡,使项目实施和运行过程顺利。在项目实施过程中,项目经理是协调的中心和沟通的桥梁。在整个项目的目标规划、项目定义、设计和计划以及实施控制等工作中有着各式各样的协调工作。例如:项目目标因素之间的协调,项目各子系统内部、子系统之间、子系统与环境之间的协调;各专业技术方面的协调;项目实施过程的协调;各种管理方法、管理过程的协调;各种管理职能如成本、合同、工期、质量等的协调;项目参加者之间的组织协调等。所以,协调作为一种管理方法已贯穿于整个项目和项目管理的全过程。

在各种协调中,组织协调具有独特的地位,它是使其他协调有效性的保证,只有通过积极的组织协调才能实现整个系统全面协调的目的。

1.10.2 组织协调的范围

组织协调的范围包括内部关系的协调、近外层关系的协调和远外层关系的协调。

内部关系包括项目经理部内部关系、项目经理部与企业的关系、项目经理部与作业层的关系。

承包人的近外层关系是指与承包人有直接和间接合同的关系,包括与发包人、监理工程师、设计人、供应人、分包人、贷款人、保险人等的关系。近外层关系的协调应作为项目管理组织协调的重点。

远外层关系是指与承包人虽无直接或间接合同关系,但却有着法律、法规和社会公德等约束的关系,包括承包人与政府、环保、交通、环卫、绿化、文物、消除、公安等单位的关系。

1.10.3 组织协调的内容

1. 人际关系的协调

人际关系的协调应包括组织内部人际关系的协调和组织与关联单位的人际关系协调。协调的对象应是相关工作结合部中人与人之间在管理工作中的联系和矛盾。

2. 组织关系协调

组织关系协调应包括项目经理部与企业管理层及劳务作业层之间关系的协调。

3. 供求关系协调

供求关系协调应包括企业物资供应部门与项目经理部关系的协调,生产要素供需单位之间的关系的协调。

4. 协作配合关系协调

协作配合关系协调应包括近外层单位的协作配合,内部各部门、上下级、管理层与作业层之间的关系。

5. 约束关系协调

约束关系协调包括法律、法规的约束关系的协调和合同约束关系的协调。

1.10.4　组织协调的动态工作原则

工程项目在实施过程中，随着运行阶段的不同，所存在的关系和问题都有所不同，比如项目进行的初期主要是供求关系的协调，项目进行的后期主要是合同和法律、法规约束关系的协调。这就要求协调工作应根据不同的发展阶段，适时、准确地把握关系的发展，及时、有效地沟通关系、化解矛盾，提高项目运行的效率和效益。

1.10.5　工程施工项目组织协调的手段

任何组织的管理只有通过沟通才能实现，所以，一个组织内部沟通的效果是测定组织管理效果的最好尺度。沟通较差，管理就较差；沟通的效果好，工作效率就高。管理的实施几乎完全依赖于沟通。一个管理者能否成功地沟通，很大程度上决定了他能否成功地管理他的组织。

沟通是组织协调的手段，是解决组织成员间障碍的基本方法。组织协调的程度和效果常常依赖于各项目参加者之间沟通的程度。通过沟通，不但可以解决各种协调的问题，如在技术、过程、逻辑、管理方法和程序中的矛盾、困难和不一致，而且还可以解决各参加者心理和行为的障碍和争执。

沟通是一个核心管理职能。沟通网络在组织活动中扮演一个关键角色，沟通是指两个或两个以上的人们或实体之间信息的传播。在组织的背景下，沟通就是建立起分布信息的系统，这些信息是决策完成活动所必需的。

沟通的途径有如下三种：

1．口头沟通

这是运用最为广泛的沟通方式。它是一种高度个人化地交流思想、内容和情感的方式。口头沟通时，信息必须清楚、简洁，内容和语境都必须解释充分。

2．文字沟通

在缺乏面对面的接触或远程通信设施的情况下，这种沟通方式是传递信息非常有价值的工具。特别是在面对很多人传递同一信息而且还需有一个永久存档时，这种方法尤其有用。

3．音频、视频、通信

高度发达、高效的通信、音频、视频辅助设施可以使沟通变得更为有效。

1.10.6　组织协调的要求

1．内部关系的组织协调

(1) 内部人际关系的协调应依靠各项规章制度，通过做好思想工作、加强教育培训、提高人员素质等方法实现。

(2) 项目经理部与企业管理层关系的协调应严格执行"项目管理目标责任书"；项目经理部与作业层关系的协调应依靠履行劳务合同及执行"项目管理实施规划"。

(3) 项目经理部进行内部供求关系的协调应做好以下工作：

1) 做好需求计划的编制、平衡，并认真执行计划。

2) 充分发挥调度系统和调度人员的作用，加强调度工作。

2．近外层关系和远外层关系的组织协调

(1) 项目经理部进行近外层关系和远外层关系的组织协调必须在企业法定代表人的授

权范围内实施。

(2) 项目经理部与发包人之间的关系协调应贯穿于工程施工项目管理的全过程。协调的目的是搞好协作,协调的方法是执行合同,协调的重点是资金问题、质量问题和进度问题。

(3) 项目经理部在施工准备阶段应要求发包人按规定的时间履行合同约定的责任,保证工程顺利开工。项目经理部应在规定的时间内承担合同约定的责任,为开工后连续施工创造条件。

(4) 项目经理部应及时向发包人或监理机构提供有关的生产计划、统计资料、工程事故报告等。发包人应按规定时间向项目经理部提交技术资料。

(5) 项目经理部应按《建设工程监理规范》的规定和施工合同的要求,接受监理单位的监督和管理,搞好协作配合。

(6) 项目经理部应在设计交底、图纸会审、设计洽商变更、地基处理、隐蔽工程验收和交工验收等环节中与设计单位密切配合,同时应接受发包人和监理工程师对双方的协调。

(7) 项目经理部与材料供应人应依据供应合同,充分运用价格机制、竞争机制和供求机制搞好协作配合。

(8) 项目经理部与公用部门有关单位的关系应通过加强计划性和通过发包人或监理工程师进行协调。

(9) 项目经理部与分包人关系的协调应按分包合同执行,正确处理技术关系、经济关系,正确处理项目进度控制、项目质量控制、项目安全控制、项目成本控制、项目生产要素管理和现场管理中的协作关系。项目经理部还应对分包单位的工作进行监督和支持。

(10) 处理远外层关系必须严格守法,遵守公共道德,并充分利用中介组织和社会管理机构的力量。

1.10.7 工程项目组织协调通病及解决措施

1. 工程项目组织协调通病

(1) 项目组织或项目经理部中出现混乱,总体目标不明,不同部门和单位兴趣与目标不同,各人有各人的打算和做法,甚至尖锐对立,而项目经理无法调解争执或无法解释。

(2) 项目经理部经常讨论不重要的事务性问题,协调会议经常被一些言非正传的职能部门领导打断、干扰或偏离了议题。

(3) 信息未能在正确的时间内,以正确的内容和详细程度传达到正确位置,人们抱怨信息不够、太多、不及时或不着要领。

(4) 项目经理部中没有应有的争执,但它在潜意识在存在,人们不敢或不习惯将争执提出来公开讨论,而转入地下。

(5) 项目经理部中存在或散布着不安全、气愤、绝望等气氛,特别是在项目遇到危机、上层系统准备对项目做重大变更、据说项目不再进行、对项目组织作调整或项目即将结束时更显突出。

(6) 实施中出现混乱,人们对合同、指令、责任书理解不一或不能理解,特别在国际工程以及国际合作项目中,由于不同语言的翻译造成理解的混乱。

(7) 项目得不到职能部门的支持,无法获得资源和管理服务,项目经理花大量的时间和精力周旋于职能部门之间,与外界不能进行正常的信息流通。

2. 通病产生的原因

（1）项目开始时或当某些参加者介入项目组织时，缺少对目标、责任、组织规则和过程统一的认识和理解。

（2）目标之间存在矛盾或表达上有矛盾，而各参加者又从自己的利益出发解释，导致混乱。项目管理者没能及时作出统一解释，不能使目标透明。

（3）缺乏对项目组织成员工作进行明确的结构划分和定义，人们不清楚自己的职责范围。项目经理部内工作含糊不清，职责冲突，缺乏授权。

（4）管理信息系统设计功能不全，信息渠道、信息处理有故障，没有按层次、分级、分专业进行信息优化和浓缩。

（5）项目经理的领导风格和项目组织的运行风气不正。

（6）协调会议主题不明，项目经理权威性不强，或不能正确引导；与会者不守纪律，使协调会议成为聊天会；有些职能部门领导过强（年龄过大、工龄长、经验丰富等）或个性放纵、存在不守纪律、没有组织观念的现象，甚至拒绝任何批评和干预，而项目经理无力指挥和干预。

（7）使用矩阵式组织，但人们并没有从直线式组织的运作方式上转变过来。

（8）项目经理缺乏管理技能、技术判断力或缺少与项目相应的经验，没有威信。

（9）发包人或企业经理不断改变项目的范围、目标、资源条件和项目的优先等级（即顺序）。

3. 组织争执的解决措施

组织协调不顺利或协调工作不成功常常会导致组织争执。对组织争执的处理首先决定于项目管理者的性格及对争执的认识程度。领导者要有效地管理争执，有意识引起争执，通过争执引起讨论和沟通；通过详细的协商，以求平衡和满足各方面的利益，达到项目目标的最优解决。

通常情况下，对于不影响项目整体大局的争执，领导者应采取策略引导双方回避争执，或者说服双方向对方适当妥协或作非原则让步。对于涉及双方共同利益的争执，可采取互谦互让、加大合作面，形成利益互补或利益共同体，从而化解争执。有的争执属于非原则性争执，双方应通过协商进一步达成共识，消除争执。对于利益冲突性争执，如果不好通过双方协商解决，则应交由上级领导出面裁决，使得争执双方都独立于利益体之外，从而尽快解决争执，保证进一步组织工作的顺利进行。如果争执问题比较突出，而且双方对待争执都比较敏感，在采用协商、调解的方式都无法解决的情况下，则应当机立断采用行政裁决甚至采用法律手段来解决。

第 2 章 工程总承包

2.1 工程总承包企业的培育

工程总承包方式是在建筑产业的长期发展过程中,随着经济社会的发展,业主对建设工程服务需求的综合性和集成性越来越高,而逐步形成的承发包模式。我国建筑业从 20 世纪 80 年代中期全行业管理体制改革开始,就已经广泛关注。国家建设部于 2003 年颁发了建市[2003]30 号文《关于培育发展工程总承包和工程项目管理企业的指导意见》(以下简称"指导意见")。这将成为我国建筑行业今后一段时期的重要发展方向。

2.1.1 总承包的基本概念

工程总承包是业主项目管理中的一种组织实施方式,或叫做一种承发包方式。所谓工程总承包是指从事工程总承包的企业(以下简称工程总承包企业)受业主委托,按照合同约定对工程项目的勘察、设计、采购、施工、试运行(竣工验收)等实行全过程或若干阶段的承包。总承包商负责对工程项目进行进度、费用、质量、安全管理和控制,并按合同约定完成工程。在工程总承包模式下,通常是由总承包商完成工程的主体设计;允许总承包商把局部或细部设计分包出去,也允许总承包商把施工任务全部分包出去。所有的设计、施工分包工作等都由总承包商对业主负责,设计、施工分包商不与业主直接签订合同。工程总承包的类型如表 2-1 所示。

工程总承包的分类 表 2-1

	工程项目建设程序						
	项目决策	初步设计	技术设计	施工图设计	材料设备采购	施工	试运行
交钥匙总承包(Turnkey)	━━	━━	━━	━━	━━	━━	━━
设计采购施工总承包(Engineering, Procurement, Construction)		━━	━━	━━	━━	━━	━━
设计-施工总承包(Design, Build)		━━	━━	━━		━━	
设计-采购总承包(Engineering, Procurement)		━━	━━	━━	━━		
采购-施工总承包(Procurement, Construction)					━━	━━	

注:其中交钥匙总承包还可以延伸至可行性研究。

2.1.2 总承包的基本模式

1. 设计采购施工总承包(EPC)

设计采购施工总承包(Engineering, Procurement and Construction)是仅对建设工程产品建造而言的总承包方式,总承包企业按照合同约定,承担建设工程项目的设计、采购、施工等工作,并对承包工程的质量、安全、工期、造价全面负责。EPC工程总承包的合同关系如图2-1所示。

根据业主的不同要求和项目的不同特点,EPC工程总承包还有EPCm(Engineering, Procurement, Construction management)、EPCs (Engineering, Procurement, Construction superintendence)、EPCa(Engineering, Procurement, Construction advisory)等类型。

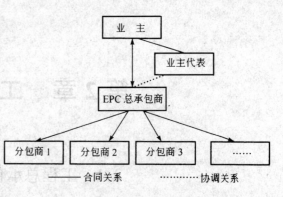

图2-1 EPC工程总承包的合同关系

(1) 在EPCm工程总承包项目中,EPCm承包商负责工程项目的设计和采购,并负责施工管理。施工承包商与业主签订承包合同,但接受EPCm承包商的管理。EPCm承包商对工程的进度和质量全面负责。EPCm工程总承包的业务关系如图2-2所示。

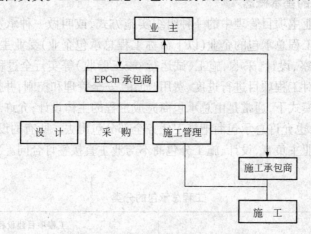

图2-2 EPCm工程总承包业务关系

(2) 在EPCs工程总承包的项目中,EPCs承包商负责工程项目的设计和采购,并监督施工承包商按照设计要求的标准、操作规程等进行施工,负责物质的管理。施工监理费不含在承包价中,按照实际工时计取。业主与施工承包商签订承包合同,并进行施工管理。EPCs工程总承包的业务关系如图2-3所示。

(3) 在EPCa工程总承包项目中,EPCa承包商负责工程项目的设计和采购,并在施工阶段向业主提供咨询服务。施工咨询费不含在承包价中,按实际工时计取。业主与施工承包商签订承包合同,并进行施工管理。EPCa工程总承包的业务关系如图2-4所示。

2. 交钥匙工程总承包(Turnkey)

交钥匙工程总承包是设计、采购、施工工程总承包向两头扩展延伸而形成的业务和责任范围更广的总承包模式,不仅承包工程项目的建设实施任务,而且提供建设项目前期工作和运营准备工作的综合服务,其范围包括:

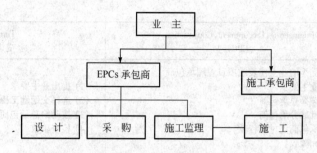

图 2-3 EPCs 工程总承包业务关系

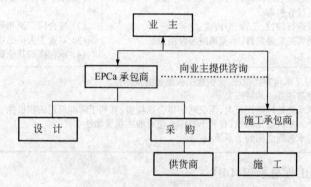

图 2-4 EPCa 工程总承包业务关系

（1）项目前期的投资机会研究、项目发展策划、建设方案及可行性研究和经济评价；
（2）工程勘察、总体规划方案和工程设计；
（3）工程采购和施工；
（4）项目动用准备和生产运营组织；
（5）项目维护及物业管理的策划与实施等。

EPC 模式与 Turnkey 模式的联系和区别见表 2-2。

EPC 与 Turnkey 的区别与联系表　　　　表 2-2

	Engineering, Procurement, Construction（EPC）	Turnkey（交钥匙）
合同关系	如图 2-1 所示	
说明	（1）总承包商对工程设计、设备材料采购、施工、试运行服务全面负责，并可根据需要将部分工作分包给分承包商。分承包商向总承包商负责 （2）业主代表可以是设计公司、咨询公司、项目管理公司或不是承包本工程公司的另一家工程公司，其性质是项目管理服务而不是承包	（1）Turnkey 是 EPC 总承包业务和责任的延伸 （2）Turnkey 与 EPC 和 DB（Design, Build）的主要不同点在于其承包范围更大，工期更确定，合同总价更固定，承包商风险更大，合同价相对较高
适用范围	（1）设计、采购、施工、试运行交叉、协调关系密切的项目 （2）采购工作量大，周期长的项目 （3）承包商拥有专利、专有技术或丰富经验的项目 （4）业主缺乏项目管理经验，项目管理能力不足的项目 （5）大多数工业项目	（1）业主更加关注工程按期交付使用 （2）业主只关心交付的成果，不想过多的介入项目实施过程的项目 （3）业主希望承包商承担更多风险，而同时愿意支付更多风险费用（合同价较高）的项目 （4）业主希望收到一个完整配套的工程，"转动钥匙"即可使用的项目

续表

	Engineering, Procurement, Construction (EPC)	Turnkey (交钥匙)
业主主要责任	(1) 选择优秀的业主代表或项目管理承包商 (2) 编制业主要求 (3) 招标选择总承包商 (4) 审查批准分承包商 (5) 向总承包商支付工程款 (6) 监督和验收	(1) 提出业主要求 (2) 选择交钥匙工程承包商 (3) 按时给总承包商付款 (4) 检查验收
总承包商的主要责任	(1) 按合同,完成设计、采购、施工、试运行服务全部工作 (2) 招标选择分包商 (3) 对工程进行四控、三管、一协调 (4) 对合同实施效果负责,承担风险和经济责任	(1) 按合同约定完成工程总承包项目的可行性研究、项目立项、设计、采购、施工和试运行 (2) 按合同工期和固定的价格交付工程 (3) 对业主人员的培训 (4) 承包商的其他责任与EPC情况相同
备注	与其他工程总承包方式相比,交钥匙工程承包的优越性 (1) 能满足某些业主的特殊要求 (2) 承包商承担的风险比较大,但获利的机会比较多,有利于调动总承包的积极性 (3) 业主介入的程度比较浅,有利于发挥承包商的主观能动性 (4) 业主与承包商之间的关系简单	

3. 设计－建造工程总承包(DB)

设计－建造工程总承包(Design, Build)是对工程项目实施全过程而言的承发包模式,不过对于项目设备和主要材料采购,将由业主自行采购或委托专业的材料设备成套供应企业承担,工程总承包企业按照合同约定,只承担工程项目的设计和施工,并对承包工程的质量、安全、工期、造价全面负责。DB工程总承包的合同关系如图2－5所示。

DB工程总承包的基本出发点是促进设计与施工的早期结合,以便有可能充分发挥设计和施工双方的优势,提高项目的经济性。DB工程总承包一般适用于建筑工程项目。但是,在下列三种情况下一般较少采用DB工程总承包模式:

(1) 纪念性建筑。这类项目优先考虑的往往不是造价和进度等经济因素,而是建筑造型艺术和工程细部处理等技术因素。

(2) 新型建筑。这类项目一般都有较高的建筑要

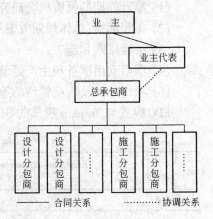

图2－5 DB工程总承包的合同关系

求,同时结构形式的选择和处理有许多不确定因素,无论对设计者还是对施工者可能都缺乏这方面的经验。如果采用总承包方式,业主和承包商的风险都很大。

(3) 大型土方工程、道路工程等设计工作量少的项目。

根据承包起始时间不同,DB工程总承包可分为四种类型,即从方案设计到竣工验收、从初步设计到竣工验收、从技术设计到竣工验收、从施工图设计到竣工验收,如图2－6所示。承包时间越早,承包商的风险越大;但承包的时间越晚,由设计与施工结合而提高项目经济性的可能性亦相应减少。究竟采用哪种承包方式,要根据项目的具体特点和当时所具备的

条件确定。

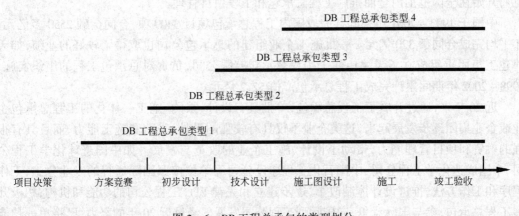

图2-6 DB工程总承包的类型划分

4. 工程项目管理总承包

这里必须说明"总承包管理"和"管理总承包"两个用语的不同内涵,前者是指总承包企业对自身所承包的工程项目,在实施过程所进行的管理活动;后者则指专业化、社会化的工程项目管理企业接受业主委托,按照合同约定承担工程项目管理业务,如在工程项目决策阶段,为业主进行项目策划、编制可行性研究报告和经济分析;在工程项目实施阶段,为业主提供招标代理、设计管理、采购管理、施工管理和试运行(竣工验收)等服务,为业主进行工程质量、安全、进度和费用目标控制,并按照合同约定承担相应的管理责任。

工程项目管理企业不直接与该工程项目的总承包企业或勘察、设计、供货、施工等企业签订合同,但可以按合同约定,协助业主与工程项目的总承包企业或勘察、设计、供货、施工等企业签订合同,并受业主委托监督合同的履行。

工程项目管理总承包的具体方式及服务内容、权限、取费和责任等,由业主与工程项目管理企业在合同中约定。

5. 其他总承包模式

根据工程项目的不同规模、类型和业主要求,工程总承包还可采用设计-采购总承包(Engineerng, Procurement, EP)、采购-施工总承包(Procurement, Construction, PC)等方式。

2.1.3 工程总承包的发展及主要特点

1. 工程总承包在中国及世界的发展

我国工程总承包的提出,起源于基本建设管理体制改革。早在1984年国务院颁发的《关于改革建筑业和基本建设管理体制若干问题的暂行规定》(国发[1984]123号)文件中就提出建立工程总承包企业的设想。文件中指出,工程承包公司受建设项目主管部门(或建设单位)的委托,或投标中标,对项目建设的可行性研究、勘测设计、设备选购、材料订货、工程施工、直到竣工投产实行全过程的总承包或部分承包。从1984年到1997年,随着对中国工程总承包模式的不断探索,相关的法规文件也在不断地出台、完善。1997年,我国颁布的《建筑法》,明确提倡对建筑工程进行总承包,确立了工程总承包的法律地位。在2002年10月至11月建设部组团对美国、加拿大等国先进的工程总承包和工程项目管理模式考查和2002年11月在北京召开的"建设项目管理和工程总承包经验交流暨表彰大会"的基础上,建设部于 2003 年 2 月 13 日,发出《关于培育发展工程总承包和工程项目管理企业的指导意见》,开始在全国范围内全面推广工程总承包和工程项目管理。

中国于 1993~2001 年期间共完成国内工程总承包项目 3409 项,合同金额 2550 多亿元,年平均完成合同额 320 亿元。一批施工企业组建的总承包公司也取得了较好的业绩,如天津建工集团重组成立了天津市建工工程总承包有限公司,负责对总承包工程的组织实施,1998~2002 年期间累计完成工程总承包产值 52.2 亿元。

近 20 年来,通过开展了工程总承包,一批具有设计、采购、施工一体化的工程总承包企业或企业集团逐步发展起来,这类企业不仅具有较强的设计、采购和施工能力,而且具有很强的融资和项目管理能力,带动了设计、施工企业的改革与发展。如中国寰球化学工程公司、中国成达化学工程公司、中国石化工程建设公司等单位按照国际通行的专业分工、工作程序和工作方法,推进设计体制改革,逐步建立和完善 EPC 工程公司的功能和机构,积极开展工程总承包,参与国际竞争,向国际型工程公司发展。经过近 20 年的努力,已将单一功能的设计院改造成为以设计为主导,具备咨询、设计、采购、施工管理、开车服务等多种功能的国际工程公司。中国建筑工程总公司、天津建工集团、北京城建集团、上海建工集团、广州市建筑集团有限公司、中国有色建设集团有限公司等一批施工企业(集团),通过改革和发展,调整结构,完善功能,开展了工程总承包业务。

发达国家工程总承包是根据市场需要演变和发展起来的,已有近百年历史,并且有继续发展的趋势。根据美国设计-建造学会(Design Build Institute of America)2000 年的报告,设计-建造总承包(DB)合同的比例,已从 1995 年的 25% 上升到 30%,预计到 2010 年将上升到 60%,即近一半的工程项目,将会采取工程总承包的方式。而我国目前总承包合同的比例仅占 1% 左右。国外开展工程总承包业务的企业大多为国际型工程公司,它们具有以下共同的特点:

(1) 具有工程设计采购施工和项目管理全功能,业务范围涵盖工程项目建设的全过程;
(2) 具有与设计采购施工全功能相适应的组织机构,一般都设有项目控制部、采购部、设计部、施工管理部、试运行(开车)部等组织机构;
(3) 具有较强的融资能力;
(4) 拥有先进的项目管理技术和很高的项目管理水平;
(5) 拥有先进工艺技术和工程技术;
(6) 有扎实的基础工作;
(7) 重视职工素质及培训;
(8) 有国际范围的销售网和采购网;
(9) 有高水平的信息管理技术和计算机应用技术等。

2. 工程总承包的主要特点

工程总承包有以下主要特点:

(1) 合同结构简单

对项目业主而言,合同结构简单。在工程总承包合同环境下,业主将规定范围内的工程项目实施任务委托给工程总承包公司负责——设计和施工的规划、组织、指挥、协调和控制,总承包公司必须有很强的技术和管理综合能力,能协调自己内部及分包商之间的关系,业主的组织和协调任务量少。

(2) 工程估价较难

由于实行设计连同施工总承包,工程总承包的费用包括工程成本费用和承包商的经营利润等,在签订工程总承包合同时尚缺乏详细计算依据,因此,通常只能参照类似已完工程做估算包干,或者采用实际成本加比率酬金等方式,双方商定一个可以共同接受,并有利于投资、进度和质量控制,保障承包商合法利益的结算和支付方案。

(3) 不利设计优化

当采用实际工程成本加比率酬金作为合同计价方式时,由于工程管理费等间接成本是根据直接费的一定比例计取,因此对于设计与施工捆绑在一起承包的情况,不利于设计过程追求最优化方案或挖潜节约投资潜力的努力,这也是实行工程总承包的主要弊端。

因此,业主必须委托有经验的社会监理(咨询)机构,实施设计阶段的建设监理,以保证设计过程投资、质量和进度目标控制的贯彻执行。

(4) 承包商兴趣高

当采用参照类似已完工程做估算投资包干的情况下,对总承包公司而言风险大,相应地也带来更利于发挥自身技术和管理综合实力、获取更高预期经营效益的机遇,以及从设计到施工安装提供最终工程产品所带来的社会效应和知名度。因此,对承包商而言,一般兴趣高;对业主而言也有利于选择综合能力强的承包商。但在这种情况下,如何确保设计的质量、工程材料、设备选用的规格标准就成为一个重要的问题。

(5) 信任监督并存

实行工程总承包必须以健全的法律法规、承包商的综合服务能力和质量经营、信誉经营,获得业主的信任为前提,同时还必须推行工程监理制,由工程监理单位为业主提供总承包模式下对工程项目目标控制的有效服务。

3. 在中国发展工程总承包的意义

(1) 与其他承包方式相比,工程总承包具有以下优点:

1) 实现设计、采购、施工、试运行等工作的内部协调,减少外部协调环节,降低运行成本;

2) 实现设计、采购、施工、试运行的深度合理交叉,缩短建设周期;

3) 实现设计、采购、施工、试运行全过程的质量控制,保证了工程质量;

4) 实现设计、采购、施工、试运行全过程的费用控制,保证了投资控制;

5) 充分利用工程总承包商的先进的技术和经验,提高效率和效益。

(2) 在中国发展工程总承包的意义

1) 有利于确立以工程总承包为主导,理清各种关系。一是业主与承包商的关系。业主作为消费者,需要的是合格的建筑产品;总承包商作为EPC/交钥匙的制造者,负责提供最终建筑产品并义不容辞地协调分包、协作事宜。二是设计与业主的关系。由于工程总承包体现了设计、采购与施工一体化,设计工作由过去为单纯完成设计转而站在全局高度进行全面、全方位、全过程的设计考虑,包括品牌效应、总成本以及今后市场。三是总包与分包的关系。业主选定总承包商后,再由主包确定分包队伍并将其定位于二级市场,完全不必业主再平行发包,避免了发包主体主次不分的混乱状态。四是执法机构与市场主体的关系。建筑市场各执法机构依法对总承包商的市场行为履行监管职责,并对分包商的违法违规行为进行查处,还明确总承包商负连带责任。

2) 有利于优化资源配置。国外经验证明,实行工程总承包减少了资源占用与管理成本。在我国,则可以从三个层面予以体现。第一,业主方摆脱了工程建设全过程的繁重劳动和杂乱事务,避免了人员与资金的浪费;第二,主包方设计、采购、施工的一体化,减少了变更、争议、纠纷和索赔的耗费。使资金、技术、管理各个环节衔接更加紧密,从而保证了建筑产品的完整性和品牌性;第三,分包方社会分工专业化程度的提高,促使专业工程做成精品,既体现了"一招鲜,天地宽",又做到了人尽其才、物尽其用。

3) 有利于优化组织结构并形成规模经济。一是构建工程总承包、施工承包、分包(包括专业分包、劳务分包)三大梯度塔式结构形态;二是在组织形式上实现从单一型向综合型、从传统型向现代开放型的转变,最终整合为优势各异的资金、技术、管理密集型的大型企业集团,以形成规模经济并谋求效益最大化;三是积极调整对外经营战略,努力扩大市场份额。从而在促进劳务输出的同时,重点带动技术、材料、设备和机电产品综合出口,使之成为实现经济增长的突破口。中国总承包伊朗德黑兰地铁项目即是明证;四是增强了参与WTO交易的能力。

4) 有利于理顺管理体制,防范风险。总分包体制的形成,有助于政府部门打破行业垄断并集中力量解决建筑市场最突出的问题;也有助于实行风险保障制度。因为惟有综合实力强的大公司方易获得保证担保。

5) 有利于控制工程造价,提升招标层次。多年来,工程造价"三超"已成顽症,尤其"最大的超支在设计"始终不得根治。而实行工程总承包,融设计、采购、施工于一体,在强化设计责任的前提下,通过概念设计(或方案)与价格的双重竞标,把"投资无底洞"消灭在工程发包之中。并且,由于实行整体性发包,工程总承包招标可以节省成本、提高效率并引领我国招标工作进入新境界。

6) 有利于全面履约并确保质量和工期。实践证明,工程总承包最便于充分发挥大承包商所具有的较强技术力量、管理能力和丰富经验的优势。同时,由于责任主体明确,各专业从设计、采购到施工各环节均置于总承包商的指挥下,进行统一调度、综合协调,确保质量和进度。并且,由总承包商一家对工程建设全过程的质量、工期和价格负全责,通过订立合同而成为法律责任,就使得他别无选择,只能背水一战而全面履约。否则,他必将面临信誉扫地、赔付亏本乃至破产的境地。

7) 有利于推动管理现代化。工程总承包模式作为协调中枢建立起计算机系统,使各项工作实现了电子化、信息化、自动化和规范化,提高了管理水平和效率。同时,运用电子商务系统架设起现场与市场沟通的桥梁,进行网上发布信息、查询、招标投标与国际采购,将大力增强我国企业的国际承包竞争力。此外,推进工程总承包还有利于推动技术进步和科技创新,以提升各企业核心竞争力,并促进我国建筑业快速、持续、健康发展。

2.1.4 工程总承包企业的基本责任

由于工程总承包企业作为工程项目总承包的主体,在工程项目的实施过程中,同时扮演着勘察、设计、采购、施工等多种角色,因此,也就相应地负有我国《建筑法》和相关法规对勘察设计单位、施工企业所规定的法律责任。此外,从行业的角度看,工程总承包企业具有规模大、实力强、管理先进等特点,是整个行业的排头兵,对带动行业的发展起着举足轻重的作用。这里讲的工程总承包的基本责任,主要是讨论工程总承包企业在工程承包过程中所应承担的经济、法律和社会责任。至于它作为一个企业,还应该承担法律所赋予的一般企业责

任,在此不另作说明。工程总承包企业的基本责任有以下几点:

1. 对业主的责任

(1) 全面、正确地履行工程总承包合同约定的工作任务,在规定的期限内完成并交付质量符合规定标准的工程目的物。

(2) 在工程实施过程,主动配合业主或其工程师(顾问工程师或监理工程师)的工作,认真执行工程师指令,做好各项额外指定的工作并合理确定相关的价款或酬金。

(3) 按照规定的要求,及时向业主提交工程实施方案、计划和相关的技术资料,定期向业主报告工程进展情况及质量状况。

2. 对社会的责任

(1) 必须严格按企业的资质定位,承包相应等级的工程,参与公平竞争,不得越级承包,不得转包或肢解分包。

(2) 必须贯彻执行工程实施过程有关安全、职业健康和环境保护的法律法规及相关政策。

(3) 必须坚持建设可持续发展,注意节约资源和能源,合理规划使用建设用地。

(4) 必须保持与工程所在地区社会、近邻单位及居民的良好沟通,做到施工不扰民。

3. 对行业的责任

(1) 积极研发或采用工程新技术、新材料、新工艺和新设备,不断推动行业技术进步。

(2) 坚持诚信经营,树立企业良好的公众形象。

(3) 扶植和培育分包企业,在合作过程中进行技术和管理的指导、帮助。

(4) 不拖欠分包商工程款或供应商货款。

2.1.5 工程总承包的培育环境

为推行工程总承包制,需要与其相适应的法制、机制和体制等环境条件,即建立健全法律法规体系、合格的市场主体、规范的咨询服务系统及有效的政府监管体制。

1. 健全的法律法规体系

我国现行的工程建设法规体系是以《建筑法》为龙头,由相关行政法规、部门规章和地方性法规、地方规章组成的体系。整体框架可以分为工程法规的效力层次和规范内容两个方面。

(1) 工程法规体系的效力层次

工程法规体系分中央立法和地方立法两个效力层次。中央立法包括三个层次:法律、行政法规、部门规章。地方立法包括两个层次:地方性法规和地方政府规章。其中,法律的效力高于行政法规、地方性法规、规章;行政法规的效力高于地方性法规、规章。

(2) 工程法规体系的规范内容

工程法规体系的规范内容主要包括以下几方面:

1) 规范建筑市场准入资格的法规。主要体现在对建筑市场各方活动主体的资质管理,包括勘察设计单位、建筑施工企业、建设监理单位、招投标代理机构等的资质管理。

2) 有关工程的政府监管程序的法规,包括招标投标管理法规、建设工程施工许可管理法规、建设工程竣工验收备案等。在该类法规中,还包括了工程现场管理的法规。例如,规范工程施工现场管理规定、建筑安全生产监督管理规定等。

3) 规范建筑市场各方主体行为的法规。该类法规侧重于对建筑市场活动行为人(包括公民、法人)的行为制约,例如,规范勘察设计市场的管理规定、装饰装修市场管理等。

作为规范工程活动的母法——《建筑法》,体现其母法地位的重要标志是:一是法律层次高,其他任何规范工程建设活动的法规和规章都必须依据《建筑法》制定;二是其规范内容广泛,包括了以上工程建设法规体系所规范的全部内容,既规范了市场准入管理原则、工程建设程序监管,也规定了市场活动行为人的行为规范。

(3) 工程法规体系框架结构

现行的工程法规体系的框架结构已经形成了以《建筑法》、《招标投标法》、《合同法》为母法,以《建设工程质量管理条例》、《建设工程勘察设计管理条例》、《注册建筑师条例》等为子法,以系列部门规章为配套的法规体系。各地方出台的地方性法规、政府规章同时作为框架体系的重要组成部分,是调整各地方工程建设活动的重要法律依据。

在上述框架内,应及时补充、修订促进工程总承包的法规和规章制度。

2. 合格的承发包主体

工程总承包在某种意义上说是一种高层次的建筑产品交易活动,如何在招标投标阶段做到公开、公平、公正,取决于承包和发包双方主体的成熟程度,也可以说市场主体合格是一个正常的建筑市场的必然要求。

因此,就我国目前的情况而言,除了培育合格的工程总承包企业之外,还必须通过投融资体制改革,完善建设项目法人责任制等,并辅以建立完善规范的社会化、专业化的工程咨询服务行业,为建设单位提供规范化的服务。建设部[2003]30号文的指导意见,为培育发展建设工程总承包企业指出了方向,有条件的大中型建筑企业、设计单位都应抓住机会,坚持不懈地努力,使自己发展成为合格的工程总承包主体。

3. 规范的咨询服务行业

咨询服务行业属中介服务组织,起到联络各个经济行为主体并为之提供各种服务以保证其正常运行的一种机构。建筑市场现有的咨询服务组织主要有以下几种:

(1) 监理、评估咨询;

(2) 招标代理、投标和造价管理机构;

(3) 审计师、律师、会计师事务所;

(4) 公证和仲裁机构、计量和质量检测机构;

(5) 学会、协会、研究会等;

(6) 报刊、杂志、信息、研究、培训机构。

规范的咨询服务行业要体现其智能性、公正性和服务性。智能性是指用先进的手段、先进的管理,进行专家式的思考,提供科学的分析;公正性是指做到公正、公平、公开;服务性是指为委托人提供满意的服务,最终使委托人提高生产效率或增加效益。

4. 有效的政府监管体制

政府建设主管部门尽管不直接参与工程项目的生产活动,但由于工程产品的社会性强、影响大,生产和管理的特殊性等,需要政府通过立法和监督等有效手段,来规范建设活动的主体行为,维护社会公共利益。政府的监督职能同样也就贯穿于项目实施的各个阶段。

(1) 执行建设程序与法规

建设程序科学地总结了我国长期建设工作的实践经验,正确地反映了建设项目内在的客观规律,是不以人们的意志为转移的。过去我们在对待建设程序问题上走过了一条曲折的道路,丰富的历史经验和沉痛的教训有力证明,凡是严格按照建设程序办事的,项目效率高,成效好;反之,违反建设程序,不尊重科学、凭主观意志行事,就会受到客观规律的惩罚,造成建设项目浪费和损失。因此,要搞好建设工作,政府主管部门必须对建设项目的决策立项和实施过程各个环节实行建设程序的监督。

建设法规是规范建筑市场主体的行为准则。在建设项目运行过程中,政府部门要充分发挥和运用法律法规的手段,培养和发展我国的建筑市场体系,确保建设项目从前期策划、勘察设计、工程承发包、施工和竣工验收等全部活动都纳入法制轨道。

近年来,国家和有关部门陆续实施了《建筑法》等一系列法律法规,内容涉及建筑市场管理、建设合同管理、从业资格管理、项目报建管理、建设项目法人责任制、承发包管理、工程质量安全管理等,此外,各级地方政府部门也在学习国家法律法规的基础上,结合当地实际情况,制订了各种不同层次的地方建设法规及配套措施,初步形成了以《建筑法》为基本法,其他各类法律法规相辅相成的建设法规体系。

由于我国尚处于社会主义市场经济初级阶段,尤其是建设市场领域广泛、规模大、资源配置复杂等特点,法制建设还相对比较薄弱,依法治理的任务还相当艰巨。

(2) 规范建筑市场

建筑市场是由工程承发包交易市场体系与生产要素市场体系、市场中介组织体系、社会保障体系及法律法规和监督管理体系共同组成的生产和交易关系总和。它包括由发包方、承包方和为项目建设服务的中介服务方组成的市场主体,不同形式的建设项目组成的市场客体。

培育和发展建筑市场,规范建筑市场行为,是政府部门转变职能,实现市场宏观调控的重要任务。主要内容有:

1) 建筑业法律法规体系的建设

贯彻国家有关的方针政策,建立和健全各类建筑市场管理的法律法规和制度,做到门类齐全、互相配套,避免交叉重叠、遗漏空缺和互相抵触。

2) 市场主体从业资格管理

依照企业资质规定,对从事工程勘察、施工、监理、造价、审计、咨询等单位,都必须经过主管部门对其人员素质、管理水平、资金数量、业务能力等资质条件的认证和审查,确定其承担任务的范围,并核发相应资质证书。另外,从事建筑活动的专业技术人员,应当依法取得相应的执业资格证书,并在执业资格证书许可范围内从事建筑活动。

3) 工程施工许可和竣工验收管理

符合条件的建设项目在工程开工前建设单位应当按照国家有关规定向当地建设主管部门申请领取施工许可证。否则,不准开工。建设项目施工完成,按照国家有关规定,经审查符合验收条件,由有关部门组织竣工验收,不合格工程不准交付使用。

4) 建筑产品价格管理

在目前价格管理体制下,政府部门的工作主要是制定统一的工程量计算方法和消耗量基础定额;制订和修改定额和取费标准;收集和发布市场价格信息和调整指数;监督和检查工程造价定额及标准的实施情况;纠正查处违规行为。

5) 建设项目合同管理

对工程项目合同订立过程管理也是政府对建筑市场管理的主要内容,具体包括:制订和贯彻合同管理的法律法规、管理条例和办法;制订和执行各种示范文本、包括承包合同及相应的分包合同文本;合同纠纷的调解和仲裁。

(3) 工程质量监督

工程项目质量好坏,不仅关系到承发包双方的利益,也关系到国家和社会的公共利益,对工程质量监督管理是政府建设主管部门的重要职责。其主要任务有:

1) 核查受监工程的勘察、设计、施工单位和建筑构件厂资质等级及营业范围。

2) 监督勘察、设计、施工单位和建筑构件厂严格执行技术标准,检查其工程(产品)质量。

3) 监督工程质量验收,参与和监督各类优质工程的公正评选。

4) 参与工程质量重大事故的处理。

5) 总结质量监督工作经验,掌握工程质量状况,定期向主管部门报告。

(4) 安全与环保监督

保证建设项目施工安全,保护自然环境,防止污染发生,是关系到人民生命财产和切身利益的大事,也是政府主管部门义不容辞的责任和义务。

2.2 工程总承包项目招标投标

我国《建筑法》和《招标投标法》规定了工程的招投标制度,但是目前法律法规及实施细则针对的是绝大多数项目业主习惯的勘察、设计、采购、施工、监理分别招标的传统招标模式,对工程总承包模式的招投标并没有具体规定,事实上某些条款还制约了工程总承包招投标的发展。这是因为工程总承包在我国还是刚刚起步,政府行政管理部门和企业对其发展都还处于认识阶段,因此需要各方共同努力,探索出一套适合目前我国工程总承包发展现状的招投标模式。

2.2.1 工程总承包项目的招标依据

1. 法律法规文件

2000 年 1 月 1 日起正式实行的《中华人民共和国招标投标法》和相继出台的《房屋建筑工程和市政基础设施工程施工招标投标管理办法》(建设部令第 89 号)等多部规范招标投标监督管理的规章以及一些地方政府出台的规范性示范文本和制度,分别在法律层面上、规章层面上和具体操作的层面上规范招标投标活动公开、公平、公正的展开。现行的法律体系规定了工程领域必须进行招投标的五大类项目:第一,有关社会公共利益、公共安全基础设施项目,包括煤炭、石油、天然气、电力、新生能源、交通、信息网络、道路,以及其他的基础建设项目;第二,有关社会公共利益、公共安全的公共事业项目,包括供水、供电、供气等市政工程项目和科学、教育、文化、体育、旅游、商品住宅等项目;第三,使用国有资金的项目;第四,国家融资或授权、特许融资的项目;第五,使用国际组织或外国政府资金的项目。国家近年来出台的主要招标投标法律法规政策如表 2-3 所示。

2. 功能描述书

传统的施工投标的前提是施工图纸已完成。业主通常在设计完成以后,有了图纸和分部分项工程说明以及工程量清单才进行招标,这种招标称为构造招标。施工单位依据已完成的施工图纸对项目进行投标,合同签订后施工单位按图施工,在施工过程和竣工以后的检查、验收等工作都以图纸和合同为依据。但是对于各种方式的工程总承包来说，更多的是包括项目的前期工作、设计和施工以及多种多样在图纸尚未完善情况，甚至可能还没有一张图纸情况下进行的承包。这种方式要求承包者在施工图纸完成前，就提前进入项目运作状态，这种情况是施工招标所无法解决的问题。那么，业主应该依据什么来进行招标、评标进而签订合同呢？如何进行项目管理呢？根据国内外的工程总承包的实践，这一模式在招标时的关键依据应该是工程项目的功能描述书以及有关的要求和条件说明，这种招标叫做功能招标。

工程招标投标法律法规体系　　　　　　　　　　　表2-3

法 规 名 称	颁布部门	颁布时间	备　注
《中华人民共和国招标投标法》	主席令	2000年1月1日	国家法律
《房屋建筑和市政基础设施工程施工招标投标管理办法》	建设部89号令	2001年6月1日	部委法规
《建筑工程设计招标投标管理办法》	建设部82号令	2000年10月8日	部委法规
《工程建设项目招标代理机构资格认定办法》	建设部79号令	2000年8月3日	部委法规
《工程建设项目施工招标投标办法》	七部委30号令	2003年3月19日	部委法规
《评标委员会和评标方法暂行规定》	七部委12号令	2001年7月5日	部委法规
《国家重大建设项目招标投标监督暂行办法》	计委第18号令	2002年1月10日	部委法规
《工程建设项目招标范围和规模标准规定》	计委第3号令	2000年5月1日	部委法规

在功能招标模式中，功能描述书是对所招标项目各个部分预期功能的详细描述，是招标文件的主要组成部分。功能描述得越清楚越有利于招标工作在客观公正的条件下顺利完成。功能描述书制定得是否合理、明确，是关系到总承包项目质量的关键性因素。可以说，业主采用总承包模式组织建设是否成功，就看他是否具有足够的功能招标能力。因此，在实行总承包模式条件下，业主一般要聘请专业化的项目管理公司协助其完成这一工作。关于功能描述书的内容、形式、要求和条件，限于篇幅，在此不详细介绍了。

2.2.2 工程总承包项目的招标方式

目前我国工程项目的招标方式根据招标范围可以划分为两种：公开招标和邀请招标。世界贸易组织的《政府采购协议》(采购是广义的，包括工程及相关服务)则分为公开招标、选择性招标和限制性招标。

1. 公开招标

公开招标是由招标单位通过报刊杂志、电视、网络等方式发布工程招标的公开信息，有兴趣的供应商都可以参加资格预审，合格的供应商即可购买招标文件，参加投标。采用这种方式时业主选择机会多，也有利于降低工程造价，提高工程质量和缩短工期。但是组织招标工作量大，招标过程较长。因此，主要运用于项目投资额度大、工程要求高、建设规模比较大的工程项目。目前我国规定，被纳入招投标范围的五类在建项目，如施工合约在人民币200万元以上；重要设备采购单项合约估价在人民币100万元以上；勘察、设计、监理等服务单项合约估价人民币50万元以上；或者在上述限额以下，但工程总造价3000万元以上的均须采用公开招标方式。

2. 邀请招标

邀请招标类似世界银行的选择性招标采购,是指通过公开程序,邀请供应商提供资格文件,只有通过资格审查的供应商才能参加后续招标;或者通过公开程序,确定特定采购项目在一定期限内的候选供应商,作为后续采购活动的邀请对象。选择性招标方式确定有资格的供应商时,应平等对待所有的供应商,并尽可能邀请更多的供应商参加投标。这种方式目标集中,招标工作量相对较小,但业主选择余地也相对较小。

除了这两种主要方式,在某些技术含量高、施工工艺复杂的大型工程项目招标中,还经常采用两阶段招标的方式。即供应商先投"技术标",由评标机构对其技术方案进行评标,通过的才允许投"商务标"。这种方式花费的时间比较长,只有在十分必要的时候才采用。

2.2.3 工程总承包项目的招标程序

业主在进行工程总承包项目的招标时,除了参考目前我国施工项目的招标程序外,还可以参考国际咨询工程师联合会 1999 年版 FIDIC 推荐的招标程序,该招标程序如图 2-7 所示。

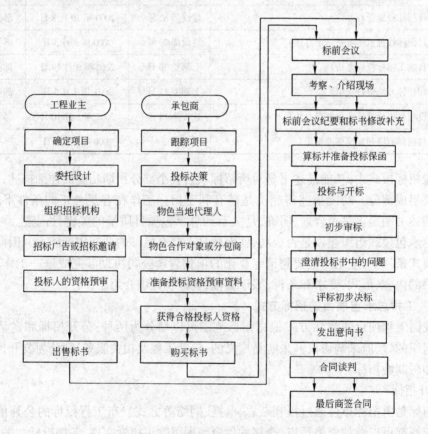

图 2-7 国际工程招标程序

(1) 业主/监理工程师在媒体上发布投标资格预审公告。

(2) 对招标项目感兴趣的承包商报名参加资格预审,书面回答有关组织机构、从事招标项目同类工程的经验、拥有资源(管理能力、技术力量、劳务、设备等)及财务状况。如图 2-8 所示。

(3) 业主/监理工程师分析资格预审资料,确定合格者名单,颁发招标文件,包括招标函、投标须知、合同条件、规范、图纸、工程量清单、有关数据资料、投标书格式和附录,并通知承包商关于考察现场和答疑的安排。

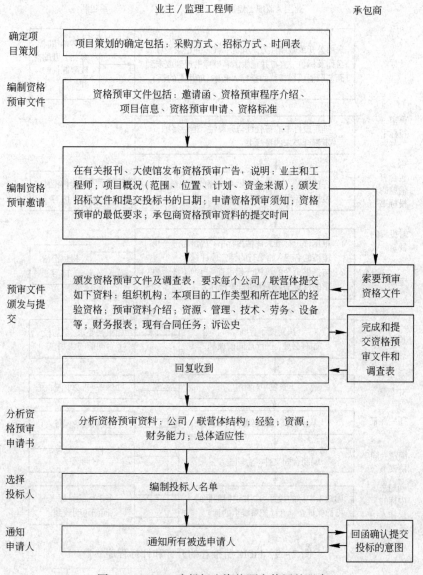

图 2-8　FIDIC 为投标人资格预审使用的程序

(4) 承包商研究招标文件,考察现场,书面提出要求业主/监理工程师澄清的问题。

(5) 业主/监理工程师召开标前会,回答承包商提出的问题,并对招标文件作出补遗(如果有的话)。这些回答和补遗须以书面形式发给投标的每一承包商,作为招标文件的组成部分。

(6) 承包商编制投标书,在招标文件规定的投标截止时间之前将标书送达指定地点,取得回执。在投标截止期之前 3 天,业主/监理工程师应通知其标书尚未送达的投标者。在投标截止时间以后到达的标书一律原封退回投标者。开标前,要保证按期提交的标书的安全。

(7) 开标。可以公开开标,也可以秘密开标。应宣布并记录投标者的名称及标价,如果有替代方案,也应宣布该替代方案及其标价。迟到或未到的标书为不合格标书,也要宣布并记录。如图2-9所示。

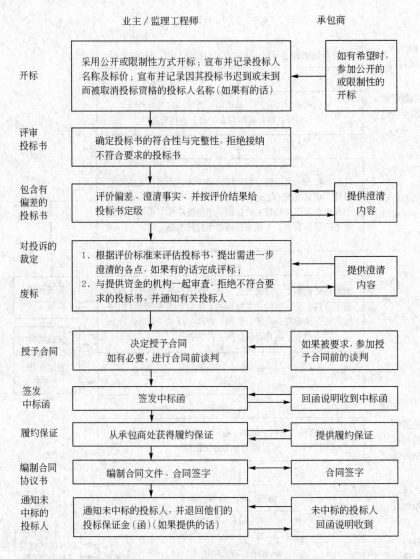

图2-9　FIDIC所推荐的开标和评标程序

(8) 评标。国际工程承包市场的投标,通常由监理工程师代表业主对投标书技术、商务与合同三方面进行审查分析。其首要任务之一是核实投标书的计算是否正确,并纠正每一个错误;其次是检查投标书填写是否完备,要求提交的资料是否齐全,以及所有事项是否与招标文件条款规定一致。如果没有明显的错误、遗漏或不一致,则可与标价最低者或再加一两名次低者商谈,要求澄清需进一步澄清的某些问题,并就处理上述问题达成一致意见,但投标者不得改变其投标书的实质性内容(指标价、工期、付款条件等)。

(9) 授予合同。监理工程师完成评标并对提出的问题获得必要的澄清之后,即可向业主推荐中标者并提出授予合同的建议。业主如同意,则向中标者发出中标通知书,要求他在约定期限内签订合同,并提交履约保证金或担保书。在大多数情况下,业主的中标通知书连同中标者的投标书组成一个对双方都有约束力的合同,并从中标通知书发出之日起生效。在某些国家,有了投标书和中标通知书以后,要产生一个有约束力的合同,法律要求要有一个合同协议。为此,FIDIC《招标程序》也提供了合同协议格式范本。

此外,世界银行和亚洲开发银行也分别编发了《信贷采购指南》和《贷款采购准则》,指导使用两行贷款的会员国单位正确进行招标采购(包括工程建设项目的实施)。这些文件的内容与FIDIIC《招标程序》基本相同,所不同者主要是招标文件在发布之前须报经贷款行审核同意;开标后,评标情况、选定中标者授予合同的理由以及签署合同的副本也要报贷款行审查。世界银行还规定投标商要做出遵守借款国有关反欺诈、反贿赂法律的承诺,违反者即使已被授予合同也无效;对于借款国本国的承包商,还允许给以7.5%的优惠,即对同等的外国承包商的报价增加7.5%以后,再与借款国本国的承包商进行评比。

2.2.4 工程总承包项目的合同条件

根据不同的总承包模式应该采用不同的项目合同条件。为了应用方便,市场经济发达的国家和地区使用的建设工程合同一般都有标准格式,即适用于本国本地区的合同文本,如美国建筑师学会制订发布的"AIA系列合同条件",英国土木工程师学会编制的"ICE合同条件"和国际咨询工程师联合会编写的"FIDIC土木工程施工合同条件"等。而目前国内工程总承包领域还没有制定出与国际接轨的管理标准、实施细则和标准合同文本。采用工程总承包模式建设项目的业主可以根据情况,在签订合同时参考国外的一些标准合同文本。这里着重介绍应用最为普遍的FIDIC合同条件。

FIDIC合同条件始于1957年,当时由国际房屋建筑和公共工程联合会[现在的欧洲国际建筑联合会(FIEC)]在英国咨询工程师联合会(ACE)颁布的《土木工程合同文件格式》的基础上出版的《土木工程施工合同条件(国际)》(第1版)(俗称"红皮书"),常称为FIDIC条件。该条件分为两部分,第一部分是通用合同条件,第二部分为专用合同条件。在之后的几十年里不断完善成熟,更新版本,其国际影响越来越大,在很多国家得到了推广应用。

目前最新版《菲迪克(FIDIC)合同条件》是1999年9月出版的,这是FIDIC在对几十年的应用经验基础上,作了全面改进后推出来的全新版本。新版的FIDIC合同条件一改过去以工程类型冠名、按适用的工程类型划分合同条件的旧模式,采用了按不同的工程承包和项目管理模式划分合同条件的方式,业主可以根据具体的承包模式选用合适的合同条件。在实际操作过程中,新版FIDIC合同条件也更具有灵活性和易用性,如果通用合同条件中的某一条并不适用于实际项目,那么可以简单的将其删除而不需要在专用条件中特别说明。编写通用条件中子条款(用户根据需要选用)的内容时,也充分考虑了其适用范围,便于其适用于大多数合同。其中,"新红皮书"、"新黄皮书"和"银皮书"均包括以下三部分:通用条件/专用条件编写指南/投标书、合同协议、争议评审协议。各合同条件的通用条件部分都有20条款。"绿皮书"则包括协议书、通用条件、专用条件、裁决规则和应用指南(指南不是合同文件,仅为用户提供使用上的帮助),合同条件共15条52款。鉴于其在更好地适应可持续发展和协调保护业主、承包商及社会公众各方利益需要等方面都做出了改进,世界银行已决定,从2003年开始,所有工程项目将采用FIDIC的1999年第1版合同条件。这套FIDIC合同体系包括一套4本全新的标准合同条件:

(1)《施工合同条件》(新红皮书),即由业主设计的房屋和工程施工合同条件(Conditions of Contract for Construction for Building and Engineering Works Designed by the Employer)。适用于

传统的"设计-招标-建造"(Design-Bid-Construction)建设履行方式。业主提供设计;承包商根据业主提供的图纸资料负责设备材料采购和施工;咨询工程师监理,按图纸估价,按实结算,不可预见条件和物价变动允许调价。是一种业主参与和控制较多,承担风险也较多的合同格式。

(2)《生产设备和设计-施工合同条件》(新黄皮书),即由承包商设计的电气和机械设备安装和建筑或工程合同条件(Conditions of Contract for Plant and Designed-Build for Electrical and Mechanical Plant and Building and Engineering Works Designed by the Contractor)。适用于"设计-建造"(Design-Construction)建设模式。承包商负责设备采购、设计和施工,咨询工程师监理,总额价格承包,但不可预见条件和物价变动可以调价,是一种业主控制较多的总承包合同格式。与《施工合同条件》相比,《生产设备和设计-建造合同条件》最大区别在于业主不再将合同的绝大部分风险由自己承担,而将一定风险转移至承包商。因此,如果业主希望:

① 如在一些传统的项目里,特别是电气和机械工作,由承包商作大部分的设计,比如业主提供设计要求,承包商提供详细设计;

② 采纳设计-建造履行程序,由业主提交一个工程目的、范围和设计方面技术标准说明的"业主要求",承包商来满足该要求;

③ 工程师进行合同管理,督导设备的现场安装以及签证支付;

④ 执行总价合同,分阶段支付,那么,《生产设备和设计-施工合同条件》(新黄皮书)将适合这一需要。

(3)《设计采购施工(EPC)/交钥匙项目合同条件》(银皮书)(Conditionns of Contract for EPC/Turnkey)。适用于承包商承担全部设计、采购和施工,直到投产运行,这是目前总承包的主要模式之一。主要用于建设项目规模大、复杂程度高、承包商提供设计、承包商承担绝大部分风险的情况。合同规定价格总额包干,除不可抗力条件外,其他风险都由承包商承担;业主只派代表管理,只重最终成果,对工程介入很少。是较彻底的交钥匙总承包模式。《EPC/交钥匙项目合同条件》范本与其他三个合同范本的最大区别在于,在《EPC/交钥匙项目合同条件》下业主只承担工程项目的很小风险,而将绝大部分风险转移给承包商。这是由于作为这些项目(特别是私人投资的商业项目)投资方的业主在投资前关心的是工程的最终价格和最终工期,以便他们能够准确的预测在该项目上投资的经济可行性。所以,他们希望少承担项目实施过程中的风险,以避免追加费用和延长工期。因此,当业主希望:

① 承包商承担全部设计责任,合同价格的高度确定性,以及时间不允许逾期;

② 不卷入每天的项目工作中去;

③ 多支付承包商建造费用,但作为条件承包商须承担额外的工程总价及工期的风险;

④ 项目的管理严格采纳双方当事人的方式,如无工程师的介入,那么,《EPC/交钥匙项目合同范本》(银皮书)正是所需。另外,使用 EPC 合同的项目的招标阶段给予承包商充分的时间和资料使其全面了解业主的要求并进行前期规划、风险评估的估价;业主也不得过度干预承包商的工作;业主的付款方式应按照合同支付,而无须像"新红皮书"和"新黄皮书"里规定的工程师核查工程量并签认支付证书后才付款。

《EPC/交钥匙项目合同条件》特别适宜于下列项目类型:

① 民间主动融资 PFI(Private Finance Initiate),或公共/民间伙伴 PPP(Public/Private Partnership),或 BOT(Built Operate Transfer)及其他特许经营合同的项目;

② 发电厂或工厂且业主期望以固定价格的交钥匙方式来履行项目;

③ 基础设计项目(如公路、铁路、桥、水或污水处理石、水坝等)或类似项目,业主提供资金并希望以固定价格的交钥匙方式来履行项目;

④ 民用项目且业主希望采纳固定价格的交钥匙方式来履行项目,通常项目的完成包括所有家具、调试和设备。

(4)《简明合同格式》(绿皮书)(Short Form of contract),综合上述几种模式,承包商可以根据业主或业主代表提供的图纸进行施工,也适用于部分或全部由承包商设计的土木、电气、机械和建筑设计的项目。但工程多为投资规模相对较小的民用和土木工程,其造价低、工程相对简单、施工周期短。合同格式的最大特点就是简单,合同条件中的一些定义被删除了而另一些被重新解释,专用条件部分只有题目没有内容,仅当业主认为有必要时才加入内容,没有提供履约保函的建议格式。同时,文件的协议书中提供了一种简单的"报价和接受"的方法以简化工作程序,即将投标书和协议书格式合并为一个文件,业主在招标时在协议书上写好适当的内容,由承包商报价并填写其他部分,如果业主决定接受,就在该承包商的标书签字,当返还的一份协议书到达承包商处的时候,合同即生效。合同条件中关于"业主批准"的条款只有两款,从而在一定程度上避免了承包商将自己的风险转移给业主。通过简化合同条件,将承包商索赔的内容都合并在一个条款中,同时,提供了好几种变更估价和合同估价方式以供选择。在竣工时间、工程接收、修补缺陷等条款方面也和其他合同文本有一定的差异。

以上四种合同格式,反映了几种主要的工程承包和项目管理模式都适用于土木、机械、电气等各类工程。可适应业主管理上的需要任意选择。

业主在选定某一种合同条件后,还可以根据实际情况参照其他合同格式在合同专用条款对有关内容进行详细规定,例如设计(或部分设计)由谁做,价格(或部分价格)是包干还是可调,雇主和承包商各承担多少风险等,以适应各种项目管理模式的需要。

2.3 工程总承包项目实施规划

工程总承包的实施规划是总承包企业用以指导总承包项目实施的纲领性文件。由于总承包项目的实施规划是在无设计文件的条件下进行编制,因此,它是逐步完善和深化的过程中形成的,而且我国目前实行建设工程总承包模式的项目尚不普遍,没有现成的规定和要求,需要在实践中探索和积累经验。本章提出一些基本构想。

2.3.1 工程总承包项目管理组织规划

工程总承包的管理组织,从狭义而言是指工程总承包企业为履行工程项目总承包合同而组建的项目管理机构;从广义说,还包括由工程总承包方合法发包的设计分包和施工分包企业的相应项目管理组织机构。本节着重对总承包项目管理组织的基本特点、组织机构模式、工作制度、运行机制以及组织沟通等内容进行论述。

1. 工程总承包项目管理组织的基本特点

(1) 组织的一次性。工程总承包项目管理组织是为实施工程项目管理而建立的专门组织机构,由于工程项目的实施是一次性的,因此,当工程项目完成,其项目管理组织机构也随之而解体。

(2) 管理的自主性。工程总承包项目的管理组织是根据全面履行工程总承包合同的需要和实现工程总承包企业工程经营方针和目标的需要,由工程总承包企业组建并得到其企业法人授权的工程项目管理班子。其管理的最终目标是,在合同规定的建设周期内,全面完成工程勘察、设计、采购及施工任务,交付符合质量标准的工程产品,实现企业预期的经济效益。所谓自主性,是指在工程总承包合同和相关法规的约束下,自主确定资源的配置方式和内部管理模式,充分发挥工程总承包的技术和管理的综合优势。

(3) 职能的多样性。工程总承包项目管理的职能是由它的任务所确定的,包括勘察设计管理、工程采购管理和工程施工管理的全过程项目管理;从目标控制方面来说,包括质量、成本、工期和安全、职业健康及环境保护等方面的目标控制与风险管理。因此,其管理组织的人员结构和知识结构要求高。

(4) 人员的动态性。工程总承包项目管理组织,不但需要按照精干、高效、因事设岗的原则进行设计,而且需要根据项目实施任务展开的不同阶段,动态地配置技术和管理人员,以降低管理成本。通常情况下,工程总承包项目管理组织采用矩阵制的组织结构,即工程总承包项目管理组织所需要的人员,包括技术、经济、法律和管理人员,从企业相关职能业务部门选派,可以根据项目实施各阶段动态地确定项目管理人员的组成结构和数量。

(5) 体系的独立性。工程总承包项目管理组织在实施项目管理期间,须保持体系的相对独立性,主要表现在它必须建立和健全一整套适用于本项目需要的管理制度和机制,例如,项目内部的领导制度、人事制度、用工制度、考核制度、薪酬制度以及其他各项工作制度等。尤其是当项目远离企业本部时,或者企业把该项目作为新事业发展时,这种独立性就更大。

(6) 结构的系统性。工程总承包项目管理组织的结构,通常按主要专业业务划分不同的管理部门,形成业务管理子系统,如勘察设计部、材料物资部、计划财务部、机电动力设备部等,并设立部门经理。这些子系统的功能覆盖着项目全过程和全面管理的各项职能。

2. 工程总承包项目管理组织的结构模式

对工程总承包项目管理组织结构模式,必须从三个方面进行考察,即工程总承包项目管理组织与工程总承包企业组织的关系;工程总承包项目管理组织自身内部的组织结构;工程总承包项目管理组织与其各分包单位管理关系。

(1) 工程总承包项目管理组织在其企业内部的组织结构——矩阵式

当企业在一个经营期内同时承建多个工程项目时,企业对每一个工程项目都需要建立一个项目管理结构,其管理人员的配置,根据项目的规模、特点和管理的需要,从企业各职能业务部门中选派,从而形成各项目管理组织与企业职能业务部门的矩阵关系,如图 2-10 所示。

矩阵式组织结构的主要特点在于可以实现组织人员配置的优化组合和动态管理,实现企业内部人力资源的合理使用,提高效率、降低管理成本。

(2) 工程总承包项目管理组织内部的组织结构——职能式

所谓职能式在项目总负责人下,根据业务的划分设置若干职能业务部门,构成按基本业务分工的职能式组织模式,如图 2-11 所示。

职能式组织结构的主要特点是,职能业务界面比较清晰,专业化管理程度较高,有利于管理目标的分解和落实。

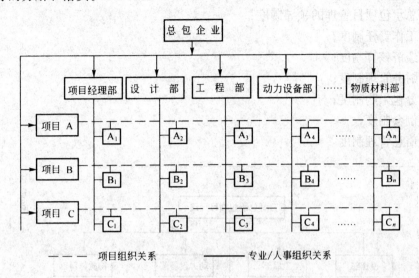

图2-10 工程总承包企业内部的项目管理组织矩阵式结构

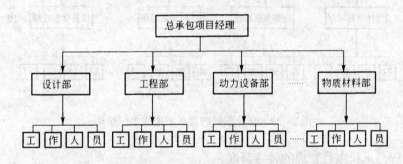

图2-11 工程总承包项目管理的职能式组织结构模式

(3) 工程总承包项目管理组织与其各分包单位间的组织结构——直线职能式

工程总承包项目管理组织与其勘察、设计、施工、供应商等各分包单位之间，根据合同结构形成管理与被管理关系，在总分包的情况下，总承包方是工程任务的发包方，总包与分包之间如同业主与承包商的关系，此时分包商也是一个独立经营的企业，同样需要在履行分包合同的过程中，实现自主管理的增值目标。因此，在总分包之间，通常形成直线职能式的组织结构模式，如图2-12所示。

在总分包直线职能式组织机构中，总承包方根据项目整体管理的需要，在分包合同条件规定的范围内，有权对分包商下达有关指令，但这种指令必须由总承包方经企业法人授权的项目经理签发，分包方接受此类指令必须执行。总承包方项目管理职能部门，同样根据项目整体管理的需要，对分包商的日常项目管理业务进行指导、沟通和协调；对分包方履行分包合同的行为提出意见、建议、劝阻、希望或要求，但不作为指令，只供分包商自主管理和决策参考。

3. 工程总承包项目管理组织的工作制度

建立健全的工作制度是总承包项目管理组织有序运行，实现工程总承包项目管理任务目标的基本保证。工程总承包项目管理组织的主要工作制度应包括：
- 工程总承包项目管理的领导制度；
- 技术工作责任制度；
- 项目经济核算制度；
- 项目财务管理制度；
- 项目分包采购制度；
- 工程例会制度；
- 档案信息管理制度。

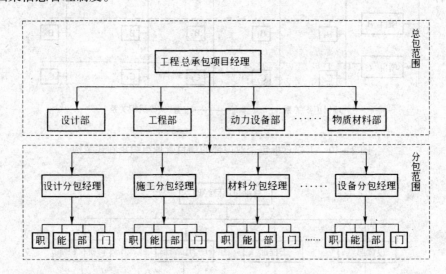

图2-12 总分包间的直线职能式组织结构

(1) 工程总承包项目管理的领导制度

工程总承包管理组织实行总承包企业法人授权下的项目经理责任制,设立项目总经理、总工程师(根据项目的需要,必要时也设总经济师和总会计师)和部门经理,如设计经理、采购经理、施工经理、设备经理、财务经理等,组成总承包项目经理班子。

项目总经理是总承包企业法定代表人的代理,也是项目实施的最高管理者、组织者和决策者。

项目经理班子是总承包项目管理组织的领导层和决策层。部门经理对部门职能业务管理负总责。

项目领导层的议事方式通常采用例行的办公会议和文件、报告、提案流转审批制度。对项目管理中的重大问题采用办公会议集体决策。

(2) 工程总承包项目管理的技术工作责任制度

工程总承包项目管理组织必须建立以总工程师为领导的技术工作责任制度,其主要内容和作用是：

1) 明确技术工作的分工和管理职责；
2) 做好技术基础工作；
3) 贯彻执行技术法规、技术政策和技术标准；

4) 推广应用新技术、新工艺、新设备、新方法,促进技术进步,提高企业技术竞争力;
5) 审核项目实施的有关技术方案和措施;
6) 处理工程技术质量问题;
7) 做好技术档案资料和情报工作等。

(3) 工程总承包项目管理的经济核算制度

工程总承包项目管理组织必须根据本企业生产经营体制和制度的要求,建立项目经济核算制度,为规范项目的成本和效益管理提供指导和依据。项目经济核算制度主要包括以下各项:

1) 项目核算的组织与工作流程;
2) 项目成本核算和效益管理的基本原则;
3) 项目责任目标成本的分解方法和控制部门的落实;
4) 项目分包采购的预付、结算报告审批权限及其原始凭证的流转与归集办法;
5) 项目成本分析预测和成本报告编制的要求;
6) 项目成本责任目标的考核与评价方法等。

(4) 工程总承包项目管理的财务管理制度

工程总承包项目的财务管理是根据项目经济核算制的原则,对项目资金(工程款)进行独立管理和财务会计核算,做好工程款的使用计划、工程结算、资金回收、调度安排,确保工程进度的资金条件,为工程项目的成本控制和生产经营过程增收节支提供指导服务。其主要的制度应有:

1) 合同订立、签证和合同管理制度;
2) 合同付款流程和审批制度;
3) 管理费用报销审批制度;
4) 流动资金管理制度;
5) 合同变更管理制度;
6) 工程变更索赔管理制度;
7) 其他必要的财务工作制度。

(5) 工程总承包项目管理的分包采购管理制度

加强建设工程项目的分包与材料设备物资的采购管理,是工程总承包项目管理的重要内容,他将影响着工程项目的质量、进度和成本目标,因此,必须予以高度的重视。建立健全总承包项目的分包采购管理制度,主要内容包括:

1) 明确规定工程任务(含勘察、设计、施工)采用分包时应考虑的基本问题。如需要专利技术、让更有经验者分担风险、增加资源投入加快进度、提携合作伙伴等;
2) 对分包商的联络、考察、评定和选择批准程序;
3) 分包合同条件应坚持的基本原则、订立程序和管理要求;
4) 材料设备采购的工作程序和管理要求。

(6) 工程总承包项目管理的工程例会制度

工程例会制度是在工程项目实施过程中,进行组织协调的有效手段。所谓例会,它是一种制度化的定期会议制度,通常采用周(旬)例会和月例会的方式。按照例会出席者的范围分,有工程总承包项目管理组织内部的例会,如领导层例会(项目经理办公会议)、职能业务

部门例会,以及总分包共同的工程例会。为了提高工程例会的效率和效果,必须对会议的组织和准备工作有明确的要求,内容包括:

1) 例会的日期、时间和地点;
2) 例会的主持人、记录人和出席者名单;
3) 例会的主要议程,指定发言人的时间分配;
4) 例会前必须准备的资料、文件、图表(分必备和酌情准备);
5) 例会的议事时间及主持人的总结说明时间分配;
6) 例会记录的整理、会签和分发及保管要求。

4. 工程总承包项目管理组织的运行机制

工程总承包项目管理组织模式架构的设计,构成了组织管理运行的载体,组织制度规范了组织管理运行的行为,然而,更重要的是要有健全的组织运行机制,包括动力机制、约束机制及反馈机制。

(1) 组织运行的利益驱动机制

工程总承包项目管理组织系统的活力在于它的运行机制,而运行机制的核心是动力机制,动力机制来源于企业的经营理念、方针、目标、社会责任和经营利益的驱动。追求经济利益或效益是根本,包括工程总承包企业利益和项目管理者的个人利益。因此,工程总承包企业必须通过深化企业内部管理体制改革,建立以项目管理为重心的责任、权利关系,全面调动企业与项目管理者的积极性,为项目管理的运行注入动力机制。

(2) 组织运行的行为约束机制

没有约束机制的项目管理组织系统无法控制使项目管理目标处于受控状态,约束机制取决于组织行为的自我约束能力和组织外部(包括企业、政府、业主、监理)的监控效力。因此,工程总承包项目经理部及其所有管理者的经营理念、责任意识、职业道德及工作能力的提高,对于增强项目管理组织系统的运行机制是极其重要的。行为约束机制的另一层作用是保证工程总承包项目在承包条件不十分具体、隐含风险因素多、信息不对称的情况下,坚持企业的诚信行为。

企业经营和项目管理的利益追求是市场经济的基本规律,而谋取利益的手段和途径无非是两大方面,一是靠组织技术和管理综合优势的充分发挥,在生产经营过程中扬长避短、化解风险、诚信经营、实现知识和劳动的增值;二是靠投机取巧、偷工减料、坑蒙诈骗。君子爱财,应取之有道,这才是现代企业的经营理念。第二种途径是绝对不可取的。

(3) 组织运行的信息反馈机制

运行的状态和结果的信息反馈,是进行系统控制能力评价,并为及时做出处置提供决策依据。因此,必须保持项目管理过程中各类信息的畅通、及时和准确,同时提倡项目管理者深入生产一线,掌握第一手资料。

2.3.2 工程总承包项目管理的工作任务规划

1. 工程总承包项目管理任务规划的类型

工程总承包项目管理任务规划,根据编制的时间、内容和深度的不同。从规划的概念上说,基本上分成两大类,即基本实施规划(指导性规划)和详细实施规划(实施性规划)。但从规划功能的延伸和计划管理的衔接来说,有必要对修正性实施规划和具体管理计划也一并作说明。

(1) 基本实施规划

基本实施规划是在工程总承包项目招投标阶段,由投标企业根据招标文件的要求进行编制。它作为投标文件的重要组成部分,向招标人说明承担该项目建设的基本构想。其编制的深度一方面取决于招标人所提供的前期工作成果和资料的深度,以及对承包条件说明的明确程度;另一方面也取决于投标人以往同类工程建设的经验。投标人一旦获得工程总承包合同的授予权,基本实施规划将成为日后编制详细实施规划的主要依据之一。

(2) 详细实施规划

详细实施规划是工程总承包企业在工程项目中标之后,根据总承包合同条件和进一步的调查资料,对工程总承包项目的实施所做出的详细部署的计划文件。详细实施规划是基本实施规划的具体和深化,必须保持基本实施规划的严肃性和连续性,即在不降低基本实施规划要求的基础上进行各项工作的细化,从而起到全面指导工程总承包项目的实施管理和目标控制。

(3) 修正实施规划

所谓修正实施规划是指详细实施规划在实施过程中,由于目标要求或实施条件的变化,对原详细实施规划进行局部的调整,形成详细实施规划的新版本。由于工程总承包项目的实施周期长,建设条件从模糊到清晰,实施规划不可能一蹴而就,持续改进、不断完善是不可避免的。因此,必须做好版本编码和标识。

(4) 具体管理计划

必须指出,工程总承包项目实施规划,无论是基本规划还是详细规划,都是整个项目计划系统的第一层面计划文件,其作用是作为总体行动方案和工作部署提出的。在此基础上还必须根据任务的分解和时间的先后,再编制可操作的具体管理计划,如设计计划、采购计划、财务计划、分包计划、施工计划、竣工计划等。

2. 工程总承包项目管理任务规划的内容

以工程总承包项目详细实施规划为例,其基本内容包括以下几方面:

(1) 编制依据和总说明。描述编制实施规划所依据的资料、文件、法规和合同以及编制的指导思想和原则。

(2) 工程总承包项目管理组织架构。明确:

1) 组织架构图及其部门职责分工;

2) 项目总经理及其任命证书;

3) 总经理以下的主要管理者人事安排及各部门管理者人数的确定;

4) 项目管理的基本方针(指导思想)。

(3) 项目勘察设计工作的组织。明确:

1) 工程勘察设计工作的总体目标;

2) 工程勘察设计任务的具体部署;

3) 工程设计方案征集(必要时)与评审办法;

4) 工程勘察设计分包(必要时)的选择与管理;

5) 工程勘察设计质量保证和概算控制措施;

6) 工程勘察设计总进度和阶段性进度目标及其控制措施。

(4) 项目施工阶段的管理规划。明确:

1) 现场施工条件的调查和工程地质补充勘探(必要时)的安排;
2) 建设施工总工期目标及其各施工阶段的划分;
3) 建设施工部署的指导思想、控制性总进度计划及主要工程的节点目标;
4) 工程设计与施工衔接的基本考虑,以及施工前期全场性准备工作、政府建设行政审批手续办理工作的安排方案;
5) 施工组织总设计文件的编制与审批的原则和程序安排;
6) 主要材料设备采购的预安排,包括国际招标采购代理的选择与委托;
7) 施工分包项目的原则确定及对分包联络、考察、认定与选择程序的安排;
8) 全场性总分包施工质量共同控制系统模式的考虑及管理原则的确定。

3. 工程总承包项目管理任务规划的程序

由于工程总承包项目管理工作任务规划涉及的内容广泛,因此,对于工程投标阶段指导性的基本实施规划,应由工程总承包企业的总工程师为领导、工程部牵头、组织相关的生产经营部门共同编制;对于工程总承包合同签约之后实施性的详细规划,则应在工程总承包项目管理组织建立之后,由项目总工程师领导、牵头组织项目管理职能部门的技术和管理人员共同编制。

工程总承包项目管理任务规划的编制按如下程序进行:
(1) 收集资料、学习招标文件和合同;
(2) 制定编制大纲;
(3) 确定编写人员分工;
(4) 初稿汇总讨论、协调;
(5) 初稿修改、修改稿汇总、统撰定稿;
(6) 总工程师审批。

2.3.3 工程总承包项目施工资源配置规划

工程总承包项目施工资源配置是指工程总承包企业通过市场机制选择施工过程所需资源的过程。

1. 施工资源配置概述

(1) 施工资源配置的意义

工程总承包项目管理最大特点是把资源最佳地组合到工程建设项目中,减少管理链与管理环节,集中优秀的专业管理人员,采用先进科学的方法,真正体现风险、效益与责任以及权力、过程与结果的统一,是工程项目管理控制的有效运行载体。工程项目施工资源配置是项目执行中的关键环节,并构成项目执行的物质基础和主要内容,在工程项目的实施中具有重要的地位,是项目建设成败的关键因素之一。其重要性可概括为以下几个方面:

1) 能否经济有效地进行施工资源配置,直接关系到项目能否降低成本,也关系到项目建成后的经济效益。人、设备、材料等费用通常占整个项目的主要部分,在一个项目进行中,工程总承包企业应依据项目的施工任务来选择高素质、高水平的施工队伍,并通过市场机制来配置施工资源。有效的施工资源配置必须在配置前对市场情况进行认真调查分析,制定的计划切合实际并留有一定的余地,避免费用超支。

2) 施工资源配置是一个工程项目成功的主要环节,科学的施工资源配置计划不但可以保证供货商按时交货及施工分包商按时施工,而且也为工程项目其他部分的顺利实施提供了有力保障。反之,可能由于关键环节上某一项资源配置的延迟而影响整个工程项目的施工进度。

3) 施工资源配置的优劣直接关系到整个工程的质量。如果采购到的设备材料及施工分包商不符合项目设计的要求,必然降低项目的质量,甚至导致整个项目的失败。

4) 科学的施工资源配置可以有效避免设备材料在制造、运输和移交等过程中可能引起的各种纠纷,为工程总承包企业和供货商树立良好的信誉。

5) 工程总承包项目施工资源配置过程会涉及复杂的横向关系,健全的施工资源配置程序可以从制度上最大限度地抑制贪污、受贿等腐败现象的发生。

(2) 施工资源配置的原则

工程总承包项目施工资源配置的基本原则如下:

1) 工程总承包项目应通过市场机制引入招标投标竞争制度,实行公开、公正、公平及诚实信用的原则。资源配置实行招标投标机制,给每个竞争者提供平等的竞争机会,这样不仅竞争者可以在良好的的竞争环境下,充分展示其能力,而且最终的获益者是项目的业主。通过公开、公平、公正的竞争,总承包项目可以以较为低廉的价格而获得较为良好的服务,并可增加施工资源配置过程的透明度,从而有效防止腐败现象的发生。

2) 提高整个工程项目综合效益的原则。工程总承包单位应把建设环节的各个过程有机地结合在一起,从提高整个工程项目的综合效益出发配置施工资源,避免工程建设上存在的设计、采购、施工各个环节互不衔接,责任不清。

3) 最优化组合的原则。科学组织施工,讲求综合经济效益。即努力使人力、设备、材料、技术等生产要素得到最优化的组合,充分发挥生产要素的作用,在机械设备选用上,不盲目追求单机先进、而是注意选型合理配套,一机多用,尽量减少备用设备。在原材料采购上,应注意保证质量等。

4) 工程项目总体目标达到最优的原则。工程项目的目标体系主要包括工程项目的投资、进度和质量目标,在施工资源配置过程中,要这些目标同时达到最优是不现实的,仅仅追求某一目标最优可能会以牺牲其他目标为代价,因此,施工资源配置应根据系统科学的基本原理,采取多目标优化的方法,使工程项目的总体目标达到最优。

5) 提高施工资源配置过程效率的原则。某些工程总承包项目所需的施工资源种类繁多,资源配置过程错综复杂。为了保证项目的顺利实施,必须提高配置效率。以国际竞争性招标采购为例,国际竞争性招标采购虽然是公认的好的采购方式,但是并不意味着所有的采购都采取这一方式。例如我国土建施工单位不仅劳动能力便宜且施工能力很强,如果土建工程招标时也采用国际竞争性招标方式,往往会造成除了招标工作更加繁琐之外,不会得到更好的采购结果。另外,对于一些特殊的情况,还可以采用一些非采购方式,如国际询价采购、国内询价采购和直接采购等。这些都可以有效地提高项目的采购效率。

(3) 施工资源配置的程序

采购是施工资源配置的主要手段,下面以采购为例介绍施工资源配置的程序。采购是为了从项目经理部和公司之外获得货物和服务需要的一系列过程。包括计划、采购与征购、卖方选择、合同管理以及合同的终结等,具体程序如下:

1) 采购和询价规划

① 采购规划。主要考虑哪些资源(例如人工、材料、施工机械)需要从外部采购以及使

用何种方式;是否需要利用外部资源,将项目的某些工作分包出去。采购规划结束时应提出采购管理计划,说明如何管理具体的采购过程。

② 询价规划。询价规划是在采购规划和其他规划过程的基础上进行的。制订询价计划要充分利用已有标准格式。标准格式包括标准合同条件、对采购物的标准说明或标准招标文件。询价规划结束时要编制好招标文件,要求投标人提出报价。

2) 询价和招标

① 询价。询价就是让可能参加投标的分包或供应商提出满足有关要求的报价。询价可采取多种方式,招标仅为其中一种。

② 卖方选择。卖方选择就是根据评标准则,接受某分包或供应商的标书,请其提供本项目须采购的产品或服务,价格是基本的决定因素,但是及时提供产品或服务也很重要。对于重要的产品或服务,可能需要选择多个来源。一旦选定分包或供应商,就应同其签订合同。

2. 施工分包规划

施工分包是指工程总承包企业按专业性质或按工程范围将工程项目中的部分工程,在经监理工程师或业主批准后,发包给其他承包企业施工,并与分包单位之间签订工程分包合同。但承包企业应对分包单位的工程继续承担与业主签订的一切责任及义务。

(1) 分包工程的确定

我国《合同法》和《建筑法》都对工程总承包与分包做了相关的规定。《建筑法》第28条规定,禁止承包单位将其承包的全部建筑工程转包给他人,禁止承包单位将其承包的全部建筑工程肢解以后以分包的名义分别转包给他人。《建筑法》第29条规定,工程总承包单位可以将承包工程中的部分工程发包给具有相应资质条件的分包单位,但是,除总承包合同中约定的分包外,必须经建设单位认可;施工总承包的,工程主体结构的施工必须由总承包单位自行完成。

工程总承包企业确定分包工程时,可依据有关法律的规定以及工程总承包项目的具体情况和企业自身的实力,来确定自行施工和对外分包施工的部分,总包企业通常要从保证工程质量和经济利益上权衡分包的内容,当然也要注意到分包单位的有利可图。一般按以下情况进行划分:

1) 适合于自行施工的工程:

① 主体工程;

② 机械化施工的工程(拥有相应机械或有可能获得相应机械时);

③ 质量要求高的工程;

④ 采用新的施工方法以及试验性的工程;

⑤ 必须使用固定工种的工程;

⑥ 外包费用计算困难的工程。

2) 适合于分包施工的工程:

① 技术简单且以人力为主的工程;

② 单纯附属工程;

③ 特殊工程,需要专门施工技术的工程;

④ 总包不会特殊施工方法的工程。

(2) 分包方式的分析

1) 施工分包的类型

关于分包,可按下列两种方法进行划分:

① 按分包内容划分

按分包内容可以将分包划分为专业分包和劳务分包。我国建筑业企业资质等级标准设置了施工总承包、专业分包和劳务分包三个序列,旨在改变长期以来形成的"大而不全、小而不精"等问题。我国施工企业目前采用的分包形式,除了一些特殊的施工(如桩基)作业实行专业分包外,其他主要是劳务分包。如某工程总承包工程,将桩基、幕墙、绿化等工程进行专业分包,并与5个劳务队签订了劳务分包合同。

② 按发包方式划分

按 FIDIC 的《土木工程施工合同条件》的合同条款规定,工程分包的方式有两种,即一般分包和指定分包。一般分包是指总包单位自行选择分包单位(需经业主同意)并与之签订分包合同。指定分包按 FIDIC"红皮书"第 5.1 款规定:"指定的分包商是指在合同中阐明和指定的分包商,或工程师根据第 13 条(变更与调整)指示总承包商雇佣的分包商"。

2) 一般分包与指定分包的相同点

① 指定的分包商与一般分包商在合同关系与管理关系方面处于相同的地位。在业主与工程总承包商签订的合同中,承担施工任务的指定分包商,大部分是业主在招标阶段划分合同包时,考虑到某些施工内容具有较强的专业知识,而总包商又没有能力承担而指定或选定的分包商。指定的分包商虽然是由业主选定,但只与总承包商签订合同,而与业主没有合同关系,如图 2-13 所示,并且接受工程总承包商的管理。即指定的分包商与一般分包商在合同关系与管理关系方面处于相同的地位。

图 2-13 分包商与工程总承包商及业主的关系

② 都不能将所承担的施工任务再转包。

③ 一般分包商或指定分包商,都禁止承担整个工程项目(即禁止总承包商转包)。

④ 工程总承包商即使与分包商(包括一般分包商与指定分包商)签订分包合同,也不能解除总包合同规定的总包的任何责任和义务,即总包商对分包商的行为负完全责任。

3) 一般分包与指定分包的不同点

① 选定分包的程序不同。一般分包商是由工程总承包商选定,经业主同意。而指定分包商是由业主选择,经总承包商同意。

② 业主对分包商利益的保护不同。在 FIDIC 合同条款内列有保护指定分包商的条款。通用条款第 59.5 款规定:承包商在每个月末报送工程进度款支付报表时,工程师有权要求他出示以前已按指定分包合同给指定分包商付款的证明。若承包商无合法理由而扣压了指定分包商上个月应得工程款,业主有权按工程师出具的证明从本月应得工程款内扣除这笔金额直接付给指定分包商。对于一般分包商则无此类规定,业主和工程师不介入一般分包

合同履行的监督。

4) 工程总承包商对指定分包的反对

如果工程总承包商对指定分包商反对,按 FIDIC"新红皮书"第 5.2 款(对指定分包商的反对)规定:"如果主包商有理由对指定的分包商提出反对,他就没有义务雇用该分包商,此时,主包商应尽快通知工程师,并提供证明材料,如果主包商有正当理由对指定的分包商提出反对而雇主固执己见,那么雇主就要对指定分包商的所作所为承担相应的责任"。

(3) 分包单位的选择

工程总承包商在决定工程分包时,要选择有影响、经济技术实力和资信可靠的分包商,并在"共担风险"的原则下,强化制约手段,签订有效的分包合同,制定严密的经济制约措施。工程师应严格工程分包的审批程序,重点对分包商的机械设备、技术力量、财务状况及以往承担的工程业绩、信誉进行审查,必要时需到分包商的其他施工现场考察,正确行使对分包商的确认权及施工过程中的监督检查权。当分包商的行为不能使工程师满意或承包人之间因分包合同或分包工程的施工产生争端时,工程师有权要求分包商退场。总包选择分包商时,应根据施工指导方针及施工计划选择施工分包单位,基本做法是:

1) 选择的对象,一般要考虑以下几种情况:

① 业主在合同条件中指明或建议的施工企业;
② 和本企业有长期合作历史或者参加本企业联谊团体的成员;
③ 施工上有经验、技术实力强,资金有保证,企业信誉好;
④ 鉴于技术专利上的考虑;
⑤ 工程所在的地点条件。

2) 选择的方法。工程总承包商在完成了实施性施工计划(工种工程施工计划)之后,将计划的目的、施工要求、工程范围,质量标准,工种配合等内容,传达给专业施工企业,征集预算书。然后由专业施工企业提出分包申请书和工程预算书。一般要选择两家以上,通过商谈择优选定。

(4) 分包合同的订立

1) 订立的原则

工程总承包单位按照工程总承包合同的约定对建设单位负责,分包单位按照分包合同的约定对工程总承包单位负责。工程总承包单位和分包单位就分包工程对建设单位承担连带责任。

总分包的关系是以施工合同为纽带的经济关系,他们即有各自利益追求的方面,又有相互依赖和制约的协作关系,双方利益的平衡很大程度上取决于分包合同条件的协商和最终的相互承诺,然而双方利益的实现都要建立在全面履行工程总承包合同的基础之上,以及整个施工项目管理目标实现的前提之下。因此分包合同应是主合同的补充,是主合同不可分割的一部分,分包合同的条件应与主合同的条件一致,分包合同双方权利义务的约定不得与总包合同的基本原则相抵触。总分包之间应该成为通力合作的伙伴,总包依托分包,分包依靠总包的指导和监督。

2) 订立的依据

分包单位一经选定,总包单位应与分包单位签订分包合同。我国目前尚没有规范的分包合同示范文本,在制定分包合同时,可采用总包单位自己制定的条款,或以 FIDIC《土木工程施工分包合同条件》及 AIA(美国建筑师协会)等相关条款为基础,总包单位与分包单位经协商加以修订的条款。

3) 分包合同的内容

分包合同的主要内容应包括工程总承包商的责任、工程总承包商的权利、分包商的责任、分包商的权利以及工程变更、保险、索赔等条款。

3. 设备材料采购规划

(1) 设备材料采购方式

设备材料的采购方式应根据标的物的性质、特点及供货商的供货能力等方面条件来选择。采购方式选择得当,不但可以加快采购速度,而且还可节省投资,减少不必要的人力、物力,下面介绍几种主要采购方式。

1) 国际竞争性招标:

国际竞争性招标一般适用于购买大宗材料设备,且标的金额较大,市场竞争激烈的情况。它的重要特点在于招标信息必须通过国际公开广告的途径予以发布,使所有合格的投标者享有同等的机会了解投标要求和参与投标竞争。世界银行借款的项目绝大部分采用了这种招标方式。它不仅可以通过公开、公平和公正的方式来避免贪污贿赂行为,而且可以使采购者获得价格优惠并符合要求的材料设备,因此成为国际上最为提倡的工程设备材料采购方式。

但国际竞争性招标程序费时过多,从准备招标文件、报价、评标到授予合同需花费很长时间,需要的文件也很繁琐,费时费力。因此在有些情况下,国际竞争性招标并不是最经济、最有效的采购方式。

2) 有限国际招标:

有限国际招标实质上是一种不公开刊登广告,而直接邀请投标人投标的国际竞争性招标。根据世界银行《国际复兴开发银行贷款和国际开发协会信贷采购指南》的规定,有限国际招标作为一种合适的采购方式,适用于以下几种情况:① 合同金额小;② 供货人数量有限;③ 有其他作为例外的理由可证明不完全按照国际竞争性招标的程序进行采购是正当的。采用有限国际招标时,发包人应从一份列有足够广泛的潜在供货人的名单中寻求投标,以保证价格具有竞争性。当供货人为数不多时,该名单应该把所有供货人都包括进去。

3) 国内竞争性招标:

国内竞争性招标是根据国内有关法律法规的规定,在国内指定媒体上刊登广告,并按照国内招标程序进行的采购。是国内公共采购中通常采用的竞争性招标方式,而且可能是采购那些因其性质或范围不大可能吸引外国厂商和承包商参与竞争的材料设备的最有效和最经济的方式。

4) 询价采购(国际和国内):

询价采购是对几个供货人(通常至少三家)提供的报价进行比较,以确保价格具有竞争性的一种采购方式。这种方式适合用于采购小金额的货架交货的现货或标准规格的商品。

5) 直接采购。

(2) 设备材料采购计划

设备材料采购计划是反映物资的需要与供应的平衡关系,从而安排采购的计划。它的编制依据是需求计划、储备计划和货源资料等,它的作用是组织指导物资采购工作。

在制定材料设备采购计划时必须掌握的信息包括：

1）所需材料设备名称和数量清单：

首先要清楚所需的材料设备是由国内采购还是国外采购。如果是国外采购材料设备，还需要弄清楚合同中规定是口岸交货还是现场交货。如果是口岸交货，还要了解口岸到现场的距离及其间道路交通情况，以便估计从口岸运到现场的时间，以及对口岸和现场之间的道路、桥梁是否需采取特殊措施。如果需要一些加固道路的设施或特殊运输设备，均将在工期和成本上有所反映。

其次，要弄清所需的材料设备等是现货供应还是需要特别加工试制。因为后者的到货时间与现货供应是不同的。再者，要确定是成批购置还是零购。因为，成批购买价格要比零购低，但还要核算一下储存货物所需设施的开支是否合算。

2）确定得到材料设备需要的时间：

对所需的材料设备应保证供应，以免影响需要，其中关系到是否要有一定的储备。如果是非标准材料设备，除需知道到场时间外，还需考虑设备到场后的验收、调试等时间。

如果是国外采购，还需考虑海运或空运的时间以及从海关运到现场的时间。海运的时间较长，而且到岸时间不一定很准确，要留有余地，而且不能忽略货物到岸再运到现场这段时间。得到材料设备的时间可从进度计划中取得。

3）材料设备必需的设计、制造和验收等时间：

对试制产品，要了解设计时间、制造时间、检验时间、装运时间、到岸时间及安装时间，以便使土建设备安装、试生产等各阶段工作相互配合。

4）材料设备进货来源：

进货来源的不同影响到质量、价格、储存量、能否及时供应和运输等问题，因此要合理选择。

材料设备采购计划的编制，是在确定计划需求量的基础上，经过综合平衡后，提出申请量和采购量，因此，供应计划的编制过程也是平衡过程，包括数量、时间的平衡。根据收集的信息与本单位的采购经验相结合，就可制定出一个包括选货、订货、运货、验收检验等过程的程序日程安排。

材料设备计划一般由施工采购部门负责制定，项目经理要检查所订的计划是否能保证工程施工总目标的实现。特别是工期目标能否实现。施工中常常会因材料设备等资源供应周期不准而拖延项目完成的工期；相反，如果过早贮存，则需一定的仓储设备，也会增加项目成本。

2.4 工程总承包项目设计管理

工程总承包项目的设计管理是总承包项目管理任务的重要组成部分，无论工程总承包项目是大型工业交通建设中的一个子系统的单项工程，还是本身就是一个独立的工业或民用工程建设项目，工程总承包企业的项目设计管理，不但对业主整个建设项目的投资、质量、进度目标以及安全、职业健康和环境保护都会产生重要影响；而且对工程总承包企业的项目产经营预期目标的实现有极大的关系。

2.4.1 工程总承包项目设计管理概述

1. 工程总承包项目设计管理的组织

(1) 工程总承包企业应委派工程总承包项目设计经理,并配备专业构成基本齐全的设计管理人员,组成工程总承包项目管理组织的设计管理部门,在工程总承包项目总经理的直接领导下,开展全过程的设计管理工作。这些专业的设计管理人员,应包括:

1) 建筑师;
2) 工程结构工程师;
3) 机电设备工程师;
4) 电气工程师(含强电、弱电);
5) 工艺工程师(生产性项目);
6) 造价工程师;
7) 建造师。

(2) 按照工程总承包企业的培育和发展要求,工程总承包企业应具有基本设计资质。因此,工程总承包项目的设计任务通常由企业的设计部门来承担,设计部门根据设计项目的性质和特点,配备相应的设计人员组成设计小组,开展设计工作并进行设计项目管理,设计小组成员或其专业负责人可包含上述工程总承包项目的设计管理人员。

(3) 根据工程总承包项目设计任务的需要,可以组织设计分包,如设计方案的征集、专业设计的分包以及聘请专业设计顾问等。

2. 总承包项目设计管理的任务

(1) 组织工程总承包项目的总体规划方案设计

大型工业交通及基础设施项目或由群体工程组成的公共建筑项目,通常是由业主先期组织总体规划方案设计;只有当建设项目可以由一家工程总承包企业进行总承包时,工程总承包企业才必须进行总体规划方案设计。总体规划方案的主要内容包括:

1) 功能组织和总体部局;
2) 总图运输(道路交通)和竖向设计;
3) 各主要工程设计方案的基本确定;
4) 建设公害对策和环境保护工程;
5) 各项规划参数和指标。

(2) 组织工程总承包项目的建筑方案设计

如果工程总承包项目属于整个建设项目的一个子系统,而且项目的建筑方案已包括在建设项目的总体规划设计中,则工程总承包方可根据已有建筑方案进行扩初设计;只有当工程总承包项目是独立的建设工程时,必须组织项目的方案设计,而且方案设计对整个工程设计起着举足轻重的作用。方案设计的基本内容包括:

1) 平面空间功能组织;
2) 建筑风格和立面处理;
3) 建筑构造和主要性能;
4) 建筑环境和配套工程;
5) 建筑设备选型的意向确定;
6) 各项设计参数和指标。

(3) 组织扩初设计

扩初设计是在方案设计的基础上进行。方案设计的过程通常是采取方案征集,在进行多方案比较的基础上选择最佳方案,因此,扩初设计是以所选定的设计方案为基础,进行深化设计,并且把相关方案的优点进行综合应用。因此,扩初设计从本质上说仍然是方案设计的深化设计,但它比方案设计更具体,有较准确的平、立、剖面图,主要节点构造图和结构布置图,可供业主决策和政府当局的审查批准。

(4) 组织施工图设计

(5) 工程设计的工作模式

所谓工程设计的工作模式是指设计工作如何展开、逐步深化和相互衔接的方式。我国的工程设计模式和国外不同。国内在长期的设计实践中,根据项目的复杂程度和实际需要,采用两阶段设计和三阶段设计两种工作模式。两阶段设计包括扩初设计和施工图设计;三阶段设计由初步设计、技术设计和施工图设计三个阶段组成。而方案设计和总体设计则属独立设计环节。国外的一般做法是在业主委托完成基本设计(比方案设计深,介于方案设计与扩初设计之间)的条件下,由工程总承包企业进行施工图设计。因此,设计工作模式并非一成不变的,应结合具体工程特点和实际需要,灵活应用。

3. 工程总承包项目设计管理的目标

(1) 保证工程总承包合同规定的使用功能和标准,符合业主投资决策所明确的项目定位要求。

(2) 保证项目的设计工作质量和设计成果质量,为工程产品质量打好基础。

(3) 在质量保证的前提下,做好设计阶段的项目投资(概算造价)控制。

(4) 进行设计总进度目标控制,保证设计进度和施工进度的配合。

(5) 贯彻建设法律法规和各项强制性标准,执行建设项目安全、职业健康和环境保护的方针政策。

2.4.2 工程设计的质量控制

设计质量是指在严格遵守技术标准、法规的基础上,正确处理和协调资金、资源、技术、环境条件的制约,使设计项目能更好地满足业主所需要的功能和使用价值,能充分发挥项目投资的经济效益。

工程设计阶段的项目管理,其核心仍是对项目三大目标(投资、进度、质量)的控制。我国工程质量事故统计资料表明,由于设计方面的原因引起的质量事故占40.1%因此,对设计质量严加控制,是顺利实现工程建设三大控制目标的有力措施。

1. 设计输入控制

设计输入是设计的依据和基础,是明确业主的需求、确定产品质量特性的关键,是解决模糊认识的有效途径,设计输入(包括更改和补充的内容)应形成文件,并经仔细、认真地分级评审和审批。在工程设计中,设计输入可以通过设计任务书、开工报告、设计作业指导书、设计输入表等形式出现。每个项目的各阶段设计均应规定设计输入要求,并形成文件。

(1) 设计输入的内容

设计输入要求文件通常应包含以下内容:

1) 设计依据(包括业主提供的设计基础资料);

2) 据合同要求确定的设计文件质量特性,如适用性(功能特性)、可信性(可靠性、可维

修性能、维修保障性能)、安全性、经济性、可实施性(施工、安装可实施要求)以及美学功能;

3) 本项目适用的社会要求;

4) 本项目特殊专业技术要求。

以上各项内容均应考虑合同评审活动的结果。有关设计输入要求的文件应由组织的高层管理者或由其授权的人员审批(评审),提出审批意见并签署,对不完善的、含糊或矛盾的要求应会同输入文件的编制人协商解决。

(2) 设计输入控制的方法

1) 从批准的项目可行性研究报告出发,对业主的投资意图、所需功能和使用价值正确地进行分析、掌握和理解,以便正确处理和协调业主所需功能与资金、资源、技术、环境和技术标准、法规之间的关系。

2) 对建设现场进行调研,对土地使用要求,环保要求、工程地质要求和水文地质勘察报告、区域图,以及动力、资源、设备、气象、人防、消防、地震烈度、交通运输、生产工艺、基础设施等资料,进行调查核实,并进行必要的调整,以确保设计输入的可靠性。

3) 设计合同评审。勘察设计合同是建设单位与设计单位签订的为完成一定的勘察、设计任务,明确双方权利、义务的协议。合同签订前组织内部均应进行评审。合同的主要条款应包括:

① 建设工程名称、规模、投资额、建设地点;

② 委托方提供资料的内容,技术要求及期限,承包方勘察的范围、进度和质量,设计的阶段、进度、质量和设计文件份数;

③ 勘察、设计取费的依据,取费标准及拨付办法;

④ 违约责任;

⑤ 其他约定条款。

4) 设计纲要的编写。在设计控制中,正确掌握设计标准,编制设计纲要是确保设计质量的重要环节。因为设计纲要是确定工程项目质量目标、水平,反映业主建设意图,编制设计文件的主要依据,是决定工程项目成败的关键。若决策不当,设计纲要编制失误,就会造成最大的失误。设计纲要由设计监理单位编写。已设计建成的同类型的建设项目,可以起重要的参考作用。如建筑物的面积指标,总投资控制及投资分配,单位面积的造价控制,以及结构选型、设备采购、建设周期等,对新的设计具有参考价值。

设计输入控制是设计控制的重要步骤,是设计控制成败的关键。搞好设计输入控制,可以为工程设计中其他阶段的控制打下良好的基础。

2. 设计输出控制

设计输出应形成文件。各设计阶段的设计输出文件的内容、深度和格式应符合以下要求:符合合同和有关法规的要求;能够对照设计输入要求进行验证和确认;满足设计文件的可追溯性要求。通用设计输出除了应满足设计输入要求外,还应包含或引用施工安装验收准则或规范;标出与建设工程的安全和正常运作有重大关系的设计特性。

(1) 设计输出的内容

设计输出应形成文件,用以验证和确认设计输出文件是否满足设计输入的要求。工程设计输出的文件应包括设计图纸、设备表、说明书、概预算书、计算书等。针对具体的工程设计,设计文件包括投标书和报价书、预可行性研究报告、项目建议书、可行性研究报告、矿区总体规划、市政建设规划、初步设计、施工图设计、工程项目说明书、设备设计、工程概算书、必要的计算书。设计输出文件应满足设计输入的要求,同时还应包含引用验收标准,标出和说明与工程项目安全、正常操作、使用维修等关系重大的设计特征,对施工阶段的图纸还应满足施工和安装的需要。

设计文件的编制必须贯彻执行国家有关工程建设的政策和法令,应符合国家现行的建筑工程建设标准、设计规范和制图标准,遵守设计工作程序。

各阶段设计文件要完整,内容、深度要符合规定,文字说明、图纸要准确清楚,整个设计文件经过严格校审,避免"错、漏、碰、缺",在项目决策以后,建筑工程设计一般分为初步设计和施工图设计两个阶段。大型和重要的民用建筑工程,在初步设计前,应进行设计方案优选。小型和技术要求简单的建筑工程,可以方案设计代替初步设计。在设计前应进行调查研究,搞清与工程设计有关的基本条件,收集必要的设计基础资料,进行认真分析。

(2) 设计输出控制方法

1) 设计深度控制

初步设计文件和施工图设计文件均需按照建设部建筑工程设计文件编制深度或行业设计文件编制深度的要求去做。以建筑工程为例,初步设计文件编制深度应满足审批的要求,符合可行性研究报告,能据以确定土地征用范围,准备主要设备及材料,提供工程设计概算,作为审批确定项目投资的依据,并能作为施工图设计和施工准备的依据。

施工图设计文件编制深度,应满足编制施工图预算和安排材料、设备订货、非标准设备制作的要求。能据以进行施工和安装,并可作为工程验收的依据。

2) 专业间一致性控制

专业间一致性控制是工程设计控制的具体内容之一。一项工程的设计是一项系统工程,需要各专业密切协作、有机配合、才能保证其质量;参与设计的各专业内容自身亦是一个系统,是考虑各方面的因素综合而成的。以建筑工程设计为例,专业分为九个:即总平面、建筑、结构、给水排水、电气、弱电、采暖通风与空气调节、动力和技术经济(设计概算和预算)。为了保证九个专业内容协调一致,避免"错、漏、碰、缺",应采取相应的对策措施。如例会制度、会签制度、各专业互提资料制度等。表2-4列出了建筑工程设计三个主要专业的互提资料要求。

施工图设计各专业互提的资料深度规定　　　　表2-4

序号	专业类别	互 提 资 料 深 度
1	建筑专业	(1) 总平面图、建筑定位、相对标高和绝对标高、道路、绿化
		(2) 平立剖面(轴线及主要控制尺寸、室内外标高)、层间名称
		(3) 门窗表、建筑墙体、楼层、屋面等主要作法说明
		(4) 建筑上预留孔尺寸位置、悬挑部分尺寸
		(5) 使用上的特殊荷载及设备情况、吊车型号
		(6) 环保屏蔽、防火、防磁、防震、防爆、防辐射、防腐蚀、防尘等特殊要求

续表

序号	专业类别	互提资料深度
2	结构专业	(1) 基础埋深和各层结构平面中主要构件顶底标高
		(2) 墙身厚度要求
		(3) 所有构件位置尺寸断面
		(4) 沉降缝、抗震缝位置主要尺寸
3	机电设备专业	(1) 设备孔洞、管道、井、沟、槽、吊车位置、尺寸、标高
		(2) 设备位置、荷重振动情况尺寸
		(3) 水箱、电梯的设备位置、荷重、尺寸、标高等
		(4) 设备专用房要求

注：以上各专业互提的资料均需用书面或图纸形式表示，有关人员签字随设计资料存档。

3) 设计文件审核程序控制设计图纸是设计工作的最终成果，它又是工程施工的直接依据，所以，对设计文件按规定程序进行审核，是设计阶段质量控制的重要手段。

(3) 设计质量的控制措施

1) 建立和实施设计质量管理体系

建立科学的质量管理和质量保证体系，贯彻质量管理标准，提高设计质量、水平和效率，制定和完善工作标准、管理标准，是设计单位实施设计控制的基础和保证，是转换经营机制，自觉走向市场经济的实际行动。我国国家标准 GB/T 19000 已等同采用 ISO 9000 系列标准。ISO 9001 标准是 ISO 9000 族标准中关于设计、开发、生产、安装和服务的质量保证模式，是从产品的设计、开发、生产、安装和服务的全过程来控制产品的质量。对于设计行业来说，向顾客提供的最终产品是设计文件，基于这一特点，工程设计行业在贯彻 ISO 9001 标准的 4.4 "设计控制要素"时，应在充分理解标准要求含义的基础上，紧密结合行业实际，准确运用、合理转化，以确保便于操作和运行，使工程设计产品质量得到有效控制。

2) 推行设计项目管理

在设计项目经理负责制及技术责任制下进行设计目标控制。

3) 提高设计人员素质

4) 积极应用现代设计手段

计算机技术日新月异的发展为计算机辅助设计提供了有力的技术支撑，而计算机的应用是设计单位提高设计水平、参与市场竞争的必要条件，应该使设计人员全面掌握 CAD 技术，提高设计水平。

2.4.3 工程设计进度控制

1. 设计进度的影响因素

(1) 技术因素

设计周期的长短，一般取决于建设项目的性质、规模、难易程度、技术要求、工作量大小等因素。一般小型项目的初步设计时间约为 3~6 个月；一个中型的初步设计，大约需要半年到 1 年；一个大型项目大约需要 1~2 年；一个特大型项目则需要好几年。

另一方面,设计周期的长短还取决于工程建设项目的一切技术细节,如建筑物结构、施工工艺流程、设备系统、地基条件等。

(2) 组织管理因素

影响设计进度目标的因素并不只是设计单位,还涉及到监理班子中进度控制部门的人员,具体控制任务和管理职能分工合作,以及建设单位、政府管理部门和有关单位的相互协调配合,设计总包与分包之间的配合,现代管理手段及设计人员素质等因素,因此只有处理好各方面的协调,才能有效地控制设计进度。

(3) 信息资料因素

设计进度目标的实现需要不断的搜集、掌握、分析、汇总与进度有关的资料。不仅如此,还要搜集掌握材料、设备的供应情况。利用计算机信息处理系统不断加工,汇总,形成具有说服力的设计进展情况分析成果。通过经济性的计划进度与实际进度的动态比较,定期向业主提供进度比较报告的信息,使工程设计项目按期完成。

(4) 业主的决策能力和参与意识

业主是设计工作的重要参与者,参与程度随阶段的不同而不同,因能力的差异,业主可以自行或聘请项目管理咨询单位进行项目建设的管理,无论采取何种组织结构形式,关键是要明确各自的权力范围或者说决策范围,如果把项目的所有决策作为一个全集,则业主的决策范围和项目管理方的决策范围这两个子集之和就应恒等于此全集,否则会形成管理真空,造成设计的经常性变更或设计进度的拖延,而且最终完成的设计仍不能很好地体现业主的意图。

在初步设计时,业主需要对设计做出及时的反馈,尤其是面积和功能上的要求。项目的建设处于开放的外部环境中,业主的要求随市场条件的变化会有相应的变化,无论有否变动、无论判断的设计人员的设计是否体现了业主的意图,关键是业主的及时反馈和及早决策,这是从业主的角度保证项目设计目标按期竣工的有效的途径之一。

2. 设计进度控制的目标

设计进度控制的最终目标就是按质、按量、按时间要求提供施工图设计文件。在这个总目标下,设计进度控制还应有阶段性目标和分专业目标。

工程设计主要包括:设计准备工作、初步设计、技术设计、施工图设计等阶段,为了确保设计进度控制总目标的实现,每一阶段都应有明确的进度控制目标,即:

(1) 设计准备工作时间目标

设计准备工作阶段主要包括:规划设计条件的确定、设计基础资料的提供以及委托设计等工作。它们都应有明确的时间目标。设计工作能否顺利进行,以及能否缩短设计周期,与设计准备工作时间目标的实现关系极大。

(2) 方案设计的时间目标

(3) 扩初设计的时间目标

(4) 施工图设计的时间目标

施工图设计是工程设计的最后一个阶段,其工作进度将直接影响工程项目的施工进度,进而影响工程建设进度总目标的实现。因此,必须确定合理的施工图设计交付时间目标,确保工程建设设计进度总目标的实现,从而为工程施工的正常进行创造良好的条件。

(5) 专业设计的目标

为了有效地控制工程建设的设计进度,还可以把各阶段设计进度目标具体化,将它们分解为分目标。例如:可以把施工图设计时间目标分解为基础设计时间目标、结构设计时间目标、装饰设计时间目标及安装图设计时间目标等。这样,设计进度控制目标便构成了一个从总目标到分目标的完整的目标体系。

3. 设计进度控制的方法

(1) 计划预控

1) 建立明确的进度目标,并按项目的分解建立各分解层次的进度分目标,从而保证局部进度的控制,进而实现总体进度的控制。

2) 编制或审核设计总进度计划。设计阶段项目管理的主要任务就是要保证设计任务按期完成。审核的内容包括:项目的划分是否合理;有无重项或漏项;进度在总的时间安排上是否符合合同中规定的工期要求。

3) 审核单位工程设计进度计划。主要内容有:进度安排是否满足合同规定的工期;进度计划的安排是否满足科学性、均衡性等。

4) 审核设计人员、资源配置和管理措施是否可行。

(2) 过程进度控制

过程进度控制是指项目设计过程中进行的进度控制,这是设计进度计划能否付诸实现的关键过程。进度控制人员一旦发现实际进度与目标偏离,必须及时采取措施,纠正这种偏差。过程进度控制的具体内容包括:

1) 要定期地检查计划,调整计划,使设计工作始终处于可控状态。

2) 自我控制与他人控制。从控制理论的角度来看,自控是指组织自身和每个成员,都要注重充分发挥工作能力和效率,约束自己的行为,按计划要求的行动方案和时间去完成属于自己的一份工作任务目标。他控则指组织内部或外部的监控者对当事人行为和效果的监督控制。

3) 严格控制设计质量,尽量减少施工过程中的设计变更,尽量将问题解决在设计过程中。

4) 严格进行进度检查。项目管理人员要亲临现场检查工作量的完成情况,为进度分析提供可靠的数据资料。

5) 对收集的进度数据进行整理,并将计划与实际进度比较,从中发现是否出现偏差。

6) 组织定期或不定期的协调会,及时分析,通报设计进度状况,并协调各专业之间的设计。

(3) 纠偏控制

在项目设计实施过程中,要求项目管理方经常地、定期地对进度的执行情况进行跟踪检查,发现问题,及时采取有效措施加以解决。

进行设计实际进度与计划进度的比较,如将实际的完成量、实际完成的百分比与计划的完成量、计划完成的百分比进行比较。通过比较如发现实际进度比计划拖后就要分析原因,采取纠偏措施。

对进度延迟的原因需进行客观的分析,进度延迟可能由于计划制订的偏差,设计人员工作效率低,也可能由于设计参数和条件提供不及时或业主的变更造成,针对不同的原因可以采取相应的管理手段。

4．设计进度控制的措施

（1）组织措施

组织措施分为两个内容：一是项目管理方本身要建立"进度控制者（部门）"的人员，落实具体控制任务和管理职能分工；二是要求设计单位健全领导机构和进度计划执行与下达的职能部门。

1）对工程项目按照进展阶段、合同结构等进行分解，把工程控制性进度点列为监理、监督、检查的重点。

2）建立定期的进度协调工作制度，在总进度计划确定后，抓分年度、季度、月度的进度目标管理，实现以月保季，以季保年的进度目标。

3）项目管理者还要对影响进度目标实现的组织干扰等因素进行分析。

（2）技术措施

1）学习掌握新技术、新材料的发展情况，认真做好引进应用工作。

2）创造性地进行成熟先进标准设计的成套推广应用或局部引进集成应用，以提高设计质量，加快设计进度。

3）全面普及应用 CAD 技术，在人才培训，软件开发等方面多下功夫，充分发挥 CAD 技术系统的作用。

（3）经济措施

在进度控制工作中，总承包项目管理者要采取适当的激励措施，把设计人员的工作绩效与各人利益合理挂钩得更紧，调动设计人员的积极性。

2.4.4 工程设计投资控制

1．设计阶段投资控制的意义

所谓建设项目投资控制，就是在投资决策阶段、设计阶段、建设项目发包阶段和建设实施阶段把建设项目投资的发生控制在批准的投资限额之内，随时纠正发生的偏差，以保证项目投资管理目标的实现，以求在各个建设项目中能合理使用人力、物力、财力，取得较好的投资效益和社会效益。

项目投资控制贯穿于项目建设全过程，图 2-14 描述不同建设阶段投资控制的可能性和作用大小。从该图可看出：

（1）影响项目投资最大的阶段，是约占工程项目建设周期 1/4 的技术设计结束前的工作阶段。在初步设计阶段，影响项目投资的可能性为 75%～95%；

（2）在技术设计阶段，影响项目投资的可能性为 35%～75%；

（3）在施工图设计阶段，影响项目投资的可能性则为 5%～35%。

在建设工程总承包的情况下，总承包企业承担项目的工程设计任务。因此，在设计阶段的投资控制，既是为业主履行工程项目总投资目标控制的职责，也是总承包企业自身追求概算造价目标控制，实现总承包项目经营预期效益的需要。

很显然，项目投资控制的关键在于施工以前的投资决策和设计阶段，而在项目作出投资决策后，控制项目投资的关键就在于设计。建设工程全寿命费用包括项目投资和工程交付使用后的经常开支费用（含经营费用、日常维护修理费用、使用期内大修理和局部更新费用）以及该项目使用期满后的报废拆除费用等。据西方一些国家分析，设计费一般只相当于建设工程全寿命费用的 1% 以下，但正是这少于 1% 的费用却基本决定了几乎全部随后的费用。由此可见,设计质量对整个工程建设的效益是何等重要。

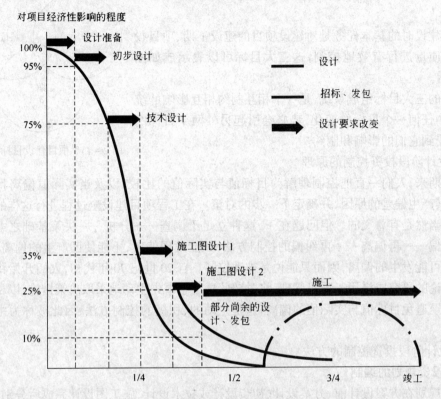

图2-14 不同建设阶段对设计项目投资的影响程度

长期以来,我国普遍忽视工程建设项目前期工作阶段的投资控制。而往往把控制项目投资的主要精力放在施工阶段——审核施工图预算、合理结算建安工程价款,算细账。这样做尽管也有效果,但毕竟是"亡羊补牢",事倍功半。要有效地控制建设项目投资,就要坚决地把工作重点转到建设前期阶段上来,当前尤其是要抓住设计这个关键阶段,未雨绸缪,以取得事半功倍的效果。

2. 设计阶段投资控制的目标

控制是为确保目标的实现而服务的。一个系统若没有目标,就不需要、也无法进行控制。目标的设置应是很严肃的,应有科学的依据。

工程项目建设过程是一个周期长、数量大的生产消费过程,建设者在一定时间内占有的经验知识是有限的,不但常常受着科学条件和技术条件的限制,而且也受着客观过程的发展及其表现程度的限制(客观过程的方面及本质尚未充分暴露),因而不可能在工程项目伊始,就能设置一个科学的、一成不变的投资控制目标,而只能设置一个大致的投资控制目标,这就是投资估算。随着工程建设实践、认识、再实践、再认识,投资控制目标一步步清晰、准确,对项目总承包方,这就是在总承包项目投资估算的条件下,进行设计概算、设计预算控制。具体来讲,投资估算应是设计方案选择和进行初步设计的建设项目投资控制目标;设计概算应是进行技术设计和施工图设计的项目投资控制目标;设计预算或建筑安装工程承包合同价则应是施工阶段控制建筑安装工程投资的目标。有机联系的阶段目标相互制约,相互补充,前者控制后者,后者补充前者,共同组成项目投资控制的目标系统。

项目建设时的基本任务是对建设项目的建设工期、项目投资和工程质量进行有效地控制,这三大目标可以表示成如图2-15所示。

项目的三大目标组成系统,是一个相互制约相互影响的统一体,其中任何一个目标的变化,势必会引起另外两个目标的变化,并受到它们的影响和制约。

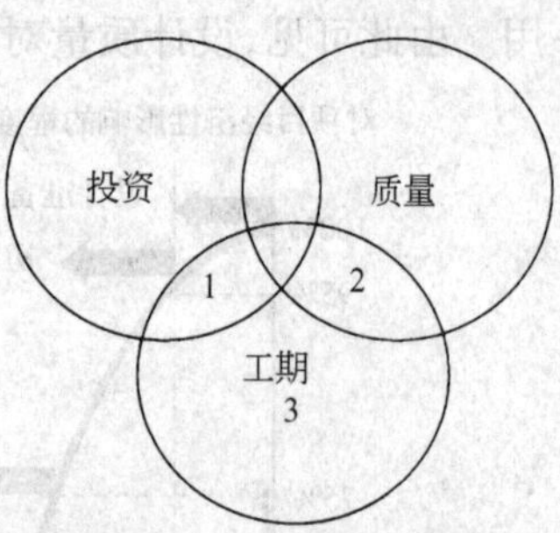

图 2-15 项目建设目标系统

3. 设计阶段投资控制的原理

长时期来,人们一直把控制理解为目标值与实际值的比较,以及当实际值偏离目标值时,分析其产生偏差的原因,并确定下一步的对策。在工程项目建设全过程进行这样的项目投资控制当然是有意义的。但问题在于,这种立足于调查——分析——决策基础之上的偏离——纠偏——再偏离——再纠偏的控制方法,只能发现偏离,不能使已产生的偏离消失,不能预防可能发生的偏离,因而只能说是被动控制。自20世纪70年代初,人们开始将系统论和控制论的研究成果用于项目管理,将"控制"立足于事先主动地采取决策措施,以尽可能地减少以至避免目标值与实际值的偏离,这是主动的、积极的控制方法,因此被称为主动控制。

4. 设计阶段投资控制的方法

(1) 投资规划的编制

投资规划在方案设计前、方案设计、初步设计或技术设计、施工图设计完成后分别编制,作为下一阶段投资控制的依据,也可以应业主要求,每隔一定的时间段编制。投资规划服务于投资控制,它的修正和调整有一定的限度,一般根据项目的复杂程度和设计深度,确定某一设计深度下的投资估算为基础的投资规划作为设计的最终参数。对一些使用权有偿出让土地上的一个项目,方案设计阶段已包括结构体系、基础选型、给水排水、电气、采暖、通风、动力等有关专业的系统图,因此可用方案设计结束后的投资规划作为设计参数,国内投资的项目可用初步设计结束后的投资规划作为设计参数。

设计参数的确定并不是否认前一阶段投资控制的存在,只是说明前一阶段投资计划值(设计估算值)有一定的偏差。其次设计参数的确定也不等于投资计划的消失,设计参数确定后需对投资计划进行分解,形成具体的投资控制目标,在保证总体投资的前提下,具体的投资控制目标可以调整。

投资规划是以投资估算为基础,当设计深度满足工程量计算要求时,可以直接套用地方定额,并按国家和地方有关规定以及市场情况进行调整。从而计算出估算的建造成本,但通常情况下在设计的早期阶段,设计深度不足以计算出工程量,可以采用单位面积指标(Unit Area Model)进行投资估算。单位面积指标来源于将建造成本分解到项目功能单元(Functional Elements),因此它同时也是按项目功能单元分解的投资规划的基础。单位面积指标是根据对已建成项目成本分析而得到的数据。在实践中,由技术经济人员把存储在信息库中的相似工程的单位面积指标进行时间、质量和数量的修正后得到。用单位面积指标法进行建造成本的估算可用式(2-1)表达:

$$P = \sum_{E=1}^{N}(t \cdot q \cdot q_u \cdot R)_E \tag{2-1}$$

式中 P——项目的建造成本；

E——项目的主要功能单元；

N——项目的主要功能单元数；

t——时间修正参数，并非所有的功能单元修正系数都相同。一般情况下，设备的时间修正系数可以通过市场价格指数得到。土建等其他功能单元的时间修正系数可能通过当前实际招投标价格得到；

q——质量修正系数，主要考虑估价的项目与单位面积指标来源项目在功能单元设计说明上的区别；

q_u——数量修正系数，通常情况下，假设它呈线性变化，即仅仅用估算建筑物面积取代指标来源项目的面积，而不考虑规模变化的经济因素；

R——功能单元的单位面积指标，大多数表示为总建造面积的平方米造价，还可以表示净面积造价。

在估算的建造成本的基础上，再根据目前业主已签订的合同，以发生的其他费用和各项费用所占工程总费用的百分比，再和以往相似工程的造价资料进行比较调整，得到最新的投资规划。

1) 投资切块分解

投资切块分解是把投资规划分解为具体的控制目标，分解的原则是为设计工作提供一种指导，有利于设计值与计划值的比较，及时发现问题，采取措施。

同时投资目标的分解应尽量有利于招投标工作的开展。投资目标分解常用方法是"功能单元"(Functional elements)分解法，即把建造成本分解到建筑的基本功能单元上，在分解的同时，给予相应的编码。

编码是指设计代码，而代码指的是代表事物的名称、属性和状态的符号与数字。代码有两个作用，一是可以为事物提供一个精炼而不含混的记号；二是可以提高数据处理的效率。由于代码比数据全称要短得多，可以大大节省存储空间和处理时间，查找、运算、排序等都十分方便。

为便于投资控制的比较和分析，如主体、设备、装饰、基础等，同时列明相应的投资计划值、实际计划值、偏差、原因分析。建造成本通常由土建及建筑设备两部分组成，土建的功能单元有些类似于定额中的分项工程。

2) 限额设计

限额设计是按批准的设计任务书及投资估算控制初步设计，按照批准的初步设计总概算控制施工图的设计，同时各专业在保证达到使用功能的前提下，按分配的投资限额控制设计，严格控制技术设计和施工图设计的不合理变更，保证投资限额不被突破。项目建设过程中采用限额设计是我国建设领域控制投资支出、有效地使用建设资金的有力措施。

限额设计并非单纯地考虑节约投资，也决不是简单地将投资砍一刀，而是包含了尊重科学、尊重实际、实事求是、精心设计和保证设计科学性的实际内容。限额设计体现了设计标准、规模、原则的合理确定及有关概预算基础资料的合理取定，通过层层限额设计，实现对投资限额的控制与管理，也就同时实现了对设计规模、设计标准、工程数量与概预算指标等各个方面的控制。

为保证限额设计的工作能够顺利发展,彻底扭转设计概算本身的失控现象,设计单位内部,首先要使设计与概算形成有机的整体,克服相互脱节的状态。

设计人员必须加强经济观念,在整个设计过程中,设计人员要经常检查本专业的工程费用,切实做好控制造价的工作,把技术经济统一起来,改变目前设计过程中不算账,设计完了概算才见分晓的现象。

分段考核。下段指标不得突破上段指标。哪一专业突破控制指标时,应首先分析突破原因,用修改设计的方法解决。问题发生在哪一阶段,就消灭在哪一阶段。责任的落实越接近于个人,效果越明显。责任者应具有相应的权利,是履行责任的前提,为此就应赋予设计单位以及设计单位内部各科室、设计人员对所承担的设计相应的决定权,所赋予的权力要与责任者履行的责任相一致。

而责任者的利益则是促使其认真履行其责任的动力,为此要建立起限额设计的奖惩机制。但是,限额设计也有不足,主要表现在:

① 限额设计的本质特征是投资控制的主动性,因而贯彻限额设计,重要的一环是在初步设计和施工图设计前,就对各单项工程、各单位工程、各分部工程进行合理的投资分配,以控制设计,体现控制投资的主动性。如果在设计完成后发现概算超了,再进行设计变更,满足限额设计要求,则会使投资控制处于被动地位,也会降低设计的合理性,因此限额设计的理论及其可操作技术有待于进一步发展。

② 限额设计由于突出地强调了设计限额的重要性,使价值工程中有两条提高价值的途径在设计限额中得不到充分运用,即造价不变,功能提高;造价提高,功能有更大程度的提高。尤其是后者,在限额设计中运用受到极大的限制,限制了设计人员的创造性,有些好的设计因设计限额的限制无法实现。

③ 限额设计中的限额包括投资估算、设计概算、设计预算等,均是指建设项目的一次性投资,而对项目建成后的维护使用费,项目使用期满后的报废拆除费用则考虑较少,因此虽然限额设计效果较好,但项目的全寿命费用不一定经济。

(2) 设计方案的优化

要想在整体上控制工程造价,必须在优化设计上下功夫。一个优秀设计方案,必须在使用上具有适用性,在技术上有可行性、先进性,在经济上有合理性。即适用、经济、美观、安全可靠。优化设计不仅体现在设计阶段,也体现在施工阶段,它贯穿于工程建设的全过程。

1) 价值工程方法(见本书 4.2.3)。

2) 全寿命周期成本分析法

全寿命周期成本(Life Cycle Cost Analysis)是一种普遍应用于投资评价的技术经济分析方法,它强调从分析对象的寿命周期全过程考察投资的运用,寿命周期因研究对象的不同而不同,可以为使用寿命期或经济寿命期。

全寿命周期是一个非常重要又常易为设计人员所忽视的概念,设计人员在进行方案、系统、设备、材料等选择时,往往只考虑初始投资,不关心投产以后使用期的成本。工程设计一般不存在惟一,经常处于 2 个或多个方案间分析、比较和选择过程中。全寿命周期成本分析提供了比较的原则和基础,通过这种分析可以看到,初始投资相同的方案,全寿命周期成本不一定相同;初始投资小的方案,全寿命周期成本反而大,只有按照全寿命周期成本进行选择,才能使业主的投资达到效用最大化。

全寿命周期成本分析过程可以概括为以下四个步骤:
① 确定研究对象;
② 收集与成本相关的历史数据;
③ 确定寿命周期和成本模型;
④ 计算、结果分析和评价。

3) 动态管理

设计阶段的投资控制体现着事前控制的思想,是一个动态的管理过程,在确定控制目标后定期地把实际值与计划值加以比较,如两者不相符合,则分析原因,采取相应的措施,把实际值尽量控制在计划值范围内,具体流程如图 2-16 所示。

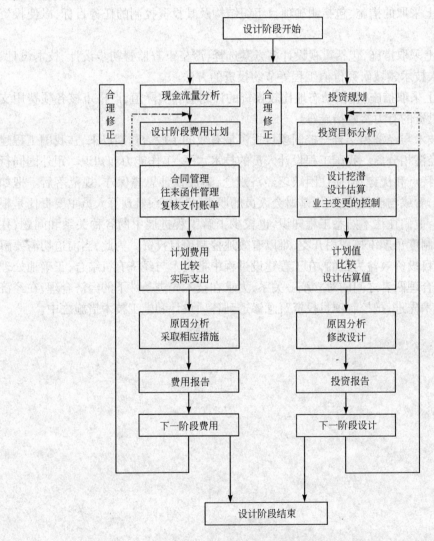

图 2-16 设计阶段投资控制的动态过程

设计阶段的投资控制不能简单地看作是一种被动控制,很重要的一点在于业主与设计人员的主动而有效地参与。业主应配合设计,完成其责任范围内的事务,不任意发出变更指令,因为变更不仅影响建造成本,同时导致设计费的追加。此外业主在该项目上的每一笔支出都应有据可查。设计人员在设计中要主动进行技术经济分析,不能任意超投资,设计应建立在对几种可行方案选择的基础之上。

投资控制的对象不同,控制的方法亦不尽相同,对于设计阶段发生费用的控制方法主要是对合同以及内容涉及付款往来函件的跟踪管理。费用发生的主要依据是合同条款、国家或地方有关规定以及实际工作的需要,因此每一笔支出都必须与相关文件复核,保证支出的合理性和数据的准确性。对建筑成本的控制主要采用技术经济方法进行投资挖潜,使业主的投资达到约束条件下效用的最大化。

5. 设计阶段投资控制的措施

要有效地控制项目投资,应从组织、技术、经济、合同与信息管理等多方面采取措施。

(1) 从组织上采取的措施,包括明确项目组织结构及其投资控制的任务目标,以使投资控制有专人负责。

(2) 从技术上采取措施,包括重视设计多方案选择,严格审查监督初步设计、技术设计、施工图设计、深入技术领域研究价值工程等节约投资的方法。

(3) 从经济上采取措施,包括动态地比较投资的计划值和实际值,严格审核各项费用支出,采取对节约投资的有力奖励措施等。

应该看到,技术与经济相结合是控制项目投资最有效的手段。长期以来,在我国工程建设领域,技术与经济相分离。我国工程设计人员的技术水平、工作能力和知识。跟外国同行相比也有自己的特点和优势,但往往因缺乏经济观念,造成设计思想保守,规范落后。把如何节省项目投资,看成与己无关、认为是财会人员的职责;而财会、概预算人员主要责任是根据财务制度办事,他们往往不熟悉工程知识,也较少了解工程进展中的各种关系和问题,往往单纯地从财务制度角度审核费用开支,难以有效地控制项目投资。为此,当前迫切需要解决的是以提高项目投资效益为目的,在工程建设过程中把技术与经济有机结合,正确地处理技术先进与经济合理两者之间的对立统一关系,力求在技术先进条件下的经济合理,在经济合理基础上的技术先进,把控制项目投资观念渗透到各项设计和施工技术措施之中。

第3章 工程代建制

3.1 代建制的概念

3.1.1 定义

根据国家发改委起草、国务院原则通过的《投资体制改革方案》，工程项目代建制是指政府投资项目通过招标的方式，选择专业化的项目管理公司（以下简称项目管理企业），负责项目的投资管理和建设组织实施工作，项目建成后交付使用单位。它是建设工程项目管理方式在政府投资项目上的一种具体运用模式和管理制度。代建期间，项目管理企业按照合同约定代行项目建设实施过程中的投资主体职责，有关行政部门对实行代建制的建设项目的审批程序不变。

3.1.2 代建单位工作的性质

代建单位的工作性质为工程建设管理和咨询，其单位性质是企业，其盈利模式是收取代理费、咨询费、从节约的投资中提成，其风险是承担相应的管理、咨询风险，不承担具体的工程风险。代建单位利用自身专业优势统筹建设安排，对项目的工期和质量等进行科学的严格的管理，全面实现优质高效，使政府投资效率最大化，项目建成后移交给项目使用单位或管理单位。

3.1.3 实行代建制的重要意义

实行代建制，由于依靠专业人士，实行社会化管理，将有效地提高建设工程项目水平，降低管理成本，提高投资效益和项目实施情况的透明度，方便监督管理。同时，可以使相关部门单位免去组织管理工程项目实施的具体事务，解决外行业主、分散管理、重复设置机构等问题，体现了专业化的现代生产发展的规律要求，有利于推进政府部门职能转变。

政府投资项目"代建制"，通过具有法律效力的代建合同，做到了投资、建设、管理、运营"四分开"，有效地加强了政府对投资项目的管理，规范了投资建设程序，建立了投资责任约束机制，通过市场化运作，选择有经验、讲信誉的专业化队伍，用法律和经济手段确立了投资者和建设者间相互关系，有效保证了资金的使用效益和施工质量。

"代建制"项目管理模式对于业主比较有利，具体原因如下：

（1）在该管理模式下，代建单位是从项目的投资决策阶段即参与工程项目的，基本上实现了全过程的管理，便于对工程的设计管理、施工招投标管理，并一直延续到施工期的管理工作。这样能从根本上解决合同的签订与合同的执行的脱节，使工程项目的投资控制与进度控制能够落到实处，使工程的质量从决策阶段到执行阶段都得到保证。

（2）项目管理是融合工程技术、经济、法律、管理的综合性工作，业主不具有相应的综合知识，因此与设计、承包商之间存在明显的信息不对称，由代建单位代理业主，有利于提高管理绩效。

3.1.4 代建制有利于克服传统模式的弊端

1. 政府投资工程管理的传统模式

以上海的市政基础设施工程建设为例(见章后案例),传统的模式通常有以下几种类型:

(1) 以专门的事业单位为建设单位。

20世纪80年代以前,上海的市政基础设施项目主要由当时市市政局下属的市政建设处(性质为事业单位)承担建设任务,根据政府的要求,由市政建设处编制并提出项目的计划任务书、可行性报告,并负责项目的前期动拆迁和建设管理,建成后移交同属市市政局的市政管理处(性质为事业单位)。

(2) 以政府直属的公司为建设单位。

20世纪80年代以后,随着建设工程领域市场机制的引入,政府部门多成立直属的建设工程管理公司,这些公司或者直接以建设单位名义,或者以代建设单位(即代甲方)的名义、工程总承包的名义实施政府投资工程的管理。

(3) 以政府委、办、局内部的基建处为建设单位。

其他领域(即其他各委、办、局系统)工程建设,也基本上由各自的基建处(性质为政府内设处室)或直属的建设单位直接实施。

(4) 以专门的工程指挥部为建设单位。

这一般适用于投资大、周期长、涉及环节多的大型基础设施项目,比如城市高架道路、跨江大桥、轨道交通工程等。这些项目一般跨越多个行政区域、动拆迁量大面广、各项配套建设内容多,加之工程进度要求高,一般都设立由具有一定行政级别领导挂帅的工程指挥部。类似的机构还有项目建设领导小组,区别在于项目建设领导小组通常为纯协调机构,由市委、市政府的领导或分管领导担任领导小组组长,领导小组不具体参与工程的建设实施过程。如果需要,领导小组可下设办公室或工程指挥部。

(5) 以项目法人为单位。

这种方式是应国家发改委1996年通知要求,一般在经营性的基础设施项目中实行。即在项目批准立项之后,组建项目法人,具体负责工程建设的项目策划、资金筹措、建设施工,并负责项目建成后的运营管理、债务偿还和资产保值责任。工程完工后,项目建设管理班子一般即转化为项目经营管理班子。

2. 传统管理模式的主要弊端及其带来的隐忧

应当说,上述各种模式为当时体制下的市政工程建设做出了应有的历史贡献。但随着我国经济体制改革的深入和建筑业专业化、高级化发展要求的提高,上述建设模式已经不能适应时代的要求。其弊端主要有:

(1) 从工程建设实施各环节的衔接分析。传统模式中投资、建设、管理和运营基本上由一个系统(比如建设系统、商业系统、卫生系统、教育系统等等)完成,由于各方同属一个系统,既有便于协调的优点,也有各环节之间责任不明、利益不清的缺点。尤其是对自建、自管、自用的项目,建设组织单位出于利益驱动,必然导致投资失控,即发生所谓的"超概算、超预算、超决算"的"三超"现象。据有关数据,我国政府投资工程真正按计划投资完成的极少,多数都超过预算的20%~30%,超过1~2倍的也屡见不鲜。

(2) 从工程建设各环节实施的方式分析。传统模式中的投资、建设、管理和运营单位的确定基本上由政府主管部门以行政指令的方式确定,缺乏比较、缺乏竞争、没有市场,存在一定程度的部门垄断的痕迹,容易导致效率的降低和寻租现象的发生。据国家发改委的一次调查,所调查的近80项政府投资工程真正按要求进行公开、公平、公正招投标的只有3个,其余项目在项目承发包这个重要环节或多或少地存在一些问题。

(3) 从建设单位人员的组成及转化分析。一方面,传统模式中的建设单位既要参与项目前期的策划、编制项目建议书、可行性研究等工作,又要参与工程建设的准备和实施工作,包括基地选址、动拆迁、组织勘察、设计和施工招标等,直至项目建设实施的过程控制。应当说,上述工作对专业性要求很高。另一方面,传统模式中的许多建设单位(尤其是工程指挥部)往往随着项目的完工而趋于解体,或者融入项目建成的运营管理主体之中。这就使得,要么是专业化的人才被浪费,导致难以积累起专业化的工程建设管理经验;要么工程实施不使用专门人才,导致我国工程建设管理始终处于一个较低的水平。

针对传统模式的缺点,有关改革措施实际上一直在推进,最早的比如在建设工程领域推行招投标制度,就是要改变政企不分、行业垄断和部门垄断的弊端,将市场机制引入工程建设领域,通过竞争提高资源配置效率,降低工程实施成本。较近的如,上海在地铁和轨道交通建设中推行的"投资、建设、运营和管理"的四分离模式,就是要科学界定各环节的权利和义务、利益和风险,以建立激励和约束机制,提高政府投资效率。

相对而言,政府投资工程的传统管理模式对我国建筑业行业发展的拖累始终未引起有关部门的高度重视,各方也缺乏应对良策。早在1988年,试图通过引进建设监理来解决这一问题,但通过10多年的发展,建设监理逐渐走入了一个相对狭隘的胡同,比较专注于工程实施过程中的质量监理,其定位与十多年前的设想大相径庭。

(4) 从建筑市场的现状及其需求分析

改革开放以来,随着经济发展速度的加快和城乡建设高强度的投入,我国建筑业快速发展,目前全国的建设企业十多万家,从业人员号称3000万人。但是,从全球竞争力分析,我国建筑业企业仍然十分弱小。据有关数据,2001年我国海外工程承包合同额只有100多亿美元,而韩国在1982年就曾达到过创记录的500多亿美元。在国内,许多外商投资工程、国际金融组织贷款的工程也多由资金和技术实力雄厚的境外承包商设计承包。这与政府投资工程的传统管理模式不无关系,分析如下:

从工程建设的需求来看,传统模式下的建设单位不关心项目的投资控制,从而也不会真正关心工程建设的设计优化、质量控制等,他们更多地关心小集团甚至个人利益,最多也只是关心工程工期等表面的东西。因此,这样一个市场不会产生对高水平工程建设管理服务的需求。

从工程建设的供给来看,由于没有对高水平工程建设管理服务的需求,自然地,建筑业企业也不会产生这方面的供给。为了取得工程承包权,他们需要的不是高水平的建设质量,而是庸俗的寻租游戏。久而久之,我们的企业就丧失了真正的市场竞争力。

从实践来看,1997年实行的《建筑法》倡导工程实行总承包,但多年来,我国的总承包改革未取得实质性进展,其根源又在于工程建设的实施方式未得到根本改变。在一定程度上,不改革建设单位的组织模式而想取得总承包改革的突破可谓事倍功半。因为,在一个买方市场中,买主的要求决定着商品(服务)的质量。

因此可以说,落后的工程建设实施方式已经阻碍了我国建筑业进一步发展的要求,成为制约建筑业专业化、高级化发展演变的瓶颈环节,成为影响我国建筑业海外竞争力的一个隐忧。

3.1.5 代建制相关各方的职责

1. 政府主管部门职责

政府主管部门(一般是计委)的职责主要是投资决策、市场选择和监管评估。具体是指负责审批项目建议书、可行性研究报告,审查确定设计方案,审批工程预算和正式开工计划等,通过公开招标方式确定工程管理公司;安排项目年度投资计划并协调财政部门按工程进度拨付建设资金;监管工程管理公司履行合同;组织工程的竣工验收和移交。上述高层次策划工作是必须由业主决策及完成的,非任何其他单位能予以取代。

2. 投资公司职责

政府所属投资公司则被赋予更大的责任,具有独立的投资主体的地位,主要任务是对项目投资与还贷、设施经营进行全过程管理。具体如下:

(1) 项目前期工作,组织编制项目可行性研究报告、初步设计,并报政府审批;
(2) 确定项目投融资方式及项目管理方式;
(3) 采用公开招标方式选择工程管理公司或总承包公司,并确定财务监理公司;
(4) 项目实施中进行监督和控制;
(5) 竣工验收根据有关规定进行项目内部审计;
(6) 初审项目财务决算;组织单项工程验收。除此之外还有资产管理和运作方面的职责。

3. 工程管理公司职责

工程管理公司是业主的代理人,但不能代替业主。因为工程管理公司是专业的建设管理者,所以不对投资收益负责,即不承担项目的开发管理(Development Management)。工程管理公司应当在业主确定投资对象后,即从项目建议书审批通过后,才介入项目管理,是项目的建设管理主体,在政府委托的职责范围内对项目建设进行全方位、全权制、全责制的管理。工程管理公司对政府负责,作为建设方利用自己的专业技术力量和严密的管理经验,在项目策划、方案设计、前期准备、工程预算、施工单位的招标选定及材料设备的采购等整个建设过程中,对项目的投资、质量和工期进行专业化控制与管理,确保项目建设按合同目标顺利实现;负责对建设资金进行管理,保证建设资金专款专用,并接受政府有关部门的审查和监督;工程管理公司作为独立的项目法人,依法行使法人职权,承担法律和经济责任。因此避免了政府在筹组项目管理机构时面临的困难与风险,使投资项目的运作更具有可靠性。

业主与工程管理公司是合同关系,工程管理公司把为投资人服务的信誉和实施项目管理的水平当作企业的生命线,是按合同完成管理任务并取得一定利润的经济实体。

4. 使用单位职责

负责根据本单位的实际需要及发展规划提出项目建议书;在项目方案设计阶段提出项目的具体使用条件、建筑物的功能要求,有关专业、技术对建筑物的具体要求和指标;在建设过程中(包括项目的设计、施工、设备材料采购等)提出意见和建议,并监督代建单位的行为;参与工程验收,负责接收竣工建筑物及其使用和维护。

3.1.6 代建制与现行有关制度的关系

1. 代建单位与政府有关部门的关系

从性质上讲,代建单位为企业,与政府有关部门不应存在任何隶属、人员和利益上的关系。在市政工程基础设施及其他政府投资项目上,政府有关部门主要负责发展规划、政策制定和具体的代理范围和要求,代建单位则通过竞争取得有关工程建设管理或前期咨询的代理业务。

2. 代建单位与投资公司关系

如果某个项目的投资是通过政府直接拨款的方式注入(通常适用于小型项目),则选择代建单位的权利应当由政府有关部门行使。如果某个项目确定以投资公司的名义进行投资(通常适用于大型项目),则选择代建单位的权利应当归投资公司。但无论确定权在谁,在确定方式上都应当通过市场竞争。投资公司关注项目整体的投融资效率和效益,而代建单位则专注于项目建设实施过程的效率和效益。

3. 代建制与项目法人制的关系

适应国家发改委 1996 年《关于在工程建设项目中实行项目法人责任制的暂行规定》的要求,通常的情况是,无论是政府有关部门直接委托代建单位,还是投资公司选择代建单位,在实行项目法人制的项目中,项目法人是法律意义上的建设单位。因此,在项目法人成立后,代建单位最终是代理项目法人实施工程建设管理。但在具体工作关系上,代建单位、项目法人、投资公司(或政府有关部门)可能存在密切的协作关系。

3.1.7 "代建制"的基本工程程序

在上海市的政府投资项目管理模式改革中,上海市政府委托政府所属投资公司作为政府业主代理,对政府投资项目进行管理。通常情况下,"代建制"的基本工作程序如下:

(1) 项目提出

根据使用单位建设发展的需要,使用单位提出建设项目的具体使用功能要求、专业技术要求、建设内容、建设标准,初步投资估算等基本情况,编制项目建议书,向政府计划部门(以下称计委)申报。

(2) 项目确定

计委在综合规划等有关部门意见的基础上批复项目建议书,同时在批复中明确采用"代建制"建设方式。

(3) 确定代建单位

计委委托有资质的招投标中介机构进行代建单位公开招标,受委托中介根据要求做出项目代建招标文件,计委组织有关部门审查同意后,在媒体公开发布招标,公开进行招标。按照公开、公平、公正的原则确定中标单位后,由计委代表政府与代建单位签订代建合同,计委、代建单位、使用人签订合作建设合同,明确各方的权利义务关系。

在计委发出的代建单位中标通知书中明确代建单位在项目建设过程中的法人地位,中标通知书同时发送项目建设所涉及的有关部门。

(4) 审批可行性研究报告及初步设计

代建单位根据项目建议书的批复、招标文件等文件精神,在充分征求使用人意见的基础上,编制项目可行性研究报告报计委审批。计委批复项目可行性研究报告后,代建单位进行项目的勘察、市政方案咨询设计、环境评估、规划方案设计等前期准备工作。代建单位作出初步设计后,计委组织有关部门按规定进行审查,经计委审查同意后作为代建单位总概(预)算,包干使用。如果代建单位未经批准项目超投资,则要进行经济赔偿,如果节约了包干投资,则委托人(政府)将予以奖励。

(5) 规划报批及施工实施由代建单位按基本建设程序,进行规划申报,办理开工手续,组织项目的施工建设。

(6) 竣工、验收、移交、项目竣工后经验收合格,代建单位按合同规定将其交付使用单位使用。

(7) 政府审计、稽查部门对项目建设进行全过程监督审计和监督稽查。

3.1.8 代建制与工程总承包的区别

1. 身份不同

代建单位一般指项目管理企业,他是受业主委托,代表业主对工程项目的组织实施进行全过程或若干阶段的管理和服务,是通常所称的"代甲方"。代建单位具有项目建设阶段的法人地位(也即项目业主、甲方),拥有法人的权利(包含在政府监督下对建设资金的支配权),同时承担相应的责任(包含投资保值责任)。

工程总承包是指从事工程总承包的企业(大多为承包商)受业主委托,按照合同约定对工程项目的勘察、设计、采购、施工、试运行等实行全过程或若干阶段的承包。总承包企业按约定对工程的质量、工期和造价等向业主负责,业主对工程管理虽然介入不深,但业主或业主聘请的专业项目管理公司还是作为其代表管理工程实施,是通常所称的"乙方"。

2. 介入阶段及责任主体不同

实施全过程代建的项目,代建制公司往往在项目决策阶段就已经开始参与,并对该项目的运作负全面管理责任,一般业主不再介入工程管理。而实施全过程总承包的项目,总承包公司一般是在项目实施阶段才开始参与,并对项目的成本、质量、工期、安全向业主负全责,工程总承包企业依法可将所承包工程中部分工作发包给具有相应资质的分包企业,并承担连带责任。

3. 实施方式不同

代建制主要按项目管理服务或项目管理承包方式组织工程全过程管理和实施。工程总承包主要有设计采购施工/交钥匙总承包、设计–施工总承包、设计–采购总承包、采购–施工总承包等方式。

4. 各有不同优点

代建制的优点是代建单位运用其项目管理的专业知识,在项目的设计、施工、财务运作等方面进行详尽的控制与管理,在实施管理中也不会产生与业主的利益冲突,这就使得项目运作的方方面面更能反映业主的投资与控制意图,业主(投资商)不但能控制项目建成的结果,也能在一定程度上控制其过程。

项目总承包最大的优点就是使业主最大限度地减少了许多设计、施工、支付、管理等方面之间的协调及工作环节;使管理界面(即分工与责任的灰色地带)减少,使管理效率与作用得到加强,管理费用也比分散委托低;管理效果较好,尤其是质量与造价控制一般均较成功,政府公务员因操作建设项目而产生的腐败现象也在一定程度上得以避免或弱化。

5. 应用要求不同

项目总承包模式要求总承包单位资金力量雄厚,技术和协调能力强,总承包单位的收益和风险均较大。项目业主对项目的控制力较小,主要通过总承包合同进行约束,工程建设实施对业主的透明度较小。

代建制模式对代建单位的资金要求较低,但技术和管理要求与总承包形式相比更偏重于管理和技术上的引导,建设全过程的资金运用对业主全部透明,业主对工程的控制度较高。

6. 组织架构不同

(1) 工程总承包的组织框架(图 3-1):

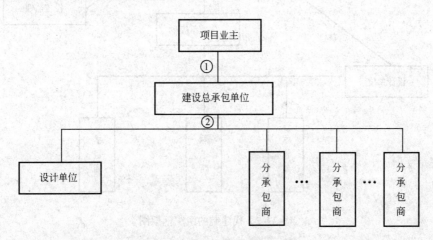

图 3-1 工程总承包的组织框架图

① 项目业主通过和建设工程总承包单位签订建设总承包协议,将项目的建设任务交由总承包单位实施,总承包单位在承包范围内有权决定如何具体实施,业主根据工程进度和合同规定向总承包单位支付建设资金,这些资金作为总承包单位的业务收入进行核算。总承包单位对已作为业务收入的资金有绝对的支配权;

② 建设总承包单位通过招标或其他法律和合同允许的方式,自主选择设计、施工、设备材料供应、施工监理等分承包方和相关方,并全权负责对这些分承包商之间的接口协调。总承包单位按分承包合同的执行情况和分包合同的规定向分承包单位支付工程款,这些款项作为建设总承包单位的业务成本。

(2) 代建制的建设项目管理组织框架图,如图 3-2 所示。

① 代建单位通过与业主签订委托协议,对项目的工程建设进行全过程管理,业主只对投资进行监控,其他工作全部由代建单位负责,酬金作为代建单位的业务收入。代建单位为实施工程所发生的一切费用,在代建单位的业务收入内开支。项目建设资金由业主按代建单位根据发包工程合同规定和工程进度情况上报的用款申请并经由投资监理审核同意后拨付至独立专用帐户,再支付给承包商,这部分资金不作为代建单位的业务收入和成本,仅由代建单位代业主支付。代建单位自身的业务收入和其他业务收入、股本金等资金存入企业自己的银行帐户,和建设专用帐户不得窜户使用。业主对代建单位的建设资金沉淀有严格的控制;

② 也有的业主在项目前期,就已选择可行性研究和初步设计单位,在项目建设实施阶段,将设计单位的工作关系移交给代建单位,由代建单位与设计单位签订总体设计合同,代建单位负责协调管理设计单位;

③ 业主聘请有造价审核资质的单位担任项目投资监理,签订合同,全过程参与项目建设过程中各项费用的审核和合同的会签;

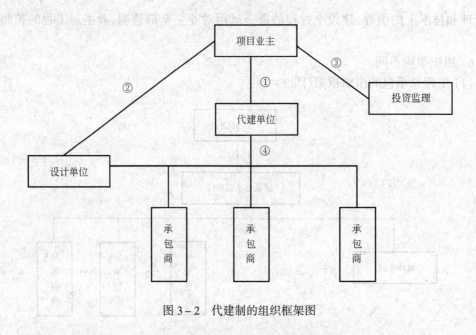

图3-2 代建制的组织框架图

④ 代建单位通过公开招标,选择承包商、设备材料供应商、施工监理等,有关招标办法和定标办法须事先报业主审核通过,业主在招标过程中全过程旁站式监督是否按既定办法执行。

3.2 国际国内政府投资项目管理模式简介

3.2.1 国外有关国家的政府投资项目管理模式特点

境外尤其是发达国家与地区对政府投资建设项目(包括国际金融机构资助项目)的管理,一般具有如下特点:

(1) 广泛采用委托工程咨询公司代为管理的方式,或是委托工程的设计-施工总承包商代为管理的设计+建造方式(即所谓的 Design-Build 方式)及委托设计单位代为管理的设计+管理方式(即所谓的 Design-Manage 方式)。

这些方式的共同点是,政府作为业主,自己均不承担项目管理的具体工作,而将这些工作委托工程咨询公司,或是设计-施工总承包公司承担,其中委托工程咨询公司代为管理的方式因咨询公司与业主利益冲突最小,而得到最广泛的采用。在后两种委托管理模式中,业主仍需委托一家擅长于工程管理或造价管理的咨询公司按设计-施工总承包公司或设计公司承诺的项目管理对他们的工作进行监督与协调。

(2) 广泛采用对一个项目委托一家咨询或工程总承包公司进行从项目或建设前期到竣工验收的全过程管理方式,因为这一方式可使管理接口(即分工与责任的灰色地带)减少,使管理效率与作用得到加强,管理费用也比分散委托低。

这种管理效果较好,尤其是质量与造价控制一般均较成功,政府公务员因操作建设项目而产生的腐败现象亦在一定程度上得以避免或弱化。

1. 美国的政府投资项目管理模式

美国政府投资项目的建设管理模式有以下三种:
(1) 自行管理

联邦政府或地方政府投资兴建工程,当政府的有关部门有较强的管理能力(有的还有设计能力)时,工程建设管理全由政府部门负责。自行管理又分两种形式:

1) 政府管理者通过招标挑选总承包商,总承包商再招标或委托分包商。目前,这种形式采用的比较少。

2) 政府管理者通过招标挑选总承包商外,还直接挑选分包商。美国的制度规定,一个工程至少由五家承包商承包建造。即总承包商(一般指土建部分)、电气、给排水、暖通、装饰等五个专业的承包商。这样做有几方面的原因:一是客观上美国的建筑企业专业化比较强,分包给各专业公司,有利于提高工程质量;二是政府投资建设的工程不能只委托一个承包商,由它一家受益,而要照顾到各公司的利益;三是政府直接挑选分包商,有利于减少投资。

(2) 部分自行管理

当工程建设规模较大,或政府管理力量较小时,政府管理当局聘请部分监理工程师与政府管理人员共同管理政府投资项目。

(3) 全部委托监理公司管理

当政府有关部门没有相应的管理人员或工程规模太大,则往往全部委托给监理公司全面管理。委托监理公司管理工程建设的具体形式也分两种:一种是委托监理公司挑选承包商;另一种是业主挑选承包商后再委托监理公司管理。

美国的政府投资项目建设,不论工程的属性和承包方式如何,有几点是相同的。一是承包商只能通过投标竞争(包括公开招标投标和议标)取得工程任务,并遵守联邦政府采购法;二是工程建设都实行监理;三是政府投资项目建设与金融保险市场有着极其密切的关系。美国的政府投资项目无论是业主、工程师、承包商都与银行、保险公司有着非常密切的联系,如在工程承包领域,政府业主通常要求承包商在承包工程时办理各种保险,承包商也需要银行的各种贷款,在办理保险和银行贷款的过程中,保险公司和银行将会慎重地审查企业的承包能力、履约记录、营业记录和资信状况,据以决定是否给予承包商担保,通过这种方式约束承包商的承包能力与其实际能力相一致。

2. 英国的政府投资项目管理模式

英国政府对政府投资项目的管理模式近年来经历了如下的发展过程。

(1) 在开始,政府投资项目是由公共建筑部负责的,合同是以工程量清单方式编制的。

(2) 随后政府采用了另一种政府项目管理模式,即利用"财产服务代理(Property Service Agency,PSA)"。PSA以项目管理者的身份代表政府对项目进行管理,雇佣建筑师、测量师和工程师。PSA也可委托咨询机构做些工作。由于PSA在政府和承包商之间建立了一种较好的联系渠道,因此受到承包商的欢迎。

(3) 建立经审查的承包商/咨询人员清单,可使公司的详细情况将被预先审查,使审查程序大大减化。

(4) 设立合同处。合同处的作用主要是委托监理进行项目的管理。英国政府投资项目的承建主要通过招标,采用以下几种方式:

1) 传统方式(通过施工招标);
2) 设计+施工方式;

3) 管理方式；

4) 私人融资方式 PFI(Private Finance Initiative)。1992 年英国政府提出的项目管理模式，其基本思路就是将政府的项目，如道路、电站、医院、学校等，交由私人融资、建设和运营，根据协议要求的时间将建成的项目交还给政府。这一政策大大改变了英国的建筑活动方式。目前英国许多公路项目采用的都是 PFI 方式。由于该种方式发展迅速，英国政府还专门设立了机构对有关政策和措施进行研究。

3.2.2 国内政府投资项目管理模式

1. 香港的政府投资项目管理模式

香港的政府投资项目管理模式与英国有较大差别。负责政府投资项目建设的各部门有其自己的专业人员从事设计及管理等工作，有时也聘请社会上的顾问工程师。例如，香港的公共住宅由房屋署负责，他们有自己的专门机构负责设计、招标、施工管理和竣工验收，其专业人员包括建筑师、工程师、测量师等。香港政府投资项目的施工均交由私人承包商实施，政府采用公开招标的方式选择承包商。政府手中掌握着合格承包商的名单(按不同项目等级、类型、承包商的国籍等划分)。近年来，香港政府的投资项目特别是基础设施项目，也开始采用 BOT(Biuld-Operate-Transfer)方式建设，如海底隧道等。

在香港，全部建设工程分为 2 种类型：政府投资项目和私人工程，分别由政府的工务局、房屋署和屋宇署采用不同的管理模式管理。政府投资项目又称公共工程，按其性质又可分为 4 个类别：

(1) 某些大型公共工程，由于自成体系，投资巨大，而营造后又有盈利保证，可以商业形式运作，政府都支持设立独立机构运营资本及使用土地。如地下铁公司兴建境内多条地铁线路；机场管理局负责建设赤腊角新机场等项大型工程。负责这些工程的机构虽是政府兴办的全资公司，但完全按私营方式运作，包括融资、招标承建工程、日常运作及管理有关业务。

(2) 部分商业价值高的大型基础设施工程，采用由私人发展商以"建造、营运和移交"方式竞投，如港九海港的东、中西 3 条海底隧道，九龙沙田间的大老山隧道，都由私营公司组织财团，聘用顾问工程师设计及监理，通过竞争性投标取得建造和管理权。

(3) 房屋委员会兴建的公共屋村，由房屋署实行封闭式管理，自行组织建设和管理。

(4) 其他大部分公共工程也称工务工程，由工务局属下的各专业署负责组织建设，包括建筑、土木、路政、水务、渠务、拓展、机电工程等。

2. 深圳投资项目管理模式

2001 年 11 月，深圳市机构编制委员会根据机构改革方案下发文件深编[2001]63 号文件，决定成立深圳市建筑工务局。2002 年 4 月中旬，建筑工务局开始组建，为深圳市建设局直属的副局级事业单位，近期定编 65 人，远期编制 100 人，经费由财政全额拨款，7 月 18 日正式挂牌(图 3-3)。建筑工务局代表市政府行使业主职能和项目管理职能，负责除规划国土、交通、水务、公安、教育五个系统外的政府投资项目的组织协调和监督管理工作。截至 2003 年 7 月，深圳市工务局共承接了 8 个政府投资项目，其中市政协办公楼扩建工程已经完工。另有包括深圳市会展中心、深圳大学城等 7 个在建项目，总投资达 69 亿元，已累计完成投资近 20 亿元。由于工程任务繁重，建设工务局已向市机构编制委员会申请增加人员编制 35 名，增设规划前期处和物料处。

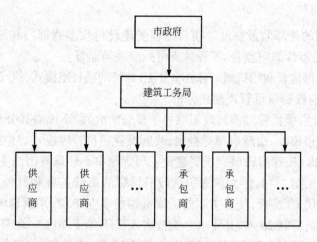

图 3-3 深圳市政府投资项目管理模式架构图

深圳市工务局的具体职责包括：

(1) 参与编制市政府投资市政基础设施工程项目的中长期建设规划和年度计划；

(2) 参与或主持市政府投资建设工程项目的前期工作；

(3) 根据市计划部门下达的政府投资工程项目计划，组织施工图设计与审查，编制项目预算，并分别报有关部门审批；

(4) 负责项目的施工报建、招标投标、委托监理、签订合同、质监登记、安监登记等施工准备工作；

(5) 负责项目施工全过程的协调和监督；

(6) 负责编制项目的结算、竣工决算并送审，组织有关单位进行工程竣工验收，并办理产权登记和资产移交手续。

值得注意得是，在一长串的具体职责中，工务局没有为项目筹集资金、拨付资金和还贷资金的职责。这就说明，在政府投资工程改革的总体思路方面，深圳市政府是将政府投资职能的改革与政府投资工程实施方式的改革分开来考虑，对新设立的工务局，其职能界定仅限于负责工程建设的组织实施。在具体操作上，也是"相对集中，区别对待"的原则：对于常年有政府投资项目建设任务，且有相应建设管理能力或有特殊要求的专业部门，如规划、国土、交通、水务、公安、教育等部门的政府投资项目可暂由其继续组织实施，其余政府投资的市政工程、"一次性业主"的房屋建筑工程、公益性工程可全部纳入工务局集中统一实施，取消政府投资项目"一次性业主"的建设实施管理模式。

珠海市政府成立政府投资建设工程管理中心（事业编制）的做法基本上也可归入这一模式，他们的做法充分借鉴了香港特区政府工务局的经验。

这一模式解决的是主要委托代理的难题，即将对政府投资工程的监督由分散的监督变为集中的监督，从而提高监督的效率，减轻委托代理问题。同时，由于工务局是一个专门机构，该模式部门解决了专业化问题，但不是通过市场化的方式。因其改革范围界定比较窄，没有涉及复杂的投融资改革领域，加之辅助有以下三方面的条件，因而仅就减轻委托代理风险而言取得了比较显著的效果。

(1) 良好的法律法规环境。深圳市 2000 年 3 月 3 日通过了《深圳市政府投资项目管理条例》。

(2) 相互牵制的外部监督制度。项目招标受建设行政主管部门和纪检监察部门监督，现场签证和变更受审计部门监督，工程款支付受财政局监督。

(3) 有效的内部监督制约机制。各处室分工，独特的项目组模式，执行与决策分离等等。

3. 珠海市政府投资项目管理模式分析

珠海市政府投资项目管理模式改革取得了显著的成效，下面对其分析一下。

2001年，珠海市市委、市政府领导提出，政府投资项目管理模式必须进行重大改革。

2002年2月28日，珠海市政府投资建设工程管理中心经珠海市编委"珠机[2002]70号"文批准正式成立，见图3-4，作为珠海负责政府投资的市政工程和其他重要公共工程建设管理的专门机构，代表政府行使业主职能。该机构是事业单位，隶属珠海市建设局领导，市财政全额拨款，人员编制20人，并要求专业技术人员不少于70%。现有工作人员30人(其中10人为合同编)，设有主任室、总工室、办公室、综合科、市政科、房建科6个部门。按照珠机编[2002]70号文件规定，珠海市建管中心主要职责任务：

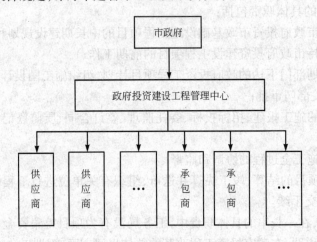

图3-4 珠海市政府投资项目管理模式架构图

(1) 代表市政府行使业主职能和项目管理职能，具体负责市政府投资的非盈利性工程项目(特殊项目除外)建设过程的管理和组织实施工作，提高投资效益；

(2) 参与或主持市政府投资建设工程项目的项目建议、计划立项、可行性研究、用地许可、方案设计、地质勘察、初步设计、项目概算以及相关文件的编制和报批等前期工作；

(3) 根据市计划部门下达的政府投资项目计划，参与施工图设计与审查，编制项目预算，并分别报有关部门审批；

(4) 负责项目的施工报建、委托招标投标和工程监理，并代表业主签订合同以及处理其他涉及项目施工的工作；

(5) 负责市政府投资建设工程项目施工全过程的协调和监管；

(6) 负责编制市政府投资建设工程项目的结算、竣工决算并送审，组织有关单位进行工程竣工验收，办理产权登记和资产移交手续；

(7) 负责协调与工程项目有关单位(尤其是使用单位)的关系，使建设项目在功能方面最大限度地满足使用单位的需要。

截至 2003 年 7 月，珠海市建管中心负责管理的政府投资项目共 48 项，总投资 15.9 亿元，其中市政工程 30 项，房建工程 18 项。在 48 个项目中，包括勘察、设计、施工、监理，共进行了 99 项招投标，其中施工招标 68 项，施工招标总标底价 5.4 亿元，总中标价 4.5 亿元，平均下浮 16.1%。相对于深圳市工务局，珠海市建管中心负责管理的项目范围更大一些，其承接的项目包括公路、桥梁、学校、医院等，同时建管中心对项目介入的也更早一些，有的从项目建议书的编报开始，包括可行性研究、设计、编制标底、招标、现场管理，直至最后的竣工验收和结算，建管中心都要参与。

4. 上海市政府投资项目管理模式改革概况

上海市政府投资项目管理体制改革自 2001 年启动。根据上海市人民政府关于建设体制要实现"政府组织，企业运作，市场竞争，形成合力"的要求，建设行政主管部门于 2001 年 12 月出台了《关于推进政府投资项目建设管理体制改革试点工作的实施意见》（沪建计 2001 第 0889 号）（以下简称"意见"），要求从 2002 年 3 月开始，若干局属建设单位将在改革、改制的基础上从 3～5 个将开工项目、5～10 个前期项目入手，进行政府投资项目的代建制试点工作，以改革传统的工程建设管理模式。《意见》提出了上海市建设交通系统政府投资项目建设管理体制改革施行方案和上海市建设交通系统工程管理公司暂行规定。《意见》将改革的目标确定为建立同社会主义市场经济体制相适应的，决策科学化、主体多元化、管理专业化、行为规范化的政府投资项目管理模式及运行机制。政府投资项目管理模式采用"政府——政府所属投资公司——工程管理公司"的三级管理模式（图 3-5），实现政府投资职能、投资管理职能、工程管理职能的分离。同时政府、投资公司、工程管理公司的权责一致，他们均在界定的职责范围内行使权力，履行责任。对建设交通系统"政府投资工程"管理方式的改革是同"政府投资"管理方式的改革一起进行的，其核心是实现政府投资职能与投资管理职能的分离、投资管理职能与工程管理职能的分离从而切实转变政府职能，确立投资主体地位，形成工程管理市场，进而最大可能地发挥投资效益，防范投资风险，提高建设和管理水平。通过调整政府管理职能，明确政府投资主体，形成工程管理市场，建立"决策科学化、主体多元化、管理专业化、行为规范化"的政府投资项目管理方式和运行机制。

上海市建设交通系统在改革试点期间重点做以下三个方面的工作：

(1) 调整政府有关投资管理职能。将一批政府局包括水务局、市政局、绿化局、环卫局、交通局、住宅局的有关投资管理的职能移交政府性投资公司。

(2) 完善政府性投资公司职能。政府对非盈利性项目投资的职能，主要通过投资公司的运用加以履行；政府对非盈利性项目建设的管理，主要通过投资公司和社会中介组织（工程管理公司）行使。受政府委托的投资公司，受投资公司委托的工程管理公司均在界定的职责范围内行使权力、履行职责、不受其他单位的干预。

(3) 培育与发展一批工程管理公司。工程管理公司应通过公开竞争比选后择优确定。

上海市在改革中主动采取措施，培育多个工程管理公司，将政府投资工程的业主职能和工程管理进行了适当的分离。有利于形成开放与竞争的格局以及由第三方代表政府行使职能的独立平行的监管体系，有利于形成工程管理市场，提高专业化水平。

政府对于政府投资项目的管理主要借助于工程管理公司完成。投资公司作为政府业主代表具有投资主体的地位，主要任务是对项目投资与还贷、设施经营进行全过程管理。工程管理公司根据政府或者经政府授权的投资公司的委托，组织开展项目的可行性研究、初步设计、项目管理、工程监理等工作。

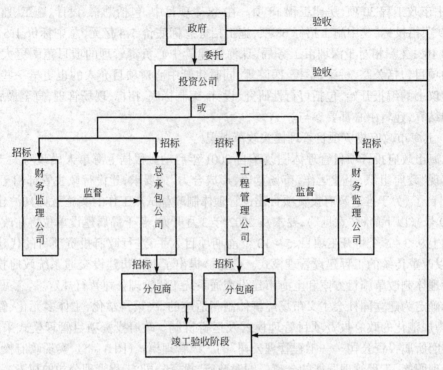

图 3-5 上海市政府投资项目管理模式架构图

2002年3月,市建委在市政局、水务局、环卫局、交通局中确定了13家单位为首批政府投资项目代建制公司。北京市的代建制改革基本上也可以归入这一模式。

5. 厦门市政府投资项目管理模式分析

2001年7月,厦门市开始在重点建设项目的基础上全面实施项目代建制(图3-6)。厦门市政府于2002年3月印发了《厦门市市级财政性投融资社会事业建设项目代建管理试行办法》的文件,规定土建投资总额1500万元以上的市级财政性投融资建设的社会公益性工程项目要实施项目代建制度,参与代建的单位必须是具有一、二级房地产开发,甲、乙级监理,甲级工程咨询,特级、一级施工总承包其中之一资质的单位。财政投融资的其他建设项目逐步实行代建制度。厦门市制定了《厦门市市级财政性投融资社会事业建设项目代建管理招标投标实施细则(试行)》,以招投标的方式选择代建单位。代建单位代业主履行工程建设管理职责,包括选择勘察、设计、施工、监理企业,并签订工程合同。对代建单位经济上的奖惩办法是投资有节余的,可在工程节余款的5%以内给代建单位予以奖励;突破投资的,代建单位要支付投资突破数额的2%作为罚金。

《厦门市人民政府批转市计委建设局财政局关于厦门市市级财政性投融资建设的社会事业项目实行代建管理试行办法的通知》(厦府[2002][42号])规定:厦门市实行的财政性投融资建设的社会事业项目实行代建是指项目业主在项目获准后将整个建设项目的前期准备、实施、竣工验收以及项目建设工程、质量、投资控制全部工作任务委托给具有相应代建资质的单位进行建设管理。同时对代建单位资格也进行了规定:代建单位是指受业主的委托,依据工程建设的法律、法规和代建管理合同,对财政性投融资项目实施管理的单位。

不难看出,厦门模式的意图主要是通过市场化的方式来解决专业化问题(由于掌握的资料有限,无对该模式解决委托代理问题的有效性进行详细的分析)。该模式的特点是对实施代建的项目性质有比较清晰的界定,即按照项目的投资属性、经济属性将其限定为:市级财政性投融资的、社会公益性项目(即本身没有投资回报机制的非经营性项目);其次,该模式对代建单位的资格规定的比较宽泛,没有专门设定代建类的资质,有利于形成承接项目代建任务的竞争机制。第三,在对项目投资控制上,该模式约定了明确的奖惩规则,有利于控制投资规模。

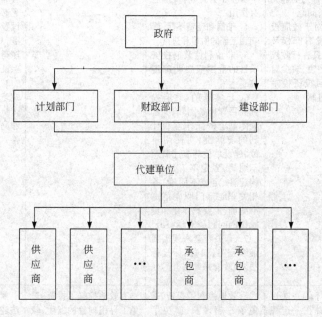

图 3-6 厦门市政府投资项目管理模式架构图

6. 国内四地区政府投资项目管理模式分析表(表 3-1)

四地区政府投资项目管理模式分析表　　　　表 3-1

	深 圳	珠 海	上 海	厦 门
实施的管理模式	设立建筑工务局,作为业主代理,代表政府对政府投资项目进行相对集中的专业化管理	设立政府投资建设工程管理中心,代表政府对政府投资项目进行相对集中的专业化管理	设立政府所属投资公司为业主代表,工程管理公司为代建单位对政府投资项目实施代建制管理	由政府计划、建设、财政等职能部门分头管理,委托具有相应资质的代建单位对政府投资项目实施代建制管理
前提条件分析	不具备把所有行业的政府投资项目归口统一管理的条件,行业、部门条块分割比较严重;市场化程度不高	不具备把所有行业的政府投资项目归口统一管理的条件,行业、部门条块分割比较严重;市场化程度不高	市场化程度相对比较高,具有竞争性很强的咨询公司市场,具备实施代建制改革的条件	90 年代初就开始进行改革,已形成代建制改革模式的雏形,具有一定的咨询市场
实施中遇到的问题	1. 确定设计方案时,缺乏对工程项目经济指标的评审导致超投资 2. 部分项目工期要求不合理,导致"三边"工程	1. 片面追求进度,忽视基建程序,疏远了政府职能部门的有效监控	1. "代建制"比较适宜的介入时机尚未明确 2. "代建制"管理费用过低	1. 部分项目业主存在着过多干预和多头管理的现象;部分代建单位在工程实施过程中与项目业主沟通不到位、协商不充分;工程

续表

	深 圳	珠 海	上 海	厦 门
实施中遇到的问题	3. 缺乏政府投资项目移交的规范程序，给市领导、交接双方的工作都造成不便 4. 工务局集政府投资项目业主和政府管理职能于一体，没有完全解决政府角色混淆问题 5. 工务局对于政府投资项目建设没有产权及利润的约束，只有行政权威的激励和约束，缺少对政府投资项目投资控制的内在约束机制	2. 项目的前期工作没有做好，特别是设计阶段把关不严；管理经验不足，对设计、中介机构缺乏有效的监督控制 3. 设计、中介单位水平参差不齐，没有发挥应有作用 4. 编制和经费不足，影响到工程的质量和进度 5. 非盈利性政府投资项目的范围需要明确定位 6. 已实施的《政府投资项目管理条例》缺少宏观体制上的操作性和计划的前瞻性，对使用单位、建设单位等表述概念不明确，界定不清楚；机构定性、定位不明确，各相关职能部门职能范围不明确，需要具体化和可操作的问题越来越突出 7. 有关配套法规需要继续完善，如《招标投标法》、《政府采购法》等	3. 实施"代建制"项目在建设期间的统计归口主管机关目前尚未明确	项目具体的实施方式不一致。因此代建单位和业主双方的定位和责、权、利不够明确 2. 《试行办法》尚需完善。未明确规定代建单位的主管部门，对代建招、投标缺乏必要的监控；代建费没有设置取费下限和严格的标准，导致代建单位投标时无序竞争，代建费过低，不能保证代建质量 3. 代建费偏低，代建单位缺乏动力 4. 代建单位的专业性不够高，咨询市场尚需继续完善
实施结果	彻底解决了"一次性业主"问题，并在一定程度上解决了"同位一体化"问题	有效地控制了投资，避免了三超现象；解决了"一次性业主"问题；通过创新机制，加强内部和外部监督，避免了寻租发生	有效地控制了投资，避免了寻租现象的发生，较为彻底地解决了投、建、管、用四位一体的弊端	解决了工程项目难以依法建设、工程建设管理水平低下和贪污腐败等问题
继续完善改革的建议	1. 政府应建立科学合理的项目评价体系，政府投资项目应以经济、实用为主，避免对建筑艺术创作的片面追求，进而避免投资失控 2. 政府投资项目在确定了设计方案后，政府应对其工期进行合理、科学的评价，下达总投资计划时，对工期作出合理要求，并且规定任何人均不能随意压缩工期 3. 应出台与政府投资项目交接程序有关的规定，并用法律的形式确定下来 4. 政府应采取措施将工务局政府投资项目业主职能和管理职能进行进一步的分离	1. 政府应以法规的形式明确建管中心的定性、定位和相关的责任问题，包括确定出一个明确的责任主体等 2. 政府应制定《条例》的《实施细则》，相关职能机构应通过与建设部、省建设厅取得必要的协调来推进落实 3. 政府应制定配套的法律法规对各专业公司实现有效管理 4. 政府应制定规范性的文件，明确界定建管中心接管的政府投资项目的范围和投资规模 5. 政府应运用现代化管理手段，建立城市建设档案，今后政府投资项目管理提供决策依据	1. 工程管理公司应在项目建议书上报前或市计委审批后开始介入，从规划咨询、土地征用、设计方案招标等前期工作开始就开始实施专业化管理，对项目总体控制更为有效 2. "代建制"管理费用不应过低，应制定其下限以避免无序竞争 3. 为配合管理部门审批需要，政府投资项目在建设期间的统计归口主管机关应移交给使用单位。可由使用单位主管部门归口较好	1. 为避免无序竞争，应明文规定，代建单位投标时应严格在规定的代建费用范围内进行取费，并加以投资节余的一定比例作为奖励，以加强代建单位管理的积极性和主动性 2. 政府应制定配套文件，最大程度地实现投、建、管、用的分离 3. 应培育和发展一批高素质和高水平的项目管理公司，以增强代建单位的责任感和服务意识，保证工程质量和投资效益 4. 政府应设置政府所属的投资公司，协调项目代建中的问题和争议，有效地避免"政出多门、多头管理"的现象

续表

	深圳	珠海	上海	厦门
继续完善改革的建议	5.政府应设立明确的激励约束机制,以提高公务员的工作积极性	6.应对施工单位、设计单位、监理单位等建立企业信誉档案和相应的登记制度,为以后的招投标工作提供择优依据 7.建管中心应建立完善一整套科学的机构和人员考核制度,通过标准化管理推进工作的开展 8.政府应保证建管中心具有适当的编制和充足的人员经费,以保证其正常运行 9.做好项目的前期工作是控制投资的关键,建管中心应从可研阶段介入		

3.3 代建制在发展中存在的问题和建议

虽然代建制在上海取得了一定的成效,但由于其是个新生事物,从理论上和实践上都有很多不成熟的地方,也还在完善过程中。调查显示的主要问题如下:

3.3.1 业主的观念没有完全转变,"建设"和"运营"没有真正分离

实行代建制的目标之一就是要解决"建设、监管、使用"多位一体的矛盾,但在代建制的实施过程中,有些项目的"建设"和"使用"并没有实现真正的分离。一些业主单位为了部门利益,原本就不希望将项目交给代建单位管理,因此在项目实施过程中,有些业主仍然对一些本来属于代建单位应做的工作进行干预。这在一定程度上影响了代建单位对项目的管理,也影响了代建单位的积极性和主动性,进而影响到项目的顺利实施。在调研的三家代建制公司来看,某自来水建设公司这个问题表现的比较突出,该公司虽然是上海市首批指定的代建制试点单位,但是他是由原来的水务系统的工程施工总承包公司改制而来的,在其承担的水务系统的建设任务中,很多建设单位的基建处本身就有很强的建设管理能力,国家强制要实行代建制,但是"业主"不愿意,可是政府有规定,没有办法,只好把一些低层次的,效益比较差的部分项目象征性的代建一下,其他的大部分还是由自己来进行管理。即便是这一小部分的代建项目,"业主"也要进行干预,致使代建单位无法独立正常行使自己的项目管理权力,代建制单位出力不讨好,严重打击了代建单位的积极性。与此相反,上海某教育建设管理咨询有限公司情况相对好一些,其本来就是由原来上海市教育中心基建处成立的一个代建制公司,公司大部分人都是原来基建处的正式编制人员,他们承担业内的项目时候,"建设单位"对其干预不是很大,一是本身他们就是从教委基建处拨离出来的,两者的利益在一定的程度上是统一的;二是"业主"本身也已经没有了进行全方位的项目管理的能力,干预能力弱。所以该公司代建制实施起来,就比较顺利。代建制实施比较成功的另一个例子就是上海某大桥建设有限公司,其代建的上海复兴东路隧道是真正的四分开的项目,代建制单

位受业主(市政局)的委托对项目实施代建；投资单位是纯粹的民间投资公司，投资目的是靠收取隧道建成后20年的运营费用来收回投资和获取收益。投资者除了关注投资控制以外，不会象业内人士的业主那样过多干预代建制单位的工作，因为代建单位权力比较大，所以整个项目代建非常成功。复兴东路隧道项目的代建制是完全市场化的、真正的建设和使用分离的工程。

在世界上，也有"业主"是推进建设管理发展的动力这一说法。可见，"业主"如果不能真正意识到"代建制"的优越性时，政府采用强制性的手段，对所有的政府投资项目推选代建制是很难达到理想的效果的。通过宣传和榜样的示范作用，让"业主"们真正了解"代建制"在项目管理中的巨大作用，改变其根深蒂固的思想观念是在上海顺利推选"代建制"的当务之急。

3.3.2 政府对"代建制"的管理应进一步规范和完善

由于对代建工作实施监管的具体主管部门不明确，因此就无法对代建项目的招投标、签订合同等工作进行必要的监控。比如有的"业主"明明有5亿元的建设项目，为了部门的利益，只把其中2亿元的项目进行招标代建，其他3亿元的项目偷偷的自己直接进行管理，造成了表面上整个项目是招标代建了，符合法定程序，但实际上却逃避了政府监管。而且，如果在项目具体实施过程中出现问题，政府也无法及时发现和纠正，不利于将来项目的顺利实施。另外，代建制单位在施工过程中，项目法人地位体现不出来，在竣工验收时不能体现代建制单位的法律地位，在竣工验收单上，只有四家单位(勘察、设计、施工、监理)签字盖章的地方，没有代建制单位的地方。而且代建制单位的业绩无法登记，给以后项目管理公司的考核、定级、升级和管理带来一定的不便。

为此，政府行业主管部门，一定要适应全国推行"代建制"这一新形势的要求，转变管理观念，改造管理流程，创造出一整套适应"代建制"发展的新型的政府管理流程和管理模式。为"代建制"在上海的健康发展创造一个良好的条件。

3.3.3 "代建制"单位处于弱势地位，责任、权利、义务不对等

在调研过程中，比较明显的问题就是，由于竞争激烈"代建制"单位签订的代建合同，普遍是承担义务多，收费少，管理责任大，权力小。由于绝大多数地方在实施代建制的相关文件中没有明确设置代建费取费下限和严格的标准，导致各代建单位在投标中出现无序竞争的现象，使代建管理费用一降再降。在调研的三家公司中，代建制管理费普遍较低。上海某自来水建设公司成立以后共承担16项工程的代建任务，工程总投资额达到21亿6千万元，而其收到的总的代建管理费仅为1072.37万元，平均取费率为0.49%。其他公司相对好一些，平均取费率也只有0.7%，不到1%。但与之相反的是，在签订代建合同时，业主把大量的责任都推给了代建单位，形成了这种虽然代建费用低，但凡是出了问题全部找"代建单位"负责的怪现象。这种代建行业的恶性竞争，造成了非常严重的代建单位的"责、权、利"的不对等，已深刻影响了代建制项目管理公司的正常发展。

所以，采取相应的措施规范代建制取费标准势在必行。项目代建费不宜直接套用《基本建设财务管理规定》中的"建设单位管理费"，而宜依据工作内容、难度和承担的责任，在政府指导价的引导下由市场主体确定。可以考虑的具体方法有：在代建单位招标过程中，明确要求投标单位在投标书中详细列示费用明细及取费依据，并请评标专家就代建费做出专项评审。但同时，要注意规范和净化市场，坚决杜绝恶劣竞争，防止低于成本中标的现象发生。

3.3.4 代建单位的项目管理水平还需要进一步提高,代建范围需要进一步拓宽

其一,从代建制公司内部的角度来看,一是代建单位在项目上的人员配备不足;二是即便是配备了足够的人员,但人员素质和能力不能满足要求,特别是对于建筑功能的专业性要求较高的代建项目(如学校、医院等),虽然配备了一些有经验的管理人员,但也是因循守旧,缺乏新的项目管理方法和管理手段的学习、创新能力差,更谈不上提高代建制单位的管理水平。其二,从代建制公司本身来看,上海专业的代建制公司比较多,综合型的能承担各种行业的综合代建工程管理的公司比较少,路桥代建制公司只能承担路桥的代建项目,水务系统的代建单位只能承担水务方面的代建工程,不能承担其他专业性比较强的工程代建任务,代建制公司狭窄的服务范围一定程度上制约了代建制在上海的发展,也无益于形成广泛的行业竞争,对代建制市场的健康发展不利。其三,从代建制单位外部来看,管理水平低,涉及的代建项目范围窄也势必会影响上海的代建制企业和国外同类型企业的竞争能力,特别是外国的建设管理咨询企业进沪以后,这种管理水平上的差距将更加明显。

通过企业自身的不断学习和行业内部培训,提高项目管理人员的素质,努力拓宽企业代建制服务的范围,是下一步代建制单位提高行业竞争力,赢得更多市场的必由之路。

3.3.5 代建制的市场化程度有待于进一步提高

虽然上海市在 2002 年就开始实行政府投资项目代建制,但调查显示,大部分实行代建制的单位还没有完全实现真正意义上的"政企分开、产权明晰、自主经营、自负盈亏"现代企业制度。很多代建制公司在一定程度上还留有政府的痕迹,在调研的三家代建制公司中,上海某大桥公司有 105 人,其中 85 人为事业编制,20 人为公司编制。某教育建设管理咨询有限公司编制 73 人,全部是事业编制和公司编制两重身份的员工。而且从行业性代建制公司所承揽的工程来看,主要是以行业内为主,对行业外的工程承揽的积极性不高,也不具备竞争能力。

使"代建制"单位真正的企业化,打破行业垄断,实行跨行业竞争这一目标,还需要政府、社会和代建制企业做很多工作,还有很长的一段路要走。

3.3.6 社会环境不配套,行业协会的作用有待加强

和推行总承包遇到的问题一样,代建制在推行的过程中,同样也遇到保险和担保体制不健全的问题。制订《政府投资非经营性项目代建制实施细则》和《代建制合同示范文本》等指导文件来规范"投资、建设、管理、运营"四方的行为,特别是建设者的行为,明确业主、投资商、代建制单位、监理单位、施工单位的责任、权利和义务是代建制单位迫切需要有人来解决的问题。这也是行业协会等中介组织需要在今后加强的工作之一。

【案例】:

代建制项目管理模式在上海市重大项目上海市大连路越江隧道工程中试点,初显有效性和高成效。

上海市大连路越江隧道工程,是上海市城市规划交通基础设施的重要组成部分,是上海市"十五"计划的十大重点工程项目之一。该工程具有规模大、形式新(投资多元化)和科技含量高(全国四个第一:两台超大型水泥平衡盾构同时掘进新技术、高强度超薄超宽新型管片、管片错缝拼装新工艺和江中段连接信道新工艺)的特点。该工程总长 2565.88m,双向四车道,由两条直径为 11m 的隧道组成,工程总投资 16 亿元,合同工期 28 个月。

该工程由上海隧道工程股份有限公司和上海市建设工程管理有限公司投资;由上海隧道工程股份有限公司设计——施工总承包;由上海市建设工程管理有限公司和上海建通工程建设(咨询监理)有限公司为代建方,并组成项目管理部实施项目管理。根据现代工程建设项目管理面临的两大冲击(市场经济和知识经济)和具有的三大特点(规模大和投资多元化、市场变动全球化和项目管理国际化、超常效益和广泛风险),建立了符合三大要求(系统工程和信息管理、高知识和高技能、专业化和社会化)、具有有效性和高效率、抗风险和高效益的代建制项目管理模式。

上海市大连路越江隧道工程所建立的代建制项目管理模式即为:专业化、社会化的工程管理公司(代建方),受投资方的委托,依据工程建设的法律、法规和委托合同,对投资方投资的项目,实施全过程全方位的组织管理。一是按系统工程的要求,把各参与方(投资方、管理方、实施方)组成项目管理系统(一级)。投资方为两个单位,管理方也是两个单位(即上海市建设工程管理有限公司和上海市建通工程建设有限公司),实施方为上海隧道工程股份有限公司(设计——施工总承包)。二是按高知识和高技能的要求,把有各种资质以及具备管理经验、监理经验的双方组成项目管理部,这是一个集各类资质要素(动拆迁、招投标、工程管理、工程监理和科技咨询等项目管理综合资质)、优秀人才(经营、管理、技术和经济管理等)一体的项目管理部,能够进行项目前期阶段、项目实施阶段、项目营运阶段"三个阶段",进行项目分解结构、项目管理方组织策划、项目实施方组织策划、项目信息组织策划"四个策划",进行现代工程建设项目全过程、全方位"两个管理"。三是按专业化、社会化的要求,把专门从事工程管理和工程监理双方的资质、经验(双方分别做过多个投资10亿元以上项目的管理工作和监理工作)、业绩(双方分别获过多个国家和省市的工程管理和工程监理的奖项)用到试点工程上,确保提高管理水平,努力做到为提高业主效益的同时,提高社会效益。

结果缩短工期8个月,工程质量很好,受到社会各界好评,节约管理费20%,节省投资方贷款利息3000万元,在计算期内的经济净现值提高9.3%,它的建成,进一步加强黄浦江两岸的紧密联系,促进浦东的开发开放,加速上海的城市建设,具有重要的意义。

在上海市大连路越江隧道工程中工程管理公司项目管理部(代建制管理方),受业主(投资方)的委托,依据工程建设的法律、法规和委托合同,对投资方投资的工程建设项目实施全过程全方位的组织管理。通过代建制项目管理系统,把工程建设明确为管理方(代建方)与实施方(设计、施工、材料设备供应)之间的严谨而精简的两者关系,可有效提高管理工作效率,可有效控制质量、进度和投资。

第4章 工程项目造价管理

工程项目的造价管理,就是确定拟建工程在满足使用功能和规定质量标准的前提下,所需要的全部建设费用目标,并为实现这一目标而进行的全过程管理活动。由于建筑产品是先交易后生产,而且,在通常情况下买方需要介入生产过程,甚至需要提供必要的生产条件,因此,工程的造价形成,从交易合同价到最终结算价,取决于买方和供方在生产过程中的造价控制水平。

4.1 工程造价的构成

工程项目造价对于业主和承包商具有不同的内涵,如前所述,对承包商而言,是指工程承包合同价和工程竣工结算价;对业主而言,其工程造价除了向承包商支付全部工程价款外,还应包括土地费用、建设单位管理费以及与工程建设有关的由建设单位直接支出的各种费用,如设计费、咨询费、检测费等。因此,工程项目管理中的费用控制,在业主方表现为项目的投资控制;在工程承包方则表现为合同造价目标下的施工成本控制。由此可见,工程项目的建设投资、工程造价和成本三者的概念、内涵不同,但又有紧密的联系。本节介绍的是按照我国现行工程量清单计价的房屋建筑工程造价的构成,如图4-1所示。

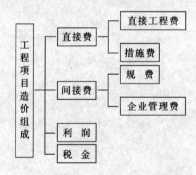

图 4-1 现行工程项目造价构成

4.1.1 直接费

1. 直接工程费
（1）人工费;
（2）材料费;
（3）施工机械使用费。
2. 措施费
（1）环境保护费;
（2）文明施工费;

(3) 安全施工费；
(4) 临时设施费；
(5) 夜间施工费；
(6) 二次搬运费；
(7) 大型机械安拆及场外运输费；
(8) 模板及支架费；
(9) 脚手架费；
(10) 已完工程及设备保护费；
(11) 施工排水及降水费。

4.1.2 间接费

1. 规费
(1) 工程排污费；
(2) 工程定额测定费；
(3) 社会保障费；
(4) 住房公积金；
(5) 危险作业意外伤害保险费。

2. 企业管理费
(1) 管理人员工资；
(2) 办公费；
(3) 差旅交通费；
(4) 固定资产使用费；
(5) 工具用具使用费；
(6) 劳动保险费；
(7) 工会经费；
(8) 职工教育经费；
(9) 财产保险费用；
(10) 财务费；
(11) 税金；
(12) 其他。

4.1.3 利润
4.1.4 税金

4.2 工程设计阶段的造价控制

工程项目的造价，首先是由其自身的质和量所决定的，即物有所值，其次才是考虑生产和交易过程的成本节约，以尽可能少的费用实现预期的产品数量和质量目标。因此，工程的前期项目策划和工程设计是确定和控制工程总造价的前提，在这个阶段中，不确定因素多，设计者的灵活机动性大，对工程造价的影响最为明显。技术先进、经济合理的工程设计，可以降低工程造价 5%~10%，有的甚至高达 10%~20%。因此，抓好设计阶段的工程造价控制对提高整个建筑工程的效益至关重要。设计阶段可采用限额设计、应用价值工程优化设计、采用标准设计等来提高设计质量和控制工程的预算造价。

4.2.1 采用限额设计

1. 限额设计的原理和意义

所谓限额设计就是按照批准的可行性研究投资估算,控制初步设计,按照批准的初步设计总概算控制施工图设计,同时各专业在保证达到使用功能的前提下,按照分配的投资限额控制设计,并严格控制设计的不合理变更,保证不突破总投资限额的工程设计过程。

限额设计通过合理确定设计标准、设计规模和设计原则,合理取定有关概预算基础资料,通过层层限额设计,来实现对投资限额的控制与管理,同时也实现了对设计规模、设计标准、工程数量与概预算指标等各个方面的控制。限额设计可以扭转设计概预算本身失控的现象,是控制工程造价的重要手段;有利于处理好技术与经济对立统一关系,有利于提高设计质量;有利于强化设计人员的工程造价意识,增加设计人员的实事求是的编制概预算的自觉性。

2. 限额设计的目标设定

限额设计目标(指标)是在初步设计开始前,根据批准的可行性研究报告及其投资估算(原值)确定的。限额设计指标,由设计项目经理或总设计师提出,经主管领导审批下达,其总额度一般只能下达直接工程费的90%,以便项目经理或总设计师留有一定的调节指标,用完后,必须经批准才能调整。专业与专业之间或专业内部节约下来的单项费用,未经批准,不能相互平衡,自动调用,除直接费外,均得由费用控制工程造价师协助项目经理或总设计师掌握控制。

3. 限额设计的运作过程

(1) 按批准的投资估算控制扩初设计

房屋建筑工程一般是按两阶段进行设计的,即扩初设计和施工图设计。在项目策划和方案设计阶段进行总投资估算,为扩初设计确定工程造价控制的限额目标。项目总设计师应组织设计人员制定切实可行的设计方案,并将投资限额分专业下达到设计者,促使设计者进行多方案比较选择,增强控制工程造价的意识,严格按照限额设计所分解的投资额控制设计概算,并经常对照检查本专业的工程费用,力求将造价和工程量控制在限额范围之内。

(2) 按批准的设计概算控制施工图设计

经审核批准后的设计概算便是下一步施工图设计控制投资的限额依据。施工图是设计单位的最终产品,它是工程现场施工的主要依据。设计部门要掌握施工图设计造价变化的情况,要求其严格控制在批准的设计概算以内,并有所节约。

严格按照批准的设计概算进行施工图设计,这一阶段限额设计的重点应放在工程量控制上。扩初设计工程量一经审定,即作为施工图设计工程量的最高限额,不得突破。但由于扩初设计毕竟受外部条件的限制和人们主观认识的局限,随着工程建设实践的不断深入,施工图设计阶段和以后施工过程中的局部修改和变更往往是不可避免的,也将使设计和建设更趋完善。因此,会引起已确认的概算值的变化。这种变化在一定范围内是正常的,也是允许发生的,但必须经过核算和调整,以控制施工图设计不突破设计概算限额。

(3) 加强设计变更管理,实行限额动态控制

一般来说,设计变更是不可避免的,但不同阶段的变更,其损失费用也不相同,变更发生

得越早,损失越小,反之,损失就越大。因此,必须加强对设计变更的管理工作,严格控制变更发生,严禁通过设计变更扩大建设规模、增加建设内容、提高建设标准。对非发生不可的变更,应尽量提前实现,尽可能把变更控制在设计阶段,以减少损失。对影响工程造价的重大设计变更,要先算账后变更,避免造成重大变更损失。

4. 限额设计的基础工作

限额设计管理的基础工作,主要是健全和加强设计单位内部以及对建设单位的经济责任制;明确设计单位以及设计单位内部各有关人员、各有关专业科室对限额设计自负的责任。为此,要建立设计部门内各专业投资分配考核制度。设计开始前按照设计过程的不同阶段,将工程投资按专业进行分解,并分段考核。下段指标不得突破上段指标。哪一专业突破造价控制指标时,应分析原因,及时修改设计方案。问题发生在哪一阶段,就应消灭在哪一阶段。为此,应制定设计单位内部限额设计责任制,并建立限额设计奖惩机制。

4.2.2 优化设计

所谓优化设计,是以系统工程理论为基础,应用现代化数学成就——最优化技术和借助计算机技术,对工程设计方案、设备选型、参数选择、效益分析、项目可行性等方面进行最优化的设计方法。它是有效控制投资目标和实施限额设计的重要手段。在进行优化设计时,必须根据最优化问题的性质,选择不同的优化方法。

4.2.3 采用价值工程

1. 价值工程的基本原理与特点

价值工程是通过各相关领域的协作,对所研究对象的功能与费用关系进行系统分析,不断创新和提高研究对象价值的一种思想方法和管理技术。价值工程活动的目的是以研究对象最低寿命周期成本,可靠地实现使用者所需功能,以获取最佳综合效益。

价值工程的特点主要表现在以下四点:

(1) 价值工程着眼于寿命周期成本。价值工程强调的是总成本的降低,即整个系统的经济效果。总成本就是指寿命周期成本,包括生产成本和使用成本。

(2) 功能分析是价值工程的核心。价值工程着重对产品进行功能分析,通过功能分析,明确和保障必要功能、消除过剩和不必要功能,以达到降低成本、提高价值的目的。

(3) 创新是价值工程的支柱。价值工程强调"突破、创新、求精",充分发挥人的主观能动作用,发挥创造精神。

(4) 价值工程强调技术分析与经济分析相结合。价值工程是一种技术经济方法,研究功能和成本的合理匹配,是技术分析与经济分析的有机结合。因此,分析人员必须具备技术和经济知识,紧密合作,做好技术经济分析,努力提高产品价值。

2. 价值工程的基本内容

价值工程可以分为四个阶段:准备阶段、分析阶段、创新阶段、实施阶段,大致可分为八项内容:价值工程对象选择、收集资料、功能分析、功能评价、提出改进方案、方案的评价与选择、试验证明、决定实施方案。

价值工程主要解决和回答以下七个问题:① 价值工程的对象是什么? ② 它是干什么用的? ③ 其成本是多少? ④ 其价值是多少? ⑤ 有无其他方法实现同样功能? ⑥ 新方案成本是什么? ⑦ 新方案能满足要求吗?

围绕这七个问题,价值工程的一般工作程序见表 4-1。

价值工程的一般工作程序　　　　　　　　　　　　　　　　表 4-1

阶　段	步　骤	说　明
准备阶段	1. 对象选择	明确目标、限制条件和分析范围
	2. 组成领导小组	由项目负责人、专业技术人员和工程造价人员组成
	3. 制定工作计划	包括具体执行人、执行日期、工作目标等
分析阶段	4. 收集整理信息资料	此项工作应贯穿于价值工程的全过程
	5. 功能系统分析	明确功能特性要求,并绘制功能系统图
	6. 功能评价	确定功能目标成本,确定功能改进区域
创新阶段	7. 方案创新	提出各种不同的实现功能方案
	8. 方案评价	从技术、经济和社会等方面评价方案可行性
	9. 提案编写	将选出的方案及有关资料编写成册
实施阶段	10. 审批	由主管部门组织进行
	11. 实施与检查	制定实施计划,组织计划,并跟踪检查
	12. 成果鉴定	对实施后取得的技术经济效果进行成果鉴定

3. 提高产品价值的途径

价值工程中价值的大小取决于功能和费用的比值。

从价值与功能、费用关系中可以看出有五条基本途径可以提高产品的价值:

(1) 在提高产品功能的同时,降低了产品成本。这可使价值大幅度提高,是最理想的提高价值的途径。

(2) 提高功能,同时保持成本不变。

(3) 在功能不变的情况下,降低成本。

(4) 成本稍有下降,同时功能大幅度提高。

(5) 功能稍有下降,成本大幅度降低。

尽管在产品形成的各个阶段都可以应用价值工程提高产品的价值,但在不同的阶段进行价值工程活动,其经济效果的提高幅度却是大不相同的。对于大型复杂的产品,应用价值工程的重点是在研究设计阶段,一旦图纸已经设计完成并投入生产,产品价值就基本决定了,这时再进行价值工程分析就变得更加复杂,不仅原来的许多工作成果要付之东流,而且改变生产工艺、设备工具等可能会造成很大的浪费,使价值工程活动的技术经济效果大大下降。因此,必须在产品的设计和研制阶段就开始价值工程活动,以取得最佳的综合效果。

4. 价值工程在工程设计中的应用

价值工程在建筑工程中的应用难度较大,这是由建筑产品的生产及其技术经济特征决定的。但价值工程作为一项行之有效的现代化科学管理技术,当前也广泛应用于建筑产品的设计与工艺过程中。在建筑工程设计中开展价值工程活动的目的,在于以最低的设计费用确保工程质量和满足其使用功能。

(1) 设计阶段开展价值工程最有效

价值工程侧重于设计阶段开展工作,是由于其技术经济效果最为明显。尽管在产品生产的各个时期都可以应用价值工程提高产品价值,但在项目建设的不同时期进行价值工程活动,其经济效果却大不相同。在建筑工程中开展价值工程活动,起初是在施工安装阶段,而后则移向设计阶段,因为成本降低的潜力主要是在设计阶段。设计部门组织价值工程工作小组,围绕提高产品价值,进行功能成本分析,研究寻求功能成本的最佳匹配,以达到优化设计,降低造价的目的。

(2) 设计过程的一次性比重大

建筑产品具有固定性、单价性、多样性等特点,因而几乎每一项建筑工程都有其独特的建筑形式和构造方式,都需进行个别设计。这种设计过程一般都是一次性的,不会再重复进行。但同时,建筑产品价值巨大,每一项建筑工程的造价少则几万、几十万元,多则上百万、几千万甚至数以亿计。因此对每一项建筑工程,特别是价值巨大的工程在设计阶段开展价值工程活动,虽然只影响一次设计,但其节约的投资常常是很大的。

4.3 工程承发包阶段的造价控制

工程施工承发包是确定项目交易合同价的过程,直接关系承发包双方的利益,因此,为双方所关注。买方和卖方的出发点和行为各不相同,为实现公开、公平和公正的交易过程,必须有良好的市场环境和竞争与约束机制。从这个意义上说,工程造价管理不只是项目管理的行为,它包括宏观的政策、法规、市场机制和政府的监管职能。

4.3.1 施工合同造价的确立

工程发包承包价格的确立有招标投标定价、议价和直接发包定价三种。

1. 招标投标定价

招标投标定价是《中华人民共和国招标投标法》规定的一种定价方式,是由招标人提出招标文件,投标人进行报价竞争,中标人中标后与招标人通过谈判签订合同,以合同价格为发包承包价格的定价方式,属市场定价。

标底价格是招标人的期望价格,不是交易价格,是招标人以此作为衡量投标人的投标价格的一个尺度,也是招标人的一种控制投资的手段。所以设置标底价格使评标人有依据,对招标人控制投资效果有利。招标人设置标底有两个目的:一是追求最低价中标,则标底价只是作为招标人自己掌握的招标底数,起参考作用,不作为评标的依据;二是如果为避免因标价太低而损害质量,则标底价便可作为评判报价是否低于成本的参考依据之一。总之,标底是一种衡量和控制价格的方法和手段。

投标人为了得到工程施工承包的资格,按照招标人在招标文件中的要求进行估价,然后根据投标策略确定投标价格,以争取中标并通过工程施工实施取得经济效益。因此投标报价是卖方的要价,如果中标,这个价格就是合同谈判和签订合同确定工程价格的基础。由于"既要中标,又要获利"是投标报价的原则,故投标人的报价必须以雄厚的技术、管理实力作后盾,编制出有竞争力,又能盈利的投标报价。

评标定价时,评价委员会应当按照招标文件确定的标准和方法,对投标文件进行评审和比较,以招标文件和标底为依据,中标人的投标必须能最大限度的满足招标文件中所规定的各项综合评价标准,并且是在不低于成本价且能满足招标文件实质性要求的所有标价中最低的。中标者的报价,成为决标价,即签订合同的价格依据。

所以在招标投标定价过程,招标文件及标底价均可认为是发包人的定价意图;投标报价可认为是承包人定价意图;中标价是双方都可接受的价格。故可在合同中予以确定,合同价更具有法律效力。

2. 议价

议价是通过谈判的方式来确定中标者的价格。主要有以下几种方式：

（1）直接邀请议价

选择中标单位不是通过公开或邀请招标，而由招标人或其代理人直接邀请某一承包商进行单独协商，达成协议后签订工程合同。如果与一家协商不成，可以邀请另一家，直到协议达成为止。

（2）比价议价

"比价"是兼有邀请招标和协商特点的一种议标方式，一般使用于规模不大，内容简单的工程。通常的做法是由招标人将工程的有关要求送交到选定的几家承包商，要求他们在约定的时间提出报价，招标人经过分析比较，选择报价合理的承包商，就工期、造价、质量、付款、条件等细节进行协商，从而达成协议，签订合同。

（3）公开招标，但不公开开标的议价

招标单位在接到各投标单位的标书后，先就技术、管理、资质能力以及工期、造价、质量、付款条件等方面进行调查审核，并在初步认可的基础上，选择一名最理想的预中标单位并与之商谈，对标书进行调整协商，如能取得一致意见，则可定为中标单位，若不行则再找第二家预中标单位。这样逐次协商，直至双方达成一致意见为止。这种方式使招标单位有更多的灵活性，可以选择到比较理想的承包商。

由于中标者是通过谈判产生的，不利于公众监督，容易导致非法交易，因此要在国家允许的范围内采用这种方式。招标人应与足够数目的承包商举行谈判，以确保有效竞争，如果采用邀请报价，至少应有三家；招标人向某承包商发送的与谈判有关的任何规定、准则、文件或其他资料，应在平等基础上发送给与该招标人举行谈判的所有其他承包商；招标人与某一承包商之间的谈判应该是保密的，谈判的任何一方在未征得另一方同意的情况下，不得向第三方透露与谈判有关的任何资料、价格或其他市场信息。

3. 直接发包定价

"直接发包方式"与招标承包方式的本质区别是直接发包方式由发包人与指定的承包人直接接触，通过谈判达成协议，签订施工合同，而不需要像招标承包方式那样，通过招标投标确定承包人，然后签订合同。直接发包方式只适用于不宜进行招标的工程，所以直接发包工程就是非竞争性发包工程。

直接发包工程的定价方式是由发包人与承包方协调定价。首先提出协商价格意见的可能是发包人或其委托的中介机构；也可能是承包人提出价格交发包人或其委托人中介组织进行审核。无论哪一方提出协商价格意见，都要通过谈判协调，签订承包合同，确定为合同价。

直接发包价格一般是以审定的施工图设计预算为基础，发包人与承包人商定增减价的方式定价。而施工图设计预算是以预算定额为依据编制的设计文件，由于预算定额是计划价格的计算依据，故不能作为惟一的结算依据，还必须根据施工中的变化进行增减调整，调整的因素有：工程量比预算数量有较大出入，必须重新洽商定量；工程变更；索赔产生的价格增减；定额单价的调整；政策性的调整。增减预算价格需要发包人和承包人协商确定。

4.3.2 应用招标投标机制控制造价

招标阶段是业主和承包商进行交易的阶段,合同价格将在这个阶段确定。业主方在招标阶段的工程造价控制,主要是通过制定招标文件和标底,组织招标、评标,保证中标价格的合理性。

1. 标底价格

标底价格也即标底,指招标人根据招标项目的具体情况编制的完成招标项目所需的全部费用,是依据国家规定的计价依据和计价办法计算出来的工程造价,是招标人用以反映拟建工程的预期价格,而不是实际的交易价格。标底由成本、利润、税金组成,应该控制在批准的总概算和投资包干之内。招标人以标底价格作为衡量投标人的投标价格的一个尺度,是招标人控制投资的重要手段。

我国的《招标投标法》没有明确规定招标工程必须设置标底价格,招标人可根据工程的实际情况决定是否编制标底价格。显然,即使使用无标底招标方式进行工程招标,招标人在招标时也需要对工程的建造费用作出估计,以判断各个投标报价的合理性。

标底既然是评标的重要参照物,标底的准确性当然就十分重要。没有合理的标底可能会导致工程招标的失败,直接影响到对承包商的择优选用。编制切实可行的标底价格,真正发挥标底价格的作用,严格衡量和审定投标人的投标报价,是工程招标工作能否达到预期目标的关键。标底编制人员应严格按照国家的有关政策、规定,科学、公正地编制标底。

工程标底的具体编制需要根据招标工程项目的具体情况,如设计文件和图纸的深度、工程的规模、复杂程度、招标人的特殊要求、招标文件对投标报价的规定等选择合适的编制方法。如果在工程招标时施工图设计已经完成,标底价格应按施工图纸进行编制;如果招标时只是完成了扩初设计,标底价格只能按照扩初设计图纸进行编制;如果招标时只有设计方案,标底价格可用每平方米造价指标或单位指标等进行编制。

标底价格的编制除按设计图纸进行费用的计算外,还需考虑图纸以外的其他因素,包括由合同条件、现场条件、主要施工方案、施工措施等生产费用的取定,如依据招标文件或合同条件规定的不同要求,选择不同的计价方式;依据不同的工程发承包模式,考虑相应的风险费用;依据招标人对招标工程确立的质量要求和标准,合理确定相应的质量费用,对高于国家验收规范的质量因素有所反映;依据招标人对招标工程确定的施工工期要求、施工现场的具体情况,考虑必需的施工措施费用和技术措施费用等。

标底价格编制完成后还应该对其进行审查,保证标底的准确性、客观性和科学性。审查标底的目的是检查标底价格的编制是否真实、准确,标底价格如有漏洞应予以调整和修正。如总价超过概算应按有关规定进行处理,不得以压低标底价格作为压低投资的手段。

2. 投标报价

投标报价即投标人为了得到工程施工承包的资格,按照招标人在招标文件中的要求进行估价,然后根据投标策略确定投标价格,以争取中标并通过工程实施取得经济效益。因此投标报价是投标人即卖方的要价。如果设有标底,投标报价时要研究招标人评标时如何使用标底:如果是越靠近标底得分越高,则投标报价就不应该追求最低标价;如果标底只作为招标人的参考价,仍要求低价中标,这时投标人就要努力使标价最具竞争力,既保证报价最低也保证报价不低于其成本,以获得既定的利润。这种情况下,投标人的报价必需有雄厚的技术、管理实力作后盾,编制出有竞争力、又能盈利的投标报价。编制投标报价的依据应是企业定额，该定额由企业根据自身技术水平和管理能力进行编制。企业定额应具有计量方法和基础价格，报价时还要以询价的办法了解相关价格信息，对企业定额中的基础价格进行调整后使用。

3. 评标

评标就是指招标人根据招标文件中规定的评标标准和办法对投标人的投标文件进行评价审核以确定中标单位的活动。《招标投标法》第四十条规定："评标委员会应当按照招标文件确定的评标标准和方法，对投标文件进行评审和比较。设有标底的，应当参考标底"。所以评标的依据一是招标文件，二是标底(如果设有标底时)。《招标投标法》第四十一条规定：中标人的投标应符合下列两个条件之一：一是"最大限度地满足招标文件中规定的各项综合评价标准"，该评价标准中当然包含投标报价；二是"能够满足招标文件的实质性要求，并且经评审的投标价格最低，但是投标价低于成本的除外"。这两个条件其实就是评标的两种不同的标准。

第一种标准其实就是综合评价法，往往制定一系列评价指标和相应的权重，在评标时对各个投标人的投标文件进行评价打分，总得分最高的投标人中标。在使用这种标准进行评标的时候必须给报价因素以足够的权重，报价的权重太低不利于对造价进行有效控制。

第二种评标标准的本质就是低价中标，在其他评标因素都符合招标文件的要求的前提下经评审的最低报价中标。按照《招标投标法》规定中标的报价不得低于成本。这里所说的成本是指承包企业在工程建设中将合理发生的所有施工成本，应该包括直接工程费、间接费以及税金。这个成本应该是指投标单位的个别成本，而不是社会平均成本，因为不同技术水平和管理水平的企业，其人工、材料、机械台班、工期等生产要素的消耗水平是不同的，相应地它们的个别成本也就不同，如果招标人用一个代表社会平均水平的成本(比如预算成本)来代表所有投标人的个别成本，那么就可能导致水平高的投标人反而被淘汰的情况。所以在评标时应该由评标委员会的专家根据具体报价情况来判断各个投标人的个别成本。对于投标报价明显过低的投标，评标委员会认真研究后认定是低于其个别成本的，应该视其为废标。

招标投标实质上既是工程价格形成的方式也是承包合同形成的方式。招标人所发放的招标文件可认为是要约邀请，投标人的投标文件是正式的要约，中标通知书是正式的承诺。所以根据我国的《合同法》，中标通知书一旦发放即意味着双方的承包合同正式成立。

4.4 工程施工项目成本计划与预控

4.4.1 施工项目成本控制的意义

工程施工项目成本控制，实质上是一种广义的成本控制概念，是指施工企业在实行施工项目经理责任制的条件下，以施工项目为成本核算单位所进行的成本目标确定、成本计划的编制、成本发生的控制、施工过程的成本核算、预测分析和评价报告等的系统活动。它既涉及到施工企业经营管理层的成本管理职能，也涉及到项目管理层成本控制职能，对工程承发包双方都有现实意义。

1. 施工项目成本的构成

施工企业在工程项目施工过程中所发生的符合国家会计准则规定成本范围的各项费用

支出,计入施工工程产品的制造成本,简称施工项目成本。施工项目成本按其经济性质,分成直接成本和间接成本。

(1) 直接成本

直接成本是指施工过程中所耗费的资源、能源等物化劳动和活劳动的价值转移而构成工程实体的各项费用支出,具体包括以下内容:

1) 人工费;
2) 材料费;
3) 机械使用费;
4) 措施费;
5) 分包费用(在实行施工总分包体制时计入总包方成本)。

(2) 间接成本

间接成本是指施工企业派出的项目经理部为开展现场施工准备、组织和管理施工生产过程所必需的各项费用。管理费中的现场管理费部分属间接成本,包括:工作人员薪金、劳动保护费、职工福利费、办公费、差旅交通费、固定资产使用费、工具用具使用费等。

2. 施工成本控制的意义

(1) 对施工企业的意义

对施工企业而言,施工项目成本控制的目的,在于以最经济合理的施工方案和企业自身施工成本各经济要素的消耗水平制定成本控制目标,通过控制措施的贯彻和落实,在规定的工期内完成质量合格的工程产品,实现企业预期的工程施工经济效益。

(2) 对建设单位的意义

工程项目施工成本的控制,不是靠偷工减料和粗制滥造来节约工程成本,而是靠施工企业先进的技术和精心的管理,因此,它不但对施工企业取得预期的经营效益有重要意义,而且对工程的质量保证和建设单位的投资目标、进度目标的控制,都起到良好的作用。

4.4.2 施工项目成本计划与预控的过程

施工项目成本的计划预控是在明确施工企业对施工项目经理责任成本目标的基础上,通过编制详细的施工组织设计,以最经济合理的施工方案为基础,以企业施工定额为依据,确定各项施工的计划成本并使其满足责任目标成本的要求,以实现成本控制的第一步,即计划预控。显然,计划预控不只是确定一个成本的计划数额,更重要的是在这一过程中,施工企业通过其智力投入,发挥企业技术和管理的综合优势,使其智力增值,为施工项目成本控制打下坚实的基础。

施工项目成本的计划预控,包括工程投标阶段进行科学的成本估算;工程项目施工前精心编制施工组织设计文件和确定现场施工计划成本目标,进行计划成本目标的分解和控制措施的预安排,使计划成本目标建立在切实可行的基础上。

1. 工程投标估算成本的预控

对于施工总承包项目而言,工程投标阶段的成本估算,是以业主招标文件中的合同条件、技术规范、设计图纸与工程量表和工程的性质与范围、价格条件说明和投标须知等为基础,结合调研和现场考察所得的情况,根据企业自己的定额、市场价格信息和有关规定,计算和确定承包该项工程的估算施工成本和投标报价。此时处于工程的投标过程,能否中标尚未定论,成本控制包含两层意思,一是做好成本预测和估算,编制有竞争力的投标书;二是一且中标获得合同授予权,对合同条件的确定必须坚持有利于工程成本得到合理补偿的原则,如不可抗力损害的费用承担办法;施工过程第三方损害的费用承担办法;工程变更、中止等造成损失的费用承担办法等。施工企业经营者必须增强这方面的意识,为承建工程的日后成本控制奠定基础。

对于工程总承包项目而言,投标阶段则是综合估算工程项目的总承包价格,而项目的施工计划成本是在设计过程和设计完成之后、施工之前,由总承包企业确定。

施工企业投标报价时的成本估算,首先应依据反映本企业技术水平和管理水平的企业定额,计算确定完成拟投标工程的全部生产费用,即建筑产品的完全成本,以此为基础按照规定的方法计算建筑产品的投标价格。投标阶段施工项目成本估算的步骤如下:

(1) 熟悉和研究招标文件

成本估算者要广泛搜集、熟悉各种资料、工程技术文件,包括招标文件、施工图纸、市场价格信息等。在准备、掌握资料的同时,要审核其是否齐全和有无错误等。

(2) 进行施工技术和组织方案策划

施工技术和施工组织方案是决定施工成本的基础。成本估算,首先要根据拟投标项目,对项目的施工组织进行策划,拟定管理组织结构形式、管理工作流程;对项目的施工流程、施工顺序、施工方法进行策划,确定施工方案。

(3) 确定施工项目分解结构

对整个施工项目按子项或分部分项进行施工任务分解,分解时应结合施工方法的要求,全面系统,不出现重复项目或遗漏项目。

(4) 计算工程量,编制投标书报价表

根据项目施工图纸、有关技术资料和工程量规则进行工程量的计算。为了准确地估算项目施工成本,应充分考虑项目施工组织设计、施工规划或施工方案等的技术组织措施。

2. 确定项目经理责任目标成本的预控

每个工程项目,在实施项目管理之前,首先由企业与项目经理协商,将合同预算的全部造价收入,分为现场施工费用(制造成本)和企业管理费用两部分。其中,现场施工费用核定的总额,作为施工项目成本控制和核算的界定范围,也是确定项目经理部责任成本目标的依据。

责任目标成本是施工企业对项目经理部提出的指令成本目标,也是对项目经理部进行详细施工组织设计,优化施工方案,制定降低成本对策和管理措施提出的要求。

责任目标成本确定的过程和方法如下:

(1) 在投标报价时所编制的工程估价单中,各项单价由企业内部价格构成,就形成直接费中的材料费、人工费的目标成本。

(2) 以施工组织设计为依据,确定机械台班和周转设备材料的使用量。

(3) 措施费中的各子项目均按具体情况或内部价格来确定。

(4) 现场措施费中管理费,也按各子项目视项目的具体情况加以确定。

(5) 投标中压价让利的部分,原则上由企业统一承担,不列入施工项目责任目标成本。

以上确定的过程,应在仔细研究投标报价时的各项目清单、估价的基础上,由企业职能部门主持,有关部门共同参与分析研究确定。

总而言之,确定施工项目经理责任目标成本并非仅是施加压力的权宜之计,而是体现了工程成本控制的三层意思：一是体现了工程成本目标的分解和责任的落实，即将现场可控部分的成本作为施工项目经理的责任目标进行控制，界定了企业和项目的成本管理责任范围；二是在确定项目经理责任成本的同时，企业各职能部门作为赢利计划中心，对施工项目成本控制，从方法、途径、措施等方面进行共同指导，体现了施工项目管理依托企业技术和管理的综合优势，谋求降低成本提高效益的努力；三是体现了以施工项目经理为核心的施工成本责任制，为施工项目成本控制建立了运行机制。

3．编制现场目标成本计划时的预控

项目经理部在接受企业法定代表人委托之后，应通过主持编制项目管理实施规划，寻求降低成本的途径，组织编制施工预算，确定项目的计划目标成本。

施工预算是项目经理部根据企业下达的责任成本目标，在详细编制施工组织设计过程中，不断优化施工技术方案和合理配置生产要素的基础上，通过工料消耗分析和制定节约成本措施之后确定的计划成本，也称现场目标成本。一般情况下，施工预算总额应控制在责任成本目标的范围内，并留有一定余地。在特殊情况下，项目经理部经过反复挖潜措施，不能把施工预算总额控制在责任成本目标的范围内，应与企业进一步协商修正责任成本目标或共同探索进一步降低成本的途径和措施，以使施工预算建立在切实可行的基础上。

4．目标成本分解落实过程的预控

施工项目的成本控制，不仅仅是专业成本员的责任，所有的项目管理人员，特别是项目经理，都要按照自己的业务分工各负其责。为了保证项目成本控制工作的顺利进行，需要把所有参加项目建设的人员组织起来，将计划目标成本进行了解与交底，使项目经理部的所有成员和各个单位和部门明确自己的成本责任，并按照自己的分工开展工作。这里所说的成本管理责任制，是指各项目管理人员在处理日常业务中对成本管理应尽的责任。要求联系实际，整理成文，并作为一种制度加以贯彻。

4.5 工程施工项目成本的运行与控制

工程施工项目成本的运行控制，是指按计划成本目标进行施工资源配置、用工用料和劳动作业效率管理等，对施工现场正在发生和将要发生的各种成本费用进行有效控制，具体内容包括：

4.5.1 人工费的控制

人工费的控制采取与材料费控制相同的原则，实行"量价分离"。人工用工数通过项目经理与施工劳务承包人的承包合同，按照企业内部施工图预算、钢筋翻样单或模板量计算出定额人工工日，并将安全生产、文明施工及零星用工按定额工日的一定比例（一般为15%～25%）综合确定，通过劳务合同管理进行控制。

4.5.2 材料费的控制

材料费的控制按照"量价分离"的原则，一是材料用量的控制；二是材料价格的控制。

1．材料用量的控制

在保证符合设计规格和质量标准的前提下，合理使用材料和节约使用材料，通过定额管理、计量管理等手段以及施工质量控制，避免返工等，有效控制材料物资的消耗。具体方法有：

(1) 定额控制。对于有消耗定额的材料,项目以消耗定额为依据,实行限额发料制度。项目各工长只能在规定限额分期分批领用,需要超过限额领用的材料,必须先查明原因,经过一定审批手续方可领料。

(2) 指标控制。对于没有消耗定额的材料,则实行计划管理和按指标控制的办法。根据长期实际耗用,结合当月具体情况和节约要求,制定领用材料指标,据以控制发料。超过指标的材料,必须经过一定的审批手续方可领用。

(3) 计量控制。为准确核算项目实际材料成本,保证材料消耗准确,在各种材料进场时,项目材料员必须准确计量,查明是否发生损耗或短缺,如有发生,要查明原因,明确责任。

(4) 以钱代物,包干控制。在材料使用过程中,对部分小型及零星材料(如铁钉、钢丝等)采用以钱代物、包干控制的办法。其具体做法是:根据工程量结算出的所需材料,将其折算成现金,每月结算时发给施工班组,一次包死,班组需要用料时,再从项目材料员购买,超支部分由班组自负,节约部分归班组所得。

2. 材料价格的控制

材料价格主要由材料采购部门在采购中加以控制。由于材料价格是由买价、运杂费、运输中的合理损耗等所组成,因此控制材料价格,主要是通过市场信息,询价,应用竞争机制和经济合同手段等控制材料、设备、工程用品的采购价格,包括买价、运费和耗损等。

施工项目的材料物资,包括构成工程实体的主要材料和结构件,以及有助于工程实体形成的周转使用材料和低值易耗品。从价值角度看,材料物资的价值,约占工程总造价的70%以上,其重要程度自然是不言而喻的。由于材料物资的供应渠道和管理方式各不相同,所以控制的内容和所采取的控制方法也将有所不同。

4.5.3 机械使用费的控制

合理选择施工机械设备,合理使用施工机械设备,对工程项目的施工及其成本控制具有十分重要的意义,尤其是高层建筑施工。据某些工程实例统计,高层建筑地面以上部分的总费用中,垂直运输机械费用约占 6%～10%。

由于不同的起重运输机械各有不同的用途和特点,因此在选择起重运输机械时,首先应根据工程特点和施工条件确定采取何种不同起重运输机械的组合方式。在确定采用何种组合方式时,首先应满足施工需要,同时还要考虑到费用的高低和是否有较好的综合经济效益。

机械费用主要由台班数量和台班单价两方面决定,为有效控制台班费支出,主要从以下几个方面控制:

(1) 合理安排施工生产,加强设备租赁计划管理,减少因安排不当引起的设备闲置。

(2) 加强机械设备的调度工作,尽量避免窝工,提高现场设备利用率。

(3) 加强现场设备的维修保养,避免因不正当使用造成机械设备的停置。

(4) 做好机上人员与辅助生产人员的协调与配合,提高施工机械台班产量。

4.5.4 施工管理费的控制

现场施工管理费在项目成本中占有一定比例,控制与核算上都较难把握,项目在使用和开支时弹性较大,可采取的主要控制措施有:

(1) 根据现场施工管理费占施工项目计划总成本的比重,确定施工项目经理部施工管理费总额。

(2) 在施工项目经理的领导下,编制项目经理部施工管理费总额预算和各管理部门、条线的施工管理费预算,作为现场施工管理费的控制根据。

(3) 制定施工项目管理开支标准和范围,落实各部门责任和岗位的控制责任。

(4) 制定并严格执行施工项目经理部的施工管理费使用的审批、报销程序。

4.5.5 临时设施费用的控制

施工现场临时设施费用是施工项目成本的构成部分。在施工项目管理中,降低施工成本方面,有硬手段和软手段两个途径。所谓硬手段主要是指优化施工技术方案,应用价值工程方法,结合施工方法对设计提出改进意见,以及合理配置施工现场临时设施,控制施工规模,降低固定施工成本的开支;软手段主要是指通过加强管理、克服浪费、提高效率等来降低单位建筑产品物化劳动和活劳动的消耗。不言而喻,施工规模大或施工集中度大,虽然可以缩短施工工期,但所需要的施工临时设施数量也多,势必导致施工成本增加,反之亦然。因此,合理确定施工规模或集中度,在满足计划工期目标要求的前提下,做到各类临时设施的数量尽可能最少,同样蕴藏着极大的降低施工项目成本的潜力。

4.5.6 施工分包费用的控制

项目施工中,一般会有部分工程内容需委托其他施工单位,即分包单位完成。分包工程价格的高低,必然对项目经理部的施工项目成本产生一定的影响。因此,施工项目成本控制的重要工作之一是对分包价格的控制。

1. 分包工作内容确定

在建筑市场上,劳务和一些专业性工程,诸如钢结构的制作和吊装、铝合金门窗和玻璃幕墙的供应和安装、通风和空调工程、室内装饰工程等,有时采取分包的形式。项目经理部应在确定施工方案的初期就需定出需要分包的工程范围。决定这一范围的控制因素主要是考虑工程的专业性和项目规模。大多数承包商都在实际工作中把自己不熟悉的、专业化程度高或利润低、风险大的一部分工程内容划出。

2. 分包询价

在确定分包工作内容之后,项目经理部应准备信函,将准备分包的专业工程图纸和技术说明送交预先选定的若干个分包商,请他们在约定的时间内报价,以便进行比较选择。有时,还应正确处理好与业主推荐的分包商之间的关系,为报价作准备。

分包询价单实际上与工程招标书基本一致,一般应包括下列内容:

(1) 分包工程施工图及技术说明;

(2) 详细说明分包工程在总包工程中的进度安排;

(3) 提出需要分包商提供服务的时间,以及分包允诺的这一段时间的变化范围,以便日后总进度计划不可避免发生变化时,可使这种变动尽可能的自然些;

(4) 说明分包商对分包工程顺利进行应负的责任和应提供的技术措施;

(5) 总包商提供的服务设施及分包商到总包现场认可的日期;

(6) 分包商提供的材料合格证明、施工方法及验收标准、验收方式;

(7) 分包商必须遵守的现场安全和有关条例;

(8) 工程报价及报价日期。

上述资料主要来源于合同文件和项目经理部的施工计划,通常询价人员可把合同文件中有关部分的复印件与图纸一同发给分包商。此外,还应从总包项目施工计划中摘录出有关细节发给分包商,以便使他们能清楚地了解应在总包工程中的工作期间需要达到的水平,以及与其他分包商之间的关系。

3. 核实分包工程的单价

在比较分包工程的报价时,项目经理部必须核实每份报价所包含的内容,审定分包工程单价的完整性,如需分析和确定材料的交付方式,以及报价中是否包括了运输费等。

4. 分包报价的合理性

分包工程价格的高低,对项目经理部的施工成本影响巨大。因此,在选择分包商时要仔细分析标函的内容等各种因素是否合理。同时,由于总承包商对分包商选择不当而引起工程施工失误的责任仍然要由总包商承担。因此,要对所选择的分包商的标函进行全面分析,不能仅把价格的高低作为惟一的标准。作为总包商,除了要保护自己的利益之外,还应考虑保护分包商的利益。与分包商友好交往,实际上也是保护了总包商的利益。总包商让分包商有利可图,分包商也将会帮助总包商共同搞好工程项目,完成总包合同。

4.5.7 工程变更的控制

工程变更是指在项目施工过程中,由于种种原因发生了事先没有预料到的情况,使得工程施工的实际条件与规划条件出现较大差异,需要采取一定措施作相应处理。工程变更常常涉及额外费用损失的承担责任问题,因此进行项目成本控制必须能够识别各种各样的工程变更情况,并且了解发生变更后的相应处理对策,最大限度地减少由于变更带来的损失。

工程变更主要有以下几种情况:施工条件变更、工程内容变更或停工、延长工期或者缩短工期、物价变动、天灾或其他不可抗拒因素。

当工程变更超过合同规定的限度时,常常会对项目的施工成本产生很大的影响,如不进行相应的处理,就会影响企业在该项目上的经济效益。工程变更处理就是要明确各方的责任和经济负担。

在处理工程变更问题时,要根据变更的内容和原因,明确承担责任者;如果承包合同有明确规定,则按承包合同执行;如果合同未作规定,则应查明原因,根据相应仲裁或法律程序判明责任和损失的承担者。通常由于建设单位原因造成的工程变更,损失由建设单位负担;由于客观条件影响造成的工程变更,在合同规定的范围内,按合同规定处理,否则由双方协商解决;如属于不可预见费用的支付范畴,则由承包单位解决。

另外,还要准确统计已造成的损失和预测变更后的可能带来的损失。经双方协商同意的工程变更,必须做好记录,并形成书面材料,由双方代表签字后生效。这些材料将成为工程款结算的合同依据。

4.5.8 施工索赔管理

对施工企业来说,一般只要不是企业自身责任,而由于外界干扰造成工期延长和成本增加,都有可能提出索赔。这包括两种情况:

(1) 业主违约,未履行合同责任。如未按合同规定及时交付设计图纸造成工程拖延,未及时支付工程款,施工企业可就此提出赔偿要求。

(2) 业主未违反合同,而由于其他原因,如业主行使用合同赋予的权力指令变更工程;工程环境出现事先未能预料到的情况或变化,如恶劣的气候条件,与勘探报告不同的地质情况,国家法令的修改,物价上涨,汇率变化等。由此造成的损失,施工企业可提出补偿要求。

施工项目管理人员,应十分熟悉该工程项目的工程范围以及施工成本的各个组成部分,对施工项目的各项主要开支心中有数,对超出合同项目工作范围的工作,要及时发现,并及时提出索赔要求。在计算索赔款额时,亦应准确地提出所发生的新增成本,或者是额外成本。只要这些成本超出投标报价范围的工程成本就可以提出索赔的。

4.6 工程施工项目成本的核算与控制

从一般的意义上说,成本核算是成本运行控制的一种手段,目的在于通过实际成本计算并和计划成本进行比较,从中发现是否存在偏差。因此,成本的核算职能不可避免地和成本的计划职能、控制职能、分析预测职能等产生有机地联系,有时强调施工项目的成本核算管理,实质上也就包含了全过程成本管理的概念。

4.6.1 施工项目成本核算的范围

施工项目成本核算的范围,原则上说,就是在施工合同所界定的施工任务范围内,作为施工项目经理责任目标的现场可控成本。一般是以单位或单项工程作为核算对象,具体包括工程直接费和间接费范围内的各项成本费用。

1. 直接费成本的核算

工程直接费成本包括人工费、材料费、周转材料费、结构件费和施工机械使用费等,实践中尚无具体统一的模式,各施工企业根据自身管理的要求,建立相应的核算制度和办法。以下仅介绍个别企业的做法供参考。

(1) 人工费核算

人工费包括两种情况,即内包人工费和外包人工费。内包人工费是指两层分开后企业所属的劳务分公司(内部劳务市场自有劳务)与项目经理部签订的劳务合同结算的全部工程价款。适用于类似外包工式的合同定额结算支付办法,按月结算计入项目单位工程成本;外包人工费是按项目经理部与劳务基地(内部劳务市场外来劳务)或直接与单位施工队伍签订的包清工合同,以当月验收完成的工程实物量,计算出定额工日数乘以合同人工单价确定人工费。并按月凭项目经济员提供的"包清工工程款月度成本汇总表"(分外包单位和单位工程)预提计入项目单位工程成本。

(2) 材料费核算

工程耗用的材料,根据限额领料单、退料单、报损报耗单、大堆材料耗用计算单等,由项目料具员按单位工程编制"材料耗用汇总表",据以计入项目成本。

(3) 周转材料费核算

1) 周转材料实行内部租赁制,以租费的形式反映其消耗情况,按"谁租用谁负担"的原则,进行核算并计入项目成本。

2) 按周转材料租赁办法和租赁合同,由出租方与项目经理部按月结算租赁费。租赁费按租用的数量、时间和内部租赁单价计算计入项目成本。

3) 周转材料在调入移出时,项目经理部都必须加强计量验收制度,如有短缺、损坏,一律按原价赔偿,计入项目成本(缺损数 = 进场数 - 退场数)。

4) 租用周转材料的进退场运费,按其实际发生数,由调入项目负担。

5) 对U形卡、脚手扣件等零件除执行项目租赁制外,考虑到其比较容易散失的因素,故按规定实行定额预提摊耗,摊耗数计入项目成本,相应减少次月租赁基数及租赁费。单位工程竣工,必须进行盘点,盘点后的实物数与前期逐月按控制定额摊耗后的数量差,按实调整清算计入成本。

6）实行租赁制的周转材料，一般不再分配负担周转材料差价。退场后发生的修复整理费用，应由出租单位作出租成本核算，不再向项目另行收费。

（4）结构件费核算

1）项目结构件的使用必须要有领发手续，并根据这些手续，按照单位工程使用对象编制"结构件耗用月报表"。

2）项目结构件的单价，以项目经理部与外加工单位签订的合同为准，计算耗用金额进入成本。

3）根据实际施工形象进度、已完施工产值的统计、各类实际成本报耗三者在月度时点上的三同步原则（配比原则的引伸与应用），结构件耗用的品种和数量应与施工产值相对应。结构件数量金额账的结存数，应与项目成本员的账面余额相符。

4）结构件的高进高出价差核算同材料费的高进高出价差核算一致。结构件内三材数量、单价、金额均按报价书核定，或按竣工结算单的数量按实结算。报价内的节约或超支由项目自负盈亏。

5）如发生结构件的一般价差，可计入当月项目成本。

6）部位分项分包，如铝合金门窗、卷帘门等，按照企业通常采用的类似结构件管理和核算方法，项目经济员必须做好月度已完工程部分验收记录，正确计报部位分项分包产值，并书面通知项目成本员及时、正确、足额计入成本。预算成本的拆算、归类可与实际成本的出账保持同口径。分包合同价可包括制作费和安装费等有关费用，工程竣工按部位分包合同结算书，据以按实调整成本。

7）在结构件外加工和部位分包施工过程中，项目经理部通过自身努力获取的经营利益或转嫁压价让利风险所产生的利益，均受益于施工项目。

（5）机械使用费核算

1）机械设备实行内部租赁制，以租赁费形式反映其消耗情况，按"谁租用谁负担"的原则，核算其项目成本。

2）按机械设备租赁办法和租赁合同，由企业内部机械设备租赁市场与项目经理部按月结算租赁费。租赁费根据机械使用台班、停置台班和内部租赁单价计算，计入项目成本。

3）机械进出场费，按规定由承租项目负担。

4）项目经理部租赁的各类大中小型机械，其租赁费全额计入项目机械费成本。

5）根据内部机械设备租赁市场运行规则要求，结算原始凭证由项目指定专人签证开班和停班数，据以结算费用。现场机、电、修等操作工奖金由项目考核支付，计入项目机械费成本并分配到有关单位工程。

6）向外单位租赁机械，按当月租赁费用全额计入项目机械费成本。

上述机械租赁费结算，尤其是大型机械费及进出场费应与产值对应，防止只有收入无成本的不正常现象，或反之，形成收入与支出不配比状况。

（6）措施费核算

项目施工生产过程中实际发生的措施费，有时并不"直接"，凡能分清受益对象的，应直接计入受益成本核算对象的工程施工——"措施费"，如与若干个成本核算对象有关的，可先归集到项目经理部的"措施费"账科目（自行增设），再按规定的方法分配计入有关成本核算对象的工程施工——"措施费"成本项目内。

1）施工过程中的材料二次搬运费，按项目经理部向劳务分公司汽车队托运汽车包天或包月租费结算，或以运输公司的汽车运费计算。

2）临时设施摊销费按项目经理部搭建的临时设施总价（包括活动房）除项目合同工期求出每月应摊销额，临时设施使用一个月摊销一个月，摊完为止。项目竣工搭拆差额（盈亏）按时调整实际成本。

3）生产工具用具使用费。大型机动工具、用具等可以套用类似内部机械租赁办法以租费形式计入成本，也可按购置费用一次摊销法计入项目成本，并做好在用工具实物借用记录，以便反复利用。工用具的修理费按实际发生数计入成本。

4）除上述以外的措施费内容，均应按实际发生的有效结算凭证计入项目成本。

2. 间接费成本核算

为了明确项目经理部的经济责任，分清成本费用的可控区域，正确合理地反映项目管理的经济效益，对施工间接费实行项目与项目之间分灶吃饭，"谁受益，谁负担，多受益，多负担，少受益，少负担，不受益，不负担"。项目经理部自己不但应该掌握、控制直接成本，而且应该掌握控制间接成本，即对全部项目成本负责。企业的管理费用、财务费用作为期间费用，不再构成项目成本，企业与项目在费用上分开核算。项目发生的施工间接费必须是自己可控的，即：有办法知道将发生什么耗费；有办法计量它的耗费；有办法控制并调节它的耗费。一句话，使施工项目成本（包括施工间接费）处于受控状态。凡属项目发生的可控费用均下沉到项目去核算，企业不再硬性将公司本部发生费用向下分摊。

（1）要求以项目经理部为单位编制工资单和奖金单列支工作人员薪金。项目经理部工资总额每月必须正确核算，以此计提职工福利费、工会经费、教育经费、劳保统筹费等。

（2）劳务分公司所提供的炊事人员代办食堂承包服务，警卫人员提供区域岗点承包服务以及其他代办服务费用计入施工间接费。

（3）内部银行的存贷利息，计入"内部利息"（新增明细子目）。

（4）施工间接费，先在项目"施工间接费"总账归集，再按一定的分配标准计入受益成本核算对象（单位工程）"工程施工－间接成本"。

3. 分包工程成本核算

项目经理部将所管辖的个别单位工程以分包形式发给外单位承包，其核算要求包括：

（1）包清工工程，纳入人工费——外包人工费内核算。

（2）部位分项分包工程，纳入结构件费内核算。

（3）双包工程，是指将整幢建筑物以包工包料的形式分包给外单位施工的工程。对双包工程，可根据承包合同取费情况和发包合同支付情况，即上下合同差，测定目标盈利率。月度结算时，以双包工程已完工价款作收入，应付双包单位工程款作支出，适当负担施工间接费预结降低额。为稳妥起见，拟控制在目标盈利率的50%以内，也可月结成本时作收支持平，竣工结算时，再按实调整实际成本，反映利润。

（4）机械作业分包工程。是指利用分包单位专业化施工优势，将打桩、吊装、大型土方、深基础等施工项目分包给专业单位施工的形式。对机械作业分包产值统计的范围是，只统计分包费用，而不包括物耗价值，即：打桩只计打桩费而不计桩材费，吊装只计吊装费而不包括构件费。机械作业分包实际成本与此对应包括分包结账单内除工期奖之外的全部工程费用。

同双包工程一样,总分包企业合同差,包括总包单位管理费,分包单位让利收益等在月结成本时,可先预结一部分,或月结时作收支持平处理,到竣工结算时,再作为项目效益反映。

(5)上述双包工程和机械作业分包工程由于收入和支出较易辨认(计算),所以项目经理部也可以对这两类分包工程,采用竣工点交办法,即月度不结盈亏。

(6)项目经理部应增设"分建成本"成本项目,核算反映双包工程、机械作业分包工程的成本状况。

(7)各类分包形式(特别是双包),对分包单位领用、租用、借用本企业物资、工具、设备、人工等费用,必须根据项目经理部管理人员开具的,且经分包单位指定专人签字认可的专用结算单据,如"分包单位领用物资结算单"及"分包单位租用工器具设备结算单"等结算依据入账,抵作已付分包工程款。

4.6.2 施工项目成本核算的基础工作

1. 健全企业和项目两个层次的核算组织体制

项目管理和企业生产经营是相互联系,但又有不同的责任目标,因此必须从核算组织体制上打好基础。为了科学有序地开展施工项目成本核算,分清责任,合理考核,做好以下一些工作:建立健全原始记录制度;建立健全各种财产物资的收发、领退、转移、保费、清查、盘点、索赔制度;制定先进合理的企业成本定额;建立企业内部结算体制;对成本核算人员进行培训。

2. 规范以项目核算为基点的企业成本会计账表

包括工程施工账、施工间接费账、措施费账、项目工程成本表、在建工程成本明细表、竣工工程成本明细表、施工间接费表。

3. 建立项目成本核算的辅助记录台账

施工项目成本是生产耗费的货币表现,而不是生产耗费的原始事务形态,这往往使项目经理和项目管理人员难以掌握,并会有一种"模糊"的感觉。通过管理会计式台账,还其本来面目,就会有清晰的透明度。为了避免项目管理人员的重复劳动,原则上应作如下分工:由项目有关业务人员记录各项经济业务的过程,项目成本员记录各项经济业务的结果,并要求按时按质完成。例如:项目料具员应记录各种材料的收、发、耗、存数量和金额,项目成本员记录主要材料耗用和金额的总数。

各种台账的原始资料来源及设置要如表4-2所示。

项目经理部成本核算台帐　　　　　表4-2

序号	台账名称	责任人	原始资料来源	设置要求
1	人工费台账	预算员	劳务合同结算单	分部分项工程的工日数,实物量金额
2	机械使用费台账	核算员	机械租赁结算单	各机械使用台班金额
3	主要材料收发存台账	材料员	入库单、限额领料单	反映月度分部分项收、发、存数量金额
4	周转材料使用台账	材料员	周转材料租赁结算单	反映月度租用数量、动态

续表

序号	台账名称	责任人	原始资料来源	设置要求
5	设备料台账	材料员	设备租赁结算单	反映月度租用数量、动态
6	钢筋、钢结构件门窗预埋件台账	翻样、技术员	入库单进场数、领用单	反映进场、耗用、余料、数量和金额动态
7	商品混凝土专用台账	材料员	商品混凝土结算单	反映月度收发存的数量和金额
8	措施费台账	核算员	与各子目相应的单据	反映月度耗费的金额
9	施工管理费台账	核算员	与各子目相应的单据	反映月度耗费的金额
10	预算增减账台账	预算员	技术核定单,返工记录,施工图预算定额,实际报耗资料,调整账单,签证单	施工图预算增减账内容、金额,预算增减账与技术核定单内容一致,同步进行
11	索赔记录台账	成本员	向有关单位收取的索赔单据	反映及时、便于收取
12	资金台账	成本员 预算员	工作量,预算增减账,工程账单,收款凭证,支付凭证	反映工程价款支余及拖欠款情况
13	资料文件收发台账	资料员	工程合同,与各部门来往的各类文件、纪要、信函、图纸、通知等资料	内容、日期、处理人意见、收发人签字等,反映全面
14	形象进度台账	统计员	工程实际进展情况	按各分部分项工程据实记录
15	产值构成台账	统计员	施工预算,工程形象进度	按三同步要求,正确反映每月的施工值
16	预算成本构成台账	预算员	施工预算,施工图预算	按分部分项单列各项成本种类,金额,占总成本的比重
17	质量成本料目台账	技术员	用于技措项目的报耗实物量费用原始单据	便于结算费用
18	成本台账	成本员	汇集记录有关成本费用资料	反映三同步
19	甲供料台账	核算员 材料员	建设单位提供的各种材料构件验收、领用单据(包括三料交料情况)	反映供料实际数量、规格、损坏情况

4.6.3 施工项目实际成本数据的收集与计算

为使项目成本核算坚持施工形象进度、施工产值统计、实际成本归集"三同步"的原则。施工产值及实际成本的归集,宜按照下列方法进行:

(1)应按照统计人员提供的当月完成工程量的价值及有关规定,扣减各项上缴税费后,作为当期工程结算收入。

(2)人工费应按照劳动管理人员提供的用工分析和受益对象进行账务处理,计入工程成本。

(3)材料费应根据当月项目材料消耗和实际价格,计算当期消耗,计入工程成本;周转材料应实行内部调配制,按照当月使用时间、数量、单价计算,计入工程成本。

(4) 机械使用费按照项目当月使用台班和单价计入工程成本。

(5) 措施费应根据有关核算资料进行财务处理,计入工程成本。

(6) 间接成本应根据现场发生的间接成本项目的有关资料进行账务处理,计入工程成本。

合同预算成本与施工预算成本,都是项目成本核算的基准,是分别反映预算成本收入和预算成本支出的计划值,是"三算分析"中作为与实际成本比较分析的基准。这两种基准成本必须在项目开工前编制完成表4-3,其中合同预算成本可以根据合同总价,结合投标过程压价和让利情况,通过调整设计预算或投标预算(估价)值而得到。

施工项目成本核算基准数据表　　　　　　　　　表4-3

序　号	分部分项工程或费用名称	施工产值折算	合同预算成本	施工预算成本
合　计				

4.6.4 施工项目成本月报的编制

项目经理部应在跟踪核算分析的基础上,编制月度项目成本报告,上报企业成本主管部门进行指导检查和考核。

1. 工程成本月报表

工程成本月报表是针对每一个施工项目设立的。该报表的资料数据很多都来自工程成本分类账。工程成本月报表有助于项目经理评价本工程中的各个分项工程的成本支出情况。

2. 工程成本分析月报表

工程成本分析月报表将施工项目的分部分项工程成本资料和结算资料汇于一表,使得项目经理能够纵观全局。如果该报表不需一月一编报,还可以一季编报一次。工程成本分析月报表的资料来源于施工项目的成本日记账和成本分类账,以及应收账款分类账,起到报告工程成本现状的作用。

4.7　工程施工项目成本的偏差分析与控制

工程施工项目成本的偏差分析、预测与控制,就是根据统计核算、业务核算和会计核算提供的资料,对项目成本的形成过程和影响成本升降的因素进行分析,以寻求进一步降低成本的途径,包括项目成本中的有利偏差的挖掘和不利偏差的纠正;另一方面,通过成本分析,可以账簿、报表反映的成本现象看清成本的实质,从而增强项目成本的透明度和可控性,为加强成本控制,实现项目成本目标创造条件。由此可见,工程施工项目成本分析与预测,也是降低成本,提高项目经济效益的重要手段之一。

4.7.1 工程施工项目成本偏差的数量分析

工程施工项目成本偏差的数量分析,就是从预算成本、计划成本和实际成本的相互对比中找差距找原因,通过成本分析,促进成本管理,提高控制能力和降低成本水平。

1. 施工成本偏差的概念

成本间互相对比的结果,可分别采用以下两种偏差来反映控制的效果。

(1) 计划偏差

即预算成本与计划成本相比较的差额,反映了成本事前预控制所达到的目标。计划偏差计算方法如下:

$$计划偏差 = 预算成本 - 计划成本$$

这里的预算成本可分别指施工图预算成本、投标书合同预算成本和项目管理责任目标成本三个层次的预算成本。计划成本是指现场目标成本即施工预算。两者的计划偏差也分别反映了计划成本与社会平均成本的差异;计划成本与竞争性标价成本的差异;计划成本与企业预期目标成本的差异。如果计划偏差是正值,反映成本预控制的计划效益,也是反映管理者在计划过程智慧和经验投入的结果。然而,对于项目管理者或企业经营者而言,通常是按以下的关系式,反映其对成本管理的效益观念和对预期效益的追求:即

$$计划成本 = 预算成本 - 计划效益(利润)$$

(2) 实际偏差

即计划成本与实际成本相比较的差额,反映施工项目成本控制的业绩,也是反映和考核项目成本控制水平的依据,计算方法如下:

$$实际偏差 = 计划成本 - 实际成本$$

分析实际偏差的目的,在于检查计划成本的执行情况。其负差反映计划成本控制中存在的缺点和问题,挖掘成本控制的潜力,缩小和纠正目标偏差,保证计划成本的实现。

2. 施工成本偏差的细分

(1) 人工费偏差

实行施工项目管理以后,工程施工的用工一般采用发包形式,其特点是:

1) 按承包的实物工程量和预算定额计算定额人工,作为计算劳务费用的基础;

2) 人工费单价,由发承包双方协商确定,一般按技工和普工或技术等级分别规定工资单价;

3) 定额人工以外的钟点工,有的按定额人工的一定比例一次包死,有的按时计算,钟点工单价由双方协商确定;

4) 对在进度、质量上作出特殊贡献的班组和个人,进行随机奖励,由项目经理根据实际情况具体掌握。

(2) 材料费偏差

材料费包括主要材料、结构件和周转材料费。由于主要材料是采购来的,结构件是委托加工的,周转材料是租来的,情况各不相同,因而需要采取不同的分析方法。

1) 主要材料费偏差

材料费的高低,既与消耗数量有关,又与采购价格有关。这就是说,在"量价分离"的条件下,既要控制材料的消耗数量,又要控制材料的采购价格,两者不可缺一。

2) 结构件成本偏差

结构件包括钢门窗、木制成品、混凝土构件、金属构件、成型钢筋等,由各加工单位到施工现场的构件场外运费,作为构件价格的组成部分向施工单位收取,在加工过程中发生的蒸养费、冷拔费和含钢量调整等,亦可作为构件加工费用向施工单位收取。

关于结构件的分析,主要有结构件损耗分析,包括结构件的运输损耗;堆放损耗;操作损耗分析;结构件规格串换分析,包括钢筋规格串换分析;对结构件加工以后,由于设计变更等原因,造成某些构件的规格发生变化,甚至成批构件改变型号的分析;对由于自身原因而造成的加工规格与实际规格不符(包括加工数量超过实际需要)的分析。

3) 周转材料费偏差

工程施工项目的周转材料,主要是钢模、木模、脚手用钢管和毛竹、临时施工用水电料等。周转材料分析的主要内容是:周转材料的周转利用率和周转材料的赔损率。

周转材料的特点,就是在施工中反复周转使用,周转次数越多,利用效率越高,经济效益也越好。

(3) 机械使用费偏差

影响机械使用费的因素主要是机械利用率。造成机械利用率不高的因素,则是机械调度不当和机械完好率不高。因此,在机械设备的使用过程中,必须充分发挥机械的效用,加强机械设备的平衡调度,做好机械设备平时的维修保养工作,提高机械的完好率,保证机械的正常运转。

机械完好率与机械利用率的计算公式如下:

$$机械完好率 = \frac{报告期机械完好台班数 + 加班台数}{报告期制度台班数 + 加班台数} \times 100\%$$

$$机械利用率 = \frac{报告期机械实际工作台班数 + 加班台数}{报告期制度台班数 + 加班台数} \times 100\%$$

完好台班数,是指机械处于完好状态下的台班数,它包括修理不满一天的机械,但不包括待修、在修、送修在途的机械。在计算完好台班数时,只考虑是否完好,不考虑是否在工作。制度台班数是指本期内全部机械台班数与制度工作天的乘积,不考虑机械的技术状态和是否工作。

(4) 施工间接费偏差

施工间接费就是施工项目经理部为管理施工而发生的现场经费。因此,进行施工间接费分析,需要应用计划与实际对比的方法。施工间接费实际发生数的资料来源为工程项目的施工间接费明细账。在具体核算中,如果是以单位工程作为成本核算对象的群体工程项目,应将所发生的施工间接费采取"先集合、后分配"的方法,合理分配给有关单位工程。

4.7.2 偏差原因分析与纠偏措施

进行项目成本偏差分析的目的,就是要找出引起成本偏差的原因,进而采取针对性的措施,有效地控制施工成本。一般来说,引起偏差的原因是多方面的,既有客观方面的自然因素、社会因素,也有主观方面的人为因素。

为了对成本偏差进行综合分析,首先应将各种可能导致偏差的原因一一列举出来,并加以分类,再用因果分析法、因素分析法、ABC分类法、相关分析法、层次分析法等数理统计方法进行统计归纳,找出主要原因。

成本偏差的控制,分析是关键,纠偏是核心。因此,要针对分析得出的偏差发生原因采取切实纠偏措施,加以纠正。需要强调的是,由于偏差已经发生,纠偏的重点放在今后的施工过程中。成本纠偏的措施包括组织措施、技术措施、经济措施、合同措施。

1. 组织措施

成本控制是全企业的活动,为使项目成本消耗保持在最低限度,实现对项目成本的有效控制,项目经理部应将成本责任分解落实到各个岗位、落实到专人,对成本进行全过程控制、全员控制、动态控制。形成一个分工明确、责任到人的成本控制责任体系。进行成本控制的另一个组织措施应该是确定合理的工作流程。成本控制工作只有建立在科学管理的基础之上,具备合理的管理体制,完善的规章制度,稳定的作业秩序,完整准确的信息传递,才能取得成效。

2. 技术措施

在施工准备阶段应多作不同施工方案的技术经济比较。这方面的方法很多,如:VE(价值工程)、OR方法、统筹方法(CPM)、ABC分析法、量本利分析法等。不但在施工准备阶段,还应在施工进展的全过程中注意在技术上采取措施,以降低成本。

3. 经济措施

包括认真做好成本的预测和各种计划成本;对各种支出,应认真做好资金的使用计划,并在施工中严格控制各项开支;及时准确地记录、收集、整理、核算实际发生的成本;对各种变更,做好增减账并及时找业主签证等。

4. 合同措施

选用合适的合同结构对项目的合同管理至关重要,在施工项目任务组织的模式中,有多种合同结构模式。在使用时,必须对其分析、比较,要选用适合于工程的规模、性质和特点的合同结构模式。其次,在合同的条文中应细致地考虑一切影响成本、效益的因素。特别是潜在的风险因素,通过对引起成本变动的风险因素的识别和分析,采取必要的风险对策。在合同执行期间,合同管理部门应主要进行合同文本的审查,合同风险分析。在这个时间范围内,合同管理的任务既有密切注视对方合同执行的情况,以寻求向对方索赔的机会,也要密切注意我方是否履行合同的规定,以防止被对方索赔。

4.7.3 施工成本的变动趋势预测

施工项目后期成本的变动趋势预测,就是在施工项目的实施过程中,运用数量分析方法对未完工部分的施工成本进行预测与判断,从而为项目经理部择优决策,确定后期施工成本目标,编制成本计划作准备。

1. 挣值法及其应用

挣值法实际上是一种分析目标实施与目标期望之间差异的方法。所以也被称为偏差分析法。挣值法通过测量和计算已完成的工作的预算费用与已完成工作的实际费用和计划工作的预算费用得到有关计划实施的进度和费用偏差,而达到判断项目预算和进度计划执行情况的目的。其基本思想是:

(1) 在初始施工进度网络计划的基础上,可以在两维坐标上画出一条工程成本累计曲线,我们称之为"控制性计划的累计预算成本曲线",用 $BCWS$(budgeted cost of work scheduled) 来表示。

(2) 由于施工总进度计划采取按月、旬作业计划滚动实施的方式,因此月、旬计划的施工内容,在基本遵循初始网络计划施工顺序要求的情况下,通常要根据实际情况进行必要的调整,这就是作业计划对总进度计划的局部修正,跟踪施工作业计划的全过程,我们同样可以画出一条"执行计划的累计预算成本曲线",用 BCWP(budgeted cost of work performed)表示,BCWP 也反映施工累计成本是项目进展时间的函数,为执行计划的计划成本累计值而非实际值。

(3) 按初始施工总进度计划分解、调整或修正的作业计划,实际执行结果,可以画出一条实际成本累计曲线(已完工作实际成本),用 ACWP(actual cost of work performed)表示。

(4) 将以上三条曲线画在同一坐标中,就可以进行实际进度偏差和成本偏差的分析与计算,如图 4-2 和表 4-4 所示。

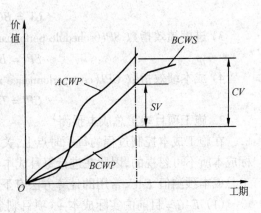

图 4-2 挣值法示意图

挣值法三种参数之间的比较分析　　　　　表 4-4

序号	图形	三参数关系	分析	措施
1	ACWP, BCWS, BCWP	ACWP > BCWS > BCWP SV < 0　CV < 0	成本、进度双失控	有工作效率高的人员更换一批工作效率低的人员
2	BCWP, BCWS, ACWP	BCWP > BCWS > ACWP SV > 0　CV > 0	成本、进度均受控	若偏离不大,维持现状
3	BCWP, ACWP, BCWS	BCWP > ACWP > BCWS SV > 0　CV > 0	进度超前成本降低	抽出部分人员,放慢进度
4	ACWP, BCWP, BCWS	ACWP > BCWP > BCWS SV > 0　CV < 0	进度超前成本失控	抽出部分人员,增加少量骨干人员
5	BCWS, ACWP, BCWP	BCWS > ACWP > BCWP SV < 0　CV < 0	进度成本双失控	增加高效人员投入
6	BCWS, BCWP, ACWP	BCWS > BCWP > ACWP SV < 0　CV > 0	进度拖后成本降低	迅速增加人员投入

1) 实际进度偏差 SV(schedule variance)

$$SV = BCWP - BCWS$$

2) 实际成本偏差 CV(cost variance)

$$CV = BCWP - ACWP$$

3）进度绩效指数 SPI（schedule performance index）

$$SPI = BCWP/BCWS$$

4）成本绩效指数 CPI（cost performance index）

$$CPI = BCWP/ACWP$$

2．施工项目竣工总成本预测

在施工成本控制过程的每一时点上，关注目标竣工时的总成本是项目经理最终责任目标成本所不可忽视的，因此在进行每月成本核算时，有必要对竣工总成本进行预测。项目竣工总成本预测值 EAC，常用的计算方法有下列几种：

（1）EAC = 目前的实际成本 + （项目剩余部分的计划成本 × 实际执行情况系数）。实际执行情况系数一般是指成本绩效指数。这种方法假定现在的偏差代表将来的偏差。

（2）EAC = 目前的实际成本加上所有剩余工作的新估算成本，即对所有剩余的工作重新估算成本值。

（3）EAC = 目前的实际成本加上项目剩余部分的预算。这种办法假定任何现在的偏差都是不正常的，项目实际施工成本与计划施工成本严重背离，将来不会发生类似的偏差，因而不需重新估计剩余工程的成本。

第5章 工程项目进度控制

5.1 工程项目进度控制概述

5.1.1 工程项目进度控制的概念

项目在实施过程中,由于主观和客观条件不断地变化而产生不平衡,因此必须随着情况的变化对项目进度目标进行动态控制。

同所有的目标控制一样,进度控制的过程是:资源投入→工程进展→收集实际进度的数据→将进度的实际值与计划值进行比较找出偏差→采取措施纠正进度偏差→使工程正常进展。它是一个个不断循环的动态管理过程。

因此,进度控制的目的就是实现进度目标。由于工程项目利益各方的项目管理都有进度控制的任务,故其控制的目标和时间范围是不相同的。任何利益方的进度控制都包括以下过程:

1. 进度目标分析与论证

该过程的目的是论证进度目标是否合理,是否可能实现。如果经过论证后目标不能实现,则必须对目标进行调整。

2. 进度计划跟踪检查与调整

对进度计划的执行,要进行定期检查。检查周期的长短根据需要用制度确定。作业性计划的检查周期要短;中期、长期计划的检查周期相应较长。当检查发现实际进度偏离目标后,即应采取纠偏措施,使实际进度始终以完成进度目标为准绳。

3. 调整进度计划

调整进度计划有两类情况:一类是调整计划后原目标不变;另一类是原目标难以实现,必须通过计划调整改变原计划目标。

5.1.2 工程项目进度控制的任务

进度控制的任务是根据项目实施的需要而产生的。由于项目的利益各方的需要不同,故其进度控制任务亦不相同。业主方、设计方、施工方和供货方各有不同的进度控制任务。

1. 业主方的进度控制任务

业主方的进度控制任务是控制整个项目实施阶段的进度。其中包括设计准备阶段的工作进度、设计工作进度、施工进度、物资采购工作进度、项目动用前准备阶段的工作进度。

(1) 设计准备阶段的工作进度指收集有关工期的信息,进行工期目标和进度控制决策;编制建设工程项目建设总进度计划;编制设计准备阶段的详细工作计划并控制其执行。

(2) 设计工作进度控制的任务。设计工作进度控制的任务是:编制设计阶段工作计划并控制其执行;编制详细的出图计划,并控制其执行;审查设计单位提交的进度计划。

(3) 施工进度控制的任务。施工进度控制的任务是：编制施工总进度计划并控制其执行；编制单位工程施工进度计划并控制其执行；编制年、季、月实施计划并控制其执行；审查施工单位提交的进度计划。

(4) 物资采购工作进度控制的任务。物资采购工作进度控制的任务是：编制物资采购目录；编制材料需用量和采购进度计划并控制其执行；编制设备需用量计划和采购进度计划并控制其执行。

(5) 动用前准备阶段的工作进度控制任务。动用前准备阶段的工作进度控制任务包括：对竣工验收、项目移交、联动试车、组织准备、作业人员准备、工具准备、物资准备、流动资金准备等需要编制进度计划并控制其实现。

2. 设计方进度控制的任务

业主根据其设计工作进度控制任务与设计方签订设计任务委托合同，确定设计方的进度控制任务。设计方要编制设计工作进度计划并控制其实施，保证设计任务委托合同的完成。在设计工作进度控制过程中要尽可能使设计工作的进度与招标工作、施工和物资采购工作的进度保持协调。设计工作的进度控制重点是保证实现出图日期的计划目标。

3. 施工方进度控制的任务

施工方进度控制的任务是根据施工任务委托合同对施工进度的要求控制施工进度，这便是施工方履行合同的义务。为了完成施工进度控制任务，施工方要编制施工总进度计划并控制其执行；编制单位工程施工进度计划并控制其执行；编制年、季、月实施计划并控制其执行。

4. 供货方进度控制的任务

供货方进度控制的任务是依据供货合同对供货的要求控制供货进度，这也是供货方履行合同的义务。供货方进度控制依据的供货进度计划应包括招标、采购、订货、制造、验收、运输、入库等环节的进度和完成日期。

5.1.3 建设工程项目进度计划系统

进度控制的依据是进度计划。建设工程项目进度计划系统包括相互关联的若干进度计划子系统，包括：不同深度的进度计划子系统、不同功能的进度计划子系统、不同参与方的进度计划子系统、不同周期的进度计划子系统等。

1. 不同对象的进度计划系统

(1) 总进度计划。一般指建设项目进度计划。
(2) 单项工程进度计划。计划对象是一个单项工程。
(3) 单位工程进度计划。计划对象是一个单位工程。
(4) 分部分项工程进度计划。计划对象是分部分项工程。

以上计划系统中，前一计划对后一计划起控制作用，后一计划对前一计划有实施作用，共同组成树状结构。

2. 不同功能的进度计划系统

(1) 控制性进度计划；
(2) 指导性进度计划；
(3) 作业性进度计划。

3. 不同深度的进度计划系统

(1) 总进度计划；
(2) 子系统进度计划；
(3) 子子系统进度计划。

4. 不同参与方的进度计划系统
(1) 业主方的进度计划；
(2) 设计方的进度计划；
(3) 施工和设备安装方的进度计划；
(4) 采购和供货方的进度计划。

5. 不同周期的进度计划系统
(1) 年度进度计划；
(2) 季度进度计划；
(3) 月度进度计划；
(4) 旬(周)进度计划。

6. 施工方的进度计划系统

施工方的进度计划系统在各利益方的进度计划中是比较全面和复杂的，包括：

(1) 施工总进度计划、单位工程施工进度计划和分部分项工程施工进度计划。前者在施工项目管理规划大纲中编制；后两者在施工项目管理实施规划中编制。

(2) 年度施工进度计划、季度施工进度计划、月度施工进度计划和旬(周)施工进度计划。它们都是根据施工总进度计划、单位工程施工进度计划划分时间段编制的。在编制时既应当进行细化，又可以进行调整。

(3) 工程施工准备工作计划、工程施工计划、生产要素(劳动力、材料、构件、机械设备、周转材料和工具等)供应进度计划；资金收支计划。工程施工进度计划是生产要素供应进度计划的编制基础。

(4) 土建工程施工进度计划，水暖电卫工程施工进度计划，设备安装工程施工进度计划。

7. 各种进度计划的联系和协调

如上所述，建设工程进度计划是成系统的，相互联系和制约，因此在编制时既要注意其相关性，又要使相互之间保持协调，主要是：总体和部分之间的协调；控制性计划和实施性计划之间的协调；长期计划和短期计划之间的协调；各阶段计划之间的协调；工程计划和供应计划的协调；各利益方之间计划的协调等。

所谓协调，是指相互之间能做到目标的一致性、步伐的同步性、调整的相关性、利益的共享性、责任的共担性。有了矛盾及时协商解决，有了偏差及时采取措施纠正。

5.2　工程横道图进度计划

1. 横道进度计划概述
(1) 横道进度计划的概念

横道进度计划即用横道图表示工作进程的计划，它的进度线与时间坐标相对应。该计划也称甘特图计划。图5-1就是一份横道计划。

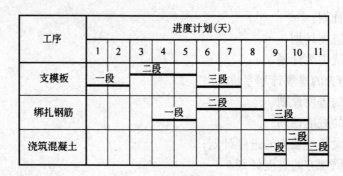

图 5-1 横道计划示例

(2) 横道计划的优点

从图 5-1 中可以发现,横道计划有以下优点:

1) 表达方式较直观。一眼就可以看出工作的起止时间、持续时间和前后工作的搭接关系。故计划编制者的意图很容易被看懂。

2) 绘图简单、方便,计算工作量小。

(3) 横道计划的缺点

1) 工序之间的逻辑关系不易表达清楚。

2) 适用于手工编制,不便于用计算机编制。

3) 由于不能进行严谨的时间参数计算,故不能确定计划的关键工作、关键线路与时差。

4) 计划调整只能用手工方式,工作量较大。

5) 这种计划难以适应大进度计划系统的需要。

2. 流水施工进度计划

(1) 流水施工的实质

流水施工进度计划一般以横道计划表示。流水施工的实质是连续作业和均衡施工。产生节约工作时间、实现均衡、有节奏施工和提高劳动生产率的效果。

(2) 组织流水施工的条件

组织流水施工,必须具备五个方面的条件。

1) 把建筑物的整个建造过程分解为若干个施工过程。每个施工过程分别由固定的作业队负责实施完成。

划分施工过程的目的,是为了对施工对象的建造过程进行分解,以便于逐一实现局部对象的施工,从而使施工对象整体过程得以实现。也只有这种合理的解剖,才能组织专业化施工和有效的协作。

2) 把建筑物尽可能地划分为劳动量大致相等的施工段(区)[也可称为流水段(区)]。划分施工段(区)是为了把庞大的建筑物(建筑群)划分成"批量"的"假定产品",从而形成流水作业的前提。没有"批量"就不可能也没必要组织任何流水作业。每一个段(区),就是一个假定"产品"。一般说来,单体建筑物施工分段;群体建筑施工分区。

3) 确定各专业施工队在各施工段(区)内的工作持续时间。这个工作持续时间代表施工的节奏性。工作持续时间要用工程量、人数、工作效率(或定额)三个因素进行计算或估算。

4) 各作业队按一定的施工工艺,配备必要的机具,依次地、连续地由一个施工段(区)转移到另一个施工段(区),反复地完成同类工作。这就是说,作业队要连续地对假定产品进行逐个的专业"加工"。建筑产品是固定的,所以"流水"的只能是作业队。这是建筑施工与工业生产流水作业的最重要区别。

5) 不同作业队完成各施工过程的时间适当地搭接起来。不同的作业队之间的关系,关键是工作时间上有搭接。搭接工作的目的是节省时间,也往往是连续作业或工艺上所要求的。要搭接适当,需经过筹划,且在工艺技术上可行。

(3) 流水施工参数

只有对以下参数进行认真地、有预见地研究或计算,才可能成功地组织流水施工。

1) 工艺参数:工艺参数是指一组流水中施工过程的个数。在划分施工过程时,只有那些对工程施工具有直接影响的施工内容才予以考虑并组织在流水之中。施工过程可以根据计划的需要确定其粗细程度。可以是一个个工序,也可以是一项项分项工程,还可以是它们的组合。纳入流水的施工过程如果各由一个作业队(组)施工,则施工过程数和作业队(组)数相等。有时由几个作业队(组)负责完成一个施工过程或一个专业队(组)完成几个施工过程,于是施工过程数与作业队数便不相等。计算时可以用 N 表示施工过程数,用 N' 表示作业队(组)数。

对工期影响最大的,或对整个流水施工起决定性作用的施工过程(工程量大,需配备大型机械),称为主导施工过程。在划分施工过程以后,首先应找出主导施工过程,以便抓住流水施工的关键环节。

2) 空间参数:空间参数指的是单体工程划分的施工段或群体工程划分的施工区的个数。施工区、段可称为流水段。用 M 表示施工段(区)数。划分施工段的基本要求如下:

① 当建筑物只有一层时,施工段数就是一层的段数。当建筑物是多层时,施工段数是各层段数之和。各层应有相等的段数和上下垂直对应的分段界限。

② 尽量使各段的工程量大致相等,以便组织节奏流水,使施工连续、均衡、有节奏。

③ 有利于保持结构整体性,尽量利用结构缝及在平面上有变化处。住宅可按单元、楼层划分;厂房可按跨、生产线划分;线性工程可依主导施工过程的工程量为平衡条件,按长度分段;建筑群可按栋、区分段。

④ 段数的多少应与主导施工过程相协调,以主导施工过程为主形成工艺组合。工艺组合数应等于或小于施工段数。因此分段不宜过多,过多可能延长工期或使工作面狭窄;过少则无法流水,使劳动力或机械设备窝工。

⑤ 分段大小应与劳动组织相适应,有足够的工作面。以机械为主的施工对象还应考虑机械的台班能力的发挥。混合结构、大模板现浇混凝土结构、全装配结构等工程的分段大小,都应考虑吊装机械能力的充分利用。

3) 时间参数:

① 流水节拍:流水节拍是指某个作业队在一个施工段上的施工作业时间,其计算公式是:

$$t = \frac{Q}{RS} = \frac{P}{R} \tag{5-1}$$

式中 t——流水节拍;

Q——一个施工段的工程量；

R——作业队的人数或机械数；

S——产量定额,即单位时间(工日或台班)完成的工程量；

P——劳动量或台班量。

确定流水节拍应注意以下问题：

A. 流水节拍的取值必须考虑到作业队组织方面的限制和要求,尽可能不过多地改变原来的劳动组织状况,以便于对作业队进行领导。作业队的人数应有起码的要求,以使他们具备集体协作的能力。

B. 流水节拍的确定,应考虑到工作面条件的限制,必须保证有关作业队有足够的施工操作空间,保证施工操作安全和能充分发挥专业队的劳动效率。

C. 流水节拍的确定,应考虑到机械设备的实际负荷能力和可能提供的机械设备数量,也要考虑机械设备操作场所安全和质量的要求。

D. 有特殊技术限制的工程,如有防水要求的钢筋混凝土工程,受潮汐影响的水工作业,受交通条件影响的道路改造工程、铺管工程以及设备检修工程等,都受技术操作或安全质量等方面的限制,对作业时间长度和连续性都有限制或要求,在安排其流水节拍时,应当满足这些限制要求。

E. 必须考虑材料和构配件供应能力和水平对进度的影响和限制,合理确定有关施工过程的流水节拍。

F. 首先应确定主导施工过程的流水节拍,并以它为依据确定其他施工过程的流水节拍。主导施工过程的流水节拍是指施工过程流水节拍的最大值,应尽可能有节奏,以便组织节奏流水。

② 流水步距:流水步距是指两相邻的作业队进入流水作业的最小时间间隔,以符号"k"表示。

流水步距的长度,要根据需要及流水方式的类型经过计算确定,计算时应考虑的因素有以下几点：

A. 每个作业队连续施工的需要。流水步距的最小长度,必须使作业队进场以后不发生停工、窝工的现象。

B. 技术间歇的需要。有些施工过程完成后,后续施工过程不能立即投入作业,必须有足够的时间间歇,这个间歇时间应尽量安排在作业队进场之前,不然便不能保证作业队工作的连续。

C. 流水步距的长度应保证每个施工段的施工作业程序不乱,不发生前一施工过程尚未全部完成,而后一施工过程便开始施工的现象。有时为了缩短时间,某些次要的作业队可以提前插入,但必须在技术上可行,而且不影响前一个作业队的正常工作。提前插入的现象越少越好,多了会打乱节奏,影响均衡施工。

③ 工期:工期是指从第一个作业队投入流水作业开始,到最后一个作业队完成最后一个施工过程的最后一段工作退出流水作业为止的整个持续时间。由于一项工程往往由许多流水组组成,所以我们这里说的是流水组的工期,而不是整个工程的总工期,可用符号"T_t"表示。

在安排流水施工之前,应有一个基本的工期目标,以便在总体上约束具体的流水作业组织。在进行流水作业安排以后,可以通过计算确定工期,并与目标工期比较,两者应相等或使计算工期小于目标工期。如果绘制了流水施工图,在图上可以观察到工期长度,可以用计算工期检验绘图的正确性。

(4) 流水施工的分类

为了适应建设项目的具体情况和进度计划安排的要求,应采用相应类型的流水施工,以便取得更好的效果。流水施工有以下几类:

1) 有节奏流水:有节奏流水又分为等节奏流水和异节奏流水。

① 等节奏流水。指流水组中,每一个施工过程本身在各施工段上的作业时间(流水节拍)都相同,即流水节拍是一个常数,并且各个施工过程相互之间流水节拍也相等。

② 异节奏流水。指流水组中,每一个施工过程本身在各施工段上的流水节拍都相同,但不同施工过程之间流水节拍不一定相等。

2) 无节奏流水:流水组中各施工过程本身在各流水段上的作业时间(流水节拍)不完全相等,相互之间亦无规律可循。

(5) 流水施工的组织方法

1) 等节奏流水的组织方法

等节奏流水(亦称全等节拍流水),是指流水速度相等,是最理想的组织流水方式,因为这种组织方式能够保证作业队的工作连续、有节奏,可以实现均衡施工,从而最理想地达到组织流水施工的目的。在可能的情况下,应尽量采用这种流水方式组织流水施工。

组织这种流水,首要的前提是使各施工段的工程量基本相等;其次,要先确定主导施工过程的流水节拍;第三,使其他施工过程的流水节拍与主导施工过程的流水节拍相等,做到这一点的办法主要是调节各作业队的人数。

在多层建筑施工中,使每层施工段数与作业队数相等最为理想(即 $M = N'$),这样可以使得作业队的工作连续,工作面也充分利用。如果 $M > N'$,虽可使作业队的工作连续,但工作面有间歇,故效果稍差。如果 $M < N'$,则造成作业队窝工,这是组织流水施工不能允许的。

在没有技术间歇和插入时间的情况下,等节奏流水的流水步距与流水节拍在时间上相等。工期的计算公式是:

$$T_t = (M + N' - 1)t \tag{5-2}$$

$$\text{或 } T_t = (M + N' - 1)k \tag{5-3}$$

式中 T_t——工期(天);

M——各层的流水段之和。

在有技术间歇和插入时间的情况下,工期的计算公式是:

$$T_t = (M + N' - 1)k - \sum C + \sum Z \tag{5-4}$$

式中 $\sum Z$——间歇时间之和;

$\sum C$——插入时间之和。

图 5-2 是一个等节奏流水的作业图。其中,$M = 4, N = N' = 5, t = 4$ 天,$\sum Z = 4$ 天,$\sum C = 4$ 天,故其工期计算如下:

$$T_t = (M + N' - 1) \cdot k + \sum Z - \sum C = (4 + 5 - 1) \times 4 + 4 - 4 = 32(\text{天})$$

如果是线性工程,也可组织等节奏流水,称"流水线法施工",其组织方法类似于建筑物施工的组织方法,具体步骤如下:

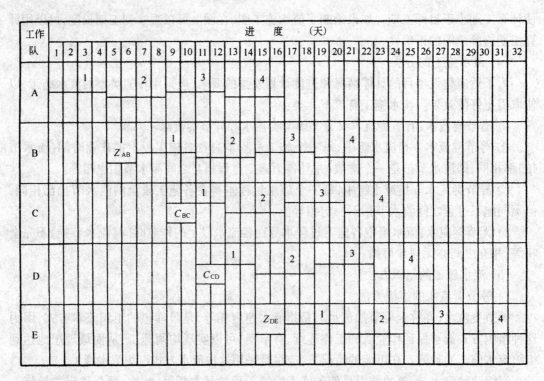

图 5-2 等节奏流水施工计划

① 将线性工程对象划分成若干个施工过程；
② 通过分析，找出对工期起主导作用的施工过程；
③ 根据完成主导施工过程工作的队（组）或机械的每班生产率确定作业队的移动速度；
④ 再根据这一速度设计其他施工过程的流水作业，使之与主导施工过程相配合。即工艺上密切联系的作业队，按一定的工艺顺序相继投入施工，各作业队以一定不变的速度沿着线性工程的长度方向不断向前移动，每天完成同样长度的工作内容。

例如，某铺设管道工程，由开挖沟槽、铺设管道、焊接钢管、回填土四个施工过程组成。经分析，开挖沟槽是主导施工过程。每班可挖 50m。故其他施工过程都应该以每班 50m 的施工速度，与开挖沟槽的施工速度相适应。每隔一班（50m 的间距）投入一个作业队。这样，我们就可以对 500m 长度的管道工程按图 5-3 所示的进度计划组织流水线法施工。

流水线法组织施工的计算公式是：

$$T_t = (N' - 1) \cdot k + \frac{L}{V} \cdot k + \sum Z - \sum C \tag{5-5}$$

令 $\frac{L}{V} = M$

则
$$T_t = (M + N' - 1) \cdot k + \sum Z - \sum C \tag{5-6}$$

式中 T_t——线性工程施工工期（天）；
　　　L——线性工程总长度；
　　　k——流水步距；
　　　N'——作业队数；

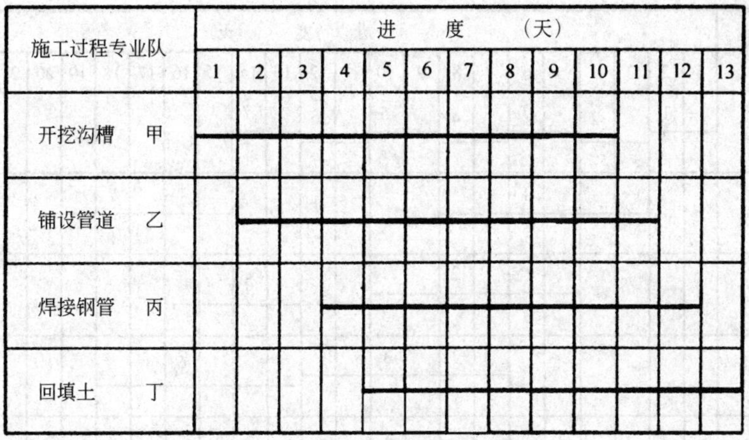

施工过程专业队	进 度 （天）												
	1	2	3	4	5	6	7	8	9	10	11	12	13
开挖沟槽 甲													
铺设管道 乙													
焊接钢管 丙													
回填土 丁													

图 5-3 流水线法施工计划

V——每班移动速度。

本例中，$k=1$ 天，$N'=4$，$M=\dfrac{500}{50}=10$，故：

$$T_t=(10+4-1)\times 1=13(\text{天})$$

此计算结果与图 5-3 相符。

2) 异节奏流水的组织方法

异节奏流水的优点是各作业队的工作有相同的节奏，无疑会给组织连续、均衡施工带来方便。

有一种情况是，各作业队的流水节拍都是某一个常数的倍数。于是，我们可以仿照全等节拍流水的方式组织施工，产生与全等节拍流水施工同样的效果。这种组织方式可称为成倍节拍流水。

例如，某工程有 7 段，划分为甲、乙、丙三个施工过程，经计算，确定其流水节拍为 2 天、6 天和 4 天。这三种节拍都是 2 的倍数。于是，可以通过增加作业队的办法，把它组织成类似于全等节拍流水的成倍节拍流水，这个"节拍"就是各节拍的最大公约数。组织方法如下：

① 以最大公约数去除各流水节拍，其商数就是各施工过程需要组建的作业队数。本例中，甲施工过程需要 1 个队，乙施工过程需要 3 个队，丙施工过程需要 2 个队。

② 分配每个作业队负责的施工段，以便按时到位作业。

③ 以常数为流水步距，绘制流水施工图。图 5-4 就是该工程的成倍节拍流水作业图。

④ 检查图的正确性，防止发生错误。既不能有"超前"作业，又不能有中间停歇。

⑤ 计算工期。计算公式与全等节拍流水相同，即：

$$T_t=(M+N'-1)\cdot k+\sum Z-\sum C \tag{5-7}$$

本例的工期是：$T_t=(M+N'-1)\cdot k=(7+6-1)\times 2=24(\text{天})$

在异节奏流水中，如果各施工过程之间的流水节拍没有成倍的规律，可有两种组织方法：一种方法是计算其流水步距，然后绘制流水施工图，计算的方法可参照无节奏流水的流水步距计算方法（见本节后文），图 5-5 是一种节拍不成倍数的异节奏流水；另一种方法是以最大节拍为准组织等节拍间断流水，如图 5-6 所示。

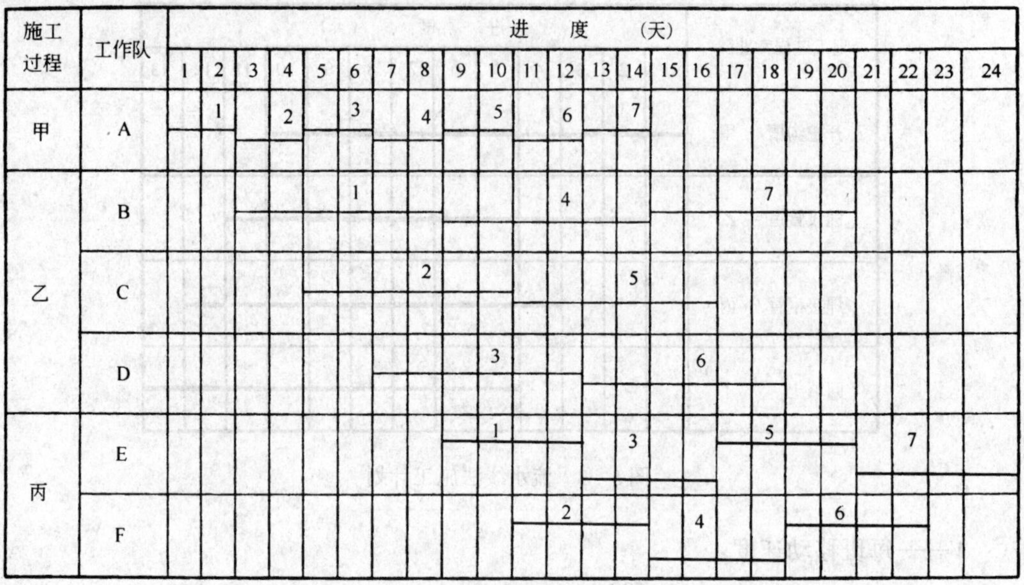

图 5-4 成倍节拍流水作业图

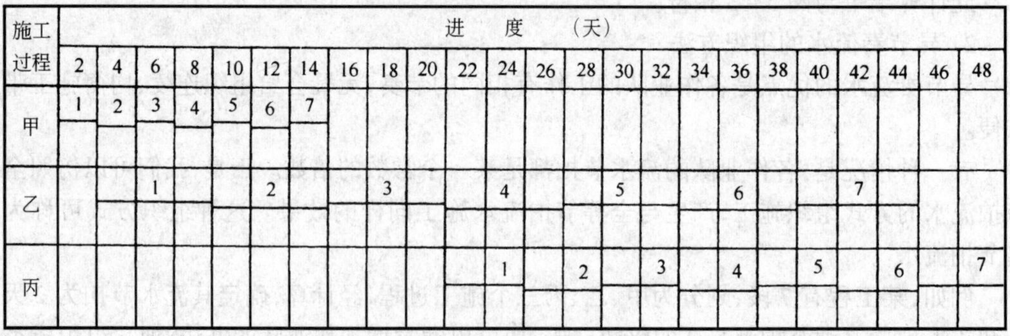

图 5-5 按无节奏法组织异节奏流水

图 5-6 按等节奏法组织异节奏流水

3) 无节奏流水的组织方法

无节奏流水可用分别流水法施工。分别流水法的实质是,各作业队连续作业(流水),流水步距经计算确定,使作业队之间在一个施工段内不相互干扰(不超前,但可能滞后),或做到前后作业队之间工作紧紧衔接。因此,组织无节奏流水的关键就是正确计算流水步距。

计算流水步距可用"取大差法",它是由前苏联专家潘特考夫斯基提出的,又称"潘氏方法",现举例如下。

某工程的流水节拍见表5-1。

某 工 程 流 水 节 拍　　　　　　　　　　　表5-1

施工过程	流水节拍(天)			
	一段	二段	三段	四段
甲	2	4	3	2
乙	3	3	2	2
丙	4	2	3	2

计算流水步距的步骤是:

第一步,累加各施工过程的流水节拍,形成累加数据系列;

第二步,相邻两施工过程的累加数据系列错位相减;

第三步,取差数之大者作为该两个施工过程的流水步距。

根据以上三个步骤对本例进行计算。首先求甲、乙两施工过程的流水步距:

$$
\begin{array}{r}
2 \quad 6 \quad 9 \quad 11 \quad 0 \\
-) \quad 0 \quad 3 \quad 6 \quad 8 \quad 10 \\
\hline
2 \quad 3 \quad 3 \quad 3 \quad -10
\end{array}
$$

可见,其最大差值为3,故甲、乙两施工过程的流水步距可取3天。

同理可求乙、丙两个施工过程的流水步距是3天。

$$
\begin{array}{r}
3 \quad 6 \quad 8 \quad 10 \quad 0 \\
-) \quad 0 \quad 4 \quad 6 \quad 9 \quad 11 \\
\hline
3 \quad 2 \quad 2 \quad 1 \quad -11
\end{array}
$$

该工程的流水施工图见图5-7。

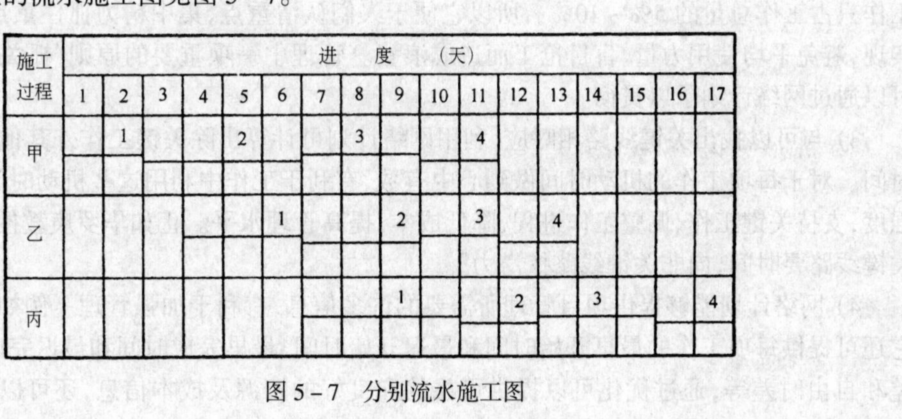

施工过程	进　度　(天)																
	1	2	3	4	5	6	7	8	9	10	11	12	13	14	15	16	17
甲	1				2				3			4					
乙					1			2			3		4				
丙								1				2		3			4

图5-7　分别流水施工图

无节奏流水的工期计算公式是：

$$T_t = \sum K_{i,i+1} + \sum t_n^j \qquad (5-8)$$

式中 $\sum K_{i,i+1}$ ——流水步距之和；

$\sum t_n^j$ ——最后一个施工过程 n 的各段累计施工时间。

该工程的工期为：

$$T_t = \sum K_{i,i+1} + \sum t_n^j = (3+3) + (4+2+3+2) = 6 + 11 = 17(天)$$

5.3 工程网络计划技术

5.3.1 工程网络计划技术概述

1. 工程网络计划的类型

我国《工程网络计划技术规程》(JGJ/T 121—99)推荐的常用网络计划有以下类型：

(1) 双代号网络计划：以双代号网络图表示的网络计划。双代号网络图是以箭线及其两端节点的编号表示工作的网络图。

(2) 单代号网络计划：以单代号网络图表示的网络计划。单代号网络图是以节点及其编号表示工作，以箭线表示工作之间逻辑关系的网络图。

(3) 双代号时标网络计划：以时间坐标为尺度编制的双代号网络计划。

(4) 单代号搭接网络计划：是以单代号表示的前后工作之间有多种逻辑关系的肯定型网络计划。

2. 网络计划技术的优点和缺点

(1) 网络计划技术的优点如下：

1) 网络计划技术能够清楚地表达各工作之间的相互依存和相互制约的关系，使人们可以用来对复杂项目及难度大的项目系统的制造与管理作出有序而可行的安排，从而产生良好的管理效果和经济效益。也许它对于一般的项目并无显著的价值，但对于像航天项目、大型土木工程、巨额投资的开发项目，由于需要时间长、耗费资源多、投资量大、协作关系多且交叉进行、技术要求高而工艺复杂，都非用此种方法处理计划问题并进行管理不可。自网络计划产生后，世界和中国大量的项目管理实例充分地说明了这一优点。

2) 利用网络计划图，通过计算，可以找出网络计划的关键线路和次关键线路。这种线路上的工作，花费时间长，消费资源多，在全部工作中所占比例小。大型的网络计划的关键工作只占工作总量的 5% ~ 10%。所以它便于人们认清重点，集中精力抓住重点，确保计划实现，避免平均使用力量、盲目抢工而造成浪费。管理中一项重要的原则"抓关键的少数"，可以通过网络计划予以贯彻。

3) 与可以找出关键线路相呼应，利用网络计划可计算出除关键工作外其他工作的机动时间。对于每项工作的机动时间做到心中有数，有利于工作中利用这些机动时间，优化资源强度，支持关键工作、调整工作进程，降低成本，提高管理水平。正如华罗庚教授所说的，"向关键线路要时间，向非关键线路挖潜力"。

4) 网络计划能够提供项目管理所需要的许多信息，有利于加强管理。例如，除工期外，它还可提供每项工作的最早开始时间和最迟开始时间、最早完成时间和最迟完成时间、总时差和自由时差等，通过优化可以提供可靠的和良好的资源及成本信息，还可以通过统计工作,提供管理效果信息等。总之,足够的信息是管理工作得以进行的依据和支柱,网络计划的这一特点,使它成为项目管理最典型、最有用的方法,并通过网络计划的应用,极大地提高了项目管理的科学化水平。

5) 网络计划是应用计算机进行全过程管理的理想模型。绘图、计算、优化、调整、控制、统计与分析等管理过程都可用计算机完成。所以在信息化时代,网络计划也必然是理想的管理工具。

(2) 网络计划的缺点

与横道进度计划相比较,网络计划的缺点是:

1) 进度状况不能一目了然。

2) 绘图的难度和修改的工作量都很大。

3) 要求应用者有较高的文化档次,故操作者识图较困难。

3. 网络计划技术在项目计划管理中的应用程序

按照 GB/T 13400.3—92《网络计划技术在项目计划管理中应用的一般程序》的规定,应用程序如下:

(1) 准备阶段。步骤如下:

1) 确定网络计划目标——网络计划目标有时间目标,时间——资源目标,时间——成本目标。

2) 调查研究——调查研究的内容包括:项目的任务、实施条件、设计数据;有关标准、定额、规程、制度等资源需求和供应情况;有关经验、统计资料和历史资料;其他有关技术经济资料。

3) 编制施工方案——主要内容是:确定施工程序,确定施工方法;选择需要的机械设备;确定重要的技术政策或组织原则;对施工中的关键问题设计出技术组织措施;确定采用的网络图类型。

(2) 绘制网络图阶段,步骤如下:

1) 项目分解——将项目分解为网络计划的基本组成单元(工作);分解时采用 WBS 方法。

2) 逻辑关系分析——逻辑关系分为工艺关系和组织关系。

3) 编制网络图——绘图顺序是:确定排列方式,决定网络图布局;从起点节点开始自左而右根据分析的逻辑关系绘制网络图;检查所绘网络图的逻辑关系是否有错、漏等情况并修正;按绘图规则完善网络图;编号。

(3) 时间参数计算与确定关键线路阶段,包括:

1) 计算工作持续时间。

2) 计算其他时间参数:计算最早时间;计算工期并确定计划工期;计算最迟时间;计算时差。

3) 确定关键线路。

(4) 编制可行网络计划,包括:

1) 检查与调整。

2) 绘图并形成可行网络计划。

(5) 优化并确定正式网络计划;包括:

1) 优化;
2) 绘制正式网络计划。

(6) 实施、调整与控制阶段,包括:
1) 网络计划的贯彻;
2) 检查和数据采集;
3) 控制和调整。

(7) 结束阶段:总结分析。

5.3.2 双代号网络计划

1. 双代号网络图的基本符号

目前在我国的工程施工中,经常用以表示工程进度计划的网络图是双代号网络图。这种网络图是由若干表示工作的箭线和节点所组成的,其中每一项工作都用一根箭线和两个节点来表示,每个节点都编以号码,箭线前后两个节点的号码即代表该箭线所表示的工作,"双代号"的名称即由此而来。图5-8表示的就是双代号网络图。现将图中三个基本符号的有关含意和特性分述于后。

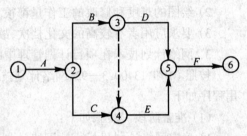

图5-8 双代号网络图

(1) 箭线

1) 在双代号网络图中,一条箭线与其两端的节点表示一项工作(又称工序、作业、活动),如支模板,绑钢筋,浇混凝土,拆模板等。但所包括的工作范围可大可小,视情况而定,故也可用来表示一项分部工程,一项工程的主体结构,装修工程,甚至某一项工程的全部施工过程。

2) 一项工作要占用一定的时间,一般地讲都要消耗一定的资源(如劳动力、材料、机具设备等)。因此,凡是占用一定时间的过程,都应作为一项工作来看待。例如,混凝土养护,这是由于技术上的需要而引起的间歇等待时间,在网络图中也应用一条箭线来表示。

3) 在无时标的网络图中,箭线的长短并不反映该工作占用时间的长短。原则上讲,箭线的形状怎么画都行,可以是水平直线,也可以画成折线或斜线,但是不得中断。在同一张网络图上,箭线的画法要求统一,图面要求整齐醒目,最好都画成水平直线或带水平直线的折线。

图5-9 工作名称和持续时间标注法

4) 箭线所指的方向表示工作进行的方向,箭线箭尾表示该工作的开始,箭头表示该工作的结束,一条箭线表示工作的全部内容。工作名称应注在箭线水平部分的上方,工作的持续时间(也称作业时间)则注在下方,如图5-9所示。

5) 两项工作前后连续进行时,代表两项工作的箭线也前后连续画下去。工程施工时还经常出现平行工作,平行的工作其箭线也平行地绘制。如图5-10所示。就某工作而言,紧靠其前面的工作叫紧前工作,紧靠其后面的工作叫紧后工作,与之平行的叫做平行工作,该工作本身则可叫"本工作"。

6) 在双代号网络图中,除有表示工作的实箭线外,还有一种一端带箭头的虚线,称为虚箭线,它表示一项虚工作。虚工作是虚拟的,工程中实际并不存在,因此它没有工作名称,不占用时间,不消耗资源,它的主要作用是在网络图中解决工作之间的连接关系问题。有关虚工作的性质、作用将在本节后面详细论述。虚工作的表示方法如图5-11(a)所示。在某些书中也有用实箭线加注零时间表示的,如图5-11(b)所示,但实际很少使用,本书不予提倡。

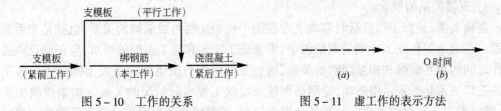

图5-10 工作的关系　　　　图5-11 虚工作的表示方法

(2) 节点

1) 节点在双代号网络图中表示一项工作的开始或结束,用圆圈表示。

2) 箭线尾部的节点称箭尾节点,箭线头部的节点称箭头节点;前者又称开始节点,后者又称结束节点,如图5-12所示。

3) 节点只是一个"瞬间",它既不消耗时间也不消耗资源。

4) 在网络图中,对一个节点来讲,可能有许多箭线通向该节点,这些箭线就称为"内向箭线"(或内向工作);同样也可能有许多箭线由同一节点发出,这些箭线就称为"外向箭线"(或外向工作)。如图5-13所示。

图5-12 前后两项工作符号的名称　　　　图5-13 内向工作和外向工作

5) 网络图中第一个节点叫起点节点,它意味着一项工程或任务的开始;最后一个节点叫终点节点,它意味着一项工程或任务的完成,网络图中的其他节点称为中间节点。

(3) 节点编号

1) 如前所述,一项工作是用一条箭线和两个节点来表示的。为了使网络图便于检查和计算,所有节点均应统一编号,一条箭线前后两个节点的号码就是该箭线所表示的工作代号。因此,一项工作用两个号码来表示。如图5-14(a)中工作的代号就是3-4。

2) 在对网络图进行编号时,箭尾节点的号码一般应小于箭头节点的号码,如图5-14(b)中所示,i应小于j。有关网络图编号的方法和基本要求在本节的后面还要讲到。

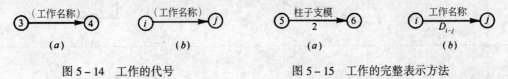

图5-14 工作的代号　　　　图5-15 工作的完整表示方法

(4) 一项工作的完整表示方法

假如有一项工作"柱子支模",在网络图中该工作的开始节点编号为5,完成节点编号为

6,持续时间为2天,则该工作的完整表示方法将如图 5-15(a)所示。图 5-15(b)为一般的表示符号,D_{i-j}为工作的持续时间。

2. 双代号网络图的绘制方法

(1) 双代号网络图各种逻辑关系的正确表示方法

1) 逻辑关系的概念

逻辑关系,是指工作进行时客观上存在的一种相互制约或依赖的关系,也就是先后顺序关系。在表示工程施工计划的网络图中,根据施工工艺和施工组织的要求,应正确反映各项工作之间的相互依赖和相互制约的关系,这也是网络图与横道图的最大不同之点。各工作间的逻辑关系是否表示得正确,是网络图能否反映工程实际情况的关键。如果逻辑关系错了,网络图中各种时间参数的计算就会发生错误,关键线路和工程的计算工期跟着也将发生错误。

要画出一个正确地反映工程逻辑关系的网络图,首先就要搞清楚各项工作之间的逻辑关系,也就是要具体解决每项工作的下面三个问题:

① 该工作必须在哪些工作之前进行?

② 该工作必须在哪些工作之后进行?

③ 该工作可以与哪些工作平行进行?

图 5-16 中,就工作 B 而言,它必须在工作 E 之前进行,是工作 E 的紧前工作;工作 B 必须在工作 A 之后进行,是工作 A 的紧后工作;工作 B 可以与工作 C 和 D 平行进行,是工作 C 和 D 的平行工作。这种严格的逻辑关系,必须根据施工工艺和施工组织的要求加以确定,只有这样才能逐步地按工作的先后次序把代表各工作的箭线连接起来,绘制成一张正确的网络图。

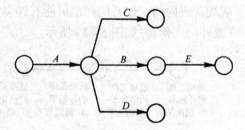

图 5-16 工作的逻辑关系

2) 各种逻辑关系的正确表示方法:

在网络图中,各工作之间在逻辑上的关系是变化多端的。表 5-2 所列的是网络图中常见的一些逻辑关系及其表示方法。表中的工作名称均以字母来表示。

网络图中常见的各种工作逻辑关系的表示方法 表 5-2

序号	工作之间的逻辑关系	网络图中的表示方法
1	A 完成后进行 B 和 C	
2	A、B 均完成后进行 C	

续表

序号	工作之间的逻辑关系	网络图中的表示方法
3	A、B 均完成后同时进行 C 和 D	
4	A 完成后进行 C A、B 均完成后进行 D	
5	A、B 均完成后进行 D,A、B、C 均完成后进行 E,D、E 均完成后进行 F	
6	A、B 均完成后进行 C,B、D 均完成后进行 E	
7	A、B、C 均完成后进行 D,B、C 均完成后进行 E	
8	A 完成后进行 C,A、B 均完成后进行 D,B 完成后进行 E	
9	A、B 两项工作分成三个施工段,分段流水施工: A_1 完成后进行 A_2、B_1,A_2 完成后进行 A_3、B_2,A_3 完成后进行 B_3,B_2 完成后进行 B_3	有两种表示方法

(2) 虚箭线在双代号网络图中的应用

通过前面介绍的各种工作逻辑关系的表示方法,可以清楚地看出,虚箭线不是一项正式的工作,而是在绘制网络图时根据逻辑关系的需要而增设的。虚箭线的作用主要是帮助正确表达各工作间的关系,避免逻辑错误。现将虚箭线的应用列举于后。

1) 虚箭线在工作的逻辑连接方面的应用:

绘制网络图时,经常会遇到图 5-17 中的情况,A 工作结束后可同时进行 B、D 两项工作。C 工作结束后进行 D 工作。从这四项工作的逻辑关系可以看出,A 的紧后工作为 B、C 的紧后工作为 D,但 D 又是 A 的紧后工作,为了把 A、D 两项工作紧前紧后的关系表达出来,这时就需要引入虚箭线。因虚箭线的持续时间是零,虽然 A、D 间隔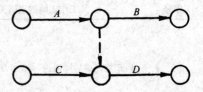

图 5-17 虚箭线的应用之一

有一条虚箭线,又有两个节点,但两者的关系仍是在 A 工作完成后,D 工作才可以开始。

2) 虚箭线在工作的逻辑"断路"方面的应用:

绘制双代号网络图时,最容易产生的错误是把本来没有逻辑关系的工作联系起来了,使网络图发生逻辑上的错误。这时就必须使用虚箭线在图上加以处理,以隔断不应有的工作联系。用虚箭线隔断网络图中无逻辑关系的各项工作的方法称为"断路法"。产生错误的地方总是在同时有多条内向和外向箭线的节点处,画图时应特别注意,只有一条内向或外向箭线之处是不会出错的。

例如,绘制某基础工程的网络图,该基础共四项工作(挖槽、垫层、墙基、回填土),分两段施工,如绘制成图 5-18 的形式那就错了。因为第二施工段的挖槽(即挖槽2)与第一施工段的墙基(即墙基1)没有逻辑上的关系(图中用粗线表示),同样第一施工段回填土(回填土1)与第二施工段垫层(垫层2)也不存在逻辑上的关系(图中用双线表示),但是,在图 5-18 中却都发生了关系,直接联系起来了,这是网络图中的原则性错误,它将会导致以后计算中的一系列错误。上述情况如要避免,必须运用断路法,增加虚箭线来加以分隔,使墙基1仅为垫层1的紧后工作,而与挖槽2断路;使回填土1仅为墙基1的紧后工作,而与垫层2断路。正确的网络图应如图 5-19 所示。这种断路法在组织分段流水作业的网络图中使用很多,十分重要。

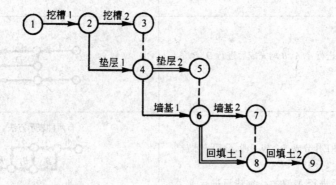

图 5-18 逻辑关系的错误

3) 虚箭线在两项或两项以上的工作同时开始和同时完成时的应用:

两项或两项以上的工作同时开始和同时完成时,必须引进虚箭线,以免造成混乱。

图 5-20(a)中,A、B 两项工作的箭线共用①、②两个节点,1—2 代号既表示 A 工作又可表示 B 工作,代号不清,就会在工作中造成混乱。而图 5-20(b)中,引进了虚箭线,即图

中的 2—3,这样 1—2 表示 A 工作,1—3 表示 B 工作,前面那种两项工作共用一个双代号的现象就消除了。

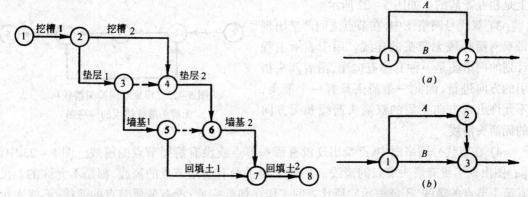

图 5-19 虚箭线的应用之二:正确表达逻辑关系

图 5-20 虚箭线的应用之三
(a)错误;(b)正确

4) 虚箭线在不同栋号的工作之间互相有联系时的应用:

在不同栋号之间,施工过程中在某些工作间有联系时,也可引用虚箭线来表示它们的相互关系。例如在两条单独的作业线(两项工程)施工中,绘制网络图时,把两条作业线分别排列在两条水平线上,如果两条作业线上某些工作要

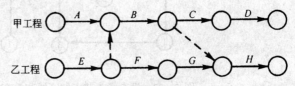

图 5-21 虚箭线的应用之四

利用同一台机械或由某一工人班组进行施工时,这些联系就应用虚箭线来表示。如图 5-21 所示。

图 5-21 中,甲工程的 B 工作需待 A 工作和乙工程的 E 工作完成后才能开始;乙工程的 H 工作需待 G 工作和甲工程的 B 工作完成后才能开始。

上述不同栋号之间的联系,往往是由于劳动力或机具设备上的转移而发生的,在多栋号的建筑群体施工中,这种现象常会出现。

可以看出,在绘制双代号网络图时,虚箭线的使用是非常重要的,但使用又要恰如其分,不得滥用,因为每增加一条虚箭线,一般就要相应地增加节点,这样不仅使图面繁杂,增加绘图工作量,而且还要增加时间参数计算量。因此,虚箭线的数量应以必不可少为限度,多余的必须全数删除。此外,还应注意在增加虚箭线后,要全面检查一下有关工作的逻辑关系是否出现新的错误,不要只顾局部,顾此失彼。

(3) 绘制双代号网络图的基本规则

绘制双代号网络图时,要正确地表示工作之间的逻辑关系和遵循有关绘图的基本规则。否则,就不能正确反映工程的工作流程和进行时间计算。绘制双代号网络图一般必须遵循以下一些基本规则:

1) 双代号网络图必须正确表达已定的逻辑关系。绘制网络图之前,要正确确定工作顺序,明确各工作之间的衔接关系,根据工作的先后顺序逐步把代表各项工作的箭线连接起来,绘制成网络图。

2)双代号网络图中,严禁出现循环网络。在网络图中如果从一个节点出发顺着某一线路又能回到原出发点,这种线路就称作循环回路。它表示的逻辑关系是错误的,在工艺顺序上是相互矛盾的。如图 5-22 所示。

3)双代号网络图中,在节点之间严禁出现带双向箭头或无箭头的连线。用于表示工程计划的网络图是一种有序有向图,沿着箭头指引的方向进行,因此一条箭头只有一个箭头,不允许出现方向矛盾的双箭头箭线和无方向的无箭头箭线。

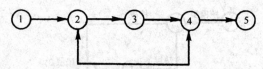

图 5-22 出现双向箭头箭线和无箭头箭线错误的网络图

4)在双代号网络图中,严禁出现没有箭头节点或没有箭尾节点的箭线。图 5-23 中,(a)图出现了没有箭头节点的箭线;(b)中出现了没有箭尾节点的箭线,都是不允许的。没有箭头节点的箭线,不能表示它所代表的工作在何处完成;没有箭尾节点的箭线,不能表示它所代表的工作在何时开始。

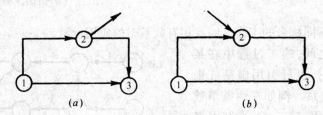

图 5-23 没有箭头节点的箭线和没有箭尾节点的箭线的错误网络图

5)当双代号网络图的某些节点有多条内向箭线或多条外向箭线时,在不违反"一项工作应只有惟一的一条箭线和相应的一对节点编号"的规定的前提下,可使用母线法绘图。当箭线线型不同时,可在母线上引出的支线上标出。图 5-24 是母线的表示方法。

6)绘制网络图时,箭线不宜交叉,当交叉不可避免时,可用过桥法或指向法。图 5-25 中,(a)为过桥法;(b)为指向法。

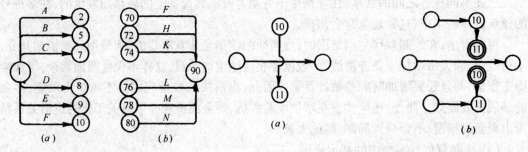

图 5-24 母线的表示方法　　　　图 5-25 过桥法交叉与指向法交叉
　　　　　　　　　　　　　　　　(a)过桥法;(b)指向法

7)双代号网络图中应只有一个起点节点;在不分期完成任务的网络图中,应只有一个终点节点;而其他所有节点均应是中间节点。

图 5-26(a)所示的网络图中①、④节点均没有内向箭线,故可认为两个节点都是起点节点,这是不允许的。如果遇到这种情况,最简单的办法就是像图 5-26(b)那样,用虚箭线

把①、④节点连接起来,使之变成一个起点节点。在本例中,最好把④节点删除,而直接把①、⑤两节点用箭线连接起来。

在图5-27(a)中,出现了两个没有外向箭线的节点④、⑦,可认为是有两个终点节点。如果没有分批完成任务的要求,这也是不允许的。解决办法是像图5-27(b)那样,使它变成一个终点节点。在本例中,最好是去掉多余的④节点,而直接把②、⑦节点连接起来而形成一个终点节点⑦。

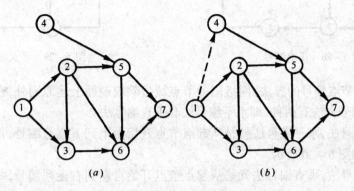

图5-26 只允许有一个起点节点

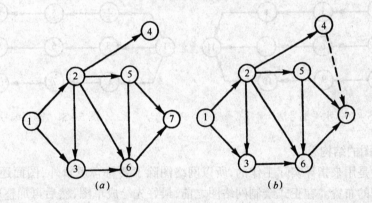

图5-27 只允许有一个终点节点

(4) 网络图的编号

按照各项工作的逻辑顺序将网络图绘就之后,即可进行节点编号。节点编号的目的是赋予每项工作一个代号,并便于对网络图进行时间参数的计算。当采用计算机来进行计算时,工作代号就是绝对必要的。

1) 网络图的节点编号应遵循以下两条规则:

① 一条箭线(工作)的箭头节点的编号"j",一般应大于箭尾节点"i",即$i<j$,编号时号码应从小到大,箭头节点编号必须在其前面的所有箭尾节点都已编号之后进行。如图5-28中,为要给节点③编号,就必须先给①、②节点编号。如果在节点①编号后就给节点③编号为②,那原来节点②就只能编为③(图5-29)。这样就会出现3—2,即$i>j$,以后在进行计算时就很容易出现错误。

② 在一个网络计划中,所有的节点不能出现重复的编号。有时考虑到可能在网络图中

会增添或改动某些工作,故在节点编号时,可预先留出备用的节点号,即采用不连续编号的方法,如1,3,5……或1,5,10……,以便于调整,避免以后由于中间增加一项或几项工作而改动整个网络图的节点编号。

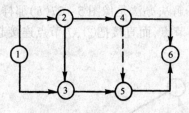
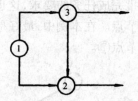

图 5-28 正确编号　　　　　　　　　图 5-29 错误编号

2) 网络图节点编号的方法:网络图的节点编号除应遵循上述原则外,在编排方法上也有技巧,一般编号方法有两种,即水平编号法和垂直编号法。

① 水平编号法:水平编号法就是从起点节点开始由上到下逐行编号,每行则自左到右按顺序编排,如图 5-30 所示。

② 垂直编号法:垂直编号法就是从起点节点开始自左到右逐列编号,每列则根据编号规则的要求或自上而下,或自下而上,或先上下后中间,或先中间后上下,如图 5-31 所示。

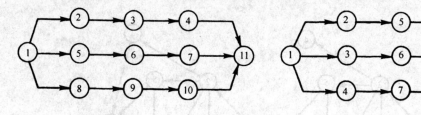

图 5-30 水平编号法　　　　　　　　　图 5-31 垂直编号法

(5) 网络图的结构

网络计划是用来指导实际工作的,所以网络图除了要符合逻辑外,图面还必须清晰,要进行周密合理的布置。在正式绘制网络图之前,最好先绘成草图,然后再加整理。

(6) 网络图绘制实例

根据表 5-3 绘制双代号网络图。

表 5-3

工 作	紧前工作	紧后工作	工 作	紧前工作	紧后工作
A	—	C,E,F	E	A,B	C,H
B	—	E,F	F	A,B	H
C	A	D	G	D,E	—
D	C	G	H	E,F	

绘出的网络图见图 5-32。绘图时可根据紧前工作和紧后工作的任何一种关系进行绘制。按紧前工作绘制时,从没有紧前工作的工作开始,依次向后,将紧前工作一一绘出,注意不要把没有关系的拉上了关系,于是应使用好虚箭线,并将最后的工作结束于一点,以形成一个终点节点;按紧后工作进行绘制时,亦应从没有紧前工作的工作开始,依次向后,将紧后

工作——绘出,直至没有紧后工作的工作绘完为止,形成一个终点节点。使用一种关系绘完图后,可利用另一种关系检查无误后,再自左向右编号。在绘制网络图时,脑子里要始终记住绘图规则,最后用 7 项规则进行一一检查,直至无误。要熟练绘图,必须多多进行练习。

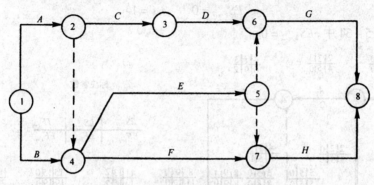

图 5-32 按表 5-3 绘出的网络图

3. 工作时间参数的计算(图上计算法和公式法)

(1) 工作持续时间的计算

工作持续时间的计算方法有两种:一是"定额计算法",二是"三时估计法"。"定额计算法"的计算公式是:

$$D_{i-j} = \frac{Q_{i-j}}{RS} \quad (5-9)$$

式中 D_{i-j} ——$i-j$ 工作持续时间;
   Q_{i-j} ——$i-j$ 工作的工程量;
   R——人数;
   S——劳动定额(产量定额)。

当工作持续时间不能用定额计算法计算时,便可采用"三时估计法",其计算公式是:

$$D_{i-j} = \frac{a + 4c + b}{6} \quad (5-10)$$

式中 D_{i-j} ——$i-j$ 工作的持续时间;
   a——工作的乐观(最短)持续时间估计值;
   b——工作的悲观(最长)持续时间估计值;
   c——工作的最可能持续时间估计值。

虚工作必须视同工作进行计算,其持续时间为零。

(2) 工作最早时间的计算

现以图 5-34 进行的网络计划时间参数计算,计算结果是按图 5-33 标注的。

图 5-33 按工作计算法的标注方式

1) 工作最早开始时间的计算:工作的最早开始时间指各紧前工作(紧排在本工作之前的工作)全部完成后,本工作有可能开始的最早时刻。工作 $i-j$ 的最早开始时间 ES_{i-j} 的计算应符合下列规定:

① 工作 $i-j$ 的最早开始时间 ES_{i-j} 应从网络计划的起点节点开始,顺着箭线方向依次

逐项计算；

② 以起点节点 i 为箭尾节点的工作 $i-j$，当未规定其最早开始时间 ES_{i-j} 时，其值应等于零，即：

$$ES_{i-j} = 0 \quad (i=1) \tag{5-11}$$

因此，图 5-34 中，$ES_{1-2} = 0$

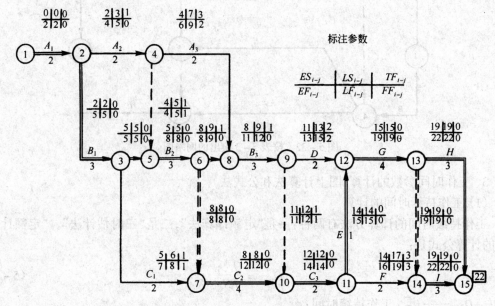

图 5-34 按工作计算法示例

③ 当工作 $i-j$ 只有一项紧前工作 $h-i$ 时，其最早开始时间 ES_{i-j} 应为：

$$ES_{i-j} = ES_{h-i} + D_{h-i} \tag{5-12}$$

式中 ES_{h-i}——工作 $i-j$ 的紧前工作的最早开始时间；

D_{h-i}——工作 $i-j$ 的紧前工作 $h-i$ 的持续时间。

④ 当工作 $i-j$ 有多个紧前工作时，其最早开始时间 ES_{i-j} 应为：

$$ES_{i-j} = \max\{ES_{h-i} + D_{h-i}\} \tag{5-13}$$

按式(5-12)和式(5-13)计算图中其他各项工作的最早开始时间，其计算结构如下：

$$ES_{2-3} = ES_{1-2} + D_{1-2} = 0 + 2 = 2$$

$$ES_{2-4} = ES_{1-2} + D_{1-2} = 0 + 2 = 2$$

$$ES_{3-5} = ES_{2-3} + D_{2-3} = 2 + 3 = 5$$

$$ES_{3-7} = ES_{2-3} + D_{2-3} = 2 + 3 = 5$$

$$ES_{4-5} = ES_{2-4} + D_{2-4} = 2 + 2 = 4$$

$$ES_{4-8} = ES_{2-4} + D_{2-4} = 2 + 2 = 4$$

$$ES_{5-6} = \max\{ES_{3-5} + D_{3-5}, ES_{4-5} + D_{4-5}\}$$

$$= \max\{5+0, 4+0\}$$

$$= \max\{5, 4\}$$

$$= 5$$

$$ES_{6-7} = ES_{5-6} + D_{5-6} = 5 + 3 = 8$$
......

依此类推,算出其他工作的最早开始时间,见图 5-34 标注。

2) 工作最早完成时间的计算:工作最早完成时间指各紧前工作完成后,本工作有可能完成的最早时刻。工作 $i-j$ 的最早完成时间 EF_{i-j} 应按式(5-14)进行计算:

$$EF_{i-j} = ES_{i-j} + D_{i-j} \tag{5-14}$$

按式(5-14),计算图 5-34 的各项工作,结果如下:

$$EF_{1-2} = ES_{1-2} + D_{1-2} = 0 + 2 = 2$$
$$EF_{2-3} = ES_{2-3} + D_{2-3} = 2 + 3 = 5$$
$$EF_{2-4} = ES_{2-4} + D_{2-4} = 2 + 2 = 4$$
$$EF_{3-5} = ES_{3-5} + D_{3-5} = 5 + 0 = 5$$
$$EF_{3-7} = ES_{3-7} + D_{3-7} = 5 + 2 = 7$$
$$EF_{4-5} = ES_{4-5} + D_{4-5} = 4 + 0 = 4$$
$$EF_{4-8} = ES_{4-8} + D_{4-8} = 4 + 2 = 6$$
$$EF_{5-6} = ES_{5-6} + D_{5-6} = 5 + 3 = 8$$
$$EF_{6-7} = ES_{6-7} + D_{6-7} = 8 + 0 = 8$$
......

依此类推,算出其他工作的最早完成时间,见图 5-34 之标注。

(3) 网络计划工期的计算

1) 网络计划的计算工期:计算工期 T_c 指根据时间参数计算得到的工期,它应按式(5-15)计算:

$$T_c = \max\{EF_{i-n}\} \tag{5-15}$$

式中 EF_{i-n} ——以终点节点($j=n$)为箭头节点的工作 $i-n$ 的最早完成时间按式(5-15)计算,图 5-34 的计算工期为:

$$T_c = \max\{EF_{13-15}, EF_{14-15}\} = \max\{22,22\} = 22$$

2) 网络计划的计划工期的计算:网络计划的计划工期,指按要求工期和计算工期确定的作为实施目标的工期。其计算应按下述规定:

① 当已规定了要求工期 T_r

$$T_p \leqslant T_r \tag{5-16}$$

② 当未规定要求工期时

$$T_p \leqslant T_c \tag{5-17}$$

由于图 5-34 未规定要求工期,故其计划工期取其计算工期,即:

$$T_p = T_c = 22$$

此工期标注在终点节点⑮之右侧,并用方框框起来。

(4) 工作最迟时间的计算

1) 工作最迟完成时间的计算:工作最迟完成时间指在不影响整个任务按期完成的前提下,工作必须完成的最迟时刻。

① 工作 $i-j$ 的最迟完成时间 LF_{i-j} 应从网络计划的终点节点开始,逆着箭线方向依次逐项计算。

② 以终点节点 $(j=n)$ 为箭头节点的工作的最迟完成时间 LF_{i-n},应按网络计划的计划工期 T_p 确定,即:

$$LF_{i-n} = T_p \tag{5-18}$$

③ 其他工作 $i-j$ 的最迟完成时间 LF_{i-j},应按式(5-19)计算。

$$LF_{i-j} = \min\{LF_{j-k} - D_{j-k}\} \tag{5-19}$$

式中　LF_{j-k}——工作 $i-j$ 的各项紧后工作 $j-k$ 的最迟完成时间;

D_{j-k}——工作 $i-j$ 的各项紧后工作(紧排在本工作之后的工作)的持续时间。

按式(5-18)网络计划以终点节点⑮为结束节点的工作的最迟完成时间计算如下:

$$LF_{13-15} = T_p = 22$$
$$LF_{14-15} = T_p = 22$$

按式(5-19),网络计划其他工作的最迟完成时间计算如下:

$$LF_{13-14} = \min\{LF_{14-15} - D_{14-15}\} = 22 - 3 = 19$$
$$LF_{12-13} = \min\{LF_{13-15} - D_{13-15}, LF_{13-14} - D_{13-14}\} = \min\{22-3, 19-0\} = 19$$
$$LF_{11-14} = \min\{LF_{14-15} - D_{14-15}\} = 22 - 3 = 19$$
$$LF_{11-12} = \min\{LF_{12-13} - D_{12-13}\} = 19 - 4 = 15$$
$$LF_{10-11} = \min\{LF_{11-12} - D_{11-12}, LF_{11-14} - D_{11-14}\} = \min\{15-1, 19-2\} = 14$$
$$LF_{9-12} = \min\{LF_{12-13} - D_{12-13}\} = 19 - 4 = 15$$
$$LF_{9-10} = \min\{LF_{10-11} - D_{10-11}\} = 14 - 2 = 12$$
$$LF_{8-9} = \min\{LF_{9-12} - D_{9-12}, LF_{9-10} - D_{9-10}\} = \min\{15-2, 12-0\} = 12$$
$$LF_{7-10} = \min\{LF_{10-11} - D_{10-11}\} = 14 - 2 = 12$$
……

依此类推,算出其他工作的最迟完成时间,见图5-34的相应标注。

2) 工作最迟开始时间的计算:工作的最迟开始时间指在不影响整个任务按期完成的前提下,工作必须开始的最迟时刻。

工作 $i-j$ 的最迟开始时间应按式(5-20)计算。

$$LS_{i-j} = LF_{i-j} - D_{i-j} \tag{5-20}$$

按式(5-20)计算,网络计划图5-34的各项工作的最迟开始时间计算如下:

$$LS_{14-15} = LF_{14-15} - D_{14-15} = 22 - 3 = 19$$
$$LS_{13-15} = LF_{13-15} - D_{13-15} = 22 - 3 = 19$$
$$LS_{12-13} = LF_{12-13} - D_{12-13} = 19 - 4 = 15$$
$$LS_{13-14} = LF_{13-14} - D_{13-14} = 19 - 0 = 19$$
$$LS_{11-14} = LF_{11-14} - D_{11-14} = 19 - 2 = 17$$
$$LS_{11-12} = LF_{11-12} - D_{11-12} = 15 - 1 = 14$$

$$LS_{10-11} = LF_{10-11} - D_{10-11} = 14 - 2 = 12$$
$$LS_{9-12} = LF_{9-12} - D_{9-12} = 15 - 2 = 13$$
$$LS_{9-10} = LF_{9-10} - D_{9-10} = 12 - 0 = 12$$
$$LS_{7-10} = LF_{7-10} - D_{7-10} = 12 - 4 = 8$$

依此类推,算出其他工作的最迟开始时间,见图 5-34 相应的标注。

(5) 工作总时差的计算

工作总时差是指在不影响总工期的前提下,本工作可以利用的机动时间。该时间应按式(5-21)计算。

$$TF_{i-j} = LS_{i-j} - ES_{i-j} \tag{5-21}$$

或

$$TF_{i-j} = LF_{i-j} - EF_{i-j} \tag{5-22}$$

按以上两式计算,图 5-34 各项工作的总时差 TF_{i-j} 计算结果如下:

$$TF_{1-2} = LS_{1-2} - ES_{1-2} = 0 - 0 = 0$$
$$TF_{2-3} = LS_{2-3} - ES_{2-3} = 2 - 2 = 0$$
$$TF_{2-4} = LS_{2-4} - ES_{2-4} = 3 - 2 = 1$$
$$TF_{4-5} = LS_{4-5} - ES_{4-5} = 5 - 4 = 1$$
$$TF_{3-5} = LS_{3-5} - ES_{3-5} = 5 - 5 = 0$$
$$TF_{3-7} = LS_{3-7} - ES_{3-7} = 6 - 5 = 1$$
$$TF_{4-8} = LS_{4-8} - ES_{4-8} = 7 - 4 = 3$$
$$TF_{5-6} = LS_{5-6} - ES_{5-6} = 5 - 5 = 0$$
$$TF_{6-7} = LS_{6-7} - ES_{6-7} = 8 - 8 = 0$$
$$TF_{6-8} = LS_{6-8} - ES_{6-8} = 9 - 8 = 1$$
$$TF_{7-10} = LS_{7-10} - ES_{7-10} = 8 - 8 = 0$$
$$TF_{8-9} = LS_{8-9} - ES_{8-9} = 9 - 8 = 1$$

……

依此类推,算出其他工作的总时差,见图 5-34 上相应的标注。

(6) 工作自由时差的计算

工作自由时差是指在不影响其紧后工作最早开始时间的前提下,本工作可以利用的机动时间,工作 $i-j$ 的自由时差 FF_{i-j} 的计算应符合下列规定:

1) 当工作 $i-j$ 有紧后工作 $j-k$ 时,其自由时差应为

$$FF_{i-j} = ES_{j-k} - ES_{i-j} - D_{i-j} \tag{5-23}$$

或

$$FF_{i-j} = ES_{j-k} - EF_{i-j} \tag{5-24}$$

式中 ES_{i-k} ——工作 $i-j$ 的紧后工作 $j-k$ 的最早开始时间。

2) 终点节点($j=n$)为箭头节点的工作,其自由时差 FF_{i-j} 应按网络计划的计划工期 T_p 确定,即:

$$FF_{i-n} = T_p - ES_{i-n} - D_{i-n} \tag{5-25}$$

或

$$FF_{i-n} = T_p - EF_{i-n} \tag{5-26}$$

网络计划图 5-34 的各项工作的自由时差 FF_{i-j} 按式(5-24)计算结果如下:

$$FF_{1-2} = ES_{2-3} - EF_{1-2} = 2 - 2 = 0$$
$$FF_{2-3} = ES_{3-5} - EF_{2-3} = 5 - 5 = 0$$
$$FF_{2-4} = ES_{4-5} - EF_{2-4} = 4 - 4 = 0$$
$$FF_{4-5} = ES_{5-6} - EF_{4-5} = 5 - 4 = 1$$
$$FF_{3-5} = ES_{5-6} - EF_{3-5} = 5 - 5 = 0$$
$$FF_{3-7} = ES_{7-10} - EF_{3-7} = 8 - 7 = 1$$
$$FF_{4-8} = ES_{8-9} - EF_{4-8} = 8 - 6 = 2$$
$$FF_{5-6} = ES_{6-8} - EF_{5-6} = 8 - 8 = 0$$
$$FF_{6-7} = ES_{7-10} - EF_{6-7} = 8 - 8 = 0$$
$$FF_{6-8} = ES_{8-9} - EF_{6-8} = 8 - 8 = 0$$
$$FF_{7-10} = ES_{10-11} - EF_{7-10} = 12 - 12 = 0$$
$$FF_{8-9} = ES_{9-12} - EF_{8-9} = 11 - 11 = 0$$
……

依此类推,算出其他工作的自由时差,见图 5-34 相应标注。

图中虚箭线中的自由时差归其紧前工作所有。

图 5-34 的结束工作 $i-j$ 的自由时差按式(5-26)计算如下。

$$FF_{13-15} = T_p - EF_{13-15} = 22 - 22 = 0$$
$$FF_{14-15} = T_p - EF_{14-15} = 22 - 22 = 0$$

见图 5-34 相应标注。

4. 按节点计算法计算时间参数

(1) 几点说明

1) 按节点法计算时间参数也应在确定各项工作的持续时间之后进行。

2) 按节点法计算时间参数,其计算结果应标注在节点之上,如图 5-35 所示。

3) 以下按图 5-35 为例进行节点计算法时间参数计算。

(2) 节点最早时间的计算

节点最早时间是指双代号网络计划中,以该节点为开始节点的各项工作的最早开始时间。

节点 i 的最早时间 ET_i 应从网络计划的起点节点开始,顺着箭线方向,依次逐项计算,并应符合下列规定:

1) 起点节点 i 如未规定最早时间 ET_i 时,其值应等于零,即:

$$ET_i = 0 \quad (i = 1) \tag{5-27}$$

因此,图 5-35 中, $ET_1 = 0$

2) 当节点 j 只有一条内向箭线时,其最早时间

$$ET_j = ET_i + D_{i-j} \tag{5-28}$$

3) 当节点 j 有多条内向箭线时,其最早时间 ET_j 应为

$$ET_j = \max\{ET_i + D_{i-j}\} \tag{5-29}$$

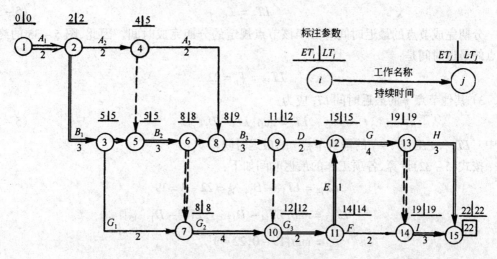

图 5-35 节点计算法示例

按式(5-28)计算图 5-35 的各项工作时,结果如下:

$$ET_2 = ET_1 + D_{1-2} = 0 + 2 = 2$$
$$ET_3 = ET_2 + D_{2-3} = 2 + 3 = 5$$
$$ET_4 = ET_2 + D_{2-4} = 2 + 2 = 4$$

节点 5 有两条内向箭线,其最早时间 ET_j' 应按式(5-29)计算:

$$ET_5 = \max\{ET_2 + D_{2-3}, ET_2 + D_{2-4}\}$$
$$= \max\{5, 4\}$$
$$= 5$$

依此类推,算出全部节点的最早时间,见图 5-35 相应的标注。

(3) 网络计划工期的计算

1) 网络计划的计算工期:网络计划的计算工期按式(5-30)计算。

$$T_c = ET_n \tag{5-30}$$

式中 ET_n——终点节点 n 的最早时间。

因此,图 5-35 的计算工期为:

$$T_c = ET_{15} = 22$$

2) 网络计划的计划工期的确定:网络计划的计划工期 T_p 的确定与工作计算法相同。因此,图 5-35 的计划工期为:

$$T_p = T_c = 22$$

(4) 节点最迟时间的计算

节点最迟时间指双代号网络计划中,以该节点为完成节点的各项工作的最迟完成时间。其计算应符合下述规定:

1) 节点 i 的最迟时间 LT_i 应从网络计划的终点节点开始,逆着箭线方向依次逐项计算,当部分工作分期完成时,有关节点的最迟时间必须从分期完成节点开始逆向逐项计算。

2) 终点节点 n 的最迟时间 LT_n 应按网络计划的计划工期 T_p 确定,即:
$$LT_n = T_p \tag{5-31}$$

分期完成节点的最迟时间应等于该节点规定的分期完成时间。因此,图 5-35 的终点节点的最迟时间是:
$$LT_{15} = T_p = 22$$

3) 其他节点 i 的最迟时间 LT_i 应为:
$$LT_i = \min\{LT_j - D_{i-j}\} \tag{5-32}$$

式中 LT_j——工作 $i-j$ 的箭头节点 j 的最迟时间。

按式(5-32)计算,各项工作的最迟时间如下:

$$LT_{14} = LT_{15} - D_{14-15} = 22 - 3 = 19$$

$$LT_{13} = \min\{LT_{14} - D_{13-14}, LT_{15} - D_{13-15}\}$$

$$= \min\{19 - 0, 22 - 3\}$$

$$= \min\{19, 18\} = 19$$

$$LT_{12} = LT_{13} - D_{12-13} = 19 - 4 = 15$$

$$LT_{11} = \min\{LT_{14} - D_{11-14}, LT_{12} - D_{11-12}\}$$

$$= \min\{19 - 2, 15 - 1\}$$

$$= \min\{17, 14\} = 14$$

……

依此类推,算出节点 10 至 1 节点的最早时间,见图 5-35 中相应的标注。

(5) 工作时间参数的计算

1) 工作最早开始时间的计算:工作 $i-j$ 的最早开始时间 ES_{i-j} 的计算按式(5-33)计算。
$$ES_{i-j} = ET_i \tag{5-33}$$

按式(5-33)计算,图 5-35 的各项工作的最早开始时间计算如下:

$$ES_{1-2} = ET_1 = 0$$

$$ES_{2-3} = ET_2 = 2$$

$$ES_{2-4} = ET_2 = 2$$

$$ES_{3-5} = ET_3 = 5$$

$$ES_{3-7} = ET_3 = 5$$

$$ES_{4-5} = ET_4 = 4$$

……

依此类推,算出其他工作的最早开始时间,与图 5-3 的标注相同。

2) 工作 $i-j$ 的最早完成时间 EF_{i-j} 的计算:工作 $i-j$ 的最早完成时间按式(5-34)计算。

$$EF_{i-j} = ET_i + D_{i-j} \tag{5-34}$$

按式(5-34)计算,图 5-35 中各项工作的最早完成时间计算如下:

$$EF_{1-2} = ET_1 + D_{1-2} = 0 + 2 = 2$$

$$EF_{2-3} = ET_2 + D_{2-3} = 2 + 3 = 5$$

$$EF_{2-4} = ET_2 + D_{2-4} = 2 + 2 = 4$$

$$EF_{3-5} = ET_3 + D_{3-5} = 5 + 0 = 5$$

$$EF_{3-7} = ET_3 + D_{3-7} = 5 + 2 = 7$$

$$EF_{4-5} = ET_4 + D_{4-5} = 4 + 0 = 4$$

……

依此类推,算出其他工作的最早完成时间,与图 5-3 的相应标注相同。

3) 工作 $i-j$ 最迟完成时间的计算:工作 $i-j$ 的最迟完成时间 LF_{i-j} 按式(5-35)计算。

$$LF_{i-j} = LT_j \tag{5-35}$$

按公式(5-35)图 5-35 各项工作的最迟时完成时间计算如下:

$$LF_{1-2} = LT_2 = 2$$

$$LF_{2-3} = LT_3 = 5$$

$$LF_{2-4} = LT_4 = 5$$

$$LF_{3-5} = LT_5 = 5$$

$$LF_{3-7} = LT_7 = 8$$

$$LF_{4-5} = LT_5 = 5$$

……

依此类推,算出其他工作的最迟完成时间,与图 5-34 相应的标注相同。

4) 工作最迟开始时间的计算:工作 $i-j$ 的最迟开始时间 LS_{i-j} 的计算按式(5-36)。

$$LS_{i-j} = LT_j - D_{i-j} \tag{5-36}$$

按式(5-36)计算,图 5-35 中各项工作的最迟开始时间如下:

$$LS_{1-2} = LT_2 - D_{1-2} = 2 - 2 = 0$$

$$LS_{2-3} = LT_3 - D_{2-3} = 5 - 3 = 2$$

$$LS_{2-4} = LT_4 - D_{2-4} = 5 - 2 = 3$$

$$LS_{3-5} = LT_5 - D_{3-5} = 5 - 0 = 5$$

$$LS_{3-7} = LT_7 - D_{3-7} = 8 - 2 = 6$$

$$LS_{4-5} = LT_5 - D_{4-5} = 5 - 0 = 5$$

……

依此类推,算出其他工作的最迟开始时间,与图 5-34 的相应标注相同。

5) 工作总时差的计算:工作 $i-j$ 的总时差 TF_{i-j} 应按式(5-37)计算。

$$TF_{i-j} = LT_j - ET_i - D_{i-j} \tag{5-37}$$

按式(5-37)计算,图 5-35 各项工作的总时差为:

$$TF_{1-2} = LT_2 - ET_1 - D_{1-2} = 2 - 0 - 2 = 0$$
$$TF_{2-3} = LT_3 - ET_2 - D_{2-3} = 5 - 2 - 3 = 0$$
$$TF_{2-4} = LT_4 - ET_2 - D_{2-4} = 5 - 2 - 2 = 1$$
$$TF_{3-5} = LT_5 - ET_3 - D_{3-5} = 5 - 5 - 0 = 0$$
$$TF_{3-7} = LT_7 - ET_3 - D_{3-7} = 8 - 5 - 2 = 1$$
$$TF_{4-5} = LT_5 - ET_4 - D_{4-5} = 5 - 4 - 0 = 1$$
……

依此类推,算出其他工作的总时差,其结果与图 5-34 的标注相同。

6) 工作自由时差的计算:工作 $i-j$ 的自由时差 FF_{i-j} 按式(5-38)计算。

$$FF_{i-j} = ET_j - ET_i - D_{i-j} \tag{5-38}$$

按式(5-38)进行计算,结果如下:
$$FF_{1-2} = ET_2 - ET_1 - D_{1-2} = 2 - 0 - 2 = 0$$
$$FF_{2-3} = ET_3 - ET_2 - D_{2-3} = 5 - 2 - 3 = 0$$
$$FF_{2-4} = ET_4 - ET_2 - D_{2-4} = 4 - 2 - 2 = 0$$
$$FF_{3-5} = ET_5 - ET_3 - D_{3-5} = 5 - 5 - 0 = 0$$
$$FF_{3-7} = ET_7 - ET_3 - D_{3-7} = 8 - 5 - 2 = 1$$
$$FF_{4-5} = ET_5 - ET_4 - D_{4-5} = 5 - 4 - 0 = 1$$
……

依此类推,算出其他工作的自由时差,与图 5-34 的各项相应标注相同。

5. 双代号网络计划关键工作和关键线路的确定

(1) 关键工作的确定

1) 关键工作的概念:关键工作是网络计划中总时差最小的工作。

当计划工期与计算工期相等时,这个"最小值"为 0;

当计划工期大于计算工期时,这个"最小值"为正;

当计划工期小于计算工期时,这个"最小值"为负。

2) 关键工作的确定:根据上述关键工作的定义,图 5-34 的最小总时差为零,故关键工作为 1—2,2—3,3—5,5—6,6—7,7—10,10—11,11—12,12—13,13—14,13—15,14—15,共 12 项。

(2) 关键线路的确定

1) 关键线路的概念:关键线路是自始至终全部由关键工作组成的线路,或线路上总的工作持续时间最长的线路。

2) 关键线路的确定:将关键工作自左而右依次首尾相连而形成的线路就是关键线路。因此,图 5-34 的关键线路是 1—2—3—5—6—7—10—11—12—13—14—15 及 1—2—3—5—6—7—10—11—12—13—15 两条。

(3) 关键工作和关键线路的标注

关键工作和关键线路在网络图上应当用粗线或双线或彩色线标注其箭线。

5.3.3 双代号时标网络计划

1. 时标网络计划的概念

(1) 时标网络计划的含义:"时标网络计划"是以时间坐标为尺度编制的网络计划。图 5-37 是图 5-36 的时标网络计划。本文所述的是双代号时标网络计划(简称时标网络计划)。

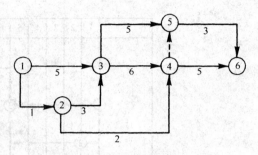

图 5-36 双代号网络计划

(2) 时标网络计划的时标计划表:时标网络计划绘制在时标计划表上。时标的时间单位是根据需要,在编制时标网络计划之前确定的,可以是小时、天、周、旬、月或季等。时间可标注在时标计划表顶部,也可以标注在底部,必要时还可以在顶部或底部同时标注。时标的长度单位必须注明。必要时可在顶部时标之上或底部时标之下加注日历的对应时间。时标计划表中部的刻度线宜为细线。为使图面清晰,该刻度线可以少画或不画。表 5-4 和表 5-5 是时标计划表的表达形式。

有日历时标计划表　　　　　　　　　　　　　　表 5-4

日　　历																	
(时间单位)	1	2	3	4	5	6	7	8	9	10	11	12	13	14	15	16	17
网络计划																	
(时间单位)	1	2	3	4	5	6	7	8	9	10	11	12	13	14	15	16	17

无日历时标计划表　　　　　　　　　　　　　　表 5-5

(时间单位)	1	2	3	4	5	6	7	8	9	10	11	12	13	14	15	16	17
网络计划																	
(时间单位)																	

(3) 时标网络计划的基本符号:时标网络计划的工作,以实箭线表示,自由时差以波形线表示,虚工作以虚箭线表示。当实箭线之后有波形线且其末端有垂直部分时,其垂直部分用实线绘制;当虚箭线有时差且其末端有垂直部分时,其垂直部分用虚线绘制,见图 5-37 所示。

(4) 时标网络计划的特点:时标网络计划与无时标网络计划相比较,有以下特点:

1) 主要时间参数一目了然,具有横道计划的优点,故使用方便。

2) 由于箭线的长短受时标的制约,故绘图比较麻烦,修改网络计划的工作持续时间时必须重新绘图。

3) 绘图时可以不进行计算。只有在图上没有直接表示出来的时间参数,如总时差、最迟开始时间和最迟完成时间,才需要进行计算。所以,使用时标网络计划可大大节省计算量。

(5) 时标网络计划的适用范围:由于时标网络计划的上述优点,加之过去人们习惯使用横道计划,故时标网络计划容易被接受,在我国应用面较广。时标网络计划主要适用以下几种情况:

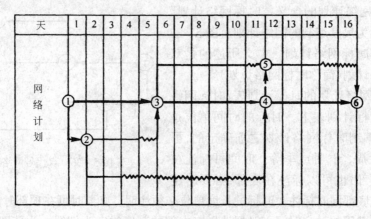

图 5-37 双代号时标网络计划

1）编制工作项目较少，并且工艺过程较简单的建筑施工计划，能迅速地边绘、边算、边调整。

2）对于大型复杂的工程，特别是不使用计算机时，可以先用时标网络图的形式绘制各分部分项工程的网络计划，然后再综合起来绘制出较简明的总网络计划；也可以先编制一个总的施工网络计划，以后每隔一段时间，对下段时间应施工的工程区段绘制详细的时标网络计划。时间间隔的长短要根据工程的性质、所需的详细程度和工程的复杂性决定。执行过程中，如果时间有变化，则不必改动整个网络计划，而只对这一阶段的时标网络计划进行修订。

3）有时为了便于在图上直接表示每项工作的进程，可将已编制并计算好的网络计划再复制成时标网络计划。这项工作可应用计算机来完成。

4）待优化或执行中在图上直接调整的网络计划。

5）年、季、月等周期性网络计划。

6）使用"实际进度前锋线"进行网络计划管理的计划，亦应使用时标网络计划。

2．双代号时标网络计划图的绘图方法

(1) 绘图的基本要求：

1）时间长度是以所有符号在时标表上的水平位置及其水平投影长度表示的，与其所代表的时间值相对应。

2）节点的中心必须对准时标的刻度线。

3）虚工作必须以垂直虚箭线表示，有时差时加波形线表示。

4）时标网络计划宜按最早时间编制，不宜按最迟时间编制。

5）时标网络计划编制前，必须先绘制无时标网络计划。

6）绘制时标网络计划图可以在以下两种方法中任选一种：

① 先计算无时标网络计划的时间参数，再按该计划在时标表上进行绘制。

② 不计算时间参数，直接根据无时标网络计划在时标表上进行绘制。

(2) 时标网络计划图的绘制步骤：

1）"先算后绘法"的绘图步骤。以图 5-38 为例，绘制完成的时标网络计划见图 5-39 所示。

具体步骤如下：

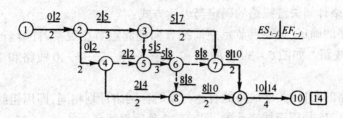

图 5-38　无时标网络计划

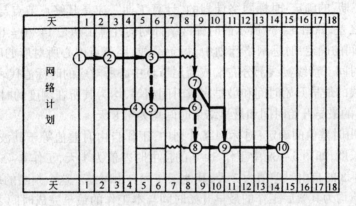

图 5-39　图 5-38 的时标网络计划

① 绘制时标计划表。
② 计算每项工作的最早开始时间和最早完成时间,见图 5-38。
③ 将每项工作的尾节点按最早开始时间定位在时标计划表上,其布局应与不带时标的网络计划基本相当,然后编号。
④ 用实线绘制出工作持续时间,用虚线绘制无时差的虚工作(垂直方向),用波形线绘制工作和虚工作的自由时差。

2) 不经计算,直接按无时标网络计划编制时标网络计划的步骤。仍以图 5-38 为例,绘制时标网络计划的步骤如下:

① 绘制时标计划表。
② 将起点节点定位在时标计划表的起始刻度线上,见图 5-39 的节点 1。
③ 按工作持续时间在时标表上绘制起点节点的外向箭线,见图 5-39 的 1-2。
④ 工作的箭头节点,必须在其所有内向箭线绘出以后,定位在这些内向箭线中最晚完成的实箭线箭头处,如图 5-39 中的节点 5、7、8、9。
⑤ 某些内向实箭线长度不足以到达该箭头节点时,用波形线补足,如图 5-39 中的 3-7,4-8。如果虚箭线的开始节点和结束节点之间有水平距离时,以波形线补足,如箭线 4-5。如果没有水平距离,绘制垂直虚箭线,如 3-5,6-7,6-8。
⑥ 用上述方法自左至右依次确定其他节点的位置,直至终点节点定位,绘图完成。
注意确定节点的位置时,尽量与无时标网络图的节点位置相当,保持布局基本不变。
⑦ 给每个节点编号,编号与无时标网络计划相同。

3. 双代号时标网络计划关键线路和时间参数的确定。

(1) 时标网络计划关键线路的确定与表达方式：

1) 关键线路的确定：自终点节点逆箭线方向朝起点节点观察，自始至终不出现波形线的线路，为关键线路。如图 5－39 中的 1—2—3—5—6—7—9—10 线路和 1—2—3—5—6—8—9—10 线路。

2) 关键线路的表达：关键线路的表达与无时标网络计划相同，即用粗线、双线和彩色线标注均可。图 5－35 是用双线表达的，图 5－39 是用粗线表达的。

(2) 时间参数的确定：

1) "计算工期"的确定：时标网络计划的"计算工期"，应是其终点节点与起点节点所在位置的时标值之差，如图 5－39 所示的时标网络计划的计算工期是 14－0＝14 天。

2) 最早时间的确定：时标网络计划中，每条箭线，尾节点中心所对应的时标值，代表工作的最早开始时间。箭线实线部分右端或箭尾节点中心所对应的时标值代表工作的最早完成时间。虚箭线的最早开始时间和最早完成时间相等，均为其所在刻度的时标值，如图 5－39 中工作 6－8 的最早开始时间和最早结束时间均为第 8 天。

3) 工作自由时差值的确定：时标网络计划中，工作自由时差值等于其波形线在坐标轴上水平投影的长度，如图 5－39 中工作 3－7 的自由时差值为 1 天，工作 4－5 的自由时差值为 1 天，工作 4－8 的自由时差值为 2 天，其他工作无自由时差。这个判断的理由是，每项工作的自由时差值均为其紧后工作的最早开始时间与本工作的最早完成时间之差。如图 5－39 中的工作 4－8，其紧后工作 8－9 的最早开始时间以图判定为第 8 天，本工作的最早完成时间以图判定为第 6 天，其自由时差为 8－6＝2 天，即为图上该工作实践部分之后的波线的水平投影长度。

4) 工作总时差的计算：时标网络计划中，工作总时差应自右而左进行逐个计算。一项工作只有其紧后工作的总时差值全部计算出以后才能计算出其总时差值。

工作总时差值等于其诸紧后工作总时差值的最小值与本工作自由时差值之和。其计算公式是：

① 以终点节点 ($j=n$) 为箭头节点的工作的总时差 TF_{i-j} 按网络计划的计划工期 T_p 计算确定，即

$$TF_{i-n} = T_p - EF_{i-n} \tag{5-39}$$

② 其他工作的总时差应为

$$TF_{i-j} = \min\{TF_{j-k} + FF_{i-j}\} \tag{5-40}$$

按式(5－39)计算得：

$$TF_{9-10} = 14 - 14 = 0 \quad (天)$$

按式(5－40)计算得：

$$TF_{9-7} = 0 + 0 = 0 \quad (天)$$
$$TF_{3-7} = 0 + 1 = 1 \quad (天)$$
$$TF_{8-9} = 0 + 0 = 0 \quad (天)$$
$$TF_{4-8} = 0 + 2 = 2 \quad (天)$$
$$TF_{5-6} = \min\{0+0, 0+0\} = 0 \quad (天)$$
$$TF_{4-5} = 0 + 1 = 1 \quad (天)$$

$$TF_{2-4} = \min\{2+0, 1+0\} = 1(\text{天})$$

依此类推,可计算出全部工作的总时差值。

计算完成后,如果有必要,可将工作总时差值标注在相应的波形线或实箭线之上。

5) 工作最迟时间的计算:由于已知最早开始时间和最早结束时间,又知道了总时差,故其工作最迟时间可用式(5-41)及式(5-42)进行计算:

$$LS_{i-j} = ES_{i-j} + TF_{i-j} \quad (5-41)$$

$$LF_{i-j} = EF_{i-j} + TF_{i-j} \quad (5-42)$$

按式(5-41)和式(5-42)计算,可得全部最迟时间,如:

$$LS_{2-4} = ES_{2-4} + TF_{2-4} = 2 + 1 = 3 \text{ 天}$$

$$LF_{2-4} = EF_{2-4} + TF_{2-4} = 4 + 1 = 5 \text{ 天}$$

5.3.4 单代号网络计划

1. 单代号网络图的绘制

(1) 单代号网络图的基本符号

单代号网络图是在工作流程图的基础上演绎而成的网络计划形式。它具有绘制简便、逻辑关系容易表达、不用虚箭线、便于检查和修改等优点,但在多进多出的节点处容易发生箭线交叉,因此不如双代号网络图清楚,如图5-40所示。

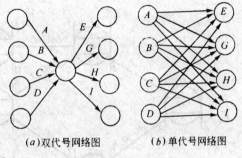

图 5-40 箭线交叉的缺点

1) 节点

单代号网络图中节点代表一项工作,既占用时间,又消耗资源,节点可用圆圈或方框表示。工作的名称、持续时间、节点编号一般都标注于节点内,有的甚至将时间参数也标注于节点内,如图5-41所示。

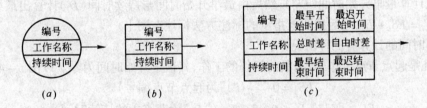

图 5-41 节点表示方法

2) 箭线

在单代号网络图中,箭线仅表示工作间的逻辑关系。它既不占用时间,又不消耗资源。箭尾节点是箭头节点的紧前工作;箭头节点是箭尾节点的紧后工作。

3) 节点编号

在单代号网络图中,节点均需编号,箭头节点的编号要大于箭尾节点的编号,每项工作可用一个节点编号来代表,因此叫"单代号"。

(2) 单代号网络图的绘图规则

单代号网络图绘图规则基本上与双代号网络图相同,但在单代号网络图中当有多项平行的开始工作和平行的结束工作时,要分别设一虚拟的起点节点和终点节点,以此做到一个网络图只有一个起点节点和一个终点节点。如图 5-42 中,S_t 为虚拟的起点节点,F_{in} 为虚拟的终点节点。

2. 单代号网络计划的计算

单代号网络计划时间参数的计算原理基本上与双代号网络计划的计算原理相同,只是自由时差的计算略有不同。下面以实例说明计算的方法与步骤(图 5-43)。

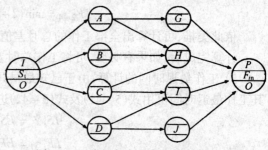

图 5-42 虚拟起点节点与终点节点

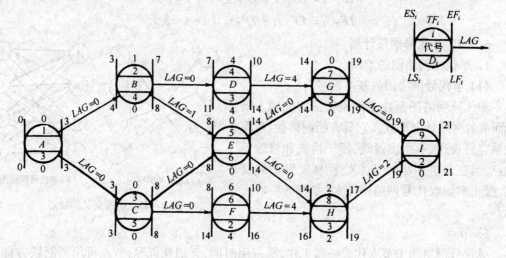

图 5-43 单代号网络计划算例

(1) 工作最早时间计算

首先计算最早开始时间(ES_i),然后由最早开始时间与持续时间(D_i)计算出最早完成时间,即 $EF_i = ES_i + D_i$,之后按图上指示的标注方法标注在图上。

最早时间的计算有三种情况:

1) 凡是起点节点工作,即无紧前工作的工作,其最早开始时间为零。以图 5-43 为例:

$$ES_1 = 0 \quad (\text{``1''为起点节点编号}) \tag{5-43}$$

$EF_1 = ES_1 + D_1 = 0 + 3 = 3 \quad (\text{``}D_1\text{''为节点 1 的持续时间})$

2) 有一项紧前工作的工作,其最早开始时间等于紧前工作的最早完成时间。

$$ES_i = EF_h \quad (h < i) \tag{5-44}$$

$$EF_i = ES_i + D_i \tag{5-45}$$

以图 5-43 为例,工作 B、C、D、F,都只有一项紧前工作,所以

$$ES_2 = ES_3 = EF_1 = 3$$

$$EF_2 = ES_2 + D_2 = 3 + 4 = 7$$

$$EF_3 = ES_3 + D_3 = 3 + 5 = 8$$

$$ES_4 = EF_2 = 7$$

$$EF_4 = ES_4 + D_4 = 7 + 3 = 10$$

$$ES_6 = EF_3 = 8$$
$$EF_6 = ES_6 + D_6 = 8 + 2 = 10$$

3) 有多项紧前工作的工作,其最早开始时间等于各紧前工作最早开始时间的最大值,即:

$$ES_i = \max_h \{EF_n\} \quad (h < i) \tag{5-46}$$

图 5-43 中工作 E、G、H、I 各有二项紧前工作:

$$ES_5 = \max\{EF_4, EF_5\} = \max\{7, 8\} = 8$$
$$EF_5 = ES_5 + D_5 = 8 + 6 = 14$$
$$ES_7 = \max\{EF_4, EF_5\} = \max\{10, 14\} = 14$$
$$EF_7 = ES_7 + D_7 = 14 + 5 = 19$$
$$ES_8 = \max\{EF_5, EF_6\} = \max\{14, 10\} = 14$$
$$EF_8 = ES_8 + D_8 = 14 + 3 = 17$$
$$ES_9 = \max\{EF_7, EF_8\} = \max\{19, 17\} = 19$$
$$EF_9 = ES_9 + D_9 = 19 + 2 = 21$$

上述参数计算出后按要求的标形式标注于图上。

(2) 确定计算工期 T_c

单代号网络计划的工期等于终点节点工作的最早结束时间。

$$T_c = EF_n \quad (n \text{ 为终点节点编号}) \tag{5-47}$$

本例中

$$T_c = EF_9 = 21$$

(3) 工作最迟时间计算

工作最迟时间的计算,应自终点节点开始至起点节点止,逐项进行计算。先计算工作最迟完成时间,然后由最迟完成时间减去工作持续时间,即为该工作的最迟开始时间,并标注于图上。

最迟时间的计算有三种情况:

1) 终点节点工作的最迟完成时间等于计算工期(如无另外工期要求时),即

$$LF_n - T_c \quad (n \text{ 为终点节点编号}) \tag{5-48}$$

本例中

$$LF_9 = T_c = 21$$
$$LS_9 = LF_9 - D_9 = 21 - 2 = 19$$

2) 只有一项紧后工作的工作,其最迟完成时间等于紧后工作的最迟开始时间。

$$LF_i = LS_j \quad (i < j) \tag{5-49}$$

本例中工作 7、8、4、6 都是只有一项紧后工作的工作。

$$LF_7 = LF_8 = LS_9 = 19$$
$$LS_7 = LF_7 - D_7 = 19 - 5 = 14$$
$$LS_8 = LF_8 - D_8 = 19 - 3 = 16$$
$$LF_4 = LS_7 = 14$$

$$LS_4 = LF_4 - D_4 = 14 - 3 = 11$$
$$LF_6 = LS_6 = 16$$
$$LS_6 = LF_6 - D_6 = 16 - 2 = 14$$

3) 有多项紧后工作的工作,其最迟结束时间等于各紧后工作最迟开始时间的最小值。

$$LF_i = \min_j \{LS_j\} \quad (i < j) \tag{5-50}$$

本例中,工作 E、B、C、A 均为有 2 项紧后工作的工作。

$$LF_5 = \min\{LS_7, LS_8\} = \min\{14, 16\} = 14$$
$$LS_5 = LF_5 - D_5 = 14 - 6 = 8$$
$$LF_2 = \min\{LS_4, LS_5\} = \min\{11, 8\} = 8$$
$$LS_2 = LF_2 - D_2 = 8 - 4 = 4$$
$$LF_3 = \min\{LS_5, LS_6\} = \min\{8, 14\} = 8$$
$$LS_3 = LF_3 - D_3 = 8 - 5 = 3$$
$$LF_1 = \min\{LS_2, LS_3\} = \min\{4, 3\} = 3$$
$$LS_1 = LF_1 - D_1 = 3 - 3 = 0$$

将上述计算结果按要求标注于图上。

(4) 工作总时差的计算

各工作的总时差等于该工作的最迟完成时间与最早完成时间之差值,或最迟开始时间与最早开始时间之差值。

$$TF_i = LF_i - EF_i \tag{5-51}$$
$$= LS_i - ES_i \tag{5-52}$$

本例中,

$$TF_1 = LF_1 - EF_1 = 3 - 3 = 0$$
$$TF_2 = LF_2 - EF_2 = 8 - 7 = 1$$
$$TF_3 = LF_3 - EF_3 = 8 - 8 = 0$$
$$TF_4 = LF_4 - EF_4 = 14 - 10 = 4$$
$$TF_5 = LF_5 - EF_5 = 14 - 14 = 0$$
$$TF_6 = LF_6 - EF_6 = 16 - 10 = 6$$
$$TF_7 = LF_7 - EF_7 = 19 - 19 = 0$$
$$TF_8 = LF_8 - EF_8 = 19 - 17 = 2$$
$$TF_9 = LF_9 - EF_9 = 21 - 21 = 0$$

(5) 时间间隔($LAG_{i,j}$)的计算

为了计算工作的自由时差、单代号网络计划与双代号网络计划略有不同。由于一项工作的各紧后工作的最早开始时间不一定相同,所以应先求出各紧后工作与本工作之间的时间间隔(用 $LAG_{i,j}$ 表示工作 i 与工作 j 二项工作的时间间隔)。其值等于紧后工作最早开始时间与本工作最早完成时间之差值。

$$LAG_{i,j} = ES_j - EF_i \quad (i < j) \tag{5-53}$$

求出了各二项工作的时间间隔值后,标注于图上。图 5 - 43 中。

$$LAG_{1,2} = ES_2 - EF_1 = 3 - 3 = 0$$

$$LAG_{1,3} = ES_3 - EF_1 = 3 - 3 = 0$$

$$LAG_{2,4} = ES_4 - EF_2 = 7 - 7 = 0$$

$$LAG_{2,5} = ES_5 - EF_2 = 8 - 7 = 1$$

$$LAG_{3,5} = ES_5 - EF_3 = 8 - 8 = 0$$

$$LAG_{3,6} = ES_6 - EF_3 = 8 - 8 = 0$$

$$LAG_{4,7} = ES_7 - EF_4 = 14 - 10 = 4$$

$$LAG_{5,7} = ES_7 - EF_5 = 14 - 14 = 0$$

$$LAG_{5,8} = ES_8 - EF_5 = 14 - 14 = 0$$

$$LAG_{6,8} = ES_8 - EF_6 = 14 - 14 = 0$$

$$LAG_{7,9} = ES_9 - EF_7 = 19 - 19 = 0$$

$$LAG_{8,9} = ES_9 - EF_8 = 19 - 17 = 2$$

(6) 工作自由时差的计算

工作的自由时差是紧后工作的最早开始时间与本工作最早完成时间之差值,即本工作与紧后工作的时间间隔。若某工作有多项紧后工作,则其自由时差要取其与紧后工作时间间隔的最小值。

$$FF_i = \min\{LAG_{i,j}\} \quad (5-54)$$

本例中:

$$FF_1 = \min\{LAG_{1,2}, LAG_{1,3}\} = \min\{0,0\} = 0$$

$$FF_2 = \min\{LAG_{2,4}, LAG_{2,5}\} = \min\{0,1\} = 0$$

$$FF_3 = \min\{LAG_{3,5}, LAG_{3,6}\} = \min\{0,0\} = 0$$

$$FF_4 = LAG_{4,7} = 4$$

$$FF_5 = \min\{LAG_{5,7}, LAG_{5,8}\} = \min\{0,0\} = 0$$

$$FF_6 = LAG_{6,8} = 4$$

$$FF_7 = LAG_{7,9} = 0$$

$$FF_8 = LAG_{8,9} = 2$$

(7) 关键线路的判定

单代号网络计划是由关键工作(即总时差值为最小值的节点)和间隔时间为零的箭线组成的。在图 5-43 中,这样的线路只有 1—3—5—7—9,故 1—3—5—7—9 是该网络计划的关键线路。

3. 单代号网络计划示例

某地下室工程,如图 5-44 所示,有 10 个施工过程,分为 2 个施工段,其施工过程间逻辑关系如表 5-6 所示。绘制的网络计划图如图 5-45 所示。请读者自行计算各项时间参数。

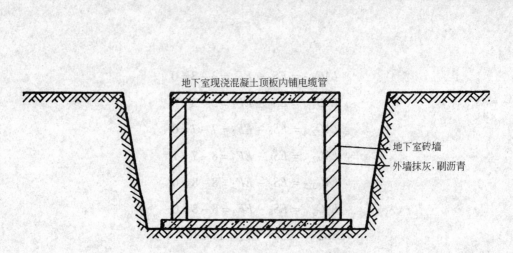

图 5-44 某地下室剖面示意图

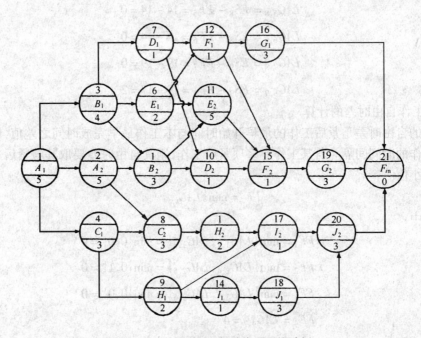

图 5-45 某地下室的单代号网络计划

工作逻辑关系表　　　　　　　　　　　表 5-6

序号	工作		紧前工作	工作持续时间(d)
	代号	工作内容		
1	A_1	地下室砌砖墙(1)	—	5
2	A_2	地下室砌砖墙(2)	A_1	5
3	B_1	顶板支模(1)	A_1	4
4	B_2	顶板支模(2)	A_2、B_1	4
5	C_1	外墙抹灰(1)	A_1	3
6	C_2	外墙抹灰(2)	A_2、C_1	3
7	D_1	电管铺设(1)	B_1	1

续表

序号	工作		紧前工作	工作持续时间(d)
	代号	工作内容		
8	D_2	电管铺设(2)	B_2、D_1	1
9	E_1	顶板钢筋(1)	B_1	2
10	E_2	顶板钢筋(2)	B_2、E_1	2
11	F_1	顶板浇混凝土(1)	D_1、E_1	1
12	F_2	顶板浇混凝土(2)	D_2、E_2、F_1	1
13	G_1	顶板混凝土养护(1)	F_1	3
14	G_2	顶板混凝土养护(2)	F_2	3
15	H_1	外墙抹灰干燥(1)	C_1	2
16	H_2	外墙抹灰干燥(2)	C_2	2
17	I_1	外墙涂沥青(1)	H_1	1
18	I_2	外墙涂沥青(2)	H_2、H_1	1
19	J_1	回填土(1)	I_1	3
20	J_2	回填土(2)	I_2、J_1	3

5.3.5 单代号搭接网络计划

1. 单代号搭接网络计划的特点和表达方法

(1) 搭接网络计划的特点

在建设工程工作实践中,搭接关系是大量存在的,要求控制进度的计划图形能够表达和处理好这种关系。然而传统的单代号和双代号网络计划却只能表示两项工作首尾相接的关系,即前一项工作结束,后一项工作立即开始,而不能表示搭接关系,遇到搭接关系,不得不将前一项工作进行分段处理,以符合前面工作不完成后面工作不能开始的要求,这就使得网络计划变得复杂起来,绘制、调整都不方便。针对这一重大问题和普遍需要,各国陆续出现了许多表示搭接关系的网络计划,我们统称为"搭接网络计划法",其共同特点是,当前一项工作没有结束的时候,后一项工作即可插入进行,将前后工作搭接起来。这就大大简化了网络计划,但也带来了计算工作的复杂化,应借助电子计算机进行计算。

(2) 搭接关系的种类及表达方式

搭接关系有两种,用以处理这两种搭接关系而设的时距有四种,见图 5-46。

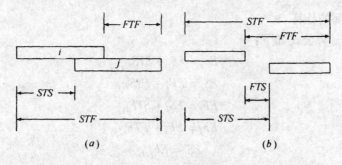

图 5-46 搭接关系

1) STS(开始到开始)关系,其单代号搭接网络关系表达方式见图 5-47(a)。

2) STF(开始到结束)关系,其单代号搭接网络关系表达方式见图 5-47(b)。

3) FTS(结束到开始)关系,其单代号搭接网络关系表达方式见图5-47(c)。

4) FTF(结束到结束)关系,其单代号搭接网络关系表达方式见图5-47(d)。

5) 混合关系,一般是同时用STS和FTF两种关系来表达,当然也可以是别的结合形式,见图5-47(e)。

在制定计划时究竟采用什么时距并确定其数值,要根据计划对象的具体情况决定。图5-48就是一个完整的单代号搭接网络计划。

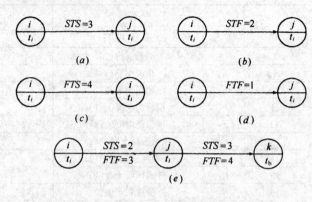

图5-47 单代号搭接网络各种搭接关系表达方式

2. 单代号搭接网络计划的计算

单代号搭接网络计划时间参数的计算与单代号网络计划时间参数的计算基本相同,现对图5-48进行计算,计算的结果如图5-49所示。

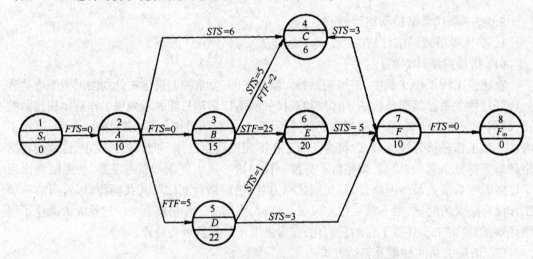

图5-48 单代号搭接网络计划(图中S_t与F_{in}是虚拟的)

(1) 最早时间的计算

最早时间的计算公式如下:

$$ES_j = ES_i + STS_{i,j} \tag{5-55}$$

$$ES_j = EF_i + FTS_{i,j} \tag{5-56}$$

$$EF_j = ES_i + STF_{i,j} \tag{5-57}$$

$$EF_j = EF_i + FTF_{i,j} \tag{5-58}$$

$$ES_j = EF_{j,i} \tag{5-59}$$

$$EF_j = ES_j + D_j \tag{5-60}$$

根据已知的时距关系选择上述公式就可以自始至终把最早时间计算出来。

1)
$$ES_A = 0$$
$$EF_A = 0 + 10 = 10$$

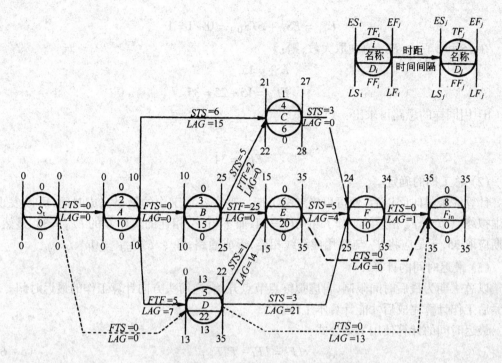

图 5-49　图 5-48 的搭接网络计划计算结果

2) 套用公式(5-56)得：
$$ES_B = EF_A + FTS_{A,B} = 10 + 0 = 10$$
$$EF_B = 10 + 15 = 25$$

3) 套用公式(5-55),(5-58)和(5-60)得：
$$ES_C = ES_A + STS_{A,C} = 0 + 6 = 6$$
$$ES_C = ES_B + STS_{B,C} = 10 + 5 = 15$$
$$ES_C = EF_B + FTF_{B,C} - D_C = 25 + 2 - 6 = 21$$

在以上三数中取大数,则：
$$ES_C = 21$$
$$EF_C = 21 + 6 = 27$$

4) 套用公式(5-58)得：
$$EF_D = EF_A + FTF_{A,D} = 10 + 5 = 15$$
$$ES_D = 15 - 22 = -7$$

最早开始时间为负值显然是不合理的,于是要将 D 与虚拟起点节点 S_t 用虚箭线相连,并令 $FTS_{S_t,D} = 0$,则：
$$ES_D = 0$$
$$EF_D = 0 + 22 = 22$$

5) 套用公式(5-57)与公式(5-55)得：
$$EF_E = ES_B + STF_{B,E} = 10 + 25 = 35$$
$$ES_E = 35 - 20 = 15$$

$$ES_E = ES_D + STS_{D,E} = 0 + 1 = 1$$

在 15 和 1 两个 ES_E 值中取大数,则:

$$ES_E = 15$$
$$EF_E = 15 + 25 = 35$$

6) 用同样的思路可求出:

$$ES_F = 24$$
$$EF_F = 34$$

(2) 总工期的确定

计算完最早时间以后,便可以确定总工期。观察各项工作的最早完成时间,可以发现,与虚拟终点节点 F_{in} 相连的工作 F 的 $EF_F = 34$,而不与 F_{in} 相连的工作 E 的 $EF_E = 35$,显然总工期应取 35,于是应将 F_{in} 与 E 用虚箭线相连,形成通路,并令 $FTS_{E,F_{in}} = 0$。

(3) 最迟时间的计算

以总工期为最后时间限制,自虚拟终点节点开始,逆箭头方向计算工作的最迟时间。有当紧后工作计算完成后才能计算本工作。

最迟时间的计算使用下列公式:

$$LF_i = LF_j - FTF_{i,j} \tag{5-61}$$
$$LF_i = LS_j - FTS_{i,j} \tag{5-62}$$
$$LS_i = LS_j - STS_{i,j} \tag{5-63}$$
$$LS_i = LF_j - STF_{i,j} \tag{5-64}$$
$$LS_i = LF_i - D_i \tag{5-65}$$
$$LF_i = LS_i + D_i \tag{5-66}$$

1) 与虚拟终点相连的工作的最迟结束时间就是总工期值,故

$$LF_F = 35 \quad LS_F = 35 - 10 = 25$$
$$LF_E = 35 \quad LS_E = 35 - 20 = 15$$

2) 其他各节点的最迟时间:

$$LS_D = LS_E - STS_{D,E} = 15 - 1 = 14$$
$$LF_D = 14 + 22 = 36$$
$$LS_D = LS_G - STS_{D,G} = 25 - 3 = 22$$
$$LF_D = 22 + 22 = 44$$

以上两个 D 的最迟结束时间都大于总工期,显然是不合理的,故 LF_D 应取总工期的值:

$$LF_D = 35$$
$$LS_D = 35 - 22 = 13$$

然后将节点 D 与终点节点 E 用虚箭线相连,并使 $FTS_{D,F_{in}} = 0$

$$LS_C = LS_G - STS_{C,G} = 25 - 3 = 22$$
$$LF_C = 22 + 6 = 28$$
$$LS_B = 10$$
$$LF_B = 10 + 15 = 25$$

$$LS_A = 0$$
$$LF_A = 0 + 10 = 10$$

(4) 求间隔时间 $LAG_{i,j}$

计算 $LAG_{i,j}$ 的公式如下：

$$LAG_{i,j} = \min \begin{Bmatrix} ES_j - EF_i - FTS_{i,j} \\ ES_j - ES_i - STS_{i,j} \\ EF_j - EF_i - FTF_{i,j} \\ EF_j - ES_i - STF_{i,j} \end{Bmatrix} \qquad (5-67)$$

故： $LAG_{C,F} = 24 - 21 - 3 = 0$

F、E 之间是 STS 关系，故：

$$LAG_{F,E} = 24 - 15 - 5 = 4$$
$$LAG_{D,F_{in}} = 35 - 22 = 13$$
$$LAG_{B,C} = \min \begin{Bmatrix} ES_C - ES_B - STS_{B,C} = 21 - 10 - 5 = 6 \\ EF_C - EF_B - FTF_{B,C} = 27 - 25 - 2 = 0 \end{Bmatrix}$$
$$LAG_{B,C} = 0$$

余可类推，算后标于图 5-49 上。

(5) 计算工作时差

1) 工作总时差就是其最迟开始时间与最早开始时间之差，或最迟结束时间与最早结束时间之差。

2) 工作自由时差。如果一项工作只有一项紧后工作，则该工作与紧后工作之间的 LAG_{i-j} 就是它的自由时差值；如果一项工作有两个以上紧后工作，则该工作的自由时差值是其与紧后工作之间的 $LAG_{i,j}$ 的最小值，如 D 之后有三个 $LAG_{i,j}$ 则：

$$FF_D = \min \begin{Bmatrix} LAG_{D,F} = 14 \\ LAG_{D,G} = 21 \\ LAG_{D,E} = 13 \end{Bmatrix} = 13$$

3. 单代号搭接网络计划关键线路的判别

单代号搭接网络计划的关键线路是自起点节点到终点节点总时差为 0 的节点及其间的 LAG 为 O 的线路连接起来形成的通路。图 5-49 的关键线路是：S_t—A—B—E—F_{in}。

5.4 工程项目进度控制方法

5.4.1 工程项目进度控制措施

1. 工程项目进度控制的组织措施

(1) 健全工程项目组织体系的管理措施

项目组中应充分考虑进度控制的需要，设立进度控制部门或进度控制人员。该部门或人员应与企业、子项目团队、各职能部门(或人员)保持紧密的沟通关系，以便形成进度控制组织体系，进行有效的进度控制。

(2) 在建立项目管理组织设计的任务分工表和管理职能分工表中,标示并落实进度控制的各环节责任,包括:进度目标的分析和论证,编制进度计划,定期跟踪进度计划的执行情况,采取纠偏措施,调整进度计划。

(3) 编制项目进度控制的工作流程,如各类进度计划的编制程序,审批程序,调整程序。

(4) 进行有关进度控制会议的组织设计,包括:会议的类型、各类会议的主持人及参加单位和人员、各类会议的召开时间、各类会议文件的整理、分发和确认等。目的是充分发挥会议的组织协调作用。

2. 工程项目进度控制的管理措施

(1) 在理顺组织的前提下,采取严谨的管理措施,包括:管理思想、管理方法、管理手段、承发包模式、合同管理和风险管理。

(2) 克服以下进度控制的管理观念问题,包括:缺乏进度计划系统的观点,使编制的计划不能相互联系;缺乏动态控制的观念,只重视编制,不重视及时的动态调整;缺乏进度计划多方案比较和优选的观念等。

(3) 科学地编制工程网络进度计划。必须严谨地分析工作之间的逻辑关系,发现关键工作和关键线路,知识非关键工作可使用的时差,实现进度控制的科学化。

(4) 选择合理的承发包模式以便利于工程实施的组织协调。选择合理的合同结构,避免过多的合同交界面而影响工程的进展。通过比较分析选择工程物资的采购模式。

(5) 注意分析影响进度目标实现的风险,在分析的基础上采取风险管理措施以减少进度失控的风险量。影响工程进度的风险有:组织风险、管理风险、合同风险、资源风险和技术风险等。

(6) 重视信息技术在进度控制中的应用。信息技术的应用有利于提高进度信息处理的效率,有利于提高进度信息的透明度,有利于促进进度信息的交流和项目参与各参与方的协同工作。

3. 工程项目进度控制的经济措施

进度控制的经济措施涉及资金需求计划、资金供应的条件和经济激励措施等。

(1) 编制与进度计划相适应的资源需求计划,即资源进度计划,包括资金需求计划和其他资源(人力和物力资源)需求计划,以反映工程实施的各时段所需的资源。通过资源需求分析,发现进度计划实现的可能性,为是否调整进度计划提供信息。

(2) 落实资源供应条件,包括:可能的资金供应总量、资金来源和资金供应时间。

(3) 在工程预算中考虑加快工程进度所需的资金,其中包括经济激励措施费。

4. 工程项目进度控制的技术措施

工程项目进度控制的技术措施涉及对进度目标有利的设计技术和施工技术的选用。

(1) 设计技术。在设计工作的前期,特别是在设计方案评审和选用时,应对设计技术与工程进度的关系作分析比较;在工程进度受阻时,应分析是否有设计技术的影响,分析是否需要进行设计变更。

(2) 施工技术。在施工方案决策选用时,应分析技术的先进性和经济合理性,考虑其对进度的影响;在工程进度受阻时,分析是否存在施工技术的影响因素,分析有无改变施工方案内容的可能性。

5.4.2 工程项目总进度目标的论证

1. 工程项目总进度目标论证的工作内容

(1) 工程项目总进度目标的概念其论证的重要性

工程项目的总进度目标指整个项目的进度目标,它是在决策阶段定义的。总进度目标控制是业主方在项目实施阶段项目管理的主要任务。如果采用总承包模式,协助业主方进行总进度目标控制也是总承包方项目管理的任务。

在进行工程项目总进度目标控制前,首先应分析和论证目标实现的可能性。如果项目总进度目标不可能实现,项目管理者应提出调整项目总进度目标的建议,提请项目决策者审议。

(2) 项目实施阶段总进度目标的内容
1) 设计前准备阶段的工作进度。
2) 设计工作进度。
3) 招标工作进度。
4) 施工前准备工作进度。
5) 工程施工和设备安装进度。
6) 工程物资采购工作进度。
7) 项目动用前的准备工作进度。

(3) 总进度目标论证要点
1) 分析和论证上述各项工作的进度及其相互关系。
2) 总进度目标论证涉及总进度规划的编制工作、工程实施条件的分析、工程实施策划等。
3) 大型工程项目总进度目标论证:

其核心工作是通过编制总进度纲要论证总进度目标实现的可能性。总进度纲要的主要内容包括:项目实施的总体部署;总进度规划;各子系统进度规划;确定里程碑事件的计划进度目标;总进度目标实现的条件和应采取的措施等。

2. 建设项目总进度目标论证的工作步骤

(1) 调查研究和收集资料
1) 了解和收集项目决策阶段有关项目进度目标确定的情况和资料。
2) 收集与进度有关的该项目组织、管理、经济和技术资料。
3) 收集类似项目的进度资料。
4) 了解和调查该项目的总体部署。
5) 了解和调查该项目实施的主客观条件。

(2) 项目结构分析

大型工程项目的结构分析是根据编制总进度纲要的需要,将整个项目进度进行逐层分解,并确立相应的工作目录,如一级工作任务目录:即将整个项目划分成若干子系统;二级工作任务目录,即将一个子系统分解为若干个子项目;三级工作任务目录,即将每一个子项目分解为若干个工作项。整个项目划分为多少结构层,可根据项目的规模和特点确定。

(3) 项目的工作编码

指每一个工作项编码如图 5-50 所示。编码时应考虑下述因素:
1) 对不同计划层的标识。

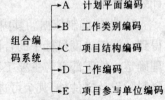

图 5-50 工作项编码示例

2) 对不同计划对象的标识(如不同子项目)。
3) 对不同工作的标识(如设计工作、招标工作和施工工作)。

5.4.3 施工项目进度控制计划的编制

1. 施工总进度计划的编制

(1) 编制依据

施工总进度计划的编制依据有:施工合同、施工进度目标、工期定额、有关技术经济资料、施工部署与主要工程施工方案。

1) 施工合同中的施工组织设计、合同工期、分期分批开工日期和竣工日期,关于工期的延误、调整、加快等的约定,均是编制施工总进度计划的依据。

2) 施工进度目标。除合同约定的施工进度目标外,企业领导可能有自己的施工进度目标(一般是比合同目标更短、以求保险的进度目标),用以指导施工进度计划的编制。

3) 工期定额中规定的工期,是施工项目的最大工期限额,也是发包人和承包人签订合同的依据。在编制施工总进度计划时应以此为最大工期标准,力争缩短而绝对不能超限。

4) 有关技术经济资料主要是指可供参考的施工档案资料、地质资料、环境资料、统计资料等。

5) 施工部署与主要工程施工方案是指施工组织总设计中的内容。编制施工总进度计划应在施工部署与主要工程施工方案确定以后进行。

(2) 施工总进度计划的内容

施工总进度计划的内容包括:编制说明,施工总进度计划表,分期分批施工工程的开工日期、完工日期及工期一览表,资源需要量及供应平衡表等。

其中关键是"施工总进度计划表"。"分期分批施工的开工日期、完工日期及工期一览表"是在"施工总进度计划表"的基础上整理出来的,可以一目了然地判断其合理性,并可作为投标竞争的条件。"资源需要量及供应平衡表"是支持性计划,是在确定了"施工总进度计划表"以后,为保证其实现而安排的,包括劳动力、材料、构件、商品混凝土、机械设备等。其中关键是需要量。"供应量"应满足"需要量"的要求。有时,供应确有困难,则可在条件许可的情况下,调整施工总进度计划,以求供需平衡。

(3) 编制施工总进度计划的步骤

编制施工总进度计划的步骤是:收集编制依据→确定进度控制目标→计算工程量→确定各单位工程的施工期限和开、竣工日期→安排各单位工程的搭接关系→编写施工总进度计划说明书。

1) 收集编制依据。其内容前文已经说过。收集的方法是:施工合同和工期定额都不难得到。施工进度目标中的合同工期可从合同中得到;指令工期由企业法定代表人或项目经理确定。施工部署与主要工程施工方案可从施工项目管理实施规划中得到。有关技术经济资料除设计文件外,其余可进行调研、现场勘察及从档案资料中得到。

2) 确定进度控制目标。一般说来,合同工期不应是施工总进度计划的工期目标,指令工期也不一定肯定是计划的工期目标。应在充分研究经营策略的前提下,确定一个既能有把握实现合同工期,又可实现指令工期,比这两种工期更积极可靠(更短)的工期作为编制施工总进度计划,从而确定作为进度控制目标的工期。

3) 计算工程量。施工总进度计划的工程量一般综合性较大。大到按幢号建筑面积(m^3),小到按分部工程确定工程量(如结构吊装的立方米数)。因此,既可利用工程量清单(招标文件中的),又可利用施工图预算或报价表中的工程量,也可以由编制计划者自算。

4) 确定各单位工程的施工期限和开、竣工日期。这项内容在投标书中已经具备,编制施工总进度计划时可套用,又可加以调整(调短施工期限),由施工总进度计划编制人员酌定,但要与"施工总进度计划表"一致。

5) 安排各单位工程的搭接关系。各单位工程的搭接关系以组织关系为主,主要是考虑资源平衡的需要。也有少量工艺关系,如设备安装工程与土建工程之间的关系等。在安排搭接关系时必须认真考虑这两种关系的合理性。

6) 编写施工进度计划说明书。该说明书应包含以下内容:本施工总进度计划安排的总工期;该总工期与合同工期和指令工期的比较,得出工期提前率;各单位工程的工期、开工日期、竣工日期与合同约定的比较及分析;高峰人数、平均人数及劳动力不均衡系数;本施工总进度计划的优点和存在的问题;执行本计划的重点和措施;有关责任的分配;其他。

2. 单位工程施工进度计划的编制

对于大的施工项目,单位工程施工进度计划必然与施工总进度计划有关,小施工项目的单位工程施工进度计划则可能是无关的。有时单位工程施工进度计划的编制对象是单体工程或单项工程。以下所说单位工程施工进度计划的编制和应用原理适用于上述三类对象。

(1) 单位工程施工进度计划的编制依据

单位工程施工进度计划宜依据下列资料编制:项目管理目标责任书,施工总进度计划,施工方案,主要材料和设备的供应能力,施工人员的技术素质及劳动效率,施工现场条件、气候条件、环境条件,已建成的同类工程的实际进度及经济指标。现择要分述如下:

1) 项目管理目标责任书。项目管理目标责任书中有 6 项内容,均与单位工程施工进度计划有关,但最主要的还是其中"应达到的项目进度目标"。这个目标既不是合同目标,又不是定额工期,而是项目管理的责任目标,不但有工期,而且有开工时间和竣工时间,还有主要的搭接关系、里程碑事件等。总之,凡是项目管理目标责任书中对进度的要求,均是编制单位工程施工进度计划的依据。

2) 施工总进度计划。当单位工程是建设项目中的子项目或是群体工程中的一个单体,已经编制了施工总进度计划时,它便是单位工程施工进度计划的编制依据。单位工程施工进度计划应执行施工总进度计划中的开、竣工时间,工期安排,搭接关系以及其说明书。如果需要调整,应征得施工总进度计划审批者(一般是企业经理或技术主管)的同意,且不能打乱原计划的部署。

3) 施工方案。这是施工项目管理实施规划中先于施工进度计划已确定的内容。施工方案中所包含的内容都对施工进度计划有约束作用。其中的施工顺序,亦是施工进度计划的施工顺序,施工方法直接影响施工进度。机械设备的选择,既影响所涉及项目的持续时间,又影响总工期,对施工顺序亦有制约。至于施工段划分则涉及流水施工和施工进度计划的结构。

4) 主要材料和设备的供应能力。施工进度计划编制的过程中,必须考虑主要材料和机械设备的供应能力。主要看其是否能满足需求量要求。因此就产生了进度需要与供应能力的反复平衡问题,一旦进度确定,则供应能力必须满足进度的需要,而不是相反。

5)施工人员的技术素质及劳动效率。编制施工进度计划的目的是确定施工速度。施工项目的活动以人工为主、机械为辅,施工人员的技术素质高低,影响着速度和质量,技术素质必须满足规定要求,不能以"壮工"代"技工",应按劳务分包企业的标准对劳动力进行衡量与检查。作业人员的劳动效率以历史情况为依据,不能过于乐观或过于保守,应考虑平均先进水平。

6)施工现场条件,气候条件,环境条件。这三种条件靠调查研究,如果是施工组织总设计已经编制,可继续使用它的依据,否则要从新调查。这个调查是为了满足实施的需要,故要细致。施工现场条件要认真踏勘,气候条件既要看历史资料,又要掌握预报情况。环境条件也要靠踏勘,如果是供应环境和其他支持性环境,则要通过市场调查掌握资料。

7)已建成的同类工程实际进度及经济指标。这项依据既可参照、模仿,又可用来分析在编的施工进度计划的水平。一个企业应大量积累这类资料,它的用途很广泛。

(2)单位工程施工进度计划的内容

单位工程施工进度计划包括以下内容:编制说明、进度计划图,单位工程施工进度计划的风险分析及控制措施。

1)编制说明。其基本内容与施工总进度计划的编制说明类似,主要是总工期、劳动力不均衡系数、存在的问题、执行重点与措施、职责分工等。

2)进度计划图。为了便于执行中使用有关信息,应在横道图计划分部分项工程名称后面及进度线中间加进工程量、人工或机械量、持续时间;或在网络计划图之外列出下列内容的表式;分项工程名称、工程量、劳动量、起止时间、持续时间等。

3)单位工程施工进度计划的风险分析及控制措施。该项内容是在施工项目管理实施规划进行风险管理规划的基础上,针对本单位工程的实际情况编写的,可以是节录,也可以在其基础上细化。主要是分析在进度方面可能遇到哪些风险,它对进度的影响程度,应对措施有哪些等。根据经验分析,施工项目进度控制遇到的风险主要有以下一些:工程变更,工程量增减,材料等物资供应不及时,劳动力供应不及时,机械供应不及时,效率不达标,自然条件干扰,拖欠工程款,分包影响等。控制措施可以从技术、组织、经济、合同4个方面进行设计,但要抓住重点。如拖欠工程款问题,应有有效的解决办法,尽量做到不因资金短缺而停工。

(3)关于分包单位的进度计划问题

分包单位施工的内容,在总包单位的施工进度计划中应一并考虑,以便进行进度控制。编制时应与分包单位协商、平衡,以便协作配合。在总包的施工进度计划确定后,分包单位应抓紧编制详细的分包工程施工进度计划,以保证总包计划的完成。

3.施工进度控制计划的支持性计划

劳动力、主要材料、预制件、半成品及机械设备需要量计划、资金收支预测计划,应根据施工进度计划编制。这些计划可以统称为施工进度计划的支持性计划,即以资源支持施工。换句话说,资源需要量计划是保证施工进度计划实现的支持性计划。施工进度计划的确定在先,资源需要量计划编制在后。

(1)劳动力需用量计划

可按表5-7进行编制,并按单位工程进行汇总。

××工程劳动量需用量计划　　　　　表5-7

分项工程名称	单位	工程量	用工量(工日/人数)					
			瓦工	木工	钢筋工	油漆工	抹灰工	

(2) 材料需用量计划

可按表5-8进行编制,亦可按单位工程综合编制。

××工程材料需用量表　　　　　表5-8

分项工程名称	工程量	砖(块)	钢材(kg)		水泥(kg)		木材(m³)		
		MU10	φ6	φ25	普通42.5	矿渣42.5R	5mm板	方材	
合 计									

预制件、半成品需用量计划可参照表5-8编制,亦可按单位工程汇总编制。

(3) 机械设备需用量计划

可按表5-9以单位工程综合编制。

××工程机械设备需用量计划　　　　　表5-9

机械设备名称	型号	需用台班	需用台数	需用部位	需用时段

(4) 资金收支预测计划

资金收支预测计划可先按图5-51绘制资金收支预测图,然后按表5-10列出一览表。

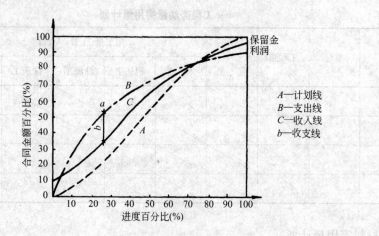

图 5-51 施工项目资金收支对比图

××工程资金收支预测表　（单位：万元）　　　表5-10

年　　月	收　　入	支　　出	差　　额	措　　施
总　　计				

5.4.4 施工项目进度计划的实施

1. 施工进度计划的实施计划

项目的施工进度计划应通过编制年、季、月、旬、周施工进度计划实现。年、季、月、旬、周施工进度计划应逐级落实，最终通过施工任务书由班组实施周施工进度计划和施工任务书。

(1) 年(季)施工进度计划

大型施工项目的施工，工期往往几年。这就需要编制年(季)度施工进度计划，以实现施工总进度计划，该计划可采用表5-11的表式进行编制。

××项目年(季)度施工进度计划表　　　表5-11

单位工程 (分部工程)名称	工程量	总产值(万元)	开工日期	计划完工日期	本年(季) 完成数量	本年(季) 形象进度

(2) 月(旬、周)施工进度计划

对于单位工程来说，月(旬、周)计划有指导作业的作用，因此要具体编制成作业计划，应在单位工程施工进度计划的基础上卡段细化编制。表式可参考表5-12，施工进度每格代表的天数根据月、旬、周分别确定。旬、周计划不必全编，可任选一种。

××工程____月(旬、周)施工进度计划表　　　　　　表 5-12

分项工程名称	工 程 量		本月完成工程量	需要人数(机械数)	施 工 进 度					
	单位	数量								

(3) 施工任务书

施工任务书是向作业班组下达施工任务的一种工具。它是计划管理和施工管理的重要基础依据，也是向班组进行质量、安全、技术、节约等交底的好形式，可作为原始记录文件供业务核算使用。随施工任务书下达的限额领料单是进行材料管理和核算的良好手段。

施工任务书的表达形式见表 5-13 所示。任务书的背面是考勤表，见表 5-14，随任务书下达的限额领料单见表 5-15。

施 工 任 务 书　　　　　　表 5-13

	开工	竣工	天数
计划			
实际			

第____施工队____组　　任务书编号_____

工地名称_____　单位工程名称_____　　签发日期__年__月__日

定额编号	工程部位及项目	计量单位	计 划			实 际			安全、质量、技术、节约措施及要求
			工程量	时间定额	每工产量	定额工日	工程量	定额工日	实际用工	
										验收意见
										生产效率: 定额用工 工日 / 实际用工 工日 / 工效 %
合计										

工长_____　　　定额员_____　　　班组长_____

施工任务书考勤表　　　　　　表 5-14

工程部位及项目	合计用工	工种	实 际 用 工																													
			1	2	3	4	5	6	7	8	9	10	11	12	13	14	15	16	17	18	19	20	21	22	23	24	25	26	27	28	29	30	31
		技工																															
		壮工																															
		技工																															
		壮工																															

续表

工程部位及项目	合计用工	实际用工																														
		工种	1	2	3	4	5	6	7	8	9	10	11	12	13	14	15	16	17	18	19	20	21	22	23	24	25	26	27	28	29	30	31
		技工																																
		壮工																																
		技工																																
		壮工																																
		技工																																
		壮工																																
		技工																																
		壮工																																
		技工																																
		壮工																																
合计		技工																																
		壮工																																
班组记录																																	

限额领料单　　　　　　　　　　　　　　　　表 5－15

材料名称	规格	计量单位	单位用量	限额用量		领料记录						退数数量	执行情况		
				按计划工程量	按实际工程量	第一次		第二次		第三次			实际耗用量	节约或浪费(＋,－)	其中:返工损失
						日/月	数量	日/月	数量	日/月	数量				

发料人_____　　　领料人_____

施工任务书一般由施工员根据计划要求、工程数量、定额标准、工艺标准、技术要求、质量标准、节约措施、安全措施等为依据进行编制。在编制时涉及定额以外的项目和用工,由工长、定额员及工人班组长进行"三结合"估工,编制完成以后,由工长和定额员签发。

任务书下达给班组时,由工长进行交底。交底内容为:交任务、交操作规程、交施工方法、交质量、交安全、交定额、交节约措施、交材料使用、交施工计划、交奖罚要求等,做到任务明确,报酬预知,责任到人。

施工班组接到任务书后,应做好分工,安排完成,执行中要保质量,保进度,保安全,保节约,保工效提高。任务完成后,班组自检,在确认已经完成后,向工长报请验收。工长验收时查数量、查质量、查安全、查用工、查节约,然后回收任务书,交作业队登记结算。结算内容有工程量、工期、用工、效率、耗料、报酬、成本。还要进行数量、质量、安全和节约统计,然后存档。

2. 施工进度计划实施的调度、记录和检查

(1) 调度

在施工进度计划的实施过程中,应跟踪计划的实施进行监督,当发现进度计划执行受到干扰时,应采取调度措施。

调度工作主要对进度控制起协调作用。协调配合关系,排除施工中出现的各种矛盾,克服薄弱环节,实现动态平衡。调度工作的内容包括:检查作业计划执行中的问题,找出原因,并采取措施解决;督促供应单位按进度要求供应资源;控制施工现场临时设施的使用;按计划进行作业条件准备;传达决策人员的决策意图;发布调度令等。要求调度工作做得及时、灵活、准确、果断。

(2) 施工进度记录与检查

在施工进度计划实施的过程中,应在计划图上进行实际进度记录,并跟踪记载每个施工过程的开始日期、完成日期、记录每日完成数量、施工现场发生的情况、干扰因素的排除情况。记录的成果可作为检查、分析、调整、总结进度控制情况的原始资料。

施工进度的检查与进度计划的执行是融会在一起的,施工进度的检查应与施工进度记录结合进行。计划检查是计划执行信息的主要来源,是施工进度调整和分析的依据,是进度控制的关键步骤。

进度计划的检查方法主要是对比法,即实际进度与计划进度进行对比,从而发现偏差,以便调整或修改计划。最好是在图上对比。故计划图形的不同便产生了多种检查方法。

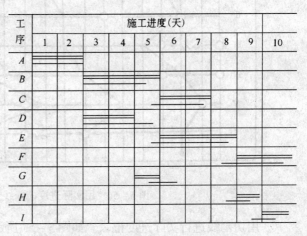

图 5-52 利用横道计划记录施工进度

1) 用横道计划检查:在图 5-52 中,双线表示计划进度,在计划图上记录的单线表示实际进度。图中显示,由于工序 K 提前 0.5 天完成,使整个计划提前完成了 0.5 天。

2) 利用网络计划检查:

① 记录实际作业时间。例如某项工作计划为 8 天,实际进度为 7 天,如图 5-53 所示,将实际进度记录于括弧中,显示进度提前 1 天。

② 记录工作的开始日期和结束日期。例如图 5-54 所示为某项工作计划为 8 天,实际进度为 7 天,如图中标法记录,亦表示实际进度提前 1 天。

③ 标注已完工作。可以在网络图上用特殊的符号、颜色记录其已完成部分,如图 5-55 所示,阴影部分为已完成部分。

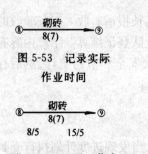

图 5-53 记录实际作业时间

图 5-54 记录工作实际开始和结束日期

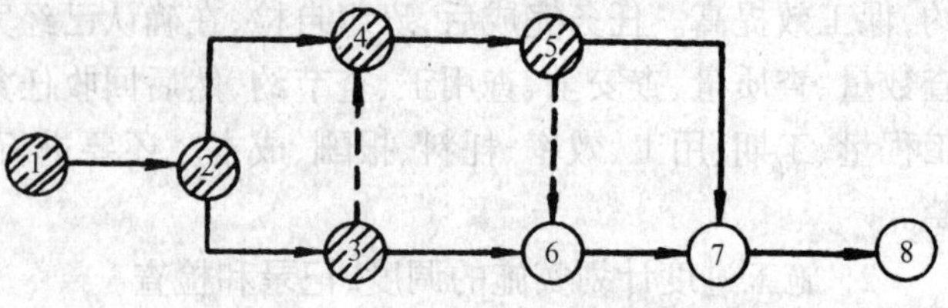

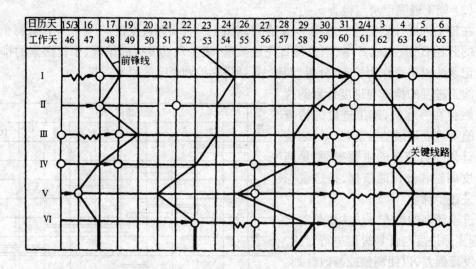

图 5-55 已完工作的记录

④ 当采用时标网络计划时,可以用"实际进度前锋线"记录实际进度,如图 5-56 所示。图中的折线是实际进度前锋的连线,在记录日期右方的点,表示提前完成进度计划,在记录日期左方的点,表示进度拖期。进度前锋点的确定可采用比例法。这种方法形象、直观,便于采取措施。

图 5-56 用实际进度前锋线记录实际进度

⑤ 用切割线进行实际进度记录。如图 5-57 所示,点划线称为"切割线"。在第 10 天进行记录时,D 工作尚需 1 天(方括号内的数)才能完成,G 工作尚需 8 天才能完成,L 工作尚需 2 天才能完成。这种检查方法可利用表 5-16 进行分析。经过计算,判断进度进行情况是 D、L 工作正常,G 拖期 1 天。由于 G 工作是关键工作,所以它的拖期很有可能影响整个计划导致拖期,故应调整计划,追回损失的时间。

网络计划进行到第 10 天的检查结果 表 5-16

工作编号	工作代号	检查时尚需时间	到计划最迟完成前尚有时间	原有总时差	尚有时差	情况判断
2-3	D	1	13-10=3	2	3-1=2	正常
4-8	G	8	17-10=7	0	7-8=-1	拖期1天
6-7	L	2	15-10=5	3	5-2=3	正常

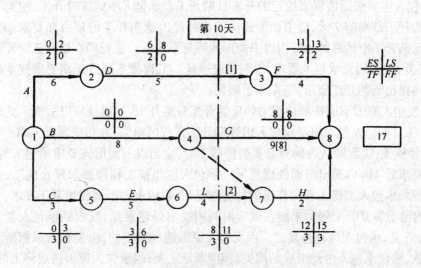

图 5-57 用切割线记录实际进度

注：[ ]内数字是第 10 天检查工作尚需时间

3）利用"香蕉"曲线进行检查。

图 5-58 是根据计划绘制的累计完成数量与时间对应关系的轨迹。A 线是按最早时间绘制的计划曲线，B 线是按最迟时间绘制的计划曲线，P 线是实际进度记录线。由于一项工程开始、中间和结束时曲线的斜率不相同，总的呈"S"形，故称"S"形曲线。又由于 A 线与 B 线构成香蕉状，故有的称为"香蕉"曲线。

检查方法是：当计划进行到时间 t_1 时，实际完成数量记录在 M 点。这个进度比最早时间计划曲线 A 的要求少完成 $\Delta C_1 = OC_1 - OC$；比最迟时间计划曲线 B 的要求多完成 $\Delta C_2 = OC - OC_2$。由于它的进度比最迟时间要求提前，故不会影响总工期，只要控制得好，有可能提前 $\Delta t_1 = Ot_1 - Ot_3$ 完成全部计划。同理可分析 t_2 时间的进度状况。

3. 实施施工进度计划的几个具体问题

（1）在施工进度计划实施的过程中，应"执行施工合同中对进度、开工及

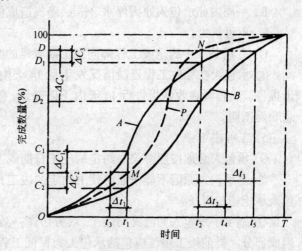

图 5-58 "香蕉"曲线图

延期开工、暂停施工、工期延误、工程竣工的承诺。"施工合同中的这些规定如下：

1）承包人必须按工程师确认的进度计划组织施工，接受工程师对进度的检查、监督。工程实际进度与经确认的进度计划不符时，承包人应按工程师的要求提出改进措施，经工程师确认后执行。因承包人的原因导致实际进度与进度计划不符，承包人无权就改进措施提出追加合同价款。

2）开工及延期开工：

① 承包人应当按照协议书约定的开工日期开工。承包人不能按时开工,应当不迟于协议书约定的开工日期前 7 天,以书面形式向工程师提出延期开工的理由和要求。工程师应当在接到延期开工申请后的 48h 内以书面形式答复承包人。工程师在接到延期开工申请后 48h 内不答复,视为同意承包人要求,工期相应顺延。工程师不同意延期要求或承包人未在规定时间内提出延期开工要求,工期不予顺延。

② 因发包人原因不能按照协议书约定的开工日期开工,工程师应以书面形式通知承包人,推迟开工日期。发包人赔偿承包人因延期开工造成的损失,并相应顺延工期。

3) 暂停施工:工程师认为确有必要暂停施工时,应当以书面形式要求承包人暂停施工,并在提出要求后 48h 内提出书面处理意见。承包人应当按工程师要求停止施工,并妥善保护已完工程。承包人实施工程师作出的处理意见后,可以书面形式提出复工要求,工程师应当在 48h 内给予答复。工程师未能在规定时间内提出处理意见,或收到承包人复工要求后 48h 内未予答复,承包人可自行复工。因发包人原因造成停工的,由发包人承担所发生的追加合同价款,赔偿承包人由此造成的损失,相应顺延工期;因承包人原因造成停工的,由承包人承担发生的费用,工期不予顺延。

4) 工期延误:

① 因以下原因造成工期延误,经工程师确认,工期相应顺延:

A. 发包人未能按专用条款的约定提供图纸及开工条件;

B. 发包人未能按约定日期支付工程预付款、进度款,致使施工不能正常进行;

C. 工程师未按合同约定提供所需指令、批准等,致使施工不能正常进行;

D. 设计变更和工程量增加;

E. 一周内非承包人原因停水、停电、停气造成停工累计超过 8h;

F. 不可抗力;

G. 专用条款中约定或工程师同意工期顺延的其他情况。

② 承包人在导致工程延误情况发生后 14 天内,就延误的工期以书面形式向工程师提出报告。工程师在收到报告后 14 天内予以确认,逾期不予确认也不提出修改意见,视为同意顺延工期。

5) 工程竣工:

① 承包人必须按照协议书约定的竣工日期或工程师同意顺延的工期竣工。

② 因承包人原因不能按照协议书约定的竣工日期或工程师同意顺延的工期竣工的,承包人承担违约责任。

③ 施工中发包人如需提前竣工,双方协商一致后应签订提前竣工协议,作为合同文件组成部分。提前竣工协议应包括承包人为保证工程质量和安全采取的措施、发包人为提前竣工提供的条件以及提前竣工所需的追加合同价款等内容。

(2) 在施工进度计划实施的过程中,应跟踪形象进度对工程量、总产值、耗用的人工、材料和机械台班等的数量进行统计分析,编制统计报表。以上统计内容应按企业制定的统计表格进行取量和填表,按规定上报。这是基础统计,应力求准确。

应当指出的是,工程计量在施工合同示范文本中有下列规定:

1) 承包人应按专用条款约定的时间,向工程师提交已完工程量的报告。工程师接到报告后 7 天内按设计图纸核实已完工程量(以下称计量),并在计量前 24h 通知承包人,承包人为计量提供便利条件并派人参加。承包人收到通知后不参加计量,计量结果有效,作为工程价款支付的依据。

2) 工程师收到承包人报告后 7 天内未进行计量,从第 8 天起,承包人报告中开列的工程量即视为被确认,作为工程价款支付的依据。工程师不按约定时间通知承包人,致使承包人未能参加计量,计量结果无效。

3) 对承包人超出设计图纸范围和因承包人原因造成返工的工程量,工程师不予计量。

(3) 在施工进度计划实施的过程中,应处理进度索赔。

进度索赔是索赔内容的一项。当合同一方因另外一方的原因导致工期拖延时,便应进行工期索赔。当发包人未能按合同规定提供施工条件,如未及时交付设计图纸、技术资料、场地、道路等,或非承包人原因发包人指令停止施工,或其他不可抗力因素作用等原因,造成工程中断,或工程进度放慢,使工期拖延,承包人均可提出索赔。由于发包人或监理工程师指令修改设计、增加或减少工程量、增加或删除部分工程、修改施工进度计划、变更施工顺序等造成的工期延长,可进行工期索赔。当出现不可预见的外部障碍时,如在施工期间即使有经验的承包人也很难预见到的地质条件与业主提供的预计资料不同,出现未预见到的地下水、岩石或淤泥等,导致工期拖延,可进行工期索赔。索赔分析基本思路如下:

干扰事件对工期的影响,即工期索赔值可通过原网络计划与可能状态的网络计划对比得到,而分析的重点是两种状态的关键线路。

分析的基本思路为:假设工程施工一直按原网络计划确定的施工顺序和工期进行,现发生了一个或一些干扰事件,使网络中的某个或某些活动受到干扰,如延长持续时间,或活动之间逻辑关系变化,或增加新的活动。将这些影响代入原网络中,重新进行网络分析,得到一新工期。则新工期与原工期之差即为干扰事件对总工期的影响,即为工期索赔值。通常,如果受干扰的活动在关键线路上,则该活动的持续时间的延长即为总工期的延长值。如果该活动在非关键线路上,受干扰后仍在非关键线路上,则这个干扰事件对工期无影响,故不能提出工期索赔。

这种考虑干扰后的网络计划又作为新的实施计划,如果有新的干扰事件发生,则在此基础上可进行新一轮分析,提出新的工期索赔。

这样在工程实施过程中进度计划是动态的,不断地被调整。而干扰事件引起的工期索赔也可以随之同步进行。

(4) 关于分包计划的实施

分包人应根据项目施工进度计划编制分包工程施工进度计划并组织实施。项目经理部应将分包工程施工进度计划纳入项目进度控制范畴,并协助分包人解决项目进度控制中的相关问题。

对这条规定的贯彻应注意以下问题:第一,分包人应编制分包工程施工进度计划并负责实施。该计划应根据总包人的项目施工进度计划进行编制,所以分包进度计划应保证总进度计划有关安排的实施。第二,项目经理部在进度控制时,负有控制分包进度的责任,故应将分包进度纳入项目进度控制范畴。第三,项目经理部应协助分包人解决项目进度控制中的相关问题,这就是"帮",以帮分包促进度控制成功。

(5) 关于进度控制报告

实施检查后,应向企业提供月度施工进度报告,月度施工进度报告应包括下列内容:进度执行情况的综合描述,实际施工进度图,工程变更、价格调整、索赔及工程款收支情况,进度偏差的状况和导致偏差的原因分析,解决问题的措施,计划调整意见。

施工进度报告,是项目执行过程中,把有关项目业务的现状和将来发展趋势,以最简练的书面报告形式提供给项目经理及各业务职能负责人。

1) 进度报告等级。进度报告根据其用途及送达对象可分成三个级别:A.项目概要级。它是以整个施工项目为对象描述进度计划执行情况的报告。可报给项目经理、企业经理(或业务部门)及建设单位。B.项目管理级。它是以单位工程或项目分区为对象描述进度计划执行情况的报告,可报给项目经理及企业业务部门。C.业务管理级。它是就某个重点部位或某项重点问题为对象编写的报告,供项目管理者及各业务部门使用,以便采取应急措施。

2) 进度报告种类。进度报告,以前面三级为基础,分成以下类别:A.以目的分类。包括日历进度趋向、进度、性能目标、关键条款、例外管理等报告。B.以阶段分类。如采购、施工、试运转等报告。C.以报告周期分类。隔日、月、旬、隔周、周等报告。D.以用途分类。管理用、分析用等报告。

3) 进度控制报告的内容:

① 目的。整理项目业务的现状及未来趋势,用图、表、图解对设计、采购、施工、试运转等阶段的时间(进度)、劳力、资金、材料等现状,将来的预测以及变更指令现状等进行简要说明。

② 报告对象。一般来说,这些报告多是以项目经理及项目经理部的职能部门为对象而编写的,一般每月报告一次,重要的、复杂的项目每旬一次。根据项目的要求有时也向业主(月、隔月)提供相同形式,但更简要的报告。

③ 编写人。这种报告原则上由计划负责人或进度管理负责人与其他项目管理人员(业务人员)协作编写。

④ 报告内容。包括 A.项目实施概况、管理概况、进度概要;B.设计图纸提供进度;C.材料、物资、构件供应进度;D.项目施工进度;E.劳务记录及预测;F.形象进度及概要说明;G.日历计划;H.变更指令现状,对建设单位、对承包者。

4. 施工进度计划调整

由于工程变更引起资源需求的数量变更和品种变化时,应及时调整资源供应计划。施工进度计划在实施中的调整必须依据施工进度计划检查结果进行。

施工进度计划调整应包括以下内容:施工内容、工程量、起止时间、持续时间、工作关系、资源供应。可以只调整上述六项中之一项,也可以同时调整多项,还可以将几项结合起来调整,例如将工期与资源、工期与成本、工期资源及成本结合起采调整,以求综合效益最佳。只要能达到预期目标,调整越少越好。

(1) 关键线路长度的调整。当关键线路的实际进度比计划进度提前时,首先要确定是否对原计划工期予以缩短。如果不拟缩短,可以利用这个机会降低资源强度或费用,方法是选择后续关键工作中资源占用量大的或直接费用高的予以适当延长,延长的长度不应超过已完成的关键工作提前的时间量;如果要使提前完成的关键线路的效果导致整个计划工期的缩短,则应将计划的未完成部分作为一个新计划,重新进行计算与调整,再按新的计划执行,并保证新的关键工作按新的计划时间完成。

当关键线路的实际进度比计划进度落后时,计划调整的任务是采取措施把失去的时间抢回来。于是应在未完成的关键线路中选择资源强度小的予以缩短,重新计算未完成部分的时间参数,按新参数执行。这样做有利于减少赶工费用。

(2) 非关键工作时差的调整。时差调整的目的是更充分地利用资源,降低成本,满足施工需要,时差调整幅度不得大于计划总时差值。每次调整均需进行时间参数计算,从而观察这次调整对计划全局的影响。调整的方法有三种:在总时差范围内移动工作的起止时间;延长非关键工作的持续时间;缩短非关键工作的持续时间;三种方法的前提均是降低资源强度。

(3) 增减工作项目。增减工作项目均不应打乱原网络计划总的逻辑关系。由于增减工作项目,只能改变局部的逻辑关系,此局部改变不影响总的逻辑关系。增加工作项目,只是对原遗漏或不具体的逻辑关系进行补充;减少工作项目,只是对提前完成了的工作项目或原不应设置而设置了的工作项目予以删除。只有这样才是真正调整而不是"重编"。增减工作项目之后重新计算时间参数,以分析此调整是否对原网络计划工期有影响,如有影响,应采取措施消除。

(4) 逻辑关系调整。逻辑关系改变的原因必须是施工方法或组织方法改变。但一般说来只能调整组织关系,而工艺关系不宜调整,以免打乱原计划。调整逻辑关系是以不影响原定计划工期和其他工作的顺序为前提的。调整的结果绝对不应形成对原计划的否定。

(5) 持续时间的调整。调整的原因应是原计划有误或实现条件不充分。调整的方法是重新估算。调整后应重新计算网络计划的时间参数,以观察对总工期的影响。

(6) 资源调整。资源调整应在资源供应发生异常时进行。所谓异常,即因供应满足不了需要(中断或强度降低),影响了计划工期的实现。资源调整的前提是保证工期或使工期适当。故应进行适当的工期—资源优化,从而使调整有好的效果。

调整施工进度计划应采用科学的调整方法,并应编制调整后的施工进度计划。

当网络计划进度拖期后,需要进行赶工,赶工的办法是在以后的关键工作中,缩短那些有压缩可能、且追加费用最低的关键工作。这就是调整施工进度的科学方法,现举例说明如下:

表5-17是某项目的工作关系、工作时间和成本数量表要求根据它绘制双代号网络计划,按正常时间进行计算,找出关键线路,求出每赶工一天增加的费用额,计算出压缩工期1天、2天和3天时,需增加的费用额。

逻辑关系与数据表 表5-17

工作	紧前工作	正常时间(天)	赶工时间(天)	正常成本(元)	赶工成本(元)	赶工一天增加费用(元)
A	—	4	3	1500	1900	
B	A	6	4	1000	1300	
C	A	8	6	1700	2000	
D	A	7	5	1200	1400	
E	B	4	3	500	600	
F	B、C、D	6	4	2000	2400	
G	D	6	4	1600	1800	
H	F、G	6	4	2400	3100	

首先,求出每赶工一天增加的费用,填入表 5-18 中的最后一列。所用公式为:

$$\Delta C_i = \frac{CC_{i-j} - CN_{i-j}}{DN_{i-j} - DC_{i-j}} \tag{5-68}$$

其次,绘制的双代号网络计划见图 5-59。

第三,经计算,该计划的正常工期为 24 天,其关键线路应为 1—2—5—6—7(即 A—C—F—H)。

按照压缩工期应"压缩那些有压缩可能、且追加费用最低的关键工作"的原则,压缩的结果见表 5-19。即首先压缩 C 工作 1 天,增加费用 150 元;其次压缩 C、D 工作各 1 天,增加费用 250 元;最后压缩 F、G 工作各 1 天,增加费用 300 元。以上共增加费用 700 元,工期缩短为 21 天。

表 5-17 的计算结果　　　　　　　　　　　　　　　　　　表 5-18

工作	紧前工作	正常时间(天) DN_{i-j}	赶工时间(天) DC_{i-j}	正常成本(元) CN_{i-j}	赶工成本(元) CC_{i-j}	赶工一天增加费用 (元)ΔC_{i-j}
A	—	4	3	1500	1900	400
B	A	6	4	1000	1300	150
C	A	8	6	1700	2000	150
D	A	7	5	1200	1400	100
E	B	4	3	500	600	100
F	B、C、D	6	4	2000	2400	200
G	D	6	4	1600	1800	100
H	F、G	6	4	2400	3100	350

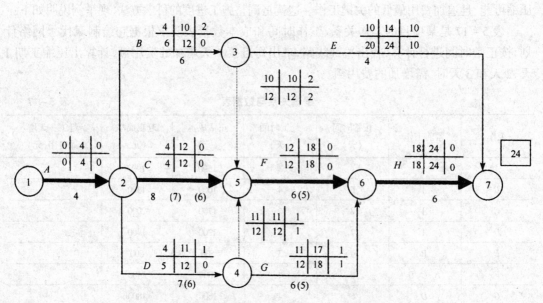

图 5-59　根据表 5-17 绘制的双代号网络计划图

压缩工作时间的结果　　　　　　　　表 5-19

压缩工作	压缩天数(天)	增加费用(元)	累计增加费用(元)	工期(天)
C	1	150	150	23
C D	1	150 100	400	22
F G	1	200 100	700	21

5.4.5 施工项目进度控制总结

在施工进度计划完成后,项目经理部应及时进行进度控制总结。现代管理十分重视总结分析,把它看做比其他管理阶段都更为重要的管理阶段,其原因是它对实现管理循环和进行信息反馈起着重要作用,符合管理中的封闭原理和信息反馈原理。总结分析是对进度控制积累资料的重要途径,是对进度控制进行评价的前提,是提高控制水平的阶梯。

1. 进度控制总结的依据

总结时应依据下列资料:施工进度计划,施工进度计划执行的实际记录,施工进度计划检查结果,施工进度计划的调整资料。以上资料都是在进度控制中产生的,只要注意积累,就不难得到。

2. 进度控制总结的内容

施工进度控制总结应包括下列内容:合同工期目标及计划工期目标完成情况,施工进度控制经验,施工进度控制中存在的问题及分析,科学的施工进度计划方法的应用情况,施工进度控制的改进意见。

(1) 目标完成情况

1) 时间目标完成情况。可以通过计算以下指标进行分析:

合同工期节约值 = 合同工期 - 实际工期

指令工期节约值 = 指令工期 - 实际工期

定额工期节约值 = 定额工期 - 实际工期

竞争性工期节约值 = 社会先进水平工期 - 实际工期

$$计划工期提前率 = \frac{计划工期 - 实际工期}{计划工期} \times 100\%$$

缩短工期的经济效益 = 缩短一天产生的经济效益 × 缩短工期天数

缩短工期的原因大致有以下几种:计划编制得积极可靠;执行认真,控制得力;协调及时有效;劳动效率高等。

2) 资源利用情况。所使用的指标有:

单方用工 = 总用工数/建筑面积

劳动力不均衡系数 = 最高日用工数/平均日用工数

节约工日数 = 计划用工工日 - 实际用工工日

主要材料节约量 = 计划材料用量 - 实际材料用量

主要机械台班节约量 = 计划主要机械台班数 - 实际主要机械台班数

$$主要大型机械费节约率 = \frac{各种大型机械计划费之和 - 实际费之和}{各种大型机械计划费之和} \times 100\%$$

资源节约大致原因有以下几种:计划积极可靠;资源优化效果好;按计划保证供应;认真

制定并实施了节约措施;协调及时得力。

3) 成本情况。主要指标有:
$$降低成本额 = 计划成本 - 实际成本$$
$$降低成本率 = \frac{降低成本额}{计划成本额} \times 100\%$$

节约成本的主要原因大致如下:计划积极可靠;成本优化效果好;认真制定并执行了节约成本措施;工期缩短;成本核算及成本分析工作效果好。

(2) 进度控制中问题的总结

这里所指的问题是:某些进度控制目标没有实现,或在计划执行中存在缺陷。在总结时,可以定量地计算,指标与前项相同;也可以定性地分析。对产生问题的原因也要从编制和执行计划中去找。问题要找够,原因要摆透,不能文过饰非。遗留的问题应反馈到下一控制循环解决。

进度控制中出现问题的种类大致有以下几种:工期拖后,资源浪费,成本浪费,计划变化太大等。控制中出现上述问题的原因大致是:计划本身的原因、资源供应和使用中的原因、协调方面的原因、环境方面的原因等。

(3) 进度控制中经验的总结

经验是指对成绩及其取得的原因进行分析以后,归纳出来的可以为以后进度控制借鉴的本质的、规律性的东西。

总结进度控制的经验可以从以下几方面进行:

1) 怎样编制计划,编制什么样的计划才能取得更大效益,包括准备、绘图、计算等。

2) 怎样优化计划才更有实际意义,包括优化目标的确定、优化方法的选择、优化计算、优化结果的评审、电子计算机应用等。

3) 怎样实施、调整与控制计划,包括组织保证、宣传、培训、建立责任制、信息反馈、调度、统计、记录、检查、调整、修改、成本控制方法、资源节约措施等。

4) 进度控制工作的新创造。总结出来的经验应有应用价值,通过企业有关领导部门审查批准,形成规程、标准或制度,作为以后工作必须遵守或参照执行的文件。

(4) 提高进度控制工作水平的措施

措施即办法,是在总结进度控制中问题及其产生的原因的基础上,有针对性地提出解决遗留问题的办法,其中应包括对已总结的经验的推行,应包括以下一些措施:

1) 编制更好的计划的措施;

2) 更好的执行计划的措施;

3) 有效的控制措施。

(5) 总结的方法

1) 在计划编制、执行中,应积累资料,作为总结的基础;

2) 在总结之前应进行实际调查,取得原始记录中没有的情况或信息;

3) 召开总结分析会议;

4) 提倡采用定量的对比分析法;

5) 尽量采用计算机,以提高总结分析的速度和准确性;

6) 总结分析资料要分类归档。

第6章 工程项目质量控制

6.1 工程项目质量控制的概念和原理

6.1.1 质量的概念

GB/T 19000—2000 标准中,质量的定义是:一组固有特性满足要求的程度。质量还包括以下含义:

(1) 质量的主体是产品、体系、项目或过程,质量的客体是顾客和其他相关方。

(2) 质量的关注点是一组固有的特性,而不是赋予的特性。对产品来说,例如水泥的化学成分、细度、凝结时间、强度就是固有特性;对过程来说,固有特性是过程将输入转化为输出的能力;对质量管理体系来说,固有特性是实现质量方针和质量目标的能力。

(3) 质量是满足要求的程度。要求包括明示的、隐含的和必须履行的要求和期望。明示的要求,是指法律、法规所规定的要求和在合同环境中,用户明确提出的需要或要求,通常是通过合同标准、规范、图纸、技术文件所做的明确规定;隐含是指组织、顾客和其他相关方的惯例或一般做法,有时则应随科学技术进步和人们消费观念的变化,对变化了的需求进行识别。

(4) 质量的动态性。质量要求不是固定不变的,随着技术的发展,生活水平的提高,人们对产品、项目、过程或体系会提出新的质量要求。因此,应定期评定质量要求,修订规范,不断开发新产品、改进老产品,以满足已变化的质量要求。

(5) 质量的相对性。不同国家不同地区的不同项目,由于自然环境条件不同,技术发达程度不同,消费水平不同和风俗习惯不同,会对产品提出不同的要求,产品应具有这种环境适应性。例如销往欧洲地区的彩电要符合欧洲的电视制式、电压及电压波动范围。

对产品质量的要求,已从"满足标准规定",发展到"让顾客满意",到现在的"超越顾客的期望"的新阶段。

6.1.2 质量控制的概念

GB/T 19000—2000 标准中,质量控制的定义是:质量管理的一部分,致力于满足质量要求。对质量控制的定义,还可以从以下几方面理解:

(1) 质量控制的目标就是确保产品的质量能满足顾客、法律、法规等方面提出的质量要求。可通过定量或定性指标对质量进行描述和评价,如适用性、可靠性、安全性、经济性以及环境适宜性等。

(2) 质量控制的范围涉及产品质量形成全过程的各个环节,任何一个环节的工作没有做好,会使产品质量受到损害而不能满足质量要求。

(3) 质量控制的工作内容包括了作业技术和活动,也就是包括专业技术和管理技术两个方面。作业技术是直接产生产品或服务质量的条件,但并不是具备相关作业能力,都能产生合格的质量,还必须通过科学的管理,来组织和协调作业技术活动的过程,以充分发挥其质量形成能力,实现预期的质量目标。

(4) 由于工程项目是根据业主的要求而兴建的,因此工程项目的质量总目标是根据业主建设意图提出来的,即通过项目的定义、建设规模、建设标准、使用功能的价值等提出来的。工程项目质量控制,包括勘察设计、施工安装、竣工验收等阶段,均应围绕致力于满足业主要求的质量总目标而展开。

6.1.3 建设工程项目质量形成的影响因素

质量控制体现了"预防为主"的观念,从以往管结果转变为现今管影响工作质量的人、机、料、法、环境因素等。

1. 人的质量意识和能力

人是质量活动的主体,在这里人是泛指与工程有关的单位、组织及个人,包括:建设单位、勘察设计单位、施工承包单位,监理及咨询服务单位,政府主管及工程质量监督、监测单位,工程项目建设的决策者、管理者、作业者等。

建筑业实行企业经营资质管理、市场准入制度、执业资格注册制度、持证上岗制度以及质量责任制度等。应按有关规定选择相应资质等级的勘察、设计、施工、监理等单位,并保证各类专业人员持证上岗。

人员的素质,即人的文化水平、技术水平、决策能力、管理能力、组织能力、作业能力、控制能力、身体素质及职业道德等,都将直接和间接地对规划、决策、勘察、设计和施工质量产生影响,而规划是否合理、决策是否正确、设计是否符合所需要的质量功能,施工能否满足合同、规范、技术标准的需要等,都将对工程项目质量产生不同程度的影响,所以人是影响工程项目质量的第一个重要因素。

人,作为控制的对象,是要避免产生失误;作为控制的动力,是要充分调动人的积极性,发挥人的主导作用。

2. 材料的控制

材料控制包括原材料、成品、半成品、构配件等的控制,主要是严格检查验收,正确合理地使用,建立管理台账,进行收、发、储、运等各环节的技术管理,避免混料和将不合格的原材料使用到工程上。

(1) 材料质量控制的要点

1) 掌握材料信息,优选供货厂家

掌握材料质量、价格、供货能力的信息,选择好供货厂家,就可获得质量好、价格低的材料资源,从而确保工程质量,降低工程造价。这是企业获得良好社会效益、经济效益、提高市场竞争能力的重要因素。

材料订货时,要求厂方提供质量保证文件,用以表明提供的货物完全符合质量要求。质量保证文件的内容主要包括:供货总说明;产品合格证及技术说明书;质量检验证明;检测与试验者的资质证明;不合格品或质量问题处理的说明及证明;有关图纸及技术资料等。

对于材料、设备、构配件的订货、采购,其质量要满足有关标准和设计的要求;交货期应满足施工及安装进度计划的要求。对于大型的或重要设备,以及大宗材料的采购,应当实行招标采购的方式;对某些材料,如瓷砖等装饰材料,订货时最好一次订齐和备足货源,以免由于分批订货而出现颜色差异、质量不一。

2) 合理组织材料供应,确保施工正常进行合理地、科学地组织材料的采购、加工、储备、运输,建立严密的计划、调度体系,加快材料的周转,减少材料的占用量,按质、按量、如期地满足建设需要,乃是提高供应效益,确保正常施工的关键环节。

3) 合理地组织材料使用,减少材料的损失

正确按定额计量使用材料,加强运输、仓库、保管工作,加强材料限额管理和发放工作,健全现场材料管理制度,避免材料损失、变质,乃是确保材料质量、节约材料的重要措施。

4) 加强材料检查验收,严把材料质量关

① 对用于工程的主要材料,进场时必须具备正式的出厂合格证的材质化验单。如不具备或对检验证明有怀疑时,应补做检验。

② 工程中所有各种构件,必须具有厂家批号和出厂合格证。钢筋混凝土和预应力钢筋混凝土构件,均应按规定的方法进行抽样检验。由于运输、安装等原因出现的构件质量问题,应分析研究,经处理鉴定后方能使用。

③ 凡标志不清或认为质量有问题的材料;对质量保证资料有怀疑或与合同规定不符的一般材料;由于工程重要程度决定,应进行一定比例试验的材料;需要进行追踪检验,以控制和保证其质量的材料等,均应进行抽检。对于进口的材料设备和重要工程或关键施工部位所用的材料,则应进行全部检验。

④ 材料质量抽样和检验的方法,应符合有关的"建筑材料质量标准与管理规程",要能反映该批材料的质量性能。对于重要构件或非匀质的材料,还应酌情增加采样的数量。

⑤ 在现场配制的材料,如混凝土、砂浆、防水材料、防腐材料、绝缘材料、保温材料等的配合比,应先提出试配要求,经试配检验合格后才能使用。

⑥ 对进口材料、设备应会同商检局检验,如核对凭证中发现问题,应取得供方和商检人员签署的商务记录,按期提出索赔。

⑦ 高压电缆、电压绝缘材料,要进行耐压试验。

5) 要重视材料的使用认证,以防错用或使用不合格的材料

① 对主要装饰材料及建筑配件,应在订货前要求厂家提供样品或看样订货;主要设备订货时,要审核设备清单,是否符合设计要求。

② 对材料性能、质量标准、适用范围和对施工要求必须充分了解,以便慎重选择和使用材料。如红色大理石或带色纹(红、暗红、金黄色纹)的大理石易风化剥落,不宜用作外装饰;外加剂木钙粉不宜用蒸汽养护;早强剂三乙醇胺不能用作抗冻剂;碎石或卵石中含有不定形二氧化硅时,将会使混凝土产生碱-骨料反应,使质量受到影响。

③ 凡是用于重要结构、部位的材料,使用时必须仔细地核对、认证,其材料的品种、规格、型号、性能有无错误,是否适合工程特点和满足设计要求。

④ 新材料应用,必须通过试验和鉴定;代用材料必须通过计算和充分的论证,并要符合结构构造的要求。

⑤ 材料认证不合格时,不许用于工程中;有些不合格的材料,如过期、受潮的水泥是否降级使用,亦需结合工程的特点予以论证,但决不允许用于重要的工程或部位。

6) 现场材料应按以下要求管理

① 入库材料要分型号、品种,分区堆放,予以标识,分别编号。

② 对易燃易爆的物资,要专门存放,有专人负责,并有严格的消防保护措施。

③ 对有防湿、防潮要求的材料,要有防湿、防潮措施,并要有标识。
④ 对有保质期的材料要定期检查,防止过期,并做好标识。
⑤ 对易损坏的材料、设备,要保护好外包装,防止损坏。

(2) 材料质量控制的内容

材料质量控制的内容主要有:材料的质量标准,材料的性能,材料取样、试验方法,材料的适用范围和施工要求等。

1) 材料质量标准

材料质量标准是用以衡量材料质量的尺度,也是作为验收、检验材料质量的依据。不同的材料有不同的质量标准,如水泥的质量标准有细度、标准稠度用水量、凝结时间、强度、体积安定性等。掌握材料的质量标准,就便于可靠地控制材料和工程的质量。如水泥颗粒越细,水化作用就越充分,强度就越高;初凝时间过短,不能满足施工有足够的操作时间,初凝时间过长,又影响施工进度;安定性不良,会引起水泥石开裂,造成质量事故;强度达不到等级要求,直接危害结构的安全。为此,对水泥的质量控制,就是要检验水泥是否符合质量标准。

2) 材料质量的检(试)验

材料质量检验的目的,是通过一系列的检测手段,将所取得的材料数据与材料质量标准相比较,借以判断质量的可靠性,能否使用于工程中;同时,还有利于掌握材料信息。

材料质量检验方法有书面检验、外观检验、理化检验和无损检验等四种。

根据材料信息和保证资料的具体情况,其质量检验程度分免检、抽检和全部检查三种。

材料质量检验的取样必须有代表性,即所采取样品的质量应能代表该批材料的质量。在采取试样时,必须按规定的部位、数量及采选的操作要求进行。

抽样检验一般适用于对原材料、半成品或成品的质量鉴定。通过抽样检验,可判断整批产品是否合格。

对不同的材料,有不同的检验项目和不同的检验标准,而检验标准则是用以判断材料是否合格的依据。

(3) 材料的选择和使用要求

材料的选择和使用不当,均会严重影响工程质量或造成质量事故。为此,必须针对工程特点,根据材料的性能、质量标准、适用范围和对施工要求等方面进行综合考虑,慎重地来选择和使用材料。

3. 机械设备的控制

施工机械设备是实现施工机械化的重要物质基础,是现代化施工中必不可少的设备,对施工项目的进度、质量均有直接影响。为此,施工机械设备的选用,必须综合考虑施工现场的条件、建筑结构类型、机械设备性能、施工工艺和方法、施工组织与管理、建筑技术经济等各种因素进行多方案比较,使之合理装备、配套使用、有机联系,以充分发挥机械设备的效能,力求获得较好的综合经济效益。

机械设备的选用,应着重从机械设备的选型、机械设备的主要性能参数和机械设备的使用操作要求等三方面予以控制。

要健全"人机固定"制度、"操作证"制度、岗位责任制度、交接班制度、"技术保养"制度、"安全使用"制度、机械设备检查制度等,确保机械设备处于最佳使用状态。

另一类设备是生产设备,主要是控制设备的购置、设备的检查验收、设备的安装质量和设备的试车运转。

4. 工艺方法控制

这里所指的工艺方法控制,包含工程项目建设期内所采取的技术方案、工艺流程、组织措施、检测手段、施工组织设计等的控制。

尤其是施工方案正确与否,是直接影响施工项目的进度控制、质量控制、投资控制三大目标能否顺利实现的关键。往往由于施工方案考虑不周而拖延进度,影响质量,增加投资。为此,在制定和审核施工方案时,必须结合工程实际,从技术、组织、管理、工艺、操作、经济等方面进行全面分析、综合考虑,力求方案技术可行、经济合理、工艺先进、措施得力、操作方便,有利于提高质量、加快进度、降低成本。

5. 环境控制

影响施工项目质量的环境因素较多,有工程技术环境,如工程地质、水文、气象等;工程管理环境,如质量保证体系、质量管理制度等;劳动环境,如劳动组合、作业场所、工作面等。环境因素对质量的影响,具有复杂而多变的特点,如气象条件就变化万千,温度、湿度、大风、暴雨、酷暑、严寒都直接影响工程质量。又如前一工序往往就是后一工序的环境,前一分项、分部工程也就是后一分项、分部工程的环境。因此,根据工程特点和具体条件,应对影响质量的环境因素,采取有效的措施严加控制。尤其是施工现场,应建立文明施工和文明生产的环境,保持材料工件堆放有序,道路畅通,工作场所清洁整齐,施工程序井井有条,为确保质量、安全创造良好条件。

6.1.4 工程质量特点

由于项目施工涉及面广,是一个极其复杂的综合过程,再加上位置固定、生产流动、结构类型不一、质量要求不一、施工方法不一、体型大、整体性强、建设周期长、受自然条件影响大等特点,因此,施工项目的质量比一般工业产品的质量更难以控制,主要表现在以下方面:

1. 影响质量的因素多

如设计、材料、机械、地形、地质、水文、气象、施工工艺、操作方法、技术措施、管理制度等,均直接影响施工项目的质量。

2. 容易产生质量变异

因项目施工不像工业产品生产,有固定的自动线和流水线,有规范化的生产工艺和完善的检测技术,有成套的生产设备和稳定的生产环境,有相同系列规格和相同功能的产品;同时,由于影响施工项目质量的偶然性因素和系统性因素都较多,因此,很容易产生质量变异。如材料性能微小的差异、机械设备正常的磨损、操作微小的变化、环境微小的波动等,均会引起偶然性因素的质量变异;当使用材料的规格、品种有误,施工方法不妥,操作不按规程,机械故障,仪表失灵,设计计算错误等,则会引起系统性因素的质量变异,造成工程质量事故。为此,在施工中要严防出现系统性因素的质量变异;要把质量变异控制在偶然性因素范围内。

3. 质量隐蔽性

施工项目由于工序交接多,中间产品多,隐蔽工程多,若不及时检查实质,事后再看表面,就容易产生第二判断错误,也就是说,容易将不合格的产品,认为是合格的产品;反之,若检查不认真,测量仪表不准,读数有误,则就会产生第一判断错误,也就是说容易将合格产品,认为是不合格的产品。这点,在进行质量检查验收时,应特别注意。

4. 质量检查不能解体、拆卸

施工项目产品建成后,不可能像某些工业产品那样,再拆卸或解体检查内在的质量,或重新更换零件;即使发现质量有问题,也不可能像工业产品那样实行"包换"或"退款"。

5. 质量要受投资、进度的制约

施工项目的质量,受投资、进度的制约较大,如一般情况下,投资大、进度慢,质量就好;反之,质量则差。因此,项目在施工中,还必须正确处理质量、投资、进度三者之间的关系,使其达到对立的统一。

6. 评价方法的特殊性

工程质量的检查评定及验收是按检验批、分项工程、分部工程、单位工程进行的。检验批的质量是分项工程乃至整个工程质量检验的基础,检验批合格质量主要取决于主控项目和一般项目经抽样检验的结果。工程质量是在施工单位按合格质量标准自行检查评定的基础上,由监理工程师(或建设单位项目负责人)组织有关单位、人员进行检验确认验收。这种评价方法体现了"验评分离、强化验收、完善手段、过程控制"的指导思想。

6.1.5 工程项目质量控制的基本原理

1. PDCA 循环原理

质量管理和其他各项管理工作一样,要做到有计划、有措施、有执行、有检查、有总结,才能使整个管理工作循序渐进,保证工程质量不断提高。

PDCA 循环是人们在管理实践中形成的基本理论方法,这个循环工作原理是美国的戴明发明的,故又称"戴明循环"。

为不断揭示工程项目实施过程中在生产、技术、管理诸多方面的质量问题,通常采用 PDCA 循环方法。PDCA 分为四个阶段,即计划 P(Plan)、执行 D(Do)、检查(Check)和处置 A(Action)阶段。

(1) 计划 P

此阶段应确定任务、目标、活动计划和拟定措施,可理解为质量计划阶段,明确质量目标并制订实现质量目标的行动方案。具体是确定质量控制的组织制度、工作程序、技术方法、业务流程、资源配置、检验试验要求、质量记录方式、不合格处理、管理措施等具体内容和做法。此阶段还须对其实现预期目标的可行性、有效性、经济合理性进行分析论证,按照规定的程序与权限审批执行。

(2) 实施 D

此阶段是按照计划要求及制定的质量目标。质量标准、操作规程去组织实施。具体包含两个环节,即计划行动方案的交底和按计划规定的方法与要求展开工程作业技术活动。计划交底目的在于使具体的作业者和管理者,明确计划的意图和要求,掌握标准,从而规范行为,全面地执行计划的行动方案,步调一致地去实现预期的质量目标。

(3) 检查 C

此阶段应将实际工作结果与计划内容相对比,通过检查,看是否达到预期效果,找出问题和异常情况。具体的检查包括作业者的自检、互检和专职管理者专检。各类检查都包含两大方面:一是检查是否严格执行了计划行动方案实际条件是否发生了变化;不执行计划的原因。二是检查计划执行的结果,即产品的质量是否达到标准的要求,并对此进行确认和评价。

(4) 处置 A

此阶段是总结经验,改正缺点,并将遗留问题转入下一轮循环。对于质量检查中所发现的质量问题或不合格项,应及时分析原因,采取必要的措施,予以纠正,使质量保持受控状态。采取的措施分为纠偏和预防,前者是采取应急措施,以解决当前的质量问题;后者是将质量信息反馈给管理部门,为今后类似质量问题的预防提供借鉴。

PDCA循环的三大特点:

1) 大环套小环,环环相扣,同向转动,互相促进,见图6-1。
2) 循环一次,前进一步,上升一个台阶,见图6-2。

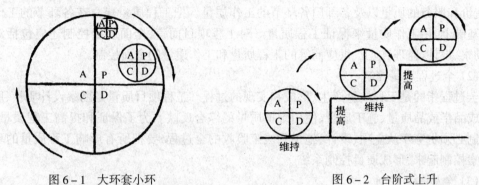

图6-1 大环套小环　　　　　　图6-2 台阶式上升

3) A是关键,P是重点,首尾衔接,不断转动

2. 三阶段控制原理

事前控制、事中控制和事后控制三个阶段构成了质量控制的系统过程

(1) 事前控制

事前控制要求预先编制周密的质量计划,尤其是工程项目施工阶段,制定质量计划或编制施工组织设计或施工项目实施规划,都必须建立在切实可行,有效实现预期质量目标的基础上。

事前控制,其内涵包括两层意思,一是强调质量目标的计划预控,按质量计划进行质量活动前的准备工作状态的控制。如在施工准备阶段的事前控制,包括技术准备、物质准备、组织准备和施工现场准备中质量目标的预控及这些准备工作状态的控制。

(2) 事中控制

事中控制首先是对质量活动的行为约束,其次是对质量活动过程和结果的监督控制。事中控制的关键是坚持质量标准。

事中质量控制的策略是:全面控制施工过程,重点控制工序质量。其具体措施是:工序交接有检查;质量预控有对策;施工项目有方案;技术措施有交底;图纸会审有记录;配制材料有试验;隐蔽工程有验收;计量器具校正有复核;设计变更有手续;钢筋代换有制度;质量处理有复查;成品保护有措施;行使质控有否决(如发现质量异常、隐蔽未经验收、质量问题未处理、擅自变更设计图纸、擅自代换或使用不合格材料、无证上岗未经资质审查的操作人员等,均应对质量予以否决);质量文件有档案(凡是与质量有关的技术文件,如水准、坐标位置、测量、放线记录,沉降、变形观测记录,图纸会审记录,材料合格证明、试验报告,施工记录,隐蔽工程记录,设计变更记录,调试、试压运行记录,试车运转记录,竣工图等都要编目建档)。

(3) 事后控制

事后控制包括对质量活动结果的评价认定和对质量偏差的纠正。由于项目实施过程中受到各种因素的影响,质量实测值与目标值之间会产生偏差,当这种偏差超出允许范围时,必须分析产生偏差的原因,并采取措施纠正偏差,保持质量处于受控状态。

需要说明的是,以上三个阶段不是孤立和截然分开的,它们之间构成有机的系统过程,其实质就是 PDCA 循环,每循环一次质量均能得到提高,达到质量管理或质量控制的持续改进。

3. 三全控制管理

(1) 全面质量控制

全面质量的观点是指除了要重视产品(工程)本身的质量外,还要特别重视工程量、工期、造价和服务的质量以及各部门各环节的工作质量。把工程质量建立在各环节的工作质量的基础上,用工作质量来保证工程质量。对工程项目而言,全面质量控制还应包括对业主、勘察、设计、监理、施工、供应商等的工程质量和工作质量的全面控制。

(2) 全过程质量控制

全过程指的是工程质量产生、形成和实现的过程。工程项目质量是勘察设计质量、原材料与成品半成品质量、施工质量、使用维护质量的综合反映。为了保证和提高工程质量,质量控制必须贯穿于从立项、设计、施工到竣工验收的全过程,要把所有影响工程质量的环节和因素控制起来,形成质量控制系统。

(3) 全员参与控制

工程质量是工程项目各方面、各部门、各环节工作质量的集中反映。提高工程质量依赖于上至项目经理下至一般员工的共同努力。所以,质量控制必须把项目所有人员的积极性和创造性充分调动起来,人人关心工程项目质量,人人做好本职工作,全员参与质量控制。

目标管理是依靠组织中高层和基层管理人员一致确认的共同目标,规定每一个体的职责范围,并用这些标准去指导各部门的工作,对其中的每一个成员的贡献作出评价的过程。通过对目标的层层展开和落实,使项目的全体成员,在工程项目实施中,都能自觉、主动和积极地参与质量控制工作。

6.2 工程项目质量控制系统的建立和运行

6.2.1 工程项目质量控制系统的构成

1. 工程项目质量控制系统特点(与企业质量管理体系比较)

(1) 对象:是特定的工程项目质量控制,而不是企业的质量管理体系;

(2) 目标:是控制工程项目的质量标准,而不是企业的质量管理目标;

(3) 时效:是一次性的,随项目生命期的结束而完成;

(4) 评价方式:只做自我评价与诊断,而不进行第三方认证。

2. 工程项目质量控制系统的分类

(1) 按控制内容分

1) 勘察设计质量控制子系统:对勘察设计全过程进行控制,以满足建设单位对勘察设计质量的要求。

2) 材料设备质量控制子系统:使建筑材料、构配件及设备生产或供应单位对其生产或供应的产品满足质量要求。

3) 工程项目施工安装质量控制子系统:施工安装单位对施工准备阶段和施工阶段的工作质量和工程质量进行控制,以达到合同文件规定的质量要求。

4) 工程项目竣工验收质量控制子系统：通过对工程项目最终产品的质量控制，确保达到业主所要求的功能和使用价值。

(2) 按实施主体分

1) 建设单位项目质量控制系统：应按有关规定选择相应资质等级的勘察、设计、施工和监理单位；办理施工许可证和工程质量监督手续；组织设计交底和图纸会审；对工程质量进行检查；按合同约定负责采购相应的材料、设备，并满足质量要求。

2) 工程项目总承包企业质量控制系统：通过设计与施工的集成，总包与分包的协调，提高工程建设管理水平，保证工程质量和投资效益。

3) 勘察设计单位勘察设计质量控制子系统(设计－施工分离式)：勘察设计单位对所编制的勘察设计文件的质量负责。

4) 施工企业(分包商)施工安装质量子系统：工程总包单位对全部建设工程质量负责，分包应按照分包合同约定对其分包工程的质量向总包单位负责。

5) 工程监理企业工程项目质量控制子系统：工程监理单位对工程质量实施监理，并对工程质量承担监理责任。

(3) 按控制原理分

1) 质量控制计划系统：确定建设项目的建设标准，质量方针、目标及其分解。

2) 质量控制网络系统：明确工程项目质量责任主体及其应承担的质量责任、合同关系和管理关系，控制的层次和界面。

3) 质量控制措施系统：说明工程项目中主要的技术措施、组织措施、经济措施和管理措施的安排。

4) 质量控制信息系统：说明如何进行质量信息的收集、整理、加工以及对文档资料的管理。

3. 工程质量控制系统之关系

工程质量控制各系统及子系统虽有各自的分工、职责，但互相之间又是相关的，有着密切的联系，尤其是与各类企业的质量管理体系有着密切的关系，并且是交互作用的。

6.2.2 工程项目质量控制系统的建立

1. 工程项目质量控制体系建立的原则

(1) 分层次规划原则

工程项目质量控制体系应按层次性原则划分为两个层次，第一层次是对建设单位和工程总承包企业的质量控制体系进行设计；第二层次是对设计单位、施工企业、监理企业的质量控制体系进行设计。两个层次的质量控制分工不同，责任不同。

(2) 总目标分解原则

为实现总质量目标，必须按结构层次自上而下按横向和纵向分层次展开，横向是各责任主体，纵向是各责任主体向下分解的分目标及子目标。目标展开其分、子目标值累加总和必须大于上级目标值或总目标值。

(3) 质量责任制原则

建立质量责任制是把质量管理各方面的具体要求落实到每个责任主体、每个部门、每个工作岗位，以便使质量工作事事有人管、人人有专责、办事有标准、工作有检查、检查有考核。要将质量责任制与经济利益有机结合，把质量责任作为经济考核的主要内容。

(4) 系统有效性原则

要求做到整体系统和局部系统的组织、人员、资源和措施落实到位,实施持续的"质量改进",以提高各项质量的有效性。"有效性"是指做的事正确、效果好,能达到预期的目标。

2. 工程项目质量控制系统的建立程序(根据《建设工程项目管理》IZ 204022)

(1)确定控制系统各层面组织的工程质量负责人及其管理职责,形成控制系统网络架构。

(2)确定控制系统组织的领导关系、报告审批及信息流转程序。

(3)制订质量控制工作制度,包括质量控制例会制度、协调制度、验收制度和质量责任制度等。

(4)部署各质量主体编制相关质量计划,并按规定程序完成质量计划的审批,形成质量控制依据。

(5)研究并确定控制系统内部质量职能交叉衔接的界面划分和管理方式。

6.2.3 工程项目质量控制系统的运行

1. 控制系统运行的动力机制

人是管理的动力,也是管理的对象。做好质量控制工作的关键是做好人的工作。要调动质量控制主体和各级各类人员的积极性,就要正确地运用动力机制,才能使质量控制持续而有效地向前发展,最终使质量控制主体各方达到多赢目的。

2. 控制系统运行的约束机制

工程项目质量控制系统运行的约束机制来自于两个方面,一方面是质量责任主体和质量活动主体的自我约束能力,如经营理念、质量意识、职业道德及技术能力的发挥;另一方面是来自于外部的监控效力,如质量检查监督。缺乏约束机制就无法使工程质量处于受控状态。

3. 控制系统运行的反馈机制

工程项目处于不断变化的客观环境之中,质量控制是否有效,关键在于是否有灵敏、准确、有力的反馈。没有质量信息的反馈,就无法改进质量,就无法作出决策。

4. 控制系统运行的方式

在工程项目实施的各个阶段、不同的层面、不同的范围和不同的主体间,在进行质量控制时均应用PDCA循环原理,使系统始终处于控制之中。在应用PDCA循环的同时,还要抓好控制点的设置,加强重点控制和例外控制。

6.3 工程项目施工质量控制和验收的方法

6.3.1 施工质量控制过程(按阶段)

施工质量控制的过程,包括施工准备质量控制、施工过程质量控制和施工验收质量控制。

1. 施工准备阶段的质量控制

施工准备阶段的质量控制是指项目正式施工活动开始前,对各项准备工作及影响质量的各因素和有关方面进行的质量控制。

施工准备是为保证施工生产正常进行而必须事先做好的工作。施工准备工作不仅是在工程开工前要做好,而且贯穿于整个施工过程。施工准备的基本任务就是为施工项目建立一切必要的施工条件,确保施工生产顺利进行,确保工程质量符合要求。

(1) 技术资料、文件准备的质量控制

1) 施工项目所在地的自然条件及技术经济条件调查资料

对施工项目所在地的自然条件和技术经济条件的调查,是为选择施工技术与组织方案收集基础资料,并以此作为施工准备工作的依据。具体收集的资料包括:地形与环境条件、地质条件、地震级别、工程水文地质情况,气象条件以及当地水、电、能源供应条件、交通运输条件、材料供应条件等。

2) 施工组织设计

施工组织设计是指导施工准备和组织施工的全面性技术经济文件。对施工组织设计、要进行两方面的控制:一是选定施工方案后,制定施工进度时,必须考虑施工顺序、施工流向,主要分部分项工程的施工方法,特殊项目的施工方法和技术措施能否保证工程质量;二是制定施工方案时,必须进行技术经济比较,使工程项目满足符合性、有效性和可靠性要求,取得施工工期短、成本低、安全生产、效益好的经济质量。

3) 国家及政府有关部门颁布的有关质量管理方面的法律、法规性文件及质量验收标准

质量管理方面的法律、法规,规定了工程建设参与各方的质量责任和义务,质量管理体系建立的要求、标准,质量问题处理的要求、质量验收标准等,这些是进行质量控制的重要依据。

4) 工程测量控制资料

施工现场的原始基准点、基准线、参考标高及施工控制网等数据资料,是施工之前进行质量控制的一项基础工作,这些数据资料是进行工程测量控制的重要内容。

(2) 设计交底和图纸审核的质量控制

设计图纸是进行质量控制的重要依据。为使施工单位熟悉有关的设计图纸,充分了解拟建项目的特点、设计意图和工艺与质量要求,减少图纸的差错,消灭图纸中的质量隐患,要做好设计交底和图纸审核工作。

1) 设计交底

工程施工前,由设计单位向施工单位有关人员进行设计交底,其主要内容包括:

① 地形、地貌、水文气象、工程地质及水文地质等自然条件;

② 施工图设计依据:初步设计文件,规划、环境等要求,设计规范;

③ 设计意图:设计思想、设计方案比较、基础处理方案、结构设计意图、设备安装和调试要求、施工进度安排等;

④ 施工注意事项:对基础处理的要求,对建筑材料的要求,采用新结构、新工艺的要求,施工组织和技术保证措施等。

交底后,由施工单位提出图纸中的问题和疑点,以及要解决的技术难题。经协商研究,拟定出解决办法。

2) 图纸审核

图纸审核是设计单位和施工单位进行质量控制的重要手段,也是使施工单位通过审查熟悉设计图纸,了解设计意图和关键部位的工程质量要求,发现和减少设计差错,保证工程质量的重要方法。图纸审核的主要内容包括:

① 对设计者的资质进行认定;

② 设计是否满足抗震、防火、环境卫生等要求;

③ 图纸与说明是否齐全；
④ 图纸中有无遗漏、差错或相互矛盾之处,图纸表示方法是否清楚并符合标准要求；
⑤ 地质及水文地质等资料是否充分、可靠；
⑥ 所需材料来源有无保证,能否替代；
⑦ 施工工艺、方法是否合理,是否切合实际,是否便于施工,能否保证质量要求；
⑧ 施工图及说明书中涉及的各种标准、图册、规范、规程等,施工单位是否具备。

(3) 采购质量控制

采购质量控制主要包括对采购产品及其供方的控制,制订采购要求和验证采购产品。建设项目中的工程分包,也应符合规定的采购要求。

1) 物资采购

采购物资应符合设计文件、标准、规范、相关法规及承包合同要求,如果项目部另有附加的质量要求,也应予以满足。

对于重要物资、大批量物资、新型材料以及对工程最终质量有重要影响的物资,可由企业主管部门对可供选用的供方进行逐个评价,并确定合格供方名单。

2) 分包服务

对各种分包服务选用的控制应根据其规模、对它控制的复杂程度区别对待。一般通过分包合同,对分包服务进行动态控制。评价及选择分包方应考虑的原则：
① 有合法的资质,外地单位经本地主管部门核准；
② 与本组织或其他组织合作的业绩、信誉；
③ 分包方质量管理体系对按要求如期提供稳定质量的产品的保证能力；
④ 对采购物资的样品、说明书或检验、试验结果进行评定。

3) 采购要求

采购要求是采购产品控制的重要内容。采购要求的形式可以是合同、订单、技术协议、询价单及采购计划等。采购要求包括：
① 有关产品的质量要求或外包服务要求；
② 有关产品提供的程序性要求如：
　a. 供方提交产品的程序；
　b. 供方生产或服务提供的过程要求；
　c. 供方设备方面的要求。
③ 对供方人员资格的要求；
④ 对供方质量管理体系的要求。

4) 采购产品验证

① 对采购产品的验证有多种方式,如在供方现场检验、进货检验,查验供方提供的合格证据等。组织应根据不同产品或服务的验证要求规定验证的主管部门及验证方式,并严格执行。
② 当组织或其顾客拟在供方现场实施验证时,组织应在采购要求中事先作出规定。

(4) 质量教育与培训

通过教育培训和其他措施提高员工的能力,增强质量和顾客意识,使员工满足所从事的质量工作对能力的要求。

项目领导班子应着重以下几方面的培训：

① 质量意识教育；
② 充分理解和掌握质量方针和目标；
③ 质量管理体系有关方面的内容；
④ 质量保持和持续改进意识。

可以通过面试、笔试、实际操作等方式检查培训的有效性。还应保留员工的教育、培训及技能认可的记录。

2. 施工阶段的质量控制

(1) 技术交底

按照工程重要程度，单位工程开工前，应由企业或项目技术负责人组织全面的技术交底。工程复杂、工期长的工程可按基础、结构、装修几个阶段分别组织技术交底。各分项工程施工前，应由项目技术负责人向参加该项目施工的所有班组和配合工种进行交底。

交底内容包括图纸交底、施工组织设计交底、分项工程技术交底和安全交底等。通过交底明确对轴线、尺寸、标高、预留孔洞、预埋件、材料规格及配合比等要求，明确工序搭接、工种配合、施工方法、进度等施工安排，明确质量、安全、节约措施。交底的形式除书面、口头外，必要时可采用样板、示范操作等。

(2) 测量控制

1) 对于给定的原始基准点、基准线和参考标高等的测量控制点应做好复核工作，经审核批准后，才能据此进行准确的测量放线。

2) 施工测量控制网的复测。

准确地测定与保护好场地平面控制网和主轴线的桩位，是整个场地内建筑物、构筑物定位的依据，是保证整个施工测量精度和顺利进行施工的基础。因此，在复测施工测量控制网时，应抽检建筑方格网、控制高程的水准网点以及标桩埋设位置等。

3) 民用建筑的测量复核

① 建筑定位测量复核：建筑定位就是把房屋外廓的轴线交点标定在地面上，然后根据这些交点测设房屋的细部。

② 基础施工测量复核：基础施工测量的复核包括基础开挖前，对所放灰线的复核，以及当基槽挖到一定深度后，在槽壁上所设的水平桩的复核。

③ 皮数杆检测：当基础与墙体用砖砌筑时，为控制基础及墙体标高，要设置皮数杆。因此，对皮数杆的设置要检测。

④ 楼层轴线检测：在多层建筑墙身砌筑过程中，为保证建筑物轴线位置正确，在每层楼板中心线均测设长线 1~2 条，短线 2~3 条。轴线经校核合格后，方可开始该层的施工。

4) 楼层间标高传递检测：多层建筑施工中，要由下层楼板向上层传递标高，以便使楼板、门窗、室内装修等工程的标高符合设计要求。标高经校核合格后，方可施工。

5) 工业建筑的测量复核

① 工业厂房控制网测量由于工业厂房规模较大，设备复杂，因此要求厂房内部各柱列轴线及设备基础轴线之间的相互位置应具有较高的精度。有些厂房在现场还要进行预制构件安装，为保证各构件之间的相互位置符合设计要求，必须对厂房主轴线、矩形控制网、柱列轴线进行复核。

② 柱基施工测量：柱基施工测量包括基础定位、基坑放线与抄平、基础模板定位等。

③ 柱子安装测量：为保证柱子的平面位置和高程安装符合要求，应对杯口中心投点和杯底标高进行检查，还应进行柱长检查与杯底调整。柱子插入杯口后，要进行竖直校正。

④ 吊车梁安装测量：吊车梁安装测量，主要是保证吊车梁中心位置和梁面标高满足设计要求。因此，在吊车梁安装前应检查吊车梁中心线位置、梁面标高及牛腿面标高是否正确。

⑤ 设备基础与预埋螺栓检测：设备基础施工程序有两种：一种是在厂房、柱基和厂房部分建成后才进行设备基础施工；另一种是厂房柱基与设备基础同时施工。如按前一种程序施工，应在厂房墙体施工前，布设一个内控制网，作为设备基础施工和设备安装放线的依据。如按后一种程序施工，则将设备基础主要中心线的端点测设在厂房控制网上。当设备基础支模板或预埋地脚螺栓时，局部架设木线板或钢线板，以测设螺栓组中心线。

由于大型设备基础中心线较多，为防止产生错误，在定位前，应绘制中心线测设图，并将全部中心线及地脚螺栓组中心线统一编号标注于图上。

为使地脚螺栓的位置及标高符合设计要求，必须绘制地脚螺栓图，并附地脚螺栓标高表，注明螺栓号码、数量、螺栓标高和混凝土面标高。

上述各项工作，在施工前必须进行检测。

6) 高层建筑测量复核

高层建筑的场地控制测量、基础以上的平面与高程控制与一般民用建筑测量相同，应特别重视建筑物垂直度及施工过程中沉降变形的检测。对高层建筑垂直度的偏差必须严格控制，不得超过规定的要求。高层建筑施工中，需要定期进行沉降变形观测，以便及时发现问题，采取措施，确保建筑物安全使用。

(3) 材料控制

1) 对供货方质量保证能力进行评定

对供货方质量保证能力评定原则包括：

① 材料供应的表现状况，如材料质量、交货期等；

② 供货方质量管理体系对于按要求如期提供产品的保证能力；

③ 供货方的顾客满意程度；

④ 供货方交付材料之后的服务和支持能力；

⑤ 其他如价格、履约能力等。

2) 建立材料管理制度，减少材料损失、变质

对材料的采购、加工、运输、贮存建立管理制度，可加快材料的周转，减少材料占用量，避免材料损失、变质，按质、按量、按期满足工程项目的需要。

3) 对原材料、半成品、构配件进行标识

进入施工现场的原材料、半成品、构配件要按型号、品种、分区堆放，予以标识；

对有防湿、防潮要求的材料，要有防雨防潮措施，并有标识。

对容易损坏的材料、设备，要做好防护；

对有保质期要求的材料，要定期检查，以防过期，并做好标识。

标识应具有可追溯性，即应标明其规格、产地、日期、批号、加工过程、安装交付后的分布和场所。

4) 加强材料检查验收

用于工程的主要材料，进场时应有出厂合格证和材质化验单；凡标志不清或认为质量有

问题的材料,需要进行追踪检验,以确保质量;凡未经检验和已经验证为不合格的原材料、半成品、构配件和工程设备不能投入使用。

5) 发包人提供的原材料、半成品、构配件和设备

发包人所提供的原材料、半成品、构配件和设备用于工程时,项目组织应对其做出专门的标识,接受时进行验证,贮存或使用时给予保护和维护,并得到正确的使用。上述材料经验证不合格,不得用于工程。发包人有责任提供合格的原材料、半成品、构配件和设备。

6) 材料质量抽样和检验方法

材料质量抽样应按规定的部位、数量及采选的操作要求进行。材料质量的检验项目分为一般试验项目和其他试验项目,一般项目即通常进行的试验项目,其他试验项目是根据需要而进行的试验项目。材料质量检验方法有书面检验、外观检验、理化检验和无损检验等。

(4) 机械设备控制

1) 机械设备使用形式决策

施工项目上所使用的机械设备应根据项目特点及工程量,按必要性、可能性和经济性的原则确定其使用形式。机械设备的使用形式包括:自行采购、租赁、承包和调配等。

① 自行采购。根据项目及施工工艺特点和技术发展趋势,确有必要时才自行购置机械设备。应使所购置机械设备在项目上达到较高的机械利用率和经济效果,否则采用其他使用形式。

② 租赁。某些大型、专用的特殊机械设备,如果项目自行采购在经济上不合理时,可从机械设备供应站(租赁站),以租赁方式承租使用。

③ 机械施工承包。某些操作复杂、工程量较大或要求人与机械密切配合的机械,如大型网架安装、高层钢结构吊装,可由专业机械化施工公司承包。

④ 调配。一些常用机械,可由项目所在企业调配使用。

究竟采用何种使用形式,应通过技术经济分析来确定。

2) 注意机械配套

机械配套有两层含义:其一,是一个工种的全部过程和环节配套,如混凝土工程,搅拌要做到上料、称量、搅拌与出料的所有过程配套,运输要做到水平运输、垂直运输与布料的各过程以及浇筑、振捣各环节都机械化且配套;其二,是主导机械与辅助机械在规格、数量和生产能力上配套,如挖土机的斗容量要与运土汽车的载重量和数量相配套。

上述例子说明,现场的施工机械如能合理配备、配套使用,就能充分发挥机械的效能,获得较好的经济效益。

3) 机械设备的合理使用

合理使用机械设备,正确地进行操作,是保证项目施工质量的重要环节。应贯彻人机固定原则,实行定机、定人、定岗位责任的"三定"制度。要合理划分施工段,组织好机械设备的流水施工。当一个项目有多个单位工程时,应使机械在单位工程之间流水,减少进出场时间和装卸费用。搞好机械设备的综合利用,尽量做到一机多用,充分发挥其效率。要使现场环境、施工平面布置适合机械作业要求,为机械设备的施工创造良好条件。

4) 机械设备的保养与维修

为了保持机械设备的良好技术状态,提高设备运转的可靠性和安全性,减少零件的磨损,延长使用寿命,降低消耗、提高机械施工的经济效益,应做好机械设备的保养。保养分为

例行保养和强制保养。例行保养的主要内容有:保持机械的清洁,检查运转情况,防止机械腐蚀,按技术要求润滑等。强制保养是按照一定周期和内容分级进行保养。

对机械设备的维修可以保证机械的使用效率,延长使用寿命。机械设备修理是对机械设备的自然损耗进行修复,排除机械运行的故障,对损坏的零部件进行更换、修复。

(5) 环境控制

1) 建立环境管理体系,实施环境监控

随着经济的高速增长,环境问题已迫切地摆在我们面前,它严重地威胁着人类社会的健康生存和可持续发展,并日益受到全社会的普遍关注。在项目的施工过程中,项目组织也要重视自己的环境表现和环境形象,并以一套系统化的方法规范其环境管理活动,满足法律的要求和自身的环境方针,以求得生存和发展。

环境管理体系是整个管理体系的一个组成部分,包括为制定、实施、实现、评审和保持环境方针所需的组织结构、计划活动、职责、惯例、程序、过程和资源。

环境管理体系是一个系统,因此需要不断地监测和定期评审,以适应变化着的内外部因素,有效地引导项目组织的环境活动。项目组织内的每一个成员都应承担环境改进的职责。

实施环境监控时,应确定环境因素,并对环境做出评价:

① 项目的活动、产品和服务中包括哪些环境因素?

② 项目的活动、产品和服务是否产生重大的、有害的环境影响?

③ 项目组织是否具备评价新项目环境影响的程序?

④ 项目所处的地点有无特殊的环境要求?

⑤ 对项目的活动、产品和服务的任何更改或补充,将如何作用于环境因素和与之相关的环境影响?

⑥ 如果一个过程失效,将产生多大的环境影响?

⑦ 可能造成环境影响的事件出现的频率?

⑧ 从影响、可能性、严重性和频率方面考虑,有哪些是重要环境因素?

⑨ 这些重大环境影响是当地的、区域性的还是全球性的?

在环境管理体系运行中,应根据项目的环境目标和指标,建立对实际环境表现进行测量和监测的系统,其中包括对遵循环境法律和法规的情况进行评价。还应对测量的结果做出分析,以确定哪些部分是成功的,哪些部分是需要采取纠正措施和予以改进的活动。管理者应确保这些纠正和预防措施的贯彻,并采取系统的后续措施来确保它们的有效性。

2) 对影响工程项目质量的环境因素的控制

① 工程技术环境:工程技术环境包括工程地质、水文地质、气象等。需要对工程技术环境进行调查研究。工程地质方面要摸清建设地区的钻孔布置图、工程地质剖面图及土壤试验报告;水文地质方面要摸清建设地区全年不同季节的地下水位变化、流向及水的化学成分,以及附近河流和洪水情况等;气象方面要了解建设地区的气温、风速、风向、降雨量、冬雨季月份等。

② 工程管理环境:工程管理环境包括质量管理体系、环境管理体系、安全管理体系、财务管理体系等。上述各管理体系的建立与正常运行,能够保证项目各项活动的正常、有序进行,也是搞好工程质量的必要条件。

③ 劳动环境:劳动环境包括劳动组织、劳动工具、劳动保护与安全施工等。劳动组织的基

础是分工和协作,分工得当既有利于提高工人的熟练程度,又便于劳动力的组织与运用;协作最基本的问题是配套,即各工种和不同等级工人之间互相匹配,从而避免停工窝工,获得最高的劳动生产率。劳动工具的数量、质量、种类应便于操作、使用,有利于提高劳动生产率。劳动保护与安全施工,是指在施工过程中,以改善劳动条件,保证员工的生产安全,保护劳动者的健康而采取的一些管理活动,这项活动有利于发挥员工的积极性和提高劳动生产率。

(6) 计量控制

施工中的计量工作,包括施工生产时的投料计量、施工生产过程中的监测计量和对项目、产品或过程的测试、检验、分析计量等。

计量工作的主要任务是统一计量单位制度,组织量值传递,保证量值的统一。这些工作有利于控制施工生产工艺过程,促进施工生产技术的发展,提高工程项目的质量。因此,计量是保证工程项目质量的重要手段和方法,亦是施工项目开展质量管理的一项重要基础工作。

为做好计量控制工作,应抓好以下几项工作:

① 建立计量管理部门和配备计量人员;
② 建立健全和完善计量管理的规章制度;
③ 积极开展计量意识教育。

(7) 工序控制

工序亦称"作业"。工序是产品制造过程的基本环节,也是组织生产过程的基本单位。一道工序,是指一个(或一组)工人在一个工作地对一个(或几个)劳动对象(工程、产品、构配件)所完成的一切连续活动的总和。

工序质量是指工序过程的质量。对于现场工人来说,工作质量通常表现为工序质量,一般地说,工序质量是指工序的成果符合设计、工艺(技术标准)要求的程序。人、机器、原材料、方法、环境等五种因素对工程质量有不同程度的直接影响。

在施工过程中,测得的工序特性数据是有波动的,产生波动的原因有两种,因此,波动也分为两类。一类是操作人员在相同的技术条件下,按照工艺标准去做,可是不同的产品却存在着波动。这种波动在目前的技术条件下还不能控制,在科学上是由无数类似的原因引起的,所以称为偶然因素,如构件允许范围内的尺寸误差、季节气候的变化、机具的正常磨损等。另一类是在施工过程中发生了异常现象,如不遵守工艺标准,违反操作规程、机械、设备发生故障,仪器、仪表失灵等,这类因素称为异常因素。这类因素经有关人员共同努力,在技术上是可以避免的。工序管理就是去分析和发现影响施工中每道工序质量的这两类因素中影响质量的异常因素,并采取相应的技术和管理措施,使这些因素被控制在允许的范围内,从而保证每道工序的质量。工序管理的实质是工序质量控制,即使工序处于稳定受控状态。

工序质量控制是为把工序质量的波动限制在要求的界限内所进行的质量控制活动。工序质量控制的最终目的是要保证稳定地生产合格产品。具体地说工序质量控制是使工序质量的波动处于允许的范围之内,一旦超出允许范围,立即对影响工序质量波动的因素进行分析,针对问题,采取必要的组织、技术措施,对工序进行有效的控制,使之保证在允许范围内。工序质量控制的实质是对工序因素的控制,特别是对主导因素的控制。所以,工序质量控制的核心是管理因素,而不是管理结果。

(8) 特殊过程控制

特殊过程是指该施工过程或工序施工质量不易或不能通过其后的检验和试验而得到充

分的验证,或者万一发生质量事故则难以挽救的施工对象。

特殊过程是施工质量控制的重点,设置质量控制点就是要根据工程项目的特点,抓住影响工序施工质量的主要因素。

1) 质量控制点的种类

① 以质量特性值为对象来设置;

② 以工序为对象来设置;

③ 以设备为对象来设置;

④ 以管理工作为对象来设置。

2) 质量控制点的管理

在操作人员上岗前,施工员、技术员做好交底及记录,在明确工艺要求、质量要求、操作要求的基础上方能上岗。施工中发现问题,及时向技术人员反映,由有关技术人员指导后,操作人员方可继续施工。

为了保证质量控制点的目标实现,要建立三级检查制度,即操作人员每日自检一次,组员之间或班长、质量干事与组员之间进行互检;质量员进行专检;上级部门进行抽查。

在施工中,如果发现质量控制点有异常情况,应立即停止施工,召开分析会,找出产生异常的主要原因,并用对策表写出对策。如果是因为技术要求不当,而出现异常,必须重新修订标准,在明确操作要求和掌握新标准的基础上,再继续进行施工,同时还应加强自检、互检的频次。

(9) 工程变更控制

1) 工程变更的含义

工程项目任何形式上的、质量上的、数量上的变动,都称为工程变更,它既包括了工程具体项目的某种形式上的、质量上的、数量上的改动,也包括了合同文件内容的某种改动。

2) 工程变更的范围

① 设计变更:设计变更的主要原因是投资者对投资规模的压缩或扩大,而需重新设计;设计变更的另一个原因是对已交付的设计图纸提出新的设计要求,需要对原设计进行修改;

② 工程量的变动:对于工程量清单中的数量上的增加或减少;

③ 施工时间的变更:对已批准的承包商施工计划中安排的施工时间或完成时间的变动;

④ 施工合同文件变更;

⑤ 施工图的变更;

⑥ 承包方提出修改设计的合理化建议,其节约价值的分配;

⑦ 由于不可抗力或双方事先未能预料而无法防止的事件发生,允许进行合同变更。

3) 工程变更控制

工程变更可能导致项目工期、成本或质量的改变。因此,必须对工程变更进行严格的管理和控制。

在工程变更控制中,主要应考虑以下几个方面:

① 管理和控制那些能够引起工程变更的因素和条件;

② 分析和确认各方面提出的工程变更要求的合理性和可行性;

③ 当工程变更发生时,应对其进行管理和控制;

④ 分析工程变更而引起的风险。

工程变更应按图6-3程序进行。

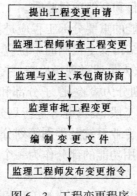

图 6-3 工程变更程序

(10) 成品保护

在工程项目施工中,某些部位已完成,而其他部位还正在施工,如果对已完成部位或成品,不采取妥善的措施加以保护,就会造成损伤,影响工程质量。因此,会造成人、财、物的浪费和拖延工期;更为严重的是有些损伤难以恢复原状,而成为永久性的缺陷。

加强成品保护,要从两个方面着手,首先应加强教育,提高全体员工的成品保护意识。其次要合理安排施工顺序,采取有效的保护措施。

成品保护的措施包括:

1) 护

护就是提前保护,防止对成品的污染及损伤。如外檐水刷石大角或柱子要立板固定保护;为了防止清水墙面污染,在相应部位提前钉上塑料布或纸板。

2) 包

包就是进行包裹,防止对成品的污染及损伤。如在喷浆前对电气开关、插座、灯具等设备进行包裹;铝合金门窗应用塑料布包扎。

3) 盖

盖就是表面覆盖,防止堵塞、损伤。如高级水磨石地面或大理石地面完成后,应用苫布覆盖;落水口、排水管安好后加覆盖,以防堵塞。

4) 封

封就是局部封闭。如室内塑料墙纸、木地板油漆完成后,应立即锁门封闭;屋面防水完成后,就封闭上屋面的楼梯门或出入口。

3. 竣工验收阶段的质量控制

根据《建筑工程施工质量验收统一标准》(GB 50300—2001),建筑工程施工质量应按下列要求进行验收:

1) 建筑工程施工质量应符合本标准和相关专业验收规范的规定。

2) 建筑工程施工应符合工程勘察、设计文件的要求。

3) 参加工程施工质量验收的各方人员应具备规定的资格。

4) 工程质量的验收均应在施工单位自行检查评定的基础上进行。

5) 隐蔽工程在隐蔽前应由施工单位通知有关单位进行验收,并应形成验收文件。

6) 涉及结构安全的试块、试件以及有关材料,应按规定进行见证取样检测。

7) 检验批的质量应按主控项目和一般项目验收。
8) 对涉及结构安全和使用功能的重要分部工程应进行抽样检测。
9) 承担见证取样检测及有关结构安全检测的单位应具有相应资质。
10) 工程的观感质量应由验收人员通过现场检查,并应共同确认。

该标准对建筑工程质量验收划分为检验批、子分部和子单位。检验批可根据施工及质量控制和专业验收需要按楼层、施工段、变形缝等进行划分;当分部工程较大或较复杂时,可按材料种类、施工特点、施工程序、专业系统及类别等划分为若干子分部工程;建筑规模较大的单位工程,可将其能形成独立使用功能的部分作为一个子单位工程。

(1) 最终质量检验和试验

单位工程质量验收也称质量竣工验收,是建筑工程投入使用前的最后一次验收,也是最重要的一次验收。验收合格的条件有五个:构成单位工程的各分部工程应该合格,并且有关的资料文件应完整以外,还须进行以下三方面的检查。

涉及安全和使用功能的分部工程应进行检验资料的复查。不仅要全面检查其完整性(不得有漏检缺项),而且对分部工程验收时补充进行的见证抽样检验报告也要复核。这种强化验收的手段体现了对安全和主要使用功能的重视。

此外,对主要使用功能还须进行抽查。使用功能的检查是对建筑工程和设备安装工程最终质量的综合检验,也是用户最关心的内容。因此,在分项、分部工程验收合格的基础上,竣工验收时再作全面检查。抽查项目是在检查资料文件的基础上由参加验收的各方人员商量,并用计量、计数的抽样方法确定检查部位。检查要求按有关专业工程施工质量验收标准的要求进行。

最后,还须由参加验收的各方人员共同进行观感质量检查。观感质量验收,往往难以定量,只能以观察、触摸或简单量测的方式进行,并由个人的主观印象判断,检查结果并不给出"合格"或"不合格"的结论,而是综合给出质量评价,最终确定是否通过验收。

单位工程技术负责人应按编制竣工资料的要求收集和整理原材料、构件、零配件和设备的质量合格证明材料、验收材料,各种材料的试验检验资料,隐蔽工程、分项工程和竣工工程验收记录,其他的施工记录等。

(2) 技术资料的整理

技术资料,特别是永久性技术资料,是施工项目进行竣工验收的主要依据,也是项目施工情况的重要记录。因此,技术资料的整理要符合有关规定及规范的要求,必须做到准确、齐全,能够满足建设工程进行维修、改造、扩建时的需要,其主要内容有:

1) 工程项目开工报告;
2) 工程项目竣工报告;
3) 图纸会审和设计交底记录;
4) 设计变更通知单;
5) 技术变更核定单;
6) 工程质量事故发生后调查和处理资料;
7) 水准点位置、定位测量记录、沉降及位移观测记录;
8) 材料、设备、构件的质量合格证明资料;
9) 试验、检验报告;

10）隐蔽工程验收记录及施工日志；
11）竣工图；
12）质量验收评定资料；
13）工程竣工验收资料。

监理工程师应对上述技术资料进行审查，并请建设单位及有关人员，对技术资料进行检查验证。

(3) 施工质量缺陷的处理

我国国家标准 GB/T 19000 中"缺陷"的含义是："未满足与预期或规定用途有关的要求"。要注意区别"缺陷"和"不合格"两个术语的含义。不合格是指未满足要求，该"要求"是指"明示的、习惯上隐含的或必须履行的需求或期望"，是一个包含多方面内容的"要求"，当然，也应包括"与期望或规定的用途有关的要求"。而"缺陷"是指未满足其中特定的(与预期或规定用途有关的)要求，例如，安全性有关的要求。它是一种特定范围内的"不合格"，因涉及产品责任称之为"缺陷"。

对于工程质量缺陷可采用的处理方案：

1) 修补处理

当工程的某些部分的质量虽未达到规定的规范、标准或设计要求，存在一定的缺陷，但经过修补后还可达到要求的标准，又不影响使用功能或外观要求的，可以做出进行修补处理的决定。例如，某些混凝土结构表面出现蜂窝麻面，经调查、分析，该部位经修补处理后，不影响其使用及外观要求。

2) 返工处理

当工程质量未达到规定的标准或要求，有明显的严重质量问题，对结构的使用和安全有重大影响，而又无法通过修补办法给予纠正时，可以做出返工处理的决定。例如，某工程预应力按混凝土规定张力系数为 1.3，但实际仅为 0.9，属于严重的质量缺陷，也无法修补，只能做出返工处理的决定。

3) 限制使用

当工程质量缺陷按修补方式处理无法保证达到规定的使用要求和安全，而又无法返工处理的情况下，不得已时可以做出结构卸荷、减荷以及限制使用的决定。

4) 不做处理

某些工程质量缺陷虽不符合规定的要求或标准，但其情况不严重，经过分析、论证和慎重考虑后，可以做出不做处理的决定。可以不做处理的情况有：不影响结构安全和使用要求；经过后续工序可以弥补的不严重的质量缺陷；经复核验算，仍能满足设计要求的质量缺陷。

(4) 工程竣工文件的编制和移交准备

1) 项目可行性研究报告，项目立项批准书，土地、规划批准文件，设计任务书，初步(或扩大初步)设计，工程概算等。

2) 竣工资料整理，绘制竣工图，编制竣工决算。

3) 竣工验收报告；建设项目总说明；技术档案建立情况；建设情况；效益情况；存在和遗留问题等。

4) 竣工验收报告书的主要附件：竣工项目概况一览表；已完单位工程一览表；已完设备一览表；应完未完设备一览表；竣工项目财务决算综合表；概算调整与执行情况一览表；交付

使用(生产)单位财产总表及交付使用(生产)财产一览表;单位工程质量汇总项目(工程)总体质量评价表。

工程项目交接是在工程质量验收之后,由承包单位向业主进行移交项目所有权的过程。工程项目移交前,施工单位要编制竣工结算书,还应将成套工程技术资料进行分类整理,编目建档。

(5) 产品防护

竣工验收期要定人定岗,采取有效防护措施,保护已完工程,发生丢失、损坏时应及时补救。设备、设施未经允许不得擅自启用,防止设备失灵或设施不符合使用要求。

(6) 撤场计划

工程交工后,项目经理部编制的撤场计划的内容应包括:施工机具、暂设工程、建筑残土、剩余构件在规定时间内全部拆除运走,达到场清地平;有绿化要求的,达到树活草青。

6.3.2 施工项目质量控制的过程

任何工程都是由分项工程、分部工程和单位工程所组成,施工项目是通过一道道工序来完成的。所以,施工项目的质量控制是从工序质量到分项工程质量、分部工程质量、单位工程质量的系统控制过程(图6-4a);也是一个由对投入原材料的质量控制开始,直到完成工程质量检验为止的全过程的系统过程(图6-4b)。

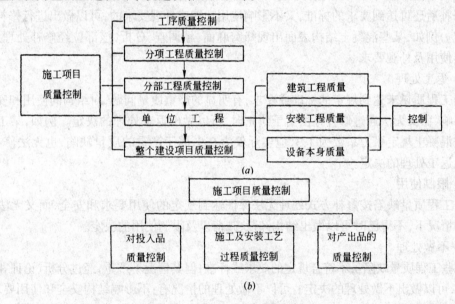

图6-4 施工项目质量控制过程

6.3.3 施工项目质量控制的对策

对施工项目而言,质量控制,就是为了确保合同、规范所规定的质量标准,所采取的一系列检测、监控措施、手段和方法。在进行施工项目质量控制过程中,为确保工程质量,其主要对策如下:

1. 以人的工作质量确保工程质量

工程质量是人(包括参与工程建设的组织者,指挥者和操作者)所创造的。人的政治思想素质、责任感、事业心、质量观、业务能力、技术水平等均直接影响工程质量。据统计资料证明,88%的质量安全事故都是人的失误所造成。为此,我们对工程质量的控制始终应"以人为本",狠抓人的工作质量,避免人的失误;充分调动人的积极性,发挥人的主导作用,增强人的质量观和责任感,使每个人牢牢树立"百年大计,质量第一"的思想,认真负责地搞好本职工作,以优秀的工作质量来创造优质的工程质量。

2. 严格控制投入品的质量

任何一项工程施工,均需投入大量的各种原材料、成品、半成品、构配件和机械设备,要采用不同的施工工艺和施工方法,这是构成工程质量的基础。投入品质量不符合要求,工程质量也就不可能符合标准,所以,严格控制投入品的质量,是确保工程质量的前提。为此,对投入品的订货、采购、检查、验收、取样、试验均应进行全面控制,从组织货源,优选供货厂家,直到使用认证,做到层层把关;对施工过程中所采用的施工方案要进行充分论证,要做到工艺先进、技术合理、环境协调,这样才有利于安全文明施工,有利于提高工程质量。

3. 全面控制施工过程,重点控制工序质量

任何一个工程项目都是由若干分项、分部工程所组成,要确保整个工程项目的质量,达到整体优化的目的,就必须全面控制施工过程,使每一个分项、分部工程都符合质量标准。而每一个分项、分部工程,又是通过一道道工序来完成,由此可见,工程质量是在工序中所创造的,为此,要确保工程质量就必须重点控制工序质量。对每一道工序质量都必须进行严格检查,当上一道工序质量不符合要求时,决不允许进入下一道工序施工。这样,只要每一道工序质量都符合要求,整个工程项目的质量就能得到保证。

4. 严把分项工程质量检验评定关

分项工程质量等级是分部工程、单位工程质量等级评定的基础;分项工程质量等级不符合标准,分部工程、单位工程的质量也不可能评为合格;而分项工程质量等级评定正确与否,又直接影响分部工程和单位工程质量等级评定的真实性和可靠性。为此,在进行分项工程质量检验评定时,一定要坚持质量标准,严格检查,一切用数据说话,避免出现第一、第二判断错误。

5. 贯彻"以预防为主"的方针

"以预防为主",防患于未然,把质量问题消灭于萌芽之中,这是现代化管理的观念。预防为主就是要加强对影响质量因素的控制,对投入品质量的控制;就是要从对质量的事后检查把关,转向对质量的事前控制、事中控制;从对产品质量的检查,转向对工作质量的检查、对工序质量的检查、对中间产品的质量检查。这些是确保施工项目质量的有效措施。

6. 严防系统性因素的质量变异

系统性因素,如使用不合格的材料、违反操作规程、混凝土达不到设计强度等级、机械设备发生故障等,均必然会造成不合格产品或工程质量事故。系统性因素的特点是易于识别、易于消除,是可以避免的;只要我们增强质量观念,提高工作质量,精心施工,完全可以预防系统性因素引起的质量变异。为此,工程质量的控制,就是要把质量变异控制在偶然性因素引起的范围内,要严防或杜绝由系统性因素引起的质量变异,以免造成工程质量事故。

6.3.4 施工质量计划编制

1. GB/T 19000 中关于质量计划的定义:对特定项目、产品、过程或合同,规定由谁及何时应使用哪些程序相关资源的文件。

对上述定义有三点说明:

(1) 这些程序通常包括所涉及的那些质量管理过程和产品实现过程。

(2) 通常,质量计划引用质量手册的部分内容或程序文件。

(3) 质量计划通常是质量策划的结果之一。

在合同环境下,质量计划是企业向顾客表明质量管理方针、目标及其具体实现的方法、手段和措施,体现企业对质量责任的承诺和实施的具体步骤。

在合同环境下,如果顾客明确提出编制质量计划的要求,则企业编制的质量计划需取得顾客的认可。一旦批准生效,企业必须严格按计划实施,顾客将用质量计划来评定供方是否能履行合同规定的质量要求。

2. 施工质量计划的编制主体是施工承包企业。在总承包的情况下,分包企业的施工质量计划是总承包施工质量计划的组成部分。总包应对分包施工质量计划的编制进行指导和审核,并承担施工质量的连带责任。

3. 项目的质量计划是针对具体项目的特殊要求,以及应重点控制的环节所编制的对设计、采购、制造、检验、包装、发运等的质量控制方案。一般不是单独一个文件而是由一系列文件所组成。

根据建筑工程施工的特点,目前我国工程项目施工的质量计划常用施工组织设计或施工项目管理实施规划的文件形式进行编制。

4. 如果企业已经建立质量管理体系,质量计划的内容必须全面体现和落实企业质量管理体系文件的要求,也可以引用质量手册或程序文件中适用的条款。

(1) 质量计划可以规定以下内容:

1) 需要达到的质量目标(例如,特性或规范、可靠性、综合指标等);

2) 企业实际运作的各过程的步骤(可以用流程图等形式展示过程的各项活动);

3) 在项目的不同阶段,职责、权限和资源的具体分配;

4) 实施中需采用的具体书面程序和指导书;

5) 有关阶段(如设计、采购、生产、检验等)适用的试验、检查、检验和评审大纲;

6) 达到质量目标的测量方法;

7) 随项目的进展而修改和完善质量计划的程序;

8) 为达到质量目标必须采取的其他措施,如更新检验技术、研究新的工艺方法和设备、用户的监督、验证等。

(2) 结合工程项目的特点,施工质量计划的内容一般应包括:

1) 工程特点及施工条件分析(合同条件、法规条件和现场条件);

2) 履行施工合同所必须达到的工程质量总目标及其分解目标;

3) 质量管理组织机构、人员及资源配置计划;

4) 为确保工程质量所采取的施工技术方案、施工程序;

5) 材料设备质量管理及控制措施;

6) 工程测量项目计划及方法等。

5. 施工质量计划的组成内容包括施工质量控制点

(1) 施工质量控制点必须贯彻的原则

1) 抓住关键少数的原则。应重点控制对施工质量影响十分关键的工序。必须针对具体项目,运用专业分析技术进行质量分析与工艺分析,研究工序与构配件、工程质量之间的相互关系,研究质量特性与相关因素之间的关系,确定必须重点控制的关键技术、关键环节和关键质量特性,针对关键的少数重点采取预防控制措施。

2) 20/80原则。影响施工质量稳定的因素,可归纳为操作因素和管理因素。按照缺陷可控性研究理论可知,操作者可控缺陷一般占20%左右,而管理者可控缺陷一般占80%左右。因此,首先必须从管理上采取措施,为操作者创造良好的环境,为稳定施工质量提供必要条件。

3) 落实质量职能,实行系统控制原则。凡质量控制中涉及到有关的设备、工具、计量器具、工序检验及操作作业等控制职能,应分别落实到有关部门。

(2) 施工质量控制的内容

进行施工质量控制时,应着重于以下四方面的工作。

1) 严格遵守工艺规程

施工工艺和操作规程,是进行施工操作的依据和法规,是确保工序质量的前提,任何人都必须严格执行,不得违犯。

2) 主动控制工序活动条件的质量

工序活动条件包括的内容较多,主要是指影响质量的五大因素:即施工操作者、材料、施工机械设备、施工方法和施工环境等。只要将这些因素切实有效地控制起来,使它们处于被控制状态,确保工序投入品的质量,避免系统性因素变异发生,就能保证每道工序质量正常、稳定。

3) 及时检验工序活动效果的质量

工序活动效果是评价工序质量是否符合标准的尺度。为此,必须加强质量检验工作,对质量状况进行综合统计与分析,及时掌握质量状态。一旦发现质量问题,随即研究处理,自始至终使工序活动效果的质量,满足规范和标准的要求。

4) 设置工序质量控制点

控制点是指为了保证工序质量而需要进行控制的重点、或关键部位、或薄弱环节,以便在一定时期内、一定条件下进行强化管理,使工序处于良好的控制状态。

(3) 施工质量控制点的设置

1) 对工程质量形成过程的各个过程进行全面分析,凡对工程的适用性、安全性、可靠性、经济性有直接影响的关键部位设立控制点,如:高层建筑垂直度、预应力张拉、楼面标高控制等。

2) 对下道工序有较大影响的上道工序设立控制点,如:砖墙粘结率、墙体混凝土浇捣等。

3) 对质量不稳定,经常容易出现不良品的工序设立控制点,如:阳台地坪、门窗装修等。

4) 对用户反馈和过去有过返工的不良工序,如:屋面、防水层铺设等。

(4) 施工质量控制点的种类

1) 以质量特性值为对象设置控制点;

2) 以设备为对象设置控制点;

3) 以工序为对象设置控制点;

4) 以管理工作为对象设置控制点。

(5) 施工质量控制点设置步骤

在设置质量控制点时,首先要对施工的工程对象进行全面分析、比较,以明确质量控制点;而后进一步分析所设置的质量控制点在施工中可能出现的质量问题、或造成质量隐患的原因,针对隐患的原因,相应地提出对策措施予以预防。由此可见,设置质量控制点,是对工程质量进行预控的有力措施。

(6) 施工质量控制点举例

1) 人的行为

某些工序或操作重点应控制人的行为,避免人的失误造成质量问题。如对高空作业、水下作业、危险作业、易燃易爆作业,重型构件吊装或多机抬吊,动作复杂而快速运转的机械操作,精密度和操作要求高的工序,技术难度大的工序等,都应从人的生理缺陷、心理活动、技术能力、思想素质等方面对操作者全面进行考核。事前还必须反复交底,提醒注意事项,以免产生错误行为和违纪违章现象。

2) 物的状态

在某些工序或操作中,则应以物的状态作为控制的重点。如加工精度与施工机具有关;计量不准与计量设备、仪表有关;危险源与失稳、倾覆、腐蚀、毒气、振动、冲击、火花、爆炸等有关,也与立体交叉、多工种密集作业场所有关等。也就是说,根据不同工序的特点,有的应以控制机具设备为重点,有的应以防止失稳、倾覆、过热、腐蚀等危险源为重点,有的则应以作业场所作为控制的重点。

3) 材料的质量和性能

材料的质量和性能是直接影响工程质量的主要因素。尤其是某些工序,更应将材料的质量和性能作为控制的重点。如预应力混凝土中的钢筋加工,就要求钢筋匀质、弹性模量一致,含硫(S)量和含磷(P)量不能过大,以免产生热脆和冷脆;Ⅳ级钢筋可焊性差,易热脆,用作预应力混凝土中的钢筋时,应尽量避免对焊接头,焊后要进行通电热处理;又如,石油沥青卷材,只能用石油沥青冷底子油和石油沥青胶铺贴,不能用焦油沥青冷底子油或焦油沥青胶铺贴,否则,就会影响质量。

4) 关键的操作

如预应力混凝土中的钢筋张拉,在张拉程序为 $0 \rightarrow 1.05\sigma_{con}$(持荷 2min)$\rightarrow \sigma_{con}$ 中,要进行超张拉和持荷 2min。超张拉的目的,是为了减少混凝土弹性压缩和徐变,减少钢筋的松弛、孔道摩阻力、锚具变形等原因所引起的应力损失;持荷 2min 的目的,是为了加速钢筋松弛的早发展,减少钢筋松弛的应力损失。在操作中,如果不进行超张拉和持荷 2min,就不能可靠地建立预应力值;若张拉应力控制不准,过大或过小,亦不可能可靠地建立预应力值,这均会严重影响预应力的构件的质量。

5) 施工顺序

有些工序或操作,必须严格控制相互之间的先后顺序。如冷拉钢筋,一定要先对焊后冷拉,否则,就会失去冷强。屋架的固定,一定要采取对角同时施焊,以免焊接应力使已校正好的屋架发生倾斜。升板法施工的脱模,应先四角、后四边、再中央,即先同时开动四个角柱上的升板机,时间控制为 10s,约升高 5~8mm 为止,然后按同样的方法依次开动四边边柱的升板机和中间柱子上的升板机,这样使板分开后,再调整升差,整体同步提升,否则,将会造成板的断裂。或者采取从一排开始,逐排提升的办法,即先开动第一排柱上的升板机,约 10s,升高 5~8mm 后,再依次开动第二排、第三排柱上的升板机,以同样的方法使板分开后再整体同步提升。升板脱模是升板法施工成败的关键,若不遵循脱模的顺序,一开始就整体提升,则因板间的吸附力和粘结力过大,必然造成板的破坏。

6) 技术间隙

有些工序之间的技术间歇时间性很强,如不严格控制亦会影响质量。如分层浇筑混凝土,必须待下层混凝土未初凝时将上层混凝土浇完。卷材防水屋面,必须待找平层干燥后才能刷冷底子油,待冷底子油干燥后,才能铺贴卷材。砖墙砌筑后,一定要有6~10天时间让墙体充分沉陷、稳定、干燥,然后才能抹灰,抹灰层干燥后,才能喷白、刷浆等。

7) 技术参数

有些技术参数与质量密切相关,亦必须严格控制。如外加剂的掺量,混凝土的水灰比,沥青胶的耐热度,回填土、三合土的最佳含水量,灰缝的饱满度,防水混凝土的抗渗等级等,都将直接影响强度、密实度、抗渗性和耐冻性,亦应作为工序质量控制点。

8) 常见的质量通病

常见的质量通病,如渗水、漏水、起壳、起砂、裂缝等,都与工序操作有关,均应事先研究对策,提出预防措施。

9) 新工艺、新技术、新材料应用

当新工艺、新技术、新材料虽已通过鉴定、试验,但施工操作人员缺乏经验,又是初次进行施工时,也必须对其工序操作作为重点严加控制。

10) 质量不稳定、质量问题较多的工序

通过质量数据统计,表明质量波动、不合格率较高的工序,也应作为质量控制点设置。

11) 特殊土地基和特种结构

对于湿陷性黄土、膨胀土、红黏土等特殊土地基的处理,以及大跨度结构、高耸结构等技术难度较大的施工环节和重要部位,更应特别控制。

12) 施工工法

施工工法中对质量产生重大影响问题,如升板法施工中提升差的控制问题,预防群柱失稳问题;液压滑模施工中支承杆失稳问题,混凝土被拉裂和坍塌问题,建筑物倾斜和扭转问题;大模板施工中模板的稳定和组装问题等,均是质量控制的重点。

综上所述,质量控制点的设置是保证施工过程质量的有力措施,也是进行质量控制的重要手段。表6-1所示,为建筑工程质量控制点设置的一般位置示例。

质量控制点的设置位置 表6-1

分项工程	质量控制点
工程测量定位	标准轴线桩、水平桩、龙门板、定位轴线、标高
地基、基础(含设备基础)	基坑(槽)尺寸、标高、土质、地基承载力、基础垫层标高、基础位置、尺寸、标高、预留洞孔、预埋件的位置、规格、数量,基础墙皮数杆及标高、标底弹线
砌体	砌体轴线,皮数杆,砂浆配合比,预留洞孔、预埋位置、数量,砌块排列
模板	位置、尺寸、标高,预埋件位置,预留洞孔尺寸、位置,模板承载力及稳定性,模板内部清理及润湿情况
钢筋混凝土	水泥品种、强度等级,砂石质量,混凝土配合比,外加剂比例,混凝土振捣,钢筋品种、规格、尺寸、搭接长度,钢筋焊接,预留洞、孔及预埋件规格、数量、尺寸、位置,预制构件吊装或出场(脱模)强度,吊装位置、标高、支承长度、焊缝长度
吊装	吊装设备起重能力、吊具、索具、地锚
钢结构	翻样图、放大样
焊接	焊接条件、焊接工艺
装修	视具体情况而定

6. 施工质量计划编制完毕,应经企业技术领导审核批准,并按施工承包合同的约定提

交工程监理或建设单位批准确认后执行。

6.3.5 施工生产要素的质量控制

1. 影响施工质量的五大要素

(1) 劳动主体——人员素质,即作业者、管理者的素质及其组织效果。

(2) 劳动对象——材料、半成品、工程用品、设备等的质量。

(3) 劳动方法——采取的施工工艺及技术措施的水平。

(4) 劳动手段——工具、模具、施工机械、设备等条件。

(5) 施工环境——现场水文、地质、气象等自然环境,通风、照明、安全等作业环境以及协调配合的管理环境。

2. 对五大要素的质量控制(见6.1.3)

6.3.6 施工作业过程的质量控制

1. 施工作业过程的质量控制,即是对各道工序的施工质量控制。

2. 施工作业过程质量控制的基本程序

(1) 作业技术交底:施工方法、作业技术要领、质量要求、验收标准、施工过程中需注意的问题。

(2) 检查施工工序、程序的合理性、科学性:施工总体流程、施工作业的先后顺序。一般应坚持先准备后施工、先地下后地上、先深后浅、先土建后安装、先验收后交工等。

(3) 检查工序施工条件:水、电动力供应,施工照明,安全防护设备,施工场地空间条件和通道,使用的工具、器具,使用的材料和构、配件等。

(4) 检查工序施工中人员操作程序、操作方法和操作质量是否符合质量规程要求。

(5) 对工序和隐蔽工程进行验收。

(6) 经验收合格的工序准予进入下一道工序的施工;反之,不得进入下一道工序施工。

3. 施工工序质量控制要求

(1) 坚持预防为主。事先分析影响工序质量的各种因素,找出主导因素,采取措施加以重点控制,使质量问题消灭在发生之前或萌芽状态。

(2) 进行工序质量检查。利用一定的方法和手段,对工序操作及其完成的可交付成果的质量进行检查、测定,并将实测结果与操作规程、技术标准进行比较,从而掌握施工质量状况。具体的检查方法为工序操作、质量巡查、抽查及重要部位的跟踪检查。

(3) 按目测、实测及抽样试验程序,对工序产品、分项工程作出合格及不合格判断。

(4) 对合格工序产品应及时提交监理,经其确认合格后予以签认验收。

(5) 完善质量记录资料。质量记录资料主要包括各项检查记录、检测资料及验收资料。质量记录资料应真实、齐全、完整,作为工程质量验收的依据,也可为工程质量分析提供可追溯的依据。

6.3.7 建筑工程施工质量验收

《建筑工程施工质量验收统一标准》(GB 50300—2001)坚持了"验评分离、强化验收、完善手段、过程控制"的指导思想,将有关建筑工程的施工及验收规范和工程质量检验评定标准合并,组成新的工程质量验收规范体系,以统一建筑工程施工质量的验收方法、质量标准和程序。此标准规定了建筑工程各专业工程施工验收规范编制的统一准则和单位工程验收质量标准,内容和程序等;增加了建筑工程施工现场质量管理和质量控制要求;提出了检验批质量检验的抽样方案要求；规定了建筑工程质量验收中子单位和子分部工程的划分、涉及建筑工程安全和主要使用功能的见证取样及抽样检测。建筑工程各专业工程施工质量验收规范必须与此标准配合使用。

在工程项目管理过程中，进行工程项目质量的验收，是施工项目质量管理的重要内容。项目经理必须根据合同和设计图纸的要求，严格执行国家颁发的有关工程项目质量验收标准，及时地配合监理工程师、质量监督站等有关人员进行质量评定和办理竣工验收交接手续。工程项目质量验收程序是按分项工程、分部工程、单位工程依次进行；工程项目质量等级只有"合格"，凡不合格的项目则不予验收。现将工程项目质量验收的有关内容阐述如下。

1. 基本规定

(1) 建立质量责任制

施工单位应建立质量责任制，确定工程项目的项目经理、技术负责人和施工管理负责人，施工单位对建设工程的施工质量负责。

施工现场质量管理检查记录应由施工单位按表6-2填写，总监理工程师(建设单位项目负责人)进行检查，并做出检查结论。

施工现场质量管理检查记录　　　开工日期：　　　表6-2

工程名称		施工许可证(开工证)	
建设单位		项目负责人	
设计单位		项目负责人	
监理单位		总监理工程师	
施工单位		项目经理	项目技术负责人

序号	项目	内容
1	现场质量管理制度	
2	质量责任制	
3	主要专业工程操作上岗证书	
4	分包方资质与对分包单位的管理制度	
5	施工图审查情况	
6	地质勘察资料	
7	施工组织设计、施工方案及审批	
8	施工技术标准	
9	工程质量检验制度	
10	搅拌站及计量设置	
11	现场材料、设备存放与管理	
12		

检查结论：

总监理工程师
(建设单位项目负责人)　　　　　　　　　　　　　　　年　月　日

施工单位应有健全的质量管理体系，质量管理体系能将影响质量的技术、管理、人员和资源等因素综合在一起，在质量方针的指引下，为达到质量目标而互相配合。

质量控制的范围涉及工程质量形成全过程的各个环节,任一环节的工作没做好,都会使工程质量受到损害而不能满足质量要求。施工单位应推行生产控制和合格控制的全过程质量控制,应有健全的生产控制和合格控制的质量管理体系。这里不仅包括原材料控制、工艺流程控制、施工操作控制、每道工序质量检查、各道相关工序间的交接检验以及专业工种之间等中间交接环节的质量管理和控制要求,还应包括满足施工图设计和功能要求的抽样检验制度等。施工单位还应通过内审和管理评审,找出质量管理体系中存在的问题和薄弱环节,并制订改进措施和跟踪检查落实等措施,使质量管理体系不断完善。

施工单位还应重视综合质量控制水平,应从施工技术、管理制度、工程质量控制和工程质量等方面制订对施工企业综合质量控制水平的指标,以达到提高整体素质和经济效益的目的。

(2) 施工质量控制的主要方面

1) 建筑工程采用的主要材料、半成品、成品、建筑构配件、器具和设备应进行现场验收。凡涉及安全、功能的有关产品,应按各专业工程质量验收规范规定进行复验,并应经监理工程师(建设单位技术负责人)检查认可。

2) 各工序应按施工技术标准进行质量控制,每道工序完成后,应进行检查。

3) 相关各专业工种之间,应进行交接检验,并形成记录。未经监理工程师(建设单位技术负责人)检查认可,不得进行下道工序施工。

(3) 建筑工程质量验收的基本要求:

1) 建筑工程施工质量应符合《建筑工程施工质量验收统一标准》和相关专业验收规范的规定。

2) 建筑工程施工应符合工程勘察、设计文件的要求。

3) 参加工程施工质量验收的各方人员应具备规定的资格。

4) 工程质量的验收均应在施工单位自行检查评定的基础上进行。

5) 隐蔽工程在隐蔽前应由施工单位通知有关单位进行验收,并应形成验收文件。

6) 涉及结构安全的试块、试件以及有关材料,应按规定进行见证取样检测。

7) 检验批的质量应按主控项目和一般项目验收。

8) 对涉及结构安全和使用功能的重要分部工程应进行抽样检测。

9) 承担见证取样检测及有关结构安全检测的单位应具有相应资质。

10) 工程的观感质量应由验收人员通过现场检查,并应共同确认。

(4) 检验批质量检验抽样方案

1) 计量、计数或计量—计数等抽样方案。

2) 一次、二次或多次抽样方案。

3) 根据生产连续性和生产控制稳定性情况,尚可采用调整型抽样方案。

4) 对重要的检验项目当可采用简易快速的检验方法时,可选用全数检验方案。

5) 经实践检验有效的抽样方案。

(5) 对抽样检验风险控制的规定

合格质量水平的生产方风险 α,是指合格批被判为不合格的概率,即合格批被拒收的概率;使用方风险 β 为不合格批被判为合格批的概率,即不合格批被误收的概率。抽样检验必然存在这两类风险。

在制定检验批的抽样方案时,对生产方风险(或错判概率 α)和使用方风险(或漏判概率 β)可按下列规定采取:

1) 主控项目:对应于合格质量水平的 α 和 β 均不宜超过 5%。
2) 一般项目:对应于合格质量水平的 α 不宜超过 5%,β 不宜超过 10%。

2. 工程质量验收的划分

工程质量验收项目,一般划分为分项工程、分部工程和单位工程。由于各类工程的内容、特点、规模、形式、形成的过程和管理方法的不同,划分分项、分部和单位工程的方法也不一样,但其目的和要求基本相同,要有利于质量管理和质量控制。现就建筑工程的质量验收项目的划分方法阐述于下。

建筑工程包括各类房屋及建筑物、构筑物的建筑工程和为创造生产、生活环境的建筑设备安装工程等。

(1) 建筑工程质量验收应划分为单位(子单位)工程、分部(子分部)工程、分项工程和检验批。
(2) 单位工程的划分应按下列原则确定:
1) 具备独立施工条件并能形成独立使用功能的建筑物及构筑物为一个单位工程。
2) 建筑规模较大的单位工程,可将其能形成独立使用功能的部分为一个子单位工程。
(3) 分部工程的划分应按下列原则确定:
1) 分部工程的划分应按专业性质、建筑部位确定。
2) 当分部工程较大或较复杂时,可按材料种类、施工特点、施工程序、专业系统及类别等划分为若干子分部工程。
(4) 分项工程应按主要工种、材料、施工工艺、设备类别等进行划分。

建筑工程的分部(子分部)、分项工程可按表 6-3 采用。

建筑工程的分部(子分部)工程、分项工程划分　　　　　　　表 6-3

序号	分部工程	子分部工程	分 项 工 程
1	地基与基础	无支护土方	土方开挖、土方回填
		有支护土方	排桩,降水、排水,地下连续墙,锚杆,土钉墙,水泥土桩,沉井与沉箱,钢及混凝土支撑
		地基处理	灰土地基、砂和砂石地基、碎砖三合土地基,土工合成材料地基,粉煤灰地基,重锤夯实地基,强夯地基,振冲地基,砂桩地基,预压地基,高压喷射注浆地基,土和灰土挤密桩地基,注浆地基,水泥粉煤灰碎石桩地基,夯实水泥土桩地基
		桩基	锚杆静压桩及静力压桩,预应力离心管桩,钢筋混凝土预制桩,钢桩,混凝土灌注桩(成孔、钢筋笼、清孔、水下混凝土灌注)
		地下防水	防水混凝土,水泥砂浆防水层,卷材防水层,涂料防水层,金属板防水层,塑料板防水层,细部构造,喷锚支护,复合式衬砌,地下连续墙,盾构法隧道,渗排水、盲沟排水,隧道、坑道排水;预注浆、后注浆,衬砌裂缝注浆
		混凝土基础	模板、钢筋、混凝土,后浇带混凝土,混凝土结构缝处理
		砌体基础	砖砌体,混凝土砌块砌体,配筋砌体,石砌体
		劲钢(管)混凝土	劲钢(管)焊接,劲钢(管)与钢筋的连接,混凝土
		钢结构	焊接钢结构,栓接钢结构,钢结构制作,钢结构安装,钢结构涂装

续表

序号	分部工程	子分部工程	分项工程
2	主体结构	混凝土结构	模板,钢筋,混凝土,预应力,现浇结构,装配式结构
		劲钢(管)混凝土结构	劲钢(管)焊接,螺栓连接,劲钢(管)与钢筋的连接,劲钢(管)制作、安装,混凝土
		砌体结构	砖砌体,混凝土小型空心砌块砌体,石砌体,填充墙砌体,配筋砖砌体
		钢结构	钢结构焊接,紧固件连接,钢零部件加工,单层钢结构安装,多层及高层钢结构安装,钢结构涂装,钢构件组装,钢构件预拼装,钢网架结构安装,压型金属板
		木结构	方木和原木结构,胶合木结构,轻型木结构,木构件防护
		网架和索膜结构	网架制作,网架安装,索膜安装,网架防火、防腐涂料
3	建筑装饰装修	地面	整体面层:基层,水泥混凝土面层,水泥砂浆面层,水磨石面层,防油渗面层,水泥钢(铁)屑面层,不发火(防爆的)面层;板块面层:基层,砖面层(陶瓷锦砖、缸砖、陶瓷地砖和水泥花砖面层),大理石面层和花岗石面层,预制板块面层(预制水泥混凝土、水磨石板块面层),料石面层(条石、块石面层),塑料板面层,活动地板面层,地毯面层;木竹面层:基层,实木地板面层(条材、块材面层),实木复合地板面层(条材、块材面层),中、小密度(强化)复合地板面层(条材面层),竹地板面层
		抹灰	一般抹灰,装饰抹灰,清水砌体勾缝
		门窗	木门窗制作与安装,金属门窗安装,塑料门窗安装,特种门安装,门窗玻璃安装
		吊顶	暗龙骨吊顶,明龙骨吊顶
		轻质隔墙	板材隔墙,骨架隔墙,活动隔墙,玻璃隔墙
		饰面板(砖)	饰面板安装,饰面砖粘贴
		幕墙	玻璃幕墙,金属幕墙,石材幕墙
		涂饰	水性涂料涂饰,溶剂型涂料涂饰,美术涂饰
		裱糊与软包	裱糊、软包
		细部	橱柜制作与安装,窗帘盒、窗台板和暖气罩制作与安装,门窗套制作与安装,护栏和扶手制作与安装,花饰制作与安装
4	建筑屋面	卷材防水屋面	保温层,找平层,卷材防水层,细部构造
		涂膜防水屋面	保温层,找平层,涂膜防水层,细部构造
		刚性防水屋面	细石混凝土防水层,密封材料嵌缝,细部构造
		瓦屋面	平瓦屋面,油毡瓦屋面,金属板屋面,细部构造
		隔热屋面	架空屋面,蓄水屋面,种植屋面
5	建筑给水、排水及采暖	室内给水系统	给水管道及配件安装,室内消火栓系统安装,给水设备安装,管道防腐,绝热
		室内排水系统	排水管道及配件安装,雨水管道及配件安装
		室内热水供应系统	管道及配件安装,辅助设备安装,防腐,绝热

续表

序号	分部工程	子分部工程	分项工程
5	建筑给水、排水及采暖	卫生器具安装	卫生器具安装,卫生器具给水配件安装,卫生器具排水管道安装
		室内采暖系统	管道及配件安装,辅助设备及散热器安装,金属辐射板安装,低温热水地板辐射采暖系统安装,系统水压试验及调试,防腐,绝热
		室外给水管网	给水管道安装,消防水泵接合器及室外消火栓安装,管沟及井室
		室外排水管网	排水管道安装,排水管沟与井池
		室外供热管网	管道及配件安装,系统水压试验及调试,防腐,绝热
		建筑中水系统及游泳池系统	建筑中水系统管道及辅助设备安装,游泳池水系统安装
		供热锅炉及辅助设备安装	锅炉安装,辅助设备及管道安装,安全附件安装,烘炉、煮炉和试运行,换热站安装,防腐,绝热
6	建筑电气	室外电气	架空线路及杆上电气设备安装,变压器、箱式变电所安装,成套配电柜、控制柜(屏、台)和动力、照明配电箱(盘)及控制柜安装,电线、电缆导管和线槽敷设,电线、电缆穿管和线槽敷设,电缆头制作、导线连接和线路电气试验,建筑物外部装饰灯具、航空障碍标志灯和庭院路灯安装,建筑照明通电试运行,接地装置安装
		变配电室	变压器、箱式变电所安装,成套配电柜、控制柜(屏、台)和动力、照明配电箱(盘)安装,裸母线、封闭母线、插接式母线安装,电缆沟内和电缆竖井内电缆敷设,电缆头制作、导线连接和线路电气试验,接地装置安装,避雷引下线和变配电室接地干线敷设
		供电干线	裸母线、封闭母线、插接式母线安装,桥架安装和桥架内电缆敷设,电缆沟内和电缆竖井内电缆敷设,电线、电缆导管和线槽敷设,电线、电缆穿管和线槽敷线,电缆头制作、导线连接和线路电气试验
		电气动力	成套配电柜、控制柜(屏、台)和动力、照明配电箱(盘)及控制柜安装,低压电动机、电加热器及电动执行机构检查、接线,低压电气动力设备检测、试验和空载试运行,桥架安装和桥架内电缆敷设,电线、电缆导管和线槽敷设,电线、电缆穿管和线槽敷线,电缆头制作、导线连接和线路电气试验,插座、开关、风扇安装
		电气照明安装	成套配电柜、控制柜(屏、台)和动力、照明配电箱(盘)安装,电线、电缆导管和线槽敷设,电线、电缆导管和线槽敷线,槽板配线,钢索配线,电缆头制作、导线连接和线路电气试验,普通灯具安装,专用灯具安装,插座、开关、风扇安装,建筑照明通电试运行
		备用和不间断电源安装	成套配电柜、控制柜(屏、台)和动力、照明配电箱(盘)安装,柴油发电机组安装,不间断电源的其他功能单元安装,裸母线、封闭母线、插接式母线安装,电线、电缆导管和线槽敷设,电线、电缆导管和线槽敷设,电缆头制作、导线连接和线路电气试验,接地装置安装
		防雷及接地安装	接地装置安装,避雷引下线和变配电室接地干线敷设,建筑物等电位连接,接闪器安装

续表

序号	分部工程	子分部工程	分项工程
7	智能建筑	通信网络系统	通信系统,卫星及有线电视系统,公共广播系统
		办公自动化系统	计算机网络系统,信息平台及办公自动化应用软件,网络安全系统
		建筑设备监控系统	空调与通风系统,变配电系统,照明系统,给排水系统,热源和热交换系统,冷冻和冷却系统,电梯和自动扶梯系统,中央管理工作站与操作分站,子系统通信接口
		火灾报警及消防联动系统	火灾和可燃气体探测系统,火灾报警控制系统,消防联动系统
		安全防范系统	电视监控系统,入侵报警系统,巡更系统,出入口控制(门禁)系统,停车管理系统
		综合布线系统	缆线敷设和终接,机柜、机架、配线架的安装,信息插座和光缆芯线终端的安装
		智能化集成系统	集成系统网络,实时数据库,信息安全,功能接口
		电源与接地	智能建筑电源,防雷及接地
		环境	空间环境,室内空调环境,视觉照明环境,电磁环境
		住宅(小区)智能化系统	火灾自动报警及消防联动系统,安全防范系统(含电视监控系统、入侵报警系统、巡更系统、门禁系统、楼宇对讲系统、住户对讲呼救系统、停车管理系统),物业管理系统(多表现场计量及与远程传输系统、建筑设备监控系统、公共广播系统、小区网络及信息服务系统、物业办公自动化系统),智能家庭信息平台
8	通风与空调	送排风系统	风管与配件制作,部件制作,风管系统安装,空气处理设备安装,消声设备制作与安装,风管与设备防腐,风机安装,系统调试
		防排烟系统	风管与配件制作,部件制作,风管系统安装,防排烟风口、常闭正压风门与设备安装,风管与设备防腐,风机安装,系统调试
		除尘系统	风管与配件制作,部件制作,风管系统安装,除尘器及排污设备安装,风管与设备防腐,风机安装,系统调试
		空调风系统	风管与配件制作,部件制作,风管系统安装,空气处理设备安装,消声设备制作与安装,风管与设备防腐,风机安装,风管与设备绝热,系统调试
		净化空调系统	风管与配件制作,部件制作,风管系统安装,空气处理设备安装,消声设备制作与安装,风管与设备防腐,风机安装,风管与设备绝热,高效过滤器安装,系统调试
		制冷设备系统	制冷机组安装,制冷剂管道及配件安装,制冷附属设备安装,管道及设备的防腐与绝热,系统调试
		空调水系统	管道冷热(媒)水系统安装,冷却水系统安装,冷凝水系统安装,阀门及部件安装,冷却塔安装,水泵及附属设备安装,管道与设备的防腐与绝热,系统调试

续表

序号	分部工程	子分部工程	分项工程
9	电梯	电力驱动的曳引式或强制式电梯安装	设备进场验收,土建交接检验,驱动主机,导轨,门系统,轿厢,对重(平衡重),安全部件,悬挂装置,随行电缆,补偿装置,电气装置,整机安装验收
		液压电梯安装	设备进场验收,土建交接检验,液压系统,导轨,门系统,轿厢,对重(平衡重),安全部件,悬挂装置,随行电缆,电气装置,整机安装验收
		自动扶梯、自动人行道安装	设备进场验收,土建交接检验,整机安装验收

室外单位(子单位)工程划分　　　　　　　　表6-4

单位工程	子单位工程	分部(子分部)工程
室外建筑环境	附属建筑	车棚,围墙,大门,挡土墙,垃圾收集站
	室外环境	建筑小品,道路,亭台,连廊,花坛,场坪绿化
室外安装	给排水与采暖	室外给水系统,室外排水系统,室外供热系统
	电气	室外供电系统,室外照明系统

(5) 分项工程可划分成一个或若干检验批进行验收,检验批可根据施工及质量控制和专业验收需要按楼层、施工段、变形缝等进行划分。

(6) 室外工程可根据专业类别和工程规模划分单位(子单位)工程。

室外单位(子单位)工程、分部(子分部)工程可按表6-3和表6-4采用。

3. 建筑工程质量验收

(1) 检验批合格规定

检验批合格质量应符合下列规定:

1) 主控项目和一般项目的质量经抽样检验合格。

2) 具有完整的施工操作依据、质量检查记录。

检验批是工程验收的最小单位,是分项工程乃至整个建筑工程质量验收的基础。检验批是施工过程中条件相同并有一定数量的材料、构配件或安装项目,由于其质量基本均匀一致,因此可以作为检验的基础单位,并按批验收。

检验批质量合格的条件,共两个方面:资料检查、主控项目检验和一般项目检验。

质量控制资料反映了检验批从原材料到最终验收的各施工工序的操作依据,检查情况以及保证质量所必须的管理制度等。对其完整性的检查,实际是对过程控制的确认,这是检验批合格的前提。

为了使检验批的质量符合安全和功能的基本要求,达到保证建筑工程质量的目的,各专业工程质量验收规范应对各检验批的主控项目、一般项目的子项合格质量给予明确的规定。

检验批的合格质量主要取决于对主控项目和一般项目的检验结果。主控项目是对检验批的基本质量起决定性影响的检验项目,因此必须全部符合有关专业工程验收规范的规定。这意味着主控项目不允许有不符合要求的检验结果,即这种项目的检查具有否决权。鉴于主控项目对基本质量的决定性影响,从严要求是必须的。

(2) 分项工程合格规定

分项工程质量验收合格应符合下列规定：

1) 分项工程所含的检验批均应符合合格质量的规定。

2) 分项工程所含的检验批的质量验收记录应完整。

分项工程的验收在检验批的基础上进行。一般情况下，两者具有相同或相近的性质，只是批量的大小不同而已。因此，将有关的检验批汇集构成分项工程。分项工程合格质量的条件比较简单，只要构成分项工程的各检验批的验收资料文件完整，并且均已验收合格，则分项工程验收合格。

(3) 分部工程合格规定

分部(子分部)工程质量验收合格应符合下列规定：

1) 分部(子分部)工程所含分项工程的质量均应验收合格。

2) 质量控制资料应完整。

3) 地基与基础、主体结构和设备安装等分部工程有关安全及功能的检验和抽样检测结果应符合有关规定。

4) 观感质量验收应符合要求。

分部工程的验收在其所含各分项工程验收的基础上进行。

分部工程验收合格的条件：

首先，分部工程的各分项工程必须已验收合格且相应的质量控制资料文件必须完整，这是验收的基本条件。此外，由于各分项工程的性质不尽相同，因此作为分部工程不能简单地组合而加以验收，尚须增加以下两类检查项目。

涉及安全和使用功能的地基基础、主体结构、有关安全及重要使用功能的安装分部工程应进行有关见证取样送样试验或抽样检测。关于观感质量验收，这类检查往往难以定量，只能以观察、触摸或简单量测的方式进行，并由各个人的主观印象判断，检查结果并不给出"合格"或"不合格"的结论，而是综合给出质量评价。对于"差"的检查点应通过返修处理等补救。

(4) 单位工程合格规定

单位(子单位)工程质量验收合格应符合下列规定：

1) 单位(子单位)工程所含分部(子分部)工程的质量均应验收合格。

2) 质量控制资料应完整。

3) 单位(子单位)工程所含分部工程有关安全和功能的检测资料应完整。

4) 主要功能项目的抽查结果应符合相关专业质量验收规范的规定。

5) 观感质量验收应符合要求。

单位工程质量验收也称质量竣工验收，是建筑工程投入使用前的最后一次验收，也是最重要的一次验收。验收合格的条件有五个：除构成单位工程的各分部工程应该合格，并且有关的资料文件应完整以外，还须进行以下三个方面的检查。

涉及安全和使用功能的分部工程应进行检验资料的复查。不仅要全面检查其完整性（不得有漏检缺项），而且对分部工程验收时补充进行的见证抽样检验报告也要复核。这种强化验收的手段体现了对安全和主要使用功能的重视。

此外，对主要使用功能还须进行抽查。使用功能的检查是对建筑工程和设备安装工程最终质量的综合检验，也是用户最为关心的内容。因此，在分项、分部工程验收合格的基础上,竣工验收时再作全面检查。抽查项目是在检查资料文件的基础上由参加验收的各方人员商定,并用计量、计数的抽样方法确定检查部位。检查要求按有关专业工程施工质量验收标准的要求进行。

最后,还须由参加验收的各方人员共同进行观感质量检查。检查的方法、内容、结论等已在分部工程的相应部分中阐述,最后共同确定是否通过验收。

(5) 建筑工程质量验收记录

建筑工程质量验收记录应符合下列规定:

1) 检验批质量验收可按表6-5进行。

检验批质量验收记录　　　　　　　　　　　　　　　表6-5

工程名称		分项工程名称		验收部位	
施工单位		专业工长		项目经理	
施工执行标准名称及编号					
分包单位		分包项目经理		施工班组长	
	质量验收规范的规定	施工单位检查评定记录		监理(建设)单位验收记录	
主控项目	1				
	2				
	3				
	4				
	5				
	6				
	7				
	8				
	9				
一般项目	1				
	2				
	3				
	4				
施工单位检查评定结果	项目专业质量检查员:　　　　　　　　　　　　　年　月　日				
监理(建设)单位验收结论	监理工程师 (建设单位项目专业技术负责人)　　　　　　　年　月　日				

2) 分项工程质量验收可按表6-6进行。

223

_____分项工程质量验收记录　　　　　　表6-6

工程名称			结构类型		检验批数	
施工单位			项目经理		项目技术负责人	
分包单位			分包单位负责人		分包项目经理	
序号	检验批部位、区段	施工单位检查评定结果	监理(建设)单位验收结论			
1						
2						
3						
4						
5						
6						
7						
8						
9						
10						
11						
12						
13						
14						
15						
16						
17						
检查结论	项目专业技术负责人： 　　　年　月　日		验收结论	监理工程师 (建设单位项目专业技术负责人)　　年　月　日		

3) 分部(子分部)工程质量验收应按表6-7进行。

_____分部(子分部)工程验收记录　　　　　　　表6-7

工程名称		结构类型		层　数	
施工单位		技术部门负责人		质量部门负责人	
分包单位		分包单位负责人		分包技术负责人	
序号	分项工程名称	检验批数	施工单位检查评定	验收意见	
1					
2					
3					
4					
5					
6					
	质量控制资料				
	安全和功能检验(检测)报告				
	观感质量验收				
验收单位	分包单位			项目经理　　年　月　日	
	施工单位			项目经理　　年　月　日	
	勘察单位			项目负责人　年　月　日	
	设计单位			项目负责人　年　月　日	
	监理(建设)单位	总监理工程师 (建设单位项目专业负责人)　年　月　日			

4) 单位(子单位)工程质量验收,质量控制资料核查,安全和功能检验资料核查及主要功能抽查记录,观感质量检查应按表6-8、表6-9、表6-10和表6-11进行。

单位(子单位)工程质量竣工验收记录　　　　　　表6-8

工程名称		结构类型		层数/建筑面积	/
施工单位		技术负责人		开工日期	
项目经理		项目技术负责人		竣工日期	
序号	项　目	验收记录		验收结论	
1	分部工程	共　　分部,经查　　分部 符合标准及设计要求　　分部			
2	质量控制资料核查	共　项,经审查符合要求　项 经核定符合规范要求　　项			
3	安全和主要使用功能核查及抽查结果	共核查　　项,符合要求　　项, 共抽查　　项,符合要求　　项, 经返工处理符合要求　　项			
4	观感质量验收	共抽查　　项,符合要求　　项, 不符合要求　　项			
5	综合验收结论				
参加验收单位	建设单位	监理单位		施工单位	设计单位
	公章 单位(项目)负责人 年　月　日	公章 单位(项目)负责人 年　月　日		公章 单位(项目)负责人 年　月　日	公章 单位(项目)负责人 年　月　日

单位(子单位)工程质量控制资料核查记录 表6-9

工程名称			施工单位			
序号	项目	资料名称		份数	核查意见	核查人
1	建筑与结构	图纸会审、设计变更、洽商记录				
2		工程定测量、放线记录				
3		原材料出厂合格证书及进场检(试)验报告				
4		施工试验报告及见证检测报告				
5		隐蔽工程验收记录				
6		施工记录				
7		预制构件、预拌混凝土合格证				
8		地基基础、主体结构检验及抽样检测资料				
9		分项、分部工程质量验收记录				
10		工程质量事故及事故调查处理资料				
11		新材料、新工艺施工记录				
12						
1	给排水与采暖	图纸会审、设计变更、洽商记录				
2		材料、设备出厂合格证书及进场检(试)验报告				
3		管道、设备强度试验、严密性试验记录				
4		隐蔽工程验收记录				
5		系统清洗、灌水、通水、通球试验记录				
6		施工记录				
7		分项、分部工程质量验收记录				
8						
1	建筑电气	图纸会审、设计变更、洽商记录				
2		材料、设备出厂合格证书及进场检(试)验报告				
3		设备调试记录				
4		接地、绝缘电阻测试记录				
5		隐蔽工程验收记录				
6		施工记录				
7		分项、分部工程质量验收记录				
8						
1	通风与空调	图纸会审、设计变更、洽商记录				
2		材料、设备出厂合格证书及进场检(试)验报告				
3		制冷、空调、水管道强度试验、严密性试验记录				
4		隐蔽工程验收记录				
5		制冷设备运行调试记录				
6		通风、空调系统调试记录				
7		施工记录				
8		分项、分部工程质量验收记录				
9						

续表

工程名称			施工单位			
序号	项目	资料名称	份数	核查意见		核查人
1	电梯	土建布置图纸会审、设计变更、洽商记录				
2		设备出厂合格证书及开箱检验记录				
3		隐蔽工程验收记录				
4		施工记录				
5		接地、绝缘电阻测试记录				
6		负荷试验、安全装置检查记录				
7		分项、分部工部质量验收记录				
8						
1	建筑智能化	图纸会审、设计变更、洽商记录、竣工图及设计说明				
2		材料、设备出厂合格证及技术文件及进场检(试)验报告				
3		隐蔽工程验收记录				
4		系统功能测定及设备调试记录				
5		系统技术、操作和维护手册				
6		系统管理、操作人员培训记录				
7		系统检测报告				
8		分项、分部工程质量验收报告				

结论：

施工单位项目经理　　年　月　日　　　　　　　　总监理工程师
（建设单位项目负责人）　年　月　日

单位(子单位)工程安全和功能检验资料核查及主要功能抽查记录　　表6-10

工程名称			施工单位			
序号	项目	安全和功能检查项目	份数	核查意见	抽查结果	核查(抽查)人
1	建筑与结构	屋面淋水试验记录				
2		地下室防水效果检查记录				
3		有防水要求的地面蓄水试验记录				
4		建筑物垂直度、标高、全高测量记录				
5		抽气(风)道检查记录				
6		幕墙及外窗气密性、水密性、耐风压检测报告				
7		建筑物沉降观测测量记录				
8		节能、保温测试记录				
9		室内环境检测报告				
10						
1	给排水与采暖	给水管道通水试验记录				
2		暖气管道、散热器压力试验记录				
3		卫生器具满水试验记录				
4		消防管道、燃气管道压力试验记录				
5		排水干管通球试验记录				
6						

续表

工程名称			施工单位			
序号	项目	安全和功能检查项目	份数	核查意见	抽查结果	核查(抽查)人
1	电气	照明全负荷试验记录				
2		大型灯具牢固性试验记录				
3		避雷接地电阻测试记录				
4		线路、插座、开关接地检验记录				
5						
1	通风与空调	通风、空调系统试运行记录				
2		风量、温度测试记录				
3		洁净室洁净度测试记录				
4		制冷机组试运行调试记录				
5						
1	电梯	电梯运行记录				
2		电梯安全装置检测报告				
1	智能建筑	系统试运行记录				
2		系统电源及接地检测报告				
3						

结论：

施工单位项目经理　　　年　月　日　　　　　　总监理工程师（建设单位项目负责人）　　　年　月　日

单位(子单位)工程观感质量检查记录　　　表6-11

工程名称			施工单位					
序号	项目		抽查质量状况			质量评价		
						好	一般	差
1	建筑与结构	室外墙面						
2		变形缝						
3		水落管,屋面						
4		室内墙面						
5		室内顶棚						
6		室内地面						
7		楼梯、踏步、护栏						
8		门窗						
1	给排水与采暖	管道接口、坡度、支架						
2		卫生器具、支架、阀门						
3		检查口、扫除口、地漏						
4		散热器、支架						
1	建筑电气	配电箱、盘、板、接线盒						
2		设备器具、开关、插座						
3		防雷、接地						

续表

工程名称			施工单位		质量评价		
序号	项目		检查质量状况		好	一般	差
1	通风与空调	风管、支架					
2		风口、风阀					
3		风机、空调设备					
4		阀门、支架					
5		水泵、冷却塔					
6		绝热					
1	电梯	运行、平层、开关门					
2		层门、信号系统					
3		机房					
1	智能建筑	机房设备安装及布局					
2		现场设备安装					
3							
观感质量综合评价							
检查结论		施工单位项目经理　年 月 日		总监理工程师(建设单位项目负责人)　年 月 日				

注：质量评价为差的项目，应进行返修。

检验批的质量验收记录由施工项目专业质量检查员填写，监理工程师(建设单位项目专业技术负责人)组织项目专业质量检查员等进行验收，并按表6-5记录。

分项工程质量应由监理工程师(建设单位项目专业技术负责人)组织项目专业技术负责人等进行验收，并按表6-6记录。

分部(子分部)工程质量应由总监理工程师(建设单位项目专业负责人)组织施工项目经理和有关勘察、设计单位项目负责人进行验收，并按表6-7记录。

表6-8验收记录由施工单位填写，验收结论由监理(建设)单位填写。综合验收结论由参加验收各方共同商定，建设单位填写，应对工程质量是否符合设计和规范要求及总体质量水平做出评价。

(6) 建筑工程质量处理规定

当建筑工程质量不符合要求时，应按下列规定进行处理：

1) 经返工重做或更换器具、设备的检验批，应重新进行验收。

2) 经有资质的检测单位检测鉴定能够达到设计要求的检验批，应予以验收。

3) 经有资质的检测单位检测鉴定达不到设计要求、但经原设计单位核算认可能够满足结构安全和使用功能的检验批，可予以验收。

4) 经返修或加固处理的分项、分部工程，虽然改变外形尺寸但仍能满足安全使用要求，可按技术处理方案和协商文件进行验收。

一般情况下,不合格现象在最基层的验收单位——检验批时就应发现并及时处理,否则将影响后续检验批和相关的分项工程、分部工程的验收。因此所有质量隐患必须尽快消灭在萌芽状态,这也是《统一标准》以强化验收促进过程控制原则的体现。非正常情况的处理分以下四种情况:

第一种情况,是指在检验批验收时,其主控项目不能满足验收规范规定或一般项目超过偏差限值的子项不符合检验规定的要求时,应及时进行处理的检验批。其中,严重的缺陷应推倒重来;一般的缺陷通过翻修或更换器具、设备予以解决,应允许施工单位在采取相应的措施后重新验收。如能够符合相应的专业工程质量验收规范,则应认为该检验批合格。

第二种情况,是指个别检验批发现试块强度等不满足要求等问题,难以确定是否验收时,应请具有资质的法定检测单位检测。当鉴定结果能够达到设计要求时,该检验批仍应认为通过验收。

第三种情况,如经检测鉴定达不到设计要求,但经原设计单位核算,仍能满足结构安全和使用功能的情况,该检验批可以予以验收。一般情况下,规范标准给出了满足安全和功能的最低限度要求,而设计往往在此基础上留有一些余量。不满足设计要求和符合相应规范标准的要求,两者并不矛盾。

第四种情况,更为严重的缺陷或者超过检验批的更大范围内的缺陷,可能影响结构的安全性和使用功能。若经法定检测单位检测鉴定以后认为达不到规范标准的相应要求,即不能满足最低限度的安全储备和使用功能,则必须按一定的技术方案进行加固处理,使之能保证其满足安全使用的基本要求。这样会造成一些永久性的缺陷,如改变结构外形尺寸,影响一些次要的使用功能等。为了避免社会财富更大的损失,在不影响安全和主要使用功能条件下可按处理技术方案和协商文件进行验收,责任方应承担经济责任,但不能作为轻视质量而回避责任的一种出路,这是应该特别注意的。

5) 通过返修或加固处理仍不能满足安全使用要求的分部工程、单位(子单位)工程,严禁验收。

4. 建筑工程质量验收程序和组织

(1) 检验批及分项工程

检验批及分项工程应由监理工程师(建设单位项目技术负责人)组织施工单位项目专业质量(技术)负责人等进行验收。

检验批和分项工程是建筑工程质量的基础,因此,所有检验批和分项工程均应由监理工程师或建设单位项目技术负责人组织验收。验收前,施工单位先填好"检验批和分项工程的质量验收记录"(有关监理记录和结论不填),并由项目专业质量检验员和项目专业技术负责人分别在检验批和分项工程质量检验记录中相关栏目签字,然后由监理工程师组织,严格按规定程序进行验收。

(2) 分部工程

分部工程应由总监理工程师(建设单位项目负责人)组织施工单位项目负责人和技术、质量负责人等进行验收;地基与基础、主体结构分部工程的勘察、设计单位工程项目负责人和施工单位技术、质量部门负责人也应参加相关分部工程验收。

工程监理实行总监理工程师负责制时,分部工程应由总监理工程师(建设单位项目负责人)组织施工单位的项目负责人和项目技术、质量负责人及有关人员进行验收。因为地基基础、主体结构的主要技术资料和质量问题是归技术部门和质量部门掌握,所以规定施工单位的技术、质量部门负责人参加验收是符合实际的。

由于地基基础、主体结构技术性能要求严格,技术性强,关系到整个工程的安全,因此规定这些分部工程的勘察、设计单位工程项目负责人也应参加相关分部的工程质量验收。

(3) 单位工程

1) 单位工程完工后,施工单位应自行组织有关人员进行检查评定,并向建设单位提交工程验收报告。

单位工程完成后,施工单位首先要依据质量标准、设计图纸等组织有关人员进行自检,并对检查结果进行评定,符合要求后向建设单位提交工程验收报告和完整的质量资料,请建设单位组织验收。

2) 建设单位收到工程验收报告后,应由建设单位(项目)负责人组织施工(含分包单位)、设计、监理等单位(项目)负责人进行单位(子单位)工程验收。

单位工程质量验收应由建设单位负责人或项目负责人组织,由于设计、施工、监理单位都是责任主体,因此设计、施工单位负责人或项目负责人及施工单位的技术、质量负责人和监理单位的总监理工程师均应参加验收(勘察单位虽然亦是责任主体,但已经参加了地基验收,故单位工程验收时,可以不参加)。

在一个单位工程中,对满足生产要求或具备使用条件,施工单位已预验,监理工程师已初验通过的子单位工程,建设单位可组织进行验收。由几个施工单位负责施工的单位工程,当其中的施工单位所负责的子单位工程已按设计完成,并经自行检验,也可按规定的程序组织正式验收,办理交工手续。在整个单位工程进行全部验收时,已验收的子单位工程验收资料应作为单位工程验收的附件。

3) 单位工程有分包单位施工时,分包单位对所承包的工程项目应按标准规定的程序检查评定,总包单位应派人参加。分包工程完成后,应将工程有关资料交总包单位。

由于《建设工程承包合同》的双方主体是建设单位和总承包单位,总承包单位应按照承包合同的权利义务对建设单位负责。分包单位对总承包单位负责,亦应对建设单位负责。因此,分包单位对承建的项目进行检验时,总包单位应参加,检验合格后,分包单位应将工程的有关资料移交总包单位,待建设单位组织单位工程质量验收时,分包单位负责人应参加验收。

4) 当参加验收各方对工程质量验收意见不一致时,可请当地建设行政主管部门或工程质量监督机构协调处理,也可以是各方认可的咨询单位。

5) 单位工程质量验收合格后,建设单位应在规定时间内将工程竣工验收报告和有关文件,报建设行政管理部门备案。

建设工程竣工验收备案制度是加强政府监督管理,防止不合格工程流向社会的一个重要手段。建设单位应依据《建设工程质量管理条例》和建设部有关规定,到县级以上人民政府建设行政主管部门或其他有关部门备案。否则,不允许投入使用。

注:本节标准引自《建筑工程施工质量验收统一标准》(GB 50300—2001)及条文说明。

5. 现场质量检验

(1) 现场质量检验的内容

1) 开工前检查。目的是检查是否具备开工条件,开工后能否连续正常施工,能否保证工程质量。

2) 工序交接检查。对于重要的工序或对工程质量有重大影响的工序,在自检、互检的基础上,还要组织专职人员进行工序交接检查。

3) 隐蔽工程检查。凡是隐蔽工程均应检查认证后方能掩盖。

4) 停工后复工前的检查。因处理质量问题或某种原因停工后需复工时,亦应经检查认可后方能复工。

5) 分项、分部工程完工后,应经检查认可,签署验收记录后,才许进行下一工程项目施工。

6) 成品保护检查。检查成品有无保护措施,或保护措施是否可靠。

此外,还应经常深入现场,对施工操作质量进行巡视检查;必要时,还应进行跟班或追踪检查。

(2) 现场质量检验工作的作用

1) 质量检验工作。质量检验就是根据一定的质量标准,借助一定的检测手段来估价工程产品、材料或设备等的性能特征或质量状况的工作。

质量检验工作在检验每种质量特征时,一般包括以下工作:

① 明确某种质量特性的标准;

② 量度工程产品或材料的质量特征数值或状况;

③ 记录与整理有关的检验数据;

④ 将量度的结果与标准进行比较;

⑤ 对质量进行判断与估价;

⑥ 对符合质量要求的做出安排;

⑦ 对不符合质量要求的进行处理。

2) 质量检验的作用。要保证和提高施工质量,质量检验是必不可少的手段。概括起来,质量检验的主要作用如下:

① 它是质量保证与质量控制的重要手段。为了保证工程质量,在质量控制中,需要将工程产品或材料、半成品等的实际质量状况(质量特性等)与规定的某一标准进行比较,以便判断其质量状况是否符合要求的标准,这就需要通过质量检验手段来检测实际情况。

② 质量检验为质量分析与质量控制提供了所需依据的有关技术数据和信息,所以它是质量分析、质量控制与质量保证的基础。

③ 通过对进场和使用的材料、半成品、构配件及其他器材、物资进行全面的质量检验工作,可以避免因材料、物资的质量问题而导致工程质量事故的发生。

④ 在施工过程中,通过对施工工序的检验取得数据,可以及时判断质量,采取措施,防止质量问题的延续与积累。

(3) 现场质量检查的方法

现场进行质量检查的方法有目测法、实测法和试验法三种。

1) 目测法。其手段可归纳为看、摸、敲、照四个字。

看,就是根据质量标准进行外观目测。如墙纸裱糊质量应是:纸面无斑痕、空鼓、气泡、折皱;每一墙面纸的颜色、花纹一致;斜视无胶痕,纹理无压平、起光现象;对缝无离缝、搭缝、张嘴;对缝处图案、花纹完整;裁纸的一边不能对缝,只能搭接;墙纸只能在阴角处搭接,阳角应采用包角等。又如,清水墙面是否洁净,喷涂是否密实和颜色是否均匀,内墙抹灰大面及口角是否平直,地面是否光洁平整,油漆浆活表面观感,施工顺序是否合理,工人操作是否正确等,均是通过目测检查、评价。

摸,就是手感检查,主要用于装饰工程的某些检查项目,如水刷石、干粘石粘结牢固程度,油漆的光滑度,浆活是否掉粉,地面有无起砂等,均可通过手摸加以鉴别。

敲,是运用工具进行声感检查。对地面工程、装饰工程中的水磨石、面砖、锦砖和大理石贴面等,均应进行敲击检查,通过声音的虚实确定有无空鼓,还可根据声音的清脆和沉闷,判定属于面层空鼓或底层空鼓。此外,用手敲玻璃,如发出颤动声响,一般是底灰不满或压条不实。

照,对于难以看到或光线较暗的部位,则可采用镜子反射或灯光照射的方法进行检查。

2) 实测法。就是通过实测数据与施工规范及质量标准所规定的允许偏差对照,来判别质量是否合格。实测检查法的手段,也可归纳为靠、吊、量、套四个字。

靠,是用直尺、塞尺检查墙面、地面、屋面的平整度。

吊,是用托线板以线坠吊线检查垂直度。

量,是用测量工具和计量仪表等检查断面尺寸、轴线、标高、湿度、温度等的偏差。

套,是以方尺套方,辅以塞尺检查。如对阴阳角的方正、踢脚线的垂直度、预制构件的方正等项目的检查。对门窗口及构配件的对角线(窜角)检查,也是套方的特殊手段。

3) 试验检查。指必须通过试验手段,才能对质量进行判断的检查方法。如对桩或地基的静载试验,确定其承载力;对钢结构进行稳定性试验,确定是否产生失稳现象;对钢筋对焊接头进行拉力试验,检验焊接的质量等。

6.4 工程项目质量的政府监督

6.4.1 工程项目质量政府监督的职能

(1) 我国的《建筑法》及《建设工程质量管理条例》明确政府行政主管部门设立专门机构对工程质量行使监督职能,其目的是保证工程质量、保证工程的使用安全及环境质量。国务院行政主管部门对全国的工程质量实施统一监督管理,国务院铁路、交通、水利等有关部门按国务院规定的职责分工,负责对全国的有关专业工程质量的监督管理。县级以上地方人民政府行政主管部门对本行政区域内的工程质量实施监督管理。县级以上地方人民政府交通、水利等有关部门在各自职责范围内,负责本行政区域内的专业工程质量的监督管理。

(2) 各级政府质量监督机构对工程质量监督的依据是国家、地方和各专业建设管理部门颁发的法律、法规及各类规范(如工程设计规范、工程施工质量验收规范等)和强制性标准。

(3) 政府对工程质量监督的职能包括两大方面:

1) 一是监督工程建设的各方主体,如建设单位、设计勘察单位、施工单位、材料设备供应单位和监理单位等的质量行为是否符合国家法律、法规及项目制度的规定;

2) 二是监督检查工程实体的施工质量,尤其是地基基础、主体结构、专业设备安装等涉及结构安全和使用功能的施工质量。

6.4.2 工程项目质量政府监督的实施

工程质量监督管理的主体是各级政府建设行政主管部门和其他有关部门。由于工程建设周期长、环节多、点多面广,且工程质量监督工作是一项专业技术性强的工作,政府部门不可能亲自进行日常检查工作。因此,工程质量监督管理由建设行政主管部门或其他有关部门委托的工程质量监督机构具体实施。

工程质量监督工作包括下述内容:

1. 工程质量监督申报

在工程项目开工前,监督机构接受工程质量监督的申报手续,并对建设单位提供的文件资料进行审查,审查合格签发有关质量监督文件。

2. 开工前的质量监督

开工前召开项目参与各方参加的首次监督会议,公布监督方案,提出监督要求,并进行第一次监督检查。监督检查的具体内容为:

(1) 检查项目参与各方的质量保证体系,包括组织机构、质量控制方案及质量责任制等制度;

(2) 审查施工组织设计、监理规划等文件及审批手续;

(3) 各方人员的资质证书;

(4) 检查结果的记录和保存。

3. 施工过程中的质量监督

(1) 在工程建设全过程,质量监督机构按照监督方案对项目施工情况进行不定期的检查。其中,在基础和结构阶段每月安排监督检查。检查内容为工程参与各方的质量行为及质量责任制的履行情况、工程实体质量和质量保证资料的检查。

(2) 对工程项目结构主要部位(如桩基、基础、主体结构)除了常规检查外,在分部工程验收时进行监督,即建设单位将施工、设计、监理、建设方分别签字的质量验收证明在验收后 3 天内报监督机构备案。

(3) 对施工过程中发生的质量问题、质量事故进行查处。对查实的质量问题签发"质量问题整改通知单"或"局部暂停施工指令单",对问题严重的单位根据问题情况发出"临时收缴资质证书通知书"等处理意见。

4. 竣工阶段的质量监督

(1) 竣工验收前,复查对质量监督检查中提出质量问题的整改情况。

(2) 参与竣工验收会议,并对验收过程进行监督。

(3) 编制单位工程质量监督报告,在竣工验收之日起 5 天内提交竣工验收备案部门。对不符合验收要求的责令改正;对存在问题进行处理,并向备案部门提出书面报告。

5. 建立工程质量监督档案

按单位工程建立工程质量监督档案。要求归档及时,资料记录等各类文件齐全,经监督机构负责人签字后归档,按规定年限保存。

6.5 工程质量统计分析方法的应用

6.5.1 排列图

排列图又称巴雷特图,它是寻找影响质量主要因素的一种常用方法。

排列图是意大利社会经济学家巴雷特在分析社会财富分布情况时,发现多数人只占有少数财富,而少数人占有多数财富,这些少数人又左右着国家的经济命脉,这一现象运用于排列图,可以找出"关键的少数和次要的多数"的关系。后来,美国质量专家朱兰把这个原理应用于质量管理活动中,成为查找影响质量主要因素的重要工具。

1. 排列图的构成

排列图,一般由两个纵坐标、一个横坐标,几个直方块和一条曲线(即巴雷特曲线)所组成(图6-5)。左边纵坐标表示频数即不合格品的次数;右边纵坐标表示频率即不合格品累计百分数;横坐标表示影响质量的诸因素;曲线表示各影响因素的累计百分数。

2. 排列图的作图步骤

(1) 搜集一定时间的数据。

(2) 确定分类项目,一般可按不合格品的项目、产品品种、作业班组、质量事故造成的经济损失等分类。

(3) 统计各项目的数据,即频数;计算频率、累计频率。

(4) 先画左纵坐标;再画横坐标,根据各种影响因素发生的频率多少,从左向右排列在横坐标上,各种影响因素在横坐标上的宽度要相等;再画右纵坐标。

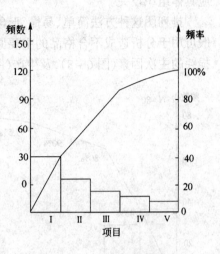

图6-5 排列图

(5) 使左纵坐标与右纵坐标等高,大约在左纵坐标2/3高度处定为与最大项目频数接近的数整。

(6) 根据纵坐标的刻度和各种影响因素的发生频数,画出相应的矩形图。

(7) 根据计算的累计频率按每个影响因素分别标注在相应的坐标点上,将各点连成曲线。图中的点要在矩形之间的交界处或在矩形宽度的中间。

(8) 在排列图上写明标题。

3. 实例

对一些已建工程广泛地搜集资料,掌握了外墙陶瓷锦砖贴面质量差的项目有5项(见表6-12,不合格的点有80个)。

陶瓷锦砖贴面质量差调查表　　　　　　　　　表6-12

检查项目	频数	频率(%)	累计频率(%)
1. 缝格不直	36	45	45
2. 粘结力差	28	35	80
3. 色泽不均	8	10	90
4. 表面不平整	6	7.5	97.5
5. 其他	2	2.5	100
合计	80	100	

4. 排列图的分析及应用

排列图中矩形柱的高度表示影响因素程度的大小,矩形柱高即是影响质量的主要因素。一般将累计百分数分为三类:累计百分数在0%~80%为A类,此区间内的因素为主要影响因素,应重点加以解决;累计百分数在80%~90%为B类,此区间内的因素为次要因素;累计百分数在90%～100%之间为C类,此区间内的因素为一般因素,不作为解决的重点。对图6-6进行分析,可知影响陶瓷锦砖贴面质量的主要影响因素是缝格不直、粘结力差,对此应具体组织攻关。

排列图这种方法简单、易懂、形象、直观,故在工程质量和工作质量管理中广泛应用。一般可用于分析造成不合格品的主要原因(图6-6),分析主要缺陷形式(图6-7),分析经济损耗的主次因素(图6-8),及生产(图6-9)、财务、设备、物资等管理工作的分析。

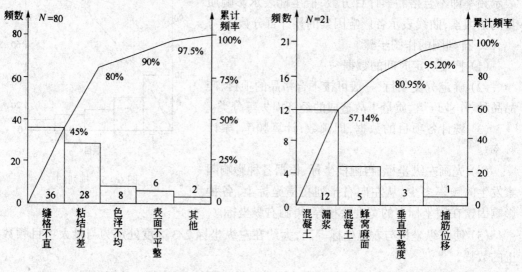

图6-6 陶瓷锦砖贴面质量差排列图　　　　图6-7 混凝土浇捣不合格排列图

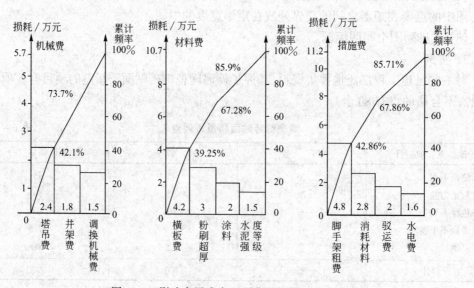

图6-8 影响高层成本三项费用损耗因素排列图

6.5.2 因果图

因果图又称特性要因图,也称树枝图、鱼刺图,它通过带箭头的线,将质量特性与质量因素之间的关系表示出来。

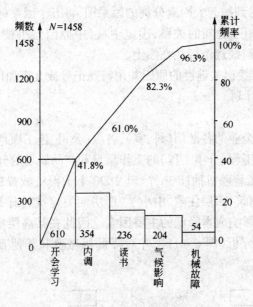

图 6-9 无效工排列图

1. 因果图的构成

因果图由若干个枝干组成,枝干分为大枝、中枝、小枝和细枝,它们分别代表大大小小不同的原因(图 6-10)。

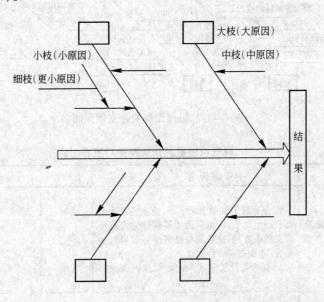

图 6-10 因果图构成

2. 因果图的作图步骤

(1) 确定需要分析的质量特性(或结果),并写在主干线之右侧;画出从左向右带箭头的主要干线。

(2) 分析、确定影响质量特性的大枝(大原因),一般影响质量有人、机器、材料、方法及环境五大因素,故经常见到按五大因素分类的因果图,将五个因素标注在大枝的箭尾上。

(3) 按中小原因及相互之间的关系,确定中枝(中原因)、小枝(小原因)、细枝(更小原因),并顺序用长短不等箭线逐个标注在图上。

(4) 逐步进行分析,找出关键性的原因并用特殊记号或文字加以说明。

(5) 制订改进措施计划。

3. 因果图的应用

因果图可用于施工企业的各部门(科、室),各级(公司、施工项目、班组)。工程项目的各个部位(单位工程、分部工程、分项工程)的工作质量和产品质量的分析或其他问题的分析。

(1) 对108个单位工程随机抽样36个,其中30个工程机械费超支,只有6个工程机械费有节余;另外对高层建筑、多层住宅、中小学,厂房四类建筑的有关数据进行排列图分析,得知高层建筑机械费是影响成本降低的主要因素。因此在某高层框架建筑开工前,对机械设备费超支进行了因果分析(图6-11),并对降低机械费和其他直接费制定了对策表(表6-13)。

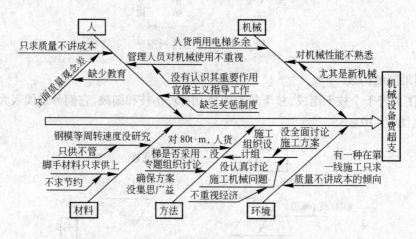

图6-11 机械设备费超支因果图

降低机械费其他直接费对策表　　　　　　　　　　　　表6-13

问题及主要原因	对策方案要点	执行者	完成期限
部分管理人员对全面质量管理观念模糊,认为创优不一定降低成本	1. 进行针对性的上课辅导,使主要管理干部及班组骨干,认识全面质量管理的质量是广义的质量,创优必须与提高经济效果密切结合,才能提高综合效益 2. 结合普及教育,把"全质"观念讲透		开工前一次 施工中二次
80t·m塔吊,人货两用梯使用期长、费用超支大	1. 讨论80t·m塔吊、人货两用电梯、脚手架、钢模在施工中的使用期限及减少费用等方法,对施工组织设计进行补充 2. 用二台60t·m代替80t·m塔吊达到使用要求,减少费用支出8000元 3. 根据本工程情况人货两用梯可以不用 4. 加快施工速度,采用网络控制,减少机械设备费支出		开工前

续表

问题及主要原因	对策方案要点	执行者	完成期限
有关人员对新购买机械性能不熟悉	1. 对新进机械(如转 HC 塔吊、固定泵等)要力争软件齐全,学有资料 2. 对必须掌握新进机械性能的人员(如技术员、计划员、机管员、工地主任等)要组织专业学习,以便制订优化的机械使用方案		开 工 前 基础完工前

(2) 对影响砌筑质量的两个主要因素进行因果分析(图 6-12、图 6-13)制定对策(表 6-14、表 6-15)。

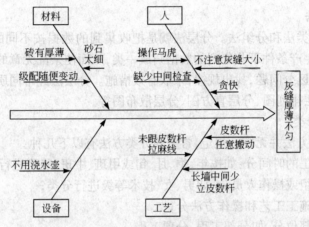

图 6-12 灰缝厚薄不匀因果图

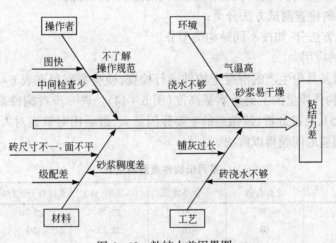

图 6-13 粘结力差因果图

灰缝不匀对策表　　　　　　　　　　　　　表 6-14

原　因	目　标	措　施	执行者
未跟皮数杆、拉麻线	控制在 8~12mm/m 之间	1. 坚持拉线砌筑 2. 自检、互检"三上墙" 3. 增加中间验收	×××

续表

原　因	目　标	措　施	执行者
皮数杆任意搬动	一层墙砌筑时不准搬动	1. 增加皮数杆 2. 加强督促检查	×××
原材料不合要求	加强材料验收	向上级部门反映,要求购买优质砖	×××
头缝不密实	坚持标准化砌筑	1. 严禁砌二头灰 2. 要满刀灰砌筑 3. 坚持使用施工工艺卡	×××

注:期限在1个月内。

6.5.3 分层法

分层法又称分类法和分组法。分层法就是把收集到的数据按不同的目的加以分类,把性质相同,在同一生产条件下收集到的数据归成一类,从而使杂乱无章的数据和质量问题系统化、条理化,便于区分问题,找出规律,采取有效措施。分层法经常同质量管理中的其他方法一起使用,如分层排列图、分层直方图、分层散布图等。

1. 分层法的分类

分层法的分类方法并无统一规定,常见的分类方法有以下几种:

(1) 按工程施工的时间分:如按年、季、月、旬或甲班、中班、晚班进行分类;
(2) 按操作班组或操作人员分:如男、女、技术等级进行分类;
(3) 按不同的施工工艺和操作方法分;
(4) 按工程的部位分:如分部工程、分项工程;
(5) 按材料分:如按不同的供料单位、不同的进料时间分类;
(6) 按不同的检查测试方法分类;
(7) 按其他方法分:如按不同结构类型分。

2. 分层法的应用

某构件厂对某月份生产的混凝土构件进行检查,检查数据列在表 6-15 中。从表中可以分析出,影响构件质量的主要矛盾是高度(图 6-14)。进一步对构件高度超偏差进行因果分析(图 6-15),通过分析,超偏差的主要原因是人,最后用对策表对人的因素加以管理,使构件高度超偏差的问题得以解决。

某月份构件质量调查表　　　　表 6-15

项　目	检查点数	不合格点数	不良率(%)	累计百分比(%)	不合格率(%)
高　度	170	20	27.78	27.78	11.76
主筋保护层	80	16	22.22	50	20
表面平整	185	16	22.22	72.22	8.65
长　度	195	7	9.72	81.94	3.59
对角线差	185	6	8.33	90.27	3.24
宽　度	195	3	4.17	94.44	1.54
侧向弯曲	185	2	2.78	97.22	1.08
预埋件中心线位移	5	1	1.39	98.61	20
厚　度	25	1	1.39	100	4
合　计	1225	72			

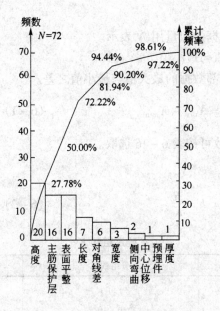

图 6-14 混凝土构件质量排列图

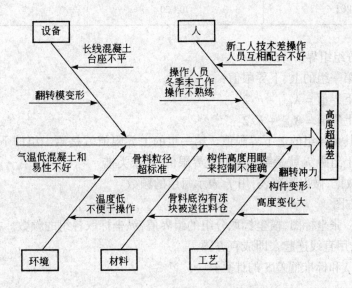

图 6-15 混凝土构件高度超偏差因果图

6.5.4 直方图

直方图是数据分布的一种图形。借助于直方图画出的分布曲线,可以分析、研究数据的集中程度和分布范围,也可用于整理质量数据,判断和预测生产过程质量和不合格品率的一种常见统计工具。

1. 直方图的构成

直方图上有一个横坐标、一个纵坐标和若干个直方块。横坐标为质量特性(如尺寸、重量、强度等),纵坐标为频率或频数。每个直方块底边长度即产品质量特性的取值范围,直方块的高度即落在这个质量特性范围内的产品有多少(图 6-16)。

2. 直方图的作图步骤

(1) 收集数据,一般数据的数量用 N 表示。

(2) 找出数据的最大值与最小值。

(3) 计算极差值,即全部数据的最大值与最小值之差。

$$R = X_{\max} - X_{\min} \qquad (6-1)$$

(4) 确定组数 K。组数可按表 6 – 16 选取。

(5) 计算组距 h:

$$h = \frac{R}{K} \qquad (6-2)$$

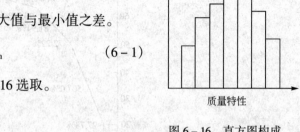

图 6 – 16 直方图构成

	确定组数 K	表 6 – 16
数据的数量 N	分组数 K	一般使用的组数 K
50 以下	7 以下	10
50 ~ 100	6 ~ 10	
100 ~ 250	7 ~ 12	
250 以上	10 ~ 20	

(6) 确定分组组界。

首先计算第一组的上、下界限值:

第一组　下界值 = $X_{\min} - h/2$ （6 – 3）

第一组　上界值 = $X_{\min} + h/2$ （6 – 4）

然后计算其余各组的上下界限值。第一组的上界限值就是第二组的下界限值,第二组的下界限值加上组距 h 就是第二组的上界限值,其余类推。

(7) 整理数据,做出频数表,用 f_i 表示每组的频数。

(8) 画直方图。

直方图是一张坐标图,横坐标取分组的组界值,纵坐标取各组的频数。找出纵横坐标上点的分布情况,用直线连起来即成直方图。

3. 平均值 $\overline{X}$ 和标准偏差 S 的计算

4. 实例

某工程项目为了确保工程质量,又节约材料,在浇筑混凝土时,共取了 35 组混凝土抗压强度的数据,选用直方图法,控制混凝土强度 达到节约水泥的目的,具体数据见表 6 – 17,同时找出数据的最大值与最小值。

	混凝土抗压强度		表 6 – 17
顺　序	数　　据	最 大 值	最 小 值
1	21.5　21.7　19.5　20.0　21.4	21.7	19.5
2	20.3　20.9　23.6　21.0　20.4	23.6	20.3
3	21.4　21.1　23.1　20.4　22.1	23.1	20.4

续表

顺 序	数 据	最 大 值	最 小 值
4	21.6 19.6 22.7 19.7 22.9	22.9	19.6
5	24.1 20.5 22.6 21.0 22.7	24.1	20.5
6	21.9 18.3 20.1 22.9 24.0	24.0	18.3△
7	25.0 21.4 21.7 25.1 24.1	25.1*	21.4

注：表中"*"为最大，"△"为最小。

极差：$R = X_{max} - X_{min} = 25.1 - 18.3 = 6.8 \text{N/mm}^2$

组数：$K = 7$

组距：$h = \dfrac{R}{K} = \dfrac{6.8}{7} = 1 \text{N/mm}^2$

区间值：第一区间下界值为 $18.3 - \dfrac{1}{2} = 17.8 (\text{N/mm}^2)$

第一区间上界值为 $18.3 + \dfrac{1}{2} = 18.8 (\text{N/mm}^2)$

绘制频数分布统计表（表6-18）。

混凝土抗压强度频数分布统计表　　　　表6-18

序 号	分组区间	组中值	频数统计	频 数	相对频数
1	17.8~18.8	18.3	1	一	0.02857
2	18.8~19.8	19.3	3		0.08571
3	19.8~20.8	20.3	6	正一	0.17143
4	20.8~21.8	21.3	10	正正	0.28571
5	21.8~22.8	22.3	6	正一	0.17143
6	22.8~23.8	23.3	4		0.11428
7	23.8~24.8	24.3	3		0.08571
8	24.8~25.8	25.3	2		0.05714

画直方图（图6-17）。

5．直方图的观察与分析

(1) 对直方图的形状进行观察分析

通过观察直方图的形状，可判断生产过程的质量状态，从而采取必要的措施，预防不合格品的产生。

观察直方图时，主要应注意图形的整体形状。一般说，直方的中间为峰顶，向左右两边对称地分散，如图6-18(a)所示，说明工程质量比较正常，称正常型；分组不当或组距不当时，直方图呈折齿型（图6-18b）；原材料发生变化或临时出现其他人代替作业，直方图呈孤岛型（图6-18c）；数据搜集不正常，人为地剔除了不合格品的数据，直方图呈绝壁型（图6-18d）；用两种不同工艺或两台设备以及两组人进行施工，而数据又混在一起进行整理，直方图呈双峰型（图6-18e）。

(2) 同质量标准进行对比分析

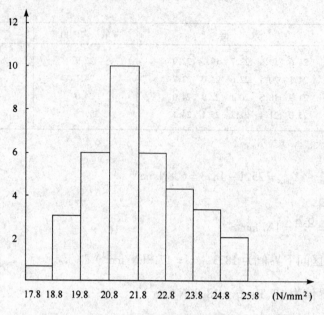

图 6-17 混凝土强度直方图

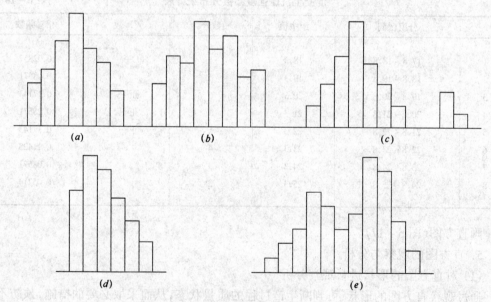

图 6-18 直方图分布状态
(a)正常型;(b)折齿型;(c)孤岛型;(d)绝壁型;(e)双峰型

在直方图中标出标准值,可以分析实际施工能力与标准规格要求之间的关系。

1) 正常情况(图 6-19a)。分布范围比标准界限宽度窄,分布中心在中间,施工状态良好。

2) 两侧均无余地(图 6-19b)。分布范围同标准界限完全一致,完全没有余地,一旦出现微小变化,就会出现超上限或超下限情况,必须采取措施缩小分布范围。

3) 两侧余量过多(图 6-19c)。分布范围满足标准要求,但余量太大,可以对原材料、设备、工艺等适当放松要求;以利于降低成本。

4) 分散程度太大(图6-19d)。分布范围太大,上下限标准均已超过,而出现了不合格品,应分析原因,采取措施加以改进。

5) 单侧无余地(图6-19e)。分布范围虽在标准界限内,但一侧完全无余地,工序稍有变化,就有不合格品。

6) 一侧过线(图6-19f)。分布中心偏离标准中心,有些部分超过了上限标准。

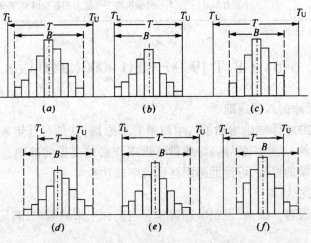

图6-19 直方图同标准对比

6. 工序能力指数的计算与分析

工序能力是指生产工序能力稳定生产合格品的能力。影响工序能力主要有五个因素:人、机器、材料、工艺方法、环境。控制工序能力和提高工序能力应从这五个方面着手。

反映工序能力满足产品质量标准程度的数值叫做工序能力指数,它是技术要求与工序能力的比值,用 C_p 表示。

工序能力指数计算方法如下:

当分布中心与标准中心重合时,可用以下公式计算。

$$C_p = T/6\sigma = (T_U - T_L)/6\sigma$$

式中　T——标准公差范围,即 $T_U - T_L$;

　　　σ——标准偏差。

在实际工作中,分布中心与标准中心并不一定重合,首先应进行调整,使其重合,如果调整有困难,应对 C_p 值进行修正,新的工序能力指数 C_pk。这时工序能力指数可用下面公式来计算。

$$C_pk = (1 - K) \quad C_p = (T - 2\varepsilon)/6\sigma$$

式中　C_pk——修正后的工序能力指数;

　　　ε——平均值的偏离量;

　　　K——平均值的偏离度,$K = \dfrac{\varepsilon}{T/2}$。

通过对工序能力指数的分析来实现对工序能力的分析。对机械化、自动化程度较高的工序,可按表6-19进行分析判断,并采取措施。

表 6-19

工序能力指数的判断标准

C_p 值	判　　断	采　取　措　施
$C_p > 1.67$	工序能力过剩	可适当降低标准,以降低成本
$1.67 > C_p > 1.33$	工序能力充足	可适当简化或放宽检查
$1.33 > C_p > 1$	工序能力尚可	应严加管理。否则,随时可能出现不合格品
$C_p < 1$	工序能力不足	分析影响工序能力的各种因素,并采取相应的措施

6.6　GB/T 19000—ISO 9000(2000 版)

6.6.1　质量管理的八项原则

在 ISO 9000—2000 标准中增加了八项质量管理原则,这是在近年来质量管理理论和实践的基础上提出来的,是组织领导做好质量管理工作必须遵循的准则。八项质量管理原则已成为改进组织业绩的框架,可帮助组织达到持续成功。

1. 以顾客为关注焦点

组织依存于其顾客。因此,组织应理解顾客当前和未来的需求,满足顾客的要求并争取超越顾客的期望。

组织贯彻实施以顾客为关注焦点的质量管理原则,有助于掌握市场动向,提高市场占有率,提高企业经营效益。以顾客为中心不仅可以稳定老顾客、吸引新顾客,而且可以招来回头客。

2. 领导作用

强调领导作用的原则,是因为质量管理体系是最高管理者推动的,质量方针和目标是领导组织策划的,组织机构和职能分配是领导确定的,资源配置和管理是领导决定安排的,顾客和相关方要求是领导确认的,企业环境和技术进步、质量管理体系改进和提高是领导决策的。所以,领导者应将本组织的宗旨、方向和内部环境统一起来,并创造使员工能够充分参与实现组织目标的环境。

3. 全员参与

各级人员是组织之本。只有他们的充分参与,才能使他们的才干为组织带来收益。

质量管理是一个系统工程,关系到过程中的每一个岗位和每一个人。实施全员参与这一质量管理原则,将会调动全体员工的积极性和创造性,努力工作、勇于负责、持续改进、做出贡献,这对提高质量管理体系的有效性和效率,具有极其重要作用。

4. 过程方法

过程方法是将活动和相关的资源作为过程进行管理,可以更高效地得到期望的结果。因为过程概念反映了从输入到输出具有完整的质量概念,过程管理强调活动与资源结合,具有投入产出的概念。过程概念体现了用 PDCA 循环改进质量活动的思想。过程管理有利于适时进行测量保证上下工序的质量。通过过程管理可以降低成本、缩短周期,从而可更高效的获得预期效果。

5. 管理的系统方法

管理的系统方法是将相互关联的过程作为系统加以识别、理解和管理,有助于组织提高实现目标的有效性和效率。

系统方法包括系统分析、系统工程和系统管理三大环节。系统分析是运用数据、资料或客观事实,确定要达到的优化目标;然后通过系统工程,设计或策划为达到目标而采取的措施和步骤,以及进行资源配置;最后在实施中通过系统管理而取得高有效性和高效率。

在质量管理中采用系统方法,就是要把质量管理体系作为一个大系统,对组成质量管理体系的各个过程加以识别、理解和管理,以实现质量方针和质量目标。

6. 持续改进

持续改进是组织永恒的追求、永恒的目标、永恒的活动。为了满足顾客和其他相关方对质量更高期望的要求,为了赢得竞争的优势,必须不断地改进和提高产品及服务的质量。

7. 基于事实的决策方法

有效决策建立在数据和信息分析的基础上。基于事实的决策方法,首先应明确规定收集信息的种类、渠道和职责,保证资料能够为使用者得到。通过对得到的资料和信息分析,保证其准确、可靠。通过对事实分析、判断,结合过去的经验做出决策并采取行动。

8. 与供方互利的关系

供方是产品和服务供应链上的第一环节,供方的过程是质量形成过程的组成部分。供方的质量影响产品和服务的质量,在组织的质量效益中包含有供方的贡献。供方应按组织的要求也建立质量管理体系。通过互利关系,可以增强组织及供方创造价值的能力,也有利于降低成本和优化资源配置,并增强对付风险的能力。

上述八项质量管理原则之间是相互联系和相互影响的。其中,以顾客为关注焦点是主要的,是满足顾客要求的核心。为了以顾客为关注焦点,必须持续改进,才能不断地满足顾客不断提高的要求。而持续改进又是依靠领导作用、全员参与和互利的供方关系来完成的。所采用的方法是过程方法(控制论)、管理的系统方法(系统论)和基于事实的决策方法(信息论)。可见,这八项质量管理原则,体现了现代管理理论和实践发展的成果,并被人们普遍接受。

6.6.2 质量管理体系文件的构成

1. 企业是需要建立形成文件的质量管理体系,而不是只建立质量管理体系的文件。建立质量管理体系文件的价值是便于沟通意图、统一行动,有利于质量管理体系的实施、保持和改进。所以,编制质量管理体系文件不是目的,而是手段,是质量管理体系的一种资源。

编制和使用质量管理体系文件是一项具有动态管理要求的活动。因为质量管理体系的建立、健全要从编制完善的体系文件开始,质量管理体系的运行、审核与改进都是依据文件的规定进行,质量管理实施的结果也要形成文件,作为证实产品质量符合规定要求及质量管理体系有效的证据。

2. 在 GB/T 19001 中规定,质量管理体系文件应包括:

(1) 形成文件的质量方针和质量目标;
(2) 质量手册;
(3) 质量管理标准所要求的各种生产、工作和管理的程序性文件;
(4) 为确保其过程的有效策划、运行和控制所需的文件;
(5) 质量管理标准所要求的质量记录。

不同组织的质量管理体系文件的多少与详略程度取决于:组织的规模和活动的类型;过

程及其相互作用的复杂程度;人员的能力。

3．质量方针和质量目标

质量方针是组织的质量宗旨和质量方向,是实施和改进组织质量管理体系的推动力。质量方针提供了质量目标制定和评审的框架,是评价质量管理体系有效性的基础。质量方针一般均以简洁的文字来表述,应反映用户及社会对工程质量的要求及企业对质量水平和服务的承诺。

质量目标是指在质量方面所追求的目的。质量目标在质量方针给定的框架内制定并展开,也是组织各职能和层次上所追求并加以实现的主要工作任务。

4．质量手册

(1) 质量手册定义

质量手册是质量体系建立和实施中所用主要文件的典型形式。

质量手册是阐明企业的质量政策、质量管理体系和质量实践的文件,它对质量体系作概括的表达,是质量体系文件中的主要文件。它是确定和达到工程产品质量要求所必须的全部职能和活动的管理文件,是企业的质量法规,也是实施和保持质量管理体系过程中应长期遵循的纲领性文件。

(2) 质量手册的性质

企业的质量手册应具备以下6个性质:

1) 指令性

质量手册所列文件是经企业领导批准的规章,具有指令性,是企业质量工作必须遵循的准则。

2) 系统性

包括工程产品质量形成全过程应控制的所有质量职能活动的内容。同时将应控制内容,展开落实到与工程产品形成直接有关的职能部门和部门人员的质量责任制,构成完整的质量管理体系。

3) 协调性

质量手册中各种文件之间应协调一致。

4) 先进性

采用国内外先进标准和科学的控制方法,体现以预防为主的原则。

5) 可操作性

质量手册的条款不是原则性的理论,应当是条文明确、规定具体、切实可以贯彻执行的。

6) 可检查性

质量手册中的交件规定,要有定性、定量要求,便于检查和监督。

(3) 质量手册的作用

1) 质量手册是企业质量工作的指南,使企业的质量工作有明确的方向。

2) 质量手册是企业的质量法规,使企业的质量工作能从"人治"走向"法治"。

3) 有了质量手册,企业质量体系审核和评价就有了依据。

4) 有了质量手册,使投资者(需方)在招标和选择施工单位时,对施工企业的质量保证能力、质量控制水平有充分的了解,并提供了见证。

5．程序文件

质量管理体系程序文件是质量手册的支持性文件，是企业各职能部门为落实质量手册要求而规定的细则。

GB/T 19000 标准规定文件控制、记录控制、不合格品控制、内审、纠正措施和预防措施六项要求必须形成程序文件，但不是必须要 6 个，如果将文件和记录控制合为一个，将纠正和预防措施合为一个，虽然只有四个文件，但覆盖了标准的要求，也是可以的。

为确保过程的有效运行和控制，在程序文件的指导下，尚可按管理需要编制相关文件，如作业指导书、具体工程的质量计划等。

6．质量记录

质量记录可提供产品、过程和体系符合要求及体系有效运行的证据。组织应制定形成文件的程序，以控制对质量记录的标识(可用颜色、编号等方式)、贮存(如环境要适宜)、保护(包括保管的要求)、检索(包括对编目、归档和查阅的规定)、保存期限(应根据工程特点、法规要求及合同要求等决定保存期)和处置(包括最终如何销毁)。

质量记录应清晰、完整地反映质量活动实施、验证和评审的情况，并记载关键活动的过程参数，具有可追溯性的特点。

6.6.3 质量管理体系的建立和运行

1．建立质量管理体系的基本工作

建立质量管理体系的基本工作主要有：确定质量管理体系过程，明确和完善体系结构，质量管理体系要文件化，要定期进行质量管理体系审核与质量管理体系复审。

（1）确定质量管理体系过程

施工企业的产品是工程项目，无论其工程复杂程度、结构形式怎样变化，无论是高楼大厦还是一般建筑物，其建造和使用的过程、环节和程序基本是一致的。施工项目质量管理体系过程，一般可分为以下 8 个阶段。

1）工程调研和任务承接；

2）施工准备；

3）材料采购；

4）施工生产；

5）试验与检验；

6）建筑物功能试验；

7）交工验收；

8）回访与维修。

（2）完善质量管理体系结构，并使之有效运行

企业决策层领导及有关管理人员要负责质量管理体系的建立、完善、实施和保持各项工作的开展，使企业质量管理体系达到预期目标。

质量管理体系的有效运行要依靠相应的组织机构网络。这个机构要严密完整，充分体现各项质量职能的有效控制。对建筑业企业来讲，一般有集团(总公司)、公司、分公司、工程项目经理部等各级管理组织，但由于其管理职责不同所建质量管理体系的侧重点可能有所不同，但其组织机构应上下贯通，形成一体。特别是直接承担生产与经营任务的实体公司的质量管理体系更要形成覆盖全公司的组织网络，该网络系统要形成一个纵向统一指挥、分级管理，横向分工合作、协调一致、职责分明的统一整体。一般讲，一个企业只有一个质量管理

体系,其下属基层单位的质量管理和质量保证活动以及质量机构和质量职能只是企业质量管理体系的组成部分,是企业质量管理体系在该特定范围的体现。对不同产品对象的基层单位,如混凝土构件厂、实验室、搅拌站……则应根据其生产对象和生产环境特点补充或调整体系要素,使其在该范围更适合产品质量保证的最佳效果。

(3) 质量管理体系要文件化

文件是质量管理体系中必需的要素。质量管理文件能够起到沟通意图和统一行动的作用。

文件化的质量管理体系包括建立和实施两个方面,建立文件化的质量管理体系只是开始,只有通过实施文件化质量管理体系才能变成增值活动。

质量管理体系的文件共有4种:

1) 质量手册:规定组织质量管理体系的文件,也是向组织内部和外部提供关于质量管理体系的信息文件;

2) 质量计划:规定用于某一具体情况的质量管理体系要素和资源的文件,也是表述质量管理体系用于特定产品、项目或合同的文件;

3) 程序文件:提供如何完成活动的信息文件;

4) 质量记录:对完成的活动或达到的结果提供客观证据的文件。

根据各组织的类型、规模、产品、过程、顾客、法律和法规以及人员素质的不同,质量管理体系文件的数量、详尽程度和媒体种类也会有所不同。

(4) 定期质量审核

质量管理体系能够发挥作用,并不断改进提高工作质量,主要是在建立体系后坚持质量管理体系审核和评审活动。

为了查明质量管理体系的实施效果是否达到了规定的目标要求,企业管理者应制订内部审核计划,定期进行质量管理体系审核。

质量管理体系审核由企业胜任的管理人员对体系各项活动进行客观评价,这些人员独立于被审核的部门和活动范围。质量管理体系审核范围如下:① 组织机构;② 管理与工作程序;③ 人员、装备和器材;④ 工作区域、作业和过程;⑤ 在制品(确定其符合规范和标准的程度);⑥ 文件、报告和记录。

质量管理体系审核一般以质量管理体系运行中各项工作文件的实施程度及产品质量水平为主要工作对象,一般为符合性评价。

(5) 质量管理体系评审和评价

质量管理体系的评审和评价,一般称为管理者评审,它是由上层领导亲自组织的,对质量管理体系、质量方针、质量目标等项工作所开展的适合性评价。就是说,质量管理体系审核时主要精力放在是否将计划工作落实,效果如何;而质量管理体系评审和评价重点为该体系的计划、结构是否合理有效,尤其是结合市场及社会环境,企业情况进行全面的分析与评价,一旦发现这些方面的不足,就应对其体系结构、质量目标、质量政策提出改进意见,以使企业管理者采取必要的措施。

质量管理体系的评审和评价也包括各项质量管理体系审核范围的工作。

与质量管理体系审核不同的是,质量管理体系评审更侧重于质量管理体系的适合性(质量管理体系审核侧重符合性),而且,一般评审与评价活动要由企业领导直接组织。

2. 质量管理体系的建立和运行

(1) 建立和完善质量管理体系的程序

按照国家标准 GB/T 19000 建立一个新的质量管理体系或更新、完善现行的质量管理体系，一般有以下步骤。

1) 企业领导决策

企业主要领导要下决心走质量效益型的发展道路，有建立质量管理体系的迫切需要。建立质量管理体系涉及企业内部很多部门参加的一项全面性的工作，如果没有企业主要领导亲自领导、亲自实践和统筹安排，是很难搞好这项工作的。因此，领导真心实意地要求建立质量管理体系，是建立、健全质量管理体系的首要条件。

2) 编制工作计划

工作计划包括培训教育、体系分析、职能分配、文件编制、配备仪器仪表设备等内容。

3) 分层次教育培训

组织学习 GB/T 19000 系列标准，结合本企业的特点，了解建立质量管理体系的目的和作用，详细研究与本职工作有直接联系的要素，提出控制要素的办法。

4) 分析企业特点

结合建筑施工企业的特点和具体情况，确定采用哪些要素和采用程度。

要素要对控制工程实体质量起主要作用，能保证工程的适用性、符合性。

5) 落实各项要素

企业在选好合适的质量管理体系要素后，要进行二级要素展开，制订实施二级要素所必需的质量活动计划，并把各项质量活动落实到具体部门或个人。

一般，企业在领导的亲自主持下，合理地分配各级要素与活动，使企业各职能部门都明确各自在质量管理体系中应担负的责任、应开展的活动和各项活动的衔接办法。分配各级要素与活动的一个重要原则就是责任部门只能是一个，但允许有若干个配合部门。

在各级要素和活动分配落实后，为了便于实施、检查和考核，还要把工作程序文件化，即把企业的各项管理标准、工作标准、质量责任制、岗位责任制形成与各级要素和活动相对应的有效运行的文件。

6) 编制质量管理体系文件

质量管理体系文件按其作用可分为法规性文件和见证性文件两类。质量管理体系法规性文件是用以规定质量管理工作的原则，阐述质量管理体系的构成，明确有关部门和人员的质量职能，规定各项活动的目的要求、内容和程序的文件。在合同环境下这些文件是供方向需方证实质量管理体系适用性的证据。质量管理体系的见证性文件是用以表明质量管理体系的运行情况和证实其有效性的文件（如质量记录、报告等）。这些文件记载了各质量管理体系要素的实施情况和工程实体质量的状态，是质量管理体系运行的见证。

(2) 质量管理体系的运行

保持质量管理体系的正常运行和持续实用有效，是企业质量管理的一项重要任务，是质量管理体系发挥实际效能、实现质量目标的主要阶段。

质量管理体系运行是执行质量体系文件、实现质量目标、保持质量管理体系持续有效和不断优化的过程。

质量管理体系的有效运行是依靠体系的组织机构进行组织协调、实施质量监督、开展信息反馈、进行质量管理体系审核和复审实现的。

1) 组织协调

质量管理体系的运行是借助于质量管理体系组织结构的组织和协调来进行的。组织和协调工作是维护质量管理体系运行的动力。质量管理体系的运行涉及企业众多部门的活动。就建筑业企业而言,计划部门、施工部门、技术部门、试验部门、测量部门、检查部门等都必须在目标、分工、时间和联系方面协调一致,责任范围不能出现空档,保持体系的有序性。这些都需要通过组织和协调工作来实现。实现这种协调工作的人,应是企业的主要领导,只有主要领导主持,质量管理部门负责,通过组织协调才能保持体系的正常运行。

2) 质量监督

质量管理体系在运行过程中,各项活动及其结果不可避免地会有发生偏离标准的可能。为此,必须实施质量监督。

质量监督有企业内部监督和外部监督两种,需方或第三方对企业进行的监督是外部质量监督。需方的监督权是在合同环境下进行的,就建筑业企业来说,叫做甲方的质量监督,按合同规定,从地基验槽开始,甲方对隐蔽工程进行检查签证。第三方的监督,对单位工程和重要分部工程进行质量等级核定,并在工程开工前检查企业的质量管理体系。施工过程中,监督企业质量管理体系的运行是否正常。

质量监督是符合性监督。质量监督的任务是对工程实体进行连续性的监视和验证。发现偏离管理标准和技术标准的情况时及时反馈,要求企业采取纠正措施,严重者责令停工整顿。从而促使企业的质量活动和工程实体质量均符合标准所规定的要求。

实施质量监督是保证质量管理体系正常运行的手段。外部质量监督应与企业本身的质量监督考核工作相结合,杜绝重大质量事故的发生,促进企业各部门认真贯彻各项规定。

3) 质量信息管理

企业的组织机构是企业质量管理体系的骨架,而企业的质量信息系统则是质量管理体系的神经系统,是保证质量管理体系正常运行的重要系统。在质量管理体系的运行中,通过质量信息反馈系统对异常信息的反馈和处理,进行动态控制,从而使各项质量活动和工程实体质量保持受控状态。

质量信息管理和质量监督、组织协调工作是密切联系在一起的。异常信息一般来自质量监督,异常信息的处理要依靠组织协调工作,三者的有机结合,是使质量管理体系有效运行的保证。

4) 质量管理体系审核与评审

企业进行定期的质量管理体系审核与评审,一是对体系要素进行审核、评价,确定其有效性;二是对运行中出现的问题采取纠正措施,对体系的运行进行管理,保持体系的有效性;三是评价质量管理体系对环境的适应性,对体系结构中不适用的采取改进措施。开展质量管理体系审核和评审是保持质量管理体系持续有效运行的主要手段。

6.6.4 质量管理体系认证与监督

由于工程行业产品具有单项性,不能以某个项目作为质量认证的依据。因此,只能对企业的质量管理体系进行认证。

质量管理体系认证是指根据有关的质量保证模式标准,由第三方机构对供方(承包方)的质量管理体系进行评定和注册的活动。这里的第三方机构指的是经国家质量监督检验检疫总局质量管理体系认可委员会认可的质量管理体系认证机构。质量管理体系认证机构是个专职机构,各认证机构具有自己的认证章程、程序、注册证书和认证合格标志。国家质量监督检验检疫总局对质量认证工作实行统一管理。

1. 质量管理体系认证的特征

(1) 认证的对象是质量管理体系而不是工程实体;

(2) 认证的依据是质量保证模式标准,而不是工程的质量标准;

(3) 认证的结论不是证明工程实体是否符合有关的技术标准,而是质量管理体系是否符合标准,是否具有按规范要求,保证工程质量的能力;

(4) 认证合格标志只能用于宣传,不得用于工程实体;

(5) 认证由第三方进行,与第一方(供方或承包单位)和第二方(需方或业主)既无行政隶属关系,也无经济上的利益关系,以确保认证工作的公正性。

2. 企业质量管理体系认证的意义

1992年我国按国际准则正式组建了第一个具有法人地位的第三方质量管理体系认证机构,开始了我国质量管理体系的认证工作。我国质量管理体系认证工作起步虽晚,但发展迅速,为了使质量管理尽快与国际接轨,各类企业纷纷"宣贯"标准,争相通过认证。

(1) 促使企业认真按 GB/T 19000 族标准去建立、健全质量管理体系,提高企业的质量管理水平,保证施工项目质量。由于认证是第三方的权威性的公正机构对质量管理体系的评审,企业达不到认证的基本条件不可能通过认证,这就可以避免形式主义地去"贯标",或用其他不正当手段获取认证的可能性。

(2) 提高企业的信誉和竞争能力。企业通过了质量管理体系认证机构的认证,就获得了权威性机构的认可,证明其具有保证工程实体的能力。因此,获得认证的企业信誉提高,大大增强了市场竞争能力。

(3) 加快双方的经济技术合作。在工程的招投标中,不同业主对同一个承包单位的质量管理体系的评审中,80%以上的评审内容和质量管理体系要素是重复的。若投标单位的质量管理体系通过了认证,对其评定的工作量大大减小,省时、省钱,避免了不同业主对同一承包单位进行的重复评定,加快了合作的进展,有利于选择合格的承包方。

(4) 有利于保护业主和承包单位双方的利益。企业通过认证,证明了它具有保证工程实体的能力,保护了业主的利益。同时,一旦发生了质量争议,也是承包单位自我保护的措施。

(5) 有利于国际交往。在国际工程的招投标工作中,要求经过 GB/T 19000 标准认证已是惯用的作法,由此可见,只有取得质量管理体系的认证才能打入国际市场。

3. 质量管理体系的申报及批准程序

(1) 提出申请

申请认证者按照规定的内容和格式向体系认证机构提出书面申请,并提交质量手册和其他必要的资料。认证机构由申请认证者自己选择。

认证机构在收到认证申请之日起60天内作出是否受理申请的决定,并书面通知申请者;如果不受理申请应说明理由。

(2) 体系审核

由体系认证机构指派审核组对申请的质量管理体系进行文件审查和现场审核。文件审查的目的主要是审查申请者提交的质量手册的规定是否满足所申请的质量保证标准的要求；如果不能满足，应进行补充或修改。只有当文件审查通过后方可进行现场审核，现场审核的主要目的是通过收集客观证据检查评定质量管理体系的运行与质量手册的规定是否一致，证实其符合质量保证标准要求的程度，作出审核结论，向体系认证机构提交审核报告。

(3) 审批发证

体系认证机构审查、审核组提交的审核报告，对符合规定要求的批准认证，向申请者颁发体系认证证书，证书有效期三年；对不符合规定要求的亦应书面通知申请者。体系认证机构应公布证书持有者的注册名录。

(4) 监督管理

对获准认证后的监督管理有以下几项规定：

1) 标志的使用。体系认证证书的持有者应按体系认证机构的规定使用其专用的标志，不得将标志使用在产品上。

2) 通报。证书持有者改变其认证审核时的质量管理体系，应及时将更改情况报体系认证机构。体系认证机构根据具体情况决定是否需要重新评定。

3) 监督审核。体系认证机构对证书持有者的质量管理体系每年至少进行一次监督审核，以使其质量管理体系继续保持。

4) 监督后的处置。通过对证书持有者的质量管理体系的监督审查，如果符合规定要求时，则保持其认证资格；如果不符合要求时，则视其不符合的严重程度，由体系认证机构决定暂停使用认证证书和标志或撤销认证资格，收回其体系认证证书。

5) 换发证书。在证书有效期内，如果遇到质量管理体系标准变更，或者体系认证的范围变更，或者证书的持有者变更时，证书持有者可申请换发证书，认证机构决定作必要的补充审核。

6) 注销证书。在证书有效期内，由于体系认证规则或体系标准变更或其他原因，证书的持有者不愿保持其认证资格的，体系认证机构应收回认证证书，并注销认证资格。

6.7 工程项目设计质量控制的内容和方法

6.7.1 工程项目设计质量控制的内容

(1) 正确贯彻执行国家建设法律、法规的各项技术标准：

1) 有关城市规划、建设批准用地，环境保护、三废治理及建筑工程质量监督等方面的法律、行政法规及地方政府、专业管理机构发布的法规规定；

2) 有关工程技术标准、设计规范、规程、工程质量检验评定标准、有关工程造价方面的规定文件等（特别注意对国家及地方强制性规范的执行）；

3) 经批准的工程项目的可行性研究、立项批准文件及设计纲要等文件；

4) 勘察单位提供的勘察成果文件。

(2) 保证设计方案的技术经济合理性、先进性和实用性，满足业主提出的各项功能要求，控制工程造价，达到项目技术计划的要求。

(3) 设计文件应符合国家规定的设计深度要求，并注明工程合理使用年限。设计文件中选用的建筑材料、构配件和设备，应当注明规格、型号、性能等技术指标，其质量必须符合国家规定的标准。

(4) 设计图纸必须按规定具有国家批准的图印章及建筑师、结构工程师的执业印章,并按规定经过有效审图程序。

6.7.2 工程项目设计质量控制的方法

(1) 根据项目建设要求和有关批文、资料,组织设计招标及设计方案竞赛。通过对设计单位编制的设计大纲或方案竞赛文件的比较,优选设计方案及设计单位。

(2) 对勘察、设计单位资质业绩进行审查,优选勘察、设计单位,签订勘察设计合同,并在合同中明确有关设计范围、要求、依据及设计文件深度及有效性要求。

(3) 根据建设单位对设计功能、等级等方面的要求,根据国家有关建设法规、标准的要求及建设项目环境条件等方面的情况,控制设计输入,做好建筑设计、专业设计、总体设计等不同工种的协调,保证设计成果的质量。

(4) 控制各阶段的设计深度,并按规定组织设计评审,按法规要求对设计文件进行审批(如对扩初设计、设计概预算、有关专业设计等),保证各阶段设计符合项目策划阶段提出的质量要求,提交的施工图满足施工要求,工程造价符合投资计划的要求。

(5) 组织施工图图纸会审,吸取建设单位、施工单位、监理单位等方面对图纸问题提出的意见,以保证施工顺利进行。

(6) 落实设计变更,控制设计变更质量,确保设计变更不导致设计质量的下降。并按规定在工程竣工验收阶段,在对全部变更文件、设计图纸校对及施工质量检查基础上,出具质量检查报告,确认设计质量及工程质量满足设计要求。

6.8 工程质量问题分析与处理

施工项目由于具有产品固定,生产流动;产品多样,结构类型不一;露天作业多,自然条件(地质、水文、气象、地形等)多变;材料品种、规格不同,材性各异,交叉施工,现场配合复杂;工艺要求不同,技术标准不一等特点,因此,对质量影响的因素繁多,在施工过程中稍有疏忽,就极易引起系统性因素的质量变异,而产生质量问题或严重的工程质量事故。为此,必须采取有效措施,对常见的质量问题事先加以预防;对出现的质量事故应及时进行分析和处理。

6.8.1 工程质量问题分析处理程序

1. 工程质量问题的特点

工程质量问题具有复杂性、严重性、可变性和多发性的特点。

(1) 复杂性

工程质量问题的复杂性,主要表现在引发质量问题的因素复杂,从而增加了对质量问题的性质、危害的分析、判断和处理的复杂性。例如建筑物的倒塌,可能是未认真进行地质勘察,地基的容许承载力与持力层不符;也可能是未处理好不均匀地基,产生过大的不均匀沉降;或是盲目套用图纸,结构方案不正确,计算简图与实际受力不符;或是荷载取值过小,内力分析有误,结构的刚度、强度、稳定性差;或是施工偷工减料、不按图施工、施工质量低劣;或是建筑材料及制品不合格,擅自代用材料等原因所造成。由此可见,即使同一性质的质量问题,原因有时截然不同。所以,在处理质量问题时,必须深入地进行调查研究,针对其质量问题的特征作具体分析。

(2) 严重性

工程质量问题,轻者影响施工顺利进行,拖延工期,增加工期费用;重者,给工程留下隐患,成为危房,影响安全使用或不能使用;更严重的是引起建筑物倒塌,造成人民生命财产的巨大损失。

(3) 可变性

许多工程质量问题,还将随着时间不断发展变化。例如,钢筋混凝土结构出现的裂缝将随着环境湿度、温度的变化而变化,或随着荷载的大小和持荷时间而变化;建筑物的倾斜,将随着附加弯矩的增加和地基的沉降而变化;混合结构墙体的裂缝也会随着温度应力和地基的沉降量而变化;甚至有的细微裂缝,也可以发展成构件断裂或结构物倒塌等重大事故。所以,在分析、处理工程质量问题时,一定要特别重视质量事故的可变性,应及时采取可靠的措施,以免事故进一步恶化。

(4) 多发性

工程中有些质量问题,就像"常见病"、"多发病"一样经常发生,而成为质量通病,如屋面、卫生间漏水;抹灰层开裂、脱落;地面起砂、空鼓;排水管道堵塞;预制构件裂缝等。另有一些同类型的质量问题,往往一再重复发生,如雨篷的倾覆,悬挑梁、板的断裂,混凝土强度不足等。因此,吸取多发性事故的教训,认真总结经验,是避免事故重演的有效措施。

2. 工程质量事故的分类

工程的质量事故一般可按下述不同的方法分类:

(1) 按事故的性质及严重程度划分

1) 一般事故。通常是指经济损失在 5000 元～10 万元额度内的质量事故。

2) 重大事故。凡是有下列情况之一者,可列为重大事故。

① 建筑物、构筑物或其他主要结构倒塌者为重大事故。

② 超过规范规定或设计要求的基础严重不均匀沉降、建筑物倾斜、结构开裂或主体结构强度严重不足,影响结构物的寿命,造成不可补救的永久性质量缺陷或事故。

③ 影响建筑设备及其相应系统的使用功能,造成永久性质量缺陷者。

④ 经济损失在 10 万元以上者。

(2) 按事故造成的后果区分

1) 未遂事故。发现了质量问题,经及时采取措施,未造成经济损失、延误工期或其他不良后果者,均属未遂事故。

2) 已遂事故。凡出现不符合质量标准或设计要求,造成经济损失、工期延误或其他不良后果者,均构成已遂事故。

(3) 按事故责任区分

1) 指导责任事故。指由于在工程实施指导或领导失误而造成的质量事故。例如由于赶工追进度,放松或不按质量标准进行控制和检验,施工时降低质量标准等。

2) 操作责任事故。指在施工过程中,由于实施操作者不按规程或标准实施操作,而造成的质量事故。例如,浇筑混凝土时随意加水;混凝土拌合料产生了离析现象仍浇筑入模;压实土方含水量及压实遍数未按要求控制操作等。

(4) 按质量事故产生的原因区分

1) 技术原因引发的质量事故。是指在工程项目实施中由于设计、施工在技术上的失误而造成的质量事故。例如，结构设计计算错误；地质情况估计错误；盲目采用技术上不成熟、实际应用中未得到充分的实践检验证实其可靠的新技术；采用了不适宜的施工方法或工艺等等。

2) 管理原因引发的质量事故。主要是指由于管理上的不完善或失误而引发的质量事故。例如，施工单位或监理单位的质量体系不完善；检验制度不严密；质量控制不严格；质量管理措施落实不力；检测仪器设备管理不善而失准，进料检验不严等原因引起质量问题。

3) 社会、经济原因引发的质量事故。主要是指由于社会、经济因素及社会上存在的弊端和不正之风引起建设中的错误行为，而导致出现质量事故。例如，某些企业盲目追求利润而置工程质量于不顾，在建筑市场上杀价投标，中标后则依靠违法手段或修改方案追加工程款，或偷工减料，或层层转包，凡此种种，这些因素常常是出现重大工程质量事故的主要原因，应当给以充分的重视。因此，进行质量控制，不但要在技术方面、管理方面入手严格把住质量关，而且还要从思想作风方面入手严格把住质量关，这是更为艰巨的任务。

3. 工程质量问题原因

(1) 违背建设程序

如不经可行性论证，不作调查分析就拍板定案；没有搞清工程地质、水文地质就仓促开工；无证设计，无图施工；任意修改设计，不按图纸施工；工程竣工不进行试车运转、不经验收就交付使用等蛮干现象，致使不少工程项目留有严重隐患，房屋倒塌事故也常有发生。

(2) 工程地质勘察原因

未认真进行地质勘察，提供地质资料、数据有误；地质勘察时，钻孔间距太大，不能全面反映地基的实际情况，如当基岩地面起伏变化较大时，软土层厚薄相差亦甚大；地质勘察钻孔深度不够，没有查清地下软土层、滑坡、墓穴、孔洞等地层构造；地质勘察报告不详细、不准确等，均会导致采用错误的基础方案，造成地基不均匀沉降、失稳，使上部结构及墙体开裂、破坏、倒塌。

(3) 未加固处理好地基

对软弱土、冲填土、杂填土、湿陷性黄土、膨胀土、岩层出露、溶岩、土洞等不均匀地基未进行加固处理或处理不当，均是导致重大质量问题的原因。必须根据不同地基的工程特性，按照地基处理应与上部结构相结合，使其共同工作的原则，从地基处理、设计措施、结构措施、防水措施、施工措施等方面综合考虑治理。

(4) 设计计算问题

设计考虑不周，结构构造不合理，计算简图不正确，计算荷载取值过小，内力分析有误，沉降缝及伸缩缝设置不当，悬挑结构未进行抗倾覆验算等，都是诱发质量问题的隐患。

(5) 建筑材料及制品不合格

诸如：钢筋物理力学性能不符合标准，水泥受潮、过期、结块、安定性不良，砂石级配不合理、有害物含量过多，混凝土配合比不准，外加剂性能、掺量不符合要求时，均会影响混凝土强度、和易性、密实性、抗渗性，导致混凝土结构强度不足、裂缝、渗漏、蜂窝、露筋等质量问题；预制构件断面尺寸不准，支承锚固长度不足，未可靠建立预应力值，钢筋漏放、错位，板面开裂等，必然会出现断裂、垮塌。

(6) 施工和管理问题

1) 不熟悉图纸,盲目施工,图纸未经会审,仓促施工;未经监理、设计部门同意,擅自修改设计。

2) 不按图施工。把铰接作成刚接,把简支梁作成连续梁,抗裂结构用光圆钢筋代替变形钢筋等,致使结构裂缝破坏;挡土墙不按图设滤水层,留排水孔,致使土压力增大,造成挡土墙倾覆。

3) 不按有关施工验收规范施工。如现浇混凝土结构不按规定的位置和方法任意留设施工缝;不按规定的强度拆除模板;砌体不按组砌形式砌筑,留直槎不加拉结条,在小于1m宽的窗间墙上留设脚手眼等。

4) 不按有关操作规程施工。如用插入式振捣器捣实混凝土时,不按插点均布、快插慢拔、上下抽动、层层扣搭的操作方法,致使混凝土振捣不实,整体性差;又如,砖砌体包心砌筑,上下通缝,灰浆不均匀饱满,游丁走缝,不横平竖直等都是导致砖墙、砖柱破坏、倒塌的主要原因。

5) 缺乏基本结构知识,施工蛮干。如将钢筋混凝土预制梁倒放安装;将悬臂梁的受拉钢筋放在受压区;结构构件吊点选择不合理,不了解结构使用受力和吊装受力的状态;施工中在楼面超载堆放构件和材料等,均将给质量和安全造成严重的后果。

6) 施工管理紊乱,施工方案考虑不周,施工顺序错误。技术组织措施不当,技术交底不清,违章作业。不重视质量检查和验收工作等等,都是导致质量问题的祸根。

(7) 自然条件影响

施工项目周期长、露天作业多,受自然条件影响大,温度、湿度、日照、雷电、供水、大风、暴雨等都能造成重大的质量事故,施工中应特别重视,采取有效措施予以预防。

(8) 建筑结构使用问题

建筑物使用不当,亦易造成质量问题。如不经校核、验算,就在原有建筑物上任意加层;使用荷载超过原设计的容许荷载;任意开槽、打洞、削弱承重结构的截面等。

4. 工程质量问题分析处理的目的及程序

(1) 工程质量问题分析、处理的目的

工程质量问题分析、处理的主要目的是:

1) 正确分析和妥善处理所发生的质量问题,以创造正常的施工条件;

2) 保证建筑物、构筑物的安全使用,减少事故的损失;

3) 总结经验教训,预防事故重复发生;

4) 了解结构实际工作状态,为正确选择结构计算简图、构造设计,修订规范、规程和有关技术措施提供依据。

(2) 工程质量问题分析处理的程序

工程质量问题分析、处理的程序,一般可按图6-20所示进行。

事故发生后,应及时组织调查处理。调查的主要目的,是要确定事故的范围、性质、影响和原因等,通过调查为事故的分析与处理提供依据,一定要力求全面、准确、客观。调查结果,要整理撰写成事故调查报告,其内容包括:① 工程概况,重点介绍事故有关部分的工程情况;② 事故情况,事故发生时间、性质、现状及发展变化的情况;③ 是否需要采取临时应急防护措施;④ 事故调查中的数据、资料;⑤ 事故原因的初步判断;⑥ 事故涉及人员与主要责任者的情况等。

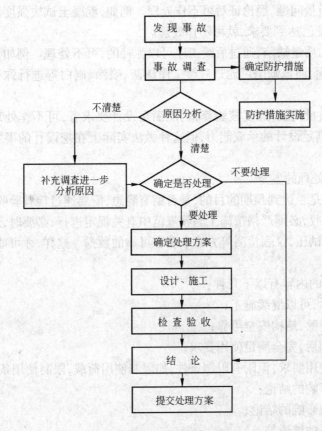

图 6-20 质量问题分析、处理程序框图

事故的原因分析,要建立在事故情况调查的基础上,避免情况不明就主观分析推断事故的原因。尤其是有些事故,其原因错综复杂,往往涉及勘察、设计、施工、材质、使用管理等几方面,只有对调查提供的数据、资料进行详细分析后,才能去伪存真,找到造成事故的主要原因。

事故的处理要建立在原因分析的基础上,对有些事故一时认识不清时,只要事故不致产生严重的恶化,可以继续观察一段时间,做进一步调查分析,不要急于求成,以免造成同一事故多次处理的不良后果。事故处理的基本要求是:安全可靠,不留隐患,满足建筑功能和使用要求,技术可行,经济合理,施工方便。在事故处理中,还必须加强质量检查和验收。对每一个质量事故,无论是否需要处理都要经过分析,做出明确的结论。

(3) 质量问题不作处理的论证

工程的质量问题,并非都要处理,即使有些质量缺陷,虽已超出了国家标准及规范要求,但也可以针对工程的具体情况,经过分析、论证,做出勿需处理的结论。总之,对质量问题的处理,也要实事求是,既不能掩饰,也不能扩大,以免造成不必要的经济损失和延误工期。

勿需做处理的质量问题常有以下几种情况:

1) 不影响结构安全,生产工艺和使用要求。例如,有的建筑物在施工中发生了错位,若要纠正,困难较大,或将造成重大的经济损失。经分析论证,只要不影响工艺和使用要求,可以不作处理。

2) 检验中的质量问题,经论证后可不作处理。例如,混凝土试块强度偏低,而实际混凝土强度,经测试论证已达到要求,就可不作处理。

3) 某些轻微的质量缺陷,通过后续工序可以弥补的,可不处理。例如,混凝土墙板出现了轻微的蜂窝、麻面,而该缺陷可通过后续工序抹灰、喷涂、刷白等进行弥补,则勿需对墙板的缺陷进行处理。

4) 对出现的质量问题,经复核验算,仍能满足设计要求者,可不作处理。例如,结构断面被削弱后,仍能满足设计的承载能力,但这种做法实际上在挖设计的潜力,因此需要特别慎重。

(4) 质量问题处理的鉴定

质量问题处理是否达到预期的目的,是否留有隐患,需要通过检查验收来作出结论。事故处理质量检查验收,必须严格按施工验收规范中有关规定进行;必要时,还要通过实测、实量,荷载试验,取样试压,仪表检测等方法来获取可靠的数据。这样,才可能对事故作出明确的处理结论。

事故处理结论的内容有以下几种:
1) 事故已排除,可以继续施工;
2) 隐患已经消除,结构安全可靠;
3) 经修补处理后,完全满足使用要求;
4) 基本满足使用要求,但附有限制条件,如限制使用荷载,限制使用条件等;
5) 对耐久性影响的结论;
6) 对建筑外观影响的结论;
7) 对事故责任的结论等。

此外,对一时难以做出结论的事故,还应进一步提出观测检查的要求。

事故处理后,还必须提交完整的事故处理报告,其内容包括:事故调查的原始资料、测试数据;事故的原因分析、论证;事故处理的依据;事故处理方案、方法及技术措施;检查验收记录;事故勿需处理的论证;以及事故处理结论等。

6.8.2 施工项目质量通病防治

施工项目中有些质量问题,如"渗、漏、泛、堵、壳、裂、砂、锈"等,由于经常发生,犹如"多发病"、"常见病"一样,而成为质量通病。

1. 最常见的质量通病

(1) 基础不均匀下沉,墙身开裂;
(2) 现浇钢筋混凝土工程出现蜂窝、麻面、露筋;
(3) 现浇钢筋混凝土阳台、雨篷根部开裂或倾覆、坍塌;
(4) 砂浆、混凝土配合比控制不严,任意加水,强度得不到保证;
(5) 屋面、厨房渗水、漏水;
(6) 墙面抹灰起壳、裂缝、起麻点、不平整;
(7) 地面及楼面起砂、起壳、开裂;
(8) 门窗变形,缝隙过大,密封不严;
(9) 水暖电卫安装粗糙,不符合使用要求;
(10) 结构吊装就位偏差过大;

(11) 预制构件裂缝,预埋件移位,预应力张拉不足;
(12) 砖墙接槎或预留脚手眼不符合规范要求;
(13) 金属栏杆、管道、配件锈蚀;
(14) 墙纸粘贴不牢、空鼓、褶皱、压平起光;
(15) 饰面板、饰面砖拼缝不平、不直,空鼓、脱落;
(16) 喷浆不均匀,脱色、掉粉等。

质量通病,面大量广,危害极大;消除质量通病,是提高施工项目质量的关键环节。产生质量通病的原因虽多,涉及面亦广,但究其主要原因,是参与项目施工的组织者、指挥者和操作者缺乏质量意识,不讲"认真"二字。其实,消除质量通病,并不是什么高不可攀的要求,办不到的事。只要真正在思想上重视质量,牢固树立"质量第一"的观念,认真遵守施工程序和操作规程;认真贯彻执行技术责任制;认真坚持质量标准、严格检查,实行层层把关;认真总结产生质量通病的经验教训,采取有效的预防措施;要消除质量通病,是完全可以办到的。

2. 质量通病的原因分析及防治措施

对质量通病的防治,同样要在调查的基础上分析其原因,方能达到"对症下药,药到病除"的目的。以下就几种常见质量通病,举例阐明其原因及防治措施。

(1) 混凝土裂缝

混凝土结构及构件产生裂缝是一种常见的质量通病,裂缝的原因也极其错综复杂,见表6-20。

混凝土开裂主要原因分类 表6-20

类 别	产生裂缝的原因
1. 材料、半成品质量	①水泥安定性不良;②砂石级配差,砂太细;③砂石含泥、石粉量大;④使用了反应性骨料或风化岩;⑤混凝土配合比不良;⑥不适当地掺用氯盐;⑦水泥水化热;⑧混凝土沉陷;⑨混凝土干缩
2. 建筑和结构构造	①结构整体性差;②变形缝设置不当;③与构造规定不符;④防护不良
3. 施工工艺	①水泥用量与用水量过多;②混凝土拌和不均;③配合比控制不准;④浇筑顺序有误;⑤浇筑方法不当;⑥浇筑速度过快;⑦振捣不实;⑧模板变形;⑨模板漏水、漏浆;⑩钢筋保护层太薄或太厚;⑪浇筑中碰撞钢筋;⑫施工缝处理不良;⑬养护不良;⑭拆模过早;⑮加荷过早;⑯施工超载;⑰早期受冻;⑱其他,如模板施工中的裂缝等
4. 结构受力	①设计断面不足;②应力集中;③超载;④未作抗裂验算
5. 地基变形	①地基沉降差大;②地基冻胀;③水平位移;④相邻建筑影响
6. 温、湿度变形	①环境温、湿度变化;②各构件间温、湿度差;③冻融循环
7. 其他	①酸碱化学腐蚀;②内部钢筋锈蚀;③火灾、高温作用;④地震;⑤其他

表中所列就有七大类,究竟是由哪一类中的何种原因所引起的裂缝,则应针对质量问题的特征作具体分析。现略举二例说明之:

【例6-1】 混凝土干缩裂缝

1) 裂缝特征

混凝土干缩裂缝特征具有表面性,缝宽较细,多在0.05~0.2mm之间,其走向纵横交错,没有规律性。较薄的梁、板类构件(或桁架杆件),多沿短方向分布;整体性结构,多发生在结构变截面处;平面裂缝多延伸到变截面部位或块体边缘,大体积混凝土在平面部位较为多见,但侧面也常出现;预制构件多产生在箍筋位置。

2) 原因分析

干缩裂缝产生的原因是:

① 混凝土成型后,养护不良,受到风吹日晒,表面水分蒸发快,体积收缩大;而内部湿度变化很小,收缩也小,因而表面收缩变形受到内部混凝土的约束,出现拉应力,引起混凝土表面开裂;或者构件水分蒸发,产生的体积收缩受到地基或垫层的约束,而出现干缩裂缝。

② 混凝土构件长期露天堆放,表面湿度经常发生剧烈变化。

③ 采用含泥量多的粉砂配制混凝土。

④ 混凝土受过度振捣,表面形成水泥含量较多的砂浆层。

⑤ 后张法预应力构件露天生产后长期不张拉等。

3) 预防措施

① 混凝土水泥用量、水灰比和砂率不能过大;严格控制砂石含泥量,避免使用过量粉砂,振捣要密实,并应对板面进行二次抹压,以提高混凝土抗拉强度,减少收缩量。

② 加强混凝土早期养护,并适当延长养护时间;长期堆放的预制构件宜覆盖,避免暴晒,并定期适当洒水,保持湿润。

③ 浇筑混凝土前,将基层和模板浇水湿透。

④ 混凝土浇筑后,应及早进行洒水养护;大面积混凝土宜浇完一段,养护一段。

4) 处理方法

此类裂缝对结构强度影响不大,但会使钢筋锈蚀,且有损美观,故一般可在表面抹一层薄砂浆进行处理。对于预制构件,也可在裂缝表面涂环氧胶泥或粘贴环氧玻璃布进行封闭处理。

【例 6-2】 混凝土构件制作、脱模、运输过程中的裂缝

1) 裂缝特征

构件制作、脱模、运输、堆放、吊装过程中,由于各种原因而产生纵向、横向、斜向、竖向、水平的、表面的、深进的或贯穿的各种裂缝无一定规律性;其裂缝的深度、部位和走向都随产生的原因而异;裂缝的大小、长短、深浅不一。

2) 原因分析

① 木模板未浇水湿透,或隔离剂失效;模板与混凝土粘结。当模板大量吸水发生膨胀时,常沿通长将柱、梁角拉裂。

② 构件翻转脱模时,因受振动过大,或地面砂子摊铺不平;使混凝土开裂;构件在成型或拆模时受到剧烈振动。也会引起沿钢筋的纵向或横向裂缝。

③ 后张预应力构件或多孔板成孔时,如抽芯过早,混凝土塌陷而出现裂缝;抽芯过晚,芯管与混凝土粘结,也易被拉裂。

④ 构件起吊时,由于模板隔离剂失效;混凝土与模板粘住,起模时构件受力不均或受扭,而出现纵向、横向或斜向裂缝。

⑤ 构件运输、堆放时,支承垫木不在一垂直线上,或悬挑过长,运输时构件受到剧烈的颠簸、冲击;吊装时吊点选择不当,吊装弯矩过大;或桁架等侧向刚度较差的构件,侧向未采取临时加固措施,都可能使构件发生裂缝。

3) 防治措施

① 木模应浇水湿透。

② 翻转脱模应在平整、坚实的铺砂地面上进行,翻转、脱模应平稳,防止剧烈冲击和振动。

③ 预留构件孔洞的钢管要平直,预埋前应除锈刷油,混凝土浇筑后,要定时(15min 左右)定向转动钢管。抽管时间以手指压混凝土表面不显印痕为宜,抽管时应平稳缓慢。

④ 预制构件胎模应选用有效的隔离剂,起模前先用千斤顶均匀松动,再平稳起吊。

⑤ 混凝土构件堆放,应按其受力特点设置垫块;重叠堆放时,垫块应在一条垂直线上。同时,板、柱构件应作好标志,避免反放。

⑥ 运输中构件之间应设垫木并互相绑牢,防止晃动、碰撞。

⑦ 屋架、柱等大型构件吊装,应按规定设置吊点;对于屋架等侧向刚度差的构件,吊装时应横向加固,并设牵引索,防止吊装过程中晃动、碰撞。

4) 防治方法

纵向裂缝对承载力的影响远比横向裂缝小,一般可采取水泥浆或环氧胶泥进行修补;当缝较宽时,应先沿缝凿成八字形凹槽,再用水泥砂浆或环氧胶泥嵌补。构件边角纵向裂缝处的松散混凝土应剔除,然后用水泥砂浆或细石混凝土修补。

由于运输、堆放、吊装等原因引起的表面较细的横向裂缝,可先将裂缝处清洗干净,待干燥后用环氧胶泥进行表面涂刷或粘贴环氧玻璃布封闭。当裂缝较深时,可根据受力情况,采用灌注环氧或甲凝浆液、包钢丝用水泥或钢板套箍等方法处理。裂缝贯穿整个断面的构件,不得使用。

(2) 屋面渗漏

屋面渗水、漏水是较为普遍的质量通病,不论卷材或混凝土刚性防水屋面,都有类似的情况。

卷材屋面渗漏的主要原因是:结构变形,基层处理不干净;找平层不平、不干燥;油层太厚、涂刷不均匀;局部构造(如女儿墙、山墙、天沟、伸缩缝等部位)不合理,施工处理不当;卷材铺贴不实,接头、压边不严密;绿豆砂带有尖锐棱角、抛撒不均、未嵌入油层内;温差过大等原因,致使沥青胶老化、流淌,卷材错动、开裂;形成气囊、水囊、泛水等现象而产生渗水、漏水。

混凝土刚性屋面渗漏的原因有:结构变形,板面清扫不净、灌缝不实,分格缝设置不合理,油膏嵌缝不严密;防水层较薄,混凝土配合比设计不当,施工振捣不密实,收光、压光不好,早期干燥脱水,后期养护不良,山墙、女儿墙等局部构造不合理、施工处理不妥,以及温度应力作用等,致使屋面开裂渗水、漏水。

防治屋面渗漏,应从材料、屋面设计构造、施工技术措施等方面,针对其不同原因,采取有效的对策,进行综合治理。

(3) 地面起砂、起壳

地面起砂、起壳质量通病常见的原因是:配合比不当,水灰比过大;砂的粒径过细,含泥量过大;水泥强度等级低,或使用过期、受潮结块的水泥;没有按规定遍数成活,在初凝前又没有适时压光;基层表面未清理干净或浇水不足,或残留有积水;未按规定留设施工缝;炉渣垫层质量不好,水泥浆结合层粘结力差;地面施工中受冻,或未达到足够的强度就在地面上走动;洒水养护的时间过早或过迟,或养护天数不够等。

(4) 抹灰空鼓、裂缝

抹灰空鼓、裂缝和起麻点的原因是:基层未清理干净,抹灰前未浇水湿润;底灰未干到一定程度就抹面层;一次抹灰层过厚,干缩率较大;门窗框两边塞灰不严,固定不牢;配制砂浆和原材料质量不好,石灰膏未充分熟化等。

(5) 卫生间积水、漏水、管道堵塞

卫生间积水、漏水、管道堵塞是最常见的质量通病。

积水的原因是:地漏安装高度偏差较大,地面施工无法弥补;地面在地漏四周形成倒坡;地面的平整度及坡向地漏的坡度不符合要求。

漏水的原因是:排水管用口高度不够,大便器出口插入排水管的深度不够;蹲坑出口与排水管连接处没有填抹严实;厕所地面防水处理不好,使上层渗漏水顺管道四周和墙缝流到下层房间。

排水管道堵塞的原因是:管道甩口封堵不及时或封堵不严,造成杂物掉入管道中;卫生器具安装前没有清除掉入管道内的杂物;管道安装时没有清除管膛杂物;管道坡度不合要求,甚至局部倒坡,管道接口零件使用不当,如用 T 形三通,而不是用 Y 形三通,造成管道局部阻力过大,管网未进行闭水试验就交付使用等。

(6) 结构吊装就位偏差超过规定

在预制构件吊装过程中,误差超过规定,尤其是单向误差过大(即不是正、负差相抵消,而是正差或负差相累积)往往会在吊装过程中失去稳定,发生倒塌事故。

构件吊装,发生偏位的主要原因一般是:预制构件本身外形尺寸偏差过大;基础杯口位置、标准不准,不经处理就安装;梁板安装时,不随坐浆随安装,底面不平,板缝中的杂质未清理干净,浇筑不密实;大型板不能保证三点焊接,焊接长度没有达到大于 6cm 的要求;焊接中有"咬肉"、气孔、夹渣、不打掉药皮等的现象;吊装就位后,没有用仪器精密控制和随时校核;临时固定措施不力等。

结构吊装,对建筑物的质量、安全极为重要,不可掉以轻心。吊装施工中,应掌握控制构件关、安装焊接关、自检互检关;贯彻轻、准、精、牢的原则。"轻"是构件起吊轻起、轻落、轻放,避免碰撞;"准"是轴线标高、对位要准确;"精"是测量精确、偏差小;"牢"是焊接牢固,接头、缝口浇筑密实。

(7) 现浇钢筋混凝土悬挑结构根部开裂

诸如阳台、雨篷板,属悬臂梁板,它的受力主筋在上面,承受的是负弯矩。在施工操作时,一般从根部向外浇筑混凝土,人在上面操作、走动,主筋很容易被踩下去,如果钢筋位置下移,浇混凝土时又未及时提升校正,则浇好的阳台板,在面层却无钢筋(或者是计算高度不足),面层混凝土受拉就要产生裂缝,并逐步扩大,直至断裂折塌。

所有钢筋混凝土梁板中的主钢筋是用于抗拉的。凡属简支梁板,是正弯矩,受力主筋应该在下面,凡连续梁(支承处)和悬臂梁板,钢筋承受负弯矩,受力主筋在上面,这是结构上的受力特点所要求的,决不能搞颠倒了。此外,还应防止过早拆模。

(8) 现浇钢筋混凝土工程,出现蜂窝、麻面、露筋

混凝土不仅承担抗压的任务,而且要起到保护钢筋的作用。如果混凝土出现了蜂窝、麻面、露筋,则空气中的水汽和二氧化碳,较容易慢慢侵入混凝土内部并腐蚀钢筋,混凝土的强

度要降低，抗渗等性能亦将减弱；钢筋锈蚀后，体积膨胀，混凝土剥落，钢筋和混凝土的有效面减小，直接影响结构的安全。

混凝土产生蜂窝、麻面、露筋的主要原因，大致是：模板厚薄不均，拼缝不严，支撑变形或不合要求，在浇筑混凝土前，模板又未浇水润湿，灌注混凝土时，振捣不均匀，有漏振或振得太久的现象；有的是侧面拆模太早，混凝土还没有达到一定的强度；有的是钢筋位置不正确，钢筋旁边的混凝土保护层不足等等。

当发现了蜂窝、麻面和露筋现象后，必须全部凿掉，并用钢丝刷刷洗干净，浇水湿润，然后用比原混凝土强度等级高一级的细石混凝土填补压实。或者采用喷浆的办法。总之，应严格按规范要求处理，决不可任意抹掉，错上加错，隐瞒质量事故，给工程留下隐患。

(9) 水暖电卫安装粗糙，不合使用要求

常见的通病有以下5项：

① 暖气包的组装不平整，距墙及窗口位置不居中；

② 地漏子标高不当，流向不集中（按规定应比地面低 5~10mm）；

③ 上、下水、暖气不作试压就交付使用；

④ 与土建配合不好，到处打洞凿眼；

⑤ 开关箱安装位置参差不齐，距地面高低不一，配电箱的防腐不好等等。

水、暖、电、卫，是建筑工程的重要组成部分，其质量好坏，直接影响使用效果。以上这些质量通病，只要在施工操作中稍加注意，有的只要土建与安装单位在施工之前，共同会审图纸，在施工过程中加强配合、协作，是完全可以避免的。

6.8.3 常见施工质量问题分析与处理

1. 土方工程

(1) 填方出现橡皮土

1) 原因分析

在含水量很大的黏土或粉质黏土、泥炭土、腐殖土等原状土地基上进行回填，或用上述土料进行回填，尤其是在混杂状态下进行回填，由于原状土被扰动，颗粒之间的毛细孔遭到破坏，水分不易渗透和散发。施工气温较高时，如对其进行碾压或夯击，表面易形成硬壳，更阻止了水分的渗透和散发，因而形成橡皮土。

2) 处理方法

① 将干土、石灰粉、碎砖等吸水材料均匀掺入橡皮土中，使其吸收土中水分，从而降低土的含水量。

② 将橡皮土翻松后，进行晾晒、风干至最优含水范围，再夯实。

③ 挖除橡皮土，用好土回填夯实，或填3:7灰土、级配砂石夯实。

(2) 边坡塌方

1) 原因分析

① 基坑（槽）开挖较深，边坡太陡；挖土经过不同土层时，未根据土的特性分别放成不同的坡度，致使边坡失去稳定而造成塌方。

② 在有地表水、地下水作用的土层开挖基坑（槽）时，未采取有效的降、排水措施，水的渗流对土体产生的动水压力增加了土体的下滑力，而引起塌方。

③ 在基坑上边缘堆土和停放机械，因下雨使土的含水量增加而使土的自重增加，土体

下滑。

④ 土质松软,开挖次序、方法不当而造成塌方。

2) 处理方法

① 对沟坑(槽)塌方,可将坡脚塌方清除,用草袋装土堆砌或砌石压住坡脚,亦可设支撑等作临时性支护。

② 垂直坡面楔入直径 10~12mm、长 40~60cm 插筋,纵横间距 1m,上铺 20 号钢丝网,上下用装土或砂的草袋压住,或再在钢丝网上抹水泥砂浆。

③ 对永久性边坡局部塌方,先将塌方清除。然后用块石填砌或回填 2:8、3:7 灰土嵌补,与土接触部位作成台阶形搭接;或将坡位线后移;或将坡度改缓。

(3) 基坑底出现"流砂"

1) 原因分析

当基坑外水位高于基坑内抽水后的水位,坑外水压向坑内流动的动水压等于或大于土颗粒的浸水密度,使土粒悬浮失去稳定变成流动状态,随水从坑底或两侧涌入坑内。如施工时采取强挖,抽水愈深,动水压就愈大,流砂就愈严重。

2) 处理方法

① 采用水下挖土(不抽水或少抽水),使基坑内水压与基坑外地下水压相平衡或缩小水头差。

② 沿基坑外四周打板桩,将板桩打入基坑底下面一定深度,减小动水压力。

③ 采用井点降水,将水位降至基坑底 0.5m 以下,使动水压力的方向朝下,基坑底土面保持无水状态。

④ 往基坑底抛大石块,增加土的压重和减小动水压力,同时组织快速施工。

2. 桩基础工程

(1) 套管护壁成孔灌注桩缩颈

1) 原因分析

① 套管在强迫振动下迅速把基土挤开而沉入地下,局部套管周围土颗粒之间的水及空气不能很快向外扩散而形成孔隙压力,当套管拔出后,因为混凝土没有柱体强度,在周围孔隙压力的作用下,把局部桩体挤成缩颈。

② 在淤泥质土中,由于套管在该层发生的振荡作用,使混凝土不能顺利地灌入,被淤泥质土填充进来,形成桩在该层缩颈。

2) 处理方法

① 在淤泥质土中出现缩颈时,可采用翻插或复打法。

② 对于其他土中出现缩颈时,最好采用预制混凝土桩头,同时用下部带喇叭口的套管施工。

③ 在缩颈部位放置钢筋混凝土预制桩段。

④ 相邻桩施工时,其间隔时间不得超过水泥的初凝时间。

⑤ 轻微缩颈时,可用掏土工具把缩颈部位的土掏出,立即浇筑混凝土。

⑥ 缩颈严重,堵塞桩孔,则用成孔机械重新成孔,下套管,用不拔套管爆扩法爆扩大头。

(2) 爆扩灌注桩拒落

1) 原因分析

① 炸药爆炸后所产生的气体扩散不出去，憋在底部，混凝土被托住而不能落下。
② 混凝土骨料粒径过大，坍落度过小。
③ 第一次浇筑混凝土量过多。
④ 引爆时已超过混凝土初凝时间。
⑤ 土质干燥和土层中夹有软弱土层，引爆后产生瓶颈。

2) 处理方法

① 在混凝土中插入钢管或塑料管进行排气，或用振捣棒的强力振动使混凝土下落。
② 用成孔机械将混凝土冲下去。
③ 如果由于瓶颈造成拒落，则可用成孔机械取出混凝土，钻去瓶颈部位泥土，再重新浇筑混凝土。
④ 当混凝土已经初凝时，可在近旁补钻一根新桩孔，贯穿到空腔，放上同量药包，往拒落桩底端的空腔和新桩孔浇筑混凝土，通电引爆成新的爆扩桩。

(3) 预制桩桩身断裂

1) 原因分析

① 一节桩的细长比过大，桩沉入时，又遇到较硬土层。
② 桩制作时，桩身弯曲超过规定，桩尖偏离桩的纵轴线较大。
③ 桩入土后，遇到大块坚硬障碍物。
④ 两节或多节桩施工时，桩的连接处不在同一轴线上。
⑤ 制作桩的水泥、砂、石不符合质量要求，至使桩身局部强度不够。
⑥ 桩在堆放、起吊、运输过程中不符合规定要求。

2) 处理方法

当施工中出现桩身断裂，应会同设计人员共同研究处理办法。具体可根据工程地质情况、上部荷载及桩所处的结构部位，可采取补桩的方法。补1根桩时，可在轴线外补，其距离$\geqslant 3d$（d为桩身直径）；补2根桩时，可在断桩的两边补，其两边距离均应$\geqslant 3d$（d为桩身直径）。

3. 主体工程

(1) 墙体裂缝——地基不均匀下沉引起

1) 原因分析

① 斜裂缝主要发生在软土地基上，由于地基不均匀下沉，使墙体承受较大的剪切力，当结构刚度较差，施工质量和材料强度不能满足要求时，导致墙体开裂。
② 窗间墙水平裂缝，由于沉降单元上部受到阻力，使窗间墙受到较大的水平剪力，而发生上下位置的水平缝。
③ 底层窗台下竖直裂缝，是由于窗间墙承受荷载后，窗台墙起着反梁作用，特别是较宽大的窗口或窗间墙承受较大的集中荷载情况下，窗台墙因反向变形过大而开裂，严重时会挤坏窗口，影响窗扇开启。地基如果建在冻土层上，由于冻胀力的作用而在窗台处亦会产生裂缝。
④ 在房屋高差较大或荷载差异较大的情况下，当未留设沉降缝时，也容易在高低和较重的交接部位产生较大的不均匀沉降裂缝。此时，裂缝位于层数低且荷载轻的部分，并向上朝着层数高且荷载重的部分倾斜。

2) 处理方法

对于墙体裂缝首先应注意观察裂缝开展规律,然后再进行处理,对于非地震区一般性裂缝,如若干年后不再发展,则可认为不影响结构安全使用。局部宽缝处,用砂浆堵抹即可;对影响安全使用的结构裂缝,应进行加固处理,加固方法可以由设计部门提出。

对于因墙体原材料强度不够而产生的裂缝,墙面可敷贴钢筋网片,并配置穿墙拉筋加以固定,然后灌细石混凝土或分层抹水泥砂浆进行加固。

(2) 墙体裂缝——温度变化引起

1) 原因分析

① 八字形裂缝。当外界温度上升时,外墙本身沿长度方向将有所伸长,但屋盖部分(特别是直接暴露在大气中的钢筋混凝土屋盖)的伸长值大得多。屋盖伸长对墙体产生附加水平推力,使墙体受到屋盖的推力而产生剪应力,剪应力和拉应力又引起主拉应力,当主拉应力过大时,将在墙体上产生八字形裂缝。八字形裂缝多产生在墙体两端,一般占2~3个开间,且发生在顶层墙面上。

② 水平裂缝和包角裂缝。当外界温度变化时,由于屋面伸长或缩短引起的向外或向内推力而产生檐口下水平裂缝、包角裂缝以及在较长的多层房屋楼梯间处楼梯休息平台与楼板邻接部位发生的竖直裂缝。

③ 女儿墙根部裂缝。当外界温度变化时,由于屋面伸长或缩短引起的向外或向内的推、拉力,使女儿墙根部的砌体外凸或女儿墙外倾现象,形成水平裂缝。由于钢筋混凝土屋面收缩,造成女儿墙上部沿竖向开裂。

2) 处理方法

同地基不均匀下沉引起的墙体裂缝的处理方法。

(3) 钢筋混凝土工程缺陷——露筋

1) 原因分析

① 保护层砂浆垫块位移、脱落或垫得太稀疏,钢筋紧贴模板,以致混凝土保护层不够所造成。

② 钢筋成型尺寸不准确,或钢筋骨架绑扎不当,造成骨架外形尺寸偏大,局部抵触模板。

③ 振捣混凝土时,振动器撞击钢筋,使钢筋位移或引起绑扣松散。

④ 保护层的混凝土振捣不密实或模板湿润不够,吸水过多造成掉角而露筋。

2) 处理方法

① 范围不大的轻微露筋,可用1:2或1:2.5水泥砂浆抹平。

② 露筋部位附近混凝土出现麻点的应沿周围敲开或凿掉,直至看不到孔眼为止,然后用砂浆抹平。

③ 露筋较深,应将薄弱混凝土剔除,冲刷干净并湿润,用高一级的细石混凝土捣实,认真养护。

(4) 钢筋混凝土工程缺陷——蜂窝

1) 原因分析

① 混凝土配合比不准确,或砂、石、水泥材料计量错误,或加水量不准,造成浆少、石多。

② 混凝土搅拌时间短,没有拌和均匀,混凝土和易性差,振捣不密实。

③ 混凝土浇筑方法不当,振捣不实。
④ 模板孔隙未堵好,或模板支设不牢固,振捣混凝土时模板移位造成严重漏浆或墙体烂根。

2) 处理方法
① 对数量不多的小蜂窝,可先用钢丝刷或用水冲洗干净,然后用1:2或1:2.5水泥砂浆修补。
② 对大蜂窝,先将附近不密实的混凝土和突出的骨料颗粒剔除,尽量剔成喇叭口,然后用清水冲洗干净湿透,再用高一级的细石混凝土捣实,并加强养护。

(5) 钢筋混凝土工程缺陷——孔洞
1) 原因分析
① 在钢筋密集处或预留孔洞和埋件处,混凝土浇筑不畅通而不能充满模板。
② 未按顺序振捣混凝土而产生漏振。
③ 混凝土离析、砂浆严重分离,石子成堆,或严重跑浆。
④ 混凝土受冻,或混凝土中掺入泥块和杂物。
⑤ 不按规定下料,吊斗直接将混凝土卸入模板内,一次下料过多,振捣器振动作用半径达不到下部。

2) 处理方法
对混凝土孔洞的处理,应采取补强方案。可在旧混凝土表面采用施工缝一样的方法处理,保持湿润72h后,捣以比原等级高一级的细石混凝土。为减少新旧混凝土间之孔隙,水灰比可控制在0.5以内,并掺1/10000水泥用量的铝粉;分层捣实,以免新旧混凝土接触表面上出现裂缝。

(6) 钢筋混凝土工程缺陷——裂缝
1) 原因分析
① 水泥凝固过程中,地基局部产生不均匀沉降,或因模板刚度不足、支撑不牢、拆模过早而产生不均匀沉陷。
② 温度、湿度变化过大,或混凝土早期受冻。
③ 对混凝土养护不够重视,使混凝土表面水分蒸发过快。
④ 施工中,结构或构件受到剧烈振动,或大量施工荷载作用。
⑤ 构件在起吊、运输、堆放过程中,受到剧烈的颠簸、冲击,支承垫木位置不当,致使构件受力不均。

2) 处理方法
① 对因干燥收缩、碳化收缩、沉降收缩等引起的表面性裂缝,可向裂缝内装入干水泥粉,然后加水润湿,或在表面拌薄层水泥砂浆进行处理。
② 对因温度、冻胀、化学反应、施工等因素引起的一般裂缝,可以采用涂两遍环氧胶泥或贴环氧玻璃布,以及抹、喷水泥砂浆等方法处理;当缝较宽时,应先沿缝凿成八字形凹槽,再用水泥浆或环氧胶泥嵌补;当裂缝较深时,可根据受力情况,采用灌注环氧胶泥或甲凝浆液等方法处理。
③ 对整体性、承载力有较大影响的表面损坏严重的裂缝,应采取结构加固法,如围套加固法、钢箍加固法、粘贴加固法与喷浆加固法等处理。

第7章 工程职业健康、安全与环境管理

7.1 工程职业健康、安全与环境管理概述

职业健康安全管理的目的是在生产活动中,通过安全生产的管理活动,并通过对生产因素的具体的状态控制,使生产因素的不安全的行为和状态减少或消除,并不引发事件,尤其是不引发使人受到伤害的事故,以保护生产活动中人的安全和健康。

环境管理的目的是在生产活动中,通过对环境因素的管理活动,使环境不受到污染,使资源得到节约。

工程职业健康安全和环境管理有其独特的特点。工程是通过有组织的施工生产活动,在特定的空间,进行人、财、物的动态组合,完成一个惟一的建筑产品。工程的特性包括产品的惟一性、生产周期长、涉及的范围广、劳动人员众多而密集、以及产品是固定的而生产人员却是流动的。这些特性使得工程的职业健康安全和环境保护的任务更为艰巨。

我国对于职业健康安全和环境保护是十分重视的,安全生产长期以来都是我国的一项基本国策,我国的安全生产包括了职业健康的内容。我国的安全生产方针是"安全第一,预防为主"。同时提出了"企业负责、行业管理、国家监察、群众监督"的管理体制。还提出了三个同时的原则,"三个同时"是指安全生产与经济建设、企业深化改革、技术改革要同步策划、同步发展、同步实施。对于事故的处理提出了"四不放过"的原则,"四不放过"是指在因工伤亡事故处理中,必须坚持事故原因分析不清不放过;员工和事故责任者受不到教育不放过;事故隐患不整改不放过;事故责任人不处理不放过的原则。

我国对于环境保护也是十分重视的。早在1987年就颁布了《中华人民共和国大气法治防治法》,以后陆续颁布的有《中华人民共和国环境保护法》、《中华人民共和国固体废物污染环境防治法》、《中华人民共和国环境噪声污染防治法》、《中华人民共和国水污染防治法》以及有关的条例、办法和标准。国家规定的方针、法律和标准极大地推动了职业健康安全管理工作和环境管理工作的开展。但尽管如此,目前职业健康安全管理工作和环境管理工作上仍然存在着不少需要改进的地方。

7.2 工程职业健康、安全与环境管理体系

7.2.1 职业健康安全管理体系简介

1. 职业健康安全管理体系的背景

职业健康安全标准的制定是出于两方面的要求。一方面是随着现代社会中生产的急速发展,产品更新周期的缩短,竞争日益加剧,有的企业领导迫于生产的压力和资源的紧张,有意或无意的存在着对劳动者的劳动条件和环境状况改善的忽视,因此劳动者的条件相对下

降。据国际劳工组织(ILO)统计,全世界每年发生各类生产伤亡事故约为 2.5 亿起,平均每天 8.5 万起。国际社会呼吁:不能以牺牲劳动者的职业健康安全利益为代价去取得经济的发展。在此同时,这些企业也发现了劳动者的伤亡将会给企业和国家带来麻烦,有时甚至是非常严重的。因此劳动者的安全问题重又提上了工作日程,很多企业制定了安全标准,很多国家也制定各自的国家标准,逐渐发展成为寻求一个系统的、结构化的职业健康安全管理模式。另一方面在国际间的贸易合作日益广泛的情况下,也需要一个统一的职业健康安全标准,因此各种国际间合作制定的标准也相继产生。其中对国际较有影响的是英国标准化协会(BSI)和其他多个组织,参照了 ISO 9000 和 ISO 14000 模式,制定的职业健康安全评价体系(Occupational Health and Safety Assessment Series 简称 OHSAS)18000 标准。

国际间对于职业健康安全统一标准的需求,使 ISO 组织也曾经考虑是否能制定一个国际通用的标准。ISO/TC 207 环境管理技术委员会在 1994 年就提出希望采用类似 ISO 9000 的方式制定有关职业健康安全管理体系的标准。但在召开多次会议后,考虑到各国的法律、情况不一致的因素,最后 ISO 成员国在 1997 年的有关会议上,表决认为制定统一的国际标准的时机尚未成熟,作出了暂时不制定统一的国际标准的决议。虽然 ISO 未能达成制定统一标准,但是很多国家已经承认了 OHSAS 18000 体系,不少企业贯彻了这个体系标准,在加强职业健康安全管理上取得了成绩。具有资质的认证机构接受企业的申请,根据 OHSAS 18000 审核合格后,予以发证。这样 OHSAS 18000 就与 ISO 9000 一样成为企业具有的一种资质资源。它对于企业管理的加强、企业信誉的提高,以及进入国际市场都有较大的作用。

我国作为加入 WTO 组织的国家,对职业健康安全标准也给予充分的重视。在 2001 年中国标准化委员会发布了《职业健康安全管理体系规范》(GB/T 28001—2001)。2002 年又发布了《职业健康安全管理体系 指南》(GB/T 28002—2002)。发布标准的目的是规定对职业健康安全管理体系的要求,使组织能够制定有关方针与目标,通过有效应用控制职业健康安全风险,达到持续改进的目的。该标准所针对的是职业健康安全而不是产品和服务的安全。标准已覆盖了 OHSAS 18001:1999 和 OHSAS 18002:2000 的所有技术内容,并考虑了国际上有关职业健康安全管理体系的现有文件的技术内容。

这个体系对于建筑施工企业的职业健康安全管理有着一定的指导作用。所以建筑施工企业的工程建造师应当了解这个标准,积极创造条件,实施标准。

2. 职业健康安全管理体系的有关概念

建立体系应当先树立有关职业健康安全的概念,有关的概念有:

(1)安全。安全是免除了不可接受的损害风险的状态。绝大部分情况下都存在风险,想消灭所有的风险,使人们在毫无风险的情况下工作,有时是不符合实际的。当存在的风险是可以接受时,就可认为处在安全状态。因此安全与否要对照风险的可接受程度进行判定。随着社会和科技的进步,风险的可接受程度也在不断的变化。因此安全是一个相对的概念。例如航空事故一直在发生,经常造成人员伤亡和资产损失,有时甚至非常巨大的,这就是航空风险。而且由于飞行的条件限制,飞机的安全系数不能无限的加大,加之不可预知的气象因素,航空风险始终存在。但随着科技的进步,飞机安全性能的提高,相对于航空交通的总流量、总人次和人们对航空的需求来说,风险的损失还是较少的,是社会和人们可以接受的。因此普遍认为航空运输是安全的。对于建筑施工有同样的情况,近年来建筑施工安全工作有了很大的进步,而且风险的可接受程度也在不断变化,但建筑施工还是存在着风险,建筑企业属于高风险行业。因此正确理解安全的定义将有助于树立符合实际的安全工作目标。

(2) 风险。风险是某一特定危险情况发生的可能性和后果的组合;是一种可预见的危险情况发生的概率及其后果的严重程度这两项指标的总体反映;也是对危险情况的一种综合性描述。当风险超出了法规的要求,超出了组织的方针、目标和规定的其他要求或者超出了人们普遍接受程度(通常是隐含的)的要求时,就认为是不可接受的风险。不可接受的风险要根据组织的法律义务和职业健康方针,降至组织可接受程度的风险,这时可称为可允许的风险。

(3) 事件。事件是导致或可能导致事故的情况。对于未导致事故发生的情况,在英文中称之为 near miss,在建筑业通常称为险肇事件。

(4) 事故。事故是造成死亡、疾病、伤害、损坏或其他损失的意外情况。对于事故要贯彻"四不放过"的原则。

(5) 危险源。危险源是可能导致伤害或疾病、财产损失、工作环境破坏或这些情况组合的根源或状态。

(6) 组织。指职责、权限和相互关系得到安排的一组人员及设施。

(7) 职业健康安全。指影响工作场所内员工、临时工作人员、合同方人员、访问者和其他人员健康和安全的条件和因素,即制定职业健康安全方针、策划、实施和运行、检查与纠正以及管理评审。

3. 职业健康安全体系的建立和实施

职业健康安全管理体系的模式分为五个过程,即确定方针、策划、实施与运行、检查与纠正措施以及管理评审。

组织应根据其规模的大小和活动的性质、产品来确定职业健康安全管理体系的复杂程度以及文件多少和资源投入的数量。

职业健康安全管理体系的建立和实施的步骤可按照前述五个过程的步骤进行。

首先是组织应当建立一个经最高管理者批准的职业健康安全方针,该方针应清楚阐明职业健康安全总目标和改进职业健康安全绩效的承诺。

(1) 制定的职业健康安全方针应:

1) 适合组织的职业健康安全风险的性质和规模;

2) 包括持续改进的承诺;

3) 包括组织至少遵守现行职业健康安全法规和组织接受的其他要求的承诺;

4) 形成文件,实施并保持;

5) 传达到全体员工,使其认识各自在的职业健康安全义务;

6) 可为相关方所获取;

7) 定期评审,以确保其与组织保持相关和适宜。

在策划过程中包括危险源辨识、风险评价和风险控制;法规和其他要求的识别和获得;管理目标的建立和管理方案的制定等工作,其中的主要工作是危险源辨识、风险评价和风险控制,这是整个管理体系的基础。

(2) 组织应持续进行危险源辨识、风险评价和实施必要的控制措施,建立并保持程序,这些程序应包含:

1) 组织的常规和非常规活动;

2) 所有进入工作场所的人员(包括合同方人员和访问者)的活动;
3) 工作场所的设施(无论是由本组织还是由外界所提供)。
(3) 进行危险源的辨识,可以从问答下列的三个问题着手:
1) 有伤害的来源吗?
2) 谁(什么)会受到伤害?
3) 伤害如何发生?
(4) 危险源的辨识和风险评价的方法应:
1) 依据风险的范围、性质和时限性进行辨识,以确保该方法是主动性而不是被动性的;
2) 规定风险分级,识别可通过职业健康安全标准中规定的措施消除或控制的风险;
3) 与运行经验和所采取的风险控制措施的能力相适应;
4) 为确定设施要求、识别培训需求和(或)开展运行控制提供输入信息;
5) 规定对所要求的活动进行监视,以确保其及时有效的实施。

进行辨识时,宜按照我国在 1992 年发布中华人民共和国国家标准《生产过程危险和有害因素分类与代码》(GB/T 13861—92)。该标准适用于各个行业在规划、设计和组织生产时,对危险源的预测和预防、伤亡事故的统计分析和应用计算机管理。按照该标准,危险源分为物理性危险和有害因素,化学性危险和有害因素,生物性危险和有害因素,心理、生理性危险和有害因素,行为性危险和有害因素以及其他危险和有害因素等六大类。在进行危险源辨识时可参照该标准的分类和编码,便于管理。

在危险源的辨识时,对于危险源可能发生的伤害可以明确忽略时,则不宜列入文件或进一步考虑。

辨识的方法有询问交谈、现场观察、查阅有关记录、获取外部信息、工作任务分析、安全检查表、危险与可操作性研究、事故树分析、故障树分析等。这些方法都有各自的特点和局限性,因此一般都使用两种或两种以上的方法识别危险源。

对于辨识后的危险源要进行风险的评价。估算其潜在伤害的严重程度和发生的可能性,然后对风险进行分级。《职业健康安全管理体系 指南》(GB/T 28002)推荐的简单的风险水平评估如表 7-1 所示。

简单的风险水平评估　　　　　表 7-1

可能性	严重程度(后果)		
	轻微伤害	伤害	严重伤害
极不可能	可忽略的风险	可容许的风险	中度风险
不可能	可容许的风险	中度风险	重大风险
可能	中度风险	重大风险	不可容许风险

依据表 7-1 提供的风险分级,确定是否需要采取控制措施,以及行动的时间表。表 7-2 只是一种探讨性研究方法,仅为了便于举例说明。控制措施宜与风险水平相称。

风险的评价也可用数值方法取代风险描述的方法,但数值的方法并不意味着评价更为准确。

风险评价的输出宜为一个按优先顺序排列的控制措施清单。控制措施应包括新设计的措施,拟保持的措施或加以改进的措施。

基于风险水平的简单措施计划 表 7-2

风 险 水 平	措 施 和 时 间 表
可忽略的风险	无须采取措施且不必保持文件记录
可允许的风险	无须增加另外的控制措施。宜考虑成本效益更佳解决方案或不增加额外成本的改进措施。需要监视以确保控制措施得以保持
中度风险	宜努力降低风险,但宜仔细测量和限定预防措施的成本,宜在规定的时间内实施风险降低措施; 当中度风险的后果属于"严重伤害"时,则需要进一步的评价,以便更准确地确定伤害的可能性,从而确定是否需要改进控制措施
重大风险	对于尚未进行的工作,则不宜开始工作,直至风险降低为止。为了降低风险,可能必须配置大量的资源。对于正在进行的工作,则在继续工作的同时宜采取应急措施
不可允许风险	不宜开始工作或继续工作,直至风险降低为止。如果即使投入无限的资源也不可能降低风险,就必须禁止工作

(5) 选择控制措施时宜考虑以下方面:
1) 如果可能,则完全消除危险源;
2) 如果不可能消除,则努力降低风险;
3) 采取技术进步、程序控制、安全防护等措施;
4) 当所有其他可选择的措施均已考虑后,作为最终手段而使用个体防护装备;
5) 考虑对应急方案的需求,建立应急计划,提供有关的应急设备;
6) 对监视措施的控制程度进行主动性的监视。

(6) 措施计划宜在实施前进行评审。评审包含以下方面:
1) 更改的措施是否使风险降低至可允许水平;
2) 是否产生新的危险源;
3) 是否已选定了成本效益最佳的解决方案;
4) 受影响的人员如何评价更改的预防措施的必要性和实用性;
5) 更改的预防措施是否会用于实际工作中,以及在其他压力情况下是否会被忽视。

风险评价是一个持续不断的过程,要持续评审控制措施的充分性,当条件变化时要对风险重新进行评审。

在策划过程中要考虑的其他工作还有识别和获得适用法规和其他职业健康安全要求,制定目标和管理方案。

识别和获得适用的法规和其他要求是职业健康安全管理的一项重要内容,要求做到能识别需要应用哪些法规和要求、从哪里可获取、在哪里应用和及时更新。要采用最适宜的获取信息的手段,但并不要求组织建立一个包含很少涉及和使用的法规和要求的资料库。

在实施和运行过程中,首先需要考虑的是组织的结构和职责。组织应对职业健康安全风险有影响的各类人员,确定其作用、职责和权限,并进行沟通。

职业健康安全管理体系标准规定职业健康安全的最终责任由最高管理者承担,这里的最高管理者是指组织的最高领导层。组织应在最高管理者中指定一名成员作为管理者代表,管理者代表应有明确的作用、职责和权限,以确保职业健康安全管理体系的正确实施,并能在组织内执行各项要求。

确定职责时要特别注意不同职能之间的接口位置的人员的职责。还要注意到职业健康安全是组织内全体人员的责任,而不是只具有明确的职业健康安全职责的人员的责任。

实施和运行过程的其他要求是培训、协商和沟通、文件、运行控制和应急准备。

职业健康安全管理体系对于培训的要求是通过有效的程序确保员工有能力完成所安排的职责,因此组织应建立并保持程序。对于与职业健康安全有关的人员,应有所受教育、培训和经历方面的适当规定。按照规定要求识别现有水平与要求的不足,并结合危险源辨识、风险评价和风险控制进行培训。

培训还要注意对管理组织以外的其他人员(如进入现场的合同方人员、访问者、临时工)的培训。要使管理人员对于其他人员也要根据需要进行必要的教育或培训,使其他人员也能在工作场所内安全地从事活动。

培训应当有记录和对培训有效性的评价记录。

对于协商和沟通工作,组织应确保与员工和其他相关方就相关职业健康安全信息进行相互沟通,并将员工参与和协商的安排形成文件,通报相关方。

员工应参与风险管理方针和程序的制定和评审;参与商讨影响工作场所职业健康安全的任何变化;参与职业健康安全事务;了解谁是职业健康安全的员工代表和指定的管理者代表。

有关文件和资料的控制的要求是组织应以适当的媒介建立并保持有关描述管理体系核心要素及其相互作用的信息,并提供查询相关文件的途径,要使文件数量尽可能的少。职业健康安全标准并不要求一定要按某一特定格式将已有的文件重新编写,但必须确保文件和资料易于查找;定期评审,必要时修订并由授权人员确认其适宜性;关键性的岗位能得到有关的文件和资料以及采取措施防止失效文件和资料的误用。

对于运行控制,组织应注意对已认定的需要采取措施的风险有关的活动,对这些活动进行策划。如有因缺乏形成文件的程序,而能导致偏离职业健康安全方针、目标的后果时,必须建立并保持形成文件的程序。程序要考虑与人的能力相适应。

应急准备、响应的计划、程序建立、保持是施工企业工作执行实施和运行过程的重要工作。要识别潜在的事件和紧急情况,并作出响应。要评审这些计划和程序,特别是在事件或紧急情况发生之后。

在实施检查和纠正措施时,组织应对其职业健康安全的绩效进行常规的测量和监视。监视可分为主动性和被动性的两种。主动性的监视是监视组织的活动是否符合管理方案、运行准则和有关的法规要求;被动性的监视是监视事件、事故、因事故伤害的误工等。监视应有记录,作为以后的纠正和预防措施的分析。

实施检查和纠正措施应对事故、事件、不符合进行处理调查,并采取与问题的严重性和风险相适应的纠正或预防措施,所拟定的纠正和预防措施在实施前还应先通过风险评价过程进行评审,如果这些措施引起了对已形成的文件的更改则应进行文件的更改并作记录。

组织应定期开展对体系的内部审核,这种审核的重点是职业健康安全体系的绩效方面,而不是一般的安全检查。审核要求确定组织的体系是否能满足标准、组织的方针和目标的要求,是否得到了正确的实施和保持。审核还要评审以往审核的结果,以便向管理者提供信息。审核应由与所审核活动无关的人员进行,但不一定需要来自组织的外部。

对于管理评审过程的要求是应按规定时间间隔对职业健康安全管理体系进行评审,以确保体系的持续性、适宜性、充分性和有效性;管理评审应根据体系审核的结果,环境的变化和对持续改进的承诺,指出需要修改的体系方针、目标和其他要素。管理评审应形成文件。

所有的职业健康安全的记录包括审核和评审的结果,都应当按照适合于管理体系和组织的方式进行保存,应当规定记录的保存期限。

7.2.2 环境管理体系简介

1. 环境管理体系的背景

环境管理是随着科学技术的发展而产生的。科学技术的发展既带来了繁荣也带来了环境保护问题。环境保护的意识随着不断发生的环境问题的严重性而开始被许多国家重视。联合国于 1972 年发表了《人类环境宣言》。1992 年又召开了环境与发展大会,发表了《关于环境与发展的宣言》(里约热内卢宣言)、《21 世纪议程》、《联合国气候变化框架条约》、《联合国生物多样化公约》等。联合国的宣言提出了环境保护的重要性,提出了可持续发展的战略思想,得到了与会国家的承认,成为一个逐步形成的各国共识。

1993 年国际标准化组织成立了环境管理技术委员会,开始了对环境管理体系的国际通用标准的制定工作。1996 年公布了 ISO 14001《环境管理体系 规范及使用指南》,以后又公布了若干标准,形成了体系。我国从 1996 年开始就以等同的方式,颁布了 GB/T 24001—1996 idt ISO 14001:1996《环境管理体系 规范及使用指南》,此后又陆续颁布了其他有关标准,均作为我国的推荐性标准。

2. 环境管理体系的有关概念

环境管理的主要术语有以下几个:

1) 环境。环境是指组织运行活动的外部存在,包括空气、水、土地、自然资源、植物、动物、人以及它们之间相互关系。

2) 环境因素。环境因素是指一个组织的活动、产品或服务中能与环境发生相互作用的要素。其中具有或能够产生重大环境影响的环境因素称为重要环境因素。

3) 环境影响。是指全部或部分地有组织的活动、产品或服务给环境造成的任何有害或有益的变化。

4) 环境管理体系。是指整个管理体系的一个组成部分,包括为制定、实施、实现、评审和保持环境方针所需的组织机构、计划活动、职责、惯例、程序、过程和资源。

5) 组织。组织是指具有自身职能和行政管理的公司、集团公司、商行、企事业单位、政府机构或社团,或是上述单位的部分或结合体,无论其是否法人团体、公营或私营。

注:对于拥有一个以上运行单位的组织,可以把一个运行单位视为一个组织。

6) 污染预防。旨在避免、减少或控制污染而对各种过程、惯例、材料或产品的采用,可包括再循环、处理、过程更改、控制机制、资源的有效利用和材料替代等。

注:污染的潜在利益包括减少有害的环境影响、提高效益和降低成本。

7) 持续改进。是指强化环境管理体系的过程。目的是根据组织的环境方针,实现对整体环境表现(行为)的改进。

3. 环境管理体系的建立和实施

企业建立环境管理体系的步骤是:最高管理者决定;建立完整的组织机构;人员培训;环

境评审;体系策划;文件编写;体系试运行;企业内部审核;管理评审。

最高管理者应制定本组织的环境方针。环境方针的内容应包括"三个承诺和一个框架"。三个承诺是指承诺持续改进、承诺污染防治和承诺遵守有关其他要求。一个框架是指提供建立和目标、指标的框架。

最高管理者应任命管理者代表,建立组织机构,对作用、职责和权限作出明确规定,形成文件,并予以传达。各级管理者都要为体系的实施与保持提供必备的资源以及所在地需的技术支持。

(1) 环境管理体系要求对人员的培训应包括以下最基本的内容:

1) 提高认识的内容:要使全体员工认识环境问题的重要性;国家或地方法律、法规、标准;本组织的环境方针政策;现行状况的差距。

2) 提高环境技能的内容:了解岗位的环境因素及其影响;掌握减少环境影响的技能技术;紧急状况应采取的措施。

3) 明确工作内容及程序的内容:明确工作内容及程序的内容;明确报告路径;违背工作程序的后果。

环境评审的作用是通过评审方法来确定自己的环境状况,要对组织所具有的一切环境因素进行识别和评价,以此作为建立环境管理体系的基础。

(2) 评审范围应覆盖下列四个关键方面:

1) 法律、法规要求;

2) 重要环境因素的确定;

3) 对所有现行环境管理活动与程序的审查;

4) 对来自以往事件的反馈意见的评价。

在进行环境因素识别时,要考虑三种时态,即过去、现在和将来;要考虑三种状态,即正常、异常和紧急状态;还需要考虑六种情况,即对大气的排放、对水体的排放、废弃物的管理、对土地的污染、原材料与自然环境的使用以及当地其他环境问题和社区性问题(如噪声、光污染等)。

(3) 组织应对环境管理体系进行策划,编制体系文件。有关文件应包括:

1) 过程信息;

2) 组织机构图;

3) 内部标准与运行程序;

4) 现场应急计划。

(4) 环境管理体系的文件化是环境管理体系的特点之一,其重要意义在于:

1) 可以对环境管理体系的所有程序和规定在文件中固定下来;

2) 有助于组织活动的长期一致性和连贯性;

3) 有助于员工对全部体系的了解并明确自己的职责和责任;

4) 完整的管理文件是体系审核评审和认证的基本证据;

5) 可以展示本组织环境管理体系的全貌。

体系的试运行包括颁布文件,进行全员培训和实施。在实施一个阶段后要进行内部评审。进行审核的目的是判定环境管理体系是否符合预定的安排和标准的要求;判定体系是否得到了正确实施和保持;并将管理者报送审核的结果。

组织的最高管理者应按其规定的时间间隔,对环境管理体系进行评审,以确保体系的持续适用性、充分性和有效性。

管理评审应根据环境管理体系审核的结果,不断变化的客观环境和持续改进的承诺,指出对方针、目标以及环境管理体系的其他要素加以修正的可能的需要。

7.2.3 职业健康安全管理体系、环境管理体系的特点

我国目前作为国家推荐性标准颁布的有质量管理、环境管理和职业健康安全管理三个体系。目前绝大部分施工企业已建立了质量管理体系,三个体系中职业健康安全管理体系是最后颁布的一个。在制定职业健康安全管理体系标准时,已考虑了与环境管理体系标准以及质量管理体系标准之间的相容性,以便于组织对这三个体系的整合。整合的目的是便于管理和实施,避免了不同体系之间的不协调或产生矛盾的现象,保证管理体系的统一,从而提高实施效能。

三个标准都以系统管理为基本管理思想,都强调 PDCA 循环和持续改进,都要求通过建立文件管理体系,以文件管理体系的方式作为管理体系的建立、运行和持续改进的基础。

三个标准有着广泛的适用性,适用于各个行业,各种类型与规模的组织。三个标准都不涉及与外单位的对比,也不涉及企业的绩效。可以发现,对于不同的组织其管理深度可以有较大的区别,绩效上的差别更大,但只要达到标准的要求,都能通过认证。因此三个标准的认证不等于工作已经尽善尽美了。为了强调这一点,标准特别指出它不排斥其他的管理体系模式。标准只是提供一个通用的模式,组织完全可以建立和使用其他优秀组织模式。例如美国的马尔科姆·鲍德里奇国家质量奖、欧洲质量奖和日本的戴明奖等国家和区域的各种奖项的评定模式。

标准所要求的管理文件的编制都趋向于多层次的格式。对于文件和记录的管理都有规定,但对于文件的多少,除特别要求之外,均给组织留有较大的余地。特别是职业健康安全管理体系标准在注解中提出,要按有效性和效率要求的原则,使文件数量尽可能的少。如果组织已有了充分的现有文件,可以考虑再建立一个描述现有文件和标准要求之间的相互关系的文件,使现有文件能继续使用。这种做法也是可行的,但要注意防止新建文件与原有文件之间的矛盾。

目前我国已建立质量管理体系的施工企业在进一步建立环境管理体系或职业健康安全管理体系时,大部分采用了合并文件的做法。这样有利于减少重复工作,在具体编制方法上,普遍采用了三合一,即把三个文件合为一个文件。争取做到相互兼容、合理衔接,增大通用文件比重,减少文件的总量,达到简化管理系统的要求,做到既保证企业管理系统的完整、统一,又减少不必要的重复,提高系统的有效性。

三个标准都坚持自愿的原则。我国也把他们定为推荐性标准。

三个标准的要求有些是相同的,如管理职责、文件控制、培训、内部沟通和管理评审等,有的要求是相近的,如不合格品的控制和检查等。有的要求是独有的,如质量管理体系要求对产品的防护。其他标准就不存在。三个标准要求的对照表可参照《职业健康安全管理体系 指南》(GB/T 28002)附录 A。

三个标准的不同点在于针对的对象不同,所满足的要求不同。质量管理体系是针对满足顾客需要和其他相关方面的要求。环境管理体系则是针对企业的生产活动的环境影响,以满足社会对环境保护的不断发展的需要。职业安全管理体系则是针对组织如何控制职业

健康安全风险并改进其绩效,针对的是职业健康安全而非产品和服务的安全,其包括的人员除企业的人员外还包括访问者和其他进入工作场所的人员。

其次的不同点表现在有的要求的名称相同但内容不同,如三个标准中均要求建立管理方针,但质量方针和环境方针、职业健康安全方针是有很大区别的。

应当注意三个标准的执行部门的不同。质量管理体系和环境管理体系、职业健康安全管理体系在企业中往往属于不同的部门管理。职业健康安全管理体系和环境管理体系涉及所有部门和全体人员,而质量管理体系只要求覆盖与指定产品或服务有关的生产环节,不要求涉及所有部门。职业健康安全管理工作目前一般由原安全部门在企业的主管安全负责人的领导下,承担主要管理责任,由其他部门协助,这是从过去的体制沿续的做法。

还要注意三个标准虽然是相互有联系的标准,但以职业健康安全管理体系标准的发布日期最晚,因此在某些方面,如文件的控制等,职业健康安全管理体系标准的解释更为清楚。因此学好职业健康安全管理体系标准将有助于对于其他标准的理解。

7.3 工程施工安全检查

施工安全检查是提高安全生产管理水平,落实各项安全生产制度和措施,及时消除不安全隐患,确保安全生产的一项重要工作。施工企业均应制定安全检查制度,公司、项目经理部、专业工程师、施工班组均应组织定期和不定期的全面或重点的安全检查,及时发现、纠正、整改责任区域内的隐患和违章活动。安全管理机构应对各级检查实施监督,并实施安全专业检查。

全面检查时,应在负责人的领导下组织生产、技术、安全、办公室等有关部门成立检查组,一般采用先对现场检查,再进行讨论分析的方法。发现问题要及时提出整改措施,对于现场发现的重大安全问题,要立即采取果断措施或停止施工,在落实整改措施,并通过验收合格后,方可继续施工。安全检查的结果应通知被检查部门或单位,并要求各部门或单位按照检查提出的要求,对需要整改的部位进行整改,在规定的时间内完成。检查组还应当对整改措施进行检查落实。

安全检查应当遵循国家的法律、法规和有关的标准、规范。现场检查的评价标准应以中华人民共和国建设部于1999年批准《建筑施工安全检查标准》(JGJ 59—99)为准。执行该标准能科学地评价建筑施工安全生产情况,提高安全生产工作和文明施工的管理水平,实现检查评价工作的标准化和规范化。

标准采用了安全系统工程原理,结合建筑施工中伤亡事故规律,依据国家有关法律法规、标准和规程以及《施工安全与卫生公约》(第167号公约)的要求而编制。

标准分为安全管理、文明施工、脚手架、基坑支护与模板工程、"三宝"及"四口"防护、施工用电、物料提升机与外用电梯、塔吊、起重吊装和施工机具10个分项158个子项。标准所提及的"三宝"是指安全帽、安全带和安全网,"四口"是指通道口、预留洞口、楼梯口和电梯井口。

分项评分表的格式分为两种。一种是所检查的子项之间没有相互的联系,如"三宝"、"四口",以及施工机具等;另一种是所检查的子项之间有相互的联系,并有轻重之分、能自成系统的,如塔吊、施工用电等,对于此类分项中的重点部位列为保证项目,其他的项目列为一般项目,如塔吊、外用电梯等。

每个分项的评分均采用百分制,满分为100分。凡是有保证项目的分项,其保证项目满分为60分,其余项目满分为40分。为保证施工安全,当保证项目中有一个子项不得分或保证项目小计不足40分者,此分项评分表不得分。

当多人对同一项目评分时,应按人员的职务采用加权评分方法确定分值。其中,专职安全员的权数为0.6,其他人员的权数为0.4。在同一项目中有多个设备时,如多个脚手架、塔吊等,则按其平均值计算。

汇总表也采用百分制,但各个分项在汇总表中所占的满分值不同。文明施工占20分、起重吊装和施工机具各占5分,其余分项各占10分。

建筑施工安全检查的总评分为优良、合格和不合格三个等级。

(1) 优良。没有不得分的分项检查表,且汇总表得分在80分及以上。

(2) 合格。没有不得分的分项检查表,且汇总表得分在70分及以上;或有一张分项检查表没得分,但汇总表得分在70分及以上;或起重吊装分项或施工机具分项检查表未得分,但汇总表得分在80分及以上。

(3) 不合格。汇总表得分不足70分;或有一分项检查表未得分,且汇总表得分在75分以下;或起重吊装分项或施工机具分项检查表未得分,且汇总表得分在80分以下。

作为工程项目经理应当掌握安全检查的过程、安全检查的内容、评定标准和计分方法。

7.4 工程安全控制

工程安全控制包括建立安全管理网络、制定制度和职责、编制施工安全技术措施、实施和检查以及持续改进等过程。

7.4.1 安全生产管理网络

建立有关安全生产的管理机构是进行安全控制的基础。要建立各级安全管理网络,安全工作要做到"纵向到底、横向到边",没有死角和空白。要贯彻安全生产人人有责的思想,使广大职工了解自己在安全生产中的职责和作用,还要了解不遵守安全规程的危害,树立企业和现场的安全文化。

7.4.2 安全生产的制度和职责

我国自建国以来始终强调"安全第一、预防为主"的方针,确定了"以人为本、关爱生命"的思想,紧密结合建设工程安全生产特点和实际,建立了一系列的安全管理制度,对政府部门、设计、监理和施工企业以施工企业中的各级人员的职责行为进行了全面规范,确立了一系列建设工程安全生产管理制度。主要有下列制度,即建设工程和拆除工程备案制度,三类人员考核任职制度,特种作业人员持证上岗制度,施工起重机械使用登记制度,政府安全监督检查制度,危及施工安全工艺、设备、材料淘汰制度,生产安全事故报告制度,安全生产责任制度,安全生产教育培训制度,专项施工方案专家论证审查制度,施工现场消防安全责任制度,意外伤害保险制度,生产安全事故应急救援制度等。此外还对施工企业资质和施工许可制度,做了补充和完善。

1. 工程建设和拆除工程备案制度

依法批准开工报告的建设工程,建设单位应当自开工报告批准之日起15日内,将保证安全施工的措施报送建设工程所在地的县级以上地方人民政府建设行政主管部门或者其他有关部门备案。

建设单位应当将拆除工程发包给具有相应资质等级的施工单位。建设单位应当在拆除工程施工15日前,将下列资料报送建设工程所在地的县级以上地方人民政府建设行政主管部门或者其他有关部门备案。

有关拆除工程备案的要求如下:
(1) 施工单位资质等级证明;
(2) 拟拆除建筑物、构筑物及可能危及毗邻建筑的说明;
(3) 拆除施工组织方案;
(4) 堆放、清除废弃物的措施;
(5) 实施爆破作业的,应当遵守国家有关民用爆炸物品管理的规定。

2. 三类人员考核任职制度

建设部为贯彻落实提高建筑施工企业主要负责人、项目负责人、专职安全生产管理人员安全生产知识水平和管理能力,保证建筑施工安全生产,依据《安全生产法》、《建筑工程安全生产管理条例》和《安全生产许可证条例》,颁布了《关于印发〈建筑施工企业主要负责人、项目负责人、专职安全生产管理人员安全生产考核管理暂行规定〉的通知》(建质[2004]59号)的规定,对在中华人民共和国境内从事建设工程施工活动的建筑施工企业三类人员进行考核认定。三类人员是指建筑施工企业的主要负责人、项目负责人、专职安全生产管理人员。三类人员应当经建设行政主管部门或者其他有关部门考核合格后方可任职,考核内容主要是安全生产知识和安全管理能力。

其中,建筑施工企业项目负责人,是指由企业法定代表人授权,负责建设工程项目管理的负责人。

国务院建设行政主管部门负责全国建筑施工企业管理人员安全生产的考核工作,并负责中央管理的建筑施工企业管理人员安全生产考核和发证工作。

省、自治区、直辖市人民政府建设行政主管部门负责本行政区域内中央管理以外的建筑施工企业管理人员安全生产考核和发证工作。

建筑施工企业管理人员应当具备相应文化程度、专业技术职称和一定安全生产工作经历,并经企业年度安全生产教育培训合格后,方可参加建设行政主管部门组织的安全生产考核。

建筑施工企业管理人员安全生产考核内容包括安全生产知识和管理能力。

安全生产考核合格的,由建设行政主管部门在20日内核发建筑施工企业管理人员安全生产考核合格证书;对不合格的,应通知本人并说明理由,限期重新考核。

建设行政主管部门应当加强对建筑施工企业管理人员履行安全生产管理职责情况的监督检查,发现有违反安全生产法律法规、未履行安全生产管理职责、不按规定接受企业年度安全生产教育培训、发生死亡事故,情节严重的应当收回安全生产考核合格证书,并限期改正,重新考核。

三类人员中建筑施工企业项目负责人的安全生产考核要点:
(1) 安全生产知识考核要点

国家有关安全生产的方针政策、法律法规、部门规章、标准及有关规范性文件,本地区有关安全生产的法规、规章、标准及规范性文件；

工程项目安全生产管理的基本知识和相关专业知识；

重大事故防范、应急救援措施，报告制度及调查处理方法；

企业和项目安全生产责任制和安全生产规章制度内容、制定方法；

施工现场安全生产监督检查的内容和方法；

国内、外安全生产管理经验；

典型事故案例分析。

(2) 安全生产管理能力考核要点

能认真贯彻执行国家安全生产方针、政策、法规和标准；

能有效组织和督促本工程项目安全生产工作，落实安全生产责任制；

能保证安全生产费用的有效使用；

能根据工程的特点组织制定安全施工措施；

能有效开展安全检查，及时消除生产安全事故隐患；

能及时、如实报告生产安全事故；

安全生产业绩：自考核之日起，所管理的项目一年内未发生由其承担主要责任的死亡事故。

3．特种作业人员持证上岗制度

特种作业是指容易发生人员伤亡事故，对操作者本人、他人及周围设施的安全有重大危害的作业。对于建筑工程施工中的特种作业人员，建设部在《建设工程安全生产管理条例》第二十五条规定：垂直运输机械作业人员、起重机械安装拆卸工、爆破作业人员、起重信号工、登高架设作业人员等特种作业人员，必须按照国家有关规定经过专门的安全作业培训，并取得特种作业操作资格证书后，方可上岗作业。

对于特种作业人员的范围，国务院有关部门还做过一些规定。1999年7月12日前国家经贸委发布的《特种作业人员安全技术培训考核管理办法》，明确特种作业包括：电工作业；金属焊接切割作业；起重机械(含电梯)作业；企业内机动车辆驾驶；登高架设作业；锅炉作业(含水质化验)；压力容器操作；制冷作业；爆破作业；矿山通风作业(含瓦斯检验)；矿山排水作业(含尾矿坝作业)；由省、自治区、直辖市安全生产综合管理部门或国务院行业主管部门提出，并经前国家经济贸易委员会批准的其他作业。随着新材料、新工艺、新技术的应用和推广，特种作业人员的范围也随之发生变化，特别是在建设工程施工过程中，一些作业岗位的危险程度在逐步加大，频繁出现安全事故，对在这些岗位上作业的人员，也需要进行特别的教育培训。如垂直运输机械作业人员、安装拆卸工、起重信号工等，都应当列为特种作业人员。

特种作业人员应具备的条件是：

(1) 年龄满18周岁；

(2) 身体健康、无妨碍从事相应工种作业的疾病和生理缺陷；

(3) 初中以上文化程度，具备相应工程的安全技术知识，参加国家规定的安全技术理论和实际操作考核并成绩合格；

(4) 符合相应工种作业特点需要的其他条件。特种作业人员必须按照国家有关规定经过专门的安全作业培训，并取得特种作业操作资格证书后，方可上岗作业。专门的安全作业培训,是指由有关主管部门组织的专门针对特种作业人员的培训,也就是特种作业人员在独立上岗作业前,必须进行与本工种相适应的、专门的安全技术理论学习和实际操作训练。经培训考核合格,取得特种作业操作资格证书后,才能上岗作业。特种作业操作资格证书在全国范围内有效,离开特种作业岗位一定时间后,应当按照规定重新进行实际操作考核,经确认合格后方可上岗作业。对于未经培训考核,即从事特种作业的,如造成重大安全事故,构成犯罪的,对直接责任人员,依照刑法的有关规定追究刑事责任。

4. 施工起重机械使用登记制度

《建设工程安全生产管理条例》第三十五条规定:"施工单位应当自施工起重机械和整体提升脚手架、模板等自升式架设设施验收合格之日起 30 日内,向建设行政主管部门或者其他有关部门登记。登记标志应当置于或者附着于该设备的显著位置。"该条内容规定了施工起重机械使用时必须进行登记的管理制度。

施工起重机械在验收合格之日起 30 日内,施工单位应当向建设行政主管部门或者其他有关部门登记。这是对施工起重机械的使用进行监督和管理的一项重要制度,能够有效防止非法设计、非法制造、非法安装的机械和设施投入使用;同时,还可以使建设行政主管部门或者其他有关部门及时、全面了解和掌握施工起重机械和整体提升脚手架、模板等自升式架设设施的使用情况,以利于监督管理。

进行登记应当提交施工起重机械有关资料,包括:

(1) 生产方面的资料,如设计文件、制造质量证明书、监督检验证书、使用说明书、安装证明等;

(2) 使用的有关情况资料,如施工单位对于这些机械和设施的管理制度和措施、使用情况、作业人员的情况等。

建设行政主管部门或者其他有关部门应当对登记的施工起重机械建立相关档案,并及时更新,切实将施工起重机械的使用置于政府的监督之下,从而减少生产安全事故的发生。

施工单位应当将登记标志置于或者附着于该设备的显著位置。由于施工起重机械的情况不同,施工单位掌握的原则就是各施工起重机械有无登记标志,登记标志是证明该设备已经在政府有关部门进行了登记,是合法使用的,所以将标志置于或者附着于设备上一般情况下都能够看到的地方,也便于使用者的监督,保证施工起重机械的安全使用。

5. 政府安全监督管理制度

在《建设工程安全生产管理条例》中政府有关部门对建设工程安全生产的监督的规定,主要如下:

(1) 政府各级安全监督管理部门均有不同的对建设工程安全生产的监督管理的职责。

(2) 政府安全监督检查的职责与权限:

1) 建设行政主管部门和其他有关部门应当将依法批准开工报告的建设工程和拆除工程的有关备案资料主要内容抄送同级负责安全生产监督管理的部门。

2) 建设行政主管部门在审核发放施工许可证时,应当对建设工程是否有安全施工措施进行审查,对没有安全施工措施的,不得颁发施工许可证。

3) 建设行政主管部门或者其他有关部门对建设工程是否有安全施工措施进行审查时,不得收取费用。

4) 县级以上人民政府负有建设工程安全生产监督管理职责的部门在各自的职责范围

内履行安全监督检查职责时,有权采取下列措施：

① 要求被检查单位提供有关建设工程安全生产的文件和资料；

② 进入被检查单位施工现场进行检查；

③ 纠正施工中违反安全生产要求的行为；

④ 对检查中发现的安全事故隐患,责令立即排除；重大安全事故隐患排除前或者排除过程中无法保证安全的,责令从危险区域内撤出作业人员或者暂时停止施工。

5) 建设行政主管部门或者其他有关部门可以将施工现场的监督检查委托给建设工程安全监督机构具体实施。

6) 国家对严重危及施工安全的工艺、设备、材料实行淘汰制度,具体目录由国务院建设行政主管部门会同国务院其他有关部门制定并公布。

7) 县级以上人民政府建设行政主管部门和其他有关部门应当及时受理对建设工程生产安全事故及安全事故隐患的检举、控告和投诉。

6. 危及施工安全的工艺、设备、材料的淘汰制度

严重危及施工安全的工艺、设备、材料是指不符合生产安全要求,极有可能导致生产安全事故发生,致使人民生命和财产遭受重大损失的工艺、设备和材料。工艺、设备和材料在建设活动中属于物的因素,相对于人的因素来说,这种因素对安全生产的影响是一种"硬约束",即只要使用了严重危及施工安全的工艺、设备和材料,就算是安全管理措施再严格,人的作用发挥得再充分,也仍然难以避免安全生产事故的产生。因此,工艺、设备和材料和建设施工安全息息相关。为了保障人民群众生命和财产安全,国家明确规定,对严重危及施工安全的工艺、设备和材料实行淘汰制度。这一方面有利于保障安全生产,另一方面也体现了优胜劣汰的市场经济规律,有利于提高生产经营单位的工艺水平,促进设备更新。

对于已经公布的严重危及施工安全的工艺、设备和材料,建设单位和施工单位都应当严格遵守和执行,不得继续使用此类工艺和设备,也不得转让他人使用。

7. 生产安全事故报告制度

有关国家对建设工程生产安全事故报告制度的规定,本书在7.5节中作介绍。

8. 安全生产责任制度

安全生产责任制度就是对各级负责人、各职能部门以及各类施工人员在管理和施工过程中,应当承担的责任做出明确的规定。具体来说,就是将安全生产责任分解到施工单位的主要负责人、项目负责人、班组长以及每个岗位的作业人员身上。安全生产责任制度是施工企业最基本的安全管理制度,是施工企业安全生产管理的核心和中心环节。依据《建设工程安全生产管理条例》和《建筑施工安全检查标准》的相关规定,安全生产责任制度的主要内容如下：

(1) 安全生产责任制度主要包括施工企业主要负责人的安全责任,负责人或其他副职的安全责任,项目负责人(项目经理)的安全责任,生产、技术、材料等各职能管理负责人及其工作人员的安全责任,技术负责人(工程师)的安全责任,专职安全生产管理人员的安全责任,施工员的安全责任,班组长的安全责任和岗位人员的安全责任等。

(2) 项目对各级、各部门安全生产责任制应规定检查和考核办法,并按规定期限进行考核,对考核结果及兑现情况应有记录。

(3) 项目独立承包的工程在签订承包合同中必须有安全生产工作的具体指标和要求。

工地由多单位施工时,总、分包单位在签订分包合同的同时要签订安全生产合同(协议),签订合同前要检查分包单位的营业执照、企业资质证、安全资格证等。分包队伍的资质应与工程要求相符,在安全合同中应明确总、分包单位各自的安全职责,原则上,实行总承包的由总承包单位负责,分包单位向总包单位负责,服从总包单位对施工现场的安全管理。分包单位在其分包范围内建立施工现场安全生产管理制度,并组织实施。

(4) 项目的主要工种应有相应的安全技术操作规程,一般应包括:砌筑、拌灰、混凝土、木作、钢筋、机械、电气焊、起重司索、信号指挥、塔司、架子、水暖、油漆等工种,特种作业应另行补充。应将安全技术操作规程列为日常安全活动和安全教育的主要内容。

(5) 施工现场应按工程项目大小配备专(兼)职安全人员。可按建筑面积 1 万 m^2 以下的工地至少有 1 名专职人员;1 万 m^2 以上的工地设 2~3 名专职人员;5 万 m^2 以上的大型工地,按不同专业组成安全管理组进行安全监督检查。

9. 安全生产教育培训制度

国家对于施工企业各级人员的培训时间和教育内容均有要求。

(1) 施工企业职工安全培训的时间要求为:企业法人代表、项目经理每年不少于 30 学时;专职管理和技术人员每年不少于 40 学时;其他管理和技术人员每年不少于 20 学时;特殊工种每年不少于 20 学时;其他职工每年不少于 15 学时。待、转、换岗重新上岗前,接受一次不少于 20 学时的培训。新工人的公司、项目、班组三级培训教育时间分别不少于 15 学时、15 学时、20 学时。

(2) 培训教育的形式与内容

培训教育按等级、层次和工作性质分别进行,管理人员的重点是安全生产意识和安全管理水平,操作者的重点是遵章守纪、自我保护和提高防范事故的能力。

对新工人(包括合同工、临时工、学徒工、实习和代培人员)必须进行公司、工地和班组的三级安全教育。三级安全教育是指公司(企业)、项目(工程处、施工处、工区)、班组这三级,是对每个刚进企业的新工人必须接受的首次安全生产方面的基本教育。教育内容包括安全生产方针、政策、法规、标准及安全技术知识、设备性能、操作规程、安全制度、严禁事项及本工种的安全操作规程。

对电工、焊工、架工、司炉工、爆破工、机操工及起重工、打桩机和各种机动车辆司机等特殊工种工人,除进行一般安全教育外,还要经过本工程的专业安全技术教育。

采用新工艺、新技术、新设备施工和调换工作岗位时,对操作人员进行新技术、新岗位的安全教育。

特定情况下要进行适时的安全教育,特定情况是指季节变化、节假日前后、发现事故隐患或发生事故后等情况。

安全生产是一种经常性的教育,必须把安全教育贯穿于管理工作的全过程,并根据接受教育对象的不同特点,采取多层次、多渠道和多种方法进行。安全生产宣传教育多种多样,应贯彻及时性、严肃性、真实性,做到简明、醒目。

10. 专项施工方案专家论证审查制度

依据《建设工程安全生产管理条例》第二十六条的规定:施工单位应当在施工组织设计中编制安全技术措施和施工现场临时用电方案,对下列达到一定规模的危险性较大的分部分项工程编制专项施工方案,并附具安全验算结果,经施工单位技术负责人、总监理工程师签字后实施,由专职安全生产管理人员进行现场监督：
(1) 基坑支护与降水工程；
(2) 土方开挖工程；
(3) 模板工程；
(4) 起重吊装工程；
(5) 脚手架工程；
(6) 拆除、爆破工程；
(7) 国务院建设行政主管部门或者其他有关部门规定的其他危险性较大的工程。

对前列工程中涉及深基坑、地下暗挖工程、高大模板工程的专项施工方案,施工单位还应当组织专家进行论证、审查。

11．施工现场消防安全责任制度

施工现场都要建立、健全防火检查制度。

在编制施工组织设计时,施工总平面图、施工方法和施工技术均要符合消防安全要求。施工现场应明确划分用火作业、易燃、可燃材料堆场、仓库,易燃废品集中站和生活区等区域。现场夜间应有照明设备,保持消防车通道畅通无阻,并要安排力量加强值班巡逻。施工作业期间需搭设临时性建筑时,必须经施工企业技术负责人批准,施工结束应及时拆除,但不得在高压架空线下面搭设临时性建筑物或堆放可燃物品。

现场应成立义务消防队,人数不少于施工总人员的10%。

现场应配备足够的消防器材,指定专人维护、管理、定期更新,保证完整好用。应按要求敷设好室内外消防水管和消火栓。焊、割作业点与氧气瓶、电石桶和乙炔发生器等危险物品的距离不得少于10m,与易燃易爆物品的距离不得少于30m,如达不到上述要求的,应执行动火审批制度,并采取有效的安全隔离措施。乙炔发生器和氧气瓶的存放之间距离不得小于2m,使用时,二者的距离不得小于5m。氧气瓶、乙炔发生器等焊割设备上的安全附件应完整有效,否则不准使用。施工现场的焊、割作用,必须符合防火要求,严格执行"十不烧"规定。

冬期施工采用保温加热措施时,应针对所采用保温或加热方法,制定防范安全措施进行安全教育。施工过程中,应安排专人巡逻检查,发现隐患及时处理。

施工现场的动火作业,必须执行分级审批制度。古建筑和重要文物单位等场所动火作业,要上报有关部门审批。

12．意外伤害保险制度

我国《建筑法》规定,建筑职工意外伤害保险是法定的强制性保险,也是保护建筑业从业人员合法权益,转移企业事故风险,增强企业预防和控制事故能力,促进企业安全生产的重要手段。中华人民共和国建设部于2003年公布了《建设部关于加强建筑意外伤害保险工作的指导意见》(建质[2003]107号),对加强和规范建筑意外伤害保险工作提出了较详尽的规定,其内容如下：

(1) 建筑意外伤害保险的范围

建筑施工企业应当为施工现场从事施工作业和管理的人员,在施工活动过程中发生的人身意外伤亡事故提供保障,办理建筑意外伤害保险、支付保险费,范围应当覆盖工程项目。已在企业所在地参加工伤保险的人员,从事现场施工时仍可参加建筑意外伤害保险。

各地建设行政主管部门可根据本地区实际情况,规定建筑意外伤害保险的附加险要求。

(2) 建筑意外伤害保险的保险期限

保险期限应涵盖工程项目开工之日到工程竣工验收合格日。提前竣工的,保险责任自行终止。因故延长工期的,应当办理保险延期手续。

(3) 建筑意外伤害保险的保险金额

各地建设行政主管部门结合本地区实际情况,确定合理的最低保险金额。最低保险金额要能够保障施工伤亡人员得到有效的经济补偿。施工企业办理建筑意外伤害保险时,投保的保险金额不得低于此标准。

(4) 建筑意外伤害保险的保险费

保险费应当列入建筑安装工程费用。保险费由施工企业支付,施工企业不得向职工摊派。

施工企业和保险公司双方应本着平等协商的原则,根据各类风险因素商定建筑意外伤害保险费率,提倡差别费率和浮动费率。差别费率可与工程规模、类型、工程项目风险程度和施工现场环境等因素挂钩。浮动费率可与施工企业安全生产业绩、安全生产管理状况等因素挂钩。对重视安全生产管理、安全业绩好的企业可采用下浮费率;对安全生产业绩差、安全管理不善的企业可采用上浮费率。通过浮动费率机制,激励投保企业安全生产的积极性。

(5) 建筑意外伤害保险的投保

施工企业应在工程项目开工前,办理完投保手续。鉴于工程建设项目施工工艺流程中各工种调动频繁、用工流动性大,投保应实行不记名和不计人数的方式。工程项目中有分包单位的由总承包施工企业统一办理,分包单位合理承担投保费用。业主直接发包的工程项目由承包企业直接办理。

投保人办理投保手续后,应将投保有关信息以布告形式张贴于施工现场,告之被保险人。

(6) 建筑意外伤害保险的索赔

建筑意外伤害保险应规范和简化索赔程序,搞好索赔服务。投保企业在发生意外事故后即向保险公司提出索赔,使施工伤亡人员能够得到及时、足额的赔付。凡被保险人发生意外伤害事故,企业和工程项目负责人隐瞒不报、不进行索赔的,要严肃查处。

(7) 关于建筑意外伤害保险的安全服务

施工企业应当选择能提供建筑安全生产风险管理、事故防范等安全服务和有保险能力的保险公司,以保证事故后能及时补偿与事故前能主动防范。目前还不能提供安全风险管理和事故预防的保险公司,应通过建筑安全服务中介组织向施工企业提供与建筑意外伤害保险相关的安全服务。建筑安全服务中介组织必须拥有一定数量、专业配套、具备建筑安全知识和管理经验的专业技术人员。

安全服务内容可包括施工现场风险评估、安全技术咨询、人员培训、防灾防损设备配置、安全技术研究等。施工企业在投保时可与保险机构商定具体服务内容。

(8) 关于建筑意外伤害保险行业自保

一些国家和地区结合建筑行业高风险特点,采取建筑意外伤害保险行业自保或企业联合自保形式,并取得一定成功经验。有条件的省(区、市)可根据本地的实际情况,研究探索建筑意外伤害保险行业自保方式。

13. 生产安全事故应急救援制度

应急救援预案是对事故或重大事故一旦发生后的救援程序、方法、资源配备的规定。应急预案的建立能使救援减少延误，尽快实施，从而减少损失。

(1) 施工单位和项目经理部的应急预案职责

施工单位应当根据建设工程施工的特点、范围，对施工现场易发生重大事故的部位、环节进行监控，制定施工现场生产安全事故应急救援预案。实行施工总承包的，由总承包单位统一组织编制建设工程生产安全事故应急救援预案，工程总承包单位和分包单位按照应急救援预案，各自建立应急救援组织或者配备应急救援人员，配备救援器材、设备，并定期组织演练。

项目经理部应针对可能发生的事故制定相应的应急救援预案。准备应急救援的物资，并在事故发生时组织实施，防止事故扩大，以减少与之有关的伤害和不利环境影响。

(2) 现场应急预案的编制和管理

现场应急预案的编制应与安全保证计划同步编写。根据对危险源与不利环境因素的识别结果，确定可能发生的事故或紧急情况的控制措施失效时所采取的补救措施和抢救行动，以及针对可能随之引发的伤害和其他影响所采取的措施。

应急预案应针对并适用于项目部施工现场范围内可能出现的事故或紧急情况的救援和处理。

应急预案中应明确：应急救援的组织、职责和人员的安排，应急救援器材、设备的准备和平时的维护保养；在作业场所发生事故时，如何组织抢救，保护事故现场的安排，其中应明确如何抢救，使用什么器材、设备；明确内部和外部联系的方法、渠道，根据事故性质，制定在多少时间内由谁如何向企业上级、政府主管部门和其他有关部门，需要通知有关的近邻及消防、救险、医疗等单位的联系方式；在紧急情况下，工作场所内全体人员如何疏散的要求。

现场应急预案由项目经理部编制后，上报上级有关部门，对其适宜性进行审核和确认。应急救援的方案经上级批准后，项目经理部还应根据实际情况定期和不定期举行应急救援的演练，检验应急准备工作的能力。

现场应急救援预案应包括下列内容：目的、适用范围、应急准备的组织、办公地点、资源。特别对于应急响应，要分清一般事故和重大事故的应急响应的响应方式的不同。当事故或紧急情况发生后，应分清在不同的事故时，明确由谁向谁汇报，如何组织抢救，由谁指挥，配合对伤员、财物的急救处理，防止事故扩大。

现场应急预案应进行演练，项目部还应规定平时定期演练的要求和具体项目。演练或事故发生后，对应急救援预案的实际效果进行评价，并提出修改预案的要求。

14. 安全生产许可制度

依据《安全生产许可证条例》（国务院 2004 年第 397 号）的规定，国家对建筑施工企业实施安全生产许可制度。实施安全生产许可制度的目的是为了严格规范安全生产条件，进一步加强安全生产监督管理，防止和减少生产安全事故。建筑施工企业未取得安全生产许可证的，不得从事生产活动。

安全生产许可证的颁发和管理，由国务院建设主管部门负责中央管理的建筑施工企业安全生产许可证的颁发和管理；省、自治区、直辖市人民政府建设主管部门负责前款规定以外的建筑施工企业安全生产许可证的颁发和管理,并接受国务院建设主管部门的指导和监督。

企业取得安全生产许可证,应当具备下列安全生产条件：
(1) 建立、健全安全生产责任制,制定完备的安全生产规章制度和操作规程；
(2) 安全投入符合安全生产要求；
(3) 设置安全生产管理机构,配备专职安全生产管理人员；
(4) 主要负责人和安全生产管理人员经考核合格；
(5) 特种作业人员经有关业务主管部门考核合格,取得特种作业操作资格证书；
(6) 从业人员经安全生产教育和培训合格；
(7) 依法参加工伤保险,为从业人员缴纳保险费；
(8) 厂房、作业场所和安全设施、设备、工艺符合有关安全生产法律、法规、标准和规程的要求；
(9) 有职业危害防治措施,并为从业人员配备符合国家标准或者行业标准的劳动防护用品；
(10) 依法进行安全评价；
(11) 有重大危险源检测、评估、监控措施和应急预案；
(12) 有生产安全事故应急救援预案、应急救援组织或者应急救援人员,配备必要的应急救援器材、设备；
(13) 法律、法规规定的其他条件。

企业进行生产前,应当依照本条例的规定向安全生产许可证颁发管理机关申请领取安全生产许可证,并提供"企业取得安全生产许可证,应当具备下列安全生产条件"规定的相关文件、资料。安全生产许可证颁发管理机关应当自收到申请之日起45日内审查完毕,经审查符合本条例规定的安全生产条件的,颁发安全生产许可证；不符合本条例规定的安全生产条件的,不予颁发安全生产许可证,书面通知企业并说明理由。

企业在安全生产许可证有效期内,严格遵守有关安全生产的法律法规,未发生死亡事故的,安全生产许可证有效期届满时,经原安全生产许可证颁发管理机关同意,不再审查,安全生产许可证有效期延期3年。

企业不得转让、冒用安全生产许可证或者使用伪造的安全生产许可证。

企业取得安全生产许可证后,不得降低安全生产条件,并应当加强日常安全生产管理,接受安全生产许可证颁发管理机关的监督检查。

7.4.3 施工安全技术措施

施工安全技术措施是指为了防止工伤事故的职业病的危害,从技术革新上采取的各种措施,在房屋建筑工程施工中,要针对工程特点、施工现场环境、施工方法、劳动组织、作业工艺、使用的机械动力设备、配电方法、架设工具以及各种安全设施等到制定的确保安全施工的预防措施。

(1) 施工安全技术措施是施工组织设计的重要组成部分,施工安全技术措施的编制要满足四性的要求。即：

1) 要有超前性。施工安全技术措施必须在工程开工前编制、审核完毕。这是为了有充分的时间进行准备和落实。对于施工中出现的变更,也应及时相应补充施工安全技术措施。

2) 要有针对性。施工技术安全措施是针对每项工程而编的。编制人员要掌握工程的特点、施工环境和施工方法的特点,才能编制出能指导生产的施工技术措施。

3) 要有可靠性。施工安全技术措施是贯穿于每个工序之中的措施。要力求细致全面、具体可靠。只有把各种因素和各不利条件考虑周全,有对策、有措施,才能真正做到预防事故。

4) 要有操作性。对于大型项目、结构复杂的重点工程,应当分别编制总体施工安全技术措施、单位工程以及分项工程施工安全技术措施。对于特殊工种的工艺,要编制工作部位的措施。此外对于不同的季节、不同的时期、不同的条件下的工作都要有可操作的措施。

(2) 施工安全技术措施的编制应由项目经理部在开工前编制完毕,其主要内容应包括下列内容:

1) 基坑施工安全技术措施。
2) 脚手架安全技术措施。
3) 高处作业安全技术措施。
4) 垂直运输安全技术措施。
5) 临时用电安全技术措施。
6) 施工机械安全技术措施。
7) 季节性安全技术措施。
8) 防火、防雷、防爆、防毒等安全技术措施。

施工安全技术措施编制完成后,应报有关部门批准。工程开工前应向施工人员作具体交底,措施的实施应作检查。发现措施不能落实时,要作具体分析。如需对措施作改进。改进后的措施也要经有关部门的批准方可实施。

施工现场如有多个单位参与施工时,施工安全技术措施由各单位自行编写,施工安全技术措施涉及多个单位时,要互相沟通,相互配合。现场设有总包管理的,施工安全技术措施要报总包备案,总包负责协调各个分包的安全技术措施的实施。

7.5 工程安全事故处理

建筑业属于事故多发的行业之一。据统计,建筑业每年施工死亡人数在全国各行业中居第二位。由于建设工程中生产安全事故的发生不能完全杜绝,在加强施工安全监督管理,坚持预防为主的同时,为了减少建筑工程安全事故中的人员伤亡和财产损失,还必须建立建筑工程生产安全事故的紧急救援制度。

7.5.1 安全事故的报告和分类

工程施工中发生的伤亡事故是指职工在劳动过程中发生的人身伤害、急性中毒事故。

事故发生后,施工单位应当组织对现场事故的抢救,实行总承包的项目,总承包单位应统一组织事故的抢救工作。要根据事故的情况按应急救援预案或企业有关事故处理的制度迅速采取有效措施,组织抢救,防止事故扩大,减少人员伤亡和财产损失。

要严格保护事故现场,因为现场是提供有关物证的主要场所,是调查事故原因不可缺少的客观条件,要求现场各种物件尽可能保持事故结束时的原来状态。因抢救工作需要移动部分物品时,必须作出标志,绘制事故现场图,提供真实的证据,并要妥善保管有关证物。任何人故意破坏事故现场、毁灭证据,为将来进行事故调查、确定事故责任制造障碍者,将要承担相应的责任。

施工单位发生生产安全事故,事故现场有关人员应当立即报告本单位负责人,单位负责人接到事故报告后,应当按照国家有关伤亡事故报告和调查处理的规定,及时、如实地向负责安全生产监督管理的部门,建设行政主管部门或者其他有关部门报告;特种设备发生事故的,还应当向特种设备安全监督管理部门报告。

实行施工总承包的建筑工程,由总承包单位负责上报事故。

安全事故的分类应按照1989年建设部第3号令《工程建设重大事故报告和调查程序规定》的分类方法。所称重大事故系指在工程建设过程中由于责任过失造成工程倒塌或报废、机械设备毁坏和安全设施失效造成人身伤亡或重大经济损失的事故。

重大事故分为四个等级:
(1) 具备下列条件之一者为一级重大事故:
1) 死亡10人以上;
2) 直接经济损失300万元以上。
(2) 具备下列条件之一者为二级重大事故:
1) 死亡10人以上,29人以下;
2) 直接经济损失100万元以上,不满300万元。
(3) 具备下列条件之一者为三级重大事故:
1) 死亡3人以上,9人以下;
2) 重伤20人以上;
3) 直接经济损失30万元以上,不满100万元。
(4) 具备下列条件之一者为四级重大事故:
1) 死亡2人以下;
2) 重伤3人以上,19人以下;
3) 直接经济损失10万元以上,不满30万元。

重大事故发生后,事故发生单位应当在24h内写出书面报告。一次死亡3人以上的重大伤亡事故,应在事故发生后2h内报建设部。

重大事故的书面报告应当包括以下内容:
(1) 事故发生的时间、地点、工程项目、企业名称;
(2) 事故发生的简要经过、伤亡人数和直接经济损失的初步估计;
(3) 事故发生原因的初步判断;
(4) 事故发生后采取的措施及事故控制情况;
(5) 事故报告单位。

7.5.2 安全事故的处理

对于安全事故要实施"四不放过"的原则。"四不放过"是指在因工伤亡事故处理中,必须坚持事故原因分析不清不放过;员工和事故责任者受不到教育不放过;事故隐患不整改不放过;事故责任人不处理不放过的原则。

安全事故处理首先要组织调查组,调查组的组成方式是:
轻伤、重伤事故由企业负责人或其指定人员组织生产、技术、安全等有关人员以及工会成员参加的事故调查组,进行调查。

死亡事故由企业主管部门会同企业所在地区的市(或者相当于设区的市一级)劳动部门、公安部门、工会组成调查组,进行调查。

重大事故的调查由事故发生地的市、县级以上建设行政主管部门或国务院有关主管部门组织成立调查组负责进行。

一、二级重大事故由省、自治区、直辖市建设行政主管部门提出调查组组成意见,报请人民政府批准。

三、四级重大事故由事故发生地的市、县级建设行政主管部门提出调查组组成意见,报请人民政府批准。

事故发生单位属于国务院部委的,按以上规定,由国务院有关主管部门或其授权部门会同当地建设行政主管部门提出调查组组成意见。

调查组成员应与所发生的事故没有直接利害关系,具有调查所需要的业务特长,并了解可能涉及的管理职责。

调查组应首先进行现场勘察和伤亡事故分析,在确定事故原因和主要原因的基础上,确定事故责任者,制定事故整改措施和对责任者的处理意见,写出事故报告。事故调查处理结论应经有关部门审批后,方可结案。一般伤亡事故应在90天内结案,特殊情况不得超过180天。企业收到有关部门的结案批复后,宣布对事故责任者的处理,落实事故的整改措施。

7.6 工程文明施工和环境保护

文明施工和环境保护都需要建立相应的机构,并组织定期或不定期的检查,发现问题,及时纠正。文明施工和环境保护还涉及施工现场的相关方。因此应当征求相关方的意见,创造良好的施工现场面貌。

7.6.1 文明施工

文明施工是指在施工现场管理中,要按现代化施工的要求,使施工现场保持良好的施工环境和施工秩序。它是施工现场的一项重要的基础工作,也是施工企业对外的一个窗口。文明施工包括安全生产、工程质量、环境保护、劳动保护等综合性的管理要求,文明施工创建活动可充分体现施工企业的管理水平。目前文明施工已发展到创建文明工地的活动,文明工地是建筑行业精神文明和物质文明建设的最佳结合。各地对文明工地的创建都有各自具体的要求和激励机制。施工现场应当听取有关部门的意见,努力达到文明现场的标准。

现场文明施工的基本要求是:

(1) 工地主要入口要设置简朴规整的大门。门边设立明显的标牌,标明工程名称、施工单位和工程主要负责人姓名等内容。现场道路要保持畅通,不得侵占。

(2) 建立文明施工责任制。划分区域,明确管理负责人,实行挂牌作业,做到现场清洁整齐。

(3) 施工现场场地平整,道路畅通,有排水措施,基础、地下管道施工完后要及时回填平整,清除积土。

(4) 现场施工临时水、电要有专人管理,不得有长流水、长明灯。

(5) 施工现场的临时设施,包括生产、办公、生活区、仓库、料场以及照明、动力线路,都要严格按施工组织设计确定的施工平面图布置,搭设或埋设整齐。

(6) 砂浆、混凝土在搅拌、运输、使用过程中,做到不洒、不漏、不剩。盛放砂浆、混凝土应有容器或垫板。

(7) 施工现场要做到清洁整齐,活完料净,工完场地清,及时消除工作面上的杂物。

(8) 要有严格的成品保护措施,严禁损坏污染成品,堵塞管道。严禁随地大小便。

(9) 根据工程地点搭设符合要求的围档,保持外观清洁。

(10) 施工现场严禁居住家属,严格禁止居民、家属、小孩在施工现场穿行、玩耍。

(11) 现场应当设置符合要求的职工膳食、饮水、洗浴等生活设施。

7.6.2 环境保护

环境保护是我国的一项基本国策。环境保护是指保护和改善施工现场的环境,要求企业按照国家、地方的法律、法规和行业、企业的要求,采取措施控制施工现场的粉尘、废气、固体废弃物以及噪声、振动等对环境和污染和危害,并且注意对资源的节约。

环境保护的重点是防止水、气、声、渣的污染。但还应结合现场情况,注意其他污染,如光污染、恶臭污染等。

防止水污染应做到防止水源污染和地下水污染。要禁止将有毒废弃物作为土方回填。搅拌站废水、现场电石废水、冲车废水等要经过沉淀处理,再排入城市下水道,有条件的可进行回收利用。现场存放油料,必须对地面进行防渗处理。使用时,要采取措施,防止油料跑、冒、滴、漏,污染水体。临时食堂的污水排放时可设置简易的隔油池,定期掏油和杂物,防止污染。工地临时厕所应尽量采用水冲式厕所,如条件不允许时应加盖,并有防蝇、灭蚊措施,防止污染环境。

防止大气污染应做到工地茶炉、炉灶、锅炉应采用具有消烟除尘功能的型号。进入现场的机动车要经过检查确定尾气排放是否符合规定。

防止施工现场的噪声应做到控制人为噪声,施工现场不得高声喊叫、不得从高处丢扔物品。要限制高音喇叭的使用。一般城市均有晚间禁止噪声的规定,应予遵守。确系特殊情况必须昼夜施工时应与有关方面协商,求得谅解。

从声源上降低噪声是防止噪声的根本措施,降低噪声的方法有:

(1) 尽量选用低噪声的设备和先进工艺代替高噪声的设备和工艺,如低噪声空压机、免振捣混凝土等。

(2) 在声源处安装消声器。主要是在排气管上安装各种适合的设施。

(3) 采用吸声、隔声、隔振、阻尼等声学处理措施,降低噪声。

防止固体废物的污染应做到现场垃圾渣土要有固定堆放地点,定期清运出场。高层建筑物和多层建筑物清理楼层垃圾时要搭设封闭式专用垃圾道,以供施工使用,严禁凌空随意抛撒。施工现场道路在有条件时可利用永久性道路,如无条件时也应作硬化处理,并作洒水清扫,防止道路扬尘。对于散装材料应采用入库存放的方式。露天堆放的砂子应加以苫盖。运输车辆不应超装。现场出口应有水冲洗车设施。

要防止光污染。施工现场夜间灯光应控制使用,灯光不得朝向附近的居民住宅区。进行电焊作业时应有必要的遮挡。

要防止恶臭。施工现场应采取有效措施,禁止焚烧沥青、油毡、橡胶、皮革、建筑材料垃圾以及其他产生有毒有害烟尘和恶臭气体的物质,防止污染环境。

环境保护在节能降耗方面的工作包括控制能源的消耗和节约资源。

有条件的现场应设立能源计量分表,对各个分包规定能源指标。要控制施工现场办公用纸的消耗,尽量双面使用。现场夜间照明应有定时开启灯光管理规定,办公室夜间做到人走灯灭。

节约资源包括制定建筑材料使用指标,防止建筑材料浪费。更要特别重视对施工工艺的选择,合理的施工工艺能大幅度的减少能源消耗和缩短工期。

第8章 工程合同与合同管理

8.1 工程招标与投标

工程招标投标活动,是我国建设工程承包合同订立的最主要方式。《建筑法》第19条规定:"建筑工程依法实行招标发包,对不适于招标发包的可以直接发包。"

工程招标是指业主率先提出工程的条件和要求,发布招标广告吸引或直接邀请众多投标人参加投标并按照规定格式从中选择承包商的行为。工程投标是指投标人在同意招标人拟订好的招标文件的前提下,对招标项目提出自己的报价和相应条件,通过竞争努力被招标人选中的行为。

合同的订立一般要经过要约和承诺两个阶段,有的合同还要经过要约邀请的阶段和签订合同书阶段。工程合同的订立同样要采取要约、承诺的方式。《合同法》第15条规定,招标人发布招标公告的行为属于要约邀请,据此,投标人投标的行为属于要约,招标人发出中标通知书的行为属于承诺。

8.1.1 工程招标

1. 工程施工招标应具备的条件

根据2003年5月1日起施行的由国家计委、建设部、铁道部、交通部、信息产业部、水利部、中国民用航空总局联合发布的《工程建设项目施工招标投标办法》第8条的规定,工程施工招标应具备的条件包括:

(1) 招标人已经依法成立;
(2) 初步设计及概算应当履行审批手续的,已经批准;
(3) 招标范围、招标方式和招标组织形式等应当履行核准手续的,已经核准;
(4) 有相应资金或资金来源已经落实;
(5) 有招标所需的设计图纸及技术资料。

2. 工程招标的方式

《招标投标法》规定,招标分为公开招标和邀请招标。据此,议标这种招标方式已被我国法律所禁止。

(1) 公开招标

公开招标亦称无限竞争性招标,是指招标人以招标公告的方式邀请不特定的法人或者其他组织招标。采用这种招标方式可为所有的承包商提供一个平等竞争的机会,业主有较大的选择余地,有利于降低工程造价,提高工程质量和缩短工期。不过,这种招标方式可能导致招标人对资格预审和评标工作量加大,招标费用支出增加;同时也使投标人中标几率减小,从而增加其投标前期风险。

(2) 邀请招标

邀请招标亦称有限招标,是指招标人以投标邀请书的方式邀请特定的法人或者其他组织投标。采用这种招标方式,由于被邀请参加竞争的投标者为数有限,不仅可以节省招标费用,而且能提高每个投标者的中标机率,所以对招标、投标双方都有利。不过,这种招标方式限制了竞争范围,把许多可能的竞争者排除在外,是不符合自由竞争、机会均等原则的。

3. 工程招标程序

(1) 招标文件的编制

1) 工程设计招标文件的内容

《工程设计招投标管理办法》第9条规定招标文件应当包括以下内容:

① 工程名称、地址、占地面积、建筑面积等;
② 已批准的项目建议书或者可行性研究报告;
③ 工程经济技术要求;
④ 城市规划管理部门确定的规划控制条件和用地红线图;
⑤ 可供参考的工程地质、水文地质、工程测量等建设场地勘察成果报告;
⑥ 供水、供电、供气、供热、环保、市政道路等方面的基础资料;
⑦ 招标文件答疑、踏勘现场的时间和地点;
⑧ 投标文件编制要求及评标原则;
⑨ 投标文件送达的截止时间;
⑩ 拟签订合同的主要条款;
⑪ 未中标方案的补偿办法。

2) 工程项目施工招标文件的内容

《工程建设项目施工招标投标办法》第24条规定,建设项目施工招标文件包括以下内容:

① 投标邀请书;
② 投标人须知;
③ 合同主要条款;
④ 投标文件格式;
⑤ 采用工程量清单招标的,应当提供工程量清单;
⑥ 技术条款;
⑦ 设计图纸;
⑧ 评标标准和方法;
⑨ 投标辅助材料。

(2) 招标文件与资格预审文件的出售

1) 招标人应当按照招标公告或者投标邀请书规定的时间、地点出售招标文件或资格预审文件。自招标文件或者资格预审文件出售之日起至停止出售之日止,最短不得少于5个工作日。

2) 对招标文件或者资格预审文件的收费应当合理,不得以盈利为目的。对于所附的设计文件,招标人可以向投标人酌收押金。对于开标后投标人退还设计文件的,招标人应当向投标人退还押金。

3) 招标文件或者资格预审文件售出后不予退还。招标人在发布招标公告、发出投标邀请书后或者售出招标文件或资格预审文件后不得终止招标。

(3) 资格预审

资格预审,是指招标人在招标开始之前或者开始初期,由招标人对申请参加投标的潜在投标人进行资质条件、业绩、信誉、技术、资金等多方面的情况进行资格审查;经认定合格的潜在投标人,才可以参加投标。

《工程建设项目施工招标投标办法》第 20 条规定,资格审查应主要审查潜在投标人或者投标人是否符合下列条件:

1) 具有独立订立合同的权利;
2) 具有履行合同的能力,包括专业、技术资格和能力,资金、设备和其他物质设施状况、管理能力、经验、信誉和相应的从业人员;
3) 没有处于被责令停业,投标资格被取消,财产被接管、冻结、破产状态;
4) 在最近三年内没有骗取中标和严重违约及重大工程质量问题;
5) 法律、行政法规规定的其他资格条件。

资格审查时,招标人不得以不合理的条件限制、排斥潜在投标人或者投标人,不得对潜在投标人或者投标人实行歧视待遇。任何单位和个人不得以行政手段或者其他不合理方式限制投标人的数量。

资格预审程序包括以下三方面的步骤:

1) 发布资格预审通告;
2) 发售资格预审文件;
3) 资格预审资料分析并发出资格预审合格通知书。

(4) 招标文件的澄清与修改

招标文件对招标人具有法律约束力,一经发出,不得随意更改。

根据《招标投标法》第 23 条的规定:"招标人对已发出的招标文件进行必要的澄清或者修改的,应当在招标文件要求提交投标文件截止时间至少 15 日前,以书面形式通知所有招标文件收受人。该澄清或者修改的内容为招标文件的组成部分。"

招标人应保管好证明澄清或修改通知已发出的有关文件(如邮件回执等);投标单位在收到澄清或修改通知后,应书面予以确认,该确认书双方均应妥善保管。

(5) 开标

1) 开标的时间、地点和参加人

招标投标活动经过了招标阶段和投标阶段之后,便进入了开标阶段。为了保证招标投标的公平、公正、公开,开标的时间和地点应遵守法律和招标文件中的规定。根据《招标投标法》第 34 条的规定:"开标应当在招标文件确定的提交投标文件截止时间的同一时间公开进行;开标地点应当为招标文件中预先确定的地点。"

同时,《招标投标法》第 35 条规定:"开标由招标人主持,邀请所有投标人参加。"

2) 废标的条件

《工程建设项目施工招标投标办法》第 50 条规定,投标文件有下列情形之一的,招标人不予受理:

① 逾期送达的或者未送达指定地点的;
② 未按招标文件要求密封的。

投标文件有下列情形之一的,由评标委员会初审后按废标处理:

① 无单位盖章并无法定代表人或无法定代表人授权的代理人签字或盖章的;

② 未按规定的格式填写,内容不全或关键字迹模糊、无法辨认的;

③ 投标人递交两份或多份内容不同的投标文件,或在一份投标文件中对同一招标项目报有两个或多个报价,且未声明哪一个有效,按招标文件规定提交备选投标方案的除外;

④ 投标人名称或组织结构与资格预审时不一致的;

⑤ 未按招标文件要求提交投标保证金的;

⑥ 联合体投标未附联合体各方共同投标协议的。

(6) 评标

评标的准备与初步评审工作包括:

1) 编制表格,研究招标文件

评标委员会成员应当编制供评标使用的相应表格,认真研究招标文件,至少应了解和熟悉以下内容:

① 招标的目标;

② 招标项目的范围和性质;

③ 招标文件中规定的主要技术要求、标准和商务条款;

④ 招标文件规定的评标标准、评标方法和在评标过程中考虑的相关因素。

招标人或者其委托的招标代理机构应当向评标委员会提供评标所需的重要信息和数据。招标人设有标底的,标底应当保密,并在评标时作为参考。

2) 投标文件的排序和汇率风险的承担

评标委员会应当按照投标报价的高低或者招标文件规定的其他方法对投标文件排序。以多种货币报价的,应当按照中国银行在开标日公布的汇率中间价换算成人民币。招标文件应当对汇率标准和汇率风险作出规定。未作规定的,汇率风险由投标人承担。

3) 投标文件的澄清、说明或补正

评标委员会可以书面方式要求投标人对投标文件中含义不明确、对同类问题表述不一致或者有明显文字和计算错误的内容作必要的澄清、说明或者补正。澄清、说明或者补正应以书面方式进行并不得超出投标文件的范围或者改变投标文件的实质性内容。投标文件中的大写金额和小写金额不一致的,以大写金额为准;总价金额与单价金额不一致的,以单价金额为准,但单价金额小数点有明显错误的除外;对不同文字文本投标文件的解释发生异议的,以中文文本为准。

4) 应作为废标处理的几种情况

① 以虚假方式谋取中标。在评标过程中,评标委员会发现投标人以他人的名义投标、串通投标、以行贿手段谋取中标或者以其他弄虚作假方式投标的,该投标人的投标应作废标处理。

② 低于成本报价竞标。在评标过程中,评标委员会发现投标人的报价明显低于其他投标报价或者在设有标底时明显低于标底,使得其投标报价可能低于其个别成本的,应当要求该投标人作出书面说明并提供相关证明材料。投标人不能合理说明或者不能提供相关证明材料的,由评标委员会认定该投标人以低于成本报价竞标,其投标应作废标处理。

③ 不符合资格条件或拒不对投标文件澄清、说明或改正。投标人资格条件不符合国家

有关规定和招标文件要求的,或者拒不按照要求对投标文件进行澄清、说明或者补正的,评标委员会可以否决其投标。

④ 未能在实质上响应的投标。评标委员会应当审查每一投标文件是否对招标文件提出的所有实质性要求和条件作出响应,未能在实质上响应的投标(投标发生重大偏差,见下文),应作废标处理。

根据建筑设计招标投标活动的特点,《工程设计招投标管理办法》第16条规定,有下列情形之一的,投标文件作废:

① 投标文件未经密封的;
② 无相应资格的注册建筑师签字的;
③ 无投标人公章的;
④ 注册建筑师受聘单位与投标人不符的。

5) 投标偏差

评标委员会应当根据招标文件,审查并逐项列出投标文件的全部投标偏差。投标偏差分为重大偏差和细微偏差。下列情况属于重大偏差:

① 没有按照招标文件要求提供投标担保或者所提供的招标担保有瑕疵;
② 投标文件没有投标人授权代表签字和加盖公章;
③ 投标文件载明的招标项目完成期限超过招标文件规定的期限;
④ 明显不符合技术规格、技术标准的要求;
⑤ 投标文件载明的货物包装方式、检验标准和方法等不符合招标文件的要求;
⑥ 投标文件附有招标人不能接受的条件;
⑦ 不符合招标文件中规定的其他实质性要求。

投标文件有上述情形之一的,为未能对招标文件作出实质性响应,作废标处理,招标文件对重大偏差另有规定的,从其规定。

细微偏差是指投标文件在实质上响应招标文件要求,但在个别地方存在漏项或者提供了不完整的技术信息和数据等情况,并且补正这些遗漏或者不完整不会对其他投标人造成不公平的结果。细微偏差不影响投标文件的有效性。评标委员会应当书面要求存在细微偏差的投标人在评标结束前予以补正,拒不补正的,在详细评审时可以对细微偏差作不利于该投标人的量化,量化标准应当在招标文件中规定。

6) 有效投标不足的法律后果

评标委员会根据上述规定否决不合格投标或者界定为废标后,因有效投标不足3个使得投标明显缺乏竞争的,评标委员会可以否决全部投标。投标人少于3个或者所有投标被否决的,招标人应当依法重新招标。

经初步评审合格的投标文件,评标委员会应当根据招标文件确定的评标标准和方法,对其技术部分和商务部分作进一步评审、比较。《评标委员会和评标方法暂行规定》第四章对详细评审作出了具体规定。

① 评标方法

评标委员会应当根据招标文件规定的评标标准和方法,对投标文件进行系统地评审和比较。招标文件中没有规定的标准和方法不得作为评标的依据。招标文件中规定的评标标准和评标方法应当合理,不得含有倾向或者排斥潜在投标人的内容,不得妨碍或者限制投标人之间的竞争。

评标方法包括经评审的最低投标价法、综合评估法或者法律、行政法规允许的其他评标方法。

A. 经评审的最低投标价法

经评审的最低投标价法一般适用于具有通用技术、性能标准或者招标人对其技术、性能没有特殊要求的招标项目。根据经评审的最低投标价法,能够满足招标文件的实质性要求,并且经评审的最低投标价的投标,应当推荐为中标候选人,但其投标价格低于其企业成本的除外。

采用经评审的最低投标价法的,评标委员会应当根据招标文件中规定的评标价格调整方法,以所有投标人的投标报价以及投标文件的商务部分作必要的价格调整。采用经评审的最低投标价法的,中标人的投标应当符合招标文件规定的技术要求和标准,但评标委员会无需对投标文件的技术部分进行价格折算。

根据经评审的最低投标价法完成详细评审后,评标委员会应当拟定一份"标价比较表",连同书面评标报告提交招标人。"标价比较表"应当载明投标人的投标报价、对商务偏差的价格调整和说明以及经评审的最终投标价。

B. 综合评估法

不宜采用经评审的最低投标价法的招标项目,一般应当采取综合评估法进行评审。根据综合评估法,最大限度地满足招标文件中规定的各项综合评价标准的投标,应当推荐为中标候选人。

衡量投标文件是否最大限度地满足招标文件中规定的各项评价标准,可以采取折算为货币的方法、打分的方法或者其他方法。需量化的因素及其权重应当在招标文件中明确规定。评标委员会对各个评审因素进行量化时,应当将量化指标建立在同一基础或者同一标准上,使各投标文件具有可比性。对技术部分和商务部分进行量化后,评标委员会应当对这两部分的量化结果进行加权,计算出每一投标的综合评估价或者综合评估分。

根据综合评估法完成评标后,评标委员会应当拟定一份"综合评估比较表",连同书面评标报告提交招标人。"综合评估比较表"应当载明投标人的投标报价、所作的任何修正、对商务偏差的调整、对技术偏差的调整、对各评审因素的评估以及对每一投标的最终评审结果。

《房屋建筑和市政基础设施工程施工招标投标管理办法》第41条第2款规定:"采用综合评估法的,应当对投标文件提出的工程质量、施工工期、投标价格、施工组织设计或者施工方案、投标人及项目经理业绩等,能否最大限度地满足招标文件中规定的各项要求和评价标准进行评审和比较。以评分方式进行评估的,对于各种评比奖项不得额外计分。"

② 备选标

根据招标文件的规定,允许投标人投备选标的,评标委员会可以对中标人所投的备选标进行评审,以决定是否采纳备选标。不符合中标条件的投标人的备选标不予考虑。

③ 招标项目作为一个整体合同授予

对于划分有多个单项合同的招标项目,招标文件允许投标人为获得整个项目合同而提出优惠,评标委员会可以对投标人提出的优惠进行审查,以决定是否将招标项目作为一个整体合同授予中标人。将招标项目作为一个整体合同授予的,整体合同中标人的投标应当最有利于招标人。

④ 投标有效期的延长

评标和定标应当在投标有效期结束日30个工作日前完成。不能在投标有效期结束日30个工作日前完成评标和定标的,招标人应当通知所有投标人延长投标有效期。拒绝延长投标有效期的投标人有权收回投标保证金,同意延长投标有效期的投标人应当相应延长其投标担保的有效期,但不得修改投标文件的实质性内容。因延长投标有效期造成投标人损失的,招标人应当给予补偿,但因不可抗力需延长投标有效期的除外。招标文件应当载明投标有效期,投标有效期从提交投标文件截止日起计算。

评标委员会完成评标后,应当向招标人提出书面评标报告,并抄送有关行政监督部门。评标报告应当如实记载以下内容:

A. 基本情况和数据表;
B. 评标委员会成员名单;
C. 开标记录;
D. 符合要求的投标一览表;
E. 废标情况说明;
F. 评标标准、评标方法或者评标因素一览表;
G. 经评审的价格或者评分比较一览表;
H. 经评审的投标人排序;
I. 推荐的中标候选人名单与签订合同前要处理的事宜;
J. 澄清、说明、补正事项纪要。

评标委员会推荐的中标候选人应当限定在1~3人,并标明排列顺序。同时,《工程设计招投标管理办法》第19条规定,采用公开招标方式的,评标委员会应当向招标人推荐2~3个中标候选方案;采用邀请招标方式的,评标委员会应当向招标人推荐1~2个中标候选方案。

在确定中标人之前,招标人不得与投标人就投标价格、投标方案等实质性内容进行谈判。中标人的投标应当符合下列条件之一:

A. 能够最大限度满足招标文件中规定的各项综合评价标准;
B. 能够满足招标文件的实质性要求,并且经评审的投标价格最低,但是投标价格低于成本的除外。

使用国有资金投资或者国家融资的项目,招标人应当确定排名第一的中标候选人为中标人。排名第一的中标候选人放弃中标、因不可抗力提出不能履行合同,或者招标文件规定应当提交履约保证金而在规定的期限内未能提交的,招标人可以确定排名第二的中标候选人为中标人。排名第二的中标候选人因同样原因不能签订合同的,招标人可以确定排名第三的中标候选人为中标人。

招标人可以授权评标委员会直接确定中标人。国务院对中标人的确定另有规定的,从其规定。

(7) 中标

评标委员会提出书面评标报告后,招标人一般应当在15日内确定中标人,但最迟应当在投标有效期结束日前30个工作日内确定。

招标人和中标人应当自中标通知书发出之日起30日内,按照招标文件和中标人的投标文件订立书面合同。招标人和中标人不得再行订立背离合同实质性内容的其他协议。

招标文件要求中标人提交履约保证金或者其他形式履约担保的,中标人应当提交;拒绝提交的,视为放弃中标项目。招标人要求中标人提供履约保证金或其他形式履约担保的,招标人应当同时向中标人提供工程款支付担保。

招标人与中标人签订合同后5个工作日内,应当向未中标的投标人退还投标保证金。

依法必须进行施工招标的项目,招标人应当自发出中标通知书之日起15日内,向有关行政监督部门提交招标投标情况的书面报告。

前款所称书面报告至少应包括下列内容:

1) 招标范围;
2) 招标方式和发布招标公告的媒介;
3) 招标文件中投标人须知、技术条款、评标标准和方法、合同主要条款等内容;
4) 评标委员会的组成和评标报告;
5) 中标结果。

8.1.2 工程投标

1. 工程投标程序

(1) 编制投标文件

1) 结合现场踏勘和投标预备会的结果,进一步分析招标文件;
2) 校核招标文件中的工程量清单;
3) 根据工程类型编制施工规划或施工组织设计;
4) 根据工程价格构成进行工程估价,确定利润方针,计算和确定报价;
5) 形成投标文件;
6) 进行投标担保。

(2) 投标文件的送达

《招标投标法》第28条规定:"投标人应当在招标文件要求提交投标文件的截止时间前,将投标文件送达投标地点。招标人收到投标文件后,应当签收保存,不得开启。"

《招标投标法》第29条规定:"投标人在招标文件要求提交投标文件的截止时间前,可以补充、修改或者撤回已提交的投标文件,并书面通知招标人。补充、修改的内容为投标文件的组成部分。"

《工程建设项目施工招标投标办法》第40条规定:"在提交投标文件截止时间后到招标文件规定的投标有效期终止之前,投标人不得补充、修改、替代或者撤回其投标文件。投标人补充、修改、替代投标文件的,招标人不予接受;投标人撤回投标文件的,其投标保证金将被没收。"

2. 有关投标人的法律禁止性规定

(1) 下列行为均属投标人串通投标报价:

1) 投标人之间相互约定抬高或压低投标报价;
2) 投标人之间相互约定,在招标项目中分别以高、中、低价位报价;
3) 投标人之间先进行内部竞价,内定中标人,然后再参加投标;
4) 投标人之间其他串通投标报价的行为。

(2) 下列行为均属招标人与投标人串通投标:

1) 招标人在开标前开启招标文件,并将投标情况告知其他投标人,或者协助投标人撤换投标文件,更改报价;

2) 招标人向投标人泄露标底;

3) 招标人与投标人商定,投标时压低或抬高标价,中标后再给投标人或招标人额外补偿;

4) 招标人预先内定中标人。

(3) 其他串通投标行为:

1) 投标人不得以行贿的手段谋取中标;

2) 投标人不得以低于成本的报价竞标;

3) 投标人不得以非法手段骗取中标。

(4) 其他禁止行为:

1) 非法挂靠或借用其他企业的资质证书参加投标;

2) 投标文件中故意在商务上和技术上采用模糊的语言骗取中标,中标后提供低档劣质货物、工程或服务;

3) 投标时递交假业绩证明、资格文件;假冒法定代表人签名,私刻公章,递交假的委托书等。

8.1.3 工程合同谈判与签约

1. 合同谈判的主要内容

(1) 关于工程内容和范围的确认

1) 合同的"标的"是合同最基本的要素,工程承包合同的标的就是工程承包内容和范围。对于在谈判讨论中经双方确认的内容及范围方面的修改或调整,应和其他所有在谈判中双方达成一致的内容一样,以文字方式确定下来,并以"合同补遗"或"会议纪要"方式作为合同附件并说明它构成合同的一部分。

2) 对于为监理工程师提供的建筑物、家具、车辆以及各项服务,也应逐项详细地予以明确。

3) 对于一般的单价合同,如业主在原招标文件中未明确工程量变更部分的限度,则谈判时应要求与业主共同确定一个"增减量幅度",当超过该幅度时,承包人有权要求对工程单价进行调整。

(2) 关于技术要求,技术规范和施工技术方案

(3) 关于合同价格条款

1) 关于计价方式的确定。计价方式主要有固定总价合同、单价合同和成本加酬金合同三种。

2) 固定总价合同适用于成套项目建设和"建设——运营——移交"项目,一些小型单项工程也可能采用这种计价方式。

3) 单价合同是指根据业主提供的资料,双方在合同中确定每一单项工程单价,结算则按实际完成工程量乘以每项工程单价计算。这是最为常见的计价方式。

4) 单价合同一般在投标时工程数量并未准确地确定,承包人按照业主提供的图纸和技术要求以及预计的工程量等进行工程单价的计算和投标。

5) 成本加酬金合同是指成本费按承包人的实际支出由业主支付,业主同时另外向承包

人支付一定数额或百分比的管理费和商定的利润。通常某些存在许多不确定因素,且具有较大风险的项目,由于承包人单独无法承担事先难以估价的风险,才在国家或有相当实力的大金融财团的支持下采用这种计价方式。对于成本加酬金合同在签订合同时,最重要的是要澄清"成本"的含义,以及"酬金"和"成本"的划分等。

(4) 关于价格调整条款

1) 工程工期较长,遭受货币贬值或通货膨胀等因素的影响,可能给承包人造成较大损失。价格调整条款可以比较公正地解决这一非承包人可控制的风险损失。

2) 可以说,价格调整和合同单价(对"单价合同")及合同总价共同确定了工程承包合同的实际价格,直接影响着承包人的经济利益。在建设工程实践中,价格向上调整的机会远远大于价格下调,有时最终价格调整金额会高达合同总价的10%甚至15%以上,因此承包人在投标过程中,尤其是在合同谈判阶段务必对合同的价格调整条款予以充分的重视。

(5) 关于合同款支付方式的条款

工程合同的付款分四个阶段进行,即预付款、工程进度款、最终付款和退还保留金。

(6) 关于工期和维修期

1) 被授标的承包人首先应根据投标文件中自己填报的工期考虑工程量的变动而产生的影响,与业主最后确定工期。关于开工日期,如可能时应根据承包人的项目准备情况、季节和施工环境因素等洽商一个适当的时间。

2) 对于单项工程较多的项目,应当争取(如原投标书中未明确规定时)在合同中明确允许分部位或分批提交业主验收(例如,成批的房建工程应允许分栋验收;分多段的公路维修工程应允许分段验收;分多片的大型灌溉工程应允许分片验收等等),并从该批验收时起开始算该部分的维修期,应规定在业主验收并接收前,承包人有权不让业主随意使用等条款,以缩短自己责任期限,最大限度保障自己的利益。

3) 承包人应通过谈判(如原投标书中未明确规定时)使业主接受并在合同文本明确承包人保留由于工程变更(业主在工程实施中增减工程或改变设计)、恶劣的气候影响,以及种种"作为一个有经验的承包人也无法预料的工程施工过程中条件(如地质条件,超标准的洪水等)的变化"等原因对工期产生不利影响时要求合理地延长工期的权利。

4) 合同文本中应当对维修工程的范围和维修责任及维修期的开始和结束时间有明确的说明,承包人应该只承担由于材料和施工方法及操作工艺等不符合合同规定而产生的缺陷。如承包人认为业主提供的招标文件(事实上将构成为合同文件)中对它们说明得不满意时,应该与业主谈判清楚,并落实在"合同补遗"上。

5) 承包人应力争以维修保函来代替业主扣留的保证金,维修保函对承包人有利,主要是因为可提前取回被扣留的现金,而且保函是有时效的,期满将自动作废。同时,它对业主并无风险,真正发生维修费用,业主可凭保函向银行索回款项。因此,这一做法是比较公平的,维修期满后应及时从业主处撤回保函。

(7) 有关改善合同条件的问题

主要包括:关于合同图纸;关于合同的某些措辞;关于违约罚金和工期提前奖金;工程量验收以及衔接工序和隐蔽工程施工的验收程序;关于施工占地;关于开工和工期;关于向承包人移交施工现场和基础资料;关于工程交付;预付款保函的自动减额条款。

2. 承包合同最后文本的确定和合同签订

(1) 合同文件内容

1) 工程承包合同文件构成：合同协议书；工程量及价格单；合同条件，一般由合同一般条件和合同特殊条件两部分构成；投标人须知；合同技术条件（附投标图纸）；业主授标通知；双方代表共同签署的合同补遗（有时也以合同谈判会议纪要形式）；投标人投标时所递交的主要技术和商务文件（包括原投标书的图纸，承包人提交的技术建议书和投标文件的附图）；其他双方认为应该作为合同的一部分文件，如：投标阶段业主发出的变动和补遗，业主要求投标人澄清问题的函件和承包人所做的文字答复，双方往来函件，以及投标时的降价信等。

2) 对所有在招标投标及谈判前后各方发出的文件、文字说明、解释性资料进行清理。对凡是与上述合同构成内部矛盾的文件，应宣布作废。可以在双方签署的《合同补遗》中，对此作出排除性质的声明。

(2) 关于合同协议的补遗

1) 在合同谈判阶段双方谈判的结果一般以《合同补遗》的形式，有时也可以以《合同谈判纪要》形式，形成书面文件。这一文件将成为合同文件中极为重要的组成部分，因为它最终确认了合同签订人之间的意志，所以它在合同解释中优先于其他文件。为此不仅承包人对它重视，业主也极为重视，它一般是由业主或其监理工程师起草。因《合同补遗》或《合同谈判纪要》会涉及合同的技术、经济、法律等所有方面，作为承包人主要是核实其是否忠实于合同谈判过程中双方达成的一致意见及其文字的准确性。对于经过谈判更改了招标文件中条款的部分，应说明已就某某条款进行修正，合同实施按照"合同补遗"某某条款执行。

2) 同时应该注意的是，建设工程承包合同必须遵守法律。对于违反法律的条款，即使由合同双方达成协议并签了字，也不受法律保障。因此，为了确保协议的合法性，应由律师核实，才可对外确认。

(3) 签订合同

业主或监理工程师在合同谈判结束后，应按上述内容和形式完成一个完整的合同文本草案，并经承包人授权代表认可后正式形成文件，承包人代表应认真审核合同草案的全部内容。当双方认为满意并核对无误后，由双方代表草签，至此合同谈判阶段即告结束。此时，承包人应及时准备和递交履约保函，准备正式签署承包合同。

8.2 工程合同类型和内容

8.2.1 工程合同类型

1. 按照工程建设阶段分类

工程的建设过程大体上经过勘察、设计、施工三个阶段：

(1) 工程勘察，是指根据工程的要求，查明、分析、评价建设场地的地质地理环境特征和岩土工程条件，编制建设工程勘察文件的活动。

(2) 工程设计，是指根据工程的要求，对工程所需的技术、经济、资源、环境等条件进行综合分析、论证，编制工程设计文件的活动。

(3) 工程施工，是指根据工程设计文件的要求，对工程进行新建、扩建、改建的活动。

这三个阶段的建设任务虽然有着十分紧密的联系，但仍然有明显的区别，可以单独地存在并订立合同。因而，《合同法》第269条将建设工程合同分为勘察合同、设计合同和施工合同。

2. 按照承发包方式分类

(1) 勘察、设计或施工总承包合同

勘察、设计或施工总承包,是指建设单位将全部勘察、设计或施工的任务分别发包给一个勘察、设计单位或一个施工单位作为总承包人,经发包人同意,总承包人可以将勘察、设计或施工任务的一部分(非总承包人必须独立完成的工作)分包给其他符合资质的分包人。据此明确各方权利义务的协议即为勘察、设计或施工总承包合同。在这种模式中,发包人与总承包人订立总承包合同,总承包人与分包人订立分包合同,总承包人与分包人就工作成果承担连带责任。

(2) 单位工程施工承包合同

单位工程施工承包,是指在一些大型、复杂的建设工程中,发包人可以将专业性很强的单位工程发包给不同的承包人,与承包人分别签订土木工程施工合同,电气与机械工程承包合同,这些承包人之间为平行关系。单位工程施工承包合同常见于大型工业建筑安装工程。据此明确各方权利义务的协议即为单位工程施工承包合同。

(3) 工程项目总承包合同

工程项目总承包,是指建设单位将包括工程设计、施工、材料和设备采购等一系列工作全部发包给一家承包单位,由其进行实质性设计、施工和采购工作,最后向建设单位交付具有使用功能的工程项目。工程项目总承包实施过程可依法将部分工程分包,据此明确各方权利义务的协议即为工程项目总承包合同。

(4) BOT承包合同(特许权协议书)

BOT承包模式,是指由政府或政府授权的机构授予承包人在一定的期限内,以自筹资金建设项目并自费经营和维护,向东道国出售项目产品或服务,收取价款或酬金,期满后将项目全部无偿移交东道国政府的工程承包模式。据此明确各方权利义务的协议即为BOT合同。

3. 按照承包工程计价方式分类

(1) 总价合同

总价合同有时称为约定总价合同,或包干合同。这种合同一般要求投标人按照招标文件要求报一个总价,在这个价格下完成合同规定的全部项目。总价合同通常有如下几种类型:

1) 固定总价合同。承包商的报价以详细的设计图纸及计算为基础,并考虑到一些费用的上升因素,如图纸及工程要求不变动则总价固定,但当施工中图纸或工程质量要求有变更,或工期要求提前,则总价也应改变。这种合同适用于工期较短(一般不超过1年),对工程项目要求十分明确的项目。承包商将承担全部风险,将为许多不可预见的因素付出代价,因此一般报价较高。

2) 调价总价合同。在报价及签订合同时,以招标文件的要求及当时的物价计算总价合同。但在合同条款中约定:如果在执行合同中由于通货膨胀引起工程成本增加达到某一限度时,合同总价应相应调整。这种合同业主承担通货膨胀这一不可预见的费用因素的风险,承包商承担其他风险。一般工期较长的项目,采用可调总价合同。

(2) 单价合同

当准备发包的工程项目内容和设计指标一时不能十分确定时,或是工程量可能出入较大,则以采用单价合同形式为宜。单价合同主要有如下几种类型:

1) 估计工程量单价合同。业主在准备此类合同的招标文件时,委托咨询单位按分部分项工程列出工程量表并填入估算的工程量,承包商投标时在工程量表中填入各项的单价,据之计算出总价作为投标报价之用。但在每月结账时,以实际完成的工程量结算。在工程全部完成时以竣工图最终结算工程的总价格。

2) 纯单价合同。在设计单位还来不及提供施工详图,或虽有施工图但由于某些原因不能比较准确的计算工程量时采用这种合同。招标文件只向投标人给出各分项工程内的工作项目一览表、工程范围及必要的说明,而不提供工程量。承包商只要给出表中各项目的单价即可,将来施工时按实际工程量计算。有时也可由业主一方在招标文件中列出单价,而投标一方提出修改意见,双方磋商后确定最后的承包单价。

3) 单价与包干混合式合同。以单价合同为基础,但对其中某些不易计算工程量的分项工程(如开办项目)采用包干办法。而对能用某种单位计算工程量的,均要求报单价,按实际完成工程量及合同上的单价结账。很多大型土木工程都采用这个方式。

(3) 成本加酬金合同

成本加酬金合同,即业主向承包商支付实际工程成本中的直接费,按事先协议好的某一种方式支付管理费及利润的一种合同方式。对工程内容及其技术经济指标尚未完全确定而又急于上马的工程,如建筑物维修、翻新的工程或是施工风险很大的工程可采用这种合同。

8.2.2 工程合同的内容

1. 工程总承包合同的主要内容

(1) 工程总承包合同的主要条款

1) 词语涵义及合同文件

工程总承包合同双方当事人应对合同中常用的或容易引起歧义的词语进行解释,赋予它们明确的涵义。对合同文件的组成、顺序、合同使用的标准,也应作出明确的规定。

2) 工程总承包的内容

工程总承包合同双方当事人应对总承包的内容作出明确规定,一般包括从工程立项到交付使用的工程建设全过程,具体应包括:勘察设计、设备采购、施工管理、试车考核(或交付使用)等内容。具体的承包内容由当事人约定,如约定设计-施工的总承包,投资-设计-施工的总承包等。

3) 双方当事人的权利义务

① 发包人一般应当承担以下义务:按照约定向承包人支付工程款;向承包人提供现场;协助承包人申请有关许可、执照和批准;如果发包人单方要求终止合同后,没有承包人的同意,在一定时期内不得重新开始实施该工程。

② 承包人一般应当承担以下义务:完成满足发包人要求的工程以及相关的工作;提供履约保证;负责工程的协调与恰当实施;按照发包人的要求终止合同。

4) 合同履行期限

合同应当明确规定交工的时间,同时也应对各阶段的工作期限作出明确规定。

5) 合同价款

这一部分内容应规定合同价款的计算方式、结算方式以及价款的支付期限等。

6) 工程质量与验收

合同应当明确规定对工程质量的要求,对工程质量的验收方法、验收时间及确认方式。工程质量检验的重点应当是竣工验收,通过竣工验收后发包人可以接收工程。

7) 合同的变更

工程的特点决定了建设工程总承包合同在履行中往往会出现一些事先没有估计到的情况。一般在合同期限内的任何时间,发包人代表可以通过发布指示或者要求承包人递交建议书的方式提出变更。如果承包人认为这种变更是有价值的,也可以在任何时候向发包人代表提交此类建议书。当然,最后的批准权在发包人。

8) 风险、责任和保险

承包人应当保障和保护发包人、发包人代表以及雇员免遭由工程导致的一切索赔、损害和开支。应由发包人承担的风险也应作明确的规定。合同对保险的办理、保险事故的处理等都应作明确的规定。

9) 工程保修

合同应按国家的规定写明保修项目、内容、范围、期限及保修金额和支付办法。

10) 对设计、分包人的规定

承包人进行并负责工程的设计,设计应当由合格的设计人员进行。承包人还应当编制足够详细的施工文件,编制和提交竣工图、操作和维修手册。承包人应对所有分包方遵守合同的全部规定负责,任何分包方、分包方的代理人或者雇员的行为或者违约,完全视为承包人自己的行为或者违约,并负全部责任。

11) 索赔和争议的处理

合同应明确索赔的程序和争议的处理方式。对争议的处理,一般应以仲裁作为解决的最终方式。

12) 违约责任

合同应明确双方的违约责任。包括发包人不按时支付合同价款的责任、超越合同规定干预承包人工作的责任等;也包括承包人不能按合同约定的期限和质量完成工作的责任等。

(2) 建设工程总承包合同的订立和履行

1) 订立

工程总承包合同通过招标投标方式订立。承包人一般应当根据发包人对项目的要求编制投标文件,可包括设计方案、施工方案、设备采购方案、报价等。双方在合同上签字盖章后合同即告成立。

2) 履行

① 工程总承包合同订立后,双方都应按合同的规定严格履行。发包人应当任命发包人代表,行使合同中明文规定的或隐含的权力,但无权修改合同。发包人代表应当具备要求的经验与能力,他可以将自己的部分职责委托给助理,但一些重大的决定必须由发包人代表自己作出。

② 总承包单位可以按合同规定对工程项目进行分包,但不得倒手转包。所谓倒手转包,是指将建设项目转包给其他单位承包,只收取管理费,不派项目管理班子对建设项目进行管理,不承担技术经济责任的行为。工程总承包单位应当做好分包项目的管理工作,并就分包的工作内容对建设单位承担技术经济责任。

③ 工程总承包单位可以将承包工程中的部分工程发包给具有相应资质条件的分包单位，但是除总承包合同中约定的工程分包外，必须经发包人认可。

2. 施工总承包合同的主要内容

现行的《建设工程施工合同(示范文本)》(GF—1999—0201)(以下简称《示范文本》)，是一种施工总承包合同。该《示范文本》由《协议书》、《通用条款》和《专用条款》三部分组成。

(1)《协议书》内容

1) 工程概况：工程名称；工程地点；工程内容；工程立项批准文号；资金来源。

2) 工程承包范围：承包人承包的工作范围和内容。

3) 合同工期：开工日期；竣工日期。合同工期应填写总日历天数。

4) 质量标准：工程质量必须达到国家标准规定的合格标准，双方也可以约定达到国家标准规定的优良标准。

5) 合同价款：合同价款应填写双方确定的合同金额。

6) 组成合同的文件：合同文件应能相互解释，互为说明。除专用条款另有约定外，组成本合同的文件及优先解释顺序如下：

① 本合同协议书；

② 中标通知书；

③ 投标书及其附件；

④ 本合同专用条款；

⑤ 本合同通用条款；

⑥ 标准、规范及有关技术文件；

⑦ 图纸；

⑧ 工程量清单；

⑨ 工程报价单或预算书。

7) 本协议书中有关词语含义与本合同第二部分《通用条款》中分别赋予它们的定义相同。

8) 承包人向发包人承诺按照合同约定进行施工、竣工并在质量保修期内承担工程质量保修责任。

9) 发包人向承包人承诺按照合同约定的期限和方式支付合同价款及其他应当支付的款项。

10) 合同的生效。

(2)《通用条款》内容

1) 词语定义及合同文件：

① 词语定义：承包人；项目经理；设计单位；监理单位；工程师；工程造价管理部门；工程合同价款；追加合同价款；费用；工期；开工日期；竣工日期；图纸；施工场地；书面形式；违约责任；索赔；不可抗力；小时或天。

② 合同文件及解释顺序。同本条前文《协议书》内容中的有关说明。

2) 双方一般权利和义务。

3) 施工组织设计和工期。

4) 质量与检验。

5) 安全施工。
6) 合同价款与支付。
7) 材料设备供应。
8) 工程变更。
9) 竣工验收与结算。
10) 违约、索赔和争议。
11) 其他。
(3)《专用条款》内容
1)《专用条款》谈判依据及注意事项。
2)《专用条款》与《通用条款》是相对应的。
3)《专用条款》具体内容是发包人与承包人协商将工程的具体要求填写在合同文本中。
4) 建设工程合同《专用条款》的解释优于《通用条款》。
3. 工程分包合同的主要内容
(1) 分包的概念
1) 分包，通常指施工分包，是相对总承包而言的。所谓施工分包，是指施工总承包企业将所承包建设工程中的专业工程或劳务作业发包给其他建筑业企业完成的活动。分包分为专业工程分包和劳务作业分包。
2) 专业工程分包是指施工总承包企业将其承包工程中的专业工程发包给专业承包企业完成的活动。
3) 劳务作业分包是指施工总承包企业或专业承包企业将其承包或者分包工程中的劳务作业发包给劳务作业分包企业完成的活动。
(2) 分包资质管理
《建筑法》第29条和《合同法》第272条同时规定，禁止(总)承包人将工程分包给不具备相应资质条件的单位，这是维护建设市场秩序和保证建设工程质量的需要。
1) 专业承包资质：专业承包序列企业资质设二至三个等级，60个资质类别，其中常用类别有：地基与基础、建筑装饰装修、建筑幕墙、钢结构、机电设备安装、电梯安装、消防设施、建筑防水、防腐保温、园林古建筑、爆破与拆除、电信工程、管道工程等。
2) 劳务分包资质：劳务分包序列企业资质设一至二个等级，13个资质类别其中常用类别有：木工作业、砌筑作业、抹灰作业、油漆作业、钢筋作业、混凝土作业、脚手架作业、模板作业、焊接作业、水暖电安装作业等。如同时发生多类作业可划分为结构劳务作业、装修劳务作业、综合劳务作业。
(3) 总、分包的连带责任
《建筑法》第29条规定，工程总承包单位按照工程总承包合同的约定对建设单位负责；工程分包单位按照分包合同的约定对工程总承包单位负责。工程总承包单位和分包单位就分包工程对建设单位承担连带责任。
1) 对于实行工程施工总承包的，由总承包单位负全面质量及经济责任，这种责任的承担不论是由总包单位造成的还是由分包单位造成的。在总包单位承担责任后，可以依据法律规定及分包合同约定，向分包单位追偿。
2) 对于分包工程的责任承担，由总包单位和分包单位承担连带责任。连带责任是指由法律规定的应由共同侵权行为人向受害人承担的共同的和各自的责任。

(4) 关于分包的法律禁止性规定

《建设工程质量管理条例》第 25 条明确规定,施工单位不得转包或违法分包工程。

1) 违法分包

根据《建设工程质量管理条例》的规定,违法分包指下列行为:

① 总承包单位将建设工程分包给不具备相应资质条件的单位。这里包括不具备资质条件和超越自身资质等级承揽业务两类情况;

② 建设工程总承包合同中未有约定,又未经建设单位认可,承包单位将其承包的部分建设工程交由其他单位完成的;

③ 施工总承包单位将建设工程主体结构的施工分包给其他单位的;

④ 分包单位将其承包的建设工程再分包的。

2) 转包

转包是指承包单位承包建设工程后,不履行合同约定的责任和义务,将其承包的全部建设工程转给他人或者将其承包的全部工程肢解后以分包的名义分别转给他人承包的行为。

3) 挂靠

挂靠,是与违法分包和转包密切相关的另一种违法行为;

转让、出借资质证书或者以其他方式允许他人以本企业名义承揽工程的;

项目管理机构的项目经理、技术负责人、项目核算负责人、质量管理人员、安全管理人员等不是本单位人员,与本单位无合法的人事或者劳动合同、工资福利以及社会保险关系的;

建设单位的工程款直接进入项目管理机构财务的。

(5) 建设工程施工专业分包合同示范文本的主要内容

建设部和国家工商行政管理总局于 2003 年发布了《建设工程施工专业分包合同(示范文本)》(GF—2003—0213)。该文本由《协议书》、《通用条款》、《专用条款》三部分组成。

1)《协议书》内容

① 分包工程概况:分包工程名称,分包工程地点,分包工程承包范围。

② 分包合同价款。

③ 工期:开工日期,竣工日期,合同工期总日历天数。

④ 工程质量标准。

⑤ 组成合同的文件包括:本合同协议书,中标通知书(如有时),分包人的报价书,除总包合同工程价款之外的总包合同文件,本合同专用条款,本合同通用条款,本合同工程建设标准、图纸及有关技术文件,合同履行过程中承包人和分包人协商一致的其他书面文件。

⑥ 本协议书中有关词语含义与本合同第二部分《通用条款》中分别赋予它们的定义相同。

⑦ 分包人向承包人承诺按照合同约定的工期和质量标准完成本协议第一条约定的工程,并在质量保修期内承担保修责任。

⑧ 承包人向分包人承诺按照合同约定的期限和方式支付本协议书第二条约定的合同价款以及其他应该支付的款项。

⑨ 分包人向承包人承诺,履行总承包合同中与分包工程有关的承包人的所有义务,并与承包人承担履行分包合同以及确保工程质量的连带责任。

2)《通用条款》内容

① 词语定义及合同文件,包括词语定义、合同文件及解释顺序、语言文字和适用法律、行政法规及工程建设标准、图纸。

② 双方一般权利和义务,包括承包人的工作和分包人的工作。

③ 工期。

④ 质量与安全,包括质量检查与验收和安全施工。

⑤ 合同价款与支付,包括合同价款及调整、工程量的确认和合同价款的支付。

⑥ 工程变更。

⑦ 竣工验收及结算。

⑧ 违约、索赔及争议。

⑨ 保障、保险及担保。

⑩ 其他,包括材料设备供应、文件、不可抗力、分包合同解除、合同生效与终止、合同价数和补充条款等。

3)《专用条款》内容

① 词语定义及合同文件。

② 双方一般权利和义务。

③ 工期。

④ 质量与安全。

⑤ 合同价款与支付。

⑥ 工程变更。

⑦ 竣工验收与结算。

⑧ 违约、索赔及争议。

⑨ 保障、保险及担保。

⑩ 其他。

《专用条款》与《通用条款》是相对应的,《专用条款》具体内容是承包人与分包人协商将工程的具体要求填写在合同文本中,建设工程专业分包合同《专用条款》的解释优先于《通用条款》。

4. 劳务分包合同的主要内容

建设部和国家工商行政管理总局于 2003 年发布了《建设工程施工劳务分包合同(示范文本)》(GF—2003—0214),其规范了劳务分包合同的主要内容。

(1) 劳务分包合同主要条款

劳务分包合同主要包括:劳务分包人资质情况;劳务分包工作对象及提供劳务内容;分包工作期限;质量标准;合同文件及解释顺序;标准规范;总(分)包合同;图纸;项目经理;工程承包人义务;劳务分包人义务;安全施工与检查;安全防护;事故处理;保险;材料、设备供应;劳务报酬;工量及工程量的确认;劳务报酬的中间支付;施工机具、周转材料供应;施工变更;施工验收;施工配合;劳务报酬最终支付;违约责任;索赔;争议;禁止转包或再分包;不可抗力;文物和地下障碍物;合同解除;合同终止;合同价数;补充条款;合同生效。

(2) 工程承包人与劳务分包人的义务

1) 工程承包人的义务

① 组建与工程相适应的项目管理班子,全面履行总(分)包合同,组织实施施工管理的各项工作,对工程的工期和质量向发包人负责。

② 除非本合同另有约定,工程承包人完成劳务分包人施工前期的下列工作并承担相应费用:向劳务分包人交付具备本合同项下劳务作业开工条件的施工场地;完成水、电、热、电信等施工管线和施工道路,并满足完成本合同劳务作业所需的能源供应、通信及施工道路畅通的时间和质量要求;向劳务分包人提供相应的工程地质和地下管网线路资料;办理下列工作手续:各种证件、批件、规费,但涉及劳务分包人自身的手续除外;向劳务分包人提供相应的水准点与坐标控制点位置;向劳务分包人提供生产、生活临时设施。

③ 负责编制施工组织设计,统一制定各项管理目标,组织编制年、季、月施工计划、物资需用量计划表,实施对工程质量、工期、安全生产、文明施工,计量分析、实验化验的控制、监督、检查和验收。

④ 负责工程测量定位、沉降观测、技术交底,组织图纸会审,统一安排技术档案资料的收集整理及交工验收。

⑤ 统筹安排、协调解决非劳务分包人独立使用的生产、生活临时设施、工作用水、用电及施工场地。

⑥ 按时提供图纸,及时交付应供材料、设备,所提供的施工机械设备、周转材料、安全设施保证施工需要。

⑦ 按本合同约定,向劳务分包人支付劳动报酬。

⑧ 负责与发包人、监理、设计及有关部门联系,协调现场工作关系。

2) 劳务分包人义务

① 对本合同劳务分包范围内的工程质量向工程承包人负责,组织具有相应资格证书的熟练工人投入工作;未经工程承包人授权或允许,不得擅自与发包人及有关部门建立工作联系;自觉遵守法律法规及有关规章制度。

② 劳务分包人根据施工组织设计总进度计划的要求按约定的日期(一般为每月底前若干天)提交下月施工计划,有阶段工期要求的提交阶段施工计划,必要时按工程承包人要求提交旬、周施工计划,以及与完成上述阶段、时段施工计划相应的劳动力安排计划,经工程承包人批准后严格实施。

③ 严格按照设计图纸、施工验收规范、有关技术要求及施工组织设计精心组织施工,确保工程质量达到约定的标准;科学安排作业计划,投入足够的人力、物力,保证工期;加强安全教育,认真执行安全技术规范,严格遵守安全制度,落实安全措施,确保施工安全;加强现场管理,严格执行建设主管部门及环保、消防、环卫等有关部门对施工现场的管理规定,做到文明施工;承担由于自身责任造成的质量修改、返工、工期拖延、安全事故、现场脏乱造成的损失及各种罚款。

④ 自觉接受工程承包人及有关部门的管理、监督和检查;接受工程承包人随时检查其设备、材料保管、使用情况,及其操作人员的有效证件、持证上岗情况;与现场其他单位协调配合,照顾全局。

⑤ 按工程承包人统一规划堆放材料、机具,按工程承包人标准化工地要求设置标牌,搞好生活区的管理,做好自身责任区的治安保卫工作。

⑥ 按时提交报表、完整的原始技术经济资料,配合工程承包人办理交工验收。

⑦ 做好施工场地周围建筑物、构筑物和地下管线和已完工程部分的成品保护工作,因劳务分包人责任发生损坏,劳务分包人自行承担由此引起的一切经济损失及各种罚款。

⑧ 妥善保管、合理使用工程承包人提供或租赁给劳务分包人使用的机具、周转材料及其他设施。

⑨ 劳务分包人须服从工程承包人转发的发包人及工程师的指令。

⑩ 除非本合同另有约定,劳务分包人应对其作业内容的实施、完工负责,劳务分包人应承担并履行总(分)包合同的约定与劳务作业有关的所有义务及工作程序。

(3) 安全防护及保险

1) 安全防护

① 劳务分包人在动力设备、输电线路、地下管道、密封防振车间、易燃易爆地段以及临街交通要道附近施工时,施工开始前应向工程承包人提出安全防护措施,经工程承包人认可后实施,防护措施费用由工程承包人承担。

② 实施爆破作业,在放射、毒害性环境中工作(含储存、运输、使用)及使用毒害性、腐蚀性物品施工时,劳务分包人应在施工前10天以书面形式通知工程承包人,并提出相应的安全防护措施,经工程承包人认可后实施,由工程承包人承担安全防护措施费用。

③ 劳务分包人在施工现场内使用的安全保护用品(如安全帽、安全带及其他保护用品),由劳务分包人提供使用计划,经工程承包人批准后,由工程承包人负责供应。

2) 保险

① 劳务分包人施工开始前,工程承包人应获得发包人为施工场地内的自有人员及第三方人员生命财产办理的保险,且不需劳务分包人支付保险费用。

② 运至施工场地用于劳务施工的材料和待安装设备,由工程承包人办理或获得保险,且不需劳务分包人支付保险费用。

③ 工程承包人必须为租赁或提供给劳务分包人使用的施工机械设备办理保险,并支付保险费用。

④ 劳务分包人必须为从事危险作业的职工办理意外伤害保险,并为施工场地内自有人员生命财产和施工机械设备办理保险,支付保险费用。

⑤ 保险事故发生时,劳务分包人和工程承包人有责任采取必要的措施,防止或减少损失。

(4) 劳务报酬

1) 劳务报酬采用以下方式:

① 固定劳务报酬(含管理费);

② 约定不同工种劳务的计时单价(含管理费),按确认的工时计算;

③ 约定不同工作成果的计件单价(含管理费),按确认的工程量计算。

2) 劳务报酬,除本合同约定或法律政策变化,导致劳务价格变化的,均为一次包死,不再调整。

3) 劳务报酬最终支付:

① 全部工作完成,经工程承包人认可后14天内,劳务分包人向工程承包人递交完整的结算资料,双方按照本合同约定的计价方式,进行劳务报酬的最终支付。

② 工程承包人收到劳务分包人递交的结算资料后14天内进行核实,给予确认或者提

出修改意见。工程承包人确认结算资料后 14 天内向劳务分包人支付劳务报酬尾款。

③ 劳务分包人和工程承包人对劳务报酬结算价款发生争议时,按本合同关于争议的约定处理。

(5) 违约责任

1) 当发生下列情况之一时,工程承包人应承担违约责任:

① 工程承包人违反合同的约定,不按时向劳务分包人支付劳务报酬;

② 工程承包人不履行或不按约定履行合同义务的其他情况。

2) 工程承包人不按约定核实劳务分包人完成的工程量或不按约定支付劳务报酬或劳务报酬尾款时,应按劳务分包人同期向银行贷款利率向劳务分包人支付拖欠劳务报酬的利息,并按拖欠金额向劳务分包人支付违约金。

3) 工程承包人不履行或不按约定履行合同的其他义务时,应向劳务分包人支付违约金,工程承包人尚应赔偿因其违约给劳务分包人造成的经济损失,顺延延误的劳务分包人工作时间。

4) 当发生下列情况之一时,劳务分包人应承担违约责任:

① 劳务分包人因自身原因延期交工的;

② 劳务分包人施工质量不符合本合同约定的质量标准,但能够达到国家规定的最低标准时;

③ 劳务分包人不履行或不按约定履行合同的其他义务时,劳务分包人尚应赔偿因其违约给工程承包人造成的经济损失,延误的劳务分包人工作时间不予顺延。

5) 一方违约后,另一方要求违约方继续履行合同时,违约方承担上述违约责任后仍应继续履行合同。

8.3 工程合同管理

8.3.1 工程合同分析

1. 进行合同分析的必要性

(1) 合同条文往往不直观明了,一些法律语言不容易理解。只有在合同实施前进行合同分析,将合同规定用最简单易懂的语言和形式表达出来,使人一目了然,这样才能方便日常管理工作。

(2) 在一个工程中,合同是一个复杂的体系,几份、十几份甚至几十份合同之间有十分复杂的关系。即使对一份工程承包合同,它的内容没有条理性,有时某一个问题可能在许多条款,甚至在许多合同文件中规定,在实际工作中使用极不方便。

(3) 合同事件和工程活动的具体要求(如工期、质量、费用等),合同各方的责任关系,事件和活动之间的逻辑关系极为复杂。要使工程按计划有条理地进行,必须在工程开始前将它们落实下来,并从工期、质量、成本、相互关系等各方面予以定义。

(4) 许多工程小组,项目管理职能人员所涉及到的活动和问题不是全部合同文件,而仅为合同的部分内容。他们没有必要在工程实施中死抱着合同文件,通常比较好的办法是由合同管理专家先作全面分析,再向各职能人员和工程小组进行合同交底。

(5) 在合同中依然存在问题和风险,包括合同审查时已经发现的风险和还可能隐藏着的尚未发现的风险。合同中还必然存在用词含糊,规定不具体、不全面、甚至矛盾的条款。在合同实施前有必要作进一步的全面分析,对风险进行确认和定界,具体落实对策措施。风险控制,在合同控制中占有十分重要的地位。如果不能透彻地分析出风险,就不可能对风险有充分的准备,则在实施中很难进行有效的控制。

(6) 合同分析实质上又是合同执行的计划,在分析过程中应具体落实合同执行战略。

(7) 在合同实施过程中,合同双方会有许多争执。合同争执常常起因于合同双方对合同条款理解的不一致。要解决这些争执,首先必须作合同分析,按合同条文的表达,分析它的意思,以判定争执的性质。要解决争执,双方必须就合同条文的理解达成一致。

2. 工程合同分析的内容

合同分析,在不同的时期,为了不同的目的,有不同的内容,通常有:

(1) 合同的法律基础

即合同签订和实施的法律背景。通过分析,承包商了解适用于合同的法律的基本情况(范围、特点等),用以指导整个合同实施和索赔工作。对合同中明示的法律应重点分析。

(2) 承包商的主要任务

这是合同分析的重点之一,主要分析承包商的合同责任和权利,分析内容通常有:

1) 承包商的总任务,即合同标的。承包商在设计、采购、生产、试验、运输、土建、安装、验收、试生产、缺陷责任期维修等方面的主要责任,施工现场的管理,给业主的管理人员提供生活和工作条件等责任。

2) 工作范围。它通常由合同中的工程量清单、图纸、工程说明、技术规范所定义。工程范围的界限应很清楚,否则会影响工程变更和索赔,特别对固定总价合同。

在合同实施中,如果工程师指令的工程变更属于合同规定的工程范围,则承包商必须无条件执行;如果工程变更超过承包商应承担的风险范围,则可向业主提出工程变更的补偿要求。

3) 明确工程变更的规定。

① 工程变更程序。在合同实施过程中,变更程序非常重要,通常要做工程变更工作流程图,并交付相关的职能人员。工程变更通常须由业主的工程师下达书面指令,出具书面证明,承包商开始执行变更,同时进行费用补偿谈判,在一定期限内达成补偿协议。这里要特别注意工程变更的实施,价格谈判和业主批准价格补偿三者之间在时间上的矛盾性。这里常常会有较大的风险。

② 工程变更的补偿范围,通常以合同金额一定的百分比表示。例如某承包合同规定,工程变更在合同价的5%范围内为承包商的风险或机会。在这范围内,承包商无权要求任何补偿。通常这个百分比越大,承包商的风险越大。

有时有些特殊的规定应重点分析。例如有一承包合同规定,业主有权指令进行工程变更,业主对所指令的工程变更的补偿范围是,仅对重大的变更,且仅按单个建筑物和设施地坪以上体积变化量计算补偿费用。这实质上排除了工程变更索赔的可能。

③ 工程变更的索赔有效期,由合同具体规定,一般为28天,也有14天的。一般这个时间越短,对承包商管理水平的要求越高,对承包商越不利。这是索赔有效性的保证,应落实在具体工作中。

(3) 发包人责任

这里主要分析发包商的权利和合作责任。业主作为工程的发包人选择承包商,向承包商颁发中标函。业主的合作责任是承包商顺利地完成合同所规定任务的前提,同时又是进行索赔的理由和推卸工程拖延责任的托词;而业主的权利又是承包商的合同责任,是承包商容易产生违约行为的地方。通常包括以下几个方面:

1) 业主雇用工程师并委托他全权履行业主的合同责任。在合同实施中要注意工程师的职权范围,这在 FIDIC 中有比较全面的规定,但每个合同又有它自己独特的规定,业主一般不会给工程师授予 FIDIC 规定的全部权力,对此要作专门分析。

2) 业主和工程师有责任对平行的各承包商和供应商之间的责任界限作出划分,对这方面的争执作出裁决,对他们的工作进行协调,并承担管理和协调失误造成的损失。

3) 及时作出承包商履行合同所必需的决策,如下达指令、履行各种批准手续、作出认可、答复请示,完成各种检查和验收手续等。应分析它们的实施程序和期限。

4) 提供施工条件,如及时提供设计资料、图纸、施工场地、道路等。

5) 按合同规定及时支付工程款,及时接收已完工程等。

(4) 合同价格

应重点分析:

1) 合同所采用的计价方法及合同价格所包括的范围,如固定总价合同、单价合同、成本加酬金合同或目标合同等。

2) 工程计量程序,工程款结算(包括进度付款、竣工结算、最终结算)方法和程序。

3) 合同价格的调整,即费用索赔的条件、价格调整方法、计价依据、索赔有效期规定。

4) 拖欠工程款的合同责任。

(5) 施工工期

在实际工程中,工期拖延极为常见和频繁,而且对合同实施和索赔的影响很大,所以要特别重视。重点分析合同规定的开竣工日期,主要工程活动的工期,工期的影响因素,获得工期补偿的条件和可能等。列出可能进行工期索赔的所有条款。

(6) 违约责任

如果合同一方未遵守合同规定,造成对方损失,应受到相应的合同处罚。通常分析:

1) 承包商不能按合同规定工期完成工程的违约金或承担业主损失的条款。

2) 由于管理上的疏忽造成对方人员和财产损失的赔偿条款。

3) 由于预谋或故意行为造成对方损失的处罚和赔偿条款等。

4) 由于承包商不履行或不能正确的履行合同责任,或出现严重违约时的处理规定。

5) 由于业主不履行或不能正确的履行合同责任,或出现严重违约时的处理规定,特别是对业主不及时支付工程款的处理规定。

(7) 验收、移交和保修

1) 验收。验收包括许多内容,如材料和机械设备的进场验收、隐蔽工程验收、单项工程验收、全部工程竣工验收等。

在合同分析中,应对重要的验收要求、时间、程序以及验收所带来的法律后果作说明。

2) 移交。竣工验收合格即办理移交。移交作为一个重要的合同事件,同时又是一个重要的法律概念。它表示:

① 业主认可并接收工程,承包商工程施工任务的完结;

② 工程所有权的转让；
③ 承包商工程照管责任的结束和业主工程照管责任的开始；
④ 保修责任的开始；
⑤ 合同规定的工程款支付条款有效。
(8) 索赔程序和争执的解决要分析：
1) 索赔的程序。
2) 争执的解决方式和程序。
3) 仲裁条款。包括仲裁所依据的法律、仲裁地点、方式和程序、仲裁结果的约束力等。

如果没有上述仲裁条款，则就不能用仲裁的方式解决争执。这在很大程度上决定了承包商的索赔策略。

8.3.2 工程合同交底

合同和合同分析的资料是工程实施管理的依据。合同分析后，应向各层次管理者作"合同交底"，把合同责任具体地落实到各责任人和合同实施的具体工作上。

(1) 合同管理人员向项目管理人员和各工程小组负责人进行"合同交底"。组织大家学习合同和合同总体分析结果，对合同的主要内容作出解释和说明，使大家熟悉合同中的主要内容、各种规定、管理程序，了解承包商的合同责任和工程范围，各种行为的法律后果等。

(2) 将各种合同事件的责任分解落实到各工程小组或分包商。使他们对合同事件表(任务单、分包合同)、施工图纸、设备安装图纸、详细的施工说明等，有十分详细的了解。

(3) 在合同实施前与其他相关的各方面，如业主、监理工程师、承包商沟通，召开协调会议，落实各种安排。

(4) 在合同实施过程中还必须进行经常性的检查、监督，对合同作解释。

(5) 合同责任的完成必须通过其他经济手段来保证。

8.3.3 工程合同实施控制

1. 合同控制的作用

(1) 通过合同实施情况分析，找出偏离，以便及时采取措施，调整合同实施过程，达到合同总目标，所以合同跟踪是决策的前导工作。

(2) 在整个工程过程中，能使项目管理人员一直清楚地了解合同实施情况，对合同实施现状、趋向和结果有一个清醒的认识。

2. 合同控制的依据

(1) 合同和合同分析的结果，如各种计划、方案、合同变更文件等，它们是比较的基础，是合同实施的目标和依据。

(2) 各种实际的工程文件，如原始记录，各种工程报表、报告、验收结果、量方结果等。

(3) 工程管理人员每天对现场情况的直观了解，如通过施工现场的巡视、与各种人谈话、召集小组会议、检查工程质量、量方等。这是最直观的感性知识。通常可以比通过报表、报告更快地发现问题，更能透彻了解问题，有助于迅速采取措施减少损失。

3. 合同控制措施

(1) 合同执行差异的原因分析。通过对不同监督和跟踪对象的计划和实际的对比分析，不仅可以得到差异，而且可以探索引起这个差异的原因。原因分析可以采用鱼刺图，因果关系分析图(表)，成本量差、价差分析等方法定性地，或定量地进行。

(2) 合同差异责任分析。即这些原因由谁引起,该由谁承担责任,这常常是索赔的理由。一般只要原因分析详细,有根有据,则责任分析自然清楚。责任分析必须以合同为依据,按合同规定落实双方的责任。

(3) 问题的处理

通常对工程问题有如下四类处理措施:

1) 技术措施。例如变更技术方案,采用新的更高效率的施工方案。

2) 组织和管理措施。如增加人员投入、重新进行计划或调整计划、派遣得力的管理人员。在施工中经常修订进度计划对承包商来说是有利的。

3) 经济措施。如增加投入、对工作人员进行经济激励等。

4) 合同措施。例如进行合同变更、签订新的附加协议、备忘录、通过索赔解决费用超支问题等。

8.3.4 工程合同档案管理

1. 合同资料种类

在实际工程中与合同相关的资料面广量大,形式多样,主要有:

(1) 合同资料,如各种合同文本、招标文件、投标文件、总进度计划、图纸、工程说明等。

(2) 合同分析资料,如合同总体分析、合同事件表、网络图、横道图等。

(3) 工程实施中产生的各种资料。如业主的各种工作指令、工程签证、信件、会谈纪要和其他协议,各种变更指令、申请、变更记录,各种检查验收报告、鉴定报告。

(4) 工程实施中的各种记录、施工日记等,官方的各种文件、批件,反映工程实施情况的各种报表、报告、图片等。

2. 合同资料文档管理的内容

(1) 合同资料的收集

合同包括许多资料、文件;合同分析又产生许多分析文件;在合同实施中每天又产生许多资料,如记工单、领料单、图纸、报告、指令、信件等。

(2) 资料整理

原始资料必须经过信息加工才能成为可供决策的信息,成为工程报表或报告文件。

(3) 资料的归档

所有合同管理中涉及到的资料不仅目前使用,而且必须保存,直到合同结束。为了查找和使用方便必须建立资料的文档系统。

(4) 资料的使用

合同管理人员有责任向项目经理、向发包人作工程实施情况报告;向各职能人员和各工程小组、分包商提供资料;为工程的各种验收、为索赔和反索赔提供资料和证据。

8.4 国际工程承包合同

国际工程通常是指一项允许由外国公司来承包建造的工程项目,即面向国际进行招标的工程。在许多发展中国家,根据项目建设资金的来源(例如外国政府贷款、国际金融机构贷款等)和技术复杂程度,以及本国工程公司的能力局限等情况,允许外国公司承包某些工程。国际工程包含咨询和承包两大行业。

国际工程咨询包括对工程项目前期的投资机会研究、预可行性研究、可行性研究、项目评估、勘察、设计、招标文件编制、监理、管理、后评价等,是以高水平的智力劳动为主的行业,一般都是为建设单位(业主)提供服务的,也可应承包人聘请为其进行施工管理、成本管理等。

国际工程承包包括对工程项目进行投标、施工、设备采购及安装调试、分包、提供劳务等。按照业主的要求,有时也作施工详图设计和部分永久工程的设计。

国际工程承包合同即指国际工程的参与主体之间为了实现特定的目的而签订的明确彼此权利义务关系的协议。

8.4.1 国际工程合同的订立

招标是国际工程承包合同订立的最主要形式。

1. 对投标者资格预审的推荐程序

(1) 邀请承包人参加资格预审。业主一般在合适的地方发布资格预审公告。

(2) 向承包人颁发资格预审文件。

(3) 资格预审文件分析,挑选并通知已入选的投标人。

2. 得到投标的推荐程序

(1) 准备招标文件。

(2) 颁发招标文件。

(3) 业主陪同投标者考察施工现场。

(4) 招标文件的修改。

(5) 投标者质疑。

(6) 投标书的提交和接收。

3. 开标和评标的推荐程序

(1) 开标。

(2) 评标。

(3) 授予合同。

8.4.2 国际工程承包合同的履行

国际工程承包合同订立后,即进入合同的履行阶段,对于国际工程承包人来说,实施阶段的工作内容包括如下几方面的管理工作:

1. 合同管理

合同管理的中心任务就是利用合同的正当手段防范风险、维护自身的正当利益,并获取尽可能多的利润。

2. 计划管理

计划管理是工程实施阶段的中心,也是项目经营目标的具体化。

3. 成本管理

成本管理是国际工程承包人在获得合同后所面临的极为重要的工作。

4. 财务管理

财务管理包括资金的筹集、运用和回收,银行保函和信用证的开出,工程付款的办理,银行往来,成本会计等工作。

5. 物资采购管理

物资采购管理是实施工程管理并取得利润的重要手段,包括各种建筑材料、施工机械设备、永久(生产)设备、模板、工器具的计划、采购、运储保管、分发和回收等,还要组织材料的试验、送审、设备的验收等。

6. 质量管理

国际工程施工中的质量管理通常由承包人的项目经理或其指定的技术副经理或总工程师主管,其主要内容是技术管理和质量保证。

7. 分包商管理

获得整个工程合同的总承包人将该工程按专业性质或工程范围再分包给若干家承包人分担实施任务,是国际工程承包活动中普遍采用的方式。

8. 移交和竣工验收管理

在工程接近完工时,组织工程的移交和验收是十分重要和严肃认真的工作,关系施工阶段合同履行的终止、合同价款的收取以及缺陷责任期的开始等重要环节。

8.4.3 国际工程承包合同争议的解决

国际工程承包合同争议解决的方式一般包括协商、调解、仲裁和诉讼等。

在国际工程承包合同纠纷中,尤其是涉及较大项目的建筑施工纠纷,往往并不适于用诉讼的方式解决。在大型建筑工程中,当事人普遍不愿意将纠纷提交诉讼,而是倾向于通过在合同中规定的 ADR(Alternative Dispute Resolution——非诉讼纠纷解决程序)解决纠纷。国际工程承包合同争议解决常用的 ADR 方式有:

1. 仲裁

由于诉讼在解决国际工程承包合同纠纷方面存在明显的缺陷,大型建筑工程的纠纷很少采用诉讼方式解决。大型的建筑工程,特别是国际贷款项目,常常在合同中要求将纠纷提交有关国际仲裁机构,仲裁已经广泛运用于国际工程承包合同纠纷中。

2. FIDIC 合同条件下的工程师准仲裁

FIDIC 合同中工程师所具有的"准仲裁"的职能,他不仅是发包人的代理人,负责项目的施工监理,同时也在发包人和承包人发生纠纷时充当准仲裁员的角色。

FIDIC 合同条件(纠纷的解决)规定的程序分为四个步骤:记录纠纷、工程师准仲裁、友好协商和正式仲裁。

3. DRB(Dispute Review Board——纠纷审议委员会)方式

(1) DRB 的选任与工作程序

1) DRB 成员的选任和报酬。DRB 的委员必须是由在工程施工、法律和合同文件解释方面具有经验的专家组成,而且除了担任本工程的 DRB 委员外,每位委员与发包人和承包人之间不得有任何经济利益关系,并且在三年内未被发包人或承包人聘用过。支付给 DRB 委员的费用包括聘请费和酬金两部分。

2) 工作程序。现场访问、纠纷提交、听证会和解决纠纷建议书。

(2) DRB 的优点

1) DRB 委员可以在项目开始时就介入项目,了解项目管理情况及其存在的问题。

2) DRB 委员公正性、中立性的规定通常情况下可以保证他们的决定不带有任何主观倾向或偏见。DRB 的委员有较高的业务素质和实践经验,特别是具有项目工程施工方面的丰富经验。

3) 可以及时解决纠纷。
4) DRB 费用较低。
5) DRB 委员是发包人和承包人自己选择的,容易为他们所接受。
6) 由于 DRB 提出的建议不是强制性的,不具有终局性和约束力。

4. NEC(New Engineering Contract——新工程合同)裁决程序

(1) 早期预警程序

早期预警是指一旦发现可能出现诸如增加合同价款、推迟竣工、工程使用功能降低等问题,发包人和承包人均应立即向对方发出早期警告。合同各方共同召开早期预警会议。在会议中,各方研究并提出解决措施,以避免或减少该问题的影响,寻求对将受影响的所有各方均有利的解决办法,并决定最终应采取的措施。

(2) 补偿事件程序

补偿事件是指并非因承包人的过失而引起的事件,如发包人要求改变工程以及出现双方难以控制的情况等。承包人有权根据补偿事件对合同价款和工期的影响要求补偿,包括获得额外付款或延长工期。

(3) 裁决人程序

在工程施工过程中出现分歧乃至产生纠纷是难免的。而且,由于项目经理代表的是发包人的利益,处理补偿事件可能引发承包人对其公正性的怀疑。在此种情况下,就要依靠裁决人来解决纠纷。

8.4.4 几种常见的国际工程承包合同

1. FIDIC 系列合同条件

(1) FIDIC 系列合同条件适用范围

1) 施工合同条件(Condition of Contract for Construction,简称"新红皮书")。新红皮书与原红皮书相对应,但其名称改变后合同的适用范围更大。该合同主要用于由发包人设计的或由咨询工程师设计的房屋建筑工程(Building Works)和土木工程(Engineering Works)。施工合同条件的主要特点表现为,以竞争性招标投标方式选择承包商,合同履行过程中采用以工程师为核心的工程项目管理模式。

2) 永久设备和设计—建造合同条件(Conditions of Contract for Plant and Design—Build,简称"新黄皮书")。新黄皮书与原黄皮书相对应,其名称的改变便于与新红皮书相区别。在新黄皮书条件下,承包人的基本义务是完成永久设备的设计、制造和安装。

3) EPC 交钥匙项目合同条件(Conditions of Contract for EPC Turnkey Proiects,简称"银皮书")。银皮书又可译为"设计—采购—施工交钥匙项目合同条件",它与桔皮书相似但不完全相同。它适用于工厂建设之类的开发项目。是包含了项目策划、可行性研究、具体设计、采购、建造、安装、试运行等在内的全过程承包方式。承包人"交钥匙"时,提供的是一套配套完整的可以运行的设施。

4) 合同的简短格式(Short Form of Contract)。该合同条件主要用于价值较低的或形式简单、重复性的、工期短的房屋建筑和土木工程。

(2) FIDIC 系列合同条件特点

FIDIC 系列合同条件具有国际性、通用性和权威性。其合同条款公正合理,职责分明,程序严谨,易于操作。考虑到工程项目的一次性、惟一性等特点,FIDIC 合同条件分成了"通用条件"(General Conditions)和"专用条件"(Conditions of Particular Application)两部分。通用条件适用于某一类工程,如红皮书适用于整个土木工程(包括工业厂房、公路、桥梁、水利、港口、铁路、房屋建筑等)。专用条件则针对一个具体的工程项目,是在考虑项目所在国法律法规不同、项目特点和发包人要求不同的基础上,对通用条件进行的具体化的修改和补充。FIDIC合同条件的应用方式通常有如下几种:

1) 国际金融组织贷款和一些国际项目直接采用;
2) 合同管理中对比分析使用;
3) 在合同谈判中使用;
4) 部分选择使用。

2. 英国NEC合同条件的特点

(1) NEC合同条件体系

1) 六种工程款的支付方式

主要选项:

① 总价合同;
② 单价合同;
③ 目标总价合同;
④ 目标单价合同;
⑤ 成本加酬金合同;
⑥ 工程管理合同。

发包人可以从中做出选择。

2) 九项核心条款

NEC的核心条款包括如下九部分:

① 总则;
② 承包人的主要职责;
③ 工期;
④ 检验与缺陷;
⑤ 支付;
⑥ 补偿;
⑦ 权利;
⑧ 风险与保险;
⑨ 争端与终止。

关于支付,发包人可根据自己的需求,从上述6种支付方式中选择一种。NEC可以提供总价合同、单价合同、成本加酬金合同、目标成本合同和工程管理合同。因此,NEC不是某种标准的合同条件,而是内涵广泛的系列合同条件。

3) 次要选择

NEC含有15项次要选择,它们包括:

① 完工保证;
② 总公司担保;
③ 工程预付款;

④ 结算币种(多币种结算);
⑤ 部分完工;
⑥ 设计责任;
⑦ 价格波动;
⑧ 保留(留置);
⑨ 提前完工奖励;
⑩ 工期延误赔偿;
⑪ 工程质量;
⑫ 法律变更;
⑬ 特殊条件;
⑭ 责任赔偿;
⑮ 附加条款。

发包人可根据工程的特点、工程要求和计价方式做出选择。

(2) NEC 的主要特征

与现有的其他标准合同条件相比,NEC 合同条件具有如下特性:

1) 适用范围广

NEC 合同立足于工程实践,主要条款都用非技术语言编写,避免特殊的专业术语和法律术语;设计责任不是固定地由发包人或者承包人承担,可根据项目的具体情况由发包人或承包人按一定的比例承担责任;6 种工程款支付方式和 15 种次要条款可以根据需要自行选择。在这个意义上讲,NEC 的灵活性体现了自助餐式的合同条件,适用范围广泛,并且可以减少争端。

2) 为项目管理提供动力

随着新的项目采购方式的应用和项目管理模式的发展和变化,现有的合同条件不能为项目的参与各方提供令人满意的内容。NEC 强调沟通、合作与协调,通过对合同条款和各种信息清晰的定义,旨在促进对项目目标进行有效的控制。

3) 简明清晰

NEC 的合同语言简明清晰,避免使用法律的和专业的技术语言,合同语句言简意赅。

3. 美国 AIA 系列合同的特点

(1) AIA 系列合同条件

美国建筑师协会(AIA)成立于 1857 年,100 多年来,AIA 一直在出版标准的项目设计和施工方面的合约文件,用于机关业务和项目管理。

AIA 文件分为 A、B、C、D、F、G 系列。其中 A 系列,是关于业主与承包人之间的合约文件;B 系列,是关于业主与提供专业服务的建筑师之间的合约文件;C 系列,是关于建筑师与提供专业服务的顾问之间的合约文件;D 系列,是建筑师行业所用的文件;F 系列,是财务管理表格;G 系列,是合同和办公管理表格。

A 系列文件包括:业主—承包人合约、该合约的通用条款和附加条款、业主—设计/建筑商合约、总承包人—分包商合约、投标程序说明、其他文件(如投标和洽商文件、承包人资格预审文件等)。其中,工程承包合同通用条款(A201)包括 14 章的内容,分别是一般条款、业主、承包人、合同的管理、分包商、业主或独立承包人负责的施工、工程变更、期限、付款与完工、人员与财产的保护、保险与保函、剥露工程及其返修、混合条款、合同终止或停止。

(2) AIA 系列合同的特征

1) AIA 合同条件主要用于私营的房屋建筑工程,并专门编制用于小型项目的合同条件。

2) 美国建筑师学会作为建筑师的专业社团已经有近 140 年的历史,成员总数达 56000名,遍布美国及全世界。AIA 出版的系列合同文件在美国建筑业界及国际工程承包界,特别在美洲地区具有较高的权威性,应用广泛。

3) AIA 系列合同条件的核心是"通用条件"。采用不同的工程项目管理,不同的计价方式时,只需选用不同的"协议书格式"与"通用条件"结合。AIA 合同文件的计价式主要有总价、成本补偿合同及最高限定价格法

8.5 工 程 担 保

8.5.1 投标担保

1. 投标担保的概念

投标担保,或投标保证金,是指投标人保证其投标被接受后对其投标书中规定的责任不得撤销或者反悔。否则,招标人将对投标保证金予以没收,投标保证金的数额一般为投标价的 2% 左右,但最高不得超过 80 万元人民币,投标保证金有效期应当超出投标有效期 30 天。投标人不按招标文件要求提交投标保证金的,该投标文件将被拒绝,作废标处理。

2. 投标保证金的形式

投标保证金的形式有很多种,通常的做法有如下几种:

(1) 交付现金。

(2) 支票。这是由银行签章保证付款的支票,其过程一般是投标人开出支票,向付款银行申请保证付款,由银行在票面盖"保付"字样后,将支付票面所载金额(保付金额)从出票人(投标人)的存款账上划出,另行设立专户存储,以备随时支付。经银行保付的支票可以保证持票人一定能够收到款项。

(3) 银行汇票。银行汇票是一种汇款凭证,由银行开出,交汇款人寄给异地收款人,异地收款人再凭银行汇票在当地银行兑汇款。

(4) 不可撤销信用证。不可撤销信用证是付款人申请由银行出具的保证付款的凭证。由付款人银行向收款人银行发出函件,也由该行本身或者授权另一家银行,在符合规定的条件下,把一定款项付给函中指定的人。需要说明的是,该信用证开出后,在有效期限内不得随意撤销。

(5) 银行保函。银行保函是由投标人申请银行开立的保证函,保证投标人在中标之前不撤销投标,中标后应当履行招标文件和中标人的投标文件规定的义务。如果投标人违反规定,开立保证函银行将担保赔偿招标人的损失。

(6) 由保险公司或者担保公司出具投标保证书。投标保证书由担保人单独签署或者由投标人和担保人共同签署的承担支付一定金额的书面保证。

在这六种形式的投标保证金中,银行保函和投标保证书是最常用的。

3. 投标担保的作用

它主要用于筛选投标人。投标保证金要确保合格者投标以及中标者将签约和提供发包人所要求的履约、预付款担保。

4.《世行采购指南》关于投标保证金的规定

《世行采购指南》2.14 规定,为针对不负责的投标给借款人(招标人)提供合理的保护,可要求按照招标文件中的规定金额提交投标保证金,但是保证金的金额不宜太高,以免影响投标商的投标积极性。投标保证金应当根据投标商的意愿采用保付支票、信用证或者由信用好的银行出具保函等形式,应允许投标商提交由其选择的任何合格国家的银行直接出具的银行保函。投标保证金应当在投标有效期满后 28 天内一直有效,其目的是给借款人在需要索取保证金时,有足够的时间采取行动。一旦确定不能对其授予合同,应及时将投标保证金退还给落选的投标人。

8.5.2 履约担保

1. 履约担保的概念

所谓履约担保,是指招标人在招标文件中规定的要求中标的投标人提交的保证履行合同义务的担保。

2. 履约担保的形式和内容

履行担保一般有三种形式:银行保函、履约担保书和保留金。

(1) 银行履约保函

1) 银行履约保函是由商业银行开具的担保证明,通常为合同金额的 10% 左右。银行保函分为有条件的银行保函和无条件的银行保函。

2) 有条件的保函是指下述情形:在投标人没有实施合同或者未履行合同义务时,由招标人或工程师机构出具证明说明情况,并由担保人对已执行合同部分和未执行部分加以鉴定,确认后才能收兑银行保函,由招标人得到保函中的款项。建筑行业通常偏向于这种形式的保函。

3) 无条件的保函是指下述情形:招标人不需要出具任何证明和理由,只要看到承包人违约,就可对银行保函进行收兑。

(2) 履约担保书

1) 履约担保书的担保方式是:当中标人在履行合同中违约时,开出担保书的担保公司或者保险公司用该项担保金去完成施工任务或者向招标人支付该项保证金。工程采购项目保证金提供担保形式的,其金额一般为合同价的 30% ~ 50%。

2) 承包人违约时,由工程担保人代为完成工程建设的担保方式,有利于工程建设的顺利进行,因此是我国工程担保制度探索和实践的重点内容。

(3) 保留金

1) 保留金是指在业主(工程师)根据合同的约定,每次支付工程进度款时扣除一定数目的款项,作为承包人完成其修补缺陷义务的保证。保留金一般为每次工程进度款的 10%,但总额一般应限制在合同总价款的 5%(通常最高不得超过 10%)。一般在工程移交时,业主(工程师)将保留金的一半支付给承包人;质量保修期(或"缺陷责任期满")时,将剩下的一半支付给承包人。

2) 履约保证金额的大小取决于招标项目的类型与规模,但必须保证中标人违约时,招标人不受损失。在投标须知中,招标人要规定使用哪一种形式的履约担保。中标人应当按照招标文件中的规定提交履约担保。没有按照上述要求提交履约担保的招标人将把合同授予次低标者,并没收投标保证金。

3.《世行采购指南》对于履约担保的规定

《世行采购指南》2.38规定,工程的招标文件要求一定金额的保证金,其金额足以抵偿借款人(招标人)在承包商违约时所遭受的损失。该保证金应当按照借款人在招标文件中的规定以适当的格式和金额采用履约担保书或者银行保函形式提供,担保书或者银行保函的金额将根据提供保证金的类型和工程的性质和规模有所不同。该保证金的一部分应延期至工程竣工日之后,以覆盖截至借款人最终验收的缺陷责任期或维修期;另一种做法是,在合同规定从每次定期付款中扣留一定百分比作为保留金,直到最终验收为止。可允许承包人在临时验收后用等额保证金来代替保留金。

4.世行贷款项目招标文件范本《土建工程国内竞争性文件》对履约担保的规定

1)中标人应在接到中标通知书14天内按合同专用条款中规定的数额向业主提交履约保证金。缺陷责任期结束后28天履约保证金应保持有效,并应按规定的格式或业主可接受的其他格式由在中华人民共和国注册经营的银行开具。

2)如果没有理由再需要履约保证金,在缺陷责任期结束后的28天内业主应将履约保证金退还给承包人。

3)业主应将从保证金的开出机构所获得的索赔通知承包人。

4)如果下述情况发生42天或以上,则业主可从履约保证金中获得索赔:

① 项目监理指出承包人有违反合同的行为后,承包人仍继续该违反合同的行为;

② 承包人未将应支付给业主的款项支付给业主。

5.FIDIC《土木工程施工合同条件》对履约担保的规定

1)如果合同要求承包商为其正确履行合同取得担保时,承包商应在收到中标函之后28天内,按投标书附件中注明的金额取得担保,并将此保函提交给业主。当向业主提交此保函时,承包商应将这一情况通知工程师。该保函采取本条件附件中的格式或由业主和承包商双方同意的格式,提供担保的机构须经业主同意。除非合同另有规定,执行本款时所发生的费用应由承包商负担。

2)在承包商根据合同完成施工和竣工,并修补了任何缺陷之前,履约担保将一直有效。在发出缺陷责任证书之后,即不应对该担保提出索赔,并应在上述缺陷责任证书发出后14天内将该保函退还给承包商。

3)在任何情况下,业主在按照履约担保提出索赔之前,皆应通知承包商,说明导致索赔的违约性质。

8.5.3 预付款担保

1.预付款担保的概念

预付款担保是指承包人与发包人签订合同后,承包人正确、合理使用发包人支付的预付款的担保。建设工程合同签订以后,发包人给承包人一定比例的预付款,一般为合同金额的10%,但需由承包人的开户银行向发包人出具预付款担保。

2.预付款担保的形式

(1)银行保函

预付款担保的主要形式即银行保函。预付款担保的担保金额通常与发包人的预付款是等值的。预付款一般逐月从工程预付款中扣除,预付款担保的担保金额也相应逐月减少。承包人在施工期间,应当定期从发包人处取得同意此保函减值的文件,并送交银行确认。承包人还清全部预付款后,发包人应退还预付款担保,承包人将其退回银行注销,解除担保责任。

(2) 发包人与承包人约定的其他形式

预付款担保也可由担保公司担保,或采取抵押等担保形式。

3. 预付款担保的作用

预付款担保的主要作用在于保证承包人能够按合同规定进行施工,偿还发包人已支付的全部预付金额。如果承包人中途毁约,中止工程,使发包人不能在规定期限内从应付工程款中扣除全部预付款,则发包人作为保函的受益人有权凭预付款担保向银行索赔该保函的担保金额作为补偿。

4. 国际工程承包市场关于预付款担保的规定

在国际工程承包市场,《世行采购指南》、世行贷款项目招标文件范本《土建工程国内竞争性文件》、《亚洲开发银行贷款采购准则》和FIDIC《土木工程施工合同条件应用指南》中均对预付款担保作出相应规定。

(1)《世行采购指南》

《世行采购指南》2.35规定,货物或土建工程合同签字后支付的任何动员预付款及类似的支出应参照这些支出的估算金额,并应在招标文件中予以规定。对其他预付款的支付金额和时间,比如为运输到现场用于土建工程的材料所作的材料预付款,也应有明确规定。招标文件应规定为预付款所需的任何保证金所应作的安排。

(2) 世行贷款项目招标文件范本《土建工程国内竞争性文件》

世行贷款项目招标文件范本《土建工程国内竞争性文件》第50条规定了预付款:

1) 在承包人以第9章中无条件银行保函格式由在中华人民共和国注册并经营的银行开出与预付款相同数额的保函后,业主将按合同专用条款中规定的金额和日期向承包人支付预付款。预付款保函应在预付款全部扣回之前保持有效,但其担保额应随投标人返还的金额而逐渐减少。预付款不计利息。

2) 承包人应将预付款专用于实施本合同所需的施工机械、设备、材料及动员费用,并且应向项目监理提交发票和其他证明文件的副本以证明预付款确实如此使用。

3) 根据以支付额计算的完成工程的比例表,预付款将从支付给承包人的款项中按合同专用条款中规定的比例数额扣回。在评估所完成的工程、变更、价格调整、补偿事件或误期赔偿费的价值时不应考虑预付款的支付和扣回。

(3)《亚洲开发银行贷款采购准则》

《亚洲开发银行贷款采购准则》2.26规定,建设项目合同应当预先支付一定数额,用于支付迁移费及为工程需要而将材料运到工地的费用。招标文件应规定每项预付金额基数,支付的时间和方法,所要求的资金种类以及承包商还款方式。对于预付的迁移费、所迁移的物品应在数量清单中加以说明,预付款的支付仅限于这些物品。一般情况下,预付金额仅限于合同总额的10%,至于配合工程需要所运的材料,预付款数量取决于工程的类型,在通常情况下可预付部分材料费。

(4) FIDIC《土木工程施工合同条件》

FIDIC《土木工程施工合同条件应用指南》在证书与支付中规定,如欲包括预付款条款,可增加一款如下:

投标书附件中规定的预付款额,应在承包商根据业主呈交或已认可的履约保证书和已经业主认可的条件对全部预付款价值进行担保的保函之后,由工程师开具证明支付给承包商。上述担保额应按照工程师根据本款颁发的临时证书中的指示,用承包商偿还的款项逐渐冲销。该预付款不受保留金约束。

8.5.4 支付担保

1. 支付担保的概念

支付担保,是指应中标人的要求,招标人提交的保证履行合同中约定的工程款支付义务的担保。

2. 支付担保的形式和内容

(1) 银行保函。
(2) 履约保证金。
(3) 担保公司担保。
(4) 抵押或者质押。

发包人支付担保应是金额担保。实行履约金分段滚动担保。担保额度为工程总额的20%~25%,本段清算后进入下段。已完成担保额度,发包人未能按时支付,承包人可依据担保合同暂停施工,并要求担保人承担支付责任和相应的经济损失。

3. 支付担保的作用

支付担保的主要作用是通过对发包人资信状况进行严格审查并落实各项反担保措施,确保工程费用及时支付到位;一旦发包人违约,付款担保人将代为履约。上述对工程款支付担保的规定对解决我国建筑市场上工程款拖欠现象具有特殊重要的意义。

4. 支付担保的有关规定

《建设工程合同(示范文本)》第41条规定了关于业主工程款支付担保的内容:

(1) 发包人、承包人为了全面履行合同,应互相提供以下担保:

1) 发包人向承包人提供履约担保,按合同约定支付工程价款及履行合同约定的其他义务。

2) 承包人向发包人提供履约担保,按合同约定履行自己的各项义务。

(2) 一方违约后,另一方可要求提供担保的第三人承担相应责任。

(3) 提供担保的内容、方式和相关责任,发包人、承包人除在专用条款中约定外,被担保方与担保方还应签订担保合同,作为本合同附件。

《房屋建筑和市政基础设施工程施工招标投标管理办法》(建设部令第89号)第48条规定:"招标文件要求中标人提交履约担保的,中标人应当提交。招标人应当同时向中标人提供工程款支付担保。"

8.6 工程索赔

8.6.1 索赔的起因和分类

1. 索赔的概念

索赔是指在合同的实施过程中,合同一方因对方不履行或未能正确履行合同所规定的义务或未能保证承诺的合同条件实现而遭受损失后,向对方提出的补偿要求。索赔是双向的,承包商可以向业主索赔,业主也可以向承包商提出索赔。

2．索赔的起因

索赔的起因是指引起索赔事件的原因,通常有如下几类:

(1) 业主违约,包括业主和监理工程师没有履行合同责任,没有正确地行使合同赋予的权利、工程管理失误、不按合同支付工程款等。

(2) 合同错误,如合同条文不全、错误、矛盾、有二义性,设计图纸、技术规范错误等。

(3) 合同变更,如双方签订新的变更协议、备忘录、修正案,业主下达工程变更指令等。

(4) 工程环境变化,包括法律、市场物价、货币兑换率、自然条件的变化等。

(5) 不可抗力因素,加恶劣的气候条件、地震、洪水、战争状态、禁运等。

3．索赔的分类

(1) 按索赔当事人分类

1) 承包人与发包人之间索赔。

2) 承包人与分包人之间索赔。

3) 承包人与供货人之间索赔。

4) 承包人与保险人之间索赔。

(2) 按照索赔事件的影响分类

1) 工期拖延索赔

由于业主未能按合同规定提供施工条件,如未及时交付设计图纸、技术资料、场地、道路等;或非承包商原因业主指令停止工程实施;或其他不可抗力因素作用等原因,造成工程中断,或工程进度放慢,使工期拖延,承包商对此提出索赔。

2) 不可预见的外部障碍或条件索赔

如果在施工期间,承包商在现场遇到一个有经验的承包商通常不能预见到的外界障碍或条件,例如地质与预计的(业主提供的资料)不同,出现未预见到的岩石、淤泥或地下水等。

3) 工程变更索赔

由于业主或工程师指令修改设计、增加或减少工程量、增加或删除部分工程、修改实施计划、变更施工次序造成工期延长和费用损失,承包商对此提出索赔。

4) 工程终止索赔

由于某种原因,如不可抗力因素影响、业主违约,使工程被迫在竣工前停止实施,并不再继续进行,使承包商蒙受经济损失,因此提出索赔。

5) 其他索赔

如货币贬值、汇率变化,物价和工资上涨、政策法令变化、业主推迟支付工程款等原因引起的索赔。

(3) 按照索赔要求分类

1) 工期索赔,即要求业主延长工期,推迟竣工日期。

2) 费用索赔,即要求业主补偿费用损失,调整合同价格。

(4) 按照索赔所依据的理由分类

1) 合同内索赔。索赔以合同条文作为依据,发生了合同规定给承包商以补偿的干扰事件,承包商根据合同规定提出索赔要求。这是最常见的索赔。

2) 合同外索赔。指工程过程中发生的干扰事件的性质已经超过合同范围。在合同中找不出具体的依据,一般必须根据适用于合同关系的法律解决索赔问题。例如,工程过程中发生重大的民事侵权行为造成承包商损失。

3) 道义索赔。承包商索赔没有合同理由,例如,对于干扰事件业主没有违约,业主不应承担责任。可能是由于承包商失误(如报价失误、环境调查失误等),或发生承包商应负责的风险而造成承包商重大的损失。这将极大地影响承包商的财务能力、履约积极性、履约能力甚至危及承包企业的生存。承包商提出要求,希望业主从道义,或从工程整体利益的角度给予一定的补偿。

(5) 按索赔的处理方式分类

按索赔的处理方式和处理时间,索赔又可分为:

1) 单项索赔

单项索赔是针对某一干扰事件提出的。索赔的处理是在合同实施过程中,干扰事件发生时,或发生后立即进行。它由合同管理人员处理,并在合同规定的索赔有效期内向业主提交索赔意向书和索赔报告。

2) 总索赔

总索赔,又叫一揽子索赔或综合索赔。这是在国际工程中经常采用的索赔处理和解决方法。一般在工程竣工前,承包商将工程过程中未解决的单项索赔集中起来,提出一份总索赔报告。合同双方在工程交付前或交付后进行最终谈判,以一揽子方案解决索赔问题。

8.6.2 常见的建设工程索赔

1. 索赔成立的条件

(1) 与合同对照,事件已造成了承包人工程项目成本的额外支出,或直接工期损失;

(2) 造成费用增加或工期损失的原因,按合同约定不属于承包人的行为责任或风险责任;

(3) 承包人按合同规定的程序提交索赔意向通知和索赔报告。

2. 《建设工程项目管理规范》规定,施工项目索赔应具备下列理由之一:

(1) 发包人违反合同给承包人造成时间、费用的损失。

(2) 因工程变更(含设计变更、发包人提出的工程变更、监理工程师提出的工程变更,以及承包人提出并经监理工程师批准的变更)造成的时间、费用损失。

(3) 由于监理工程师对合同文件的歧义解释、技术资料不确切,或由于不可抗力导致施工条件的改变,造成了时间、费用的增加。

(4) 发包人提出提前完成项目或缩短工期而造成承包人的费用增加。

(5) 发包人延误支付期限造成承包人的损失。

(6) 合同规定以外的项目进行检验,且检验合格,或非承包人的原因导致项目缺陷的修复所发生的损失或费用。

(7) 非承包人的原因导致工程暂时停工。

(8) 物价上涨,法规变化及其他。

8.6.3 常见的建设工程索赔的内容

1. 因合同文件引起的索赔

(1) 有关合同文件的组成问题引起索赔；
(2) 关于合同文件有效性引起的索赔；
(3) 因图纸或工程量表中的错误而索赔。

2．有关工程施工的索赔
(1) 地质条件变化引起的索赔；
(2) 工程中人为障碍引起的索赔；
(3) 增减工程量的索赔；
(4) 各种额外的试验和检查费用偿付；
(5) 工程质量要求的变更引起的索赔；
(6) 关于变更命令有效期引起索赔或拒绝；
(7) 指定分包商违约或延误造成的索赔；
(8) 其他有关施工的索赔。

3．关于价款方面的索赔
(1) 关于价格调整方面的索赔；
(2) 关于货币贬值和严重经济失调导致的索赔；
(3) 拖延支付工程款的索赔。

4．关于工期的索赔
(1) 关于延展工期的索赔；
(2) 由于延误产生损失的索赔；
(3) 赶工费用的索赔。

5．特殊风险和人力不可抗拒灾害的索赔
(1) 特殊风险的索赔

特殊风险一般是指战争、敌对行动、入侵、敌人的行为，核污染及冲击波破坏、叛乱、革命、暴动、军事政变或篡权、内战等等。

(2) 人力不可抗拒灾害的索赔

人力不可抗拒灾害主要是指自然灾害，由这类灾害造成的损失应向承保的保险公司索赔。在许多合同中承包人以业主和承包人共同的名义投保工程一切保险，这种索赔可同业主一起进行。

6．工程暂停、中止合同的索赔
(1) 施工过程中，工程师有权下令暂停工程或任何部分工程，只要这种暂停命令并非承包人违约或其他意外风险造成的，承包人不仅可以得到要求工期延展的权利，而且可以就其停工损失获得合理的额外费用补偿。

(2) 中止合同和暂停工程的意义是不同的。有些中止的合同是由于意外风险造成的损害十分严重，另一种中止合同是"错误"引起的中止，例如，业主认为承包人不能履约而中止合同，甚至从工地驱逐该承包人。

7．财务费用补偿的索赔

财务费用的损失要求补偿，是指因各种原因使承包人财务开支增大而导致的贷款利息等财务费用。

8.6.4 索赔的依据

1. 合同文件

合同文件应能相互解释，互为说明。除专用条款另有约定外，组成本合同的文件及优先解释顺序如下：

(1) 本合同协议书；

(2) 中标通知书；

(3) 投标书及其附件；

(4) 本合同专用条款；

(5) 本合同通用条款；

(6) 标准、规范及有关技术文件；

(7) 图纸；

(8) 工程量清单；

(9) 工程报价单或预算书。

合同履行中，发包人与承包人有关工程的洽商、变更等书面协议或文件视为本合同的组成部分。

2. 订立合同所依据的法律法规

(1) 适用法律和法规

建设工程合同文件适用国家的法律和行政法规。需要明示的法律、行政法规，由双方在专用条款中约定。

(2) 适用标准、规范

双方在专用条款内约定适用国家标准、规范和名称。

3. 相关证据

(1) 证据是指能够证明案件事实的一切材料。在企业维护自身权利的过程中，根本的目的就是要明确对方的责任和自身的权利，减轻自己的责任和减少、甚至消除对方的权利，但这一切都必须依法进行。

(2) 可以作为证据使用的材料有以下七种：

1) 书证。是指以其文字或数字记载的内容起证明作用的书面文书和其他载体。如合同文本、财务账册、欠条、收据、往来信函以及确定有关权利的判决书、法律文件等。

2) 物证。是指以其存在、存放的地点局部特征及物质特性来证明案件事实真相的证据。如，购销过程中封存的样品、被损坏的机械、设备，有质量问题的产品等。

3) 证人证言。是指知道、了解事实真相的人所提供的证词，或向司法机关所作的陈述。

4) 视听材料。是指能够证明案件真实情况的音像资料。如，录音带、录像带等。

5) 被告人供述和有关当事人陈述。它包括：犯罪嫌疑人、被告人向司法机关所作的承认犯罪并交待犯罪事实的陈述或否认犯罪或具有从轻、减轻、免除处罚的辩解、申诉。被害人、当事人就案件事实向司法机关所作的陈述。

6) 鉴定结论。是指专业人员就案件有关情况向司法机关提供的专门性的书面鉴定意见。如，损伤鉴定、痕迹鉴定、质量责任鉴定等等。

7) 勘验、检验笔录。是指司法人员或行政执法人员对与案件有关的现场物品、人身等进行勘察、试验、实验或检查的文字记载。这项证据也具有专门性。

(3) 在工程索赔中的证据

1) 招标文件、合同文本及附件,其他的各种签约(备忘录、修正案等),发包人认可的工程实施计划,各种工程图纸(包括图纸修改指令),技术规范等。

2) 来往信件,如发包人的变更指令,各种认可信、通知、对承包人问题的答复信等。

3) 各种会谈纪要。

4) 施工进度计划和实际施工进度记录。

5) 施工现场的工程文件。

6) 工程照片。

7) 气候报告。

8) 工程中的各种检查验收报告和各种技术鉴定报告。

9) 工地的交接记录(应注明交接日期,场地平整情况,水电、路情况等),图纸和各种资料交接记录。

10) 建筑材料和设备的采购、订货、运输、进场,使用方面的记录、凭证和报表等。

11) 市场行情资料,包括市场价格、官方的物价指数、工资指数、中央银行的外汇比率等公布材料。

12) 各种会计核算资料。

13) 国家法律、法令、政策文件。

8.6.5 索赔的程序和方法

1. 索赔程序

(1) 提出索赔要求

当出现索赔事项时,承包人以书面的索赔通知书形式,在索赔事项发生后的 28 天以内,向工程师正式提出索赔意向通知。

(2) 报送索赔资料

在索赔通知书发出后的 28 天内,向工程师提出延长工期和(或)补偿经济损失的索赔报告及有关资料。

(3) 工程师答复

工程师在收到承包人送交的索赔报告的有关资料后,于 28 天内给予答复或要求承包人进一步补充索赔理由和证据。

(4) 工程师逾期答复后果

工程师在收到承包人送交的索赔报告的有关资料后,28 天未予答复或未对承包人作进一步要求,视为该项索赔已经认可。

(5) 持续索赔

当索赔事件持续进行时,承包人应当阶段性向工程师发出索赔意向,在索赔事件终了后 28 天内,向工程师送交索赔的有关资料和最终索赔报告,工程师应在 28 天内给予答复或要求承包人进一步补充索赔理由和证据。逾期未答复,视为该项索赔成立。

(6) 仲裁与诉讼

工程师对索赔的答复,承包人或发包人不能接受,即进入仲裁或诉讼程序。

2. 索赔文件的编制方法

(1) 总述部分

概要论述索赔事项发生的日期和过程;承包人为该索赔事项付出的努力和附加开支;承包人的具体索赔要求。

(2) 论证部分

论证部分是索赔报告的关键部分,其目的是说明自己有索赔权,是索赔能否成立的关键。

(3) 索赔款项(或工期)计算部分

如果说合同论证部分的任务是解决索赔权能否成立,则款项计算是为解决能得多少款项。前者定性,后者定量。

(4) 证据部分

要注意引用的每个证据的效力或可信程度,对重要的证据资料最好附以文字说明,或附以确认件。

3. 反索赔

(1) 工程反索赔的概念

反索赔是相对索赔而言,是对提出索赔的一方的反驳。发包人可以针对承包人的索赔进行反索赔,承包人也可以针对发包人的索赔进行反索赔。通常的反索赔主要是指发包人向承包人的反索赔。

(2) 工程反索赔的特点

1) 索赔与反索赔同时性。

2) 技巧性强,处理不当将会引起诉讼。

3) 在反索赔时,发包人处于主动的有利地位,发包人在经工程师证明承包人违约后,可以直接从应付工程款中扣回款项,或从银行保函中得以补偿。

(3) 发包人相对承包人反索赔的内容

1) 工程质量缺陷反索赔;

2) 拖延工期反索赔;

3) 保留金的反索赔;

4) 发包人其他损失的反索赔。

第 9 章　工程项目资源管理

9.1　工程项目资源管理概述

9.1.1　工程项目资源管理(以下简称"项目资源管理")概念和目的

1. 工程项目资源管理概念

工程项目资源指项目中使用的人力资源、材料、机械设备、技术和资金等。房屋建筑工程项目资源管理(以下简称工程项目资源管理)是指对上述资源进行的计划、供应、使用、控制、检查、分析和改进等管理过程。

2. 工程项目资源管理目的

工程项目资源管理的目的是满足需要、降低消耗、减少支出,节约物化劳动和活劳动。

9.1.2　工程项目资源管理体制

(1) 工程项目资源的供应权应主要集中在企业管理层,有利于利用企业管理层的服务作用、法人地位、企业信誉、供应体制。企业管理层应建立资源专业管理部门,健全资源配置机制。

(2) 工程项目资源的使用权掌握在项目管理层手中,有利于满足使用需要,进行动态管理,搞好使用中核算、节约,降低项目成本。

(3) 项目管理层应及时编制资源需用量计划,报企业管理层批准并优化配置。

(4) 项目管理层和企业管理层不应建立合同关系和承包关系,而应充分发挥企业行政体制、运转机制和责任制度体系的作用。

(5) 工程项目资源管理要防范风险,原因是在市场环境下,各种资源供应存在很大风险。防范风险首先要进行风险预测和分析;其次要有风险应对方案;第三要充分利用法律、合同、担保、保险、索赔等手段进行防范。

(6) 不应设立企业内部资源市场。这是因为:第一,市场具有供应机制、价格机制和竞争机制,企业内部不能、也不允许具有全面的市场机制;第二,市场要对优化工程项目资源配置起基础作用,内部市场的这个作用不明显;第三,内部市场不能代替计划、行政指挥和监督等管理职能;第四,社会市场的形成与完善使企业可以直接进行市场化运作,不需另设内部市场;第五,内部市场的含义不够确切。代替内部市场作用的是计划机制的加强。

9.2　工程项目人力资源管理

9.2.1　工程项目人力资源管理概述

1. 工程项目人力资源管理的概念

工程项目人力资源指涉及项目的作业人员和管理人员。工程项目人力资源管理可以定义为根据项目目标,采用科学的方法,对项目组织成员进行合理的选拔、培训、考核、激励,使其融合到组织之中,并充分发挥其潜能,从而保证高效实现项目目标的过程。

工程项目人力资源管理包括两个方面:一是人力资源的外在因素,即量的方面的管理;另一方面是对人力资源内在因素,即心理和行为等质的方面的管理。现代项目管理把人力资源看作企业生存与发展的一种可以再生的重要战略资源,而不再将企业员工仅仅作为简单的劳动力对待。

2. 工程项目人力资源管理的特点

(1) 进行人力资源管理应掌握人力资源的以下特点:能动性、实效性、再生性、消耗性和社会性。项目人力资源管理除了注意上述特点外,也要针对人员组合的临时性,在项目的生命周期内进行有针对性地管理。

(2) 强调团队建设

因为项目任务是以团队的方式来完成的,所以在项目人力资源管理中,建设一个和谐、士气高昂的项目团队是一项重要的任务。人员招聘、培训、考核、激励等工作都应充分考虑项目团队建设的要求。

(3) 具有更大的灵活性

由于项目组织是一个临时性组织,在项目开始时成立,在项目结束后解散。在项目目标实现的过程中,各阶段任务变化大,人员变化也大。因此人力资源管理必须有灵活性。

3. 项目人力资源管理的过程

(1) 编制人力资源规划

人力资源规划就是根据项目目标及工作内容的要求确定项目组织中人员的位置、责任、权限和职责的过程。

(2) 人员配备

人员配备就是根据项目计划的要求,确定项目整个生命期内各个阶段所需要的各类人员的数量和技能,并通过招聘或其他方式,获得项目所需人力资源,从而构建成一个项目组织或团队的过程。

项目经理部在编制和报送劳动力需求计划时,应根据施工进度计划和作业特点。由于一般地施工总承包企业和专业承包企业不设置固定的作业队伍,故企业管理层应同选中的劳务分包公司签订劳务分包合同,再按计划供应到项目经理部。如果由于项目经理部远离企业管理层需要自行与劳务分包公司签订劳务分包合同,应经企业法定代表人授权。项目经理部对施工现场的劳动力进行动态管理应做到以下几点:第一,随项目的进展进行劳动力跟踪平衡,根据需要进行补充或减员,向企业劳动管理部门提出申请计划。第二,为了使作业班组有计划地进行作业,项目经理部向班组下达施工任务书,根据执行结果进行考核,支付费用,进行激励。第三,项目经理部应加强对劳务人员的教育培训和思想管理,对作业效率和质量进行检查、考核和评价。

(3) 团队成员的开发

项目团队成员的开发就是对项目组织或团队成员进行必要的考核、培训和激励,从而实现充分发挥团队成员个人或集体的创造性和潜力、提高项目团队整体工作绩效的过程。

9.2.2 工程项目人力资源管理的工具

1. 责任分配矩阵

责任分配矩阵是一种将项目所需完成的工作落实到项目有关部门或个人、并明确表示出他们在组织中的关系、责任和地位的一种方法和工具。它将人员配备工作与项目工作分解结构相联系,明确表示出工作分解结构中的每个工作单元由谁负责、由谁参与,并表明了每个人或部门在整个项目中的地位。一般情况下,责任矩阵中纵向列出项目所需完成的工作单元,横向列出项目组织成员或部门名称,纵向和横向交叉处表示项目组织成员或部门在某个工作单元中的职责。表示职责的符号有多种形式,常见的有字母、数字和几何图形。表9-1就是一份责任分配矩阵。

责任分配矩阵 表9-1

WBS	项目经理	总工程师	总支书记	人力资源部	工程技术部	质量管理部	安全监督部	合同预算部	物资机电部	思想行政部
管理规划	D	M	A	A	C	A	A	A	A	A
进度管理	D	M	A	A	C	A	A	A	A	A
质量管理	D	M	A	A	A	C	A	A	A	A
费用管理	D M	A	A	A	A	A	A	C	A	A
安全管理	D	M	A	A	A	A	C	A	A	A
资源管理	D M	A	A	C	A	A	A	A	C	A
现场管理	D	M	A	A	C	A	A	A	A	A
合同管理	D M	A	A	A	A	A	A	C	A	A
组织协调	D	M	A	A	C	A	A	A	A	A
思想政治	D	A	M	A	A	A	A	A	A	C

字母说明: D(decision-making) 决策; M(mastermind) 主持;
C(charge) 主管; A(attach in) 参与。

2. 人力资源横道图

人力资源横道图是在横道图进度计划上标注当时的人力资源需要数量的图形,可供人力资源调配和人力资源平衡使用,见图9-1所示。

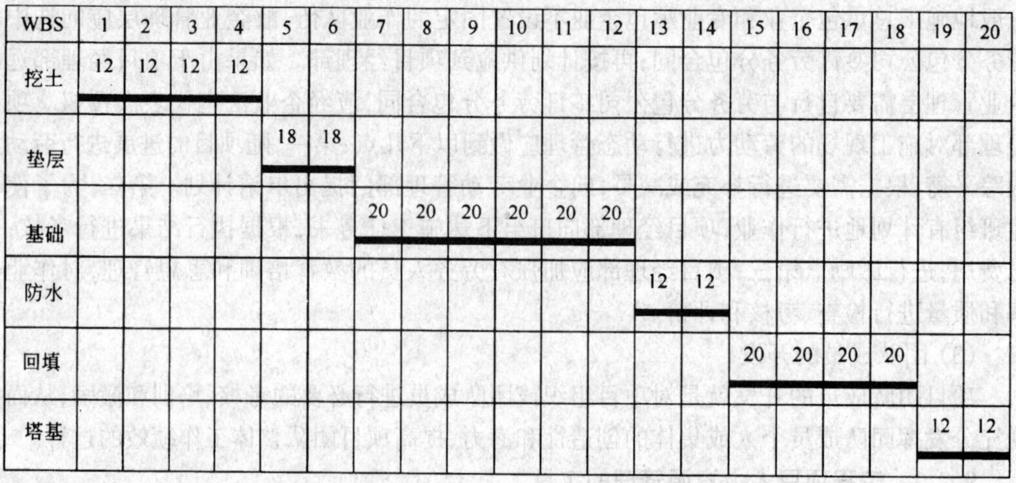

WBS	1	2	3	4	5	6	7	8	9	10	11	12	13	14	15	16	17	18	19	20
挖土	12	12	12	12																
垫层					18	18														
基础							20	20	20	20	20	20								
防水													12	12						
回填															20	20	20	20		
塔基																			12	12

图9-1 人力资源横道图

3. 人力资源需求曲线

人力资源需求曲线是根据项目资源横道图或网络图计划中对各项工作的计划安排,统计并形象表示出各时间段项目所需人力资源数量的曲线。它具有绘制简单、解读容易的特点,可以帮助我们制定人员配备计划及进行人员配备的优化,图9-2是一份人力资源需求曲线(又称人力资源负荷图)。

4. 人力资源需求累计曲线

人力资源需求累计曲线是在资源需求曲线的基础上,按时间的发展进行累计而形成的曲线,呈S形状。它可用来进行计划需求和实际供应的比较,起到控制人力资源数量的作用,图9-3是一份人力资源需求累计曲线。

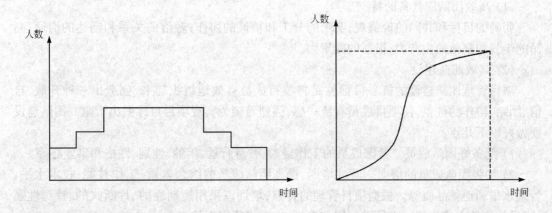

图9-2 人力资源需求曲线(人力资源负荷图)   图9-3 人力资源需求累计曲线

5. 当代激励理论

(1) 马斯洛的需求层次论:美国心理学家马斯洛认为,人类的需求可以分为5个层次,从低到高依次为生理需要、安全需要、社交需要、尊重需要、自我实现的需要。只有较低层次的需要得到满足,才会产生更高层次的需要。最低三个层次的需求是最基本的、持续性的需求,每个人都必须在这三个需求得到满足之后,才能感到健康,产生更高两个层次的需求。项目管理的任务就是要通过不同的激励方式使人员得到尊重,从而产生自我实现的激情。

(2) 赫次伯格的双因素理论:赫次伯格认为,所有影响激励效果的事情都可分为两类,一类是让人们灰心的因素,称为保健因素,另一类是激励因素,见表9-2。保健因素的满足对激励来说是中型的,但是如果得不到满足,对激励就是负面的。当报酬令人满意时,对激励来说是中型的,不满意时就是负激励。

双因素一览表   表9-2

保健因素	激励因素	保健因素	激励因素
工作环境	成就	与下级的关系	晋升
薪水	认同感	安全	赏识
与同事的关系	工作本身	工作保障	成长机会
公司的政策与行政管理	责任	个人生活	

(3) 期望值理论:美国心理学家拂鲁姆提出,某一活动对人的激励力量,取决于他所得到的结果的全部预期价值,与他认为达成该结果的期望概率。用公式可表示为:

$$M = VE \qquad (9-1)$$

式中　M——激发力量。指调动一个人的积极性,激发人的内部潜力的强度;

　　　V——效用。指达成目标后对于满足个人需要的价值的大小;

　　　E——期望值。根据以前的经验进行主观判断的、一定行为能导致某种结果的概率。

该理论提出了在进行激励时要处理好努力与绩效的关系、绩效与奖励的关系、奖励与满足个人需要的关系。这也是调动人们积极性的三个条件。

9.2.3　行为科学的应用实例

(1) 高效团队应具备的特点

明确的目标和共同的价值观;明晰的分工和精诚的协作;融洽的关系和畅达的沟通;高昂的士气和高效的生产力;很强的凝聚力。

(2) 高效团队建设

项目管理团队建设的核心目标就是将项目成员有效地组织起来,创造出一种开放、自信、团结、协作的气氛,使项目成员有统一感,强烈希望为实现项目目标做出贡献。团队建设要做好以下几点:

1) 配备好团队成员。考虑成员的工作经验、教育背景、年龄、性别、性格和事业心等。

2) 加强团队成员的培训。通过培训,提高团队成员的综合素质、工作技能、技术水平、管理水平和道德品质等。根据项目管理的特点,培训以采用短期性的、片断式的、针对性强的、见效快的方式为好。必须进行岗前培训,也要进行岗上培训。

3) 搞好对团队成员的激励。激励是调动团队成员工作积极性和创造性的重要手段,应做好以下几项工作:

① 明确责任。即清楚、具体地明确团队成员应承担哪些任务,任务完成后交付什么成果。

② 授权。即授予团队成员与责任相匹配的权限,给予一定的自主权和资源使用权,以便充分发挥主观能动性和创造性。

③ 制定绩效考评办法。即采用科学的方法,检查和评估团队成员工作完成质量,确定其工作业绩。因此,要采用有效的绩效考评程序,合理确定工作标准,规定成绩评定办法。绩效考评程序是:制定绩效考评计划→明确考评标准和使用方法→收集信息资料→分析评估→得出考评结果→将考评结果反馈给项目成员→利用考评结果进行人员管理。

④ 给予适当的奖励与激励。即根据绩效给团队成员以物质奖励和精神激励,以调动其工作的积极性、主动性和创造性,提高工作效率。特别要坚持三项原则:一是按成绩给奖;二是导致损失要罚;三是要利用行为科学因人而异地给予激励(行为科学主要利用需要层次论)。

4) 进行有效的冲突管理。解决冲突有以下方法:协商、妥协、缓和、强制、退出等,应以前两者为主。

5) 加强团队文化建设:团队文化指团队的管理理念、经营目的、管理制度、价值观念、行为规范、道德风尚、社会责任、队伍形象等。团队文化的核心是 VMV,即远景、使命、价值观。

6) 提高凝聚力:是指团队对每个成员的吸引力和向心力。有凝聚力的团队具有以下特征:沟通快、成员有归属感、有良好的实现自我价值和发展的条件。

7) 提高团队士气。团队士气是成员为实现目标的精神状态和工作作风。高士气的团队凝聚力高、没有离心倾向、具有解决内部矛盾和适应环境变化的能力、彼此理解、具有认同感和归属感、掌握目标、支持领导、维护团队。

8) 做好以下工作:
① 促进团队成员相互了解、相互信任、相互依赖。
② 定期召开团队会议,举行团队活动,以增强凝聚力。
③ 通过各种方法提高团队的士气,提高战斗力。
④ 培养团队成员的团队意识,以实现团队目标为己任,在实现目标的同时,接受锻炼,增加经验,提高能力,提升个人价值。
⑤ 培养团队成员的对内合作精神和对外沟通能力,并与激励相结合。
⑥ 培养团队成员的道德品质和工作技能,使其得到提高与发展。

(3) 进行激励应注意的问题
1) 对于不同的员工,应采取不同的激励手段。
2) 适当拉开实际绩效的档次。
3) 注意期望心理的疏导。
4) 注意公平心理的疏导。
5) 恰当地树立奖励目标。
6) 注意奖励时机和奖励频率。

9.2.4 人力资源管理的结果

人力资源管理的结果如下:
(1) 员工绩效和组织绩效的提高;
(2) 为项目的有效进行创造良好的人力资源条件和环境。

9.3 工程项目材料管理

9.3.1 工程项目材料管理概述

1. 工程项目材料管理的意义
(1) 搞好材料质量管理是保证项目实施的先决条件;
(2) 搞好材料质量管理是提高工程质量的重要保证;
(3) 搞好材料质量管理可以保证进度目标的实现;
(4) 搞好材料质量管理可以大大降低成本,增加盈利水平。

2. 项目材料管理的任务
项目材料管理的任务是:
(1) 保证材料适时、适地、按质、按量、成套、齐备地供应;
(2) 节省材料采购和保管费用;
(3) 合理使用材料,减少材料损耗,降低材料成本。

3. 项目材料管理的主要过程
(1) 材料需用计划的编制。材料需用计划应当包括需要材料的品种与规格、数量与质量、需用进度和数量、材料资金的需要量和来源；

（2）材料订货或采购。在市场经济中,该过程必须在市场中进行,按采购理论科学地进行操作；

（3）材料现场管理。该过程包括：验收与试验、现场平面布置、库存管理、使用中的管理等；

（4）材料核算。包括：上述过程的核算、项目材料资金的结算、材料成本的核算等。

9.3.2 材料管理要点

1. 材料管理重点

由于材料费用占项目成本的比例最大,故加强材料管理对降低项目成本最有效。首先应加强对 A 类材料的管理,因为它的品种少、价值量大,故既可以抓住重点,又很有效。在材料管理的诸多环节中,采购环节最有潜力,因此,企业管理层应承担节约材料费用的主要责任,优质、经济地供应 A 类材料。项目经理部负责零星材料和特殊材料（B 类材料和 C 类材料）的供应。项目经理部应编制采购计划,报企业物资部门批准,按计划采购。

2. 材料采购的基本原则和原理

采购管理是项目管理中的一个管理过程,采购管理过程的质量直接影响项目成本、工期、质量目标的实现。材料采购的基本原则是：保证采购的经济性和效率性；保证质量符合设计文件和计划要求；及时到位；保证采购过程的公平竞争性；保证采购程序的透明性和规范化。项目采购管理的程序包括：做好准备；制定项目采购计划；制定项目采购工作计划；选择项目采购方式；询价；选择产品供应商；签订合同并管理；采购收尾工作。项目采购的原理是回答下列问题：采购什么？何时采购？如何采购？采购多少？向谁采购？以何种价格采购？

3. 项目经理部应加强材料使用中的管理

项目经理部主要应加强材料使用中的管理：建立材料使用台账、限额领料制度和使用监督制度；编制材料需用量计划；按要求进行仓库选址；做好进场材料的数量验收、质量认证、记录和标识；确保计量设备可靠和使用准确；确保进场的材料质量合格再投入使用；按规定要求搞好储存管理；监督作业人员节约使用材料；加强材料使用中的管理和核算；重视周转材料的使用和管理；搞好剩余材料和包装材料的回收等。

9.3.3 材料的分类

工程项目所需的材料数量大,品种多,功用范围广。对材料进行分类,是材料管理的一项基础工作。可以有许多种分类方法。

1. 按材料在项目实施中的作用分类

可分为以下几类：

（1）主要材料。指构成工程实体的各种材料,包括钢材、水泥木材、各种地方材料（砖、瓦、砂、石等）、水、电材料等。

（2）结构件。包括金属、木质、钢筋混凝土等预制的的结构物和构件等。

（3）周转材料。指具有工具性的脚手架、模板等。

（4）机械配件。

（5）其他材料。指不构成工程实体,但是生产必须的材料,如燃料、油料、氧气、砂纸等。

以上分类便于制定材料消耗定额,对成本控制有利。

2. 用 ABC 分类法进行分类

A 类材料指占材料费用总量的 80% 左右的少数几种材料,其品种只占总品种的 10%～15% 左右。B 类材料是指占材料费用总量的 15%,品种占总品种的 20%～30% 左右的材料;其余材料的费用占总费用的 5%,而品种却占到总品种的 60%～65%,称为 C 类材料。这种关系可用一句话表示其规律性,即"关键的少数,次要的多数",其品种比例并不是绝对的,应视企业的经营战略和市场环境由领导按上述原理决策,选取 A 类材料作为项目材料管理的重点,B 类次之。

运用 ABC 分类法进行材料分类要列表进行:把价值量最多的材料排在表的最上端,向下依次递减;然后自上向下累加材料费用;在表中截取 A、B、C 三类材料。

例如,某工程项目的物资部门将其存储的物资进行了分析,结果见表 9-3,求其 A、B、C 分类结果。

按价格和比重排列表　　　　　　表 9-3

序 号	材料名称	合价(元)	比重(%)	累计比重(%)
1	42.5 水泥	4222447.63	31.2	31.2
2	钢 模	3423971.96	25.3	56.5
3	钢脚手管	3275103.61	24.2	80.7
4	黏土砖	609006.87	4.5	85.2
5	钢 筋	568406.41	4.2	89.4
6	52.5 水泥	433071.55	3.2	92.6
7	净 砂	284203.21	2.1	94.7
8	碎 石	148868.35	1.1	95.8
9	石 灰	121801.37	0.9	96.7
10	木 材	81200.92	0.6	97.3
11	32.5 水泥	67667.43	0.5	97.8
12	水暖材料	54133.94	0.4	98.2
13	电 料	54133.94	0.4	98.6
14	油 毡	54133.94	0.4	99.0
15	油 漆	40600.49	0.3	99.3
16	隔离剂	27066.97	0.2	99.5
17	其 他	67667.43	0.5	100
18	总 计	13533486		

由于累计总比重占 80% 的材料是主要材料,故本例为 1、2 种。累计总比重为 80%～95% 的材料是次要材料,本例为 3、4、5、6、7 种。其余 11 种为一般材料。

9.3.4 材料采购

1. 采购计算原理

材料采购涉及采购费和储存费,采购批量大,虽然减少了采购次数,使采购费降低,但是储存费却会增多;采购批量小虽然增加了采购费用,却可以节省储存费。总费用的计算应按图9-4推导公式。

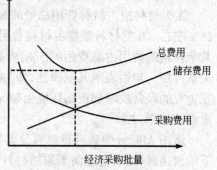

图9-4 经济采购批量示意图

设:q——采购批量(图9-5);
　　S——年材料总量,元;
　　A——仓库年储存费率;
　　C——每次采购费;
　　P——材料单价;
　　q_0——经济采购批量。

总费用 = 采购费 + 储存费 = $S/q \times C + q/2 \times P \times A$

(9-2)

根据图9-4分析,经济采购批量是采购费和储存费之和最低时的采购批量,经推导,得以下计算公式:

$$q_o = \sqrt{2SC/PA} \qquad (9-3)$$

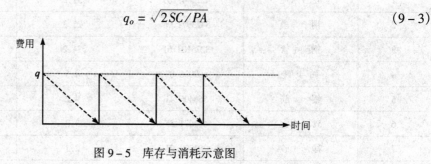

图9-5 库存与消耗示意图

2. 材料采购实例

(1) 背景

某项目的年计划钢材需用量为8254万元,物资部门按3t/万元进行采购,由一个炼钢厂供应。合同规定厂方可按每次催货要求时间发货。有关部门提出三个方案:A_1方案每月交货一次;A_2方案每半月交货一次;A_3方案每10天交货一次。求总费用最省的发货经济批量和供应间隔期。

据历史资料,每次采购费用 $C = 3000$ 元;仓库年材料储存费率 $A = 0.03$,即储存费收取材料费的3%。

(2) 问题

1) 项目材料采购应注意哪些问题?

2) 通过科学计算,寻求最优采购批量和供应间隔期。

(3) 分析

1) 材料采购应注意以下几点:

① 项目经理部所需主要材料、大宗材料应编制材料需要计划,由企业物资部门订货或从市场中采购。

② 材料采购必须按照企业质量管理体系和环境管理体系的要求,依据项目经理部提出

的材料计划进行采购。首先选择企业发布的合格分供方的厂家;对于企业合格分供方名册以外的厂家,在必须采购其厂家产品时,要严格按照"合格分供方选择与评定工作程序"执行,即按企业规定经过对分供方审批合格后,方可签订采购合同进行采购;对于不需要进行合格分供方审批的一般材料,采购金额在5万元以上的(含5万元),必须签订订货合同。

③ 材料采购要注意采购周期、批量、存量满足使用要求,并使采购费和储存费综合最低。

2) 经济采购批量计算:

① 比较 A_1、A_2、A_3 三个方案的采购费和储存费:

设 q_1 为 A_1 方案的订购批量,则

A_1 方案:q_1(发货批量) = 8254 ÷ 12 = 687.833 万元

q_1(发货批量) = 687.833 × 3 = 2063.499t

则采购费和储存费 F_1 为:

$F_1 = q_1 ÷ 2 × p × A + S ÷ q_1 × C = 687.833 ÷ 2 × 0.33 + 12 × 0.3$

$= 10.32 + 3.6 = 13.92$ 万元

设 q_2:为 A_1 方案的订购批量,则

A_2 方案:$q_2 = 8254 ÷ 24 = 343.92$ 万元

$q_2 = 343.92 × 3 = 1031.75$t

则采购费和储存费 F_2 为:

$F_2 = q_2 ÷ 2 × p × A + S ÷ q_1 × C = 343.92 ÷ 2 × 0.03 + 24 × 0.3$

$= 5.16 + 7.2 = 12.36$ 万元

设 q_3 为 A_3 方案的订货批量,

A_3 方案:$q_3 = 8354 ÷ 36 = 229.28$ 万元

$q_3 = 229.28 × 3 = 687.84$t

则采购费和储存费 F_3 为:

$F_3 = q_2 ÷ 2 × p × A + S ÷ q_1 × C = 229.28 ÷ 2 × 0.03 + 36 × 0.3$

$= 3.44 + 10.8 = 14.24$ 万元

从 A_1、A_2、A_3 三个方案比较来看 A_2 方案费用最小。

② 求总费用最省的采购经济批量 q_0 和供应间隔期 T_j:

订货总量:$S = 8254$ 万元/年

合同每季交货量:8254 ÷ 4 = 2063.5 万元/季

2063.5 × 3 = 6190.6t/季

最优采购经济批量:

$q_0 = \sqrt{2SC/PA} = \sqrt{(2 × 8254 × 3 × 0.3)/(0.33 × 0.03)}$

$= 1225.04$t

发货次数　$n = 8254 × 3 ÷ 1225.04 = 20.2$ 次,取 20 次

发货间隔期　$T_j = 365 ÷ 20 = 18.25$ 天,取 18 天

每次采购量　$8254 × 3 ÷ 20 = 1238$t

9.4 机械设备管理

9.4.1 机械设备管理概述

机械设备技术含量高,工作效率高,可完成人力不能胜任的任务,故应是项目管理中应高度重视并大力采用的生产要素,必须加强管理。由于项目经理部没有自有机械设备,使用的机械设备是企业内部的或租赁的,或企业专门为该项目购买的,故项目经理部应编制机械设备使用计划报企业管理层审批,对进入现场的机械设备进行安装验收,在使用中加强管理并维护好机械设备,保养和使用相结合,提高机械设备的利用率和完好率。操作人员持证上岗,实行岗位责任制,按操作规范作业,搞好班组核算、单机核算和机组核算,对操作人员进行考核和激励,从而提高工作效率,降低机械使用成本。

9.4.2 机械设备选购

机械设备选购可以有多种方法,包括年等值比较法、单位工程量成本比较法和界限时间比较法等,下面介绍年等值比较法。

用年等值比较法选购机械,必须考虑以下因素:购入机械的第一次费用;机械每年支付的使用费,包括安装、拆卸、运输、修理、动力及人工费用等;机械使用年限;残值;资金机会成本;复利因素等。可以使用式(9-4):

机械年等值成本 = (机械购入价格 - 残值)×资金回收系数 + 残值利息 + 机械的年使用费

$$\text{(9-4)}$$

式中:资金回收系数 = $\dfrac{i(1+i)^n}{(1+i)^n - 1}$ (9-5)

它的现金流量图见图9-6所示。

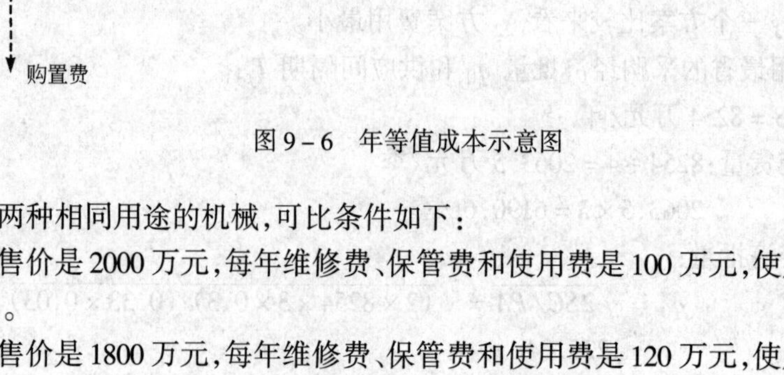

图9-6 年等值成本示意图

例如,有两种相同用途的机械,可比条件如下:

甲机:出售价是2000万元,每年维修费、保管费和使用费是100万元,使用寿命20年,估计残值为5%。

乙机:出售价是1800万元,每年维修费、保管费和使用费是120万元,使用寿命15年,估计残值也为5%。

假设年贷款利率均为6%,每年年末还款,每年维修费、保管费和使用费也是年末支付。要求进行计算优选。

按年等值成本计算如下：

$$甲机 = (2000 - 2000 \times 5\%) \times \frac{0.06(1+0.06)^{20}}{(1+0.06)^{20}-1} + 2000 \times 5\% \times 6\% + 100 = 271.65 \text{ 万元}$$

$$乙机 = (1800 - 1800 \times 5\%) \times \frac{0.06(1+0.06)^{15}}{(1+0.06)^{15}-1} + 1800 \times 5\% \times 6\% + 120 = 301.47 \text{ 万元}$$

比较甲机和乙机的上述年费用，甲机的年费用较低，故推荐选购甲机。

9.4.3 机械施工方案选择

1．机械施工方案选择的原则

第一，坚持选用单方费用低的方案。单方费用可以采用式(9-6)进行计算：

$$单方费用 = 台班单价 \div 台班产量 \qquad (9-6)$$

第二，机械配置要配套，避免机械窝工。

2．机械施工方案选择实例

某项目有大体积挖土施工任务 20 万 m^3，全部外运，平均运土距离为 10km，合同工期 20 天。有甲、乙种液压挖土机和 A、B 两类自卸汽车，两班作业。其主要参数见表 9-4 和表 9-5。

挖 土 机 表 9-4

型　号	甲	乙	型　号	甲	乙
斗容量(m^3)	0.75	1.00	台班单价(元/台班)	1800	3200
台班产量(m^3)	500	650			

自 卸 汽 车 表 9-5

能　力	A	B	能　力	A	B
运距10km台班运量(m^3)	40	60	台班单价(元/台班)	600	750

3．问题

1) 挖土机和自卸汽车各选何种？
2) 每立方米的经济挖运费是多少？
3) 挖土机和自卸汽车各配置多少台(辆)？
4) 如果全部设备都要租入，外加杂费 5%，该项挖运土方任务的总成本是多少？

4．分析与解答

1) 挖土机每 m^3 土方的挖土直接费各为：

甲机：$1800 \div 500 = 3.6$ 元/m^3；　乙机：$3200 \div 650 = 4.9$ 元/m^3　故甲机便宜。

自卸汽车每 m^3 运土直接费分别为：

A 车：$600 \div 40 = 15$ 元/m^3；　B 车：$750 \div 60 = 12.5$ 元/m^3　故取 B 机便宜。

2) 每 m^3 土方挖运直接费为 $3.6 + 12.5 = 16.1$ 元/m^3。

3) 每天需挖土机的数量为：$200000 \div (500 \times 20 \times 2) = 10$ 台

每天安排 B 自卸汽车数：$200000 \div (60 \times 20 \times 2) = 83$ 辆

4) 该项挖运土方任务的总成本计算如下：

$$200000 \times 16.1 \times (1 + 5\%) = 3381000 \text{ 元} = 338.1 \text{ 万元}$$

第10章 工程项目施工现场管理

10.1 工程项目施工现场管理概述

10.1.1 施工项目现场管理的概念和意义

施工项目现场管理是指对施工现场内的活动及空间使用所进行的管理。施工现场是指用于该项目的施工活动,经有关部门批准占用的场地,包括红线以内和红线以外的用地,该项目的施工结束后,这些场地将不再使用。施工项目现场管理的意义如下:

(1) 施工项目现场管理是施工项目管理的一个重要部分。良好的现场管理能使场容美观整洁,道路畅通,材料放置有序,施工有条不紊,安全、消防、保安均能得到有效保障,且能使与项目有关的各方都满意。

(2) 施工项目现场管理是一面"镜子",能照出施工单位的面貌。文明的施工现场,会赢得广泛的社会信誉。

(3) 施工现场是进行施工的"舞台",所有的施工活动和管理活动都在这个"舞台"上进行,这个"舞台"的管理是现场各种活动良好开展的保证。

(4) 施工现场管理是处理各方关系的"焦点",它关系着城市规划、市容整洁、交通运输、消防安全、文物保护、居民生活、文明建设、绿化环保、卫生健康等领域,要贯彻与上述各项有关的许多法律法规。

(5) 施工现场是各项管理工作联系的"纽带",各项管理工作都在这里相互关联地进行着,现场管理给各项管理工作以保证,又受着各项管理工作的约束。

10.1.2 施工现场管理的依据

施工现场管理的依据很多,主要有以下各项:

(1) 各相关法律法规中的有关规定。包括:《建筑法》、《环境保护法》、《消防法》、《城市土地管理法》、《文物保护法》、《绿化法》、《安全生产法》、《食品卫生法》等。

(2)《建设工程施工现场管理规定》(建设部第15号令)及工程所在地的施工现场管理规定。《建设项目施工现场管理规定》是建设部于1991年发布的文件,全文共6章39条,是加强施工现场管理、保障工程施工顺利进行的纲。各省、自治区、直辖市均制定了施工现场管理规定,在其辖区内施工均应遵守。

(3) 工程施工安全、消防的标准、规范和规程,《建筑施工场界噪声限值》(GB 12523—90)等。

(4)《环境管理系列标准》(GB/T 24000—ISO 14000)和《职业健康安全管理体系 规范》(GB/T 28001—2001)。前者是施工现场建立环境监控体系的依据;后者是施工现场建立职业健康安全管理体系的依据。

(5) 施工平面图。施工平面图是在施工项目管理实施规划中编制的、主要用来进行现场布置和管理的规划性文件。

10.1.3 施工现场管理的总体要求

对施工现场管理的总体要求如下：

(1) 项目经理部应做到文明施工、安全有序、整洁卫生、不扰民、不损害公众利益。

(2) 项目经理部在现场入口处的醒目位置，公示"五牌"、"二图"。"五牌"是：工程概况牌，安全纪律牌，防火须知牌，安全无重大事故计时牌，安全生产、文明施工牌；"二图"是：施工总平面图，项目经理部组织构架及主要管理人员名单图。

(3) 项目经理部应经常巡视检查施工现场管理，认真听取各方意见和反映，及时抓好整改。

10.1.4 规范场容

"规范场容"有以下主要要求：

(1) 用施工平面图设计的科学合理化和物料器具定位标准化保证施工现场场容规范化。

(2) 对施工平面图设计、布置、使用和管理的要求是：结合施工条件；按施工方案和施工进度计划的要求；按指定用地范围和内容布置；按施工阶段进行设计；使用前通过施工协调会确认。

(3) 按已审批的施工平面图和划定的位置进行物料器具的布置。

(4) 根据不同物料器具的特点和性质规范布置方式与要求，并执行其有关管理标准。

(5) 在施工现场周边按规范要求设置临时维护设施。

(6) 施工现场设置畅通的排水沟渠系统。

(7) 工地地面应做硬化处理。

10.1.5 环境保护

工程施工可能对环境造成的影响有：大气污染、室内空气污染、水污染、土壤污染、噪声污染、光污染、垃圾污染等。环境保护要求如下：

(1) 根据《环境管理系列标准》(GB/T 24000—ISO 14000)建立环境监控体系。

(2) 未经处理的泥浆和污水不得直接外排。

(3) 不得在施工现场焚烧可能产生有毒、有害烟尘和有恶臭气味的废弃物；禁止将有毒、有害废弃物作土方回填。

(4) 妥善处理垃圾、渣土、废弃物和冲洗水。

(5) 在居民和单位密集区进行爆破、打桩要执行有关规定。

(6) 对施工机械的噪声和振动扰民，应采取措施予以控制。

(7) 保护好施工现场的地下管线、文物、古迹、爆炸物、电缆。

(8) 按要求办理停水、停电、封路手续。

(9) 在行人、车辆通行的地方施工，应当设置沟、井、坎、穴覆盖物和标志。

(10) 温暖季节对施工现场进行绿化布置。

10.1.6 防火保安

1. 防火

(1) 必须按《中华人民共和国消防法》的规定，建立和执行防火管理制度。

(2) 现场道路应方便消防。

(3) 设置符合要求的防火报警系统。
(4) 消防设施应保持完好的备用状态。
(5) 在火灾易发生地区施工和储存、使用易燃、易爆器材,应采取特殊消防安全措施。
(6) 现场严禁吸烟。

2. 保安
(1) 现场应设立门卫。
(2) 必要时设置警卫。
(3) 采取必要的防盗措施。
(4) 对现场人员进行证卡管理。
(5) 施工现场通道、消防出入口、紧急疏散楼道、高度限制等,均应有标识。
(6) 按规定进行爆破作业的管理。

10.1.7 卫生防疫

卫生防疫涉及现场人员的身体健康和生命安全,因此要防止传染病和食物中毒事故发生,提高文明施工水平。

1. 卫生管理
(1) 施工现场不宜设置职工宿舍,必须设置时应尽量和建筑现场分开。
(2) 现场应准备必要的医务设施。
(3) 根据需要制定防暑降温措施,进行消毒、防病工作。
(4) 张贴急救车和有关医院电话号码。

2. 防疫管理
(1) 根据《中华人民共和国食品卫生法》和卫生管理规定加强对食堂、炊事人员和炊具管理。
(2) 现场食堂不得出售酒精饮料;现场人员在工作时间严禁饮用酒精饮料。
(3) 保证现场人员的饮水供应,炎热季节供应清凉饮料。

10.1.8 施工现场综合考评

(1) 施工现场综合考评是指对与施工现场有关的各方(发包人、承包人、监理人、设计人、材料和设备供应人)在现场的行为进行考核评价。目的是调动相关各方的积极性,提高现场管理水平,实现文明施工,确保施工质量和安全(人身安全、物料安全、环境安全)。
(2) 施工现场综合考评内容要覆盖全部施工项目的全过程。
(3) 综合考评的内容应包括施工组织管理、工程质量管理、施工安全管理、文明施工管理、业主和监理单位的现场管理。
(4) 考评办法可参照《建设工程施工现场综合考评试行办法》(建监[1995]407号)。

10.2 施工总平面图设计

10.2.1 施工总平面图设计理论

1. 施工总平面图的设计原则

施工总平面图是建设项目或群体工程的施工布置图,由于栋号多、工期长、施工场地紧张及分批交工的特点,使施工平面图设计难度大,应当坚持以下原则:

(1) 在满足施工要求的前提下布置紧凑,少占地,不挤占交通道路。

(2) 最大限度地缩短场内运输距离,尽可能避免二次搬运。物料应分批进场,大件置于起重机下。

(3) 在满足施工需要的前提下,临时工程的工程量应该最小,以降低临时工程费。故应利用已有房屋和管线,永久工程前期完工的为后期工程使用。

(4) 临时设施布置应利于生产和生活,减少工人往返时间。

(5) 充分考虑劳动保护、环境保护、技术安全、防火要求等。

2．施工总平面图的设计依据

设计施工总平面图应依据下列资料:

(1) 设计资料;

(2) 调查收集到的地区资料;

(3) 施工部署和主要工程施工方案;

(4) 施工总进度计划;

(5) 资源需要量表;

(6) 建筑工地业务量计算参考资料。

3．施工总平面图的设计步骤

施工总平面图的设计步骤应是:

引入场外交通道路→布置仓库→布置加工厂和混凝土搅拌站→布置内部运输道路→布置临时房屋→布置临时水电管线网和其他动力设施→绘制正式的施工总平面图。

4．施工总平面图的设计要求

施工总平面图的设计要求如下:

(1) 场外交通道路的引入与场内布置。一般大型工业企业都有永久性铁路建筑,可提前修建为工程服务,但应恰当确定起点和进场位置,考虑转弯半径和坡度限制,有利于施工场地的利用。当采用公路运输时,公路应与加工厂、仓库的位置结合布置,与场外道路连接,符合标准要求。当采用水路运输时,卸货码头不应少于两个,宽度不应小于2.5m,江河距工地较近时,可在码头附近布置主要加工厂和仓库。

(2) 仓库的布置。一般应接近使用地点,其纵向宜与交通线路平行,装卸时间长的仓库应远离路边。

(3) 加工厂和混凝土搅拌站的布置。总的指导思想是应使材料和构件的运输量小,有关联的加工厂适当集中。

(4) 内部运输道路的布置:提前修建永久性道路的路基和简单路面为施工服务;临时道路要把仓库、加工厂、堆场和施工点贯穿起来。按货运量大小设计双行环行干道或单行支线,道路末端要设置回车场。路面一般为土路、砂石路或礁渣路。尽量避免临时道路与铁路、塔轨交叉,若必须交叉,其交叉角宜为直角,至少应大于30°。

(5) 临时房屋的布置:

尽可能利用已建的永久性房屋为施工服务,不足再修建临时房屋。临时房屋应尽量利用活动房屋。

全工地行政管理用房宜设在全工地入口处。工人用的生活福利设施,如商店、俱乐部等,宜设在工人较集中的地方,或设在工人出入必经之处。

工人宿舍一般宜设在场外,并避免设在低洼潮湿地及有烟尘不利于健康的地方。

食堂宜布置在生活区,也可视条件设在工地与生活区之间。

(6) 临时水电管网和其他动力设施的布置:

尽量利用已有的和提前修建的永久线路。

临时总变电站应设在高压线进入工地处,避免高压线穿过工地。

临时水池、水塔应设在用水中心和地势较高处。管网一般沿道路布置,供电线路应避免与其他管道设在同一侧。主要供水、供电管线采用环状,孤立点可设枝状。

管线穿路处均要套以钢管,一般电线用 $\phi51 \sim \phi76$ 管,电缆用 $\phi102$ 管,并埋入地下 0.6m 处。

过冬的临时水管须埋在冰冻线以下或采取保温措施。

排水沟沿道路布置,纵坡不小于 0.2%,过路处须设涵管,在山地建设时应有防洪设施。

消火栓间距不大于 120m,距拟建房屋不小于 5m,不大于 25m,距路边不大于 2m。

各种管道间距应符合规定要求。

10.2.2 单位工程施工平面图设计理论

1. 单位工程施工平面图设计要求

布置紧凑,占地要省,不占或少占农田;短运输,少搬运;临时工程要在满足需要的前提下,少用资金;利于生产、生活、安全、消防、环保、市容、卫生、劳动保护等,符合国家有关规定和法规。

2. 单位工程施工平面图设计步骤

确定起重机的位置→确定搅拌站、仓库、材料和构件堆场、加工厂的位置→布置运输道路→布置行政管理、文化、生活、福利用临时设施→布置水电管线→计算技术经济指标。

3. 单位工程施工平面图设计要点

(1) 起重机械布置

井架、门架等固定式垂直运输设备的布置,要结合建筑物的平面形状、高度、材料、构件的重量,考虑机械的负荷能力和服务范围,做到便于运送,便于组织分层、分段流水施工,便于楼层和地面的运输,运距要短。

塔式起重机的布置要结合建筑物的形状及四周的场地情况布置。起重高度、幅度及起重量要满足要求,使材料和构件可达建筑物的任何使用地点。路基按规定进行设计和建造。

履带吊和轮胎吊等自行式起重机的行驶路线要考虑吊装顺序,构件重量,建筑物的平面形状、高度、堆放场位置以及吊装方法。

避免机械能力的浪费。

(2) 运输道路的修筑

应按材料和构件运输的需要,沿着仓库和堆场进行布置,使之畅行无阻。宽度要符合规定,单行道不小于 $3\sim3.5$m,双车道不小于 $5.5\sim6$m。木材场两侧应有 6m 宽通道,端头处应有 $12m\times12m$ 回车场。消防车道不小于 3.5m。

(3) 供水设施的布置

临时供水首先要经过计算、设计,然后进行设置,其中包括水源选择,取水设施,贮水设施,用水量计算(生产用水、机械用水、生活用水、消防用水),配水布置,管径的计算等。单位工程施工组织设计的供水计算和设计可以简化或根据经验进行安排。一般 $5000\sim10000m^2$

的建筑物施工用水主管径为50mm，支管径为40mm或25mm。消防用水一般利用城市或建设单位的永久消防设施。

(4) 临时供电设施

临时供电设计，包括用电量计算，电源选择，电力系统选择和配置。用电量包括电动机用电量、电焊机用电量，室内和室外照明容量。

4．施工平面图示例

某全现浇大模板多层住宅楼工程建筑面积4364.95m²。东西长63.20m，南北总宽11m，共6层，每层6个单元，每单元2户，层高2.7m，室内外高差0.6m，总高16.96m。

本工程在四周已建工程中插入施工，场地较狭小，搅拌机棚、砂石堆只能在已建工程间隙内堆放。石子备2层用量，约360m³，占地140m²；砂子备2层用量约140m³，占地60m²。其余砂石材料按施工进度陆续进场。楼板按2层用量进场，占地115m²；其余构件也按2层用量堆放，占地约70m²。

大模板有一半在流水作业时落地，平均每块占地4m²，包括钢平台，总占地140m²。

内隔墙板占地130m²；保温材料和纸面石膏板堆放占地180m²。

现场道路按4m宽考虑，路基夯实，上铺150mm厚级配砂石，并做混凝土面层。

施工平面图见图10-1和图10-2。

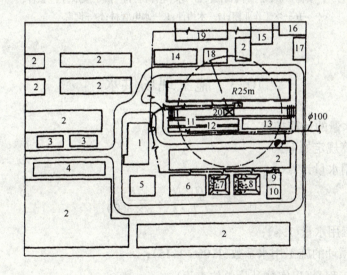

图10-1 结构施工阶段总平面布置图

1—已建锅炉房；2—已建其他建筑；3—工地办公室；4—钢筋半成品堆放区；
5—增强石膏空心隔板；6—外墙保温及纸面石膏板；7—砂子；8—石子；
9—搅拌机棚；10—水泥库；11—短向圆孔板；12—楼梯阳台等小型混凝土构件；
13—大模板堆放场地；14—脚手架木；15—铁件；16—木工作业棚；17—木构件；
18—水电管材；19—钢窗；20—塔式起重机 $R=25m$，$H=30m$

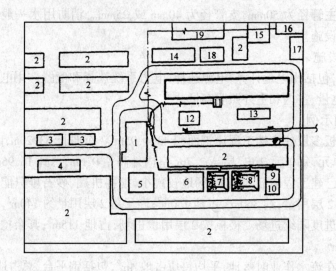

图 10-2 装修施工阶段总平面布置图

1—已建锅炉房;2—已建其他建筑;3—工地办公室;4—油工库房;5—增强石膏空心隔板;6—外墙保温及纸面石膏板;7—砂子;8—石子;9—搅拌机棚;10—水泥库;11—井架提升机;12—外檐石碴;13—水、电库房;14—脚手架木;15—铁件;16—木工作业棚;17—木构件;18—水电管材;19—钢窗

10.3 施工现场供水

10.3.1 用水量的计算规定

用水量的计算规定如下:

1. 现场施工用水量计算

$$q_1 = K_1 \sum \frac{Q_1 \cdot N_1}{T_1 \cdot t} \times \frac{K_2}{8 \times 3600} \qquad (10-1)$$

式中 q_1——施工用水量(L/s);

K_1——未预计的施工用水系数(1.05～1.15);

Q_1——日工程量(以实物计量单位表示);

N_1——施工用水定额;

T_1——年(季)度有效工作日;

t——每天工作班数;

K_2——用水不均衡系数。

2. 施工机械用水量计算

$$q_2 = K_1 \sum Q_2 N_2 \frac{K_3}{8 \times 3600} \qquad (10-2)$$

式中 q_2——机械用水量(L/s);

K_1——未预计的施工用水系数(1.05~1.15);

Q_2——同一种机械台数(台);

N_2——施工机械台班用水定额;

K_3——施工机械用水不均衡系数。

3. 施工现场生活用水量计算

$$q_3 = \frac{P_1 \cdot N_3 \cdot K_4}{t \times 8 \times 3600} \quad (10-3)$$

式中 q_3——施工现场生活用水量(L/s);

P_1——施工现场高峰昼夜人数,人;

N_3——施工现场生活用水定额[一般为20~60L/(人·d),视当地气候而定];

K_4——施工现场用水不均衡系数;

t——每天工作班数(班)。

4. 生活区生活用水量计算

$$q_4 = P_2 \cdot N_4 \cdot K_5 / 24 \times 3600 \quad (10-4)$$

式中 q_4——生活区生活用水(L/s);

P_2——生活区居民人数(人);

N_4——生活区昼夜全部生活用水定额;

K_5——生活区用水不均衡系数。

5. 消防用水量计算

最小10L/s;施工现场在25hm²以内时,不大于15L/s。

6. 总用水量(Q)计算

(1) 当$(q_1+q_2+q_3+q_4) \leq q_5$时,则 $Q = q_5 + 1/2(q_1+q_2+q_3+q_4)$;

(2) 当$(q_1+q_2+q_3+q_4) > q_5$时,则 $Q = q_1+q_2+q_3+q_4$;

(3) 当工地面积小于5hm²,而且$(q_1+q_2+q_3+q_4) < q_5$时,则 $Q = q_5$。

最后计算出总用水量(以上各项相加)还应增加10%的漏水损失。

10.3.2 供水管径计算

管径的计算公式

$$d = \sqrt{\frac{4Q}{\pi \cdot v \cdot 1000}} \quad (10-5)$$

式中 d——配水管直径(m);

Q——耗水量(L/s);

v——管网中水流速度(m/s)。

10.3.3 施工供水计算实例

住宅楼工程施工供水计算如下:

(1) 施工用水量:按日用水量最大的浇筑混凝土工程计算:

$$\text{施工用水量 } q_1 = K_1 \sum Q_1 \cdot N_1 \times \frac{K_2}{8 \times 3600}$$

式中未预计施工用水系数K_1取1.05;Q_1取最大日浇筑混凝土量46m³;用水定额N_1,

取 2400L/m³ 用水不均衡系数 K_2 取 1.5。

$$q_1 = 1.05 \times 46 \times 2400 \times \frac{1.5}{8 \times 3600} = 6.04 \text{ L/S}$$

因施工机械用水极少,不计算 q_2。

(2) 施工现场生活用水量:

$$\text{生活用水量 } q_3 = \frac{P_1 N_3 K_4}{t \times 8 \times 3600}$$

式中施工现场高峰人数 P_1 估取 150 人;生活用水定额 N_3 取 40L/(人·d);用水不均衡系数 K_4 取 1.4;每天工作班 t 取 2。

$$q_3 = \frac{150 \times 40 \times 1.4}{2 \times 8 \times 3600} = 0.15 \text{ L/s}$$

因现场不设生活区,不计算 q_4。

(3) 消防用水:本工程再加上一部分居民区共有 15620m²,合 1.56hm²,远远小于现场面积 25hm² 的规定,消防用水 q_5 取 10L/s。

(4) 总用水量计算:因工地面积小于 25hm² 且 $(q_1 + q_2 + q_3 + q_4) = 6.04 + 0.15 = 6.19 < q_5 = 10$,取总用水量 $Q = q_5 = 10\text{L/s}$。

(5) 管径计算:施工用水经济流速 v 取 1.3m/s。

$$\text{供水管径 } D = \sqrt{\frac{4Q}{\pi \times v \times 1000}} = \sqrt{\frac{4 \times 10}{3.14 \times 1.3 \times 1000}} = 0.099\text{m} = 99\text{mm}$$

取 $D = 100$mm

本工程正式水源为 DN100 上水管,已接至现场西侧,为减少临时设施,在基础施工阶段将现场内全部正式上水管线接通验收完毕,以作为施工临时水管干线;另外做 DN50 支线通向搅拌站。

10.4 施工供电

10.4.1 施工用电量计算

总用电量可按式(10-6)计算:

$$P = 1.05 \sim 1.10(K_1 \sum P_1 / \cos\varphi + K_2 \sum P_2 + K_3 \sum P_3 + K_4 \sum P_4) \tag{10-6}$$

式中　　P——供电设备总需要容量(kVA);

　　　　P_1——电动机额定功率(kW);

　　　　P_2——电焊机额定容量(kVA);

　　　　P_3——室内照明容量(kW);

　　　　P_4——室外照明容量(kW);

　　　　$\cos\varphi$——电动机的平均功率因数(在施工现场最高为 0.75~0.78,一般为 0.65, 0.75);

K_1、K_2、K_3、K_4——需要系数,参见表 10-1。

需要系数(K值) 表 10-1

用电名称	数量	需要系数 K	数值	备注
电动机	3~10台	K_1	0.7	如施工中需要电热时,应将其用电量计算进去。为使计算结果接近实际,式中各项动力和照明用电,应根据不同工作性质分类计算
电动机	11~30台	K_1	0.6	
电动机	30台以上	K_1	0.5	
加工厂动力设备			0.5	
电焊机	3~10台	K_2	0.6	
电焊机	10台以上	K_2	0.5	
室内照明		K_3	0.8	
室外照明		K_4	1.0	

10.4.2 配电箱布置

1. 配电箱布置要求

(1) 金属箱架、箱门、安装板、不带电的金属外壳及靠近带电部分的金属护栏等,均需采用绿黄双色多股软绝缘导线与 PE 保护零线做可靠连接。

(2) 施工现场临时用电的配置,以"三级配电、二级漏保","一机、一闸、一漏、一箱、一锁"为原则,推荐"三级配电、三级漏保"配电保护方式。A 级箱、B 级箱采用线路保护型开关。控制电动加工机械的 C 级箱,采用具有电动机专用短路保护和过载保护脱扣特性的漏电保护开关保护。

漏电开关的漏电动作电流分级设置:

手持电动工具、夯土电动机械、潮湿场所,活动箱内须采用 $I_{\Delta n} \leq 15\text{mA}$, $T_{\Delta n} < 0.1\text{s}$ 的漏电保护开关。

2. 北京市临时用电安全防护规定中关于配电箱的规定

(1) 配电系统必须实行分级配电。各级配电箱、开关箱的箱体安装和内部设置必须符合有关规定,箱内电器必须可靠完好,其选型、定值要符合规定,开关电器应标明用途,并在电箱正面门内绘有接线图。

(2) 各类配电箱、开关箱外观应完整、牢固、防雨、防尘,箱体应外涂安全色标,统一编号,箱内无杂物。停止使用的配电箱应切断电源,箱门上锁。固定式配电箱应设围栏,并有防雨防砸措施。

(3) 独立的配电系统必须按部颁规范采用三相五线制的接零保护系统,非独立系统可根据现场实际情况采取相应的接零或接地保护方式。各种电气设备和电力施工机械的金属外壳、金属支架和底座必须按规定采取可靠的接零或接地保护。

(4) 采用接零或接地保护方式的同时,必须逐级设置漏电保护装置,实行分级保护,形成完整的保护系统。漏电保护装置的选择应符合规定。

10.4.3 施工供电导线截面选择

导线截面的选择要满足以下基本要求:

(1) 按机械强度选择:导线必须保证不致因一般机械损伤折断。

(2) 允许电流选择:导线必须能承受负载电流长时间通过所引起的升温。

(3) 允许电压降选择：导线上引起的电压降必须在一定限度之内。

所选用的导线截面应同时满足以上三项要求，即以求得的三个截面中的最大者为准，从电线产品目录中选用线芯截面，也可根据具体情况抓住主要矛盾。一般在道路工地和给排水工地作业线比较长，导线截面由电压降选用；在建筑工地配电线路比较短，导线截面可由容许电流选定；在小负荷的架空线路中往往以机械强度选定。

(4) 现场总电源线截面、开关整定值选择计算：

① 按最小机械强度选择导线截面：

架空：BX = 10mm²　　BLX = 16mm²（BX 为外护套橡皮铜线；BLX 为外护套橡皮铝线）

② 按安全载流量选择导线截面：

$$I_{js} = K_x \cdot \frac{\sum(P_{js})}{\sqrt{3} U_e \cdot \cos\varphi} \tag{10-7}$$

式中　I_{js}——计算电流；

K_x——同时系数（取 0.7~0.8）；

P_{js}——有功功率；

U_e——线电压；

$\cos\varphi$——功率因数。

③ 按容许电压降选择导线截面：

$$S = K_x \cdot \frac{\sum(P_e \cdot L)}{C_{cu} \cdot \triangle U} \tag{10-8}$$

式中　S——导线截面；

P_e——额定功率；

L——负荷到配电箱的长度；

C_{cu}——常数（三相四线制为 77，单相制为 12.8）；

$\triangle U$——（允许电压降，临电取 8%，正式电路取 5%）。

10.4.4　施工用电计算实例

住宅楼工程施工用电计算如下：

(1) 用电负荷

TQ60/80 塔式起重机 1 台	60kW
JS350 型强制式搅拌机 1 台	15kW
钢筋切断机、弯曲机	8.5kW
振捣器、电锯、套丝机等	12kW
	$\sum P_1 = 95.5$kW
电焊机（BX₃—330 型）2 台	$\sum P_2 = 31.8$kVA

(2) 照明用电

室内照明用电	$\sum P_3 = 2.5$kV
室外照明用电	$\sum P_4 = 5.0$kV

需要系数 K_1 取 0.7，K_2 取 1，K_3 取 0.8，K_4 取 1，电动机平均功率因数 $\cos\varphi$ 取 0.7。

施工总用电量　　$P = 1.05(K_1 \dfrac{\sum P_1}{\cos\varphi} + K_2 \sum P_2 + K_3 \sum P_3 + K_4 \sum P_4)$

$$= 1.05(\frac{0.7 \times 95.5}{0.7} + 1 \times 31.8 + 0.8 \times 2.5 + 1 \times 5)$$
$$= 141 \text{kVA}$$

电源为已接至已建锅炉房北部的 SL7 – 160/10 型柱上变压器，额定容量 160kVA，可以满足使用要求。

(3) 场内暂设电线干线导线截面选择

因场内狭小，由变压器至塔式起重机、搅拌棚、木工棚之间均采用聚氯乙烯绝缘五芯电力电缆(铜线)，设置 TN – S 接零保护系统。电缆穿管，暗敷在地坪 300mm 之下。选取负荷量最大的变压器至塔式起重机段计算导线截面：

$$I_{js} = \frac{K_x \sum (P_{js})}{\sqrt{3} \cdot U_e \cdot \cos\varphi} = \frac{0.7 \times 60 \times 1000}{\sqrt{3} \times 380 \times 0.7} + \frac{31.8 \times 1000}{\sqrt{3} \times 380}$$
$$= 139.5 \text{A}$$

选择主线芯为 50mm² 导线敷设，外穿钢管内径 70mm。

附录一 关于培育发展工程总承包和
工程项目管理企业的指导意见

建市[2003]30号

各省、自治区建设厅,直辖市建委(规委),国务院有关部门建设司,总后基建营房部,新疆生产建设兵团建设局,中央管理的有关企业:

为了深化我国工程建设项目组织实施方式改革,培育发展专业化的工程总承包和工程项目管理企业,现提出指导意见如下:

一、推行工程总承包和工程项目管理的重要性和必要性

工程总承包和工程项目管理是国际通行的工程建设项目组织实施方式。积极推行工程总承包和工程项目管理,是深化我国工程建设项目组织实施方式改革,提高工程建设管理水平,保证工程质量和投资效益,规范建筑市场秩序的重要措施;是勘察、设计、施工、监理企业调整经营结构,增强综合实力,加快与国际工程承包和管理方式接轨,适应社会主义市场经济发展和加入世界贸易组织后新形势的必然要求;是贯彻党的十六大关于"走出去"的发展战略,积极开拓国际承包市场,带动我国技术、机电设备及工程材料的出口,促进劳务输出,提高我国企业国际竞争力的有效途径。

各级建设行政主管部门要统一思想,提高认识,采取有效措施,切实加强对工程总承包和工程项目管理活动的指导,及时总结经验,促进我国工程总承包和工程项目管理的健康发展。

二、工程总承包的基本概念和主要方式

(一) 工程总承包是指从事工程总承包的企业(以下简称工程总承包企业)受业主委托,按照合同约定对工程项目的勘察、设计、采购、施工、试运行(竣工验收)等实行全过程或若干阶段的承包。

(二) 工程总承包企业按照合同约定对工程项目的质量、工期、造价等向业主负责。工程总承包企业可依法将所承包工程中的部分工作发包给具有相应资质的分包企业;分包企业按照分包合同的约定对总承包企业负责。

(三) 工程总承包的具体方式、工作内容和责任等,由业主与工程总承包企业在合同中约定。工程总承包主要有如下方式:

1. 设计采购施工(EPC)/交钥匙总承包

设计采购施工总承包是指工程总承包企业按照合同约定,承担工程项目的设计、采购、施工、试运行服务等工作,并对承包工程的质量、安全、工期、造价全面负责。

交钥匙总承包是设计采购施工总承包业务和责任的延伸,最终是向业主提交一个满足

使用功能、具备使用条件的工程项目。

2. 设计—施工总承包(D—B)

设计—施工总承包是指工程总承包企业按照合同约定,承担工程项目设计和施工,并对承包工程的质量、安全、工期、造价全面负责。

根据工程项目的不同规模、类型和业主要求,工程总承包还可采用设计—采购总承包(E—P)、采购—施工总承包(P—C)等方式。

三、工程项目管理的基本概念和主要方式

(一)工程项目管理是指从事工程项目管理的企业(以下简称工程项目管理企业)受业主委托,按照合同约定,代表业主对工程项目的组织实施进行全过程或若干阶段的管理和服务。

(二)工程项目管理企业不直接与该工程项目的总承包企业或勘察、设计、供货、施工等企业签订合同,但可以按合同约定,协助业主与工程项目的总承包企业或勘察、设计、供货、施工等企业签订合同,并受业主委托监督合同的履行。

(三)工程项目管理的具体方式及服务内容、权限、取费和责任等,由业主与工程项目管理企业在合同中约定。工程项目管理主要有如下方式:

1. 项目管理服务(PM)

项目管理服务是指工程项目管理企业按照合同约定,在工程项目决策阶段,为业主编制可行性研究报告,进行可行性分析和项目策划;在工程项目实施阶段,为业主提供招标代理、设计管理、采购管理、施工管理和试运行(竣工验收)等服务,代表业主对工程项目进行质量、安全、进度、费用、合同、信息等管理和控制。工程项目管理企业一般应按照合同约定承担相应的管理责任。

2. 项目管理承包(PMC)

项目管理承包是指工程项目管理企业按照合同约定,除完成项目管理服务(PM)的全部工作内容外,还可以负责完成合向约定的工程初步设计(基础工程设计)等工作。对于需要完成工程初步设计(基础工程设计)工作的工程项目管理企业,应当具有相应的工程设计资质。项目管理承包企业一般应当按照合同约定承担一定的管理风险和经济责任。

根据工程项目的不同规模、类型和业主要求,还可采用其他项目管理方式。

四、进一步推行工程总承包和工程项目管理的措施

(一)鼓励具有工程勘察、设计或施工总承包资质的勘察、设计和施工企业,通过改造和重组,建立与工程总承包业务相适应的组织机构、项目管理体系,充实项目管理专业人员,提高融资能力,发展成为具有设计、采购、施工(施工管理)综合功能的工程公司,在其勘察、设计或施工总承包资质等级许可的工程项目范围内开展工程总承包业务。

工程勘察、设计、施工企业也可以组成联合体对工程项目进行联合总承包。

(二)鼓励具有工程勘察、设计、施工、监理资质的企业,通过建立与工程项目管理业务相适应的组织机构、项目管理体系,充实项目管理专业人员,按照有关资质管理规定在其资质等级许可的工程项目范围内开展相应的工程项目管理业务。

(三)打破行业界限,允许工程勘察、设计、施工、监理等企业,按照有关规定申请取得其

他相应资质。

（四）工程总承包企业可以接受业主委托，按照合同约定承担工程项目管理业务，但不应在同一个工程项目上同时承担工程总承包和工程项目管理业务，也不应与承担工程总承包或者工程项目管理业务的另一方企业有隶属关系或者其他利害关系。

（五）对于依法必须实行监理的工程项目，具有相应监理资质的工程项目管理企业受业主委托进行项目管理，业主可不再另行委托工程监理，该工程项目管理企业依法行使监理权利，承担监理责任；没有相应监理资质的工程项目管理企业受业主委托进行项目管理，业主应当委托监理。

（六）各级建设行政主管部门要加强与有关部门的协调，认真贯彻《国务院办公厅转发外经贸部等部门关于大力发展对外承包工程意见的通知》（国办发[2000]32号）精神，使有关融资、担保、税收等方面的政策落实到重点扶持发展的工程总承包企业和工程项目管理企业，增强其国际竞争实力，积极开拓国际市场。

鼓励大型设计、施工、监理等企业与国际大型工程公司以合资或合作的方式，组建国际型工程公司或项目管理公司，参加国际竞争。

（七）提倡具备条件的建设项目，采用工程总承包、工程项目管理方式组织建设。

鼓励有投融资能力的工程总承包企业，对具备条件的工程项目，根据业主的要求，按照建设—转让（BT）、建设—经营—转让（BOT）、建设—拥有—经营（BOO）、建设—拥有—经营—转让（BOOT）等方式组织实施。

（八）充分发挥行业协会和高等院校的作用，进一步开展工程总承包和工程项目管理的专业培训，培养工程总承包和工程项目管理的专业人才，适应国内外工程建设的市场需要。

有条件的行业协会、高等院校和企业等，要加强对工程总承包和工程项目管理的理论研究，开发工程项目管理软件，促进我国工程总承包和工程项目管理水平的提高。

（九）本指导意见自印发之日起实施。1992年11月17日建设部颁布的《设计单位进行工程总承包资格管理的有关规定》（建设[1992]805号）同时废止。

中华人民共和国建设部
二〇〇三年二月十三日

附录二 关于印发《建设工程项目管理试行办法》的通知

建市[2004]200号

各省、自治区建设厅,直辖市建委,国务院有关部门建设司,解放军总后营房部,山东、江苏省建管局,新疆生产建设兵团建设局,中央管理的有关企业:

现将《建设工程项目管理试行办法》印发给你们,请结合本地区、本部门实际情况认真贯彻执行。执行中有何问题,请及时告我部建筑市场管理司。

中华人民共和国建设部
二〇〇四年十一月十六日

建设工程项目管理试行办法

建市[2004]200号

第一条 [目的和依据]为了促进我国建设工程项目管理健康发展,规范建设工程项目管理行为,不断提高建设工程投资效益和管理水平,依据国家有关法律、行政法规,制定本办法。

第二条 [适用范围]凡在中华人民共和国境内从事工程项目管理活动,应当遵守本办法。

本办法所称建设工程项目管理,是指从事工程项目管理的企业(以下简称项目管理企业),受工程项目业主方委托,对工程建设全过程或分阶段进行专业化管理和服务活动。

第三条 [企业资质]项目管理企业应当具有工程勘察、设计、施工、监理、造价咨询、招标代理等一项或多项资质。

工程勘察、设计、施工、监理、造价咨询、招标代理等企业可以在本企业资质以外申请其他资质。企业申请资质时,其原有工程业绩、技术人员、管理人员、注册资金和办公场所等资质条件可合并考核。

第四条 [执业资格]从事工程项目管理的专业技术人员,应当具有城市规划师、建筑师、工程师、建造师、监理工程师、造价工程师等一项或者多项执业资格。

取得城市规划师、建筑师、工程师、建造师、监理工程师、造价工程师等执业资格的专业技术人员,可在工程勘察、设计、施工、监理、造价咨询、招标代理等任何一家企业申请注册并执业。

取得上述多项执业资格的专业技术人员,可以在同一企业分别注册并执业。

第五条 [服务范围]项目管理企业应当改善组织结构,建立项目管理体系,充实项目管理专业人员,按照现行有关企业资质管理规定,在其资质等级许可的范围内开展工程项目管理业务。

第六条 [服务内容]工程项目管理业务范围包括:

(一)协助业主方进行项目前期策划,经济分析、专项评估与投资确定;

(二)协助业主方办理土地征用、规划许可等有关手续;

(三)协助业主方提出工程设计要求、组织评审工程设计方案、组织工程勘察设计招标、签订勘察设计合同并监督实施,组织设计单位进行工程设计优化、技术经济方案比选并进行投资控制;

(四)协助业主方组织工程监理、施工、设备材料采购招标;

(五)协助业主方与工程项目总承包企业或施工企业及建筑材料、设备、构配件供应等企业签订合同并监督实施;

(六)协助业主方提出工程实施用款计划,进行工程竣工结算和工程决算,处理工程索赔,组织竣工验收,向业主方移交竣工档案资料;

(七)生产试运行及工程保修期管理,组织项目后评估;

(八)项目管理合同约定的其他工作。

第七条 [委托方式]工程项目业主方可以通过招标或委托等方式选择项目管理企业,并与选定的项目管理企业以书面形式签订委托项目管理合同。合同中应当明确履约期限,工作范围,双方的权利、义务和责任,项目管理酬金及支付方式,合同争议的解决办法等。

工程勘察、设计、监理等企业同时承担同一工程项目管理和其资质范围内的工程勘察、设计、监理业务时,依法应当招标投标的应当通过招标投标方式确定。

施工企业不得在同一工程从事项目管理和工程承包业务。

第八条 [联合投标]两个及以上项目管理企业可以组成联合体以一个投标人身份共同投标。联合体中标的,联合体各方应当共同与业主方签定委托项目管理合同,对委托项目管理合同的履行承担连带责任。联合体各方应签订联合体协议,明确各方权利、义务和责任,并确定一方作为联合体的主要责任方,项目经理由主要责任方选派。

第九条 [合作管理]项目管理企业经业主方同意,可以与其他项目管理企业合作,并与合作方签定合作协议,明确各方权利、义务和责任。合作各方对委托项目管理合同的履行承担连带责任。

第十条 [管理机构]项目管理企业应当根据委托项目管理合同约定,选派具有相应执业资格的专业人员担任项目经理,组建项目管理机构,建立与管理业务相适应的管理体系,配备满足工程项目管理需要的专业技术管理人员,制定各专业项目管理人员的岗位职责,履行委托项目管理合同。

工程项目管理实行项目经理责任制。项目经理不得同时在两个及以上工程项目中从事项目管理工作。

第十一条 [服务收费]工程项目管理服务收费应当根据受委托工程项目规模、范围、内容、深度和复杂程度等,由业主方与项目管理企业在委托项目管理合同中约定。

工程项目管理服务收费应在工程概算中列支。

第十二条 [执业原则]在履行委托项目管理合同时,项目管理企业及其人员应当遵守国家现行的法律法规、工程建设程序,执行工程建设强制性标准,遵守职业道德,公平、科学、诚信地开展项目管理工作。

第十三条 [奖励]业主方应当对项目管理企业提出并落实的合理化建议按照相应节省投资额的一定比例给予奖励。奖励比例由业主方与项目管理企业在合同中约定。

第十四条 [禁止行为]项目管理企业不得有下列行为:

(一)与受委托工程项目的施工以及建筑材料、构配件和设备供应企业有隶属关系或者其他利害关系;

(二)在受委托工程项目中同时承担工程施工业务;

(三)将其承接的业务全部转让给他人,或者将其承接的业务肢解以后分别转让给他人;

(四)以任何形式允许其他单位和个人以本企业名义承接工程项目管理业务;

(五)与有关单位串通,损害业主方利益,降低工程质量。

第十五条 [禁止行为]项目管理人员不得有下列行为:

(一)取得一项或多项执业资格的专业技术人员,不得同时在两个及以上企业注册并执业;

(二)收受贿赂、索取回扣或者其他好处;

(三)明示或者暗示有关单位违反法律法规或工程建设强制性标准,降低工程质量。

第十六条 [监督管理]国务院有关专业部门、省级政府建设行政主管部门应当加强对项目管理企业及其人员市场行为的监督管理,建立项目管理企业及其人员的信用评价体系,对违法违规等不良行为进行处罚。

第十七条 [行业指导]各行业协会应当积极开展工程项目管理业务培训,培养工程项目管理专业人才,制定工程项目管理标准、行为规则,指导和规范建设工程项目管理活动,加强行业自律,推动建设工程项目管理业务健康发展。

第十八条 本办法由建设部负责解释。

第十九条 本办法自2004年12月1日起执行。

附录三　国务院关于投资体制改革的决定

各省、自治区、直辖市人民政府,国务院各部委、各直属机构:

改革开放以来,国家对原有的投资体制进行了一系列改革,打破了传统计划经济体制下高度集中的投资管理模式,初步形成了投资主体多元化、资金来源多渠道、投资方式多样化、项目建设市场化的新格局。但是,现行的投资体制还存在不少问题,特别是企业的投资决策权没有完全落实,市场配置资源的基础性作用尚未得到充分发挥,政府投资决策的科学化、民主化水平需要进一步提高,投资宏观调控和监管的有效性需要增强。为此,国务院决定进一步深化投资体制改革。

一、深化投资体制改革的指导思想和目标

(一)深化投资体制改革的指导思想是:按照完善社会主义市场经济体制的要求,在国家宏观调控下充分发挥市场配置资源的基础性作用,确立企业在投资活动中的主体地位,规范政府投资行为,保护投资者的合法权益,营造有利于各类投资主体公平、有序竞争的市场环境,促进生产要素的合理流动和有效配置,优化投资结构,提高投资效益,推动经济协调发展和社会全面进步。

(二)深化投资体制改革的目标是:改革政府对企业投资的管理制度,按照"谁投资、谁决策、谁收益、谁承担风险"的原则,落实企业投资自主权;合理界定政府投资职能,提高投资决策的科学化、民主化水平,建立投资决策责任追究制度;进一步拓宽项目融资渠道,发展多种融资方式;培育规范的投资中介服务组织,加强行业自律,促进公平竞争;健全投资宏观调控体系,改进调控方式,完善调控手段;加快投资领域的立法进程;加强投资监管,维护规范的投资和建设市场秩序。通过深化改革和扩大开放,最终建立起市场引导投资、企业自主决策、银行独立审贷、融资方式多样、中介服务规范、宏观调控有效的新型投资体制。

二、转变政府管理职能,确立企业的投资主体地位

(一)改革项目审批制度,落实企业投资自主权。彻底改革现行不分投资主体、不分资金来源、不分项目性质,一律按投资规模大小分别由各级政府及有关部门审批的企业投资管理办法。对于企业不使用政府投资建设的项目,一律不再实行审批制,区别不同情况实行核准制和备案制。其中,政府仅对重大项目和限制类项目从维护社会公共利益角度进行核准,其他项目无论规模大小,均改为备案制,项目的市场前景、经济效益、资金来源和产品技术方案等均由企业自主决策、自担风险,并依法办理环境保护、土地使用、资源利用、安全生产、城市规划等许可手续和减免税确认手续。对于企业使用政府补助、转贷、贴息投资建设的项目,政府只审批资金申请报告。各地区、各部门要相应改进管理办法,规范管理行为,不得以任何名义截留下放给企业的投资决策权利。

(二)规范政府核准制。要严格限定实行政府核准制的范围,并根据变化的情况适时调整。《政府核准的投资项目目录》(以下简称《目录》)由国务院投资主管部门会同有关部门研究提出,报国务院批准后实施。未经国务院批准,各地区、各部门不得擅自增减《目录》规定的范围。

企业投资建设实行核准制的项目,仅需向政府提交项目申请报告,不再经过批准项目建议书、可行性研究报告和开工报告的程序。政府对企业提交的项目申请报告,主要从维护经济安全、合理开发利用资源、保护生态环境、优化重大布局、保障公共利益、防止出现垄断等方面进行核准。对于外商投资项目,政府还要从市场准入、资本项目管理等方面进行核准。政府有关部门要制定严格规范的核准制度,明确核准的范围、内容、申报程序和办理时限,并向社会公布,提高办事效率,增强透明度。

(三)健全备案制。对于《目录》以外的企业投资项目,实行备案制,除国家另有规定外,由企业按照属地原则向地方政府投资主管部门备案。备案制的具体实施办法由省级人民政府自行制定。国务院投资主管部门要对备案工作加强指导和监督,防止以备案的名义变相审批。

(四)扩大大型企业集团的投资决策权。基本建立现代企业制度的特大型企业集团,投资建设《目录》内的项目,可以按项目单独申报核准,也可编制中长期发展建设规划,规划经国务院或国务院投资主管部门批准后,规划中属于《目录》内的项目不再另行申报核准,只须办理备案手续。企业集团要及时向国务院有关部门报告规划执行和项目建设情况。

(五)鼓励社会投资。放宽社会资本的投资领域,允许社会资本进入法律法规未禁入的基础设施、公用事业及其他行业和领域。逐步理顺公共产品价格,通过注入资本金、贷款贴息、税收优惠等措施,鼓励和引导社会资本以独资、合资、合作、联营、项目融资等方式,参与经营性的公益事业、基础设施项目建设。对于涉及国家垄断资源开发利用、需要统一规划布局的项目,政府在确定建设规划后,可向社会公开招标选定项目业主。鼓励和支持有条件的各种所有制企业进行境外投资。

(六)进一步拓宽企业投资项目的融资渠道。允许各类企业以股权融资方式筹集投资资金,逐步建立起多种募集方式相互补充的多层次资本市场。经国务院投资主管部门和证券监管机构批准,选择一些收益稳定的基础设施项目进行试点,通过公开发行股票、可转换债券等方式筹集建设资金。在严格防范风险的前提下,改革企业债券发行管理制度,扩大企业债券发行规模,增加企业债券品种。按照市场化原则改进和完善银行的固定资产贷款审批和相应的风险管理制度,运用银团贷款、融资租赁、项目融资、财务顾问等多种业务方式,支持项目建设。允许各种所有制企业按照有关规定申请使用国外贷款。制定相关法规,组织建立中小企业融资和信用担保体系,鼓励银行和各类合格担保机构对项目融资的担保方式进行研究创新,采取多种形式增强担保机构资本实力,推动设立中小企业投资公司,建立和完善创业投资机制。规范发展各类投资基金。鼓励和促进保险资金间接投资基础设施和重点建设工程项目。

(七)规范企业投资行为。各类企业都应严格遵守国土资源、环境保护、安全生产、城市规划等法律法规,严格执行产业政策和行业准入标准,不得投资建设国家禁止发展的项目;应诚信守法,维护公共利益,确保工程质量,提高投资效益。国有和国有控股企业应按照国有资产管理体制改革和现代企业制度的要求,建立和完善国有资产出资人制度、投资风险约束机制、科学民主的投资决策制度和重大投资责任追究制度。严格执行投资项目的法人责任制、资本金制、招标投标制、工程监理制和合同管理制。

三、完善政府投资体制,规范政府投资行为

(一)合理界定政府投资范围。政府投资主要用于关系国家安全和市场不能有效配置资源的经济和社会领域,包括加强公益性和公共基础设施建设,保护和改善生态环境,促进欠发达地区的经济和社会发展,推进科技进步和高新技术产业化。能够由社会投资建设的项目,尽可能利用社会资金建设。合理划分中央政府与地方政府的投资事权。中央政府投资除本级政权等建设外,主要安排跨地区、跨流域以及对经济和社会发展全局有重大影响的项目。

(二)健全政府投资项目决策机制。进一步完善和坚持科学的决策规则和程序,提高政府投资项目决策的科学化、民主化水平;政府投资项目一般都要经过符合资质要求的咨询中介机构的评估论证,咨询评估要引入竞争机制,并制定合理的竞争规则;特别重大的项目还应实行专家评议制度;逐步实行政府投资项目公示制度,广泛听取各方面的意见和建议。

(三)规范政府投资资金管理。编制政府投资的中长期规划和年度计划,统筹安排、合理使用各类政府投资资金,包括预算内投资、各类专项建设基金、统借国外贷款等。政府投资资金按项目安排,根据资金来源、项目性质和调控需要,可分别采取直接投资、资本金注入、投资补助、转贷和贷款贴息等方式。以资本金注入方式投入的,要确定出资人代表。要针对不同的资金类型和资金运用方式,确定相应的管理办法,逐步实现政府投资的决策程序和资金管理的科学化、制度化和规范化。

(四)简化和规范政府投资项目审批程序,合理划分审批权限。按照项目性质、资金来源和事权划分,合理确定中央政府与地方政府之间、国务院投资主管部门与有关部门之间的项目审批权限。对于政府投资项目,采用直接投资和资本金注入方式的,从投资决策角度只审批项目建议书和可行性研究报告,除特殊情况外不再审批开工报告,同时应严格政府投资项目的初步设计、概算审批工作;采用投资补助、转贷和贷款贴息方式的,只审批资金申请报告。具体的权限划分和审批程序由国务院投资主管部门会同有关方面研究制定,报国务院批准后颁布实施。

(五)加强政府投资项目管理,改进建设实施方式。规范政府投资项目的建设标准,并根据情况变化及时修订完善。按项目建设进度下达投资资金计划。加强政府投资项目的中介服务管理,对咨询评估、招标代理等中介机构实行资质管理,提高中介服务质量。对非经营性政府投资项目加快推行"代建制",即通过招标等方式,选择专业化的项目管理单位负责建设实施,严格控制项目投资、质量和工期,竣工验收后移交给使用单位。增强投资风险意识,建立和完善政府投资项目的风险管理机制。

(六)引入市场机制,充分发挥政府投资的效益。各级政府要创造条件,利用特许经营、投资补助等多种方式,吸引社会资本参与有合理回报和一定投资回收能力的公益事业和公共基础设施项目建设。对于具有垄断性的项目,试行特许经营,通过业主招标制度,开展公平竞争,保护公众利益。已经建成的政府投资项目,具备条件的经过批准可以依法转让产权或经营权,以回收的资金滚动投资于社会公益等各类基础设施建设。

四、加强和改善投资的宏观调控

（一）完善投资宏观调控体系。国家发展和改革委员会要在国务院领导下会同有关部门，按照职责分工，密切配合、相互协作、有效运转、依法监督，调控全社会的投资活动，保持合理投资规模，优化投资结构，提高投资效益，促进国民经济持续快速协调健康发展和社会全面进步。

（二）改进投资宏观调控方式。综合运用经济的、法律的和必要的行政手段，对全社会投资进行以间接调控方式为主的有效调控。国务院有关部门要依据国民经济和社会发展中长期规划，编制教育、科技、卫生、交通、能源、农业、林业、水利、生态建设、环境保护、战略资源开发等重要领域的发展建设规划，包括必要的专项发展建设规划，明确发展的指导思想、战略目标、总体布局和主要建设项目等。按照规定程序批准的发展建设规划是投资决策的重要依据。各级政府及其有关部门要努力提高政府投资效益，引导社会投资。制定并适时调整国家固定资产投资指导目录、外商投资产业指导目录，明确国家鼓励、限制和禁止投资的项目。建立投资信息发布制度，及时发布政府对投资的调控目标、主要调控政策、重点行业投资状况和发展趋势等信息，引导全社会投资活动。建立科学的行业准入制度，规范重点行业的环保标准、安全标准、能耗水耗标准和产品技术、质量标准，防止低水平重复建设。

（三）协调投资宏观调控手段。根据国民经济和社会发展要求以及宏观调控需要，合理确定政府投资规模，保持国家对全社会投资的积极引导和有效调控。灵活运用投资补助、贴息、价格、利率、税收等多种手段，引导社会投资，优化投资的产业结构和地区结构。适时制定和调整信贷政策，引导中长期贷款的总量和投向。严格和规范土地使用制度，充分发挥土地供应对社会投资的调控和引导作用。

（四）加强和改进投资信息、统计工作。加强投资统计工作，改革和完善投资统计制度，进一步及时、准确、全面地反映全社会固定资产存量和投资的运行态势，并建立各类信息共享机制，为投资宏观调控提供科学依据。建立投资风险预警和防范体系，加强对宏观经济和投资运行的监测分析。

五、加强和改进投资的监督管理

（一）建立和完善政府投资监管体系。建立政府投资责任追究制度，工程咨询、投资项目决策、设计、施工、监理等部门和单位，都应有相应的责任约束，对不遵守法律法规给国家造成重大损失的，要依法追究有关责任人的行政和法律责任。完善政府投资制衡机制，投资主管部门、财政主管部门以及有关部门，要依据职能分工，对政府投资的管理进行相互监督。审计机关要依法全面履行职责，进一步加强对政府投资项目的审计监督，提高政府投资管理水平和投资效益。完善重大项目稽察制度，建立政府投资项目后评价制度，对政府投资项目进行全过程监管。建立政府投资项目的社会监督机制，鼓励公众和新闻媒体对政府投资项目进行监督。

（二）建立健全协同配合的企业投资监管体系。国土资源、环境保护、城市规划、质量监督、银行监管、证券监管、外汇管理、工商管理、安全生产监管等部门，要依法加强对企业投资活动的监管，凡不符合法律法规和国家政策规定的，不得办理相关许可手续。在建设过程中不遵守有关法律法规的，有关部门要责令其及时改正，并依法严肃处理。各级政府投资主管部门要加强对企业投资项目的事中和事后监督检查,对于不符合产业政策和行业准入标准的项目,以及不按规定履行相应核准或许可手续而擅自开工建设的项目,要责令其停止建设,并依法追究有关企业和人员的责任。审计机关依法对国有企业的投资进行审计监督,促进国有资产保值增值。建立企业投资诚信制度,对于在项目申报和建设过程中提供虚假信息、违反法律法规的,要予以惩处,并公开披露,在一定时间内限制其投资建设活动。

(三)加强对投资中介服务机构的监管。各类投资中介服务机构均须与政府部门脱钩,坚持诚信原则,加强自我约束,为投资者提供高质量、多样化的中介服务。鼓励各种投资中介服务机构采取合伙制、股份制等多种形式改组改造。健全和完善投资中介服务机构的行业协会,确立法律规范、政府监督、行业自律的行业管理体制。打破地区封锁和行业垄断,建立公开、公平、公正的投资中介服务市场,强化投资中介服务机构的法律责任。

(四)完善法律法规,依法监督管理。建立健全与投资有关的法律法规,依法保护投资者的合法权益,维护投资主体公平、有序竞争,投资要素合理流动、市场发挥配置资源的基础性作用的市场环境,规范各类投资主体的投资行为和政府的投资管理活动。认真贯彻实施有关法律法规,严格财经纪律,堵塞管理漏洞,降低建设成本,提高投资效益。加强执法检查,培育和维护规范的建设市场秩序。

二〇〇四年七月十六日

附录四 建设工程项目经理岗位职业资格管理导则

建协[2005]10号

1 总 则

1.0.1 为了进一步推进和深化建设工程项目经理责任制,全面提高工程项目管理水平,加强行业自律和建设工程项目经理的专业化、职业化和社会化管理,依据《建设工程项目管理规范》和建设部有关文件精神,制定本导则。

1.0.2 本导则制定了建设工程项目经理岗位职业资格标准,明确了选聘建设工程项目经理由"企业决定、行业认可、编号登录、颁发证书"的管理要求,为企业规范项目经理行为,培养、聘任、考核和评价项目经理提供了基本依据。

1.0.3 本导则适用于国有、民营、股份制、股份合作制等企业(包括工程总承包、施工总承包、专业施工承包、工程项目管理等企业)及与建设工程相关单位的项目经理岗位职业资格管理与职业化建设。也适用于政府、行业协会、企业对建设工程项目经理的综合管理能力进行检验和考核评价。

2 有关定义

2.0.1 建设工程项目经理(以下简称项目经理),是指企业为建立以建设工程项目管理为核心的质量、安全、进度和成本的责任保证体系,全面提高工程项目管理水平而设立的重要管理岗位,是企业法定代表人在工程项目上的委托授权代理人。

2.0.2 项目经理部,是指建设工程项目经理在企业的领导和支持下组建,实施工程项目管理各项职能的一次性现场组织机构。

2.0.3 建设工程项目管理(以下简称工程项目管理),是指从事建设工程项目管理的企业受业主委托,按照合同约定,代表业主对建设工程项目的组织实施进行全过程或若干阶段的项目管理服务或项目管理承包。

2.0.4 工程总承包,是指从事建设工程承包的企业受业主委托,按照合同约定对建设工程项目的设计、采购、施工、试运行、竣工验收等实行全过程或若干阶段的承包。

3 建设工程项目经理岗位职业资格等级与基本条件

3.1 建设工程项目经理的岗位职业资格等级

3.1.1 建设工程项目经理的岗位职业资格等级划分

项目经理岗位职业资格共分为 A、B、C、D 四个等级:A 级为建设工程总承包项目经理;B

级为大型建设工程项目经理;C级为中型建设工程项目的施工项目经理;D级为小型建设工程项目的施工项目经理。

3.1.2 建设工程项目经理的岗位职业范围

A级项目经理:可以承担国际、国内各类建设工程总承包项目或受业主委托进行工程项目管理承包的各项任务;

B级项目经理:可以承担大型建设工程的施工总承包项目或受业主委托进行工程项目管理服务的各项任务;

C级项目经理:可以承担中型建设工程的施工项目管理的任务;

D级项目经理:可以承担小型建设工程的施工项目管理的任务。

3.1.3 建设工程项目规模等级划分

表1和表2对各级项目经理所能承担的工程项目规模限制做了基本规定,有关各类建设工程(包括公路、水利、电力、矿山、冶炼、石化、市政、机电等)规模的具体标准可参照《建造师执业资格考核认定实施细则》中《各专业大型和中型工程标准》执行,中型工程以下规模的工程均为小型工程。

建设工程项目等级按规模划分表　　　　　　　　　　　　　　　　　　　　表1

工程类别	总承包(A级)	大型(B级)	中型(C级)	小型(D级)
房屋建筑工程	大中型建设工程总承包项目	单体建筑面积在3万平方米以上;群体工程10万平方米以上	单体建筑面积在3万平方米及其以下,1万平方米及以上;群体工程10万平方米及其以下,5万平方米及其以上	单体建筑面积在1万平方米以下;群体工程5万平方米以下

建设工程项目等级按投资划分表　　　　　　　　　　　　　　　　　　　　表2

工程类别	总承包(A级)	大型(B级)	中型(C级)	小型(D级)
各类工程	大中型建设工程总承包项目	投资在1亿元以上	投资在1亿元及其以下,且在3000万元及其以上	投资在3000万元以下

3.2 建设工程项目经理基本素质和管理能力要求

3.2.1 具有良好的职业道德品质和思想政治觉悟,遵纪守法,敬业爱岗,诚信尽责;

3.2.2 具有开拓创新精神和良好的服务意识,事业心强,勇于承担责任;

3.2.3 具有团队精神,善于处理工作关系,维护建设工程项目相关者的利益,保守项目商业机密;

3.2.4 具有符合相应工程规模要求的技术及管理知识和丰富的工程项目管理经验;

3.2.5 具有较强的综合管理能力、组织工作能力、社会活动能力、协调沟通能力、应对突发事件与抗风险的能力和业务谈判技巧;

3.2.6 身体健康、精力充沛,能充分运用企业法定代表人及合同文件赋予的权力组织和实施建设工程项目的管理与运行。

3.3 建设工程项目经理岗位职业资格等级标准

3.3.1 A级项目经理标准及必须具备的条件:

(1) 具有大学本科以上文化程度、工程项目管理经历8年以上,或具有大专以上文化程度、工程项目管理经历10年以上；

(2) 具有国家一级注册建造师(或注册结构工程师、建筑师、监理工程师、造价工程师)执业资格，并参加过国际(工程)项目管理专业资质认证或工程总承包项目经理岗位职业标准的培训；

(3) 具有大型工程项目管理经验，至少承担过两个投资在1亿元以上的建设工程项目的主要管理任务；

(4) 根据工程项目特点，能够带领项目经理部中所有管理人员熟练运用项目管理方法，圆满地完成建设工程项目各项任务；

(5) 具备一定的外语水平，能够阅读或识别外文图纸和相关文件。

3.3.2 B级项目经理标准及必须具备的条件：

(1) 具有大学本科文化程度、工程项目管理经历6年以上，或具有大专以上文化程度、工程项目管理经历8年以上；

(2) 具有国家一级注册建造师(或注册结构工程师、建筑师、监理工程师、造价工程师)执业资格；

(3) 具有大型工程项目管理经验，至少承担过一个投资在1亿元以上的工程项目的主要管理任务；

(4) 具有一定的外语知识。

3.3.3 C级项目经理标准及必须具备的条件：

(1) 具有大专以上文化程度、施工管理经历4年以上，或具有中专以上文化程度、施工管理经历6年以上；

(2) 具有二级注册建造师及相应专业的执业资格；

(3) 具有中型以上工程项目管理经验，至少承担过一个投资在3000万元以上工程项目的主要管理任务。

3.3.4 D级项目经理标准及必须具备的条件：

(1) 具有大专以上文化程度、施工管理经历2年以上，或中专及以上文化程度、施工管理经历3年以上；

(2) 经过项目经理岗位职业资格标准培训，并取得岗位职业资格证书；

(3) 具有小型工程项目管理经验。

4 建设工程项目经理培训与考核

4.1 项目经理培训

4.1.1 培训目的：为了适应中国加入WTO后国际、国内建筑市场和工程承包的需要，加快项目管理人才培养与国际接轨，满足企业对工程总承包以及项目管理人才的需求。重点加强对A级和D级项目经理的培训。

4.1.2 培训机构：由各省、自治区、直辖市或有关行业建设协会推荐并在中国建筑业协会工程项目管理专业委员会备案的培训机构承担。

4.1.3 培训师资：由培训机构聘任具有工程项目管理理论研究和教学实践经验丰富或参加过中国建筑业协会工程项目管理专业委员会举办的项目经理师资培训班的教师担任。

4.1.4　培训教材：D级项目经理和工程总承包项目经理（A级）培训分别使用由中国建筑业协会、清华大学、中建总公司编写的建造师执业资格考试和建设工程项目经理岗位职业标准培训辅导教材，国际（工程）项目管理专业资质认证培训使用由中国（双法）项目管理研究会编写的《国际项目管理专业资质认证标准》和中国建筑业协会工程项目管理专业委员会组织编写的《中国（工程）项目管理知识体系》。各有关行业建设协会也可根据本行业特点编写适用于本专业的补充辅导教材。

4.2　项目经理的考核与颁证

4.2.1　C级及其以上项目经理由企业按照本导则中的岗位职业等级标准和要求，向所在省、自治区、直辖市或有关行业建设协会指定的机构申请，各省、自治区、直辖市或有关行业建设协会指定的机构进行审核后，颁发《建设工程项目经理岗位职业资格证书》。

4.2.2　D级项目经理由各省、自治区、直辖市或有关行业建设协会指定的培训机构，按照项目经理岗位职业资格标准培训大纲进行培训，经严格考核合格后，直接颁发《建设工程项目经理岗位职业资格（D级）证书》。

4.2.3　考核方式：由培训机构按照书面考试成绩、论文答辩情况并结合本人在企业的工作业绩和有关证明材料进行考核。

4.3　项目经理证书使用

4.3.1　建筑业企业在招投标时，可按有关规定和需要向发包人出示《建设工程项目经理岗位职业资格证书》原件并提供复印件。

4.3.2　业主或发包人在考核建设工程承包人或工程项目管理公司的综合管理能力、了解项目经理能力时，也宜验证《建设工程项目经理岗位职业资格证书》。

4.3.3　自2005年起，《建设工程项目经理岗位职业资格证书》和建设部原颁发的《建筑业企业项目经理资质证书》同时有效。2008年2月28日起，在实施建设工程总承包和进行工程项目管理的企业中全部使用《建设工程项目经理岗位职业资格证书》。

4.4　项目经理证书管理

4.4.1　《建设工程项目经理岗位职业资格证书》由中国建筑业协会统一印制，统一编号，各省、自治区、直辖市或有关行业建设协会指定机构考核发放，备案登记，联网公示，全国建设行业通用。

4.4.2　对已取得《建设工程项目经理岗位职业资格证书》者，依据有关规定每三年参加一次继续教育，由各省、自治区、直辖市或有关行业建设协会委托的培训机构负责实施，并将学习考核结果记录于《建设工程项目经理岗位职业资格证书》继续教育一栏中。

4.4.3　为切实加强行业自律，严肃和规范证书管理，根据需要中国建筑业协会工程项目管理专业委员会将协同有关行业协会对《建设工程项目经理岗位职业资格证书》的核发、使用以及项目经理继续教育等情况，不定期地进行调研和复查。

5　建设工程项目经理的选聘

5.1　项目经理的考评与聘任

5.1.1　企业依照项目经理岗位职业等级标准和工程项目的规模及实际情况，从取得《建设工程项目经理岗位职业资格证书》的人员中，选择聘任具有相应资格的项目经理。工程项目完成后,要对项目经理工程项目管理的业绩和最终考评结果记入《建设工程项目经理岗位职业资格管理档案》。

5.1.2 业主或其他实施工程项目管理的发包人及承包人,在检查和验证、聘任项目经理时,也可参照执行本标准。

5.2 项目经理的选聘与任用

5.2.1 自荐上岗:由本人提出申请,经企业人事部门依据《建设工程项目经理岗位职业资格管理导则》条件和要求审核,领导办公会议研究同意,由法定代表人签发项目经理聘任书。

5.2.2 委任上岗:根据《建设工程项目经理岗位职业资格管理导则》,经企业人事部门推荐,并征得本人同意,由法定代表人签发项目经理聘任书。

5.2.3 竞聘上岗:根据工程项目的需要,企业按照《建设工程项目经理岗位职业资格管理导则》和有关规定程序,向内部或外部发布招聘项目经理公告,并对报名参加竞选人进行考核、评价和选择,中选后由法定代表人签发项目经理聘任书。

6 建设工程项目经理的责任、权限和利益

6.1 项目经理的责任

6.1.1 建设工程项目经理对于所属上级组织(公司)的责任:
(1) 保证工程项目目标的实现符合上级组织(公司)的要求;
(2) 接受和服从上级组织(公司)对工程项目管理实施过程中的管理与监督;
(3) 充分利用和管理好上级组织(公司)分配给该工程项目的资源;
(4) 及时与上级组织(公司)就工程项目管理进展等情况进行沟通。

6.1.2 建设工程项目经理对所管工程项目及项目经理部与分包单位的责任:
(1) 明确建设工程项目目标及约束,制定工程项目的各种活动计划;
(2) 确保建设工程项目安全、质量、工期、成本以及项目文化建设等目标的实现,并承担其责任;
(3) 确定适合于工程项目的组织机构,招募项目组成人员,组建项目团队;
(4) 获取和优化配置工程项目所需资源,领导项目团队执行项目计划,及时支付劳务队伍工资;
(5) 对工程项目进行全过程管理与控制,协调处理与项目管理工作相关的各种关系;
(6) 为实施工程项目考评编制项目报告,在工程项目结束前应考虑项目成员的未来去向,妥善处理好有关善后工作。

6.2 项目经理的权限

6.2.1 依据企业授权范围,建设工程项目经理的权力:
(1) 项目团队的组建和分包单位的选择权;
(2) 对进入工程项目现场各种资源的优化配置权;
(3) 工程价款的及时回收与合理使用权;
(4) 工程项目实施全过程的监控与管理权。

6.2.2 建设工程项目经理的权力分解

项目经理在企业法人代表授权范围内,可按岗位职责进一步细化,并明确项目团队成员完成工作目标的责任及相应的决策权。

6.3 项目经理的利益

6.3.1 按照企业有关规定获得基本工资、岗位工资和绩效工资及工程项目管理责任目标兑现奖,其具体实施办法由企业确定,或按工程项目管理目标责任书的有关条款执行。

6.3.2 建设工程项目被评为国家鲁班奖及省部级和行业协会优质工程奖或相当于省部级和行业协会颁发的工程项目管理奖项者,项目经理所在单位可推荐其参评全国建筑业企业优秀项目经理、国际(工程)杰出项目经理。

6.3.3 凡担任过五个以上大型建设工程项目的项目经理,且在工程项目管理中做出突出贡献并无重大质量安全事故,工程项目管理年限在20年(含20年)以上,经企业推荐,可由中国建筑业协会工程项目管理专业委员会颁发优秀工程项目管理者荣誉证书。

中华人民共和国国家标准

附录五 建设工程项目管理规范

GB/T 50326—2001

1 总 则

1.0.1 为提高建设工程施工项目管理水平,促进施工项目管理的科学化、规范化和法制化,适应市场经济发展的需要,与国际惯例接轨,制定本规范。

1.0.2 本规范适用于新建、扩建、改建等建设工程的施工项目管理。本规范是规范建设工程施工项目管理行为、明确企业各层次与人员的职责和相关工作关系、考核评价项目经理和项目经理部的基本依据。

1.0.3 建设工程施工项目管理应实行项目经理责任制和项目成本核算制。

1.0.4 建设工程施工项目管理,除应遵循本规范外,还应符合国家法律、行政法规及有关强制性标准的规定。

2 术 语

2.0.1 施工项目 construction project

企业自工程施工投标开始到保修期满为止的全过程中完成的项目。

2.0.2 施工项目管理 costruction project management by enterprises of construction industry

企业运用系统的观点、理论和科学技术对施工项目进行的计划、组织、监督、控制、协调等全过程管理。

2.0.3 项目发包人 employer

在协议书中约定,具有项目发包主体资格和支付工程价款能力的当事人或取得该当事人资格的合法继承人。

2.0.4 项目承包人 contractor

在协议书中约定,被项目发包人接受的具有项目施工承包主体资格的当事人,或取得该当事人资格的合法继承人。

2.0.5 项目分包人 subcontractor

项目承包人根据施工合同的约定,将承包的项目部分发包给具有相应资质的当事人。

2.0.6 项目经理 construction project manager

企业法定代表人在承包的建设工程施工项目上的委托代理人。

2.0.7 项目经理部 construction project management team

由项目经理在企业的支持下组建并领导、进行项目管理的组织机构。

2.0.8 矩阵式项目管理组织 matrix type organization of project management

结构形式呈矩阵状的组织,项目管理人员由企业有关职能部门派出并进行业务指导,受项目经理的直接领导。

2.0.9 直线职能式项目管理组织 straight line and function type organization of project management

结构形式呈直线状且设有职能部门或职能人员的组织,每个成员(或部门)只受一位直接领导人指挥。

2.0.10 事业部式项目管理组织 federal structure of decentralized power type organization of project management

在企业内作为派往项目的管理班子,对企业外具有独立法人资格的项目管理组织。

2.0.11 项目经理责任制 responsibility system of construct ion project manager

以项目经理为责任主体的施工项目管理目标责任制度。

2.0.12 项目管理目标责任书 responsibility documents of construction project management

由企业法定代表人根据施工合同和经营管理目标要求明确规定项目经理部应达到的成本、质量、进度和安全等控制目标的文件。

2.0.13 项目管理规划大纲 planning outline for construction project management

由企业管理层在投标之前编制的,旨在作为投标依据、满足招标文件要求及签订合同要求的文件。

2.0.14 项目管理实施规划 execution planning for construction project management

在开工之前由项目经理主持编制的,旨在指导施工项目实施阶段管理的文件。

2.0.15 项目目标控制 object control for construction project

为实现项目管理目标而实施的收集数据、与计划目标对比分析、采取措施纠正偏差等活动,包括项目进度控制、项目质量控制、项目安全控制和项目成本控制。

2.0.16 项目风险 construction project risk

通过调查、分析、论证,预测其发生概率、后果很可能使项目产生损失的未来不确定性因素。

2.0.17 项目风险管理 risk management of construction project

项目风险的识别、评估、管理规划与决策、管理规划实施与检查等过程。

2.0.18 项目成本核算制 cost calculation system of construction project

有关项目成本核算原则、范围、程序、方法、内容、责任及要求的管理制度。

2.0.19 项目生产要素管理 productive element management for construction project

对项目的人力资源、材料、机械设备、资金、技术、信息等进行的管理。

2.0.20 项目合同管理 contract management for construction project

对施工合同的订立、履行、变更、终止、违约、索赔、争议处理等进行的管理。

2.0.21 项目信息管理 information management for construction project

施工项目实施过程中,对信息收集、整理、处理、储存、传递与应用等进行的管理。

2.0.22 项目现场管理 site management fo construction project

对施工现场内的活动及空间使用所进行的管理。

2.0.23 项目竣工验收 completion and delivery of construction project

承包人按施工合同完成了项目全部任务,经检验合格,由发包人组织验收的过程。

2.0.24 项目回访保修 return visit and guarantee for repair of construction project

承包人在施工项目竣工验收后对工程使用状况和质量问题向用户访问了解,并按照有关规定及"工程质量保修书"的约定,在保修期内对发生的质量问题进行修理并承担相应经济责任的过程。

2.0.25 项目组织协调 organization coordination for construction project

以一定的组织形式、手段和方法,对项目管理中产生的关系进行疏通,对产生的干扰和障碍予以排除的过程。

2.0.26 项目考核评价 examination and evaluation of construction project management

由项目考核评价主体对考核评价客体的项目管理行为、水平及成果进行考核并做出评价的过程。

3 项目管理内容与程序

3.0.1 项目管理的内容与程序应体现企业管理层和项目管理层参与的项目管理活动。

3.0.2 项目管理的每一过程,都应体现计划、实施、检查、处理(PDCA)的持续改进过程。

3.0.3 项目经理部的管理内容应由企业法定代表人向项目经理下达的"项目管理目标责任书"确定,并应由项目经理负责组织实施。在项目管理期间,由发包人或其委托的监理工程师或企业管理层按规定程序提出的、以施工指令形式下达的工程变更导致的额外施工任务或工作,均应列入项目管理范围。

3.0.4 项目管理应体现管理的规律,企业应利用制度保证项目管理按规定程序运行。

3.0.5 项目经理部应按监理机构提供的"监理规划"和"监理实施细则"的要求,接受并配合监理工作。

3.0.6 项目管理的内容应包括:编制"项目管理规划大纲"和"项目管理实施规划",项目进度控制,项目质量控制,项目安全控制,项目成本控制,项目人力资源管理,项目材料管理,项目机械设备管理,项目技术管理,项目资金管理,项目合同管理,项目信息管理,项目现场管理,项目组织协调,项目竣工验收,项目考核评价,项目回访保修。

3.0.7 项目管理的程序应依次为:编制项目管理规划大纲,编制投标书并进行投标,签订施工合同,选定项目经理,项目经理接受企业法定代表人的委托组建项目经理部,企业法定代表人与项目经理签订"项目管理目标责任书",项目经理部编制"项目管理实施规划",进行项目开工前的准备,施工期间按"项目管理实施规划"进行管理,在项目竣工验收阶段进行竣工结算、清理各种债权债务、移交资料和工程,进行经济分析,做出项目管理总结报告并送企业管理层有关职能部门,企业管理层组织考核委员会对项目管理工作进行考核评价并兑现"项目管理目标责任书"中的奖惩承诺,项目经理部解体,在保修期满前企业管理层根据"工程质量保修书"的约定进行项目回访保修。

4 项目管理规划

4.1 一般规定

4.1.1 项目管理规划应分为项目管理规划大纲和项目管理实施规划。

4.1.2 当承包人以编制施工组织设计代替项目管理规划时,施工组织设计应满足项目管理规划的要求。

4.2 项目管理规划大纲

4.2.1 项目管理规划大纲应由企业管理层依据下列资料编制:
1. 招标文件及发包人对招标文件的解释。
2. 企业管理层对招标文件的分析研究结果。
3. 工程现场情况。
4. 发包人提供的信息和资料。
5. 有关市场信息。
6. 企业法定代表人的投标决策意见。

4.2.2 项目管理规划大纲应包括下列内容:
1. 项目概况。
2. 项目实施条件分析。
3. 项目投标活动及签订施工合同的策略。
4. 项目管理目标。
5. 项目组织结构。
6. 质量目标和施工方案。
7. 工期目标和施工总进度计划。
8. 成本目标。
9. 项目风险预测和安全目标。
10. 项目现场管理和施工平面图。
11. 投标和签订施工合同。
12. 文明施工及环境保护。

4.3 项目管理实施规划

4.3.1 项目管理实施规划必须由项目经理组织项目经理部在工程开工之前编制完成。

4.3.2 项目管理实施规划应依据下列资料编制:
1. 项目管理规划大纲。
2. "项目管理目标责任书"。
3. 施工合同。

4.3.3 项目管理实施规划应包括下列内容:
1. 工程概况。

2 施工部署。
3 施工方案。
4 施工进度计划。
5 资源供应计划。
6 施工准备工作计划。
7 施工平面图。
8 技术组织措施计划。
9 项目风险管理。
10 信息管理。
11 技术经济指标分析。

4.3.4 编制项目管理实施规划应遵循下列程序：
1 对施工合同和施工条件进行分析；
2 对项目管理目标责任书进行分析；
3 编写目录及框架；
4 分工编写；
5 汇总协调；
6 统一审查；
7 修改定稿；
8 报批。

4.3.5 工程概况应包括下列内容：
1 工程特点。
2 建设地点及环境特征。
3 施工条件。
4 项目管理特点及总体要求。

4.3.6 施工部署应包括下列内容：
1 项目的质量、进度、成本及安全目标。
2 拟投入的最高人数和平均人数。
3 分包计划,劳动力使用计划,材料供应计划,机械设备供应计划。
4 施工程序。
5 项目管理总体安排。

4.3.7 施工方案应包括下列内容：
1 施工流向和施工顺序。
2 施工阶段划分。
3 施工方法和施工机械选择。
4 安全施工设计。
5 环境保护内容及方法。

4.3.8 施工进度计划应包括:施工总进度计划和单位工程施工进度计划。

4.3.9 资源需求计划应包括下列内容：
1 劳动力需求计划。

  2 主要材料和周转材料需求计划。
  3 机械设备需求计划。
  4 预制品订货和需求计划。
  5 大型工具、器具需求计划。

4.3.10 施工准备工作计划应包括下列内容：
  1 施工准备工作组织及时间安排。
  2 技术准备及编制质量计划。
  3 施工现场准备。
  4 作业队伍和管理人员的准备。
  5 物资准备。
  6 资金准备。

4.3.11 施工平面图应包括下列内容：
  1 施工平面图说明。
  2 施工平面图。
  3 施工平面图管理规划。
  施工平面图应按现行制图标准和制度要求进行绘制。

4.3.12 施工技术组织措施计划应包括下列内容：
  1 保证进度目标的措施。
  2 保证质量目标的措施。
  3 保证安全目标的措施。
  4 保证成本目标的措施。
  5 保证季节施工的措施。
  6 保护环境的措施。
  7 文明施工措施。
  各项措施应包括技术措施、组织措施、经济措施及合同措施。

4.3.13 项目风险管理规划应包括以下内容：
  1 风险因素识别一览表。
  2 风险可能出现的概率及损失值估计。
  3 风险管理重点。
  4 风险防范对策。
  5 风险管理责任。

4.3.14 项目信息管理规划应包括下列内容：
  1 与项目组织相适应的信息流通系统。
  2 信息中心的建立规划。
  3 项目管理软件的选择与使用规划。
  4 信息管理实施规划。

4.3.15 技术经济指标的计算与分析应包括下列内容：
  1 规划的指标。
  2 规划指标水平高低的分析和评价。

  3 实施难点的对策。

4.3.16 项目管理实施规划的管理应符合下列规定：
  1 项目管理实施规划应经会审后，由项目经理签字并报企业主管领导人审批。
  2 当监理机构对项目管理实施规划有异议时，经协商后可由项目经理主持修改。
  3 项目管理实施规划应按专业和子项目进行交底，落实执行责任。
  4 执行项目管理实施规划过程中应进行检查和调整。
  5 项目管理结束后，必须对项目管理实施规划的编制、执行的经验和问题进行总结分析，并归档保存。

5 项目经理责任制

5.1 一般规定

5.1.1 企业在进行施工项目管理时，应实行项目经理责任制。

5.1.2 企业应处理好企业管理层、项目管理层和劳务作业层的关系，并应在"项目管理目标责任书"中明确项目经理的责任、权力和利益。

5.1.3 企业管理层的管理活动应符合下列规定：
  1 企业管理层应制定和健全施工项目管理制度，规范项目管理。
  2 企业管理层应加强计划管理，保持资源的合理分布和有序流动，并为项目生产要素的优化配置和动态管理服务。
  3 企业管理层应对项目管理层的工作进行全过程指导、监督和检查。

5.1.4 项目管理层应做好资源的优化配置和动态管理，执行和服从企业管理层对项目管理工作的监督检查和宏观调控。

5.1.5 企业管理层与劳务作业层应签订劳务分包合同。项目管理层与劳务作业层应建立共同履行劳务分包合同的关系。

5.2 项目经理

5.2.1 项目经理应根据企业法定代表人授权的范围、时间和内容，对施工项目自开工准备至竣工验收，实施全过程、全面管理。

5.2.2 项目经理只宜担任一个施工项目的管理工作，当其负责管理的施工项目临近竣工阶段且经建设单位同意，可以兼任一项工程的项目管理工作。

5.2.3 项目经理必须取得"建设工程施工项目经理资格证书"。

5.2.4 项目经理应接受企业法定代表人的领导，接受企业管理层、发包人和监理机构的检查与监督；施工项目从开工到竣工，企业不得随意撤换项目经理；施工项目发生重大安全、质量事故或项目经理违法、违纪时，企业可撤换项目经理。

5.2.5 项目经理应具备下列素质：
  1 具有符合施工项目管理要求的能力。
  2 具有相应的施工项目管理经验和业绩。
  3 具有承担施工项目管理任务的专业技术、管理、经济和法律、法规知识。

4 具有良好的道德品质。

5.3 项目经理的责、权、利

5.3.1 项目经理应履行下列职责：
  1 代表企业实施施工项目管理。贯彻执行国家法律、法规、方针、政策和强制性标准，执行企业的管理制度，维护企业的合法权益。
  2 履行"项目管理目标责任书"规定的任务。
  3 组织编制项目管理实施规划。
  4 对进入现场的生产要素进行优化配置和动态管理。
  5 建立质量管理体系和安全管理体系并组织实施。
  6 在授权范围内负责与企业管理层、劳务作业层、各协作单位、发包人、分包人和监理工程师等的协调，解决项目中出现的问题。
  7 按"项目管理目标责任书"处理项目经理部与国家、企业、分包单位以及职工之间的利益分配。
  8 进行现场文明施工管理，发现和处理突发事件。
  9 参与工程竣工验收，准备结算资料和分析总结，接受审计。
  10 处理项目经理部的善后工作。
  11 协助企业进行项目的检查、鉴定和评奖申报。

5.3.2 "项目管理目标责任书"应包括下列内容：
  1 企业各业务部门与项目经理部之间的关系。
  2 项目经理部使用作业队伍的方式；项目所需材料供应方式和机械设备供应方式。
  3 应达到的项目进度目标、项目质量目标、项目安全目标和项目成本目标。
  4 在企业制度规定以外的、由法定代表人向项目经理委托的事项。
  5 企业对项目经理部人员进行奖惩的依据、标准、办法及应承担的风险。
  6 项目经理解职和项目经理部解体的条件及方法。

5.3.3 项目经理应具有下列权限：
  1 参与企业进行的施工项目投标和签订施工合同。
  2 经授权组建项目经理部确定项目经理部的组织结构，选择、聘任管理人员，确定管理人员的职责，并定期进行考核、评价和奖惩。
  3 在企业财务制度规定的范围内，根据企业法定代表人授权和施工项目管理的需要，决定资金的投入和使用，决定项目经理部的计酬办法。
  4 在授权范围内，按物资采购程序性文件的规定行使采购权。
  5 根据企业法定代表人授权或按照企业的规定选择、使用作业队伍。
  6 主持项目经理部工作，组织制定施工项目的各项管理制度。
  7 根据企业法定代表人授权，协调和处理与施工项目管理有关的内部与外部事项。

5.3.4 项目经理应享有以下利益：
  1 获得基本工资、岗位工资和绩效工资。
  2 除按"项目管理目标责任书"可获得物质奖励外，还可获得表彰、记功、优秀项目经理等荣誉称号。

3 经考核和审计,未完成"项目管理目标责任书"确定的项目管理责任目标或造成亏损的,应按其中有关条款承担责任,并接受经济或行政处罚。

6 项目经理部

6.1 一般规定

6.1.1 大、中型施工项目,承包人必须在施工现场设立项目经理部,小型施工项目,可由企业法定代表人委托一个项目经理部兼管,但不得削弱其项目管理职责。
6.1.2 项目经理部直属项目经理的领导,接受企业业务部门指导、监督、检查和考核。
6.1.3 项目经理部在项目竣工验收、审计完成后解体。

6.2 项目经理部的设立

6.2.1 项目经理部应按下列步骤设立:
 1 根据企业批准的"项目管理规划大纲",确定项目经理部的管理任务和组织形式。
 2 确定项目经理部的层次,设立职能部门与工作岗位。
 3 确定人员、职责、权限。
 4 由项目经理根据"项目管理目标责任书"进行目标分解。
 5 组织有关人员制定规章制度和目标责任考核、奖惩制度。
6.2.2 项目经理部的组织形式应根据施工项目的规模、结构复杂程度、专业特点、人员素质和地域范围确定,并应符合下列规定:
 1 大中型项目宜按矩阵式项目管理组织设置项目经理部。
 2 远离企业管理层的大中型项目宜按事业部式项目管理组织设置项目经理部。
 3 小型项目宜按直线职能式项目管理组织设置项目经理部。
 4 项目经理部的人员配置应满足施工项目管理的需要。职能部门的设置应满足本规范第3.0.6条中各项管理内容的需要。大型项目的项目经理必须具有一级项目经理资质,管理人员中的高级职称人员不应低于10%。
6.2.3 项目经理部的规章制度应包括下列各项:
 1 项目管理人员岗位责任制度。
 2 项目技术管理制度。
 3 项目质量管理制度。
 4 项目安全管理制度。
 5 项目计划、统计与进度管理制度。
 6 项目成本核算制度。
 7 项目材料、机械设备管理制度。
 8 项目现场管理制度。
 9 项目分配与奖励制度。
 10 项目例会及施工日志制度。
 11 项目分包及劳务管理制度。

12　项目组织协调制度。
　　13　项目信息管理制度。
6.2.4　项目经理部自行制订的规章制度与企业现行的有关规定不一致时,应报送企业或其授权的职能部门批准。

6.3　项目经理部的运行

6.3.1　项目经理应组织项目经理部成员学习项目的规章制度,检查执行情况和效果,并应根据反馈信息改进管理。
6.3.2　项目经理应根据项目管理人员岗位责任制度对管理人员的责任目标进行检查、考核和奖惩。
6.3.3　项目经理部应对作业队伍和分包人实行合同管理,并应加强控制与协调。
6.3.4　项目经理部解体应具备下列条件:
　　1　工程已经竣工验收。
　　2　与各分包单位已经结算完毕。
　　3　已协助企业管理层与发包人签订了"工程质量保修书"。
　　4　"项目管理目标责任书"已经履行完成,经企业管理层审计合格。
　　5　已与企业管理层办理了有关手续。
　　6　现场最后清理完毕。

7　项目进度控制

7.1　一般规定

7.1.1　项目进度控制应以实现施工合同约定的竣工日期为最终目标。
7.1.2　项目进度控制总目标应进行分解。可按单位工程分解为交工分目标,可按承包的专业或施工阶段分解为完工分目标,亦可按年、季、月计划期分解为时间目标。
7.1.3　项目进度控制应建立以项目经理为责任主体,由子项目负责人、计划人员、调度人员、作业队长及班组长参加的项目进度控制体系。
7.1.4　项目经理部应按下列程序进行项目进度控制:
　　1　根据施工合同确定的开工日期、总工期和竣工日期确定施工进度目标,明确计划开工日期、计划总工期和计划竣工日期,并确定项目分期分批的开工、竣工日期。
　　2　编制施工进度计划。施工进度计划应根据工艺关系、组织关系、搭接关系、起止时间、劳动力计划、材料计划、机械计划及其他保证性计划等因素综合确定。
　　3　向监理工程师提出开工申请报告,并应按监理工程师下达的开工令指定的日期开工。
　　4　实施施工进度计划。当出现进度偏差(不必要的提前或延误)时,应及时进行调整,并应不断预测未来进度状况。
　　5　全部任务完成后应进行进度控制总结并编写进度控制报告。

7.2 施工进度计划

7.2.1 施工进度计划应包括施工总进度计划和单位工程施工进度计划。

7.2.2 施工总进度计划的编制应符合下列规定：

1 施工总进度计划应依据施工合同、施工进度目标、工期定额、有关技术经济资料、施工部署与主要工程施工方案等编制。

2 施工总进度计划的内容应包括：编制说明，施工总进度计划表，分期分批施工工程的开工日期、完工日期及工期一览表，资源需要量及供应平衡表等。

3 编制施工总进度计划的步骤应包括：

1）收集编制依据。
2）确定进度控制目标。
3）计算工程量。
4）确定各单位工程的施工期限和开、竣工日期。
5）安排各单位工程的搭接关系。
6）编写施工进度计划说明书。

7.2.3 单位工程的施工应编制单位工程施工进度计划。

7.2.4 单位工程施工进度计划宜依据下列资料编制：

1 "项目管理目标责任书"。
2 施工总进度计划。
3 施工方案。
4 主要材料和设备的供应能力。
5 施工人员的技术素质及劳动效率。
6 施工现场条件，气候条件，环境条件。
7 已建成的同类工程实际进度及经济指标。

7.2.5 单位工程施工进度计划应包括下列内容：

1 编制说明。
2 进度计划图。
3 单位工程施工进度计划的风险分析及控制措施。

7.2.6 编制单位工程施工进度计划应采用工程网络计划技术。编制工程网络计划应符合国家现行标准《网络计划技术》(GB/T 13400.1~3—92)及行业标准《工程网络计划技术规程》(JGJ/T 121—99)的规定。

7.2.7 劳动力、主要材料、预制件、半成品及机械设备需要量计划、资金收支预测计划，应根据施工进度计划编制。

7.2.8 项目经理应对施工进度计划进行审核。

7.3 施工进度计划的实施

7.3.1 项目的施工进度计划应通过编制年、季、月、旬、周施工进度计划实现。

7.3.2 年、季、月、旬、周施工进度计划应逐级落实，最终通过施工任务书由班组实施。

7.3.3 在施工进度计划实施的过程中应进行下列工作：

  1 跟踪计划的实施进行监督,当发现进度计划执行受到干扰时,应采取调度措施。
  2 在计划图上进行实际进度记录,并跟踪记载每个施工过程的开始日期、完成日期,记录每日完成数量、施工现场发生的情况、干扰因素的排除情况。
  3 执行施工合同中对进度、开工及延期开工、暂停施工、工期延误、工程竣工的承诺。
  4 跟踪形象进度对工程量、总产值、耗用的人工、材料和机械台班等的数量进行统计与分析,编制统计报表。
  5 落实控制进度措施应具体到执行人、目标、任务、检查方法和考核办法。
  6 处理进度索赔。

7.3.4 分包人应根据项目施工进度计划编制分包工程施工进度计划并组织实施。项目经理部应将分包工程施工进度计划纳入项目进度控制范畴,并协助分包人解决项目进度控制中的相关问题。

7.3.5 在进度控制中,应确保资源供应进度计划的实现。当出现下列情况时,应采取措施处理:
  1 当发现资源供应出现中断、供应数量不足或供应时间不能满足要求时。
  2 由于工程变更引起资源需求的数量变更和品种变化时,应及时调整资源供应计划。
  3 当发包人提供的资源供应进度发生变化不能满足施工进度要求时,应敦促发包人执行原计划,并对造成的工期延误及经济损失进行索赔。

7.4 施工进度计划的检查与调整

7.4.1 对施工进度计划进行检查应依据施工进度计划实施记录进行。

7.4.2 施工进度计划检查应采取日检查或定期检查的方式进行,应检查下列内容:
  1 检查期内实际完成和累计完成工程量。
  2 实际参加施工的人力、机械数量及生产效率。
  3 窝工人数、窝工机械台班数及其原因分析。
  4 进度偏差情况。
  5 进度管理情况。
  6 影响进度的特殊原因及分析。

7.4.3 实施检查后,应向企业提供月度施工进度报告,月度施工进度报告应包括下列内容:
  1 进度执行情况的综合描述。
  2 实际施工进度图。
  3 工程变更、价格调整、索赔及工程款收支情况。
  4 进度偏差的状况和导致偏差的原因分析。
  5 解决问题的措施。
  6 计划调整意见。

7.4.4 施工进度计划在实施中的调整必须依据施工进度计划检查结果进行。施工进度计划调整应包括下列内容:
  1 施工内容。
  2 工程量。
  3 起止时间。

4 持续时间。
5 工作关系。
6 资源供应。

7.4.5 调整施工进度计划应采用科学的调整方法,并应编制调整后的施工进度计划。

7.4.6 在施工进度计划完成后,项目经理部应及时进行施工进度控制总结。总结时应依据下列资料:

1 施工进度计划。
2 施工进度计划执行的实际记录。
3 施工进度计划检查结果。
4 施工进度计划的调整资料。

7.4.7 施工进度控制总结应包括下列内容:

1 合同工期目标及计划工期目标完成情况。
2 施工进度控制经验。
3 施工进度控制中存在的问题及分析。
4 科学的施工进度计划方法的应用情况。
5 施工进度控制的改进意见。

8 项目质量控制

8.1 一 般 规 定

8.1.1 项目质量控制应按2000版 GB/T 19000 族标准和企业质量管理体系的要求进行。

8.1.2 项目质量控制应坚持"质量第一,预防为主"的方针和"计划、执行、检查、处理"循环工作方法,不断改进过程控制。

8.1.3 项目质量控制应满足工程施工技术标准和发包人的要求。

8.1.4 项目质量控制因素应包括人、材料、机械、方法、环境。

8.1.5 项目质量控制必须实行样板制。施工过程均应按要求进行自检、互检和交接检。隐蔽工程、指定部位和分项工程未经检验或已经检验定为不合格的,严禁转入下道工序。

8.1.6 项目经理部应建立项目质量责任制和考核评价办法。项目经理应对项目质量控制负责。过程质量控制应由每一道工序和岗位的责任人负责。

8.1.7 分项工程完成后,必须经监理工程师险检和认可。

8.1.8 承包人应对项目质量和质量保修工作向发包人负责。分包工程的质量应由分包人向承包人负责。承包人应对分包人的工程质量向发包人承担连带责任。

8.1.9 分包人应接受承包人的质量管理。

8.1.10 质量控制应按下列程序实施:

1 确定项目质量目标。
2 编制项目质量计划。
3 实施项目质量计划:
1)施工准备阶段质量控制。

2）施工阶段质量控制。
　　3）竣工验收阶段质量控制。

8.2 质 量 计 划

8.2.1 质量计划的编制应符合下列规定：
　　1 应由项目经理主持编制项目质量计划。
　　2 质量计划应体现从工序、分项工程、分部工程到单位工程的过程控制，且应体现从资源投入到完成工程质量最终检验和试验的全过程控制。
　　3 质量计划应成为对外质量保证和对内质量控制的依据。

8.2.2 质量计划应包括下列内容：
　　1 编制依据。
　　2 项目概况。
　　3 质量目标。
　　4 组织机构。
　　5 质量控制及管理组织协调的系统描述。
　　6 必要的质量控制手段，施工过程、服务、检验和试验程序等。
　　7 确定关键工序和特殊过程及作业的指导书。
　　8 与施工阶段相适应的检验、试验、测量、验证要求。
　　9 更改和完善质量计划的程序。

8.2.3 质量计划的实施应符合下列规定：
　　1 质量管理人员应按照分工控制质量计划的实施，并应按规定保存控制记录。
　　2 当发生质量缺陷或事故时，必须分析原因、分清责任、进行整改。

8.2.4 质量计划的验证应符合下列规定：
　　1 项目技术负责人应定期组织具有资格的质量检查人员和内部质量审核员验证质量计划的实施效果。当项目质量控制中存在问题或隐患时，应提出解决措施。
　　2 对重复出现的不合格和质量问题，责任人应按规定承担责任，并应依据验证评价的结果进行处罚。

8.3 施工准备阶段的质量控制

8.3.1 施工合同签订后，项目经理部应索取设计图纸和技术资料，指定专人管理并公布有效文件清单。

8.3.2 项目经理部应依据设计文件和设计技术交底的工程控制点进行复测。当发现问题时，应与设计人协商处理，并应形成记录。

8.3.3 项目技术负责人应主持对图纸审核，并应形成会审记录。

8.3.4 项目经理应按质量计划中工程分包和物资采购的规定，选择并评价分包人和供应人，并应保存评价记录。

8.3.5 企业应对全体施工人员进行质量知识培训，并应保存培训记录。

8.4 施工阶段的质量控制

8.4.1 技术交底应符合下列规定：

1 单位工程、分部工程和分项工程开工前，项目技术负责人应向承担施工的负责人或分包人进行书面技术交底。技术交底资料应办理签字手续并归档。

2 在施工过程中，项目技术负责人对发包人或监理工程师提出的有关施工方案、技术措施及设计变更的要求，应在执行前向执行人员进行书面技术交底。

8.4.2 工程测量应符合下列规定：

1 在项目开工前应编制测量控制方案，经项目技术负责人批准后方可实施，测量记录应归档保存。

2 在施工过程中应对测量点线妥善保护，严禁擅自移动。

8.4.3 材料的质量控制应符合下列规定：

1 项目经理部应在质量计划确定的合格材料供应人名录中按计划招标采购材料、半成品和构配件。

2 材料的搬运和贮存应按搬运储存规定进行，并应建立台账。

3 项目经理部应对材料、半成品、构配件进行标识。

4 未经检验和已经检验为不合格的材料、半成品、构配件和工程设备等，不得投入使用。

5 对发包人提供的材料、半成品、构配件、工程设备和检验设备等，必须按规定进行检验和验收。

6 监理工程师应对承包人自行采购的物资进行验证。

8.4.4 机械设备的质量控制应符合下列规定：

1 应按设备进场计划进行施工设备的调配。

2 现场的施工机械应满足施工需要。

3 应对机械设备操作人员的资格进行确认，无证或资格不符合者，严禁上岗。

8.4.5 计量人员应按规定控制计量器具的使用、保管、维修和检验，计量器具应符合有关规定。

8.4.6 工序控制应符合下列规定：

1 施工作业人员应按规定经考核后持证上岗。

2 施工管理人员及作业人员应按操作规程、作业指导书和技术交底文件进行施工。

3 工序的检验和试验应符合过程检验和试验的规定，对查出的质量缺陷应按不合格控制程序及时处置。

4 施工管理人员应记录工序施工情况。

8.4.7 特殊过程控制应符合下列规定：

1 对在项目质量计划中界定的特殊过程，应设置工序质量控制点进行控制。

2 对特殊过程的控制，除应执行一般过程控制的规定外，还应由专业技术人员编制专门的作业指导书，经项目技术负责人审批后执行。

8.4.8 工程变更应严格执行工程变更程序，经有关单位批准后方可实施。

8.4.9 建筑产品或半成品应采取有效措施妥善保护。

8.4.10 施工中发生的质量事故,必须按《建设工程质量管理条例》的有关规定处理。

8.5 竣工验收阶段的质量控制

8.5.1 单位工程竣工后,必须进行最终检验和试验。项目技术负责人应按编制竣工资料的要求收集、整理质量记录。

8.5.2 项目技术负责人应组织有关专业技术人员按最终检验和试验规定,根据合同要求进行全面验证。

8.5.3 对查出的施工质量缺陷,应按不合格控制程序进行处理。

8.5.4 项目经理部应组织有关专业技术人员按合同要求编制工程竣工文件,并应做好工程移交准备。

8.5.5 在最终检验和试验合格后,应对建筑产品采取防护措施。

8.5.6 工程交工后,项目经理部应编制符合文明施工和环境保护要求的撤场计划。

8.6 质量持续改进

8.6.1 项目经理部应分析和评价项目管理现状,识别质量持续改进区域,确定改进目标,实施选定的解决办法。

8.6.2 质量持续改进应按全面质量管理的方法进行。

8.6.3 项目经理部对不合格控制应符合下列规定:

  1 应按企业的不合格控制程序,控制不合格物资进入项目施工现场,严禁不合格工序未经处置而转入下道工序。

  2 对验证中发现的不合格产品和过程,应按规定进行鉴别、标识、记录、评价、隔离和处置。

  3 应进行不合格评审。

  4 不合格处置应根据不合格严重程度,按返工、返修或让步接收、降级使用、拒收或报废四种情况进行处理。构成等级质量事故的不合格,应按国家法律、行政法规进行处置。

  5 对返修或返工后的产品,应按规定重新进行检验和试验,并应保存记录。

  6 进行不合格让步接收时,项目经理部应向发包人提出书面让步申请,记录不合格程度和返修的情况,双方签字确认让步接收协议和接收标准。

  7 对影响建筑主体结构安全和使用功能的不合格,应邀请发包人代表或监理工程师、设计人,共同确定处理方案,报建设主管部门批准。

  8 检验人员必须按规定保存不合格控制的记录。

8.6.4 纠正措施应符合下列规定:

  1 对发包人或监理工程师、设计人、质量监督部门提出的质量问题,应分析原因,制定纠正措施。

  2 对已发生或潜在的不合格信息,应分析并记录结果。

  3 对检查发现的工程质量问题或不合格报告提及的问题,应由项目技术负责人组织有关人员判定不合格程度,制定纠正措施。

  4 对严重不合格或重大质量事故,必须实施纠正措施。

  5 实施纠正措施的结果应由项目技术负责人验证并记录;对严重不合格或等级质量事

故的纠正措施和实施效果应验证,并应报企业管理层。
    6 项目经理部或责任单位应定期评价纠正措施的有效性。
8.6.5 预防措施应符合下列规定:
    1 项目经理部应定期召开质量分析会,对影响工程质量潜在原因,采取预防措施。
    2 对可能出现的不合格,应制定防止再发生的措施并组织实施。
    3 对质量通病应采取预防措施。
    4 对潜在的严重不合格,应实施预防措施控制程序。
    5 项目经理部应定期评价预防措施的有效性。

8.7 检查、验证

8.7.1 项目经理部应对项目质量计划执行情况组织检查、内部审核和考核评价,验证实施效果。

8.7.2 项目经理应依据考核中出现的问题、缺陷或不合格,召开有关专业人员参加的质量分析会,并制定整改措施。

9 项目安全控制

9.1 一般规定

9.1.1 项目安全控制必须坚持"安全第一、预防为主"的方针。项目经理部应建立安全管理体系和安全生产责任制。安全员应持证上岗,保证项目安全目标的实现。项目经理是项目安全生产的总负责人。

9.1.2 项目经理部应根据项目特点,制定安全施工组织设计或安全技术措施。

9.1.3 项目经理部应根据施工中人的不安全行为,物的不安全状态,作业环境的不安全因素和管理缺陷进行相应的安全控制。

9.1.4 实行分包的项目,安全控制应由承包人全面负责,分包人向承包人负责,并服从承包人对施工现场的安全管理。

9.1.5 项目经理部和分包人在施工中必须保护环境。

9.1.6 在进行施工平面图设计时,应充分考虑安全、防火、防爆、防污染等因素,做到分区明确,合理定位。

9.1.7 项目经理部必须建立施工安全生产教育制度,未经施工安全生产教育的人员不得上岗作业。

9.1.8 项目经理部必须为从事危险作业的人员办理人身意外伤害保险。

9.1.9 施工作业过程中对危及生命安全和人身健康的行为,作业人员有权抵制、检举和控告。

9.1.10 项目安全控制应遵循下列程序:
    1 确定施工安全目标。
    2 编制项目安全保证计划。
    3 项目安全计划实施。

4 项目安全保证计划验证。
5 持续改进。
6 兑现合同承诺。

9.2 安全保证计划

9.2.1 项目经理部应根据项目施工安全目标的要求配置必要的资源,确保施工安全,保证目标实现。专业性较强的施工项目,应编制专项安全施工组织设计并采取安全技术措施。

9.2.2 项目安全保证计划应在项目开工前编制,经项目经理批准后实施。

9.2.3 项目安全保证计划的内容宜包括:工程概况,控制程序,控制目标,组织结构,职责权限,规章制度,资源配置,安全措施,检查评价,奖惩制度。

9.2.4 项目经理部应根据工程特点、施工方法、施工程序、安全法规和标准的要求,采取可靠的技术措施,消除安全隐患,保证施工安全。

9.2.5 对结构复杂、施工难度大、专业性强的项目,除制定项目安全技术总体安全保证计划外,还必须制定单位工程或分部、分项工程的安全施工措施。

9.2.6 对高空作业、井下作业、水上作业、水下作业、深基础开挖、爆破作业、脚手架上作业、有害有毒作业、特种机械作业等专业性强的施工作业,以及从事电气、压力容器、起重机、金属焊接、井下瓦斯检验、机动车和船舶驾驶等特殊工种的作业,应制定单项安全技术方案和措施,并应对管理人员和操作人员的安全作业资格和身体状况进行合格审查。

9.2.7 安全技术措施应包括:防火、防毒、防爆、防洪、防尘、防雷击、防触电、防坍塌、防物体打击、防机械伤害、防溜车、防高空坠落、防交通事故、防寒、防暑、防疫、防环境污染等方面的措施。

9.3 安全保证计划的实施

9.3.1 项目经理部应根据安全生产责任制的要求,把安全责任目标分解到岗,落实到人。安全生产责任制必须经项目经理批准后实施。

1 项目经理安全职责应包括:认真贯彻安全生产方针、政策、法规和各项规章制度,制定和执行安全生产管理办法,严格执行安全考核指标和安全生产奖惩办法,严格执行安全技术措施审批和施工安全技术措施交底制度;定期组织安全生产检查和分析,针对可能产生的安全隐患制定相应的预防措施;当施工过程中发生安全事故时,项目经理必须按安全事故处理的有关规定和程序及时上报和处置,并制定防止同类事故再次发生的措施。

2 安全员安全职责应包括:落实安全设施的设置;对施工全过程的安全进行监督,纠正违章作业,配合有关部门排除安全隐患,组织安全教育和全员安全活动,监督劳保用品质量和正确使用。

3 作业队长安全职责应包括:向作业人员进行安全技术措施交底,组织实施安全技术措施;对施工现场安全防护装置和设施进行验收;对作业人员进行安全操作规程培训,提高作业人员的安全意识,避免产生安全隐患;当发生重大或恶性工伤事故时,应保护现场,立即上报并参与事故调查处理。

4 班组长安全职责应包括:安排施工生产任务时,向本工种作业人员进行安全措施交底;严格执行本工种安全技术操作规程,拒绝违章指挥;作业前应对本次作业所使用的机具、设备、防护用具及作业环境进行安全检查,消除安全隐患,检查安全标牌是否按规定设置,标识方法和内容是否正确完整;组织班组开展安全活动,召开上岗前安全生产会;每周应进行安全讲评。

  5 操作工人安全职责应包括:认真学习并严格执行安全技术操作规程,不违规作业;自觉遵守安全生产规章制度,执行安全技术交底和有关安全生产的规定;服从安全监督人员的指导,积极参加安全活动;爱护安全设施;正确使用防护用具;对不安全作业提出意见,拒绝违章指挥。

  6 承包人对分包人的安全生产责任应包括:审查分包人的安全施工资格和安全生产保证体系,不应将工程分包给不具备安全生产条件的分包人;在分包合同中应明确分包人安全生产责任和义务;对分包人提出安全要求,并认真监督、检查;对违反安全规定冒险蛮干的分包人,应令其停工整改;承包人应统计分包人的伤亡事故,按规定上报,并按分包合同约定协助处理分包人的伤亡事故。

  7 分包人安全生产责任应包括:分包人对本施工现场的安全工作负责,认真履行分包合同规定的安全生产责任;遵守承包人的有关安全生产制度,服从承包人的安全生产管理,及时向承包人报告伤亡事故并参与调查,处理善后事宜。

  8 施工中发生安全事故时,项目经理必须按国务院安全行政主管部门的规定及时报告并协助有关人员进行处理。

9.3.2 实施安全教育应符合下列规定:

  1 项目经理部的安全教育内容应包括:学习安全生产法律、法规、制度和安全纪律,讲解安全事故案例。

  2 作业队安全教育内容应包括:了解所承担施工任务的特点,学习施工安全基本知识、安全生产制度及相关工种的安全技术操作规程;学习机械设备和电器使用、高处作业等安全基本知识;学习防火、防毒、防爆、防洪、防尘、防雷击、防触电、防高空坠落、防物体打击、防坍塌、防机械伤害等知识及紧急安全救护知识;了解安全防护用品发放标准,防护用具、用品使用基本知识。

  3 班组安全教育内容应包括:了解本班组作业特点,学习安全操作规程、安全生产制度及纪律;学习正确使用安全防护装置(设施)及个人劳动防护用品知识;了解本班组作业中的不安全因素及防范对策、作业环境及所使用的机具安全要求。

9.3.3 安全技术交底的实施,应符合下列规定:

  1 单位工程开工前,项目经理部的技术负责人必须将工程概况、施工方法、施工工艺、施工程序、安全技术措施,向承担施工的作业队负责人、工长、班组长和相关人员进行交底。

  2 结构复杂的分部分项工程施工前,项目经理部的技术负责人应有针对性地进行全面、详细的安全技术交底。

  3 项目经理部应保存双方签字确认的安全技术交底记录。

9.4 安全检查

9.4.1 项目经理应组织项目经理部定期对安全控制计划的执行情况进行检查考核和评价。对施工中存在的不安全行为和隐患,项目经理部应分析原因并制定相应整改防范措施。

9.4.2 项目经理部应根据施工过程的特点和安全目标的要求,确定安全检查内容。

9.4.3 项目经理部安全检查应配备必要的设备或器具,确定检查负责人和检查人员,并明确检查内容及要求。

9.4.4 项目经理部安全检查应采取随机抽样、现场观察、实地检测相结合的方法,并记录检测结果。对现场管理人员的违章指挥和操作人员的违章作业行为应进行纠正。

9.4.5 安全检查人员应对检查结果进行分析,找出安全隐患部位,确定危险程度。

9.4.6 项目经理部应编写安全检查报告。

9.5 安全隐患和安全事故处理

9.5.1 安全隐患处理应符合下列规定:

　　1 项目经理部应区别"通病"、"顽症"、首次出现、不可抗力等类型,修订和完善安全整改措施。

　　2 项目经理部应对检查出的隐患立即发出安全隐患整改通知单。受检单位应对安全隐患原因进行分析,制定纠正和预防措施。纠正和预防措施应经检查单位负责人批准后实施。

　　3 安全检查人员对检查出的违章指挥和违章作业行为向责任人当场指出,限期纠正。

　　4 安全员对纠正和预防措施的实施过程和实施效果应进行跟踪检查,保存验证记录。

9.5.2 项目经理部进行安全事故处理应符合下列规定:

　　1 安全事故处理必须坚持"事故原因不清楚不放过,事故责任者和员工没有受到教育不放过,事故责任者没有处理不放过,没有制定防范措施不放过"的原则。

　　2 安全事故应按以下程序进行处理:

　　1)报告安全事故:安全事故发生后,受伤者或最先发现事故的人员应立即用最快的传递手段,将发生事故的时间、地点、伤亡人数、事故原因等情况,上报至企业安全主管部门。企业安全主管部门视事故造成的伤亡人数或直接经济损失情况,按规定向政府主管部门报告。

　　2)事故处理:抢救伤员、排除险情、防止事故蔓延扩大,做好标识,保护好现场。

　　3)事故调查:项目经理应指定技术、安全、质量等部门的人员,会同企业工会代表组成调查组,开展调查。

　　4)调查报告:调查组应把事故发生的经过、原因、性质、损失责任、处理意见、纠正和预防措施撰写成调查报告,并经调查组全体人员签字确认后报企业安全主管部门。

10 项目成本控制

10.1 一般规定

10.1.1 项目成本控制包括成本预测、计划、实施、核算、分析、考核、整理成本资料与编制成本报告。

10.1.2 项目经理部应对施工过程发生的、在项目经理部管理职责权限内能控制的各种消耗和费用进行成本控制。项目经理部承担的成本责任与风险应在"项目管理目标责任书"中明确。

10.1.3 企业应建立和完善项目管理层作为成本控制中心的功能和机制,并为项目成本控制创造优化配置生产要素,实施动态管理的环境和条件。

10.1.4 项目经理部应建立以项目经理为中心的成本控制体系,按内部各岗位和作业层进行成本目标分解,明确各管理人员和作业层的成本责任、权限及相互关系。

10.1.5 成本控制应按下列程序进行:
 1 企业进行项目成本预测。
 2 项目经理部编制成本计划。
 3 项目经理部实施成本计划。
 4 项目经理部进行成本核算。
 5 项目经理部进行成本分析并编制月度及项目的成本报告。
 6 编制成本资料并按规定存档。

10.2 成本计划

10.2.1 企业应按下列程序确定项目经理部的责任目标成本:
 1 在施工合同签订后,由企业根据合同造价、施工图和招标文件中的工程量清单,确定正常情况下的企业管理费、财务费用和制造成本。
 2 将正常情况下的制造成本确定为项目经理的可控成本,形成项目经理的责任目标成本。

10.2.2 项目经理在接受企业法定代表人委托之后,应通过主持编制项目管理实施规划寻求降低成本的途径,组织编制施工预算,确定项目的计划目标成本。

10.2.3 项目经理部编制施工预算应符合下列规定:
 1 以施工方案和管理措施为依据,按照本企业的管理水平、消耗定额、作业效率等进行工料分析,根据市场价格信息,编制施工预算。
 2 当某些环节或分部分项工程施工条件尚不明确时,可按照类似工程施工经验或招标文件所提供的计量依据计算暂估费用。
 3 施工预算应在工程开工前编制完成。

10.2.4 项目经理部进行目标成本分解应符合下列要求:
 1 按工程部位进行项目成本分解,为分部分项工程成本核算提供依据。
 2 按成本项目进行成本分解,确定项目的人工费、材料费、机械台班费、其他直接费和间接成本的构成,为施工生产要素的成本核算提供依据。

10.2.5 项目经理部应编制"目标成本控制措施表",并将各分部分项工程成本控制目标和要求、各成本要素的控制目标和要求,落实到成本控制的责任者,并应对确定的成本控制措施、方法和时间进行检查和改善。

10.3 成本控制运行

10.3.1 项目经理部应坚持按照增收节支、全面控制、责权利相结合的原则,用目标管理方法对实际施工成本的发生过程进行有效控制。

10.3.2 项目经理部应根据计划目标成本的控制要求,做好施工采购策划,通过生产要素的优化配置、合理使用、动态管理,有效控制实际成本。

10.3.3 项目经理部应加强施工定额管理和施工任务单管理,控制活劳动和物化劳动的消耗。

10.3.4 项目经理部应加强施工调度,避免因施工计划不周和盲目调度造成窝工损失、机械利用率降低、物料积压等而使施工成本增加。

10.3.5 项目经理部应加强施工合同管理和施工索赔管理,正确运用施工合同条件和有关法规,及时进行索赔。

10.4 成本核算

10.4.1 项目经理部应根据财务制度和会计制度的有关规定,在企业职能部门的指导下,建立项目成本核算制,明确项目成本核算的原则、范围、程序、方法、内容、责任及要求,并设置核算台账,记录原始数据。

10.4.2 施工过程中项目成本的核算,宜以每月为一核算期,在月末进行。核算对象应按单位工程划分,并与施工项目管理责任目标成本的界定范围相一致。项目成本核算应坚持施工形象进度、施工产值统计、实际成本归集"三同步"的原则。施工产值及实际成本的归集,宜按照下列方法进行:

    1 应按照统计人员提供的当月完成工程量的价值及有关规定,扣减各项上缴税费后,作为当期工程结算收入。

    2 人工费应按照劳动管理人员提供的用工分析和受益对象进行账务处理,计入工程成本。

    3 材料费应根据当月项目材料消耗和实际价格,计算当期消耗,计入工程成本;周转材料应实行内部调配制,按照当月使用时间、数量、单价计算,计入工程成本。

    4 机械使用费按照项目当月使用台班和单价计入工程成本。

    5 其他直接费应根据有关核算资料进行账务处理,计入工程成本。

    6 间接成本应根据现场发生的间接成本项目的有关资料进行账务处理,计入工程成本。

10.4.3 项目成本核算应采取会计核算、统计核算和业务核算相结合的方法,并应做下列比较分析:

    1 实际成本与责任目标成本的比较分析。

    2 实际成本与计划目标成本的比较分析。

10.4.4 项目经理部应在跟踪核算分析的基础上,编制月度项目成本报告,上报企业成本主管部门进行指导检查和考核。

10.4.5 项目经理部应在每月分部分项成本的累计偏差和相应的计划目标成本余额的基础上,预测后期成本的变化趋势和状况;根据偏差原因制定改善成本控制的措施,控制下月施工任务的成本。

10.5 成本分析与考核

10.5.1 项目经理部进行成本分析可采用下列方法:

    1 按照量价分离的原则,用对比法分析影响成本节超的主要因素。包括:实际工程量与预算工程量的对比分析,实际消耗量与计划消耗量的对比分析,实际采用价格与计划价格的对比分析,各种费用实际发生额与计划支出额的对比分析。
  2 在确定施工项目成本各因素对计划成本影响的程度时,可采用连环替代法或差额计算法进行成本分析。

10.5.2 项目经理部应将成本分析的结果形成文件,为成本偏差的纠正与预防、成本控制方法的改进、制定降低成本措施、改进成本控制体系等提供依据。

10.5.3 项目成本考核应分层进行:企业对项目经理部进行成本管理考核;项目经理部对项目内部各岗位及各作业队进行成本管理考核。

10.5.4 项目成本考核内容应包括:计划目标成本完成情况考核,成本管理工作业绩考核。

10.5.5 项目成本考核应按照下列要求进行:
  1 企业对施工项目经理部进行考核时,应以确定的责任目标成本为依据。
  2 项目经理部应以控制过程的考核为重点,控制过程的考核应与竣工考核相结合。
  3 各级成本考核应与进度、质量、安全等指标的完成情况相联系。
  4 项目成本考核的结果应形成文件,为奖罚责任人提供依据。

11 项目现场管理

11.1 一 般 规 定

11.1.1 项目经理部应认真搞好施工现场管理,做到文明施工、安全有序、整洁卫生、不扰民、不损害公众利益。

11.1.2 现场门头应设置承包人的标志。承包人项目经理部应负责施工现场场容文明形象管理的总体策划和部署;各分包人应在承包人项目经理部的指导和协调下,按照分区划块原则,搞好分包人施工用地区域的场容文明形象管理规划,严格执行,并纳入承包人的现场管理范畴,接受监督、管理与协调。

11.1.3 项目经理部应在现场入口的醒目位置,公示下列内容:
  1 工程概况牌,包括:工程规模、性质、用途,发包人、设计人、承包人和监理单位的名称,施工起止年月等。
  2 安全纪律牌。
  3 防火须知牌。
  4 安全无重大事故计时牌。
  5 安全生产、文明施工牌。
  6 施工总平面图。
  7 项目经理部组织架构及主要管理人员名单图。

11.1.4 项目经理应把施工现场管理列入经常性的巡视检查内容,并与日常管理有机结合,认真听取邻近单位、社会公众的意见和反映,及时抓好整改。

11.2 规 范 场 容

11.2.1 施工现场场容规范化应建立在施工平面图设计的科学合理化和物料器具定位管理标准化的基础上。承包人应根据本企业的管理水平,建立和健全施工平面图管理和现场物料器具管理标准,为项目经理部提供场容管理策划的依据。

11.2.2 项目经理部必须结合施工条件,按照施工方案和施工进度计划的要求,认真进行施工平面图的规划、设计、布置、使用和管理。

 1 施工平面图宜按指定的施工用地范围和布置的内容,分别进行布置和管理。

 2 单位工程施工平面图宜根据不同施工阶段的需要,分别设计成阶段性施工平面图,并在阶段性进度目标开始实施前,通过施工协调会议确认后实施。

11.2.3 项目经理部应严格按照已审批的施工总平面图或相关的单位工程施工平面图划定的位置,布置施工项目的主要机械设备、脚手架、密封式安全网和围挡、模具、施工临时道路、供水、供电、供气管道或线路、施工材料制品堆场及仓库、土方及建筑垃圾、变配电间、消火栓、警卫室、现场的办公、生产和生活临时设施等。

11.2.4 施工物料器具除应按施工平面图指定位置就位布置外,尚应根据不同特点和性质,规范布置方式与要求,并执行码放整齐、限宽限高、上架入箱、规格分类、挂牌标识等管理标准。

11.2.5 在施工现场周边应设置临时围护设施。市区工地的周边围护设施高度不应低于1.8m。临街脚手架、高压电缆、起重把杆回转半径伸至街道的,均应设置安全隔离棚。危险品库附近应有明显标志及围挡设施。

11.2.6 施工现场应设置畅通的排水沟渠系统,场地不积水、不积泥浆,保持道路干燥坚实。工地地面应做硬化处理。

11.3 环境保护

11.3.1 项目经理部应根据《环境管理系列标准》(GB/T 24000—ISO 14000)建立项目环境监控体系,不断反馈监控信息,采取整改措施。

11.3.2 施工现场泥浆和污水未经处理不得直接排入城市排水设施和河流、湖泊、池塘。

11.3.3 除有符合规定的装置外,不得在施工现场熔化沥青和焚烧油毡、油漆,亦不得焚烧其他可产生有毒有害烟尘和恶臭气味的废弃物,禁止将有毒有害废弃物作土方回填。

11.3.4 建筑垃圾、渣土应在指定地点堆放,每日进行清理。高空施工的垃圾及废弃物应采用密闭式串筒或其他措施清理搬运。装载建筑材料、垃圾或渣土的车辆,应采取防止尘土飞扬、洒落或流溢的有效措施。施工现场应根据需要设置机动车辆冲洗设施,冲洗污水应进行处理。

11.3.5 在居民和单位密集区域进行爆破、打桩等施工作业前,项目经理部应按规定申请批准,还应将作业计划、影响范围、程度及有关措施等情况,向受影响范围的居民和单位通报说明,取得协作和配合;对施工机械的噪声与振动扰民,应采取相应措施予以控制。

11.3.6 经过施工现场的地下管线,应由发包人在施工前通知承包人,标出位置,加以保护。施工时发现文物、古迹、爆炸物、电缆等,应当停止施工,保护好现场,及时向有关部门报告,按照有关规定处理后方可继续施工。

11.3.7 施工中需要停水、停电、封路而影响环境时,必须经有关部门批准,事先告示。在行人、车辆通行的地方施工,应当设置沟、井、坎、穴覆盖物和标志。

11.3.8 温暖季节宜对施工现场进行绿化布置。

11.4 防火保安

11.4.1 现场应设立门卫,根据需要设置警卫,负责施工现场保卫工作,并采取必要的防盗措施。施工现场的主要管理人员在施工现场应当佩戴证明其身份的证卡,其他现场施工人员宜有标识。有条件时可对进出场人员使用磁卡管理。

11.4.2 承包人必须严格按照《中华人民共和国消防法》的规定,建立和执行防火管理制度。现场必须有满足消防车出入和行驶的道路,并设置符合要求的防火报警系统和固定式灭火系统,消防设施应保持完好的备用状态。在火灾易发地区施工或储存、使用易燃、易爆器材时,承包人应当采取特殊的消防安全措施。现场严禁吸烟,必要时可设吸烟室。

11.4.3 施工现场的通道、消防出入口、紧急疏散楼道等,均应有明显标志或指示牌。有高度限制的地点应有限高标志。

11.4.4 施工中需要进行爆破作业的;必须经政府主管部门审查批准,并提供爆破器材的品名、数量、用途、爆破地点、四邻距离等文件和安全操作规程,向所在地县、市(区)公安局申领"爆破物品使用许可证",由具备爆破资质的专业队伍按有关规定进行施工。

11.5 卫生防疫及其他事项

11.5.1 施工现场不宜设置职工宿舍,必须设置时应尽量和施工场地分开。现场应准备必要的医务设施。在办公室内显著位置应张贴急救车和有关医院电话号码。根据需要采取防暑降温和消毒、防毒措施。施工作业区与办公区应分区明确。

11.5.2 承包人应明确施工保险及第三者责任险的投保人和投保范围。

11.5.3 项目经理部应对现场管理进行考评,考评办法应由企业按有关规定制定。

11.5.4 项目经理部应进行现场节能管理。有条件的现场应下达能源使用指标。

11.5.5 现场的食堂、厕所应符合卫生要求,现场应设置饮水设施。

12 项目合同管理

12.1 一般规定

12.1.1 施工项目的合同管理应包括施工合同的订立、履行、变更、终止和解决争议。

12.1.2 施工合同的主体是发包人和承包人,其法律行为应由法定代表人行使。项目经理应按照承包人订立的施工合同认真履行所承接的任务,依照施工合同的约定,行使权利,履行义务。

12.1.3 发包人和承包人应按《合同法》的规定,确定施工合同的各项履行规则。

12.1.4 项目合同管理应包括相关的分包合同、买卖合同、租赁合同、借款合同等的管理。

12.1.5 承包人在投标前应按质量管理体系文件的要求进行合同评审。

12.1.6 施工合同和分包合同必须以书面形式订立。施工过程中的各种原因造成的洽商变更内容,必须以书面形式签认,并作为合同的组成部分。

12.2 施工项目投标

12.2.1 投标人应具有工程要求的相应的建筑业企业资质等级及招标文件规定的资格条件。

12.2.2 投标人在取得招标文件后应由企业法定代表人确定项目经理及主要技术、经济及管理人员。

12.2.3 投标人应组织有关人员全面、深入地分析和研究招标文件,着重掌握招标人对工程的实质性要求与条件、分析投标风险、工程难易程度及职责范围,确定投标报价策略,按照招标文件的要求编制投标文件。

12.2.4 投标文件应由下列文件组成：
   1 协议书。
   2 投标书及其附录。
   3 合同条件(含通用条件及专用条件)。
   4 投标保证金(或投标保函)。
   5 法定代表人资格证书或其授权委托书。
   6 具有标价的工程量清单及报价表。
   7 辅助资料表。
   8 资格审查表(已进行过资格预审的除外)。
   9 招标文件规定应提交的其他文件。

12.2.5 投标人应在招标文件要求的提交投标文件的截止日期前,将密封的投标文件送达投标地点。

12.2.6 中标通知书对招标人和中标人均具有法律效力。招标人和中标人应自中标通知书发出之日起30日内,按照招标文件和中标人的投标文件订立书面施工合同。中标通知书发出后,招标人改变中标结果的,或者中标人放弃中标项目的,应承担法律责任。

12.3 合同的订立

12.3.1 订立施工合同应符合下列原则：
   1 合同当事人的法律地位平等。一方不得将自己的意志强加给另一方。
   2 当事人依法享有自愿订立合同的权利,任何单位和个人不得非法干预。
   3 当事人确定各方的权利和义务应当遵守公平原则。
   4 当事人行使权利、履行义务应当遵循诚实信用原则。
   5 当事人应当遵守法律、行政法规和社会公德,不得扰乱社会经济秩序,不得损害社会公共利益。

12.3.2 订立施工合同的谈判,应根据招标文件的要求,结合合同实施中可能发生的各种情况进行周密、充分的准备,按照"缔约过失责任原则"保护企业的合法权益。

12.3.3 承包人与发包人订立施工合同应符合下列程序：
   1 接受中标通知书。
   2 组成包括项目经理的谈判小组。
   3 草拟合同专用条件。

4 谈判。

5 参照发包人拟定的合同条件或施工合同示范文本与发包人订立施工合同。

6 合同双方在合同管理部门备案并缴纳印花税。

在施工合同履行中，发包人、承包人有关工程洽商、变更等书面协议或文件，应为本合同的组成部分。

12.3.4 施工合同文件组成及其优先顺序应符合下列要求：

1 协议书。

2 中标通知书。

3 投标书及其附件。

4 专用条款。

5 通用条款。

6 标准、规范及有关技术文件。

7 图纸。

8 具有标价的工程量清单。

9 工程报价单或施工图预算书。

12.3.5 承包人经发包人同意或按照合同约定，可将承包项目的部分非主体工程、非关键工作分包给具备相应的资质条件的分包人完成，并与之订立分包合同。分包合同应符合下列要求：

1 分包人应按照分包合同的各项规定，实施和完成分包工程，修补其中的缺陷，提供所需的全部工程监督、劳务、材料、工程设备和其他物品，提供履约担保、进度计划，不得将分包工程进行转让或再分包。

2 承包人应提供总包合同(工程量清单或费率所列承包人的价格细节除外)供分包人查阅。

3 分包人应当遵守分包合同规定的承包人的工作时间和规定的分包人的设备材料进出场的管理制度。承包人应为分包人提供施工现场及其通道；分包人应允许承包人和监理工程师等在工作时间内合理进入分包工程的现场，并提供方便，做好协助工作。

4 分包人延长竣工时间应根据下列条件：承包人根据总包合同延长总包合同竣工时间；承包人指示延长；承包人违约。分包人必须在延长开始14天内将延长情况通知承包人，同时提交一份证明或报告，否则分包人无权获得延期。

5 分包人仅从承包人处接受指示，并应执行其指示。如果上述指示从总包合同来分析是监理工程师失误所致，则分包人有权要求承包人补偿由此而导致的费用。

6 分包人应根据以下指示变更、增补或删减分包工程：监理工程师根据总包合同作出的指示再由承包人作为指示通知分包人；承包人的指示。

12.3.6 分包合同文件组成及优先顺序应符合下列要求：

1 分包合同协议书。

2 承包人发出的分包中标书。

3 分包人的报价书。

4 分包合同条件。

5 标准规范、图纸、列有标价的工程量清单。

    6 报价单或施工图预算书。

12.4 合同文件的履行

12.4.1 项目经理部必须履行施工合同,并应在施工合同履行前对合同内容、风险、重点或关键性问题做出特别说明和提示,向各职能部门人员交底,落实根据施工合同确定的目标,依据施工合同指导工程实施和项目管理工作。项目经理部在施工合同履行期间,应注意收集、记录对方当事人违约事实的证据,作为索赔的依据。

12.4.2 项目经理部履行施工合同应遵守下列规定:
    1 必须遵守《合同法》规定的各项合同履行原则。
    2 项目经理应负责组织施工合同的履行。
    3 依据《合同法》规定进行合同的变更、索赔、转让和终止。
    4 如果发生不可抗力致使合同不能履行或不能完全履行时,应及时向企业报告,并在委托权限内依法及时进行处置。

12.4.3 履行分包合同时,承包人应就承包项目(其中包括分包项目),向发包人负责,分包人就分包项目向承包人负责。由于分包人的过失给发包人造成了损失,承包人承担连带责任。

12.4.4 企业与项目经理部应对施工合同实行动态管理,跟踪收集、整理、分析合同履行中的信息,合理、及时地进行调整。对合同履行应进行预测,及早提出和解决影响合同履行的问题,以回避或减少风险。

12.5 合同的变更

12.5.1 项目经理应随时注意下列情况引起的合同变更:
    1 工程量增减。
    2 质量及特性的变更。
    3 工程标高、基线、尺寸等变更。
    4 工程的删减。
    5 施工顺序的改变。
    6 永久工程的附加工作,设备、材料和服务的变更等。

12.5.2 合同变更应符合下列要求:
    1 合同各方提出的变更要求应由监理工程师进行审查,经监理工程师同意,由监理工程师向项目经理提出合同变更指令。
    2 项目经理可根据接受的权利和施工合同的约定,及时向监理工程师提出变更申请,监理工程师进行审查,并将审查结果通知承包人。

12.6 违约、索赔、争议

12.6.1 当事人违约责任包括下列情况:
    1 当事人一方不履行合同义务或履行合同义务不符合合同约定的,应当承担继续履行、采取补救措施或者赔偿损失等责任,而不论违约方是否有过错责任。
    2 当事人一方因不可抗力不能履行合同的,应对不可抗力的影响部分(或者全部)免除责任,但法律另有规定的除外。当事人延迟履行后发生不可抗力的,不能免除责任。不可抗力不是当然的免责条件。

 3 当事人一方因第三方的原因造成违约的,应要求对方承担违约责任。

 4 当事人一方违约后,对方应当采取适当措施防止损失的扩大;否则不得就扩大的损失要求赔偿。

12.6.2 承包人应掌握索赔知识,依法进行索赔。

12.6.3 索赔应当按下列要求进行:

 1 有正当的索赔理由和充足的证据。

 2 按施工合同文件中有关规定办理。

 3 认真、如实、合理、正确地计算索赔的时间和费用。

12.6.4 施工项目索赔应具备下列理由之一:

 1 发包人违反合同给承包人造成时间、费用的损失。

 2 因工程变更(含设计变更、发包人提出的工程变更、监理工程师提出的工程变更,以及承包人提出并经监理工程师批准的变更)造成的时间、费用损失。

 3 由于监理工程师对合同文件的歧义解释、技术资料不确切,或由于不可抗力导致施工条件的改变,造成了时间、费用的增加。

 4 发包人提出提前完成项目或缩短工期而造成承包人的费用增加。

 5 发包人延误支付期限造成了承包人的损失。

 6 合同规定以外的项目进行检验,且检验合格,或非承包人的原因导致项目缺陷的修复所发生的损失或费用。

 7 非承包人的原因导致工程暂时停工。

 8 物价上涨,法规变化及其他。

12.6.5 当事人应执行施工合同规定的争议解决办法。

12.7 合同终止和评价

12.7.1 合同终止应具备下列条件之一:

 1 施工合同已按约定履行完成。

 2 合同解除。

 3 承包人依法将标的物提存。

12.7.2 合同终止后,承包人应进行下列评价:

 1 合同订立过程情况评价。

 2 合同条款的评价。

 3 合同履行情况评价。

 4 合同管理工作评价。

13 项目信息管理

13.1 一般规定

13.1.1 项目信息管理应适应项目管理的需要,为预测未来和正确决策提供依据,提高管理水平。项目经理部应建立项目信息管理系统,优化信息结构,实现项目管理信息化。

13.1.2 项目经理部应及时收集信息,并将信息准确、完整地传递给使用单位和人员。

13.1.3 项目信息应包括项目经理部在项目管理过程中形成的各种数据、表格、图纸、文字、音像资料等。

13.1.4 项目经理部应配备信息管理员,项目信息管理员必须经有资质的培训单位培训。

13.1.5 项目经理部应负责收集、整理、管理本项目范围内的信息。实行总分包的项目,项目分包人应负责分包范围的信息收集整理,承包人负责汇总、整理各分包人的全部信息。

13.1.6 项目信息收集应随工程的进展进行,保证真实、准确,按照项目信息管理的要求及时整理,经有关负责人审核签字。

13.2 项目信息的内容

13.2.1 项目经理部应收集并整理下列信息:
　　1　法律、法规与部门规章信息。
　　2　市场信息。
　　3　自然条件信息。

13.2.2 项目经理部应收集并整理下列工程概况信息:
　　1　工程实体概况。
　　2　场地与环境概况。
　　3　参与建设的各单位概况。
　　4　施工合同。
　　5　工程造价计算书。

13.2.3 项目经理部应收集并整理下列施工信息:
　　1　施工记录信息。
　　2　施工技术资料信息。

13.2.4 项目经理部应收集并整理下列项目管理信息:
　　1　项目管理规划大纲信息和项目管理实施规划信息。
　　2　项目进度控制信息。
　　3　项目质量控制信息。
　　4　项目安全控制信息。
　　5　项目成本控制信息。
　　6　项目现场管理信息。
　　7　项目合同管理信息。
　　8　项目材料管理信息、构配件管理信息和工、器具管理信息。
　　9　项目人力资源管理信息。
　　10　项目机械设备管理信息。
　　11　项目资金管理信息。
　　12　项目技术管理信息。
　　13　项目组织协调信息。
　　14　项目竣工验收信息。

15 项目考核评价信息。

13.3 项目信息管理系统

13.3.1 经签字确认的项目信息应及时存入计算机。

13.3.2 项目经理部应使项目信息管理系统目录完整、层次清晰、结构严密、表格自动生成。

13.3.3 项目信息管理系统应满足下列要求：

1 应方便项目信息输入、整理与存储。
2 应有利于用户提取信息。
3 应能及时调整数据、表格与文档。
4 应能灵活补充、修改与删除数据。
5 信息种类与数量应能满足项目管理的全部需要。
6 应能使设计信息、施工准备阶段的管理信息、施工过程项目管理各专业的信息、项目结算信息、项目统计信息等有良好的接口。

13.3.4 项目信息管理系统应能连接项目经理部各职能部门、项目经理与各职能部门、项目经理部与劳务作业层、项目经理部与企业各职能部门、项目经理与企业法定代表人、项目经理部与发包人和分包人、项目经理部与监理机构等；应能使项目管理层与企业管理层及劳务作业层信息收集渠道畅通、信息资源共享。

14 项目生产要素管理

14.1 一 般 规 定

14.1.1 企业应建立和完善项目生产要素配置机制，适应施工项目管理需要。

14.1.2 项目生产要素管理应实现生产要素的优化配置、动态控制和降低成本。

14.1.3 项目生产要素管理的全过程应包括生产要素的计划、供应、使用、检查、分析和改进。

14.2 项目人力资源管理

14.2.1 项目经理部应根据施工进度计划和作业特点优化配置人力资源，制定劳动力需求计划，报企业劳动管理部门批准，企业劳动管理部门与劳务分包公司签订劳务分包合同。远离企业本部的项目经理部，可在企业法定代表人授权下与劳务分包公司签订劳务分包合同。

14.2.2 劳务分包合同的内容应包括：作业任务、应提供的劳动力人数；进度要求及进场、退场时间；双方的管理责任；劳务费计取及结算方式；奖励与处罚条款。

14.2.3 项目经理部应对劳动力进行动态管理。劳动力动态管理应包括下列内容：

1 对施工现场的劳动力进行跟踪平衡、进行劳动力补充与减员，向企业劳动管理部门提出申请计划。
2 向进入施工现场的作业班组下达施工任务书，进行考核并兑现费用支付和奖惩。

14.2.4 项目经理部应加强对人力资源的教育培训和思想管理；加强对劳务人员作业质量和效率的检查。

14.3 项目材料管理

14.3.1 施工项目所需的主要材料和大宗材料(A类材料)应由企业物资部门订货或市场采购,按计划供应给项目经理部。企业物资部门应制定采购计划,审定供应人,建立合格供应人目录,对供应方进行考核,签订供货合同,确保供应工作质量和材料质量。项目经理部应及时向企业物资部门提供材料需要计划。远离企业本部的项目经理部,可在法定代表人授权下就地采购。

14.3.2 施工项目所需的特殊材料和零星材料(B类和C类材料)应按承包人授权由项目经理部采购。项目经理部应编制采购计划,报企业物资部门批准,按计划采购。特殊材料和零星材料的品种,在"项目管理目标责任书"中约定。

14.3.3 项目经理部的材料管理应满足下列要求:

1 按计划保质、保量、及时供应材料。

2 材料需要量计划应包括材料需要量总计划、年计划、季计划、月计划、日计划。

3 材料仓库的选址应有利于材料的进出和存放,符合防火、防雨、防盗、防风、防变质的要求。

4 进场的材料应进行数量验收和质量认证,做好相应的验收记录和标识。不合格的材料应更换、退货或让步接收(降级使用),严禁使用不合格的材料。

5 材料的计量设备必须经具有资格的机构定期检验,确保计量所需要的精确度。检验不合格的设备不允许使用。

6 进入现场的材料应有生产厂家的材质证明(包括厂名、品种、出厂日期、出厂编号、试验数据)和出厂合格证。要求复检的材料要有取样送检证明报告。新材料未经试验鉴定,不得用于工程中。现场配制的材料应经试配,使用前应经认证。

7 材料储存应满足下列要求:

1) 入库的材料应按型号、品种分区堆放,并分别编号、标识。

2) 易燃易爆的材料应专门存放、专人负责保管,并有严格的防火、防爆措施。

3) 有防湿、防潮要求的材料,应采取防湿、防潮措施,并做好标识。

4) 有保质期的库存材料应定期检查,防止过期,并做好标识。

5) 易损坏的材料应保护好外包装,防止损坏。

8 应建立材料使用限额领料制度。超限额的用料,用料前应办理手续,填写领料单,注明超耗原因,经项目经理部材料管理人员审批。

9 建立材料使用台账,记录使用和节超状况。

10 应实施材料使用监督制度。材料管理人员应对材料使用情况进行监督;做到工完、料净、场清;建立监督记录;对存在的问题应及时分析和处理。

11 班组应办理剩余材料退料手续。设施用料、包装物及容器应回收,并建立回收台账。

12 制定周转材料保管、使用制度。

14.4 项目机械设备管理

14.4.1 项目所需机械设备可从企业自有机械设备调配,或租赁,或购买,提供给项目经理部使用。远离公司本部的项目经理部,可由企业法定代表人授权,就地解决机械设备来源。

14.4.2 项目经理部应编制机械设备使用计划报企业审批。对进场的机械设备必须进行安装验收,并做到资料齐全准确。进入现场的机械设备在使用中应做好维护和管理。

14.4.3 项目经理部应采取技术、经济、组织、合同措施保证施工机械设备合理使用,提高施工机械设备的使用效率,用养结合,降低项目的机械使用成本。

14.4.4 机械设备操作人员应持证上岗、实行岗位责任制,严格按照操作规范作业,搞好班组核算,加强考核和激励。

14.5 项目技术管理

14.5.1 项目经理部应根据项目规模设项目技术负责人。项目经理部必须在企业总工程师和技术管理部门的指导下,建立技术管理体系。

14.5.2 项目经理部的技术管理应执行国家技术政策和企业的技术管理制度。项目经理部可自行制定特殊的技术管理制度,并报企业总工程师审批。

14.5.3 项目经理部的技术管理工作应包括下列内容:
 1 技术管理基础性工作。
 2 施工过程的技术管理工作。
 3 技术开发管理工作。
 4 技术经济分析与评价。

14.5.4 项目技术负责人应履行下列职责:
 1 主持项目的技术管理。
 2 主持制定项目技术管理工作计划。
 3 组织有关人员熟悉与审查图纸,主持编制项目管理实施规划的施工方案并组织落实。
 4 负责技术交底。
 5 组织做好测量及其核定。
 6 指导质量检验和试验。
 7 审定技术措施计划并组织实施。
 8 参加工程验收,处理质量事故。
 9 组织各项技术资料的签证、收集、整理和归档。
 10 领导技术学习,交流技术经验。
 11 组织专家进行技术攻关。

14.5.5 项目经理部的技术工作应符合下列要求:
 1 项目经理部在接到工程图纸后,按过程控制程序文件要求进行内部审查,并汇总意见。
 2 项目技术负责人应参与发包人组织的设计会审,提出设计变更意见,进行一次性设计变更洽商。
 3 在施工过程中,如发现设计图纸中存在问题,或因施工条件变化必须补充设计,或需要材料代用,可向设计人提出工程变更洽商书面资料。工程变更洽商应由项目技术负责人签字。

4 编制施工方案。

5 技术交底必须贯彻施工验收规范、技术规程、工艺标准、质量检验评定标准等要求。书面资料应由签发人和审核人签字，使用后归入技术资料档案。

6 项目经理部应将分包人的技术管理纳入技术管理体系，并对其施工方案的制定、技术交底、施工试验、材料试验、分项工程预检和隐检、竣工验收等进行系统的过程控制。

7 对后续工序质量有决定作用的测量与放线、模板、翻样、预制构件吊装、设备基础、各种基层、预留孔、预埋件、施工缝等应进行施工预验并做好记录。

8 各类隐蔽工程应进行隐检、做好隐验记录、办理隐验手续，参与各方责任人应确认、签字。

9 项目经理部应按项目管理实施规划和企业的技术措施纲要实施技术措施计划。

10 项目经理部应设技术资料管理人员，做好技术资料的收集、整理和归档工作，并建立技术资料台账。

14.6 项目资金管理

14.6.1 项目资金管理应保证收入、节约支出、防范风险和提高经济效益。

14.6.2 企业应在财务部门设立项目专用账号进行项目资金的收支预测、统一对外收支与结算。项目经理部负责项目资金的使用管理。

14.6.3 项目经理部应编制年、季、月度资金收支计划，上报企业财务部门审批后实施。

14.6.4 项目经理部应按企业授权配合企业财务部门及时进行资金计收。资金计收应符合下列要求：

1 新开工项目按工程施工合同收取预付款或开办费。

2 根据月度统计报表编制"工程进度款结算单"，在规定日期内报监理工程师审批、结算。如发包人不能按期支付工程进度款且超过合同支付的最后限期，项目经理部应向发包人出具付款违约通知书，并按银行的同期贷款利率计息。

3 根据工程变更记录和证明发包人违约的材料，及时计算索赔金额，列入工程进度款结算单。

4 发包人委托代购的工程设备或材料，必须签订代购合同，收取设备订货预付款或代购款。

5 工程材料价差应按规定计算，发包人应及时确认，并与进度款一起收取。

6 工期奖、质量奖、措施奖、不可预见费及索赔款应根据施工合同规定与工程进度款同时收取。

7 工程尾款应根据发包人认可的工程结算金额及时回收。

14.6.5 项目经理部应按企业下达的用款计划控制资金使用，以收定支，节约开支；应按会计制度规定设立财务台账记录资金支出情况，加强财务核算，及时盘点盈亏。

14.6.6 项目经理部应坚持做好项目的资金分析，进行计划收支与实际收支对比，找出差异，分析原因，改进资金管理。项目竣工后，结合成本核算与分析进行资金收支情况和经济效益总分析，上报企业财务主管部门备案。企业应根据项目的资金管理效果对项目经理部进行奖惩。

15 项目组织协调

15.1 一般规定

15.1.1 组织协调应分为内部关系的协调、近外层关系的协调和远外层关系的协调。

15.1.2 组织协调应能排除障碍、解决矛盾、保证项目目标的顺利实现。

15.1.3 组织协调应包括下列内容：

  1 人际关系应包括施工项目组织内部的人际关系，施工项目组织与关联单位的人际关系。协调对象应是相关工作结合部中人与人之间在管理工作中的联系和矛盾。

  2 组织机构关系应包括协调项目经理部与企业管理层及劳务作业层之间的关系。

  3 供求关系应包括协调企业物资供应部门与项目经理部及生产要素供需单位之间的关系。

  4 协作配合关系应包括协调近外层单位的协作配合，内部各部门、上下级、管理层与劳务作业层之间的关系。

15.1.4 组织协调的内容应根据在施工项目运行的不同阶段中出现的主要矛盾作动态调整。

15.2 内部关系的组织协调

15.2.1 内部人际关系的协调应依据各项规章制度，通过做好思想工作，加强教育培训，提高人员素质等方法实现。

15.2.2 项目经理部与企业管理层关系的协调应依靠严格执行"项目管理目标责任书"；项目经理部与劳务作业层关系的协调应依靠履行劳务合同及执行"施工项目管理实施规划"。

15.2.3 项目经理部进行内部供求关系的协调应做好下列工作：

  1 做好供需计划的编制、平衡，并认真执行计划。

  2 充分发挥调度系统和调度人员的作用，加强调度工作，排除障碍。

15.3 近外层关系和远外层关系的组织协调

15.3.1 项目经理部进行近外层关系和远外层关系的组织协调必须在企业法定代表人的授权范围内实施。

15.3.2 项目经理部与发包人之间的关系协调应贯穿于施工项目管理的全过程。协调的目的是搞好协作，协调的方法是执行合同，协调的重点是资金问题、质量问题和进度问题。

15.3.3 项目经理部在施工准备阶段应要求发包人，按规定的时间履行合同约定的责任，保证工程顺利开工。项目经理部应在规定时间内承担合同约定的责任，为开工后连续施工创造条件。

15.3.4 项目经理部应及时向发包人或监理机构提供有关的生产计划、统计资料、工程事故报告等。发包人应按规定时间向项目经理部提供技术资料。

15.3.5 项目经理部应按现行《建设工程监理规范》的规定和施工合同的要求，接受监理单位的监督和管理，搞好协作配合。

15.3.6 项目经理部应在设计交底、图纸会审、设计洽商变更、地基处理、隐蔽工程验收和交工验收等环节中与设计单位密切配合,同时应接受发包人和监理工程师对双方的协调。

15.3.7 项目经理部与材料供应人应依据供应合同,充分运用价格机制、竞争机制和供求机制搞好协作配合。

15.3.8 项目经理部与公用部门有关单位的关系应通过加强计划性和通过发包人或监理工程师进行协调。

15.3.9 项目经理部与分包人关系的协调应按分包合同执行,正确处理技术关系、经济关系,正确处理项目进度控制、项目质量控制、项目安全控制、项目成本控制、项目生产要素管理和现场管理中的协作关系。项目经理部还应对分包单位的工作进行监督和支持。

15.3.10 处理远外层关系必须严格守法,遵守公共道德,并充分利用中介组织和社会管理机构的力量。

16 项目竣工验收阶段管理

16.1 一 般 规 定

16.1.1 施工项目竣工验收的交工主体应是承包人,验收主体应是发包人。

16.1.2 竣工验收的施工项目必须具备规定的交付竣工验收条件。

16.1.3 竣工验收阶段管理应按下列程序依次进行:

1 竣工验收准备。
2 编制竣工验收计划。
3 组织现场验收。
4 进行竣工结算。
5 移交竣工资料。
6 办理交工手续。

16.2 竣工验收准备

16.2.1 项目经理应全面负责工程交付竣工验收前的各项准备工作,建立竣工收尾小组,编制项目竣工收尾计划并限期完成。

16.2.2 项目经理和技术负责人应对竣工收尾计划执行情况进行检查,重要部位要做好检查记录。

16.2.3 项目经理部应在完成施工项目竣工收尾计划后,向企业报告,提交有关部门进行验收。实行分包的项目,分包人应按质量验收标准的规定检验工程质量,并将验收结论及资料交承包人汇总。

16.2.4 承包人应在验收合格的基础上,向发包人发出预约竣工验收的通知书,说明拟交工项目的情况,商定有关竣工验收事宜。

16.3 竣 工 资 料

16.3.1 承包人应按竣工验收条件的规定,认真整理工程竣工资料。

16.3.2 企业应建立健全竣工资料管理制度,实行科学收集,定向移交,统一归口,便于存取和检索。

16.3.3 竣工资料的内容应包括:工程施工技术资料、工程质量保证资料、工程检验评定资料、竣工图,规定的其他应交资料。

16.3.4 竣工资料的整理应符合下列要求:

1 工程施工技术资料的整理应始于工程开工,终于工程竣工,真实记录施工全过程,可按形成规律收集,采用表格方式分类组卷。

2 工程质量保证资料的整理应按专业特点,根据工程的内在要求,进行分类组卷。

3 工程检验评定资料的整理应按单位工程、分部工程、分项工程划分的顺序,进行分类组卷。

4 竣工图的整理应区别情况按竣工验收的要求组卷。

16.3.5 交付竣工验收的施工项目必须有与竣工资料目录相符的分类组卷档案。承包人向发包人移交由分包人提供的竣工资料时,检查验证手续必须完备。

16.4 竣工验收管理

16.4.1 单独签订施工合同的单位工程,竣工后可单独进行竣工验收。在一个单位工程中满足规定交工要求的专业工程,可征得发包人同意,分阶段进行竣工验收。

16.4.2 单项工程竣工验收应符合设计文件和施工图纸要求,满足生产需要或具备使用条件,并符合其他竣工验收条件要求。

16.4.3 整个建设项目已按设计要求全部建设完成,符合规定的建设项目竣工验收标准,可由发包人组织设计、施工,监理等单位进行建设项目竣工验收,中间竣工并已办理移交手续的单项工程,不再重复进行竣工验收。

16.4.4 竣工验收应依据下列文件:

1 批准的设计文件、施工图纸及说明书。

2 双方签订的施工合同。

3 设备技术说明书。

4 设计变更通知书。

5 施工验收规范及质量验收标准。

6 外资工程应依据我国有关规定提交竣工验收文件。

16.4.5 竣工验收应符合下列要求:

1 设计文件和合同约定的各项施工内容已经施工完毕。

2 有完整并经核定的工程竣工资料,符合验收规定。

3 有勘察、设计、施工、监理等单位签署确认的工程质量合格文件。

4 有工程使用的主要建筑材料、构配件和设备进场的证明及试验报告。

16.4.6 竣工验收的工程必须符合下列规定:

1 合同约定的工程质量标准。

2 单位工程质量竣工验收的合格标准。

3 单项工程达到使用条件或满足生产要求。

4 建设项目能满足建成投入使用或生产的各项要求。

16.4.7 承包人确认工程竣工、具备竣工验收各项要求,并经监理单位认可签署意见后,向发包人提交"工程验收报告"。发包人收到"工程验收报告"后,应在约定的时间和地点,组织有关单位进行竣工验收。

16.4.8 发包人组织勘察、设计、施工、监理等单位按照竣工验收程序,对工程进行核查后,应做出验收结论,并形成"工程竣工验收报告",参与竣工验收的各方负责人应在竣工验收报告上签字并盖单位公章。

16.4.9 通过竣工验收程序,办完竣工结算后,承包人应在规定期限内向发包人办理工程移交手续。

16.5 竣 工 结 算

16.5.1 "工程竣工验收报告"完成后,承包人应在规定的时间内向发包人递交工程竣工结算报告及完整的结算资料。

16.5.2 编制竣工结算应依据下列资料:

1 施工合同;
2 中标投标书的报价单;
3 施工图及设计变更通知单、施工变更记录、技术经济签证;
4 工程预算定额、取费定额及调价规定;
5 有关施工技术资料;
6 工程竣工验收报告;
7 "工程质量保修书";
8 其他有关资料。

16.5.3 项目经理部应做好竣工结算基础工作,指定专人对竣工结算书的内容进行检查。

16.5.4 在编制竣工结算报告和结算资料时,应遵循下列原则:

1 以单位工程或合同约定的专业项目为基础,应对原报价单的主要内容进行检查和核对。
2 发现有漏算、多算或计算误差的,应及时进行调整。
3 多个单位工程构成的施工项目,应将各单位工程竣工结算书汇总,编制单项工程竣工综合结算书。
4 多个单项工程构成的建设项目,应将各单项工程综合结算书汇总编制建设项目总结算书,并撰写编制说明。

16.5.5 工程竣工结算报告和结算资料,应按规定报企业主管部门审定,加盖专用章,在竣工验收报告认可后,在规定的期限内递交发包人或其委托的咨询单位审查。承发包双方应按约定的工程款及调价内容进行竣工结算。

16.5.6 工程竣工结算报告和结算资料递交后,项目经理应按照"项目管理目标责任书"规定,配合企业主管部门督促发包人及时办理竣工结算手续。企业预算部门应将结算资料送交财务部门,进行工程价款的最终结算和收款。发包人应在规定期限内支付工程竣工结算价款。

16.5.7 工程竣工结算后,承包人应将工程竣工结算报告及完整的结算资料纳入工程竣工资料,及时归档保存。

17 项目考核评价

17.1 一般规定

17.1.1 项目考核评价的目的应是规范项目管理行为,鉴定项目管理水平,确认项目管理成果,对项目管理进行全面考核和评价。

17.1.2 项目考核评价的主体应是派出项目经理的单位。项目考核评价的对象应是项目经理部,其中应突出对项目经理的管理工作进行考核评价。

17.1.3 考核评价的依据应是施工项目经理与承包人签订的"项目管理目标责任书",内容应包括完成工程施工合同、经济效益、回收工程款、执行承包人各项管理制度、各种资料归档等情况,以及"项目管理目标责任书"中其他要求内容的完成情况。

17.1.4 项目考核评价可按年度进行,也可按工程进度计划划分阶段进行,还可综合以上两种方式,在按工程部位划分阶段进行考核中插入按自然时间划分阶段进行考核。工程完工后,必须对项目管理进行全面的终结性考核。

17.1.5 工程竣工验收合格后,应预留一段时间整理资料、疏散人员、退还机械、清理场地、结清账目等,再进行终结性考核。

17.1.6 项目终结性考核的内容应包括确认阶段性考核的结果,确认项目管理的最终结果,确认该项目经理部是否具备"解体"的条件。经考核评价后,兑现"项目管理目标责任书"确定的奖励和处罚。

17.2 考核评价实务

17.2.1 施工项目完成以后,企业应组织项目考核评价委员会。项目考核评价委员会应由企业主管领导和企业有关业务部门从事项目管理工作的人员组成,必要时也可聘请社团组织或大专院校的专家、学者参加。

17.2.2 项目考核评价可按下列程序进行:
  1 制订考核评价方案,经企业法定代表人审批后施行。
  2 听取项目经理部汇报,查看项目经理部的有关资料,对项目管理层和劳务作业层进行调查。
  3 考察已完工程。
  4 对项目管理的实际运作水平进行考核评价。
  5 提出考核评价报告。
  6 向被考核评价的项目经理部公布评价意见。

17.2.3 项目经理部应向考核评价委员会提供下列资料:
  1 "项目管理实施规划"、各种计划、方案及其完成情况。
  2 项目所发生的全部来往文件、函件、签证、记录、鉴定、证明。
  3 各项技术经济指标的完成情况及分析资料。
  4 项目管理的总结报告,包括技术、质量、成本、安全、分配、物资、设备、合同履约及思想工作等各项管理的总结。

  5 使用的各种合同,管理制度,工资发放标准。

17.2.4 项目考核评价委员会应向项目经理部提供项目考核评价资料。资料应包括下列内容：

  1 考核评价方案与程序。
  2 考核评价指标、计分办法及有关说明。
  3 考核评价依据。
  4 考核评价结果。

17.3 考核评价指标

17.3.1 考核评价的定量指标宜包括下列内容：

  1 工程质量等级；
  2 工程成本降低率；
  3 工期及提前工期率；
  4 安全考核指标。

17.3.2 考核评价的定性指标宜包括下列内容：

  1 执行企业各项制度的情况。
  2 项目管理资料的收集、整理情况。
  3 思想工作方法与效果。
  4 发包人及用户的评价。
  5 在项目管理中应用的新技术、新材料、新设备、新工艺。
  6 在项目管理中采用的现代化管理方法和手段。
  7 环境保护。

18 项目回访保修管理

18.1 一 般 规 定

18.1.1 回访保修的责任应由承包人承担,承包人应建立施工项目交工后的回访与保修制度,听取用户意见,提高服务质量,改进服务方式。
18.1.2 承包人应建立与发包人及用户的服务联系网络,及时取得信息,并按计划、实施、验证、报告的程序,搞好回访与保修工作。
18.1.3 保修工作必须履行施工合同的约定和"工程质量保修书"中的承诺。

18.2 回 访

18.2.1 回访应纳入承包人的工作计划、服务控制程序和质量体系文件。
18.2.2 承包人应编制回访工作计划。工作计划应包括下列内容：

  1 主管回访保修业务的部门。
  2 回访保修的执行单位。
  3 回访的对象(发包人或使用人)及其工程名称。

4 回访时间安排和主要内容。
　　5 回访工程的保修期限。
18.2.3 执行单位在每次回访结束后应填写回访记录；在全部回访结束后，应编写"回访服务报告"。主管部门应依据回访记录对回访服务的实施效果进行验证。
18.2.4 回访可采取以下方式：
　　1 电话询问、会议座谈、半年或一年的例行回访。
　　2 夏季重点回访屋面及防水工程和空调工程、墙面防水，冬季重点回访采暖工程。
　　3 对施工过程中采用的新材料、新技术、新工艺、新设备工程，回访使用效果或技术状态。
　　4 特殊工程的专访。

18.3 保　　修

18.3.1 "工程质量保修书"中应具体约定保修范围及内容、保修期、保修责任、保修费用等。
18.3.2 保修期为自竣工验收合格之日起计算，在正常使用条件下的最低保修期限。
18.3.3 在保修期内发生的非使用原因的质量问题，使用人应填写"工程质量修理通知书"告知承包人，并注明质量问题及部位、联系维修方式。
18.3.4 承包人应按"工程质量保修书"的承诺向发包人或使用人提供服务。保修业务应列入施工生产计划，并按约定的内容承担保修责任。
18.3.5 保修经济责任应按下列方式处理：
　　1 由于承包人未按照国家标准、规范和设计要求施工造成的质量缺陷，应由承包人负责修理并承担经济责任。
　　2 由于设计人造成的质量缺陷，应由设计人承担经济责任。当由承包人修理时，费用数额应按合同约定，不足部分应由发包人补偿。
　　3 由于发包人供应的材料、构配件或设备不合格造成的质量缺陷，应由发包人自行承担经济责任。
　　4 由发包人指定的分包人造成的质量缺陷，应由发包人自行承担经济责任。
　　5 因使用人未经许可自行改建造成的质量缺陷，应由使用人自行承担经济责任。
　　6 因地震、洪水、台风等不可抗力原因造成损坏或非施工原因造成的事故，承包人不承担经济责任。
　　7 当使用人需要责任以外的修理维护服务时，承包人应提供相应的服务，并在双方协议中明确服务的内容和质量要求，费用由使用人支付。

规范用词用语说明

1 为便于在执行本规范条文时区别对待，对于要求严格程度不同的用词说明如下：
（1）表示很严格，非这样不可的用词：
正面词采用"必须"，反面词采用"严禁"。
（2）表示严格，在正常情况下均应这样做的用词：
正面词采用"应"，反面词采用"不应"或"不得"。

（3）表示允许稍有选择,在条件许可时首先应这样做的用词:

正面词采用"宜",反面词采用"不宜"。

表示有选择,在一定条件下可以这样做的,采用"可"。

2 本规范中指定按其他有关标准、规范执行时,写法为:"应符合……的规定"或"应按……执行"。非必须按所指定的标准和规范执行的,写法为:"可参照……"。

附录六 北京市政府投资建设项目代建制管理办法（试行）

一、总 则

第一条 为进一步深化固定资产投资体制改革，充分利用社会专业化组织的技术和管理经验，提高政府投资项目的建设管理水平和投资效益，规范政府投资建设程序，依据国家有关法律、法规和《北京市政府投资建设项目管理暂行规定》（京政发[1999]31号）有关规定，特制定本办法。

第二条 在本市行政区域内，政府投资占项目总投资60%以上的公益性建设项目，适用本办法。

本办法所称代建制，是指政府通过招标的方式，选择社会专业化的项目管理单位（以下简称代建单位），负责项目的投资管理和建设组织实施工作，项目建成后交付使用单位的制度。代建期间代建单位按照合同约定代行项目建设的投资主体职责。有关行政部门对实行代建制的建设项目的审批程序不变。

本办法所指公益性建设项目，主要包括：（1）党政工团、人大政协、公检法司、人民团体机关的办公业务用房及培训教育中心等。（2）科教文卫体、民政及社会福利等社会事业项目。（3）看守所、劳教所、监狱、消防设施、审判用房、技术侦察用房等政法设施。（4）环境保护、市政道路、水利设施、风沙治理等公用事业项目。（5）其他公用事业项目。

第三条 市发改委牵头负责实行代建制的组织实施工作；市财政局对代建制项目的财务活动实施财政管理和监督；市有关行政主管部门按照各自职责做好相关管理工作。

第四条 政府投资代建项目的代建单位应通过招标确定。市发改委负责政府投资项目代建单位的招标工作，各相关专业部门按照职责分工参与或配合招标工作。

第五条 政府投资代建项目按照《招标投标法》、《北京市招标投标条例》和《北京市政府投资建设项目管理暂行规定》有关规定，由代建单位对建设项目的勘察、设计、施工、监理、主要设备材料采购公开招标。

第六条 政府投资代建项目实行合同管理，代建单位确定后，市发改委、使用单位、代建单位三方签定相关项目委托代建合同。

二、代建单位和使用单位职责

第七条 政府投资代建项目的代建工作分两阶段实施：

（一）招标确定项目前期工作代理单位。由中标的项目前期工作代理单位负责根据批准的项目建议书，对工程的可行性研究报告、勘察直至初步设计实行阶段代理。

（二）招标确定建设实施代建单位。由中标的建设实施代建单位负责根据批准的初步设计概算，对项目施工图编制、施工、监理直至竣工验收实行阶段代理。根据项目的具体情况,政府投资项目的代建形式,也可以委托一个单位进行全过程代建管理。

第八条 政府投资代建项目的前期工作代理单位和建设实施代建单位必须是具有相应资质、并能够独立承担履约责任的法人。

第九条 前期工作代理单位的主要职责:

(一)会同使用单位,依据项目建议书批复内容组织编制项目可行性研究报告;

(二)组织开展工程勘察、规划设计等招标活动,并将招标投标书面情况报告和中标合同报市发改委备案;

(三)组织开展项目初步设计文件编制修改工作;

(四)办理项目可行性研究报告审批、土地征用、房屋拆迁、环保、消防等有关手续报批工作。

第十条 建设实施代建单位的主要职责:

(一)组织施工图设计;

(二)组织施工、监理和设备材料选购招标活动,并将招标投标书面情况报告和中标合同报市发改委备案;

(三)负责办理年度投资计划、建设工程规划许可证、施工许可证和消防、园林绿化、市政等工程竣工前的有关手续;

(四)负责工程合同的洽谈与签订工作,对施工和工程建设实行全过程管理;

(五)按项目进度向市发改委提出投资计划申请,向市财政局报送项目进度用款报告,并按月向市发改委、财政局及使用单位报送工程进度和资金使用情况;

(六)组织工程中间验收,会同市发改委、使用单位共同组织竣工验收,对工程质量实行终身负责制;

(七)编制工程决算报告,报市发改委、财政局审批,负责将项目竣工及有关技术资料整理汇编移交,并按批准的资产价值向使用单位办理资产交付手续。

第十一条 项目使用单位的主要职责:

(一)根据项目建议书批准的建设性质、建设规模和总投资额,提出项目使用功能配置、建设标准;

(二)协助前期工作代理单位和建设实施代建单位办理计划、规划、土地、施工、环保、消防、园林、绿化及市政接用等审批手续;

(三)参与项目设计的审查工作及施工、监理招标的监督工作;

(四)监督代建项目的工程质量和施工进度,参与工程验收;

(五)监督前期工作代理单位和建设实施代建单位对政府资金使用情况;

(六)负责政府差额拨款投资项目中的自筹资金的筹措,建立项目专门帐户,按合同约定拨款。

三、代建项目组织实施程序

第十二条 使用单位提出项目需求,编制项目建议书,按规定程序报市发改委审批。

第十三条 市发改委批复项目建议书,并在项目建议书批复中确定该项目实行代建制,明确具体代建方式。

第十四条 市发改委委托具有相应资质和社会招标代理机构,按照国家和市有关规定,通过招标确定具备条件的前期工作代理单位,市发改委与前期工作代理单位、使用单位三方签订书面《前期工作委托合同》。

第十五条　前期工作代理单位应遵照国家和市有关规定,对项目勘察、设计进行公开招投标,并按照《前期工作委托合同》开展前期工作,前期工作深度必须达到国家有关规定。如果报审的初步设计概算投资超过可行性研究报告批准估算投资的3%或建筑面积超过批准面积的5%,需修改初步设计或重新编制可行性研究报告,并按规定程序报原审批部门审批。

第十六条　市发改委会同市规划等部门,对政府投资代建项目的初步设计及概算投资进行审核批复。

第十七条　市发改委委托具有相应资质的招标代理机构,依据批准的项目初步设计及概算投资编制招标文件,并组织建设实施代建单位的招投标。

招标代理机构受市发改委委托,依法组织建设实施代建单位公开招标,提出书面评标报告和中标候选人,报市发改委审定,并抄送市财政局。其中市重大项目建设实施代建单位中标人,应报市政府批准后确定。

第十八条　市发改委与建设实施代建单位、使用单位三方签订书面《项目代建合同》,建设实施代建单位按照合同约定在建设实施阶段代行使用单位职责。《项目代建合同》生效前,建设实施代建单位应提供工程概算投资10%～30%的银行履约保函。具体保函金额,根据项目行业特点,在项目招标文件中确定。

第十九条　建设实施代建单位应按照国家和市有关规定,对项目施工、监理和重要设备材料采购进行公开招标,并严格按照批准的建设规模、建设内容、建设标准和概算投资,进行施工组织管理,严格控制项目预算,确保工程质量,按期交付使用。严禁在施工过程中利用施工洽商或者补签其他协议随意变更建设规模、建设标准、建设内容和总投资额。因技术、水文、地质等原因必须进行设计变更的,应由建设实施代建单位提出,经监理和使用单位同意,报市发改委审批后,再按有关程序规定向其他相关管理部门报审。

第二十条　政府投资代建制项目建成后,必须按国家有关规定和《项目代建合同》约定进行严格的竣工验收,办理政府投资财务决算审批手续。工程验收合格后,方可交付使用。

第二十一条　自项目初步设计批准之日起,前期工作代理单位应在一个月内,向使用单位办理移交手续。自项目竣工验收之日起,建设实施代建单位应在三个月内按财政部门批准的资产价值向使用人办理资产交付手续。

第二十二条　前期工作代理单位和建设实施代建单位要按照《中华人民共和国档案法》的有关规定,建立健全有关档案。项目筹划、建设各环节的文件资料,都要严格按照规定收集、整理、归档。在向使用单位办理移交手续时,一并将工程档案、财务档案及相关资料向使用单位和有关部门移交。

第二十三条　前期代理单位和建设实施代建单位确定后,应当严格按照《前期工作委托合同》和《项目代建合同》约定履行义务,不得擅自向他人转包或分包该项目。

四、资金拨付、管理与监督

第二十四条　项目前期费用由前期工作代理单位管理,并纳入项目总投资中。《前期工作委托合同》签订后,市发改委安排部分前期费用,前期工作代理单位根据实际工作内容和进度，提供有效的合同、费用票据，经项目使用单位审核确认后，方可报销。市发改委将前期费用资金计划下达给前期工作代理单位，由市财政部门直接拨付前期代理单位用于项目前期工作。

第二十五条 项目建设资金由建设实施代建单位负责管理。《项目代建合同》签订后，市发改委根据国家和市政府有关规定，批准该项目正式年度投资计划，并根据项目具体进展情况，实施按进度拨款。建设实施代建单位根据实际工作进度和资金需求，提出资金使用计划，经项目使用单位和监理单位确认后，报请市发改委安排建设资金。市发改委将建设资金投资计划直接下达给建设实施代建单位，由市财政部门拨付给建设实施代建单位按规定使用。

第二十六条 前期工作代理单位和建设实施代建单位应严格执行国家和北京市的建设单位财务会计制度，设立专项工程资金帐户，专款专用，严格资金管理。

第二十七条 前期工作代理单位管理费和建设实施代建单位管理费，在招投标中确定。前期代理单位管理费与建设实施代建单位管理费最高可按管理费总额的3:7比例确定。

第二十八条 试行代建制的项目，条件成熟的，要逐步开展部门预算和国库集中支付试点工作。

第二十九条 前期工作代理单位应每月向市发改委报送《项目前期工作进度月报》，建设实施代建单位应每月向市发改委和市财政局分别报送《项目进度月报》，监理单位应每月向市发改委和市财政局分别报送《项目监理月报》。

第三十条 市有关部门依据国家和北京市有关规定，对政府投资代建制项目进行稽察、评审、审计和监察。

五、奖惩规定

第三十一条 前期工作代理单位和建设实施代建单位应当严格依法进行勘察、设计、施工、监理、主要设备材料采购招标工作，未经批准擅自邀请招标或不招标的，由市有关行政监督部门依法进行处罚，市发改委可暂停合同执行或暂停资金拨付。

第三十二条 前期工作代理单位未能恪尽职守，导致由于前期工作质量缺陷而造成工程损失的，应按照《前期工作委托合同》的约定，承担相应的赔偿责任。

第三十三条 建设实施代建单位未能完全履行《项目代建合同》，擅自变更建设内容、扩大建设规模、提高建设标准，致使工期延长、投资增加或工程质量不合格，所造成的损失或投资增加额一律从建设实施代建单位的银行履约保函中补偿；履约保函金额不足的，相应扣减项目代建管理费；项目代建管理费不足的，由建设实施代建单位用自有资金支付。同时，该建设实施代建单位三年内不得参与本市政府投资建设项目代建单位投标。

第三十四条 在政府投资代建项目的稽察、评审、审计、监察过程中，发现前期工作代理单位或建设实施代建单位存在违纪违规行为，市发改委可中止有关合同的执行。由此造成的损失由前期工作代理单位或建设实施代建单位赔偿。

第三十五条 项目建成竣工验收，并经竣工财务决算审核批准后，如决算投资比合同约定投资有节余，建设实施代建单位可参与分成。其中不低于30%的政府投资节余资金作为对建设实施代建单位的奖励，其余节余部分上缴市财政。使用单位自筹资金节余部分分成办法，由使用单位在代建合同中确定。

附录七 自我测试题

第1章 工程项目管理概论

一、单项选择题

1. 对于一个工程项目而言,管理的核心是( )。
   A. 施工方的项目管理　　　　　　B. 设计方的项目管理
   C. 业主方的项目管理　　　　　　D. 总承包方的项目管理
   【答案】 C

2. 编制设计任务书属于项目的( )阶段。
   A. 决策　　　　B. 设计　　　　C. 实施　　　　D. 可行性研究
   【答案】 C

3. 控制项目目标的措施中,最重要的措施是( )。
   A. 组织措施　　B. 管理措施　　C. 经济措施　　D. 技术措施
   【答案】 C

4. 建设工程项目管理规划属于( )的范畴。
   A. 建设项目总承包方项目管理　　B. 业主方项目管理
   C. 设计方项目管理　　　　　　　D. 施工方项目管理
   【答案】 B

5. 项目目标动态控制的第一步是( )。
   A. 收集项目目标的实际值
   B. 调整项目目标
   C. 进行项目目标的计划值和实际值的比较
   D. 分解项目目标
   【答案】 D

6. 施工企业人力资源管理工作的第一步是( )。
   A. 员工培训　　　　　　　　　　B. 人员甄选
   C. 员工的绩效考评　　　　　　　D. 编制人力资源规划
   【答案】 D

7. 工程项目总承包方编制项目设计建议书的依据是( )。
   A. 项目建设纲要　B. 项目定义　C. 项目技术大纲　D. 项目设计原则
   【答案】 A

8. 项目设计纲要的内容不包括( )。
   A. 项目定义　　　　　　　　　　B. 设计原则和设计要求

423

C. 项目实施的技术大纲和技术要求　　D. 项目建设纲要
【答案】 D

9. 工程项目决策阶段策划的主要任务是(　　)。
A. 定义开发或建设的任务和意义　　B. 定义如何组织开发或建设
C. 调查研究和收集资料　　D. 项目决策的风险分析
【答案】 A

10. 风险量指的是(　　)。
A. 不确定的损失程度　　B. 损失发生的概率
C. 经济风险的大小　　D. 不确定的损失程度和损失发生的概率
【答案】 D

11. 单位仅提出工程项目的使用要求,而将其他全部工作都委托一家承包公司去做,竣工以后接过钥匙即可启用的项目管理方式是(　　)。
A. 建设单位自管方式　　B. 工程托管方式
C. 总承包方式　　D. 工程指挥部管理方式
【答案】 C

12. 施工单位项目管理的目标体系不包括工程施工(　　)。
A. 质量　　B. 成本　　C. 工期　　D. 合同
【答案】 D

13. 适用于较大的系统的组织结构模式是(　　)。
A. 线性组织结构　　B. 职能组织结构　　C. 混合组织结构　　D. 矩阵组织结构
【答案】 B

14. 下列选项中不属于建设工程项目总承包的目的的是(　　)。
A. 实现"交钥匙"
B. 实现建设生产过程的集成化
C. 为建设项目增值
D. 克服由于设计和施工的不协调而影响建设进度的弊病
【答案】 A

15. 工程监理单位的服务对象是(　　)。
A. 项目法人　　B. 承建商　　C. 政府主管部门　　D. 项目法人和承建商
【答案】 A

16. 工程项目管理规划应由(　　)负责编制。
A. 工程师　　B. 项目经理　　C. 承包商　　D. 监理工程师
【答案】 B

17. 下列选项中不是线性组织形式的缺点是(　　)。
A. 专业分工差　　B. 机构简单　　C. 权力集中　　D. 隶属关系不明确
【答案】 D

18. 下面选项中不属于一种独立存在的工程项目组织管理模式的是(　　)。
A. CM 模式　　B. EPC 模式　　C. 伙伴合作　　D. 总分包
【答案】 C

19. 在关键部位、关键工序进行施工前( )小时,施工企业应书面通知监理企业派驻工地的项目监理机构。

A. 36　　　　　　B. 24　　　　　　C. 48　　　　　　D. 96

【答案】 B

20. 风险管理的首要步骤是( )。

A. 风险对策决策　　B. 风险辨析　　C. 检查　　D. 风险评价

【答案】 B

二、多项选择题

1. 工程项目总承包方管理的目标包括( )。

A. 项目的总投资目标　　B. 总承包方的成本目标　　C. 项目的进度目标
D. 项目的质量目标　　E. 项目的安全目标

【答案】 A、B、C、D

2. 基本的组织工具包括( )。

A. 组织结构图　　B. 任务分工表　　C. 管理职能分工表
D. 工作流程图　　E. 项目结构图

【答案】 A、B、C

3. 工程采用总承包的模式时,总承包方编制的建设工程项目管理规划涉及( )。

A. 决策阶段　　B. 保修期　　C. 设计准备阶段
D. 设计阶段　　E. 施工阶段

【答案】 B、C、D、E

4. 项目目标动态控制的纠偏措施主要包括( )。

A. 政策措施　　B. 经济措施　　C. 组织措施
D. 管理措施　　E. 技术措施

【答案】 B、C、D、E

5. 建设项目实施阶段策划的基本内容包括( )。

A. 建设环境和条件的调查与分析　　B. 项目结构分析
C. 项目目标的分析和再论证　　D. 项目实施的经济策划
E. 项目实施的技术策划

【答案】 C、D、E

6. 下列选项中属于工程项目建设监理的主要内容的有( )。

A. 投资控制　　B. 工期控制　　C. 质量控制
D. 信息管理　　E. 合同管理

【答案】 A、B、C、E

7. 下列选项中属于必须实行监理的是( )。

A. 市政、公用工程项目　　B. 政府投资兴建和开发建设的办公楼
C. 捐款建设的工程项目　　D. 大中型工程项目
E. 国债建设工程

【答案】 A、B、C、D

8. 在建设监理制下,工程建设管理由( )来承担。
A. 政府　　　　　　　　B. 业主　　　　　　　　C. 监理单位
D. 承建单位　　　　　　E. 总监理工程师
【答案】 B、C、D

9. 设计方项目管理的目标包括设计的( )。
A. 成本目标　　　　　　B. 进度目标　　　　　　C. 质量目标
D. 安全目标　　　　　　E. 投资目标
【答案】 A、B、C、E

10. 进度纠偏的措施包括( )。
A. 改进施工方法　　　　B. 调整投资控制的方法　　C. 强化合同管理
D. 采用价值工程的方法　E. 制定节约投资的奖励措施
【答案】 A、C

第2章　工程总承包

一、单项选择题

1. 以下属于工程总承包的是( )。
A. 施工总承包　　　　　　B. 设计总承包
C. 设计施工总承包　　　　D. 总承包商的承包
【答案】 C

2. 工程总承包模式的特点有( )。
A. 合同结构简单　　　　　B. 工程估价容易
C. 有利于设计优化　　　　D. 承包商风险小
【答案】 A

3. 我国建筑法的内容中,对发展工程总承包( )。
A. 有了明文规定　　　　　B. 没有明文规定
C. 是有利的　　　　　　　D. 是反对的
【答案】 B

4. 工程总承包招标在大多数情况下依据( )。
A. 施工图　　　　　　　　B. 初步设计
C. 扩大初步设计　　　　　D. 功能描述书
【答案】 D

5. FIDIC《施工合同条件》(新红皮书)适用于( )建设模式。
A. 设计—建造　　　　　　B. 交钥匙
C. 设计—招标—建造　　　D. E—P—C
【答案】 C

6. 工程总承包下,总承包商与分包商之间应建立( )组织关系。
A. 矩阵式　　　　　　　　B. 直线式

C. 职能式　　　　　　　　D. 项目式

【答案】　B

7. 一般情况下,工程总承包企业的最主要任务是(　　)。

A. 投资控制　　　　　　　B. 质量控制
C. 进度控制　　　　　　　D. 安全控制

【答案】　A

二、多项选择题

1. 以下属于工程部承包模式的是(　　)。

A. 施工总承包　　　　　　B. 设计—施工总承包
C. 采购总承包　　　　　　D. 设计总承包
E. 设计—采购—施工总承包

【答案】　B、E

2. 工程总承包的特点在(　　)。

A. 合同结构复杂　　　　　B. 工程估价较难
C. 不利于设计优化　　　　D. 承包商的风险大
E. 信任监督并存

【答案】　B、C、D、E

3. 工程总承包的优点是(　　)。

A. 有利于资源优化　　　　B. 有利于组织结构优化
C. 有利于形成规模经济　　D. 有利于全面履约
E. 有利于资产重组

【答案】　A、B、C、D

4. 工程总承包商对业主的责任是(　　)。

A. 履行合同约定的工作任务
B. 配合业主的工作
C. 向业主提供工程实施方案和计划
D. 承担全部风险
E. 给业主提供部分利润

【答案】　A、B、C

5. 培育工程总承包企业的环境包括(　　)。

A. 开展国际工程项目管理
B. 有效的政府监督
C. 健全的法规体系
D. 合格的承发包主体
E. 规范的咨询服务业

【答案】　B、C、D、E

6. 工程总承包招标方式有(　　)。

A. 议标　　　　　　　　　B. 公开招标

C. 邀请招标 D. 分阶段招标
E. 分单位工程招标
【答案】 B、C

7. 总承包组织具有的特点是( )。
A. 组织的固定性 B. 职能的多样性
C. 人员的动态性 D. 管理的自主性
E. 组织的高效性
【答案】 B、C、D

8. 总承包管理工作任务规划的类型有( )。
A. 可行性规划 B. 指导性规划
C. 实施性规划 D. 设计规划
E. 施工规划
【答案】 B、C

第3章 工程代建制

一、单项选择题

1. 政府投资项目实行代建制管理模式其主要目的在于( )。
A. 使得建设项目投资、建设、运营和监管高度统一
B. 使得业主与代建人的责任、权利相互一致
C. 减少业主投资的风险
D. 实行专业的项目管理提高工程建设水平
【答案】 D

2. 在代建制管理模式中,以下关系应属于合同关系的为( )。
A. 业主与勘察设计单位
B. 施工企业与施工单位
C. 投资监理与代建单位
D. 代建单位与材料供应单位
【答案】 D

3. 业主与代建人相比,在项目运作中其主要权力为( )。
A. 付款控制权
B. 项目收益权
C. 合同签约权
D. 材料采购权
【答案】 B

二、多项选择题

1. 实行代建制的主要意义在于( )。
A. 促进政府体制改革,转变政府职能

B．提高工程建设水平，确保投资效益
C．有利于专业化管理企业的培育和发展
D．有利于投资和建设管理的统一
E．提高项目业主的现场管理水平

【答案】 A、B、C

2．在代建制模式中，代建人的主要权利包括(　　)。

A．资产的所有权
B．资产的收益权
C．合同的签订权
D．资源的采购权
E．资产的处置权

【答案】 C、D

3．代建人的主要工作内容应包括(　　)。

A．工程设计招标
B．项目施工管理
C．项目施工投标
D．项目投资管理
E．项目外部关系协调

【答案】 A、B、D、E

三、案例题

1．某政府投资项目实行代建制管理模式，其组织结构如下：

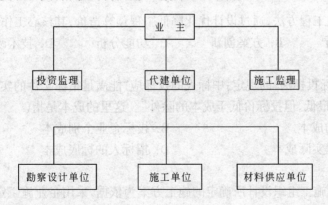

试就以上组织结构回答以下问题：

问题一：业主与代建人之间的关系是否为委托咨询管理关系？

【解析】 业主与代建人之间的关系应为委托合同法律主体之间的关系，代建人受业主委托，直接承担项目的建设和管理任务。

问题二：施工监理与施工单位的关系是否为合同关系？

【解析】 施工监理与施工单位之间的关系应为监督和被监督的关系，是协助管理和项目合作关系，并非合同法律主体双方之间的关系。

问题三：代建人的主要职能是什么？

【解析】 代建人的主要职能应为,从项目可行性研究开始进行项目方案优化、设计优化和管理、设计、施工招投标,合同管理、施工管理、项目验收和工程保修等内容,同时还应完成项目的各种审批手续,协调内外部关系。

问题四:简述代建制管理模式在项目运作中主要存在哪些问题?

【解析】 代建制管理模式主要存在以下问题:

(1) 建设和监管很难真正分离,一方面表现在代建制机制还没有健全,另一方面表现在社会保障机制还不能到位。

(2) 代建制运作模式管理机制还不明确,管理不到位,项目从代建单位招标到日常监管缺乏明确的职能机构,无法保证代建行为的正确和到位。

(3) 代建单位人员层次和服务意识还有待于加强。

第4章 工程项目造价管理

一、单项选择题

1. 工程项目管理中的费用目标控制,对于业主和承包商而言其内涵不同,承包商的费用目标控制是指在( )目标下的施工成本控制。

A. 概算投资 B. 合同造价 C. 施工图预算 D. 投标估价

【答案】 B

2. 现行工程量清单计价中,现场施工临时设施费用属于( )。

A. 直接费 B. 直接工程费 C. 间接费 D. 企业管理费

【答案】 A

3. 应用价值工程方法,通过设计优化降低工程预算造价,其核心工作是( )。

A. 成本分析 B. 方案创新 C. 功能分析 D. 技术改进

【答案】 C

4. 按照《招标投标法》的规定:中标人的投标应"能满足招标文件的实质性要求,并且经评审的投标价格最低,但投标价低于成本的除外"。这里的成本是指( )。

A. 社会平均成本   B. 投标企业个别成本
C. 类似工程实际成本   D. 招标人的标底成本

【答案】 B

5. 以详细的施工组织设计所确定的施工方案为依据,采用企业施工定额编制的工程项目施工预算是( )的计划成本。

A. 施工企业   B. 施工项目
C. 施工分包   D. 施工企业与项目共同

【答案】 B

6. 在工程施工前通过优化施工方案、挖掘降低施工成本的潜力和制订降低施工成本措施等,使计划成本控制在预期的目标范围内并论证其可行性,这反映施工成本计划预控过程的( )效果。

A. 组织措施 B. 信息增值 C. 智力增值 D. 劳动增值

【答案】 C

7. 某分项工程施工的实际成本超过计划成本目标,则反映该分项工程施工成本控制的效果是( )。
   A. 亏损   B. 微利   C. 失控   D. 失责
   【答案】 C

8. 工程项目施工成本核算是以( )为核算单位。
   A. 单项工程   B. 单位工程   C. 分部工程   D. 分项工程
   【答案】 B

9. 施工项目实际成本与( )的比较的结果,可以反映施工项目管理完成企业成本目标的情况。
   A. 计划目标成本   B. 责任目标成本   C. 施工图预算成本   D. 投标书预算成本
   【答案】 B

10. 施工企业在工程投标阶段所进行的成本估算,应该按照建筑产品( )所包含的范围进行估算和控制。
    A. 完全成本   B. 生产成本   C. 可控成本   D. 固定成本
    【答案】 A

二、多项选择题

1. 工程设计阶段是控制概算造价或预算造价的最有效环节,通常可采用( )等措施和方法。
   A. 价值工程   B. 限额设计   C. 设计分包   D. 方案评选   E. 设计保险
   【答案】 A、B、D

2. 施工项目经理为贯彻执行企业下达的责任成本目标,通常应在( )基础上编制现场施工成本计划,作为全面成本控制的依据。
   A. 编制详细施工组织计划   B. 与企业签订项目管理承包合同
   C. 优化施工方案   D. 分析工料消耗及制订降低成本措施
   E. 合理配置生产要素
   【答案】 A、C、D、E

3. 作为项目经理责任目标的施工项目成本核算范围,包括( )等方面的现场可控成本部分。
   A. 直接费   B. 间接费   C. 分包费
   D. 企业管理费分摊   E. 施工质量成本
   【答案】 A、B、C

4. 由市场竞争定价的施工项目,施工成本的( )三算对比分析结果,可分别用于评价施工成本预控、过程控制和最终的实际效果。
   A. 竣工结算与施工预算   B. 竣工结算与合同造价
   C. 竣工结算与施工图预算   D. 施工预算与合同造价
   E. 施工预算与施工图预算
   【答案】 A、B、D

431

5. 施工项目材料成本的控制因素主要在于( )。
A. 材料质量   B. 实物工程量   C. 定额消耗量   D. 材料价格   E. 施工效率

【答案】 B、C、D

三、案例题

1. 某工程项目施工网络计划如图1所示,各工作的预算成本如表1。开工前业主审核同意各工作均按最早时间安排施工。承包商以此为依据进行全面施工准备,并调集施工人员和设备进场。但临近开工日期,由于业主提供施工场地和图纸的影响,致使承包商的A、D和C、E四项工作,只能推迟到按最迟时间进行施工,由于施工机械闲置和人员窝工等造成的施工等待期间每月增加成本20千元。根据项目月度成本核算资料反映,第1至3月末各项工作每月所完成的工程量比重及实际成本如表2所示,请用挣得值法分析计算第3个月末施工成本的累计偏差和进度偏差。

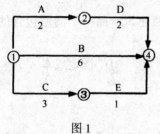

图1

单位:千元　表1

工　作	A	B	C	D	E
时　间	2	6	3	2	1
成　本	60	240	120	60	20

单位:千元　表2

月份 工作	一		二		三	
	比重	金额	比重	金额	比重	金额
A					1/3	25
B	1/8	35	1/8	40	1/6	45
C					1/3	35

【参考答案】 (要点)

(1) 计算按最早进度计划的每月累计完成的成本

单位:千元

月份 工作	一	二	三	四	五	六
A	30	30				
B	40	40	40	40	40	40
C	40	40	40			
D				30	30	
E				20		
合　计	110	110	110	90	40	40
累　计	110	220	330	420	460	500

(2) 计算工程进度计划变更后的1~3月已完施工累计计划成本

	一	二	三
A			20
B	30	30	40
C			40
累　计	30	60	160

(3) 计算第3月末进度偏差　330－160＝170(千元)

(4) 计算第3月末成本累计偏差　160－(35＋40＋45＋20＋40)＝－20(千元)

2．某施工企业通过投标与业主签订了施工合同,之后,该企业的投标主持人召集了拟选派的项目经理和有关职能部门负责人会议,传达了该工程投标情况和施工合同的重要条款,强调说明:由于投标竞争激烈,本企业在编制投标的技术标书部分,已经考虑了多项降低成本的技术措施,致使报价经评审为最低价格而获得中标。经过与会人员的共同讨论研究,明确了该工程施工管理方针和项目经理的责任目标,其中,责任成本目标使项目经理感到压力大,各职能部门负责人展开讨论,进一步挖掘了降低成本的途径和相应措施,增强了项目经理的信心,表示愿意接受该项目管理任务,付出自己的努力去实现企业的目标。请问项目经理接受任务后,在工程开工前,在成本控制方面应该从管理上做些什么?

【参考答案】（要点）

(1) 组织项目管理人员对合同进行全面分析研究和评审,掌握有利条件和不利因素。

(2) 详细调查和掌握现场施工条件。

(3) 做好施工图纸的核对和审查,组织有关人员参与设计交底和图纸会审,把握质量标准和施工要求,从中进一步寻求降低成本的途径和措施。

(4) 组织编制施工项目管理实施规划,包括施工组织设计,把投标过程已考虑的降低成本措施和企业合同交底会议的有关建议,贯彻到施工组织设计中指导成本控制。

(5) 在不断优化施工方案并进行可行性分析论证的基础上,组织编制计划目标成本。

(6) 对计划目标成本按管理的专业条线、职能部门及管理岗位进行分解落实。

(7) 按计划目标成本的要求控制施工准备阶段材料物资、施工分包等的资源合理配置,实现施工成本的事前预控。

第5章　工程项目进度控制

一、单项选择题

1．进度控制的目的是(　　)。

A．满足业主要求　　B．实现进度目标　　C．工程按期竣工　　D．实施进度计划

【答案】　B

2．横道计划的优点是(　　)。

A．可以优化　　　　　　　　B．可以据图计算

C．时间一目了然　　　　　　D．可以使用计算机操作

【答案】　C

3．流水步距是指相邻两个作业队之间的(　　)。

A. 距离 B. 时间间隔
C. 开始工作时间间隔 D. 开始工作的最小时间间隔
【答案】 D

4. 网络计划的编制阶段有( )。
A. 3个 B. 4个 C. 5个 D. 7个
【答案】 C

5. 关键工作是( )。
A. 总时差最小的工作 B. 总时差为零的工作
C. 自由时差最小的工作 D. 自由时差为零的工作
【答案】 A

6. 关键线路是( )。
A. 关键工作相连形成的线路 B. 持续时间最长的线路
C. 关键工作组成的线路 D. 持续时间为零的工作组成的线路
【答案】 B

7. 施工企业进度控制的目标应是( )。
A. 合同工期 B. 指令工期 C. 计划工期 D. 计算工期
【答案】 C

8. 赶工的办法是( )。
A. 压缩时间最长的关键工作 B. 压缩费用最省的关键工作
C. 压缩有节约潜力的关键工作 D. 压缩有潜力的赶工费最省的关键工作
【答案】 D

9. A工作的最早开始时间是5,持续时间是4,其紧后工作的最早开始时间是12,A工作的自由时差是( )。
A. 7 B. 3 C. 8 D. 6
【答案】 B

10. 相邻两个作业队 A、B 的流水节拍见下表,其流水步距应当是( )。

	一级	二级	三级	四级
A	3	4	4	2
B	4	2	3	3

A. 3 B. 4 C. 5 D. 6
【答案】 C

二、多项选择题

1. 建设工程进度计划系统包括( )。
A. 不同利益的进度计划 B. 不同对象的进度计划
C. 不同深度的进度计划 D. 不同周期的进度计划
E. 不同功能的进度计划
【答案】 B、C、D、E

2. 流水施工的参数有( )。

A. 工艺参数　　B. 过程参数　　C. 时间参数　　D. 连续参数　　E. 空间参数

【答案】 A、C、E

3. 按流水施工的节奏性,可将其分为(　　)。

A. 分别流水　　B. 成倍节拍流水　　　　　　C. 异节奏流水

D. 等节奏流水　　E. 无节奏流水

【答案】 C、D、E

4. 单代号网络计划的代号有(　　)。

A. 箭线　　B. 节点　　C. 编号　　D. 虚箭线　　E. 时间间隔

【答案】 A、B

5. 施工进度计划包括(　　)。

A. 里程碑施工计划　　　　　　B. 施工总进度计划

C. 单位工程施工进度计划　　　D. 阶段施工计划

E. 形象进度计划

【答案】 B、C

三、案例题

1. 背景:

某工程由支模、扎筋、浇筑混凝土三个施工过程组成,划分为三个施工段,流水节拍分别为3天、2天、1天。

问题:

(1) 绘制流水施工图;

(2) 绘制网络图;

(3) 用图上计算法计算网络计划的各项时间参数;

(4) 标注关键线路。

【答案】

(1) 流水施工图:

	1	2	3	4	5	6	7	8	9	10	11	12
支模	1			2			3					
扎筋						1		2			3	
浇筑混凝土										1	2	3

(2) 网络图,见图(a)

(3) 计算时间参数,见图(b)

(4) 关键线路:1—2—3—7—9—10

2. 背景:

某项目的进度计划相关数据见下表。

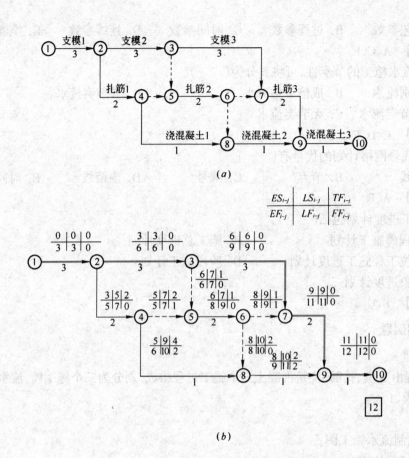

工作	紧前工作	正常		最 短		费用率 (元/天)
		时间(天)	费用(元)	时间(天)	费用(元)	
A	—	6	2400	4	2600	
B	—	8	4200	5	6000	
C	A	5	1500	4	1800	
D	A、B	4	1000	3	1150	
E	B	5	2000	3	2400	
F	D、E	5	3000	4	3500	
G	E	2	1500	2	1500	
H	C、F、G	3	2000	2	2400	

问题：

(1) 绘制双代号网络图。

(2) 用图上计算法计算时间参数。

(3) 用双线标明正常作业时的关键线路，并注明总工期。

(4) 如果管理者希望压缩 1 天、2 天、3 天工期时，各需增加最少的费用为多少？

【答案】

(1)、(2)、(3)见下图。

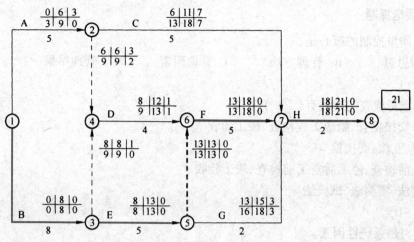

(4) 见下表。

工作	紧前工作	正常		最短		费用率
		时间(天)	费用(元)	时间(天)	费用(元)	(元/天)
A	—	6	2400	4	2600	100
B	—	8	4200	5	6000	600
C	A	5	1500	4	1800	300
D	A、B	4	1000	3	1150	150
E	B	5	2000	3	2400	200
F	D、E	5	3000	4	3500	500
G	E	2	1500	2	1500	—
H	C、F、G	3	2000	2	2400	400

工期	压缩工作	天数	费用(元)	累计费用(元)
20	E	1	200	200
19	E D	1	200 150	550
18	H	1	400	950

第6章 工程项目质量控制

一、单项选择题

1. 工序质量控制的核心是( )。
 A. 管理思想　　　B. 管理方法　　　C. 管理因素　　　D. 管理结果
 【答案】 C

2. 现场质量检查的方法有( )。
 A. 工序交接检查、隐蔽工程检查、竣工验收
 B. 自检、互检、交接检
 C. 开工前检查、停工后复工前检查、竣工验收
 D. 目测法、实测法、试验法
 【答案】 D

3. ( )是系统性因素。
 A. 工人操作的微小变化　　　　　　B. 操作不按规程
 C. 材料性质的微小差异　　　　　　D. 零件的正常磨损
 【答案】 B

4. 成品保护的措施包括( )。
 A. 靠、吊、量、套　B. 看、摸、敲、照　C. 护、包、盖、封　D. 先地下后地上
 【答案】 C

5. 影响质量因素的累计频率为78%,其因素是( )。
 A. 主要因素　　　B. 次要因素　　　C. 一般因素　　　D. 无关因素
 【答案】 A

6. 直方图与标准范围比较,表明( )。
 A. 质量特性控制的能力　　　　　　B. 质量波动与控制范围的关系
 C. 工序能力满足标准公差范围的程度　D. 质量控制的程度
 【答案】 C

7. 工程质量问题分析处理的第二步是( )。
 A. 工程概况　　　　　　　　　　　B. 事故发生的初步分析
 C. 事故调查中的数据、资料　　　　D. 事故发生时间、性质、现状及发展变化的情况
 【答案】 D

8. 质量通病,说明这是施工质量问题的( )。
 A. 多发性　　　　B. 可变性　　　　C. 严重性　　　　D. 复杂性
 【答案】 A

9. 材料质量检验的目的是( )。
 A. 优选供货厂家　　　　　　　　　B. 合理使用材料
 C. 了解材料性能　　　　　　　　　D. 判断材料质量的可靠性,能否用于工程中
 【答案】 D

10. 质量的客体是( )。
A. 过程　　　　B. 顾客　　　　C. 项目　　　　D. 体系
【答案】 B

二、多项选择题

1. 建设工程项目质量控制的基本原理包括( )。
A. 持续改进　　　　B. 三阶段控制　　　　C. PDCA循环
D. 三全控制　　　　E. 预防为主
【答案】 B、C、D

2. 检验批可根据施工及质量控制和专业验收需要按( )等进行划分。
A. 施工缝　　B. 变形缝　　C. 跨度　　D. 楼层　　E. 施工段
【答案】 B、D、E

3. 质量问题处理的基本要求是( )。
A. 重视消除事故的原因　　　　B. 正确选择处理时间和方法
C. 采取应急措施　　　　D. 确保事故处理期的安全
E. 注意综合治理
【答案】 A、B、D、E

4. 建设工程项目质量控制系统建立的原则包括( )。
A. 科学性原则　　　　B. 总目标分解原则　　　　C. 分层次规划原则
D. 系统有效性原则　　　　E. 质量责任制原则
【答案】 B、C、D、E

5. 分部工程的划分应按( )确定。
A. 主要工种　　B. 施工工艺　　C. 设备类别　　D. 专业性质　　E. 建筑部位
【答案】 D、E

第7章　工程职业健康、安全与环境管理

一、单项选择题

1. 事件和事故的关系是( )。
A. 事件包括事故　　B. 事故包括事件　　C. 两者相同　　D. 没有关系
【答案】 A

2. 我国的 GB/T 28001 和 OHSAS 18001 的关系是( )。
A. GB/T 28001 等同采用 OHSAS 18001
B. GB/T 28001 等效采用 OHSAS 18001
C. GB/T 28001 与 OHSAS 18001 没有关系
D. GB/T 28001 覆盖了 OHSAS 18001
【答案】 D

3. 对于未发生事故的隐患所采取的措施应称为( )。
A. 纠正措施　　B. 预防措施　　C. 相关措施　　D. 应急措施

【答案】 B

4. 管理评审是( )的职责。
   A. 最高管理者　　　　B. 管理者代表　　　　C. 安全科长　　　　D. 广大员工共同的
【答案】 A

5. 发生安全事故后,首先要做的事是( )。
   A. 抢救伤员　　　　　　　　　　　　B. 分析事故原因
   C. 成立调查组　　　　　　　　　　　D. 对事故责任者进行处理
【答案】 A

6. 不属于不可接受的损害风险的是( )。
   A. 超出了法律、法规的规章的要求
   B. 超出了方针、目标和企业规定的其他要求
   C. 超出了人们普遍接受(通常是隐含的)要求
   D. 超出了生产班组的要求
【答案】 D

7. 安全与否是一个( )的概念。
   A. 绝对严格　　　B. 不容讨论　　　C. 相对　　　　D. 自由掌握
【答案】 C

8. 安全是( )。
   A. 消灭一切事故　　　　　　　　　　B. 按照国家的安全规章制度办事
   C. 免除一切风险的状态　　　　　　　D. 免除不可接受的损害风险的状态
【答案】 D

9. 不包括在三级教育中的教育是( )的教育。
   A. 公司级　　　　　　　　　　　　　B. 车间或项目经理部
   C. 安全员　　　　　　　　　　　　　D. 班组
【答案】 C

10. 戴明模型系统的正确步骤是( )。
    A. 行动—改进—策划—检查　　　　　B. 行动—检查—改进—策划
    C. 策划—行动—改进—检查　　　　　D. 策划—行动—检查—改进
【答案】 D

二、多项选择题

1. 四不放过是指( )。
   A. 事故原因分析不清不放过
   B. 事故责任者和员工没有受到教育不放过
   C. 事故责任者没有处理不放过
   D. 没有制定防范措施不放过
   E. 事故没有上报不放过
【答案】 A、B、C、D

2. 职业健康安全是指影响( )的条件和因素。

A．工件场所内的员工　　B．临时工作人员　　C．合同方人员
D．访问者和其他人员　　E．使用者
【答案】 A、B、C、D

3．以下各项中不能认证的是(　　)。
A．ISO 18001　B．ISO 9001　C．ISO 9002　D．ISO 9003　E．ISO 9004
【答案】 A、C、D、E

4．风险是指某一特定危险情况的(　　)的组合。
A．发生的可能性　　　　　　　　　　　B．后果
C．有关人员的防范设施　　　　　　　　D．安全措施
E．安全成本
【答案】 A、B

5．识别环境因素时要考虑的时态是指(　　)。
A．现在　　　B．过去　　　C．过去完成　　D．将来　　E．将来完成
【答案】 A、B、D

三、案例题

1．背景：工人甲在某工程四层楼面的行走途中，通过通风口的盖板，该盖板为厚1mm的镀锌钢板，盖在1.3m×1.3m通风口上。由于工人甲的踩踏，钢板变形塌落，甲随即坠地(落差12.35m)，经抢救无效死亡。

问题：
(1) 什么是"三宝"、"四口"？
(2) 如何区分不同类别的洞口，并进行防护？
(3) 临边的定义是什么？
(4) 常见的建筑工地的伤亡事故是哪几项？

【答案】
(1) "三宝"是指安全帽、安全带、安全网。"四口"是指楼梯口、电梯口、预留洞口、通道口。

(2) 洞口根据具体情况采取设防护栏杆、加盖件、张挂安全网与装设栅门等措施时必须符合下列要求：
① 楼板面等处边长为25~50cm的洞口、安装预制构件时的洞口以及缺件临时形成的洞口，可用竹、木等作盖板，盖住洞口。盖板应须能保持四周搁置均衡，并有固定其位置的措施。
② 边长为50~150cm的洞口，必须设置以扣件扣接钢管而成的网格，并在其上满铺竹笆或脚手板。也可用贯穿于混凝土板内的钢筋构成防护网，钢筋网格间距不得大于20cm。
③ 边长在150cm以上的洞口，四周设防护栏杆，洞口下张设安全平网。

(3) 临边作业是指施工现场中，工作面边沿无围护设施或围护设施高度低于80cm时的高处作业。对临边高处作业，必须设置防护措施。

(4) 常见的建筑土地伤亡事故有高处坠落、物体打击、触电、机械伤害、坍塌事故等。

2．背景：某建筑公司在进行GB/T 28001认证时，公司总经理回答审核员的问题时说，

公司今年要大力加强安全工作,要消除一切风险;要加强管理评审工作,责令安全科长每年进行两次管理评审,以消除隐患;所有工作都要编制书面程序文件。

问题:

(1) 安全的定义是什么?

(2) 管理评审的负责者是谁?

(3) 如何理解编制文件的要求?

(4) 管理评审是否一定要编制书面程序文件?

【答案】

(1) 安全的定义是免除不可接受的损害风险的状态。

(2) 管理评审的负责者是最高管理者。

(3) 编制文件应本着有效和效率的原则使文件尽可能的少。

(4) 管理评审可以不编制书面程序文件。

第8章 工程合同与合同管理

一、单项选择题

1. 招标人发布招标公告的行为属于( )。

A. 要约 B. 承诺 C. 要约邀请 D. 承诺邀请

【答案】 C

2. 目的主要是考察潜在投标人是否具备完成招标工作所要求的条件的是( )。

A. 资格预审 B. 初步评审 C. 详细评审 D. 踏勘现场

【答案】 A

3. 开标的时间是( )。

A. 投标人与招标人共同协商确定 B. 提交投标文件截止时间的同一时间

C. 招标文件停止出售的同一时间 D. 投标有效期结束日

【答案】 B

4. 下面说法正确的是( )。

A. 招标文件一经发出不可更改

B. 投标文件一经送达招标人不可更改

C. 投标文件可以根据投标人的意愿进行澄清补正

D. 投标文件的澄清补正不能改变投标文件的实质性内容

【答案】 D

5. 低于成本投标中的成本指的是( )。

A. 概算成本 B. 预算成本 C. 企业成本 D. 实际成本

【答案】 C

6. 关于投标偏差的说法正确的是( )。

A. 存在投标偏差的投标书应作为废标处理

B. 存在投标偏差不影响投标的有效性

C. 投标偏差可以补正

D. 对细微偏差拒不补正的,在详细评审时可以对细微偏差作不利于该投标人的量化

【答案】 D

7. 有效投标不足是指( )。

A. 资格预审后,合格的潜在投标人不足3个

B. 初步评审后,合格的投标人不足3个

C. 评标委员会推荐的中标候选人不足3个

D. 中标人不足3个

【答案】 B

8. 关于备选标的说法正确的是( )。

A. 所有的招标都允许投标人投备选标

B. 评标委员会应该对所有的被选标进行评审

C. 评标委员会只对中标人所投的备选标进行评审

D. 评标委员会只对非中标人所投的备选标进行评审

【答案】 C

9. 招标人确定中标人的日期( )。

A. 最迟在投标有效期结束日前

B. 最迟在投标有效期结束日前30个工作日内

C. 确定了中标候选人顺序的同一时间

D. 发出中标通知书的同一时间

【答案】 B

10. 在工程全部完成时以竣工图最终结算工程的总价格的合同是( )。

A. 固定总价合同   B. 调价总价合同   C. 单价合同   D. 成本加酬金合同

【答案】 C

11. 除专用条款另有约定外,组成合同的文件的优先解释顺序正确的是( )。

A. 协议书,中标通知书,本合同通用条款,本合同专用条款

B. 本合同专用条款,本合同通用条款,标准、规范及有关技术文件,图纸

C. 工程量清单,图纸,标准、规范及有关技术文件,中标通知书

D. 图纸,标准、规范及有关技术文件,工程量清单,投标书及其附件

【答案】 B

12. 某分包商承建的工程出现了质量事故,则( )。

A. 业主只能根据总包合同向总承包商追究违约责任

B. 业主只能向分包商追究违约责任

C. 业主既可以要求总承包商承担责任,也可以要求分包上承担责任

D. 只能是总承包商去追究分包商的责任

【答案】 C

13. 下面行为中合法的是( )。

A. 施工总承包单位将自己承揽的工程中的附属工程分包给了其他单位

B. 施工总承包单位将建设工程主体结构的施工分包给其他单位

C. 分包单位将其承包的建设工程再分包

D. 施工单位利用其他单位的资质进行投标,并按照其合同的约定向出借资质的单位缴纳管理费

【答案】 A

14. 工程合同管理过程中首先要做的工作是( )。

A. 工程合同分析 　　　　　　　B. 工程合同交底

C. 工程合同实施控制 　　　　　D. 工程合同档案管理

【答案】 A

15. 关于DRB的说法错误的是( )。

A. DRB的委员必须是由在工程施工、法律和合同文件解释方面具有经验的专家组成

B. DRB委员是发包人和承包人自己选择的

C. DRB提出的建议不是强制性的,不具有终局性和约束力

D. DRB费用较高

【答案】 D

16. FIDIC系列合同条件中的"银皮书"指的是( )。

A. 施工合同条件 　　　　　　　B. 永久设备和设计—建造合同条件

C. EPC交钥匙项目合同条件 　　D. 合同的简短格式

【答案】 B

17. 由于业主担心承包商不能按期竣工而在招标文件中要求承包商提供的担保是( )。

A. 投标担保　　　B. 履约担保　　　C. 预付款担保　　　D. 支付担保

【答案】 B

18. 下面因素中不能引起索赔的是( )。

A. 工程师指令失误引起承包商产生损失

B. 夏季施工中连续下了两天雨,导致承包商这两天没能施工

C. 承包商向地下钻孔时在地下30m深处出现了一块孤立的岩石,导致承包商无法按期完成施工

D. 业主延期交付图纸

【答案】 B

19. 工程师在收到承包人送交的索赔报告的有关资料后( )天末予答复或末对承包人作进一步要求,视为该项索赔已经认可。

A. 7　　　　　　B. 14　　　　　　C. 28　　　　　　D. 30

【答案】 C

20. 下面行为中将导致反索赔的是( )。

A. 由于承包商的原因,在运输施工设备或大型预制构件时,损坏了旧有的道路或桥梁

B. 由于发生了地震将已经尚未竣工的部分工程毁损,导致承包商无法按时竣工

C. 业主提供的图纸出现错误,导致承包商无法按期竣工

D. 承包商的机械设备出现前所未有的故障导致承包商无法按期竣工

【答案】 A

二、多项选择题

1.《招标投标法》规定了招标分为（　　）两种方式。

A. 公开招标　　B. 自行招标　　C. 邀请招标　　D. 委托招标　　E. 议标

【答案】 A、C

2. 根据《工程建设项目施工招标投标办法》，建设工程施工招标应具备的条件有（　　）。

A. 初步设计及概算应当履行审批手续的，已经批准

B. 招标范围、招标方式和招标组织形式等应当履行核准手续的，已经核准

C. 有相应资金或资金来源已经落实

D. 有招标所需的设计图纸及技术资料

E. 需要委托监理的项目已经委托监理

【答案】 A、B、C、D

3. 关于招标文件与资格预审文件的出售，说法正确的是（　　）。

A. 招标人应当按照招标公告或者投标邀请书规定的时间、地点出售招标文件或资格预审文件

B. 自招标文件或者资格预审文件出售之日起至停止出售之日止，最短不得少于5个工作日

C. 对招标文件或者资格预审文件的收费应当合理，不得以盈利为目的

D. 招标人在售出招标文件或资格预审文件后可以终止招标

E. 对于所附的设计文件，投标人也必须一起购买

【答案】 A、B、C

4. 应该按照废标处理的是（　　）。

A. 投标文件中存在含义不明确、对同类问题表述不一致

B. 投标人对存在的细微偏差拒不改正的

C. 联合体投标未附联合体各方共同投标协议的

D. 未按招标文件要求密封的

E. 逾期送达的或者未送达指定地点的

【答案】 C、D、E

5. 评标方法包括（　　）。

A. 资格预审　　　　　　　　B. 经评审的最低投标价法

C. 综合评估法　　　　　　　D. 法律、行政法规允许的其他评标方法

E. 排列图法

【答案】 B、C、D

6. 可以确定中标人的有（　　）。

A. 投标人　　　　　　　B. 招标人　　　　　　C. 政府主管部门

D. 评标委员会　　　　　E. 招标人委托的公证机构

【答案】 A、D

7. 关于投标保证金的说法正确的是（　　）。

A. 投标保证金的数额一般为投标价的5%左右

B．投标保证金的数额一般为投标价的2%左右

C．最高不得超过80万元人民币

D．投标保证金有效期应当超出投标有效期30天

E．投标保证金有效期应当等于投标有效期

【答案】 B、C、D

8．下面的事件中可以导致承包商向业主索赔的是( )。

A．一周内非承包人原因停水、停电、停气造成停工累计超过8小时

B．由于《建设工程安全生产管理条例》的颁布实施使得承包商在安全生产上的投入增加了

C．发包人没有按照合同及时提供图纸、资料、场地等致使承包人无法进行施工

D．雨期施工中，由于雨水的浸泡导致承包商水泥质量严重下降而无法按期竣工

E．发包人提出提前完成项目或缩短工期而造成承包人的费用增加

【答案】 A、B、C、E

三、案例题

1．索赔的案例

某承包商在施工的过程中遇见了下面的事件：5月3日向地下钻孔的时候，在地下30米的深处遇到了一块孤立的岩石。根据业主提供的勘察资料，这里应该不存在任何岩石。由于这块岩石的存在使得承包商在5月3日、4日两天没能继续施工，为了处理这种情况，承包商投入了2万元的费用。6月2日、3日连降了两天雨导致了承包商停工两天。同时，由于施工现场地势较低，雨水将用于施工的水泥浸泡导致10t水泥无法使用。7月4日，承包商雇用的由业主推荐来的一名工人由于技术的原因造成了某工程部位的质量缺陷，为了修复这个缺陷，承包商花费了1万元并影响了3天工期。

问题一：承包商可以就哪些事件向业主索赔？为什么？

【答案】 遇到孤立岩石的事件可以索赔。

其一，因为这块岩石是勘察资料所没有提供的，属于勘察资料与实际不符，是业主的责任。

其二，这是一个有经验的承包商所不能合理预见到的。

问题二：承包商就哪些事件不能向业主索赔？为什么？

【答案】 (1)降雨事件

因为在六月份属于雨季，连续降雨2天属于正常的事件，这是有经验的承包商可以预见的。同时，承包商应该在踏勘现场时发现地势较低的情况并为之进行合理的准备以避免损失。

(2)人工事件

尽管这个工人是业主推荐的，但是却已经是承包商的雇员。这个质量事故就是承包商自己的责任了。

2．担保的案例

某房屋建筑招标过程中，业主在招标文件中明确要求中标人必须提供履约担保。中标人在提交了担保后也要求业主提供支付担保。业主开始时不同意提供支付担保，后来勉强同意由某银行提供支付担保。三方签订了担保合同，担保合同中说明此担保为一般担保。

后来发生了业主没有按照合同的要求按时支付工程款的事件。对于此,在没有与业主就拖欠工程款一事进行仲裁(双方约定合同的争议通过仲裁解决)之前承包商要求银行全额替业主支付工程款。银行拒绝了承包商的请求。

问题一:中标人要求业主同时提供支付担保是否正确?为什么?

【答案】 正确,《房屋建筑和市政基础设施工程施工招标投标管理办法》(建设部令第89号)第48条规定:"招标文件要求中标人提交履约担保的,中标人应当提交。招标人应当同时向中标人提供工程款支付担保。"

问题二:业主拒绝承包商的支付工程款的请求是否正确?

【答案】 正确,因为该担保属于一般担保。一般担保的担保人在合同当事人没有就主合同纠纷进行仲裁或诉讼并就债务人财产强制执行仍不能清偿债务前有权拒绝代为清偿。

3. 变更的案例

某项目是一个群体工程,由多个承包商平行施工。在其中的一个承包商所承包的工程上发生了这样的事件:这个承包商认为它所承包的工程中的一个分项工程所用的材料甲不合理,其性能不如材料乙。于是,没有经过任何人的认可,自费将已经修筑好的该部位的材料甲挖出,替换成了材料乙。这件事被监理工程师发现后及时制止并将这件事报告给了总监理工程师。后来,考虑到材料乙确实在性能上强于材料甲,征得业主同意后,总监理工程师要求其他承包商将相应部位的材料甲全部挖出来,换成材料乙。

问题一:这个承包商将材料甲换成材料乙的行为是否违法?

【答案】 是的,违反了《建筑法》和《建设工程质量管理条例》

《建筑法》第五十八条 建筑施工企业必须按照工程设计图纸和施工技术标准施工,不得偷工减料。工程设计的修改由原设计单位负责,建筑施工企业不得擅自修改工程设计。

《建设工程质量管理条例》第二十八条规定:施工单位必须按照工程设计图纸和施工技术标准施工,不得擅自修改工程设计,不得偷工减料。

问题二:这个承包商是否可以就换材料事件向业主索赔?业主是否可以就这个事件向承包商索赔?

【答案】 这是承包商违约,承包商不可以向业主索赔。业主可以向承包商索赔。

问题三:其他承包商是否可以就换材料事件向业主索赔?

【答案】 可以,因为这属于符合程序的工程变更。承包商可以就变更所增加的费用和延误的工期向业主索赔。

第9章 工程项目资源管理

一、单项选择题

1. 施工项目资源供应权应主要集中在( )手中。

A. 项目管理层　　B. 企业管理层　　C. 业主或投资商　　D. 中介组织

【答案】 B

2. 经济采购批量指( )。

A. 储存费最少的

B. 采购费最少的
C. 储存费与采购费综合最低时的采购批量
D. 总费用最小的批量

【答案】C

3. A、B、C分类法利用的原理是(　　)。
　A. 经济采购批量原理　　　　　　B. 关键的多数,次要的少数原理
　C. 关键的少数,次要的多数原理　　D. 经济库存量原理

【答案】C

4. 机械设备选购的计算公式使用的是(　　)。
　A. 折现系数　　　　　　　　　　B. 资金回收系数
　C. 等额支付复利系数　　　　　　D. 等额支付现值系数

【答案】B

5. 已知某机器的台班产量是$1000m^3$,台班单价是2500元/台班,2班作业,则其单位价格是(　　)。
　A. 0.4元/m^3　　B. 0.2元/m^3　　C. 2.5元/m^3　　D. 1.25元/m^3

【答案】C

6. 材料管理的重点是(　　)。
　A. 主要材料　　B. 结构件　　C. 多数材料　　D. A类材料

【答案】D

7. 项目资源的使用权掌握在(　　)手中。
　A. 企业管理层　　B. 业主　　C. 项目管理层　　D. 作业层

【答案】C

8. 现代项目管理把人力资源作为重要的(　　)。
　A. 战略资源　　B. 劳动力资源　　C. 管理资源　　D. 可利用资源

【答案】A

9. 团队建设的核心目标是(　　)。
　A. 进行激励　　　　　　　　　　B. 将项目成员有效地组织起来
　C. 提高效率　　　　　　　　　　D. 动态管理

【答案】B

10. 与采购批量成正比的是(　　)。
　A. 总费用　　B. 采购费用　　C. 储存费用　　D. 订购费用

【答案】C

二、多项选择题

1. 人力资源管理的过程包括(　　)。
　A. 激励行为　　　　B. 编制人力资源规划　　　　C. 人员配备
　D. 团队成员的开发　E. 利益分配

【答案】B、C、D

2. 项目材料管理的意义是(　　)。

A. 保证项目实施　　　　　B. 提高工程质量　　　　　C. 提高材料质量
D. 保证进度目标实现　　　E. 降低成本增加盈利
【答案】　A、B、D、E

3. 以下属人力资源管理工具的是(　　)。
A. 人力资源调配图　　　　B. 责任分配矩阵　　　　　C. 人力资源横道图
D. 人力资源需求曲线　　　E. 人力资源需求累计曲线
【答案】　B、C、D、E

4. 以下属激励理论的是(　　)。
A. 需要层次理论　　　　　B. 风险理论　　　　　　　C. 双因素理论
D. 效用理论　　　　　　　E. 团队建设理论
【答案】　A、C、D

5. 马斯洛认为,人的需要层次分为(　　)。
A. 精神需要　　　　　　　B. 生理需要　　　　　　　C. 安全需要
D. 社交需要　　　　　　　E. 尊重需要
【答案】　B、C、D、E

6. 人力资源管理的结果是(　　)。
A. 利益增加　　　　　　　B. 员工绩效提高　　　　　C. 组织绩效提高
D. 没有风险　　　　　　　E. 创造良好的人力资源条件和环境
【答案】　B、C、E

第10章　工程项目施工现场管理

一、单项选择题

1. 施工现场是指(　　)。
A. 红线以内的土地　　　　　　　　　B. 红线以内和以外的施工用地
C. 围墙以内的土地　　　　　　　　　D. 企业批准占用的场地
【答案】　B

2. 不是现场管理依据的是(　　)。
A. 相关法规　　　　　　　　　　　　B. 组织设计
C. 施工质量验收标准　　　　　　　　D. 安全消防标准
【答案】　C

3. 施工总平面图设计的第一步是(　　)。
A. 引入场外交通道路　　　　　　　　B. 布置场内道路
C. 设置临时房屋　　　　　　　　　　D. 布置仓库
【答案】　A

4. 房屋建筑单位工程施工平面图设计的第一步是(　　)。
A. 布置道路　　　　　　　　　　　　B. 确定起重机位置
C. 设搅拌站　　　　　　　　　　　　D. 布置临时房屋

【答案】 B

5. 计算用电量时,得出结果的单位是( )。
A. 千瓦　　　B. 千瓦·时　　　C. 千伏安　　　D. 千伏
【答案】 C

6. 用公式计算供水管径时,得出的是( )。
A. 直径,cm　　B. 直径,m　　C. 半径,cm　　D. 半径,m
【答案】 B

7. 施工现场用电应设( )。
A. 三相三线　　B. 三相四线　　C. 三相五线　　D. 两相三线
【答案】 C

8. 规范场容使用的最主要工具是( )。
A. 施工平面图　　B. 施工方案　　C. 制度　　D. "二图""三牌"
【答案】 A

9. 施工现场综合考评涉及的单位是( )。
A. 承包人一方
B. 发包人和承包人双方
C. 发包人为主的各方
D. 与现场有关的各单位
【答案】 D

10. 对消火栓设置的要求是( )。
A. 距房屋不大于5m,距路边不大于2m
B. 距房屋不小于5m,距路边不大于2m
C. 距房屋不小于2m,距路边不大于5m
D. 消火栓间距不小于120m
【答案】 B

二、多项选择题

1. 施工现场管理的目的是( )。
A. 规范场容　B. 节约土地　C. 确保安全　D. 降低费用　E. 方便施工
【答案】 A、C、D、E

2. 施工现场管理是( )。
A. 镜子　B. 舞台　C. 焦点　D. 纽带　E. 风险
【答案】 A、B、C、D

3. 现场入口应设( )。
A. 安全纪律牌　B. 奖罚牌　C. 平面图　D. 机构图　E. 安全纪律牌
【答案】 A、C、D、E

4. 施工现场用水有( )。
A. 施工用水　B. 消防用水　C. 机械用水　D. 生活用水　E. 环保用水
【答案】 A、B、C、D

5. 选择电线截面应当考虑( )。
A. 变压器容量　　　B. 安全载流量　　　C. 容许电压降
D. 机械强度　　　E. 接零保护
【答案】 B、C、D

参 考 文 献

1. 《职业健康安全管理体系 规范》(GB/T 28001—2001)
2. 《职业健康安全管理体系 指南》(GB/T 28001—2002)
3. 《关于加强2003年建筑安全生产工作的意见》建设部办公厅 建办质[2003]18号文件
4. 《关于印发〈安全评价通则〉的通知》国家安全生产监督管理局 安监管技装字[2003]37号
5. 《建设工程项目管理规范》编写委员会编写.建设工程项目管理规范实施手册.北京:中国建筑工业出版社,2002
6. 全国建筑业企业项目经理培训教材编写委员会编写.全国建筑业企业项目经理继续教育培训教材资料汇编第三册
7. 全国建筑业企业项目经理培训教材编写委员会编写.施工项目质量与安全管理(修订版).北京:中国建筑工业出版社,2002
8. 马林聪主编.质量、环境兼容管理体系.北京:中国标准出版社,2001
9. 陈元桥主编.GB/T 28001—2001《职业健康安全管理体系 规范》理解与实施,北京:中国标准出版社,2001
10. 朱嬿,丛培经.建筑施工组织.北京:科学技术文献出版社,1994
11. 中国建筑学会建筑统筹管理分会.工程网络计划技术规程教程.北京:中国建筑工业出版社
12. 全国一级建造师执业资格考试用书编写委员会编写.房屋建筑工程管理与实务.北京:中国建筑工业出版社,2004
13. 全国一级建造师执业资格考试用书编写委员会编写.建设工程项目管理.北京:中国建筑工业出版社,2004